# Son &
# enregistrement

C. Hugonnet, P. Walder, *Prise de son – Stéréophonie et son multicanal*, 2012.

P. White, *Le son live*, 2001.

B. Martinez, *Créer ses partitions avec Finale*, 2011.

P. Bellaïche, *Les secrets de l'image vidéo*, 10e édition, 2015.

C. Mahé-Menant, *Profession administrateur de production de films*, 2012.

A. Cloquet, *Essais caméra HD*, 2012.

S. Devaud, *Tourner en vidéo HD avec les reflex Canon*, 2010.

A. Monod, *Monter ses vidéos avec Premiere Pro*, 2013.

O. Vigneron, *Monter ses vidéos avec Final Cut Pro X*, 2013.

L. Bellegarde, *Montage vidéo et audio libre*, 2010.

C. Meyer, T. Meyer, *After Effects – Nouvelles master class*, 2009.

J. Vineyard, J. Cruz, *Les plans au cinéma*, 2004.

S. D. Katz, *Réaliser ses films plan par plan*, 2013.

B. Block, *Composer ses images pour le cinéma*, 2014.

J. Van Sijll, *Les techniques narratives du cinéma*, 2006.

A. Coffineau et al., *Masterclass storyboard*, 2012.

L. de Rancourt, *Réaliser un storyboard pour le cinéma*, 2012.

E Grove, *130 exercices pour réaliser son premier film*, 2013.

K. Lindenmuth, *Réaliser son premier documentaire*, 2011.

S. Tric, *Devenir accessoiriste pour le cinéma*, 2014.

T. Le Nouvel, P.-J. Rabaud, *Chef décorateur pour le cinéma*, 2012.

T. Le Nouvel, *Le doublage*, 2007.

B. Michel, *La stéréoscopie numérique*, 2012.

F. Remblier, *Tourner en 3D-relief – De la pré-production à la diffusion*, 2011.

R. Williams, *Techniques d'animation*, 2011 (+ DVD).

O. Cotte, *Les Oscars du film d'animation – Secrets de fabrication de 13 courts-métrages récompensés à Hollywood*, 2006.

# Son & enregistrement

Francis Rumsey
Tim McCormick

Deuxième édition en langue française traduite de la troisième édition en langue anglaise
Sixième tirage 2016

**EYROLLES**

Éditions Eyrolles
61, Bld Saint-Germain
75240 Paris Cedex 05
www.editions-eyrolles.com

Traduction autorisée de l'ouvrage publiée en langue anglaise intitulé
*Sound and Recording - an introduction*, troisième édition, publié par Focal Press.

Traduit et adapté par Jean-Paul Bourre

# Préface

L'un des plus grands dangers lors de l'écriture d'un ouvrage à caractère introductif est de sacrifier la rigueur technique dans un but de simplicité. Dans ce livre, nous avons tenté de ne pas tomber dans ce piège, et d'y présenter une introduction au domaine de l'audio destinée aux débutants, tout à la fois compréhensible et techniquement précise. Nous avons écrit l'ouvrage dont nous aurions aimé disposer à nos débuts, qui constitue tout à la fois une référence abordable et une source d'informations. De nombreux livres se contentent d'une vision d'ensemble, alors que le lecteur souhaiterait des précisions sur tel ou tel sujet ; d'autres encore exigent des connaissances préalables solides. Les ouvrages émanant d'un collectif d'auteurs pèchent souvent par un manque d'homogénéité quant au style et au niveau technique. De plus, les livres consacrés aux techniques audio ont tendance soit à présenter un caractère trop technique pour les débutants, soit à s'intéresser à des matériels ou à des procédures particuliers. Il existe certes différents ouvrages d'origine américaine d'excellente facture, mais qui passent sous silence les méthodes et habitudes européennes. Nous espérons avoir trouvé, entre ces extrêmes, un équilibre satisfaisant et nous nous sommes interdit d'imposer telle ou telle manière de faire.

*Son et Enregistrement* a pour but la compréhension du fonctionnement des matériels et ne constitue en aucune manière un guide d'utilisation, même si les principes technologiques sont abordés de la façon la moins abstraite possible, et au maximum en relation avec les critères d'exploitation. Même si nous avons inclus dans ce livre une introduction à l'acoustique et à la perception des sons, il ne se veut un traité ni d'acoustique physique, ni d'acoustique musicale – il en existe par ailleurs d'excellents –, et s'intéresse aux principes de l'enregistrement et de la reproduction audio avec un regard tourné plus vers le domaine professionnel que vers le marché grand public. L'éventail des sujets abordés est très large, certains chapitres traitant de l'audionumérique, de la synchronisation par code temporel, ou du MIDI, parmi d'autres thèmes plus classiques ; certains aspects souvent méconnus, comme les décibels, les liaisons symétriques, les niveaux de références et les indicateurs de niveau y sont explicités.

La précédente édition de cet ouvrage voyait l'apparition d'un chapitre substantiel consacré à la stéréophonie, qui traite ainsi l'historique des développements de la reproduction stéréophonique et des techniques microphoniques. Les enregistrements d'aujourd'hui sont pratiquement toujours stéréophoniques et, même si le son multicanal a connu jusqu'ici un certain nombre d'échecs cuisants, il est vraisemblable qu'il prendra une importance considérable dans les années à venir. La stéréophonie et le son multicanal sont largement répandus en production cinématographique et télévisuelle, aussi tout ingénieur audio doit-il être familiarisé avec leurs principes.

Depuis la première édition de cet ouvrage, certains des sujets abordés ont considérablement évolué, particulièrement ceux ayant trait à la technologie numérique. C'est pourquoi nous avons totalement remanié les chapitres traitant de l'enregistrement numérique et de la norme MIDI (respectivement les chapitres 10 et 15), et inclus, dans le chapitre 7, un important paragraphe consacré aux dispositifs d'automation des consoles. Alors que la première édition était presque totalement consacrée aux techniques analogiques, nous avons cherché à obtenir, dans la présente édition, un équilibre satisfaisant entre les aspects analogiques et les aspects numériques. Même si l'audio analogique n'est aucunement en voie de disparition (le son restera, par essence, de nature analogique), la plupart des développements portent aujourd'hui sur le numérique.

Le chapitre consacré à l'enregistrement électromécanique a délibérément été conservé, même si certains lecteurs peuvent penser qu'il n'est plus d'actualité. L'utilisation de platines de lecture de disques est aujourd'hui encore fréquente et les disques vinyle recèlent de nombreuses richesses. Conserver à ce livre un aspect historique nous paraît judicieux ; l'utilité en apparaîtra peut-être à ceux qui ont oublié, ou n'ont peut-être jamais connu, les possibilités des disques vinyle. Ce chapitre apportera sans doute un peu d'apaisement à ceux d'entre nous qui considèrent qu'ils constituent le support le plus fidèle jamais inventé.

Son caractère introductif rendra ce livre précieux aux étudiants en enregistrement audio ou en technologie musicale, ainsi qu'à ceux qui débutent dans les domaines de l'ingénierie audio ou de la radiodiffusion. À cette fin, nous avons cherché à maintenir son niveau technique accessible, et ceux qui éprouveront une certaine frustration n'en ont sans doute pas besoin. Cet ouvrage s'avérera aussi d'une aide précieuse pour l'ingénieur expérimenté souhaitant revenir aux bases. Au fil des chapitres, nous suggérons des lectures complémentaires qui permettront d'approfondir tel ou tel sujet, certaines des références bibliographiques étant d'un niveau technique considérablement plus élevé. Celles-ci seront particulièrement utiles aux étudiants dans le cadre de leur cursus.

Francis Rumsey

Tim McCormick

1994, 1997

# Sommaire

## Chapitre 5.   Les haut-parleurs      93

## Chapitre 8. L'enregistrement magnétique 173

## Chapitre 9.  Réduction du bruit                                   207

# Chapitre 10.  L'enregistrement numérique      **219**

## Chapitre 11. L'enregistrement électromécanique · 275

## Chapitre 12. Amplificateurs de puissance · 295

# Chapitre 13. Liaisons et interconnexions 305

## Chapitre 16. Code temporel et synchronisation      371

## Chapitre 17. Enregistrement et reproduction stéréophoniques      383

## Annexe — Les spécifications de base des matériels audio    429

## Bibliographie générale    443

# 1

# Le son

## 1.1 Nature du son

Le son est produit par la vibration d'un objet, appelé source sonore, qui provoque l'oscillation des particules d'air situées à son voisinage. Intéressons-nous à la figure 1.1.

**Figure 1.1**
(a) Une source sonore simple peut être modélisée par une sphère pulsante qui engendre des ondes sphériques.
(b) L'onde longitudinale ainsi créée consiste en une suite de compressions et de détentes de l'air.

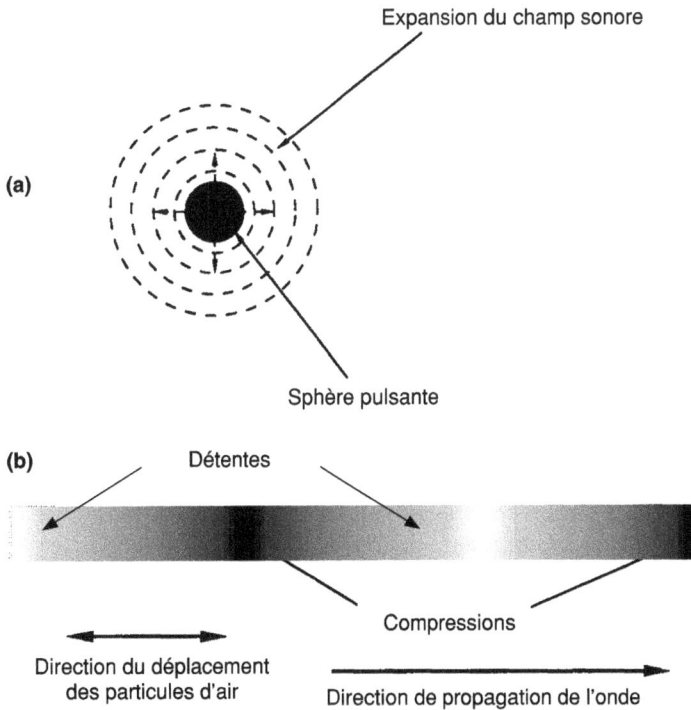

Expansion du champ sonore

**(a)**

Sphère pulsante

**(b)**          Détentes

Compressions

Direction du déplacement des particules d'air

Direction de propagation de l'onde

La sphère qui y est représentée peut être vue comme une balle de tennis qui serait alternativement gonflée puis dégonflée, sa taille devenant alors plus grande que la normale, puis plus petite, et ainsi de suite.

Ces pulsations de la sphère vont entraîner une suite de compressions et de détentes de l'air environnant, qui se propagent de proche en proche à la manière des ondulations apparaissant à la surface de l'eau lorsqu'une pierre est jetée dans un étang. Les ondes sonores ainsi créées sont appelées ondes longitudinales car les particules d'air se déplacent dans la même direction que celle de la propagation du phénomène. Il existe aussi des ondes transversales (voir la figure 1.2) que l'on peut rencontrer, par exemple, avec les cordes vibrantes, le mouvement de la corde étant perpendiculaire à la direction de propagation.

**Figure 1.2**
Pour une onde transversale, la direction du mouvement en un point quelconque de l'onde forme un angle droit avec la direction de propagation.

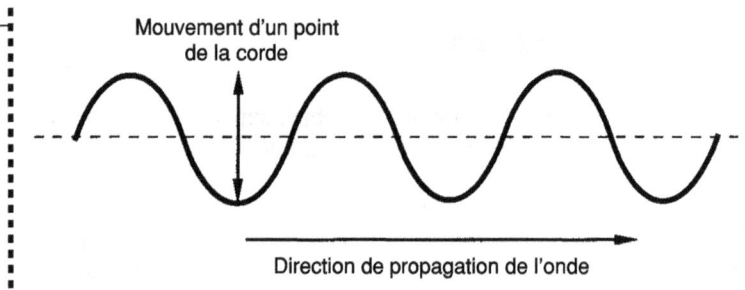

Mouvement d'un point de la corde

Direction de propagation de l'onde

## 1.2 Caractéristiques de l'onde sonore

La vitesse à laquelle la source oscille détermine la fréquence de l'onde sonore engendrée, qui est exprimée en hertz (Hz) ou cycles par seconde ; une valeur de 1 000 Hz est notée 1 kHz (kilohertz). L'importance des compressions et des détentes de l'air provoquées par le mouvement de la sphère correspond à l'amplitude de l'onde et détermine le volume sonore perçu par l'oreille (voir le chapitre 2).

Lorsque l'onde se propage dans l'air, la distance séparant deux points successifs où la compression est maximale est appelée longueur d'onde. Souvent représentée par la lettre grecque lambda ($\lambda$), elle dépend de la fréquence ainsi que de la vitesse de propagation de l'onde ; si celle-ci est élevée, la distance entre deux maxima successifs est plus importante que si la vitesse est moindre, pour une fréquence donnée.

Les caractéristiques de l'onde sonore peuvent être représentées, comme sur la figure 1.3, à l'aide d'un graphique sur lequel l'amplitude figure sur l'axe vertical, ou axe des ordonnées, et le temps sur l'axe horizontal, ou axe des abscisses. Les valeurs positives et négatives correspondent respectivement aux compressions et aux détentes de l'air. Le graphique illustre la forme de l'onde, ici celle d'un son pur dont l'évolution temporelle a une forme sinusoïdale née de la vibration d'une source de manière simple et régulière appelée *mouvement harmonique*. La plupart des systèmes vibrants simples oscillent ainsi, comme une masse suspendue à un ressort ou encore une pendule accroché à un axe (voir aussi le paragraphe 1.7). On notera que la fréquence (*f*) est l'inverse de la durée séparant deux maxima successifs, ou période (*T*), soit $f = 1/T$. Ainsi, plus les oscillations de la source sont rapprochées, plus la fréquence est élevée. L'oreille humaine est capable de percevoir les ondes sonores dont les fréquences sont comprises entre environ 20 Hz et 20 kHz (voir le paragraphe 2.2) ; cette gamme de fréquences est appelée *spectre audio*.

**Figure 1.3**
Représentation graphique
d'une onde sinusoïdale. Sa
période est *T*, et sa fréquence
$1/T$.

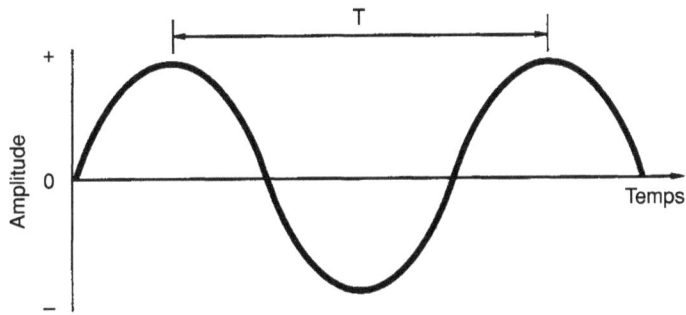

## 1.3 Propagation du son dans l'air

L'air, constitué de molécules de gaz, présente une certaine élasticité (pensez à ce qui se passe si vous placez votre pouce à l'extrémité d'une pompe à bicyclette tout en comprimant l'air à l'intérieur). Les ondes sonores longitudinales se propagent dans l'air d'une manière quelque peu analogue à une rangée de dominos placés sur leur tranche lorsque le premier d'entre eux est heurté. La première compression d'air créée par la source vibrante amène les particules à s'entrechoquer et à rebondir, une détente de même valeur étant induite par le mouvement des particules dans l'autre sens.

Il faut bien comprendre que si les particules d'air ne se déplacent pas réellement mais oscillent de part et d'autre d'une position de repos, la transmission de ces oscillations de proche en proche constitue une onde qui s'éloigne de la source. La vitesse à laquelle l'onde se déplace dépend de la densité et de l'élasticité du milieu de propagation. Dans l'air, elle est relativement faible comparée à la vitesse de propagation constatée lors de la propagation dans un milieu solide, et est d'environ 340 m/s à température ambiante ; elle dépend, en effet, de la température et n'est plus que de 330 m/s à 0 °C. Pour donner un exemple de propagation dans un milieu solide, la vitesse du son dans l'acier est de 5 100 m/s.

La fréquence et la longueur d'onde sont liées à la vitesse de propagation, ou *célérité* de l'onde (souvent notée par la lettre *c*), par une relation simple :

$$c = f.\lambda \quad \text{ou} \quad \lambda = c/f.$$

À titre d'exemple, la longueur d'onde d'un son créé par une fréquence d'oscillation de 20 Hz (l'extrémité basse du spectre audio), à température ambiante, sera :

$$\lambda = 340/20 = 17 \text{ m.}$$

La longueur d'onde correspondant à une fréquence de 20 kHz (à l'extrémité haute du spectre audio) serait de 1,7 cm. Il apparaît donc que les longueurs d'onde varient dans de larges proportions, et sont très grandes aux basses fréquences, pour devenir très petites aux fréquences élevées. Cet aspect est important lors de l'étude du comportement d'ondes sonores rencontrant un obstacle, que ce dernier se comporte comme une barrière ou qu'il soit contourné par l'onde (voir le complément 1.5).

## 1.4  Sons simples et sons complexes

Dans l'exemple précédent, l'onde sonore présentait une forme simple, ou sinusoïdale, du type de celle résultant d'un système vibratoire tel qu'une masse suspendue à un ressort. Une telle onde sonore, qui ne contient d'énergie qu'à une seule fréquence, est appelée son pur. De tels sons sont peu répandus en pratique, même s'ils peuvent être générés électroniquement, la plupart des sources sonores présentant des modes vibratoires plus complexes. Toutefois, le son émis par une personne qui siffle ou par un pipeau en est relativement proche. La plupart du temps, les sons réels résultent d'une combinaison de modes vibratoires et présentent une forme d'onde plus complexe. Si les vibrations présentent une grande complexité et deviennent imprévisibles, ou aléatoires, le son est appelé bruit (voir le paragraphe 1.6).

La caractéristique des sons de hauteur musicale définie est leur périodicité, c'est-à-dire que la forme d'onde, quelle que soit sa complexité, se répète identiquement à elle même à intervalles réguliers. De tels phénomènes périodiques peuvent être décomposés en différentes composantes appelées *harmoniques*, selon le processus mathématique de décomposition en série de Fourier (du nom du mathématicien français Joseph Fourier). La figure 1.4 montre qu'il existe une autre manière de représenter graphiquement une onde sonore où la fréquence apparaît en abscisse et l'amplitude en ordonnée. Sur ce graphique, appelé *représentation spectrale*, apparaissent les amplitudes relatives des différentes composantes fréquentielles qui constituent un son, chacune étant représentée par une raie. Il est à noter qu'à une forme d'onde complexe correspond une représentation spectrale elle aussi complexe.

Ainsi, chaque onde admet deux types de représentation qui se correspondent : la *représentation temporelle* et la *représentation fréquentielle* ou *spectrale*. Par analogie avec la décomposition décrite ci-dessus, il est possible de synthétiser des formes d'ondes en combinant les composantes adéquates.

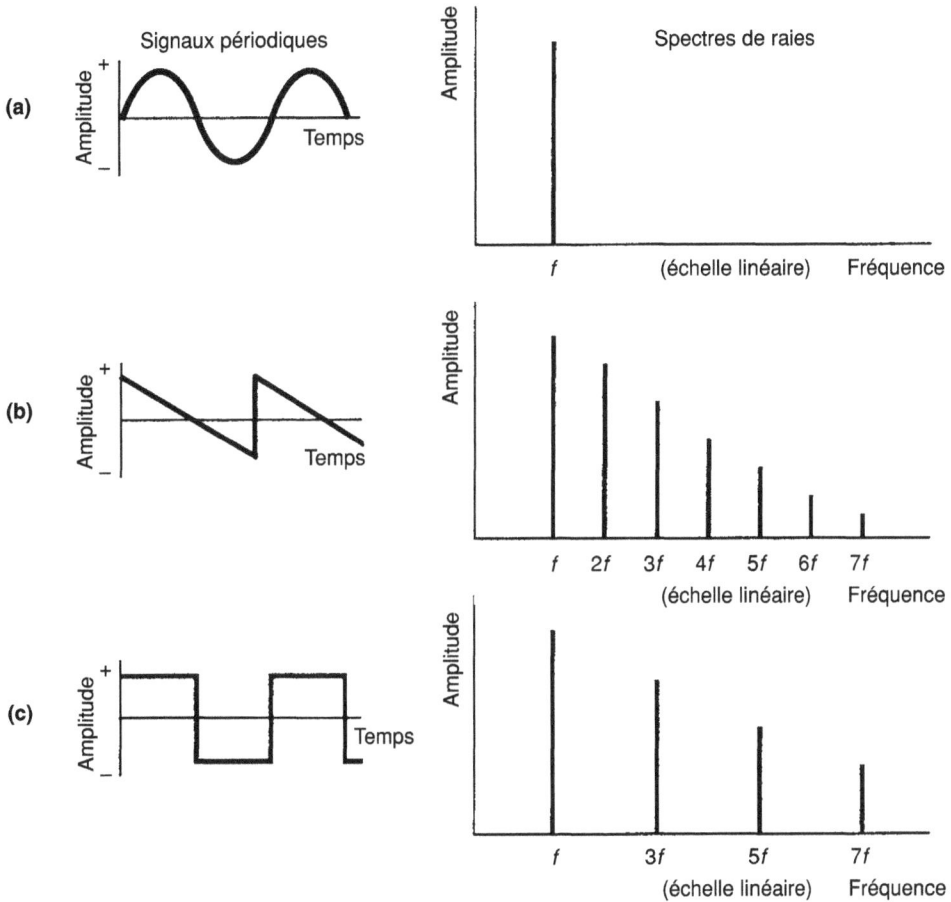

**Figure 1.4**

Différents signaux périodiques, et les spectres de raies correspondants.

(a) Le signal sinusoïdal ne comporte qu'une composante, à la fréquence fondamentale.

(b) Le signal en dents de scie contient une composante à la fréquence fondamentale et des composantes dont les fréquences sont des multiples entiers de cette dernière, d'amplitudes progressivement décroissantes.

(c) Le signal carré contient, outre le fondamental, des composantes harmoniques dont les fréquences sont des multiples impaires de ce dernier.

## 1.5 Spectres des signaux périodiques

Comme le montre la figure 1.4, le spectre d'un signal sinusoïdal ne comporte qu'une raie à la fréquence de ce dernier. Cette fréquence est appelée le fondamental de l'oscillation. D'autres types de signaux périodiques, comme le signal carré, comportent, en plus du fondamental, d'autres composantes spectrales, de fréquences plus élevées, appelées *harmoniques*. Les fréquences de ces dernières sont des multiples entiers de celle du fondamental. Par exemple, un son de fréquence fondamentale 100 Hz peut contenir des harmoniques à 200 Hz, 300 Hz, 400 Hz, 600 Hz, etc. L'existence de celles-ci est due à ce que la plupart des sources présentent simultanément plusieurs modes vibratoires. Prenons l'exemple de la corde tendue illustrée à la figure 1.5. Elle peut vibrer avec différents modes qui correspondent chacun à un multiple entier de la fréquence fondamentale (la notion d'ondes stationnaires sera introduite ci-dessous, au paragraphe 1.13). Cette dernière correspond au déplacement de l'intégralité de la corde, alors que, pour les harmoniques, les vibrations se traduisent par des déplacements maximaux et minimaux répartis sur sa longueur (on les appelle respectivement ventres et nœuds). On peut noter que le second mode comporte deux maxima de déplacement, le troisième trois et ainsi de suite.

**Figure 1.5**

Modes vibratoires d'une
corde tendue.
(a) Fondamental.
(b) Harmonique deux.
(c) Harmonique trois.

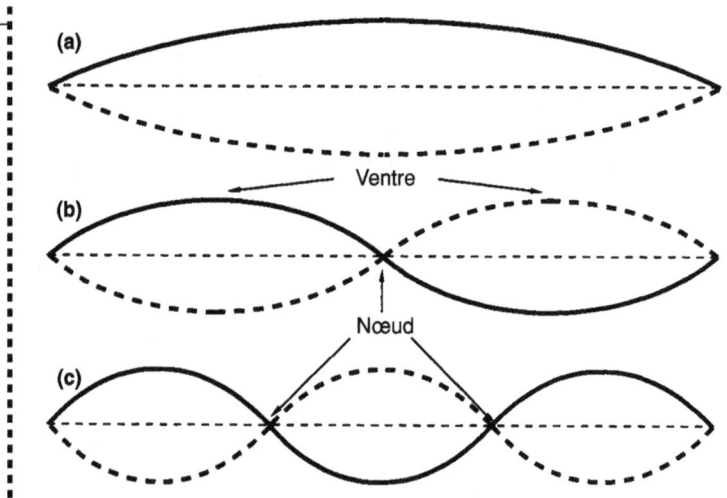

Le fondamental est parfois également appelé première harmonique, la composante à fréquence double harmonique deux, triple harmonique trois, etc.

Pour ce qui est des formes d'ondes apparaissant sur la figure 1.4, le fondamental présente l'amplitude la plus élevée, celles des harmoniques décroissant lorsque la fréquence augmente ; ce n'est en réalité pas toujours le cas, certaines harmoniques pouvant avoir une amplitude supérieure à celle du fondamental. Par ailleurs, certaines harmoniques peuvent ne pas exister.

Il peut également arriver qu'un son contienne des composantes qui ne présentent pas de relation harmonique avec le fondamental, alors appelées *partiels anharmoniques* ou simplement *partiels*. On les rencontre avec des sources présentant des modes vibratoires complexes, comme dans le cas de cloches ou d'instruments à percussion. Il est parfois possible de reconnaître la hauteur de tels sons, et parfois non ; cela dépend de l'importance relative de l'amplitude du fondamental.

## 1.6  Spectres des sons non périodiques

Les sons non périodiques ne présentent pas de hauteur précise et s'apparentent à des bruits. Leurs spectres sont constitués d'un grand nombre de composantes dont les fréquences ne présentent pas entre elles de relation particulière, même si certaines peuvent être de plus grande amplitude que d'autres. L'analyse de tels signaux dans le but d'obtenir leurs spectres est plus complexe que dans le cas de signaux périodiques. Une technique mathématique appelée *transformation de Fourier* permet toutefois d'en obtenir la représentation spectrale à partir de leur représentation temporelle.

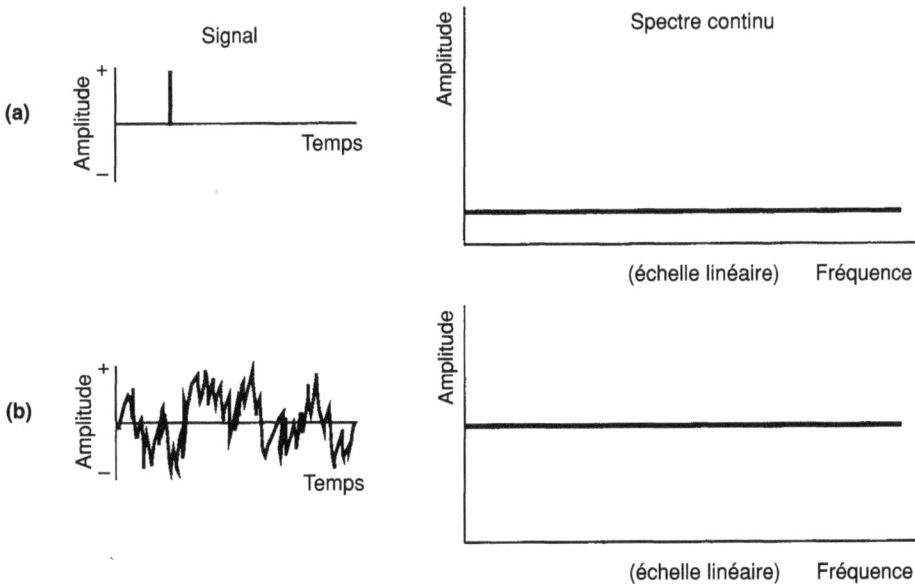

**Figure 1.6**
Spectres de signaux non périodiques. (a) Impulsion. (b) Bruit.

**7**

On peut montrer qu'une impulsion isolée de courte durée présente un spectre plat et d'autant plus étendu que l'impulsion est brève ; son énergie en sera d'autant plus faible (voir la figure 1.6). Les signaux aléatoires seront perçus comme un souffle ; un signal totalement aléatoire où la fréquence, l'amplitude et la phase des différentes composantes sont totalement équiprobables est appelé *bruit blanc*. Le spectre d'un tel signal, s'il est calculé sur une durée suffisante, est constant sur l'ensemble des fréquences audio (et au-dessus). L'énergie qu'il contient est constante pour une largeur de bande (en Hz) donnée, alors qu'un autre type de bruit, le *bruit rose*, utilisé en métrologie, a une énergie constante par octave. C'est la raison pour laquelle le bruit blanc est perçu comme plus aigu que le bruit rose.

## 1.7   Notions liées à la phase des signaux

Deux ondes sonores de même fréquence sont dites *en phase* lorsque les instants des compressions et des détentes coïncident exactement dans le temps et dans l'espace. Si deux signaux en phase sont mélangés ou superposés, il en résulte un signal de même fréquence et d'amplitude double. Deux signaux sont dits en opposition de phase si la demi-période positive de l'un coïncide avec la demi-période négative de l'autre. Si ces deux signaux sont mélangés, ils s'annulent l'un l'autre, et le résultat est l'absence de signal.

Les deux cas précédents sont des situations extrêmes, et il est possible de mélanger deux signaux de même fréquence et présentant un déphasage intermédiaire. Le signal résultant sera d'amplitude et de phase intermédiaires.

Les différences de phase entre signaux peuvent provenir d'un décalage temporel. Deux signaux produits par des sources situées à la même distance d'un auditeur parviendront à ce dernier au même instant et donc en phase. Si une des sources est plus distante, l'onde émise présentera, par rapport à l'autre, un retard au niveau de l'auditeur, et le déphasage entre les deux dépendra de l'importance du retard (voir la figure 1.8). Il est pratique de considérer que le son parcourt environ 30 cm par milliseconde de sorte que si la seconde source est de 1 m plus distante de l'auditeur que la première, elle sera retardée d'environ 3 ms.

La relation de phase qui en résulte, il faut le noter, dépend alors de la fréquence du signal ; pour une fréquence de 330 Hz, le retard de 3 ms correspond à une longueur d'onde, et les signaux parviendront en phase à l'auditeur. Si le délai est réduit de moitié, soit 1,5 ms, les deux signaux seront en phase à 330 Hz.

**Figure 1.7** _____

(a) Lorsque deux signaux identiques et en phase sont ajoutés, il en résulte un signal de même fréquence, de même phase, et d'amplitude double.
(b) La sommation de deux signaux identiques, mais en opposition de phase, donne un résultat réel.
(c) Si deux signaux de mêmes amplitudes et fréquences, mais non en phase, sont ajoutés, il en résulte un signal obtenu en les sommant point par point.

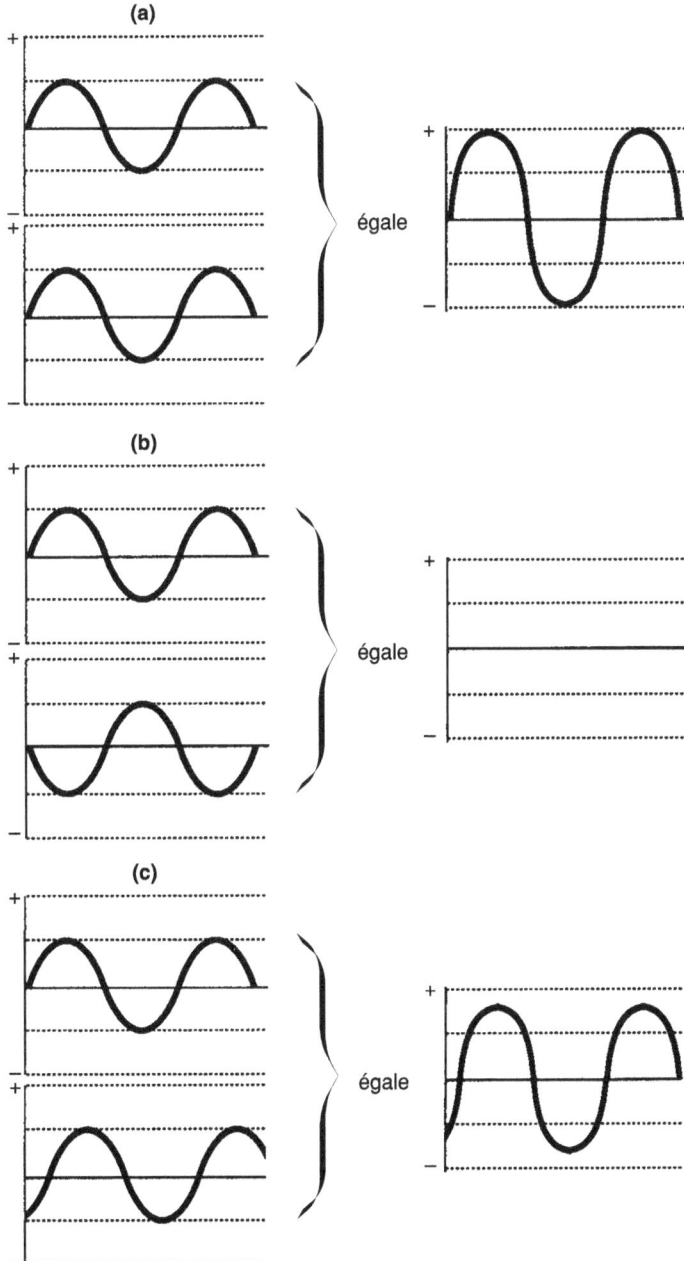

**(a)** ... égale

**(b)** ... égale

**(c)** ... égale

**9**

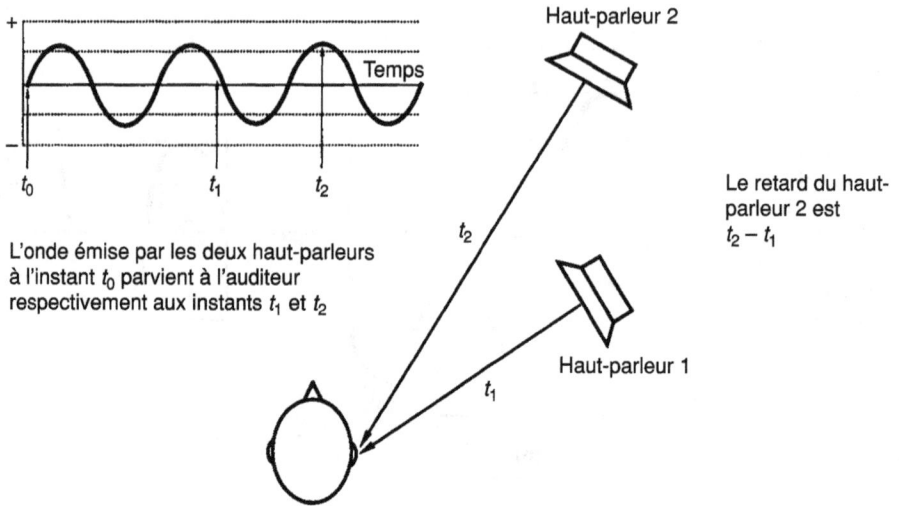

**Le retard du haut-parleur 2 est $t_2 - t_1$**

L'onde émise par les deux haut-parleurs à l'instant $t_0$ parvient à l'auditeur respectivement aux instants $t_1$ et $t_2$

**Figure 1.8**

Si les deux haut-parleurs émettent simultanément la même onde, la différence de phase des ondes parvenant à l'auditeur est proportionnelle à $t_2 - t_1$.

La phase est souvent exprimée en nombre de degrés par rapport à une référence. Pour expliquer cette manière de faire, il est nécessaire de revenir à la nature de la sinusoïde, et d'avoir recours à une illustration comme celle de la figure 1.9. Son examen nous montre que la sinusoïde peut être vue comme l'évolution de la position verticale d'un point tournant sur le cercle en fonction du temps. La hauteur du point augmente puis diminue de manière régulière lorsque le point tourne à vitesse constante. Le nom de sinusoïde provient du fait que la hauteur du point est directement proportionnelle au sinus de l'angle de rotation.

**Figure 1.9**

La hauteur du point varie avec l'angle de rotation selon un loi sinuzoïdale. La phase de la sinuzoïde peut être comprise comme l'angle de rotation de la roue.

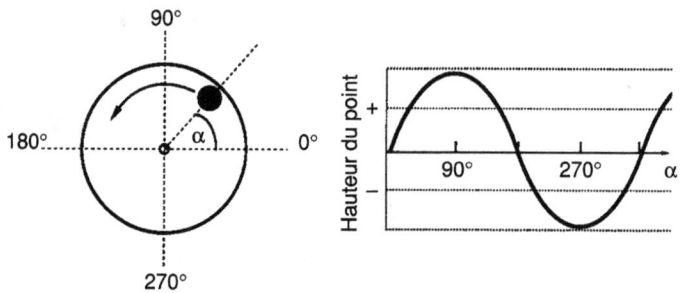

**10**

L'amplitude du déplacement varie de − 1 (amplitude la plus négative) à + 1 (amplitude la plus positive), passant par 0 à mi-chemin. Pour une rotation de 90°, l'amplitude de la sinusoïde atteint son maximum positif (sin 90° = + 1) ; pour 180°, elle est nulle (sin 180° = 0) ; à 270°, elle atteint sa valeur la plus négative (sin 270° = − 1) et, à 360°, elle est de nouveau nulle.

Nous pouvons maintenant revenir au déphasage entre deux signaux de même fréquence. Si chaque période est considérée comme correspondant à 360°, nous pouvons exprimer de combien de degrés un signal est en avance ou en retard par rapport à l'autre, en comparant les passages par zéro des deux signaux (voir la figure 1.10) ; dans cet exemple, le signal 1 présente un déphasage de 90° avec le signal 2.

**Figure 1.10**

Le signal du bas présente un déphasage de 90° par rapport à celui du haut. On dit aussi que ces signaux sont en quadrature.

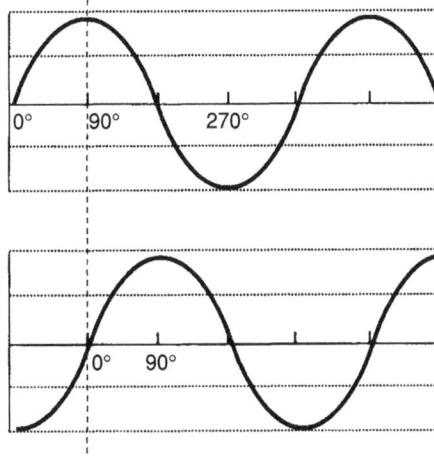

Il faut avoir à l'esprit que le concept de phase n'est opérant que pour les signaux périodiques et a peu de sens dans le cas de signaux impulsionnels, pour lesquels le décalage temporel est plus pertinent. On peut déduire de ce qui précède que plus la fréquence est élevée, plus le déphasage apporté par un retard entre deux signaux est important ; il est par ailleurs possible d'observer un décalage de phase supérieur à 360° si le retard correspond à plus d'une période. Dans ce cas, il est difficile d'évaluer le nombre de périodes qui se sont écoulées, puisqu'une différence de phase de 360° ne peut être distinguée d'une différence de phase de 0°.

## 1.8  Représentation électrique du son

Comme nous l'avons vu précédemment, le son que nous percevons est dû à des compressions et à des détentes successives de l'air ; des opérations telles que son amplification, sa transmission ou son enregistrement nécessitent sa conversion en un signal électrique. Comme l'illustrent le complément 3.1 et le chapitre 4, le rôle du microphone est cette conversion de l'information acoustique en information électrique. Nous ne nous intéresserons pas tout de suite au processus de conversion lui-même, mais à ses résultats, en supposant le microphone comme idéal, le signal électrique présentant exactement la même forme que l'onde acoustique qui lui a donné naissance.

**Figure 1.11**_____

Le microphone convertit les variations de pression sonore en variations de tension électrique. En principe, une compression de l'air produit une tension positive, une détente une tension négative.

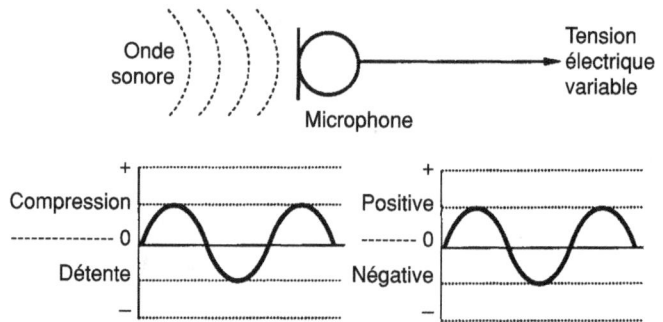

L'équivalent électrique de l'amplitude de l'onde est la tension. Si l'on examine la tension de sortie d'un microphone captant une onde sonore sinusoïdale, on observera qu'elle évolue également de manière sinusoïdale, comme le montre la figure 1.11, qui indique par ailleurs qu'à une compression correspond une tension positive et à une détente, une tension négative. C'est en principe le cas, même si certains systèmes de reproduction présentent une inversion de phase absolue entre l'onde sonore et sa représentation électrique ; à une compression correspond alors une tension négative, et inversement. Certains prétendent percevoir la différence.

Une autre grandeur électrique importante est le courant qui circule dans le câble relié au microphone. Celui-ci est l'équivalent électrique du mouvement des particules d'air que nous avons décrit au paragraphe 1.3. À la manière des ondes sonores qui reposent sur le mouvement des particules d'air, le signal audio repose sur le mouvement de charges électriques, appelées électrons, présentes dans le conducteur et susceptibles de se déplacer. Lorsque la tension est positive, le courant circule dans un certain sens et, quand elle est négative, dans l'autre. Puisque la tension générée par le microphone passe alternativement par des valeurs positives et négatives, en synchronisme avec les compressions et les détentes de l'air, le sens de circulation du courant s'inverse lui aussi à chaque demi-période, d'où l'expression *courant alternatif*. Comme nous l'avons vu au paragraphe 1.3, les particules d'air ne subissent pas de déplacement à long terme, et présentent seulement des oscillations par rapport à une position d'équilibre ; il en est de même des électrons.

On peut trouver dans le domaine de l'hydraulique une analogie intéressante avec ce qui précède. Si l'on considère l'eau contenue dans le réservoir de la figure 1.12, qui peut circuler dans le tuyau de sortie, la tension électrique est l'équivalent de la pression de l'eau, qui dépend de la hauteur à laquelle est placé le réservoir, et le courant l'équivalent du débit d'écoulement dans le tuyau. La seule différence est que cette situation est analogue à la circulation d'un courant continu, puisque le sens de l'écoulement est toujours le même.

**Figure 1.12**_____
Ce schéma montre les analogies existant entre l'écoulement de l'eau dans un tuyau et la circulation d'un courant électrique dans un conducteur.

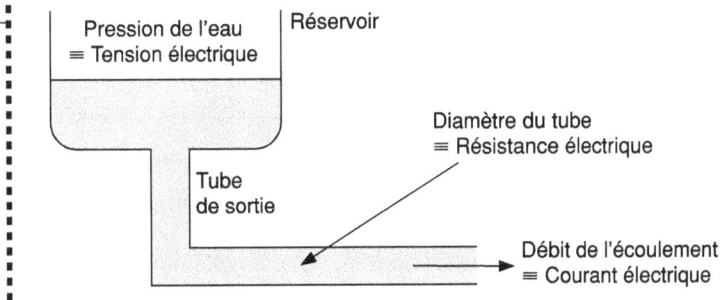

Pression de l'eau ≡ Tension électrique

Réservoir

Diamètre du tube ≡ Résistance électrique

Tube de sortie

Débit de l'écoulement ≡ Courant électrique

Cet exemple nous permet d'introduire ici la notion de résistance, analogue au diamètre du tuyau. Sa valeur conditionne l'importance du débit, ainsi que la circulation des électrons dans un câble, ou la propagation de l'énergie acoustique dans un milieu. Pour une tension donnée (équivalente à la pression de l'eau), une résistance importante (un tube de faible diamètre) aura pour conséquence un courant faible (un simple filet d'eau) alors qu'une résistance faible (tube de grand diamètre) amènera la circulation d'un courant important (un fort débit). La relation entre tension, courant et résistance a été établie par Ohm et constitue la loi qui porte son nom ; elle fait l'objet du complément 1.1, qui introduit également les relations entre puissance, tension, courant et résistance.

**Complément 1.1** – *La loi d'Ohm*

La loi d'Ohm établit la relation simple qui unit la résistance d'un circuit ($R$), la tension qui lui est appliquée ($U$) et le courant qui y circule ($I$).

$$U = R.I \text{ ou } I = U/R \text{ ou } R = U/I.$$

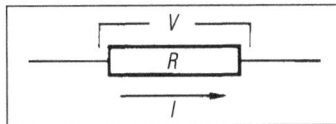

Ainsi, si la résistance d'un circuit est connue, et la tension appliquée mesurée, le courant peut en être déduit. Il existe également une relation entre ces paramètres et la puissance $P$, exprimée en watts, dissipée dans le circuit.

$$P = R.I^2 = U^2/R.$$

Pour les systèmes fonctionnant en courant alternatif, la notion de résistance cède la place à celle d'*impédance* qui en constitue en quelque sorte une extension. L'impédance est une grandeur complexe qui comporte une composante résistive et une composante réactive. Cette dernière varie en fonction de la fréquence ; on peut donc en déduire que l'impédance varie elle aussi en fonction de la fréquence. Les condensateurs, constitués à la base de deux armatures métalliques séparées par un isolant, présentent une impédance inversement proportionnelle à la fréquence du signal et ne permettant donc pas le passage d'un courant continu. Les inductances (à la base, des bobines de fil) ont, elles, une impédance proportionnelle à la fréquence des signaux. La capacité d'un condensateur est exprimée en farads et l'inductance d'une bobine en henrys.

## 1.9 Visualisation des signaux

À ce stade, nous pouvons évoquer deux types d'appareils qui permettent une représentation graphique, ou visualisation, des caractéristiques des signaux. Il peut être utile de visualiser la forme d'onde d'un signal, en d'autres termes sa représentation temporelle, ou bien son spectre, ou représentation spectrale. L'oscilloscope montre la première, l'analyseur de spectre la seconde. La figure 1.13 illustre de tels appareils.

**Figure 1.13**

(a) Un oscilloscope permet de visualiser la forme d'un signal électrique, grâce à un faisceau lumineux mobile dévié vers le haut par une tension positive et vers le bas par une tension négative.
(b) Un analyseur de spectre permet de visualiser le contenu spectral d'un signal électrique, sous la forme de raies qui matérialisent les amplitudes des différentes composantes de ce signal.

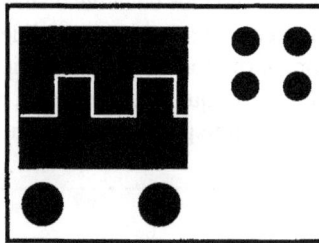

**(a)**

**(b)**

Ces deux appareils reçoivent les informations à étudier sous leur forme électrique et en permettent la visualisation sur un écran. Dans le cas de l'oscilloscope, un spot lumineux balaye l'écran de gauche à droite, avec une vitesse réglable, alors que ses déplacements dans la direction verticale sont rendus dépendants des évolutions du signal d'entrée (vers le haut quand ce dernier est positif, vers le bas lorsqu'il est négatif). L'évolution temporelle du phénomène s'affiche ainsi sur l'écran. La plupart des oscilloscopes sont dotés de deux entrées et peuvent donc représenter simultanément deux signaux, ce qui permet, par exemple, de comparer les phases de ces signaux (voir le paragraphe 1.7).

L'analyseur de spectre, quant à lui, présente différents modes de fonctionnement selon le type d'analyse souhaitée. Un analyseur en temps réel affiche un spectre de raies continuellement mis à jour, tel que ceux que nous avons décrits plus haut, les fréquences des composantes correspondant à l'axe horizontal et leurs amplitudes à l'axe vertical.

## 1.10 Les décibels

Les décibels sont très largement répandus dans le monde de l'audio, de préférence aux unités absolues telles que les volts ou les watts, dans la mesure où ils constituent une manière commode d'exprimer le rapport entre deux grandeurs et où ils permettent de donner une mesure du phénomène sonore en relation avec l'impression subjective ressentie. Ils amènent de plus une réduction de l'éventail des valeurs à manipuler, particulièrement pour ce qui est des niveaux sonores minima et maxima que l'on peut constater en réalité. À titre d'exemple, la gamme des intensités sonores audibles par l'être humain s'étend d'environ $10^{-12}$ W/m$^2$ à $10^2$ W/m$^2$ ; cette étendue, exprimée en décibels, est ramenée à la gamme 0 dB à 140 dB.

Le complément 1.2 fournit différents exemples d'utilisation des décibels. Les relations entre ces derniers et la perception auditive seront abordés en détail au chapitre 2 ; les niveaux de travail des matériels d'enregistrement feront l'objet des paragraphes 3.5, 7.5 et 8.5.

Les décibels permettent non seulement d'exprimer le rapport entre deux grandeurs ou entre une grandeur et une référence, mais aussi le gain en tension d'un appareil. Par exemple, un amplificateur microphonique amplifiant la tension par un facteur 1 000 présentera un gain en tension de 60 dB, car :

$$20 \, \text{Log} \, 1\,000/1 = 60 \, \text{dB}.$$

---

### Complément 1.2 – *Les décibels*

Les décibels résultent du logarithme du rapport de deux grandeurs et indiquent de combien l'une est inférieure ou supérieure à l'autre. Ils peuvent également être utilisés pour exprimer une mesure absolue, pour peu qu'une grandeur de référence soit connue et choisie. Diverses références ont été normalisées pour construire des échelles de mesures en décibels utilisées dans les différents domaines de l'audio (voir ci-dessous).

La définition stricte du décibel est « dix fois le logarithme à base 10 du rapport de deux puissances » soit :

$$N\text{dB} = 10 \, \text{Log}_{10} \, P2/P1.$$

Par exemple, la différence en décibels entre deux signaux de puissances respectives égales à 2 W et 1 W est :

$$10 \, \text{Log} \, 2/1 = 3 \, \text{dB}.$$

Lorsque les décibels sont utilisés pour comparer des grandeurs autres que des puissances, la relation entre celles-ci et la puissance doit être prise en compte. Par exemple, la tension électrique est telle que son carré est homogène à la puissance ($P = U^2/R$) ; la comparaison de deux tensions s'effectuera alors comme suit :

$$\text{dB} = 10 \, \text{Log} \, V_2^2/V_1^2 = 10 \, \text{Log} \, (V_2/V_1)^2 = 20 \, \text{Log} \, (V_2/V_1).$$

Par exemple, la différence en décibels entre un signal de tension 2 V et un autre de tension 1 V est $20 \, \text{Log} \, (2/1) = 6 \, \text{dB}$. Ainsi, doubler la tension correspond à une augmentation de niveau de 6 dB ; doubler la puissance revient à l'augmenter de 3 dB. Une relation similaire s'applique aux pressions acoustiques (analogues à la tension électrique) et aux intensités acoustiques (analogues à la puissance électrique).

Le mesure d'un niveau en décibels nécessite qu'une référence ait été préalablement définie, faute de quoi son expression sera dénuée de sens. Un niveau de 47 dB ne signifie rien sauf à savoir que ce signal est de 47 dB supérieur à une valeur connue. L'expression « + 8 dB, référence 1 volt » a, elle, un sens, car elle signifie que le signal est de 8 dB supérieur à 1 V, ce qui permet le calcul de la tension en question.

La pratique admet cependant des exceptions, dans la mesure où, dans certains domaines, la référence a un caractère implicite. L'expression des niveaux de pression sonore en constitue un exemple, la référence étant définie dans le monde entier comme étant égale à $2 \times 10^{-5}$ Pa. Ainsi, on peut tolérer l'expression « niveau sonore de 77 dB », même si certaines confusions peuvent naître, par exemple, de l'introduction de pondérations (voir le complément 1.4). Dans le domaine de l'enregistrement, le niveau 0, ou 0 dB, constitue un niveau de référence pour l'alignement des appareils. Il correspond parfois à une tension de 0,775 V (0 dBu) et varie selon les studios, certains utilisant comme référence la valeur + 4 dBu. L'expression 0 dB ne signifie aucunement que le signal a une valeur nulle, mais indique que son niveau est égal à celui de la référence.

Pour indiquer la référence utilisée, on fait appel à un suffixe (exemple : dBm) ; différents suffixes ont été normalisés, dont le lecteur trouvera ci-dessous des exemples. Certains indiquent l'utilisation, dans la chaîne de mesure, de filtres de pondération (exemple : dBA).

| Unité | Niveau de référence |
|-------|---------------------|
| dBV | 1 V |
| dBu | 0,775 V (Europe) |
| dBv | 0,775 V (USA) |
| dBm | 1 mW (voir le paragraphe 13.9) |
| dBA | 1 dB SPL avec pondération A |

Une liste complète des suffixes a été publiée dans la recommandation 574-1 du CCIR, datant de 1982.

Dans le domaine audio, il est plus habituel de raisonner en termes de tensions électriques et de niveaux de pression sonore qu'en termes de puissance. Pour ces grandeurs, il est utile d'avoir à l'esprit différents facteurs multiplicatifs et leurs correspondants en décibels.

| Facteur multiplicatif | Décibels |
|-----------------------|----------|
| 1 | 0 dB |
| $\sqrt{2}$ | + 3 dB |
| 2 | + 6 dB |
| 10 | + 20 dB |
| 1 000 | + 60 dB |

## 1.11 Puissance et pression acoustique

Une source sonore telle que la sphère pulsante évoquée au début de ce chapitre rayonne la puissance sonore qu'elle émet de manière omnidirectionnelle, c'est-à-dire identiquement dans toutes les directions, comme une version tridimensionnelle des ondulations produites par une pierre jetée dans un étang. La puissance émise, exprimée en watts, se répartit sur des surfaces de plus en plus importantes au fur et à mesure que l'onde s'éloigne de la source. Ainsi, la quantité de puissance par mètre carré traversant une sphère imaginaire centrée sur la source diminue lorsque la distance à celle-ci s'accroît (voir le complément 1.3). La conséquence pratique est que le niveau sonore chute de 6 dB chaque fois que la distance à la source double (voir la figure 1.14).

**Figure 1.14**_____

La puissance acoustique qui s'applique à une surface de 1 m² à une distance r de la source s'appliquera, à la distance 2r, à une surface de 4 m² ; son intensité sera donc divisée par quatre.

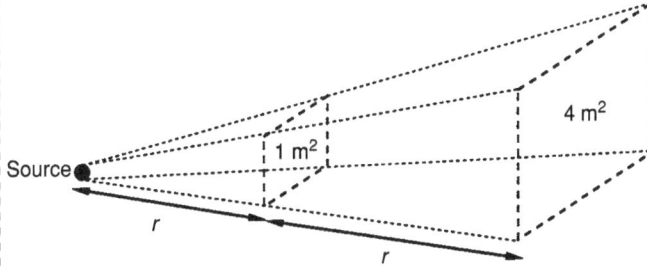

## Complément 1.3 – *La loi du carré inverse*

La loi de décroissance de la puissance par unité de surface, ou intensité acoustique, en fonction de la distance à la source est connue sous le nom de *loi du carré inverse* car l'intensité décroît proportionnellement au carré de la distance à la source. La raison en est que la puissance sonore délivrée par une source sonore ponctuelle se répartit sur la surface d'une sphère. Cette dernière, $S$, est reliée au rayon $r$ de la sphère par :

$$S = 4.\pi.r^2.$$

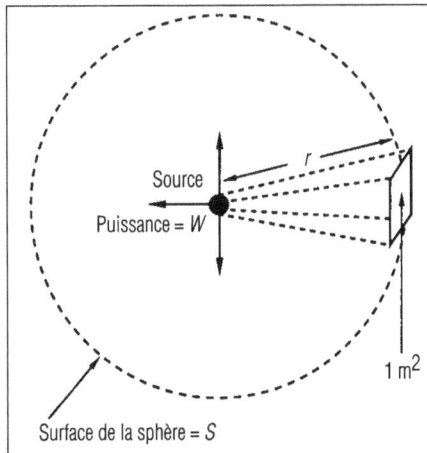

Si la puissance délivrée par la source est $P$ watts, alors l'intensité acoustique, ou puissance surfacique, en W/m², à la distance $r$ est donnée par :

$$J = P/4.\pi.r^2.$$

Par exemple, pour une puissance à la source de 0,1 W, l'intensité acoustique à la distance de 4 m sera :

$$J = 0,1 / (4 \times 3,14 \times 16) = 0,0005 \text{ W/m}^2.$$

On pourra alors exprimer cette dernière en décibels en la rapportant à la référence de $10^{-12}$ W/m² :

$$\text{SIL (dB)} = 10 \text{ Log } [(5 \times 10^{-4}) / (10^{-12})] = 87 \text{ dB}.$$

Les sources sonores réelles délivrent une puissance acoustique étonnamment faible comparée par exemple à la puissance électrique nécessaire pour allumer une ampoule. Une source sonore produisant une puissance de 20 W provoquera un niveau de pression sonore voisin du seuil de douleur pour un auditeur placé à son voisinage. La plupart ne produisent que des fractions de watt, une partie de cette puissance étant susceptible d'être convertie en chaleur. La quantité de chaleur produite par dissipation de l'énergie acoustique est toutefois très faible et les chances d'élever la température d'une salle en y criant sont réduites, au moins au sens propre.

On confond parfois puissance acoustique et puissance électrique délivrée par un amplificateur afin d'attaquer un haut-parleur, et les techniciens audio sont familiarisés avec des puissances délivrées de plusieurs centaines de watts. Il faut avoir conscience que le rendement d'un haut-parleur est très faible, seule une petite partie de la puissance électrique étant convertie en puissance acoustique. Ainsi, même si un haut-parleur reçoit une puissance électrique, disons de 100 W, la puissance acoustique produite ne sera que de 1 W, si son rendement est de 1 % ; le reste de la puissance est dissipée dans la bobine sous la forme de chaleur.

La pression sonore est la conséquence de la puissance sonore sur l'environnement. À titre de comparaison, considérons un système de chauffage central. La puissance sonore est analogue à l'énergie calorifique délivrée par le radiateur et la pression sonore à la température régnant dans la pièce. Cette dernière est ce que ressent une personne entrant dans la pièce alors que le radiateur est la source de puissance. La pression sonore est exprimée en newton par mètre carré, N/m², unité également appelée Pascal (Pa). Pour exprimer les niveaux de pression sonore et d'intensité acoustique en décibels, on a choisi pour référence (notée 0 dB) le seuil d'audibilité (autrement dit le son le plus faible perceptible en moyenne) à la fréquence de 1 kHz, qui correspond à une pression de $2 \times 10^{-5}$ Pa, soit à une intensité acoustique d'environ $10^{-12}$ W/m² en champ libre.

Les niveaux de pression sonore peuvent alors être exprimés en décibels, de sorte qu'un niveau de 63 dB SPL indique que ce niveau est de 63 dB supérieur à $2 \times 10^{-5}$ Pa.

Les niveaux de pression acoustique ne représentent cependant pas précisément le volume sonore perçu, car ils ne tiennent pas compte du comportement de l'oreille. Pour ce faire, une unité, le *phone*, a été introduite, que nous définirons au chapitre 2.

Le complément 1.4 présente différentes méthodes de mesure des pressions sonores.

## Complément **1.4** – *Mesure des niveaux sonores*

La mesure du niveau sonore à un certain endroit s'effectue à l'aide d'un appareil appelé *sonomètre* qui est constitué d'un microphone omnidirectionnel de haute qualité (voir le paragraphe 4.4.1) relié à un amplificateur, d'un dispositif de filtrage et d'un indicateur (voir la figure ci-dessous).

### Filtres de pondération

La tension de sortie du microphone est proportionnelle au niveau de pression sonore incident et les filtres de pondération peuvent être mis en service pour atténuer les fréquences basses et les fréquences élevées selon une courbe de réponse normalisée telle que la courbe de pondération A, qui correspond sensiblement au comportement de l'oreille pour les niveaux faibles (voir le chapitre 2).

Les niveaux exprimés en dB SPL sont en général non pondérés, les différentes fréquences étant prises en compte de manière identique, alors que ceux exprimés en dBA ont fait l'objet de la pondération A et correspondent mieux au volume sonore perçu. Cette pondération a été conçue pour conserver sa validité jusqu'à environ 50 phones, la réponse de l'oreille s'aplatissant aux niveaux supérieurs ; entre 55 et 85 phones, il convient d'utiliser la courbe de type B et, au-delà, la courbe C. Néanmoins, il est fréquent que la courbe A soit utilisée pour tous les niveaux, afin de favoriser les comparaisons, alors que la courbe C est surtout utilisée dans le domaine de l'acoustique des véhicules.

### Mesure des niveaux de bruit

Le niveau du bruit dans un lieu est souvent exprimé en comparant le niveau du bruit dans la gamme audible à un ensemble de courbes normalisées appelées NC (*noise criteria*) aux États-Unis et NR (*noise ratings*) en Europe. Ces courbes indiquent le niveau de bruit tolérable dans des bandes de fréquences étroites en vue d'atteindre un certain critère. Le critère exprimé correspond à la courbe immédiatement supérieure aux mesures obtenues. Ces courbes prennent en compte le comportement de l'oreille, et expriment un certain niveau de gêne, un niveau de bruit plus important aux basses fréquences qu'aux fréquences élevées étant toléré.

Ce type de mesure nécessite de raccorder le microphone de mesure à un banc de filtres ou un analyseur de spectre permettant l'évaluation des niveaux de pression sonore par bandes de une octave ou de un tiers d'octave.

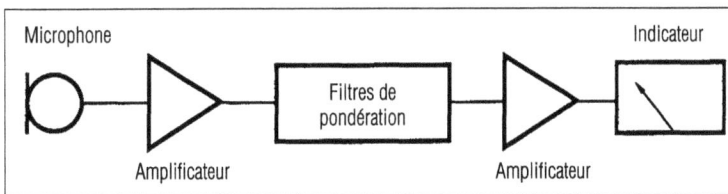

Microphone — Amplificateur — Filtres de pondération — Amplificateur — Indicateur

## 1.12 Champ libre et champ diffus

En acoustique, le terme *champ libre* désigne un environnement exempt de réflexions. Une telle situation est très rare dans la réalité, où des réflexions de différentes natures se produisent toujours, fussent-elles à un niveau très faible. Pour appréhender une telle situation, le lecteur pourra s'imaginer suspendu dans les airs à une grande distance du sol, et loin de tout bâtiment ou obstacle. La sensation est alors celle d'un lieu acoustiquement mort. Pour approcher de telles conditions, les expériences ou mesures acoustiques sont souvent menées au sein de lieux, appelés chambres anéchroïques, ou chambres sourdes, spécialement traitées pour que leurs parois ne produisent de réflexions à aucune fréquence, grâce à des matériaux aussi idéalement absorbants que possible.

En champ libre, la totalité de la puissance de la source est rayonnée sans qu'aucune partie soit réfléchie. Le niveau sonore à une certaine distance de la source n'obéit alors qu'à la loi du carré inverse (voir le complément 1.3). Dans le cas d'une source directionnelle, il est nécessaire de faire intervenir le facteur de directivité. Une source présentant un facteur de directivité égal à deux dans sa direction de rayonnement maximal produit deux fois plus de puissance dans cette direction que si elle avait rayonné la même puissance dans toutes les directions. L'index de directivité est le correspondant en décibels du facteur de directivité ; il serait égal à 3 dB dans l'exemple précédent. Si l'on souhaite calculer le niveau sonore à une certaine distance d'une source directive (voir le complément 1.3), il faut tenir compte du facteur de directivité en multipliant par autant la puissance à la source avant d'effectuer la division par $4\,\pi\,r^2$.

Le champ acoustique, dans un lieu, est constitué du son direct et des sons réfléchis. À une certaine distance de la source, en raison de la prédominance des sons réfléchis sur le son direct, on parle de *champ diffus*, ou *champ réverbéré*. Un court laps de temps après que la source a commencé à émettre, un régime de réflexions s'établit dans le lieu et l'énergie réfléchie est sensiblement identique en tous ses points. À proximité de la source, l'énergie du son direct est importante et l'énergie réfléchie n'entre que pour une faible part dans ce qui est perçu. Cette région est appelée *champ proche*. (Il est habituel, dans le domaine de l'enregistrement, d'avoir recours à des enceintes dites « de proximité », qui sont proches de l'auditeur au point que le son direct prédomine sur les phénomènes dus à la salle).

La distance à partir de laquelle le son direct est dominé par l'énergie réverbérée dépend du temps de réverbération de la salle, donc du caractère plus ou moins absorbant des parois, et de sa taille (voir le complément 1.5). La figure 1.15 montre l'évolution du niveau de pression sonore lorsque la distance à la source augmente, dans trois lieux différents. Il y apparaît que, pour le lieu « mort », les conditions du champ libre sont approchées, l'intensité sonore diminuant de 6 dB lorsque la distance double et l'énergie réverbérée restant très faible.

La distance critique, distance à laquelle les contributions directe et réverbérée sont égales, est d'autant plus importante que la salle est moins réverbérante.

Dans le lieu le plus réverbérant, le niveau de pression sonore varie peu avec la distance à la source, car l'énergie réfléchie devient assez rapidement prédominante. Ces aspects sont importants lors de la conception de lieux, car, bien qu'un temps de réverbération court soit souhaitable pour ce qui est d'une cabine technique, l'inconvénient est que le niveau sonore perçu varie de manière importante avec la distance aux haut-parleurs, ce qui nécessite des amplificateurs de forte puissance et des haut-parleurs robustes pour obtenir le niveau d'écoute souhaité. Un temps de réverbération légèrement plus important rend un lieu plus agréable à vivre et diminue les contraintes en ce qui concerne le système d'écoute.

**Figure 1.15**

Lorsque l'auditeur s'éloigne de la source, le niveau du son direct diminue, le niveau du son réverbéré demeurant sensiblement constant. Le niveau sonore constaté à différentes distances dépend du temps de réverbération du lieu, dès lors que le niveau du son réverbéré est plus important dans une salle réverbérante que dans une salle morte.

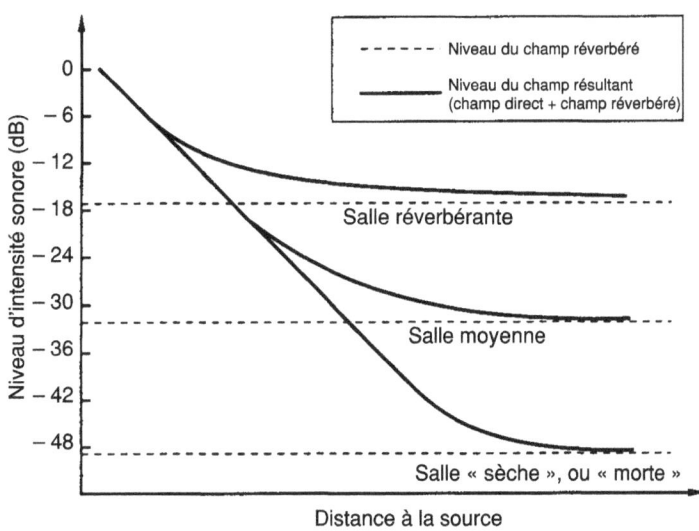

## Complément 1.5 – *Absorption, réflexions et T.R. 60*

### Absorptions

Lorsqu'une onde sonore rencontre une surface, une partie de son énergie est absorbée et l'autre réfléchie. Le coefficient d'absorption d'un matériau, compris entre 0 et 1, indique le pourcentage d'énergie absorbée ; un coefficient égal à 1 traduit une absorption totale, un coefficient nul, une réflexion totale. Le coefficient d'absorption d'un matériau donné dépend de la fréquence.

L'absorption d'une salle peut être évaluée en multipliant le coefficient de chacun des matériaux par la surface de celui-ci et en ajoutant les résultats obtenus. Toutes les surfaces doivent être prises en compte, y compris le public, les sièges et autres meubles. Il existe des tableaux indiquant les coefficients d'absorption de nombreux matériaux.

Les matériaux poreux ont tendance à absorber plus les fréquences élevées que les fréquences basses, alors que les membranes résonantes, ou panneaux absorbants, sont plus efficaces pour ces dernières.

Les cavités accordées, ou résonateurs de Helmholtz, permettent de diminuer l'énergie sonore dans une pièce à des fréquences déterminées. L'allure des coefficients d'absorption est indiquée sur la figure.

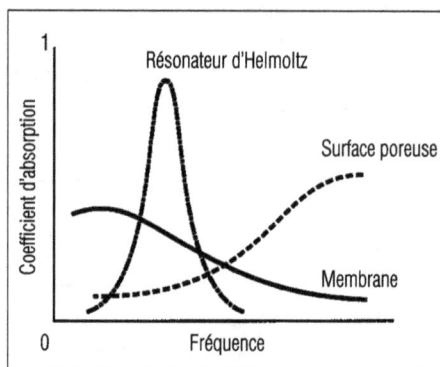

## Réflexions

La relation entre la taille d'un objet et la longueur d'onde est déterminante pour évaluer si cet obstacle sera contourné par cette dernière ou si elle s'y réfléchira. Lorsque les dimensions de l'objet sont grandes devant la longueur d'onde, il constituera une barrière pour l'onde sonore, alors que, si elles sont faibles, l'onde le contournera ou subira une diffraction. Dans la mesure où les longueurs d'ondes sonores s'étendent de 18 m aux basses fréquences à environ 1 cm pour les fréquences élevées, la plupart des objets constitueront un obstacle pour ces dernières mais n'auront que peu d'effet sur les fréquences les plus basses.

## Temps de réverbération

W.C. Sabine a développé une formule simple et relativement fiable permettant de déterminer le temps de réverbération (T.R. 60) d'un lieu en supposant que les matériaux absorbant sont répartis régulièrement. Cette formule relie le volume du lieu ($V$) et son absorption totale ($A$) au temps mis par la pression sonore pour chuter de 60 dB après que la source a cessé d'émettre.

$$\text{T.R. 60 (secondes)} = 0{,}16\ V/A.$$

Dans un lieu vaste, qui renferme un volume d'air considérable, et où les distances entre les parois sont importantes, l'absorption produite par l'air ne peut plus être négligée et un paramètre additionnel doit être ajouté à la formule précédente :

$$\text{T.R. 60 (secondes)} = (0{,}16\ V)/(A + xV),$$

où $x$ est le facteur d'absorption de l'air, dont des tables fournissent les valeurs pour différentes températures et différents degrés d'hygrométrie.

La formule de Sabine a fait l'objet de différentes modifications émanant de scientifiques comme Eyring, afin de la rendre plus fiable dans les cas extrêmes d'absorption très importante. Il faut avoir conscience que cette formule ne constitue qu'une approche ne permettant d'obtenir que des ordres de grandeur.

## 1.13 Ondes stationnaires

Les longueurs d'onde, dans le domaine audio, sont de valeurs très variables, comme l'indique le complément 1.5. Aux fréquences élevées, comme elles sont faibles, on peut considérer l'onde sonore comme un rayon lumineux. Différentes lois sont communes, comme l'égalité des angles d'incidence et réfléchis. Aux fréquences basses, où les longueurs d'onde deviennent commensurables avec les dimensions du lieu, d'autres aspects doivent être pris en compte, le lieu se comportant comme un résonateur complexe, où des maxima et des minima de pression sonore apparaissent à certaines fréquences.

Des ondes stationnaires, ou *modes propres*, peuvent apparaître lorsque la demi-longueur d'onde, ou un de ses multiples, devient égale à l'une des dimensions du lieu (longueur, largeur ou hauteur). En pareil cas (voir la figure 1.16) l'onde réfléchie sur chacune des deux parois concernées est en phase avec l'onde incidente et il s'ensuit une série de sommations et d'annulations correspondant respectivement à des maxima, ou ventres de pression ainsi qu'à des minima, ou nœuds. Dans le cas du premier mode, celui illustré par la figure, les ventres sont au niveau des deux parois et le nœud au centre de la pièce. Il est aisé de mettre en évidence de tels modes, à l'aide d'un générateur relié à un amplificateur auquel un haut-parleur est connecté ; à certaines basses fréquences, le lieu montre des résonances importantes et les ventres et nœuds de pression peuvent être constatés en se déplaçant.

**Figure 1.16**

Lorsqu'une onde stationnaire prend naissance entre deux parois d'un lieu, on constate l'apparition en certains points de maxima et de minima de pression. Le premier mode simple correspond à une distance entre parois égale à la demi-longueur d'onde du signal sonore ; deux maxima de pression apparaissent au niveau des parois, un minimum au milieu, comme le montre le schéma.

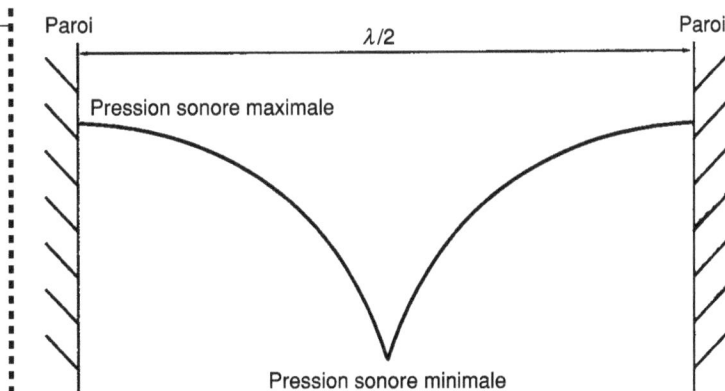

Paroi       $\lambda/2$       Paroi

Pression sonore maximale

Pression sonore minimale

Des ventres de pression existent toujours au voisinage des parois, alors que des nœuds apparaissent entre elles à des intervalles réguliers ; leur disposition dépend du fait que le mode propre a été créé entre deux murs, ou entre le plancher et le plafond. La fréquence $f$ à laquelle apparaît le mode le plus élevé est donnée par :

$$f = (c/2) \times (n/d),$$

où $c$ est la célérité du son dans l'air, $d$ la dimension entre les parois concernées et $n$ le numéro du mode.

Une formule plus complexe permet de prédire les fréquences dans différents modes propres d'un lieu, y compris les modes secondaires constitués de réflexions entre quatre et six surfaces (modes obliques et tangentiels). Les modes secondaires sont en général d'amplitude plus faible que les modes primaires, ou modes axiaux, car ils rencontrent une absorption plus importante. La formule est :

$$f = c/2 \sqrt{(P/L)^2 \cdot (q/l)^2 + (r/h)^2},$$

où $p, q$ et $r$ sont les numéros de mode pour chaque dimension et $L$, $l$ et $h$ respectivement la longueur, la largeur et la hauteur du lieu. Par exemple, pour calculer le premier mode axial dans le sens de la longueur, on prendra $p = 1$, $q = 0$ et $r = 0$. Pour calculer le premier mode oblique concernant les quatre murs, on prendra $p = 1$, $q = 1$ et $r = 0$, et ainsi de suite. Un raisonnement rapide permet de conclure que, pour un lieu donné, les modes propres seront relativement espacés aux fréquences basses et beaucoup plus proches aux fréquences élevées.

Au-delà d'une certaine fréquence, les modes apparaissant par octave sont si nombreux qu'il est difficile de les identifier. On retiendra qu'en général, les modes propres sont particulièrement critiques jusqu'à environ 200 Hz ; plus le lieu est de grande taille, plus les modes sont rapprochés. Dans le cas particulier de lieux présentant des distances égales apparaissent des modes dégénérés, les modes apparaissant dans les différentes directions s'ajoutant, renforçant les résonances à certaines fréquences. De telles situations doivent bien sûr être évitées.

---

**Complément 1.6** – *Échos et réflexions*

### Réflexions précoces

Les réflexions précoces sont produites par les parois proches et arrivent à l'auditeur dans les premières millisecondes (jusqu'à 50) après le son direct. Ce sont ces réflexions qui donnent à l'auditeur la sensation de la taille du lieu, alors que le retard entre le son direct et les premières réflexions est lié à la position de l'auditeur par rapport aux parois du lieu. Les réverbérateurs artificiels permettent la simulation de différents types de réflexions précoces avant l'apparition du champ diffus décroissant, ce qui permet de donner à divers programmes les caractéristiques de lieux de différentes tailles.

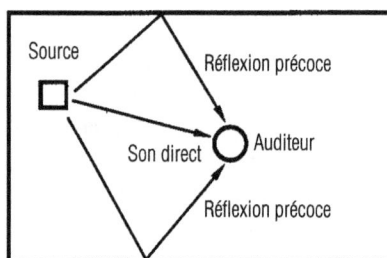

### Échos

Les échos peuvent être considérés comme des réflexions discrètes parvenant à l'auditeur plus de 50 ms après le son direct. Elles sont perçues de manière distincte alors que celles plus précoces sont intégrées au son direct par le cerveau, ou fusionnées, et ne sont donc pas perçues comme des échos. De tels échos sont produits par des parois distantes très réfléchissantes telles qu'un plafond élevé ou un mur arrière distant. Des échos importants sont très perturbants dans les situations d'écoute attentive et peuvent être supprimés par dispersion ou par absorption.

### *Flutter* écho

Ce phénomène apparaît lorsque deux parois réfléchissantes parallèles se font face, et que les autres parois sont absorbantes. Les ondes sonores peuvent alors se retrouver en quelque sorte prisonnières entre ces parois ; il en résulte une coloration perceptible sur les sons impulsionnels comme des claquements de mains.

Dans la mesure où les modes propres ne peuvent être évités aux basses fréquences, sauf à introduire une absorption idéale, la réduction de leurs conséquences, lors de la conception d'une salle, consiste à adopter des rapports entre les dimensions tels que les modes propres soient régulièrement répartis. Différentes techniques de répartition ont été conçues par les acousticiens, mais leur exposé sort du cadre de cet ouvrage. Les grandes salles sont souvent plus agréables que les petites, les modes propres étant plus rapprochés dans les basses fréquences et les modes individuels moins proéminents, mais il y a là un compromis à trouver avec le temps de réverbération. L'adoption de parois non parallèles n'empêche pas totalement l'apparition d'ondes stationnaires, les modes obliques et tangentiels étant encore possibles ; elle rend aussi plus difficile la prédiction des fréquences de ces modes.

Le principal problème, en pratique, résulte de l'irrégularité du niveau de pression sonore dans le lieu aux fréquences où se manifestent les modes propres. Ainsi, une personne assise à un endroit peut constater un niveau très élevé à une certaine fréquence alors que d'autres auditeurs le percevront comme très faible. Un lieu présentant des modes propres accentués aux basses fréquences résonnera à certaines fréquences, ce qui est incompatible avec une écoute de qualité. La réponse de la salle modifie la réponse perçue d'un haut-parleur de sorte que, même si la réponse propre de ce dernier est correcte, elle pourra devenir inacceptable lorsqu'elle sera modifiée par les résonances du lieu.

Les réflexions sur les parois n'ont pas comme seule conséquence les modes propres. Le complément 1.6 en donne d'autres exemples.

# Références bibliographiques

**Ouvrages généraux**

EARGLE, J. (1990) *Music, Sound, Technology*. Van Nostrand Rheinhold.

Fischetti, A. (2001) *Initiation à l'acoustique*. Belin Sup. Sciences.

HOWARD, D. and Angus, J. (1996) *Acoustics and Psychoacoustics*. Focal Press.

ROSSING, T. D. (1989) *The Science of Sound*, 2nd Edition. Addison-Wesley.

**Acoustique architecturale**

EGAN, M. D. (1988) *Architectural Acoustics*. McGraw-Hill.

JOUHANEAU, J. (1997) *Acoustique des salles et sonorisation*. Lavoisier.

RETTINGER, M. (1988) *Handbook of Architectural Acoustics and Noise Control*. TAB Books.

TEMPLETON, D. and Saunders, D. (1987) *Acoustic Design*. Butterworth Architecture.

**Acoustique musicale**

BENADE, A. H. (1976) *Fundamentals of Musical Acoustics*. Oxford University Press.

CAMPBELL, M. and Greated, C. (1987) *The Musician's Guide to Acoustics*. Dent.

HALL, D. E. (1991) *Musical Acoustics*, 2nd Edition. Brooks/Cole Publishing Co.

LEIPP, E. (1976) *Acoustique et musique*. Masson.

# 2 La perception auditive

Dans ce chapitre, nous introduirons la manière dont nous percevons les sons. L'oreille apporte des modifications aux informations sonores qu'elle reçoit avant de les transmettre au cerveau par des liaisons nerveuses, en vue de leur interprétation. La compréhension de la perception du volume sonore est importante lorsque l'on s'intéresse à l'équilibre spectral, et celle des mécanismes de localisation est nécessaire en vue de l'étude des techniques d'enregistrement stéréo. Nous mettrons ci-après en évidence les relations entre le processus auditif et différents aspects pratiques de l'enregistrement et de la reproduction sonores.

## 2.1 Processus de l'audition

Bien que notre intention ne soit pas de dispenser un cours de physiologie, il est nécessaire de s'intéresser aux différents constituants de l'oreille et d'examiner comment l'information sonore est transmise au cerveau. La figure 2.1 illustre de manière synoptique le fonctionnement de l'oreille, non sous ses aspects anatomiques, mais en présentant les principaux organes. L'oreille externe est constituée du pavillon (la partie charnelle visible et la structure osseuse) et du canal auditif ; elle se termine par la membrane tympanique. L'oreille moyenne est constituée d'une série de trois os articulés, et permet la communication du tympan avec l'oreille interne par l'intermédiaire d'une autre membrane, appelée la fenêtre ovale.

L'oreille interne est une cavité osseuse spiralique remplie de liquide, appelée cochlée, au centre de laquelle est située une membrane flexible appelée membrane basilaire. Pour les besoins de l'explication, la figure représente la cochlée sous une forme « déroulée ». À l'extrémité de la cochlée opposée à l'oreille moyenne se trouve l'hélicotrène, qui autorise une circulation de liquide entre la partie haute et la partie basse de la cochlée. L'oreille interne comporte d'autres organes, mais ceux que nous avons décrits sont les plus importants.

**Figure 2.1**

Schéma simplifié
de l'oreille.

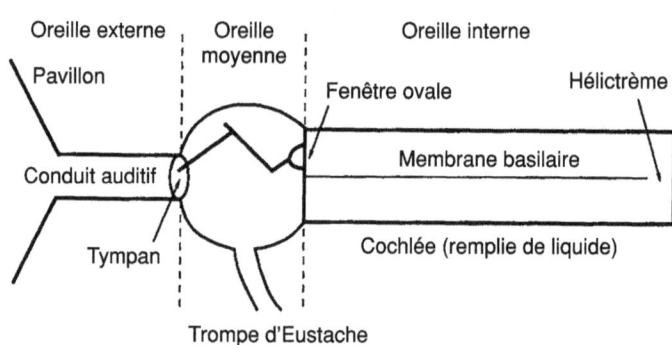

Oreille externe | Oreille moyenne | Oreille interne

Pavillon

Fenêtre ovale

Hélictrème

Conduit auditif

Membrane basilaire

Tympan

Cochlée (remplie de liquide)

Trompe d'Eustache

Lorsque l'air contenu dans le canal auditif est excité par une onde sonore, il entraîne la mise en vibration du tympan ; les mouvements de ce dernier sont à leur tour transmis à l'oreille interne par l'intermédiaire des os de l'oreille moyenne. Ces derniers, en raison de leur configuration en système de leviers, assurent une amplification des vibrations dans un rapport de 15 ainsi que, combinés avec la différence des surfaces du tympan et de la fenêtre ovale, une adaptation d'impédance entre l'oreille externe et l'oreille interne, ce qui permet un transfert d'énergie optimal. Les vibrations sont ainsi transmises au fluide contenu dans la cochlée, où des ondes de pression se font jour. La membrane basilaire présente une rigidité non uniforme sur sa longueur : elle est étroite et rigide du côté de la fenêtre ovale et plus large et plus flexible à l'autre extrémité ; par ailleurs, le fluide est peu compressible. Ainsi, des ondes de pression à haute vitesse se propagent dans le fluide et créent des différences de pression au travers de la membrane.

## 2.2 Perception des fréquences

Les mouvements vibratoires de la membrane basilaire dépendent étroitement de la fréquence du stimulus et, plus cette dernière est élevée, plus la zone de la membrane sollicitée est proche de la fenêtre ovale (voir la figure 2.2).

Aux fréquences les plus basses, l'ensemble de la membrane vibre, le mouvement vibratoire étant d'amplitude maximale à l'extrémité la plus éloignée, alors que, pour des fréquences plus élevées, les vibrations se produisent dans des zones plus définies. Il est intéressant de noter qu'à chaque octave, c'est-à-dire chaque fois que la fréquence double, la position du maximum de vibration se décale d'une manière égale, ce qui peut expliquer l'intérêt que présente pour nous la représentation des fréquences sur une échelle logarithmique où des intervalles de une octave représentent des longueurs constantes sur l'axe des fréquences.

**Figure 2.2**
Le point de vibration
maximale de la membrane
basilaire se déplace en
direction de la fenêtre ovale
lorsque la fréquence
augmente.

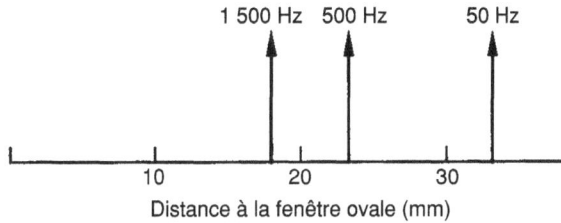

La transmission des informations fréquentielles au cerveau obéit à deux processus principaux. Aux fréquences les plus basses, les cellules ciliées situées dans l'oreille interne sont excitées par les vibrations de la membrane basilaire et produisent des impulsions électriques qui atteignent le cerveau en transitant par les cellules nerveuses ; synchrones avec l'onde sonore originelle, elles permettent au cerveau de mesurer la période du signal. Toutes les cellules nerveuses n'ont pas la capacité de se décharger à chaque période de l'onde sonore ; la plupart présentent en effet un rythme maximal de décharge d'environ 150 Hz, voire moins pour certaines. Sauf pour ce qui est des fréquences les plus basses, l'information de périodicité est portée par une combinaison de cellules, comme le montre la figure 2.3. Il semble logique de penser que les cellules nerveuses peuvent se décharger à un rythme d'autant plus rapide que l'excitation est de fort niveau. De même, alors que certaines peuvent réagir à un stimulus faible, d'autres nécessiteront une excitation intense.

**Figure 2.3**
Bien que chaque neurone ne
réagisse pas à chacune des
périodes du stimulus, la
sortie d'un groupe de
neurones réagissant à
différentes périodes
représente la périodicité du
signal.

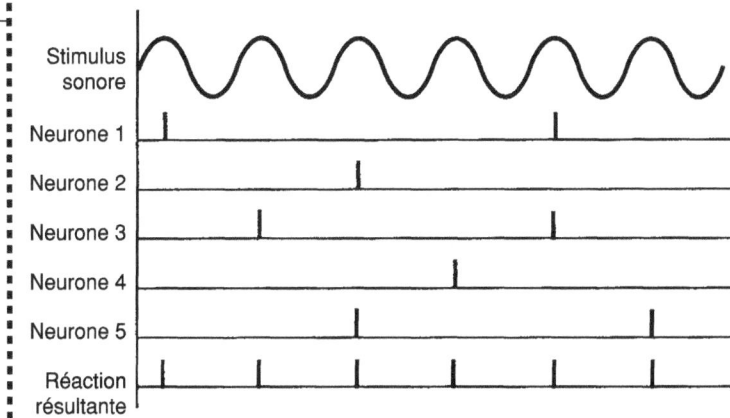

La fréquence maximale à laquelle les cellules nerveuses peuvent fournir des décharges synchrones avec l'excitation est d'environ 4 kHz. Au-dessus, le cerveau utilise de plus en plus la position du maximum de vibration de la membrane basilaire pour évaluer la hauteur du son. Il existe une région intermédiaire, dans le médium, à 200 Hz et au-dessus, où le cerveau dispose des deux types d'informations pour effectuer sa mesure. Il est intéressant de remarquer qu'au-delà de 4 kHz, la hauteur précise d'une note devient plus difficile à évaluer, c'est-à-dire au-delà de la limite des décharges synchrones des cellules nerveuses.

La sélectivité en fréquence de l'oreille a été assimilée au comportement d'un banc de filtres, donnant naissance au concept de bandes critiques abordé dans le complément 2.1. Il faut remarquer que la perception de la hauteur d'un son dépend de son niveau, la hauteur perçue augmentant légèrement lorsque ce dernier augmente ; on peut le constater, par exemple, lors de la décroissance de sons de niveau élevé, ou encore lorsque l'on retire un casque.

Lorsque deux sons purs de fréquences très voisines sont émis simultanément, des effets de battement deviennent audibles, dus aux phénomènes de renforcement et d'annulation successifs nés des relations de phase entre les signaux. La fréquence de ces battements est la différence des fréquences des deux signaux. Par exemple, deux informations à 200 Hz et 201 Hz produiront des battements de fréquence 1 Hz. Si la différence entre les fréquences des deux signaux augmente, le son perçu présentera une dureté qui disparaîtra lorsque les deux signaux seront distants de plus d'une bande critique.

---

**Complément 2.1** – *Les bandes critiques de l'oreille*

Le comportement de la membrane basilaire s'apparente au fonctionnement d'un analyseur de spectre mécanique ; l'analyse de l'information sonore qu'elle effectue se caractérise par une précision aux fréquences moyennes comprises, selon les résultats de différentes recherches, entre un cinquième et un tiers d'octave. Elle fonctionne comme un banc de filtres sélectifs de largeurs de bandes constantes présentant un certain recouvrement. L'ensemble des bandes de fréquence traitées par les différents filtres sont appelées *bandes critiques*.

Le concept de bandes critiques est fondamental pour la compréhension du système auditif et permet, en particulier, d'expliquer les phénomènes de masquage (voir le complément 2.3). Fletcher, dans les années quarante, a émis l'hypothèse que seuls des signaux appartenant à la même bande critique que le signal utile pouvaient masquer ce dernier, mais d'autres recherches montrent qu'un signal peut provoquer un effet de masque bien au-delà.

Dans le cas de signaux complexes, voix ou bruits par exemple, le volume sonore perçu est pour une part dépendant du nombre de bandes critiques que le signal couvre. Une expérience simple permet en effet de montrer qu'un son de puissance donnée n'apparaîtra plus fort qu'à partir du moment où sa largeur de bande débordera de la bande critique concernée, ce qui confirme l'affirmation précédente.

Même si la théorie des bandes critiques permet d'expliquer le premier niveau d'analyse spectrale du processus auditif, effectué par la membrane basilaire, elle ne rend pas compte à elle seule de l'acuité fréquentielle de l'oreille, bien meilleure qu'un tiers d'octave. L'être humain est capable de détecter des modifications de hauteur de seulement quelques hertz, ce qui ne peut être compris qu'en étudiant la manière dont le cerveau augmente la sélectivité des filtres accordés décrits ci-dessus. Pour cela, le lecteur se reportera aux études de Moore (1989) référencées à la fin de ce chapitre.

---

## 2.3　Perception du volume sonore

L'impression de volume sonore n'admet pas de relation simple avec le niveau de pression sonore (voir le paragraphe 1.11). La sensibilité de l'oreille dépend de la fréquence, ainsi que le montrent les courbes d'égale sensibilité de l'oreille ou courbes d'isosonie (voir le complément 2.2). Ce phénomène est dû, en partie, aux résonances de l'oreille externe dans la zone médium, qui ont pour effet d'accroître la pression sonore appliquée au tympan dans cette région spectrale.

L'unité de volume sonore est appelée *phone*. Si une information sonore est juste à la limite de l'audibilité, son volume sonore sera dit égal à 0 phone, alors qu'un son de niveau correspondant au seuil de douleur présentera un volume sonore d'environ 140 phones. Ainsi, la dynamique audible est approximativement de 140 phones, ce qui représente un éventail de pressions sonores variant dans un rapport de un à dix millions. Comme nous l'avons indiqué au complément 1.4, on utilise fréquemment la courbe de pondération A pour la mesure des niveaux sonores, car elle met en forme le spectre du signal pour donner une mesure plus en rapport avec le volume sonore perçu. Le niveau d'un signal à spectre large exprimé en dBA est très proche du volume sonore exprimé en phones.

Pour donner une idée des volumes sonores rencontrés dans des situations concrètes, on peut considérer les ordres de grandeur suivants, même si le niveau perçu dépend bien sûr de la distance de l'auditeur à la source. Le bruit de fond d'un studio d'enregistrement doit s'établir à environ 20 phones, une conversation à voix faible avoisine 50 phones, le bruit de fond dans un bureau où règne une certaine activité est de l'ordre de 50 phones, un cri peut atteindre 90 phones et un orchestre symphonique jouant fortissimo peut atteindre environ 120 phones.

---

**Complément 2.2** – *Courbes d'isosonie*

Fletcher et Munson ont établi un réseau de courbes qui illustrent la sensibilité de l'oreille aux différentes fréquences du spectre audible. Leurs résultats reposent sur de nombreux tests où les auditeurs devaient modifier le niveau de signaux tests jusqu'à ce qu'ils soient perçus de niveau égal à un signal de référence à 1 kHz. Ces courbes, qui indiquent le niveau de pression sonore nécessaire pour qu'un son soit perçu à un certain niveau, ont été appelées *courbes d'égale sensibilité de l'oreille* ou *courbes d'isosonie*.

Le volume sonore est exprimé en phones, la courbe zéro phone, passant par 0 dB SPL à 1 kHz, constituant le seuil d'audibilité absolu. Tous les points d'une courbe donnée correspondent à un volume sonore perçu identique ; on peut alors remarquer qu'un niveau de pression sonore plus important aux extrémités du spectre que dans le médium est nécessaire pour occasionner une sensation identique.

Ces courbes, également appelées *courbes de Fletcher-Munson*, ne sont pas les seules à avoir été proposées pour rendre compte de l'égale sensibilité de l'oreille ; Robinson et Dadson, parmi d'autres, ont établi des courbes modifiées à partir de tests différents. La forme des courbes dépend étroitement des types de signaux utilisés lors des tests, des séquences de bruit filtré produisant des résultats différents de ceux des signaux sinusoïdaux.

Il est remarquable que les courbes soient d'autant plus plates que le niveau est élevé, ce qui indique que la sensibilité de l'oreille dépend du niveau du stimulus. Ce constat a une grande importance, en pratique, particulièrement lorsque l'on s'intéresse aux niveaux d'écoute.

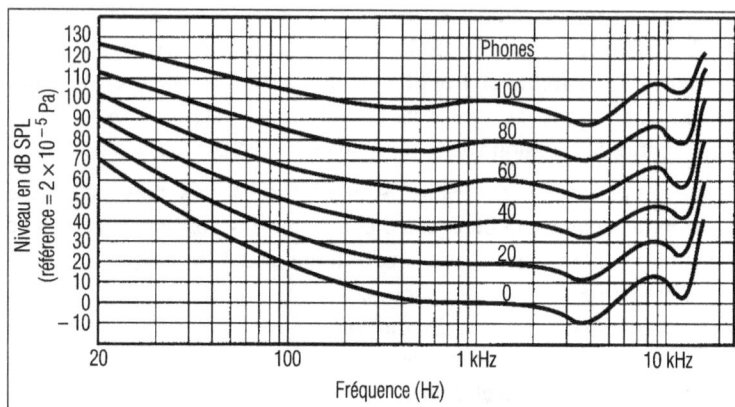

Le volume sonore perçu dépend fortement de la nature des sons. Ceux à large bande paraîtront plus intenses que ceux à bande étroite, car ils excitent simultanément plusieurs bandes critiques (voir le complément 2.1) ; les sons distordus paraissent plus forts que s'ils étaient exempts de distorsion, peut-être parce que cette dernière est assimilable à une surcharge du système. Ainsi, si deux signaux musicaux sont présentés à niveau égal à un auditeur, l'un fortement distordu et l'autre non, l'auditeur ressentira le premier comme plus intense.

Un autre aspect très important est que le seuil d'audibilité augmente à une certaine fréquence en présence d'un signal sonore à cette même fréquence. En d'autres termes, un son pur peut en masquer un autre, phénomène décrit dans le complément 2.3.

L'impression d'un volume sonore deux fois plus élevé nécessite une augmentation du niveau de l'ordre de 9 ou 10 dB. Alors que le doublement de la pression sonore correspond à un accroissement du niveau de 6 dB, l'oreille a besoin d'une augmentation supérieure pour que le son lui paraisse deux fois plus fort. Pour rendre compte de ce phénomène, une autre unité subjective, le *sone*, a été introduite, même si elle n'est que peu utilisée en pratique. Arbitrairement, 1 sone a été choisi comme correspondant à 40 phones, 2 sones correspondant à un volume sonore double, soit environ 49 phones, 3 sones à un volume triple, et ainsi de suite. Le sone permet ainsi de représenter, sur une échelle linéaire, le volume sonore réellement perçu, et les valeurs exprimées en sones peuvent être ajoutées pour évaluer le volume sonore total perçu à partir des composantes d'un signal.

L'oreille ne constitue en aucune manière un transducteur parfait et sa non-linéarité introduit différentes distorsions dans l'information sonore. Pour des niveaux élevés, particulièrement pour les basses fréquences, les distorsions harmonique et par intermodulation produites par l'oreille peuvent s'avérer importantes (voir l'annexe 1).

---

**C**omplément **2.3** – *Effet de masque*

Les phénomènes de masque nous sont familiers et leur caractère évident peut amener à penser qu'il n'est pas nécessaire d'en parler. Par exemple, dans un environnement bruyant, il faut élever la voix pour être entendu. Le bruit de fond a en effet pour conséquence d'augmenter le seuil de perception. Si l'on s'intéresse à l'effet de masque provoqué par un son pur, on peut constater que le seuil d'audibilité, pour des fréquences voisines de celle de ce seuil, a été considérablement élevé (voir la figure). Ce phénomène de masquage affecte surtout les fréquences supérieures et, dans une moindre mesure, les fréquences inférieures.

L'étendue des fréquences masquées dépend avant tout de la zone de la membrane basilaire excitée par le son, selon qu'elle se situe du côté des fréquences élevées ou des fréquences basses. Si le signal utile provoque, dans la même zone que le signal masquant, un mouvement plus intense de la membrane basilaire que le signal masquant, il sera perceptible.

Le phénomène de masquage a de nombreuses applications. Les systèmes de réduction du bruit y font largement appel, dans la mesure où le concepteur peut penser qu'un bruit présent dans la même bande de fréquence qu'un signal de fort niveau sera masqué par ce dernier. Dans le domaine de la réduction de débit numérique, il permet de diminuer la résolution du codage dans certaines bandes où l'accroissement du bruit ainsi provoqué sera masqué par le signal utile.

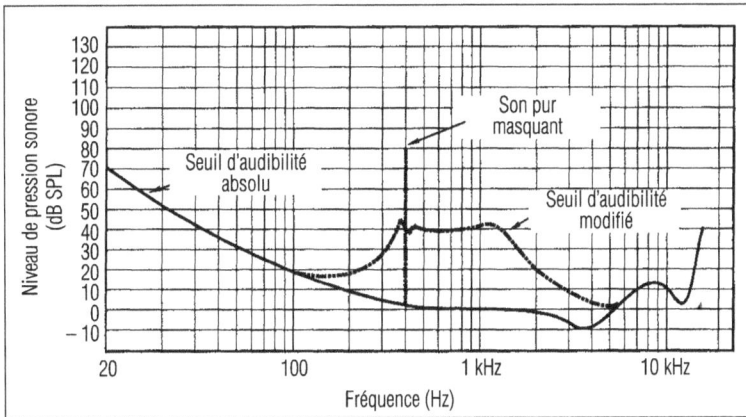

---

## 2.4   Conséquences pratiques des courbes d'isosonie

Le caractère irrégulier de la réponse en fréquence de l'oreille est source de différents problèmes pour l'ingénieur du son. Tout d'abord, l'équilibre spectral qu'un auditeur percevra à l'écoute d'un enregistrement va dépendre du niveau de reproduction. Un certain équilibre obtenu lors de la production en studio sera perçu de manière différente s'il est écouté à niveau différent chez l'auditeur. Si le niveau d'écoute est plus faible que lors du mixage, l'équilibre paraîtra manquer de basses et d'aiguës, le son manquant alors de corps et de chaleur. Inversement, si le niveau d'écoute est plus élevé que le niveau original, le contenu en basses et en aiguës sera exagéré, le son paraissant agressif.

Les amplificateurs hi-fi sont la plupart du temps équipés d'un dispositif de filtrage, appelé *loudness*, qui permet de remonter le niveau des fréquences basses et élevées, dans le cas d'une écoute à niveau faible. Ce dispositif doit bien sûr être mis hors service dans le cas d'une écoute à fort niveau. Il est fréquent que des morceaux de rock and roll ou de heavy metal semblent manquer de basses lorsqu'ils sont écoutés à faible niveau, car ils sont la plupart du temps produits en studio à des niveaux extrêmement élevés.

Certains types de bruits paraissent plus forts que d'autres, le souffle étant souvent considéré comme le plus gênant en raison de l'énergie importante qu'il contient dans la zone du médium-aigu.

À niveau égal, les ronflements sont moins perçus, l'oreille présentant une moindre sensibilité aux basses fréquences ; il est ainsi possible qu'un bruit à basse fréquence, entraînant une déviation importante de l'indicateur de niveau lors de l'enregistrement, ne se traduise pas à l'écoute par un volume sonore perçu important ; cela ne signifie pas, bien sûr, que les ronflements soient tolérables.

Les enregistrements ayant fait l'objet de corrections accentuant leur contenu en fréquences médium présentent un caractère strident, source de fatigue auditive chez l'auditeur, en raison de la grande sensibilité de l'oreille dans la zone spectrale s'étendant de 1 à 5 kHz.

## 2.5 Perception de l'espace sonore

La reproduction sonore stéréophonique ainsi que la conception de systèmes de sonorisation destinés à de larges audiences cherchent à donner l'impression que le son provient d'une certaine direction. Les principes de la perception d'espace revêtent, dans ces domaines, une grande importance.

En première analyse, on peut subdiviser la perception d'espace en trois plans : latéral, de gauche à droite ; médian, d'arrière en avant ; vertical. Le deuxième plan est à prendre en considération lorsque les techniques de captation et de reproduction doivent permettre une certaine immersion de l'auditeur dans la scène sonore, alors que la localisation dans le plan vertical, ou zénithale, permet de compléter l'image en vue d'une reproduction complète du champ sonore originel, comme dans le cas d'une diffusion sphérique comme celle que permet le système Ambisonics.

Il est fréquent, lorsque l'on parle de perception d'espace sonore, d'évoquer la différence de phase entre les deux oreilles, alors qu'il s'agit, en fait, de la différence temporelle d'arrivée des ondes sonores. Si l'analyse des mécanismes auditifs fait souvent appel à des sons purs, il faut avoir à l'esprit qu'il est rare, en réalité, d'avoir à écouter de tels sons ; ce sont plutôt des informations sonores à caractère beaucoup plus complexe et aléatoire.

Notre aptitude à évaluer la provenance d'une onde sonore repose presque totalement sur la mise à contribution des deux oreilles, même si certains effets moindres peuvent être perçus à l'aide d'une seule. Pour l'essentiel, la perception latérale repose sur les différences de niveau et de temps d'arrivée (TOA) des informations sonores à nos deux oreilles, ce que précise le complément 2.4.

## Complément 2.4 – *La perception latérale*

Pour détecter la position latérale d'une source, le cerveau humain utilise les différences entre les informations parvenant à l'oreille gauche et à l'oreille droite.

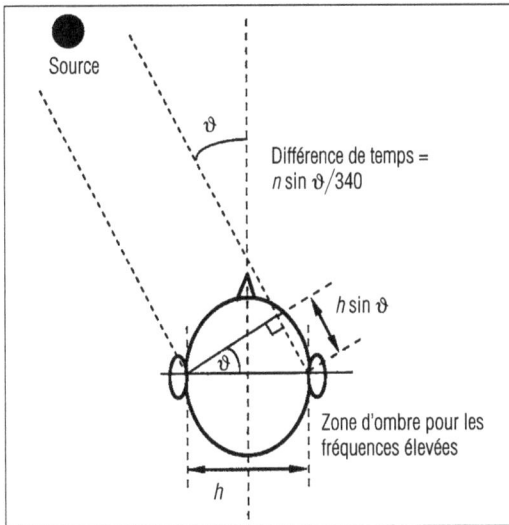

### Différence de niveau

Si la source est proche de l'auditeur, la distance plus importante parcourue par l'onde sonore qui atteint l'oreille la plus éloignée aura pour conséquence une légère atténuation de son niveau, conformément à la loi du carré inverse (voir le complément 1.3).

Pour des sources plus éloignées, la différence entre les longueurs parcourues devient infime devant la distance totale, la différence de niveau étant alors négligeable.

### Réponse en fréquence

L'oreille la plus distante est en partie masquée par la tête de l'auditeur, ce qui affecte surtout sa perception des fréquences moyennes et élevées, dont la longueur d'onde est comparable aux dimensions du crâne humain. La conséquence de cet effet d'ombre est que l'oreille la plus distante subit une modification de la réponse en fréquence qui consiste en une atténuation des fréquences élevées, d'autant plus prononcée que l'angle d'incidence de l'onde sonore est plus grand, et devenant maximale lorsque ce dernier est voisin de 90 degrés.

La forme du pavillon de l'oreille ainsi que les propriétés de résonance de l'oreille externe provoquent également une modification de la réponse en fréquence du système auditif, qui dépend de la direction de provenance de la source.

### Différence de temps

À cause de l'espacement entre les oreilles, les ondes non axiales parviendront à l'oreille la plus éloignée avec un certain retard, qui devient maximal pour un angle d'incidence de 90 degrés, prenant alors une valeur d'environ 0,6 ms. Le retard, comme le montre la figure, est proportionnel au sinus de l'angle d'incidence. Le cerveau mesure alors le décalage temporel entre les décharges nerveuses qu'il reçoit des deux oreilles et en déduit la direction d'où lui parvient l'onde sonore.

### Différence de phase

Dans le cas où la source émet un signal périodique, la différence temporelle peut être assimilée à une différence de phase. Pour des fréquences supérieures à celle où la distance interaurale correspond à la demi-longueur d'onde, la notion de phase devient ambiguë, le cerveau ayant de la difficulté à déterminer si l'une est en avance de 330 degrés ou si l'autre est en retard de 30 degrés. De même, raisonner en termes de phase est source de confusion dans la mesure où la différence de phase dépend de la fréquence du signal. Pour une position donnée de la source, la différence de phase entre les signaux sollicitant les deux oreilles dépend de leur fréquence et, pour une fréquence donnée, le déphasage dépend de la position de la source.

---

Il est a priori difficile d'opérer la distinction entre une source présentant un certain angle d'incidence située face à un auditeur et la même située à l'arrière de ce dernier, avec le même angle. La différence des temps d'arrivée est en effet identique dans les deux cas ainsi que, pour une large part, les effets d'ombre provoqués par la tête de l'auditeur. En la matière, il apparaît que la possibilité que nous avons de bouger la tête joue un rôle très important, car, lors de tests subjectifs, les auditeurs ayant la tête maintenue fixe éprouvent de plus grandes difficultés à opérer la distinction avant/arrière.

La raison en est que même une légère rotation du crâne entraîne une modification des temps d'arrivée aux oreilles et que, pour un sens de rotation donné, la différence est supérieure ou inférieure selon que la source est devant ou derrière la tête.

Un autre aspect de la question est le rôle de la vue, les yeux étant prépondérants dans la localisation de sources situées devant l'auditeur, alors que, pour celles situées en arrière, les oreilles interviennent seules. Une source ne pouvant être vue est supposée se trouver à l'arrière. Il ne faut cependant pas surestimer ce critère, car la localisation avant/arrière reste envisageable les yeux fermés et il est possible de montrer que les aveugles ont une meilleure localisation aurale que les personnes voyantes.

Le dernier facteur est le rôle du pavillon de l'oreille et du crâne dans la localisation des sources arrières, car la taille du premier constitue un obstacle pour les sons de fréquence très élevée, ce qui modifie le contenu spectral d'un son perçu en incidence arrière par rapport à celui du même son perçu en incidence avant. Par ailleurs, la fonction de transfert créée par la présence du crâne (HRTF pour *head related transfer function*) est différente pour les sons arrières et les sons frontaux, les ondes atteignant les deux oreilles subissant des modifications en niveau et en phase.

La localisation dans le plan vertical est en partie conditionnée par les réflexions sur le sol et sur les épaules, en plus du rôle du pavillon et des HRTF. En effet, des sons parvenant avec différents angles d'élévation parviendront directement aux oreilles, mais aussi légèrement plus tard, par des trajets indirects causés par ces réflexions. La différence des longueurs des trajets induira des effets de renforcements et d'annulations, analogues à ceux que nous avons décrits à propos du rôle du pavillon de l'oreille, même si, dans le cas des épaules et du sol, les minima et les maxima seront plus espacés en raison des distances en question. C'est en partie la comparaison entre les spectres reçus et des modèles mémorisés par le cerveau qui permet à ce dernier la localisation des sons dans le plan vertical.

La mémorisation de situations déjà rencontrées ainsi que l'association logique entre certains types de sources et certaines provenances jouent également un rôle majeur dans la localisation verticale.

## 2.6 Effet de précédence ou effet Haas

Nous n'avons considéré, jusqu'ici, que des sources sonores ponctuelles, qui occasionnaient une différence des temps d'arrivée aux deux oreilles, ou *délai binaural*, pouvant aller jusqu'à environ 0,6 ms. Il nous faut maintenant examiner la situation dans laquelle plusieurs sources émettent simultanément, car elle est une des clés de la compréhension de la reproduction stéréophonique. Des études menées par Haas, entre autres, portant sur les conséquences des réflexions sur la perception de la provenance des ondes sonores, ont permis de montrer que, si deux sources émettent la même information, la direction perçue était conditionnée par la source la plus proche de l'auditeur, et ce pour des différences de temps d'arrivée allant jusqu'à environ 50 ms.

Dans ce cas, le cerveau fusionne les informations sonores provenant des deux sources, comme si elles provenaient d'une source unique, la direction perçue étant celle de la source la plus proche. Au-delà de 50 ms, les sons sont perçus de manière distincte, le second étant interprété comme un écho du premier. Il faut toutefois noter que, pour des sons impulsionnels, l'effet disparaît plus rapidement qu'avec des sons complexes, la fusion cessant aux environs de 5 ms.

La courbe représentant ce phénomène, appelé *effet Haas*, illustrée à la figure 2.4, montre que pour que le niveau perçu de la source la plus tardive paraisse égal à celui de la source en avance, il faut que le niveau d'émission de la première soit plus élevé que celui de la seconde.

Le phénomène présente un maximum pour un retard de l'ordre de 15 ms, pour lequel la différence de niveau doit être d'environ 11 dB. On entrevoit ainsi la possibilité d'échanger les différences de niveau et des différences de temps d'arrivée pour obtenir la même localisation.

**Figure 2.4**

L'effet Haas, ou effet de précédence, montre que le son retardé doit être de niveau supérieur au son principal pour que les deux paraissent de niveau égal.

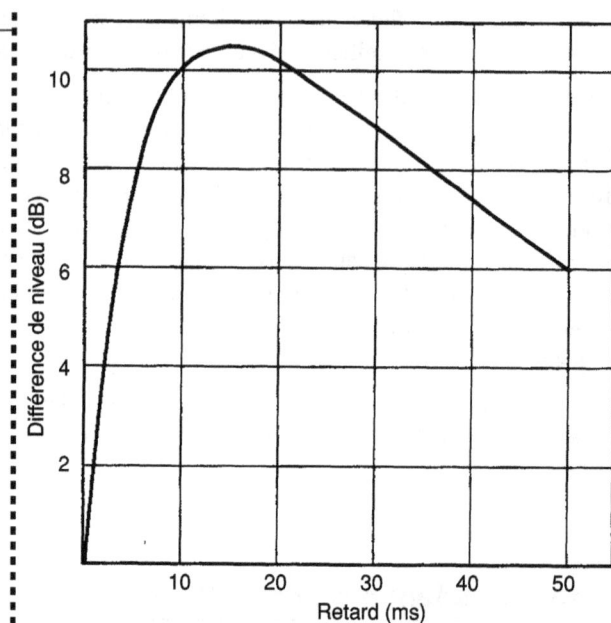

## 2.7 Conséquences pour la reproduction stéréophonique

Le but de la reproduction stéréophonique est de fournir à l'auditeur une sensation d'espace à partir d'un système d'écoute constitué de deux haut-parleurs, ou davantage, ou encore d'un casque. Les microphones stéréophoniques seront abordés au paragraphe 4.7, mais nous allons en évoquer certains principes.

Tout d'abord, une impression de localisation dans les informations sonores reproduites peut être donnée à l'aide d'une combinaison de différences en temps et en niveau entre deux voies. Si la voie droite est légèrement retardée par rapport à la voie gauche, le son semblera plus ou moins provenir de la gauche, en fonction de la valeur de retard appliquée, conformément à l'effet de précédence que nous avons décrit. Selon la nature du signal, la perception d'une provenance de la pleine gauche nécessitera un retard d'environ 2 à 4 ms. Les techniques de prise de son à microphones séparés reposent sur ce principe.

Si une différence de niveau est introduite entre les deux voies, le son semblera provenir du haut-parleur fournissant le niveau le plus important, une localisation pleine gauche ou pleine droite étant obtenue pour une différence d'environ 18 dB. Les techniques à microphones coïncidents et la monophonie dirigée (captation unique suivie d'une répartition à l'aide d'un potentiomètre panoramique) fonctionnent sur ces principes.

L'impression stéréophonique peut procéder d'une combinaison de ces deux techniques ; la figure 2.5 montre l'échange entre les deux, permettant la localisation dans une direction donnée.

Les techniques binaurales ont pour but la captation de l'ensemble des différences interaurales, décrites dans le complément 2.4, à l'aide de microphones à pression miniatures placés à l'entrée des canaux auditifs d'une tête artificielle. Elles fournissent à l'écoute au casque des images sonores très réalistes, et donnent la sensation à l'auditeur qu'il est immergé dans le champ sonore originel. De telles techniques sont d'autant plus performantes que la tête et les oreilles utilisées lors de l'enregistrement présentent des caractéristiques proches de celles de l'auditeur ; les défauts des casques peuvent toutefois apporter d'importantes distorsions d'espace, ayant pour conséquence une reproduction de piètre qualité.

**Figure 2.5**
En reproduction stéréophonique, les différences de niveau et de temps entre les voies gauche et droite se combinent pour provoquer la perception de la source dans une direction particulière.

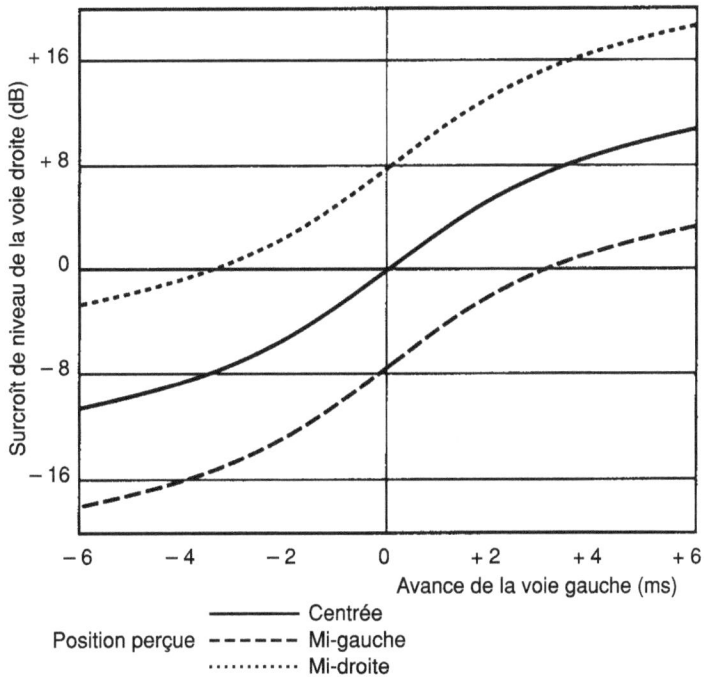

## Références bibliographiques

BLAUERT, J. (1983) *Spatial Hearing*. Translated by J.S. Allen. MIT Press.

CONDAMINES, R. (1978) *Stéréophonie*. Masson.

EARGLE, J. (1986) ed. *Stereophonic Techniques – An Anthology*. Audio Engineering Society.

HOWARD, D. and ANGUS, J. (1996) *Acoustics and Psychoacoustics*. Focal Press.

LEIPP, E. (1977) *La machine à écouter*. Masson.

MOORE, B. C. J. (1989) *An Introduction to the Psychology of Hearing*. Academic Press.

TOBIAS, J. (1970) ed. *Foundations of Modern Auditory Theory*. Academic Press.

ZWICKER, E. et FELDTKELLER, R. (1981) *Psychoacoustique*. Masson.

# 3 Vue d'ensemble de la chaîne audio

Les informations sonores prennent naissance sous la forme de vibrations transmises par l'air et atteignent également l'auditeur sous cette forme, après avoir transité par différentes étapes. Dans le domaine de la radiodiffusion, elles ne sont pas seulement enregistrées puis reproduites, mais font aussi l'objet d'une transmission par ondes électromagnétiques. Dans ce chapitre, nous donnerons une description d'ensemble des différentes étapes des chaînes d'enregistrement et de diffusion, les aspects techniques et opérationnels des systèmes audio étant étudiés en détail dans les chapitres suivants. Nous aborderons ci-dessous les ordres de grandeur des niveaux aux différents points de la chaîne, la mesure de ces niveaux et les procédures d'alignement étant traitées par ailleurs.

## 3.1 Un peu d'histoire

### 3.1.1 Les premiers systèmes d'enregistrement

Les premiers appareils enregistreurs conçus à la fin du dix-neuvième siècle par Edison et Berliner ne faisaient quasiment pas appel à des dispositifs électriques, les processus d'enregistrement et de lecture étant presque totalement mécaniques. Pour ce qui est du « phonographe » d'Edison, les systèmes comportant un pavillon se terminant par une membrane tendue et flexible solidaire d'un stylet permettaient de tracer un sillon de profondeur variable à la surface d'une feuille d'étain malléable enroulée sur un cylindre ; pour ce qui est du gramophone de Berliner, le stylet gravait un sillon à déviation latérale variable sur un disque (voir la figure 3.1). À la lecture, les ondulations du sillon entraînaient la mise en vibration du stylet et donc du diaphragme qui, à son tour, entraînait une vibration de l'air contenu dans le pavillon, redonnant naissance au son enregistré, affecté toutefois d'une bande passante réduite et d'une distorsion importante.

**Figure 3.1**

Le premier phonographe était constitué d'un cylindre en rotation entouré d'une feuille malléable et d'un stylet solidaire d'une membrane flexible. Lors de l'enregistrement, l'orateur ou le chanteur parlait ou chantait devant le pavillon ; un mouvement vibratoire de la membrane et donc du stylet était produit, et ce dernier traçait alors un sillon modulé sur la feuille malléable. À la lecture, le sillon modulé entraînait le stylet et la membrane, et les vibrations de cette dernière donnaient naissance à une onde sonore émise par le pavillon.

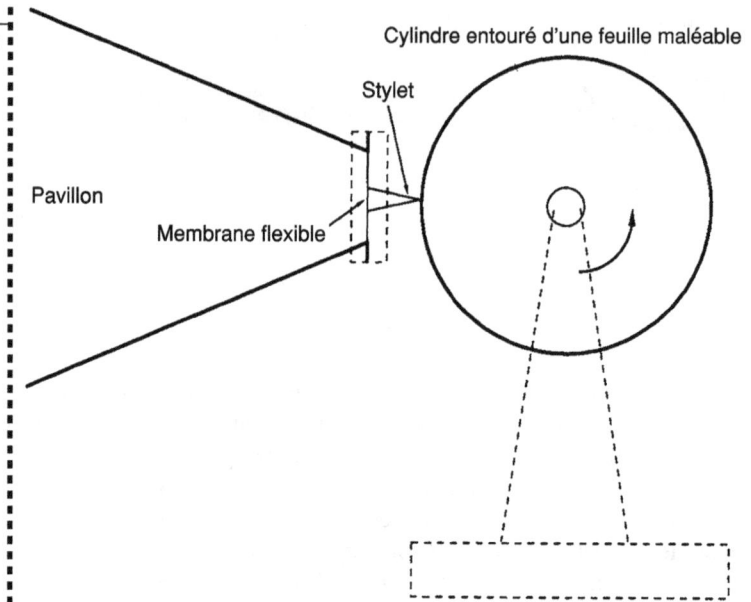

Cylindre entouré d'une feuille malléable

Stylet

Pavillon

Membrane flexible

Si les cylindres du phonographe pouvaient être enregistrés par l'utilisateur, ils s'avéraient peu adaptés à une production de masse ; a contrario, les disques du gramophone étaient normalement destinés à la lecture seule, mais pouvaient être aisément reproduits en grandes quantités. Ainsi, le disque devint rapidement le support utilisé pour la diffusion de masse d'enregistrements musicaux. Des supports tels que la bande magnétique étaient inconnus à cette époque et les enregistrements étaient effectués directement sur un disque maître, d'une durée limitée par les capacités de ce dernier, soit environ quatre minutes, sans qu'aucune opération de montage soit possible.

Les défauts affectant un enregistrement passaient tels quels, sauf à recommencer les opérations. Une pièce musicale longue devait être enregistrée en une suite de séquences, faisant courir le risque de coupures au sein d'un mouvement, ainsi que de variations de hauteur et de tempo.

Le caractère rudimentaire, acoustiquement parlant, du processus d'enregistrement nécessitait de placer les musiciens très près les uns des autres pour qu'ils puissent être entendus, et de substituer aux instruments délivrant un fort volume sonore d'autres instruments plus discrets de manière à obtenir un meilleur équilibre. C'est sans doute pour ces raisons que la plupart des enregistrements musicaux de l'époque concernaient des chanteurs et de petits ensembles, plus faciles à enregistrer que de grandes formations.

### 3.1.2 *L'enregistrement électrique*

Au cours des années vingt, au démarrage de la radiodiffusion, apparut l'enregistrement électrique, fondé sur les principes de la transduction électromagnétique (voir le complément 3.1). La possibilité de relier à une machine d'enregistrement un microphone distant permettait de positionner ce dernier de manière plus optimale. De plus, la possibilité de mélanger les signaux délivrés par plusieurs microphones avant d'envoyer ce mélange vers le stylet graveur permettait d'affiner l'équilibre des sources.

À l'origine, ce mélange était effectué à l'aide de simples résistances variables, des amplificateurs à tubes augmentant ensuite le niveau du signal pour qu'il puisse commander les mouvements du stylet graveur (voir la figure 3.2).

**Figure 3.2**

Les premiers enregistrements électriques étaient effectués à partir des signaux produits par des microphones ; leurs niveaux étaient réglés à l'aide de résistances variables, dont la combinaison était appliquée au stylet graveur.

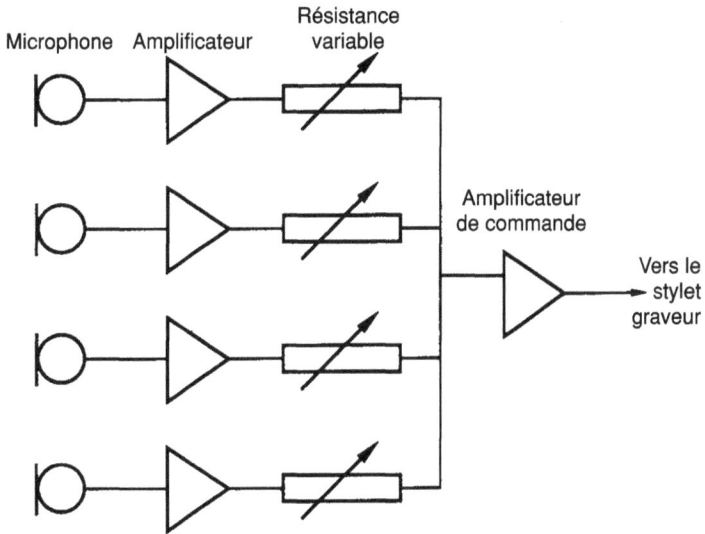

**Complément 3.1** – *Transducteurs électromagnétiques*

Les transducteurs électromagnétiques sont à la base de la conversion des signaux acoustiques en signaux électriques et sont également utilisés pour la conversion inverse. Le principe en est simple : si un fil conducteur se meut au sein d'un champ magnétique, perpendiculairement aux lignes de force qui circulent entre les pôles de l'aimant, la circulation d'un courant apparaît dans le conducteur (voir la figure). Le sens du mouvement détermine celui du courant de sorte que, si le conducteur se déplace de haut en bas puis de bas en haut, un courant alternatif sera produit, de fréquence et d'amplitude correspondant à celles du mouvement. Inversement, si un courant circule dans un conducteur placé au sein d'un champ magnétique, celui-ci sera l'objet d'un mouvement.

Il ne reste qu'un pas à franchir pour comprendre comment les ondes acoustiques peuvent être converties en signaux électriques, et inversement. Un simple microphone à bobine mobile, comme celui illustré au complément 4.1, comporte un conducteur placé dans un champ magnétique sous la forme d'une bobine qui peut se mouvoir, entraînée par une membrane flexible, dont elle est solidaire, mise en vibration par les ondes sonores. La sortie du microphone est un courant électrique alternatif, dont la fréquence est la même que celle des ondes sonores ayant provoqué la vibration de la membrane, et dont l'amplitude dépend des caractéristiques mécaniques du transducteur, mais est proportionnelle à la vitesse de déplacement de la bobine.

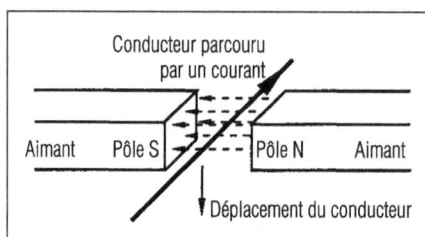

Les systèmes vibrants tels que les diaphragmes des transducteurs se caractérisent par leur élasticité et leur masse, et présentent une fréquence de résonance (fréquence de leur mise en vibration naturelle). Si la fréquence du stimulus est inférieure à la fréquence de résonance, le mouvement du système dépend avant tout de sa raideur ; à la fréquence de résonance, l'importance du mouvement dépend principalement de l'amortissement et, au-dessus, de sa masse. L'amortissement du diaphragme permet de maîtriser l'amplitude du maximum de réponse à la résonance et d'obtenir une réponse régulière à son voisinage. Le contrôle par la raideur et la masse permet d'obtenir une réponse en fréquence aussi plate que possible dans une certaine zone spectrale.

Le haut-parleur fonctionne d'une manière exactement inverse : un courant alternatif est envoyé dans une bobine solidaire d'une membrane et placée au sein d'un champ magnétique engendré par un aimant permanent. La membrane présente alors un mouvement corrélé avec la fréquence et l'amplitude du signal entrant, ce qui provoque une suite de compressions et de détentes de l'air environnant.

La qualité sonore permise par l'enregistrement électrique montrait un progrès considérable par rapport aux enregistrements acoustiques, tant sous l'angle d'une largeur de bande accrue que sous celui de l'augmentation de la dynamique (voir l'annexe). Différentes expériences furent alors menées, en Europe et aux États-Unis, sur l'enregistrement et la reproduction stéréophoniques, mais ce n'est que beaucoup plus tard que la stéréo fit son apparition sur le marché, la plupart des enregistrements et des transmissions radio de l'époque restant monophoniques.

### 3.1.3 *Les développements ultérieurs*

De nombreuses études menées durant les années trente dans le domaine de l'enregistrement magnétique permirent l'apparition d'enregistreurs expérimentaux à fil puis à bande. Le principe utilisé est que la circulation d'un courant dans une bobine crée un champ magnétique susceptible à son tour d'inscrire une aimantation sur un fil ou sur une bande recouverts d'une couche d'oxyde magnétique. Les magnétophones utilisant la polarisation alternative (voir le paragraphe 8.2) apparurent durant la Seconde Guerre mondiale et, avec eux, une qualité sensiblement améliorée et des possibilités de montage. La bande, toutefois, était faite d'un ruban de papier recouvert d'oxyde magnétique et présentait une grande fragilité ; ce n'est que plus tard que les supports plastiques permirent une plus grande longévité et une manipulation plus aisée.

Le disque microsillon fit son apparition dans les années cinquante, présentant un bruit de surface moindre et une réponse en fréquence plus étendue que ses prédécesseurs, ainsi qu'une durée d'enregistrement possible d'environ 25 minutes. Il s'avéra un support idéal pour la distribution des enregistrements stéréophoniques, apparus à la fin des années cinquante, mais qui ne connurent un réel développement qu'au cours de la décennie suivante. C'est également au début des années soixante qu'apparurent les premiers magnétophones multipistes, les Beatles utilisant un des tout premiers magnétophones à quatre pistes pour leur album *Sergeant Pepper's Lonely Hearts Club Band*. La machine offrait pour la première fois la possibilité d'enregistrer séparément les différentes sources puis de les diriger, lors du mixage, vers les sorties gauche et droite ; la répartition de l'époque, quelque peu systématique, donnait naissance à une stéréo caricaturale.

Les consoles de mixage de l'époque, comparées à celles d'aujourd'hui, étaient des appareils rudimentaires, où les potentiomètres rotatifs étaient de règle. Il faut dire que le nombre de pistes utilisées était sans commune mesure avec ce que nous connaissons aujourd'hui.

Plus récemment, l'histoire de l'enregistrement a vu la naissance de l'enregistrement numérique de haute qualité (voir le chapitre 10), du Compact Disc, et des supports à bande destinés au grand public, qui permettent de commercialiser des enregistrements se caractérisant par une réponse en fréquence optimale et des distorsions minimes. Le domaine de la diffusion présente aujourd'hui un haut niveau de qualité, grâce à la modulation de fréquence et aux techniques de transmission numérique utilisées en radio et télévision. Le monde du studio, quant à lui, bénéficie d'un nombre de pistes et d'appareils périphériques presque illimités.

## 3.2  La chaîne d'enregistrement d'aujourd'hui

À l'heure actuelle, les signaux sonores proviennent soit de sources acoustiques (voix, piano, guitare acoustique, etc.), soit d'instruments produisant eux-mêmes un signal électrique (synthétiseurs, guitares électriques, boîtes à rythme). Ces derniers peuvent faire l'objet d'une amplification, et être captés à l'aide d'un microphone placé devant le haut-parleur, ou connectés directement à une console (voir le chapitre 6). Les sources acoustiques sont captées à l'aide de microphones raccordés aux entrées micro de la console (cette dernière comportant des amplificateurs chargés d'élever le faible niveau de signal qu'ils délivrent), alors que les autres sources fournissent à leur sortie un signal dit de niveau ligne (voir le paragraphe 3.4), qui peut attaquer directement la console.

Dans cette dernière, les sources sont mélangées avec des dosages commandés par l'opérateur puis enregistrées. C'est à ce stade que les méthodes divergent, l'enregistrement de musique classique s'effectuant à l'aide de techniques directes alors que, dans le domaine de la musique pop, il est fait appel à l'enregistrement multipiste des sources, le mixage ultérieur s'accompagnant de l'ajout d'effets aboutissant à l'étape finale d'élaboration de la bande *master*.

## 3.2.1 *Le mixage direct*

La figure 3.3 montre la chaîne audio utilisée pour l'enregistrement à mixage direct, dans le cadre d'une production telle que l'enregistrement de musique classique destiné à la gravure d'un CD ou à une émission radiodiffusée. Les sources sont mélangées en direct, sans enregistrement multipiste intermédiaire, et enregistrées, ce qui crée une bande de session, ou bande originale, constituée des différentes prises ayant été effectuées. Un équilibre correct des sources doit être atteint dès ce stade et, la plupart du temps, on n'utilise dans le cadre de cette méthode qu'un nombre réduit de microphones. La bande originale fait alors l'objet d'un montage, les différentes prises étant assemblées de façon à obtenir, sous le contrôle du producteur, le meilleur résultat artistique possible. Ce montage aboutit à une bande dite *master*, destinée à faire l'objet d'une transmission radiophonique et/ou d'une distribution commerciale, sous la forme d'un disque vinyle, d'une cassette ou d'un CD. Ces derniers formats nécessitent chacun un traitement particulier apporté à la bande *master* : le disque vinyle une correction particulière en vue de la gravure et la cassette un transfert sur bande en boucle nécessaire à la duplication à grande vitesse. Les enregistrements numériques requièrent l'adjonction de signaux de repérage et d'identification, appelés codes P et Q, qui permettent le repérage du début et de la fin des plages ainsi que l'indexation de certains passages. Cette étape de finalisation est appelée *mastering*.

**Figure 3.3**

Représentation synoptique d'un enregistrement stéréophonique direct.

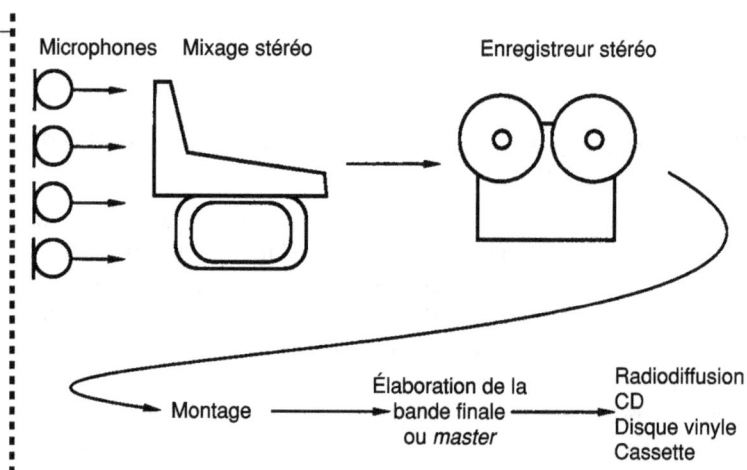

Microphones Mixage stéréo    Enregistreur stéréo

Montage — Élaboration de la bande finale ou *master* — Radiodiffusion / CD / Disque vinyle / Cassette

Dans le cas du mixage direct, la console utilisée est plus simple que celles servant à l'enregistrement multipiste, car le rôle de l'opérateur est ici le mélange des différentes entrées vers les sorties stéréo, en apportant, le cas échéant, les corrections nécessaires. Cette méthode de production est à l'évidence moins coûteuse et plus rapide que l'enregistrement multipiste, mais elle exige une aptitude à obtenir rapidement un équilibre satisfaisant. Elle réduit également le rôle de la postproduction. Il peut arriver que des enregistrements de musique classique soient effectués à l'aide d'un enregistreur multipiste, dans le cas d'opéras complexes ou de formations musicales importantes accompagnées de chœurs et de solistes, situations dans lesquelles l'obtention d'un équilibre correct peut s'avérer coûteuse et longue. Le processus de production s'apparente, dans de tels cas, à celui utilisé dans le domaine de la musique pop, que nous décrivons ci-après.

## 3.2.2 *L'enregistrement multipiste*

Il est peu fréquent que l'enregistrement de la musique pop soit effectué en mixage direct, hormis pour ce qui est de la retransmission de concerts ; l'enregistrement est effectué par phases successives dans le studio. Les sources acoustiques et électriques sont raccordées à la console et enregistrées sur une bande multipiste, le plus souvent un petit nombre de pistes à la fois. Le matériau sonore est ainsi élaboré de manière progressive (voir la figure 3.4). Il en résulte une bande, véritable collection des différentes sources, dont les pistes seront ultérieurement mélangées au format final, le plus souvent stéréophonique. Les différents morceaux, ou titres, sont enregistrés à différents endroits de la bande, la compilation n'intervenant que plus tard.

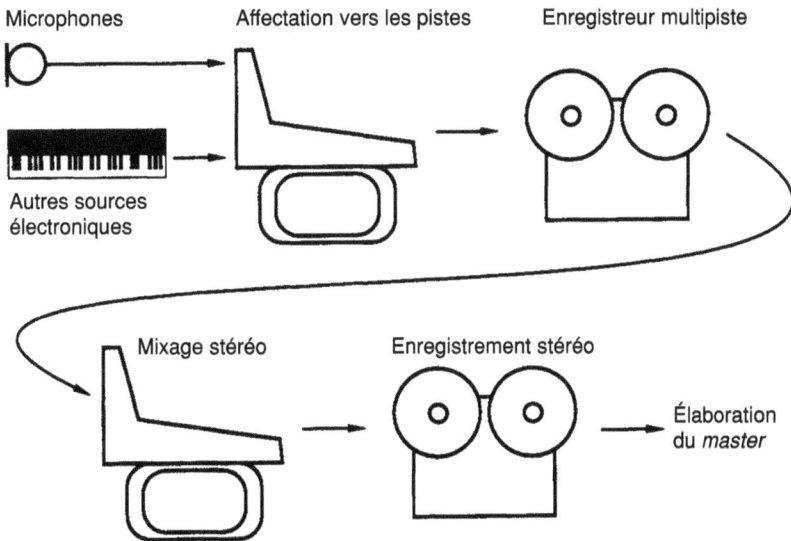

**Figure 3.4**
Représentation synoptique d'une production musicale utilisant les techniques multipistes.

Il est peu courant aujourd'hui que l'enregistrement multipiste de musique pop soit effectué sous la forme de prises en vue d'un montage ultérieur, comme c'est le cas pour la musique classique, dès lors que l'automation des consoles (voir le chapitre 7) permet à l'opérateur un travail séquentiel. Quoi qu'il en soit, le magnétophone doit permettre les reprises, ou « rustines », c'est-à-dire l'insertion de courtes séquences sur une piste ou l'autre, sans que des clics audibles soient occasionnés ; il est usuel, dans le domaine de la musique pop, d'enregistrer tout d'abord les pistes dévolues à la section rythmique (batterie, basse, guitare rythmique, etc.), puis les instruments solistes. À ce stade de la production, il peut arriver occasionnellement que la bande multipiste fasse l'objet d'un montage à partir de différentes prises afin d'obtenir une base rythmique acceptable, et que les autres instruments soient enregistrés ensuite ; mais certains considèrent que cette procédure présente de nombreux risques.

L'utilisation conjointe d'un enregistreur multipiste, à disque ou à bande, et d'instruments électroniques séquencés par des commandes MIDI (voir le chapitre 15) est aujourd'hui fréquente.

L'ordinateur de commande est synchronisé avec l'enregistreur multipiste à l'aide d'un code temporel (voir le chapitre 16) et les sorties des différents instruments sont connectées à la console pour pouvoir les mélanger aux autres sources. De plus, les sources commandées par MIDI n'ont pas à être enregistrées sur la bande multipiste, les commandes mémorisées dans l'ordinateur permettant de rejouer, lors du mixage, les mêmes séquences musicales en synchronisme avec l'enregistreur. Si cette méthode présente l'inconvénient de nécessiter la présence dans le studio, lors du mixage, de la totalité des instruments utilisés lors de la session d'enregistrement, elle a pour avantages que le nombre de pistes nécessaires est réduit et que les signaux émanant des sources électroniques envoyés à la console lors du mixage sont de première génération. Cette méthode est plus fréquente dans les ministudios et pour les productions à budget modeste que pour les productions plus importantes ; en effet, pour ces dernières, le producteur peut souhaiter que le mixage se déroule de l'autre côté de la planète et doit alors disposer d'une bande comportant la totalité des modulations.

Une fois la session d'enregistrement terminée intervient le mixage, qui peut, nous l'avons évoqué, se dérouler dans un lieu différent sans que tous les musiciens soient présents, sous la responsabilité du producteur. Chacune des pistes est connectée à une entrée ligne de la console et peut alors être traitée comme une source indépendante. L'équilibre entre les pistes et la répartition des sources peuvent faire l'objet de nombreux essais, la seule limite étant le cadre budgétaire de la production ; différents effets, générés par des appareils périphériques (voir le chapitre 14), peuvent être ajoutés. Il est souvent fait appel à un système d'automation pour mémoriser les mouvements des faders et d'autres commandes, car le grand nombre de voies utilisées rend difficile, voire impossible l'obtention par l'ingénieur d'un mixage entièrement satisfaisant en une seule phase.

La bande stéréo obtenue à l'issue du mixage fait alors l'objet d'un montage destiné à organiser les différents titres dans l'ordre souhaité ; intervient alors la phase de *mastering*, que nous avons décrite au paragraphe 3.2.1.

### 3.2.3 *Le son au cinéma*

Dans le cadre de la production cinématographique, le son est enregistré la plupart du temps sur un support distinct de celui de l'image à l'aide d'un magnétophone à bande quart de pouce portable, comme le Nagra IV S. En plus du signal sonore, est enregistré un signal pilote représentatif de la vitesse de la caméra, en vue d'une synchronisation ultérieure correcte des supports image et son. Les différentes prises du son direct sont recopiées, ou repiquées, sur des bandes magnétiques dotées de perforations pour en permettre un montage analogue à celui de l'image (voir la figure 3.5).

**Figure 3.5**

Représentation synoptique de la production sonore d'un film.

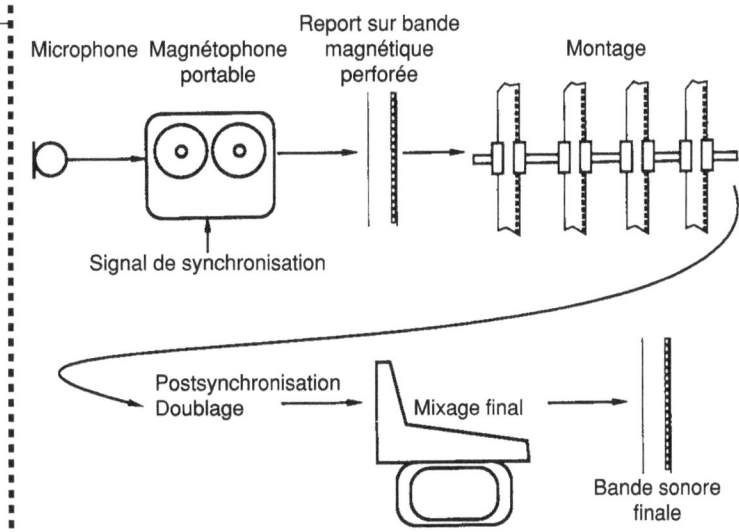

Les différentes bandes peuvent être verrouillées entre elles à l'aide d'un dispositif, appelé « Steenbeck », qui comporte un axe unique entraînant un certain nombre de roues dentées permettant l'entraînement des différents supports. Si nécessaire, ces derniers peuvent être débrayés du mécanisme et translatés en avant ou en arrière pour modifier leurs positions relatives (voir la figure 3.6).

Lors du montage, les sons directs et les éléments additionnels sont coupés et assemblés pour s'adapter à l'image montée et des bandes-amorces sont insérées de manière à obtenir des supports de la même longueur et un synchronisme correct. Il est possible, pour améliorer la qualité et l'intelligibilité de certaines scènes, de faire appel au doublage des dialogues, qui feront alors l'objet de supports distincts ; d'autres bandes contiennent enfin les bruitages et les musiques. Une feuille de mixage (voir la figure 3.7) est alors élaborée ; elle indique quels supports contiennent une modulation à quel moment, ainsi que les contenus des différentes séquences.

**Figure 3.6**

Dans les techniques traditionnelles, un dispositif mécanique permet le défilement synchrone des bandes lors du montage.

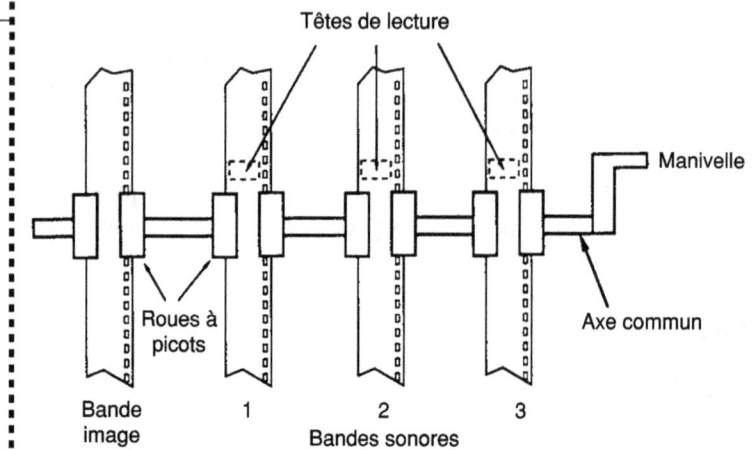

**Figure 3.7**

| Temps | Image | Dialogue 1 | Dialogue 2 | Ambiance | Musique |
|---|---|---|---|---|---|
| 33'15" | Plan large du restaurant | Margaret : « Garçon, s'il vous plaît ! » | | Bruit de fond du restaurant | Orchestre de danse des années vingt |
| 33'24" | Plan serré sur Nigel | | Nigel : « le mien est un G et T, etc. » | | |
| 33'30" | | Le serveur : « Un moment s'il vous plaît. » | | | |
| 33'33" | Nigel et Margaret | | Margaret : « À propos de notre petit problème... » | | |

Un exemple de feuille de mixage qui indique, en référence au temps, le déroulement de l'action sur l'image, le contenu de deux bandes de dialogues, les ambiances et la bande musicale.

Lors du mixage, les bandes sont installées sur des défileurs à roues à picots, intersynchronisés par verrouillage électrique. Les informations sonores sont alors mélangées en référence à la feuille de mixage de manière à obtenir un équilibre compatible avec le format final prévu. Il est fréquent que plusieurs versions soient élaborées, adaptées aux différents systèmes de diffusion sonore dans les salles de cinéma, comme la monophonie à filtre académique, le 35 mm en Dolby stéréo ou le 70 mm Dolby stéréo.

Plus récemment, l'essor des techniques numériques a permis l'utilisation au tournage, à la place des magnétophones à bande lisse, d'enregistreurs numériques portables, la référence de synchronisation prenant la forme d'un code temporel. De plus, des systèmes de montage à disques durs, dont le nombre élevé de pistes permet de faire face à des productions très complexes, sont apparus. L'indépendance et l'architecture des pistes de ces systèmes s'apparentent aux techniques traditionnelles de la production cinématographique, ce qui rend relativement aisée l'assimilation de cette technologie par les monteurs.

### 3.2.4 *La production sonore en vidéo*

Les magnétoscopes professionnels n'ont qu'un nombre limité de pistes audio et, jusqu'à il y a peu, ne permettaient d'obtenir qu'une qualité très moyenne. Le développement récent de matériels numériques a apporté des améliorations quantitatives et qualitatives ; il est toutefois fréquent, même dans le cadre de productions modestes, de souhaiter intégrer des éléments sonores additionnels.

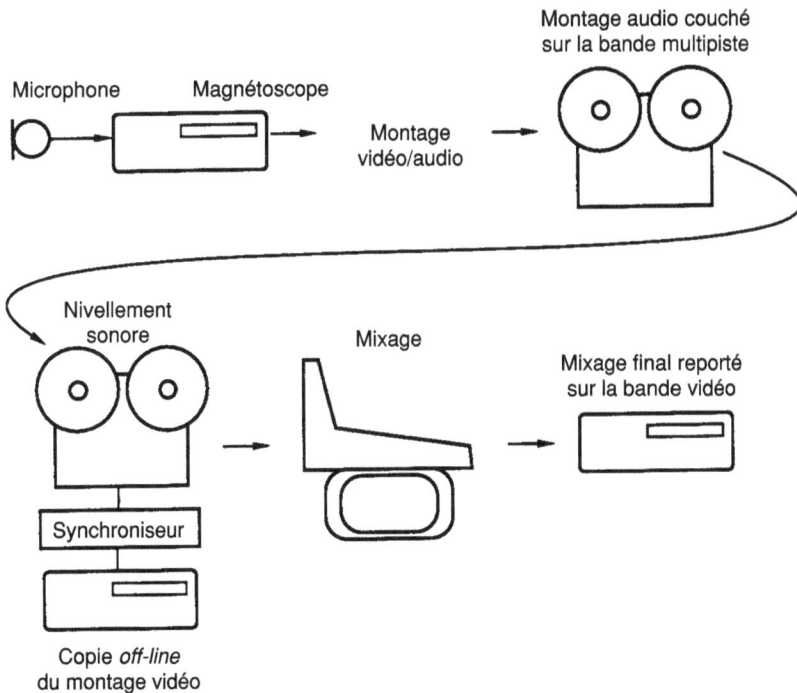

**Figure 3.8**
Représentation synoptique de la production sonore en télévision.

Dans une production vidéo, les sons directs sont le plus souvent enregistrés sur les pistes audio du magnétoscope qui enregiste l'image, l'enregistrement sur supports séparés n'étant pas de tradition dans ce domaine, comme c'est le cas pour le cinéma. Ils font ensuite l'objet d'un montage, simultanément à celui de l'image, à l'aide d'un banc de montage électronique et d'une machine d'enregistrement supplémentaire, synchronisée par code temporel, où sont couchées les informations sonores voisines des points de montage, de manière à pouvoir disposer de chevauchements entre modulations sortantes et modulations entrantes (voir la figure 3.8). La bande montée fait alors l'objet d'une phase de postproduction, au cours de laquelle des ambiances, dialogues doublés, bruitages et musiques peuvent être adjoints. Traditionnellement, cette étape mobilise une machine multipiste, qui tend de plus en plus à être remplacée par des systèmes de montage à disques durs (voir le paragraphe 10.9) qui permettent une plus grande flexibilité dans la gestion des pistes et l'accès rapide à des bibliothèques de bruitages.

Une fois l'ensemble des modulations rassemblées et montées, elles font l'objet d'un mixage qui est couché sur les pistes audio du magnétoscope, en synchronisme avec l'image.

## 3.3 La transmission des signaux audio

Les informations sonores destinées à la radiodiffusion et à la télévision sont élaborées selon les méthodes décrites ci-dessus ; dans ces domaines, un problème supplémentaire se pose, celui de la distribution des signaux dans de vastes centres techniques et de leur transmission vers les émetteurs, ce qui requiert différents types de liaisons, aussi bien analogiques que numériques.

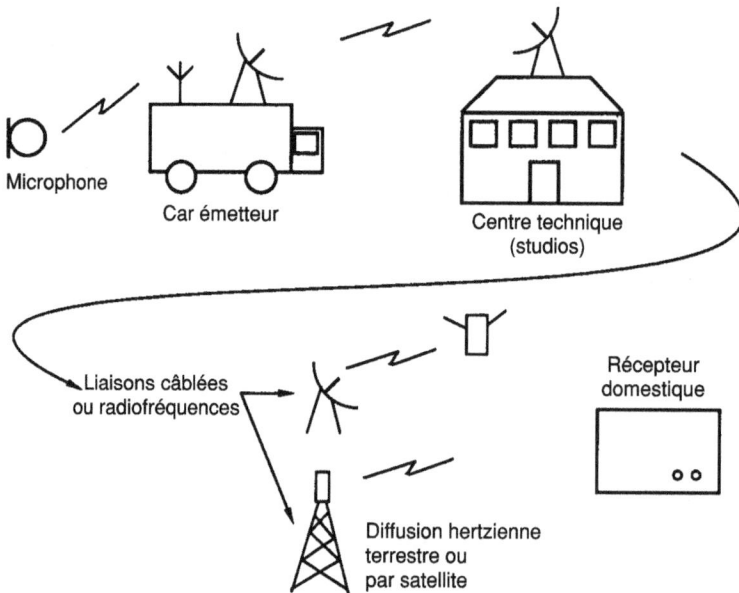

**Figure 3.9**
Représentation synoptique du parcours de l'information sonore en télévision.

Au cours de sa vie, un signal de télévision peut parcourir de nombreux kilomètres, comme le montre la figure 3.9. À l'origine de la chaîne, un microphone HF (voir le paragraphe 4.10) transmet la modulation au car émetteur, qui, à son tour, utilise une liaison à fréquence élevée pour transmettre le programme au centre technique au sein duquel le signal transite par des liaisons câblées de grande longueur, avant d'être raccordé à un réseau de distribution permettant d'atteindre d'autres centres techniques et les émetteurs. Ce réseau peut être constitué de liaisons câblées, dites lignes à grande distance, qui font l'objet de corrections destinées à compenser les pertes occasionnées, ou encore de liaisons hertziennes, éventuellement codées en numérique. Le programme est alors distribué depuis l'émetteur vers les téléspectateurs à l'aide d'une autre liaison hertzienne qui peut, le cas échéant, être établie par l'intermédiaire d'un satellite.

## 3.4　Les niveaux du signal dans la chaîne

On peut constater, à l'examen de la figure 3.10, que le signal issu d'un microphone et transitant par une console pour aller vers un magnétophone ou un haut-parleur subit différents changements de niveau. La figure représente également d'autres sources possibles et les niveaux de sortie correspondants.

La tension de sortie d'un microphone, en général faible, dépend du modèle utilisé (voir le chapitre 4). De l'ordre du millivolt (1 mV = 0,001 V), elle dépend en fait de l'intensité sonore captée. Un tel signal est dit « de niveau micro » pour le distinguer des signaux « de niveau ligne » voisins de 1 V. Les signaux audio sont habituellement exprimés en référence à une tension de 0,775 V, désignée par l'expression 0 dBu (voir le complément 1.2). Les magnétophones, générateurs d'effets et consoles délivrent en sortie des signaux de niveau ligne. Ceux issus des microphones, inférieurs d'environ 60 dB, nécessitent une amplification. À cette fin, la plupart des consoles sont dotées d'étages d'entrée présentant un gain réglable entre environ 30 dB et 80 dB, l'amplification nécessaire dépendant tout à la fois du type de microphone et de la source qu'il capte.

La sortie de la console est connectée à un amplificateur de puissance qui, à son tour, alimente le haut-parleur. Ce dernier nécessite, pour produire un son de niveau suffisant, une tension relativement élevée, dont la valeur exacte dépend de l'efficacité du haut-parleur et du niveau sonore souhaité. Elle est de l'ordre d'une dizaine à quelques dizaines de volts.

Le magnétophone reçoit un signal de niveau ligne qu'il convertit en une information magnétique qu'il enregistre sur la bande. Il existe différents niveaux magnétiques de référence, comme l'expose le complément 8.5 ; il est important de comprendre que la relation entre niveaux électriques et niveaux magnétiques est variable, car elle dépend des réglages de la machine.

Les sources grand public telles que les tuners FM, les enregistreurs de cassettes et certains générateurs d'effets bon marché ont des niveaux de sortie inférieurs à 0 dBu, fournissant pour certains environ 100 mV, ou encore – 10 dBV. Il existe des amplificateurs de ligne, permettant de remonter le niveau de tels signaux jusqu'au niveau ligne, qui, fréquemment, assurent également la symétrisation des sorties asymétriques des appareils grand public (voir le paragraphe 13.2). Il est également possible de raccorder directement ce type d'appareil à l'entrée ligne symétrique d'une console, mais avec un risque d'interférences et d'accroissement du niveau du bruit.

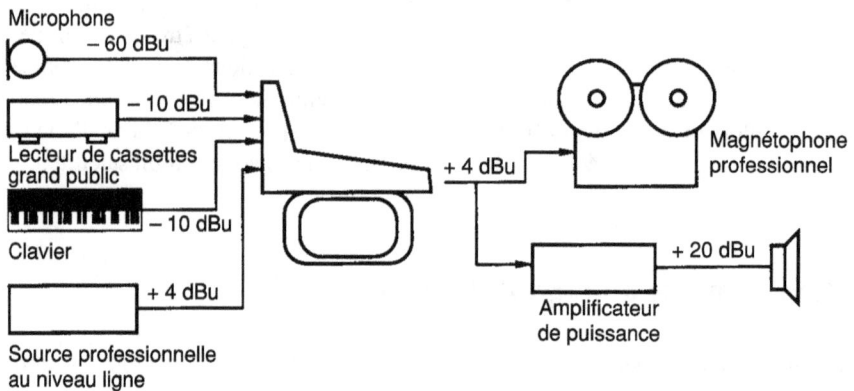

**Figure 3.10**

Ordres de grandeur des niveaux rencontrés à différents étages de la chaîne audio.

La plupart du temps, les amplificateurs hi-fi sont dotés d'entrées prévues pour recevoir des signaux de l'ordre d'une centaine de millivolts, hormis celles destinées au raccordement de lecteurs de disques vinyle, en principe appelées « RIAA » ou « Phono ».

Certains amplificateurs sont dotés d'entrées particulières, à niveau légèrement supérieur, destinées à recevoir des matériels numériques, indiquées « CD » ou « DAT ». En effet, les matériels grand public numériques délivrent souvent un niveau supérieur au niveau de sortie des appareils analogiques. Il est important, dans le cas du raccordement d'appareils professionnels à des appareils grand public, de veiller à ce que les entrées de ces derniers ne soient pas surchargées ; là aussi, des amplificateurs ou transformateurs (voir le paragraphe 13.1) permettent de modifier les niveaux de manière adéquate.

Les lecteurs de disques microsillon constituent un cas à part dans la mesure où leur tête de lecture produit un signal de niveau comparable à celui d'un microphone, qui doit faire l'objet d'une correction conforme à la norme RIAA (voir le paragraphe 11.2). Pour ce faire, l'entrée « RIAA » ou « Phono » de l'amplificateur est reliée à un dispositif de filtrage et ne doit donc pas être utilisée à d'autres fins ; de la même manière, il ne faut pas raccorder une platine lectrice de disques vinyle à l'entrée micro d'un amplificateur sous peine de percevoir un équilibre spectral défectueux.

Dans un système professionnel, la réaction des indicateurs de niveau dépend du type d'indicateur, du niveau de travail du studio ainsi que d'autres paramètres. Ce sujet est vaste et sera abordé au paragraphe 7.5.

## Références bibliographiques

**Ouvrages historiques**

GELATT, R. (1977) *The Fabulous Phonograph*. Cassell and Co., London.

READ, O. (1976) *From Tinfoil to Stereo*.

**Signaux et systèmes audio**

BD 6840. *Audio Equipment*. British Standards Office.

CCIR Rec. 574-1 (1982) (re signal levels and dB suffixes). Vol. 13. Green Book.

# 4 Les microphones

Le microphone est un transducteur qui convertit l'énergie acoustique en énergie électrique ; il a donc le rôle inverse de celui d'un haut-parleur. Les principaux types en sont le microphone à bobine mobile, le microphone à ruban et le microphone électrostatique, dont les fonctionnements sont décrits respectivement par les compléments 4.1, 4.2 et 4.3.

## 4.1 Le microphone dynamique à bobine mobile

Le microphone à bobine mobile est largement répandu dans le domaine de la sonorisation, car sa robustesse le rend tout à fait adapté pour les microphones-chant tenus à la main. De nombreux modèles sont équipés d'une boule anti-vent constituée de fils tissés et contenant un morceau de mousse destiné à atténuer l'effet du vent et les plosives émanant de la voix du chanteur. Ils comportent souvent un atténuateur de fréquences basses qui permet de diminuer l'importance de l'effet de proximité se produisant, avec des microphones directionnels, lorsque la source est distante de moins de 50 cm environ, et dont la conséquence est l'augmentation relative des fréquences basses (voir le complément 4.4). La réponse en fréquence d'un microphone à bobine mobile présente souvent une bosse dite *de présence* aux environs de 5 kHz, ainsi qu'une chute relativement rapide au-delà de 8 à 10 kHz.

Complément 4.1 – *Le microphone à bobine mobile*

Présentant un fonctionnement inverse de celui d'un haut-parleur, le microphone à bobine mobile est constitué, comme le montre la figure page suivante, d'une membrane rigide, d'un diamètre compris entre 20 et 30 mm, suspendue à l'avant d'un aimant annulaire. Un mandrin cylindrique est collé à l'arrière de la membrane, sur lequel est enroulée une bobine faite de fil conducteur très fin.

L'ensemble est positionné dans l'entrefer de l'aimant. Lorsque l'onde sonore entraîne la vibration de la membrane, la bobine va et vient dans l'entrefer, ce qui y entraîne la circulation d'un courant alternatif qui constitue le signal de sortie (voir le complément 3.1). Les caractéristiques du bobinage de certains modèles permettent de délivrer un signal de niveau suffisant pour permettre le raccordement direct à la prise de sortie, alors que, pour d'autres qui délivrent un signal plus faible, on a recours à un transformateur-élévateur, inclus dans le boîtier. La fréquence de résonance de l'équipage mobile d'un tel microphone se situe dans le médium.

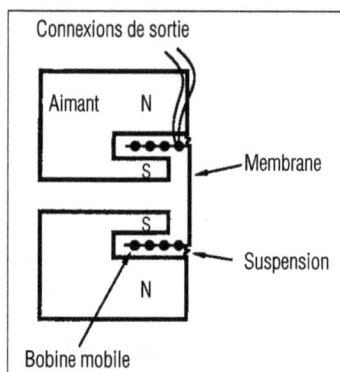

```
┌─────────────────────────────────────┐
│  Connexions de sortie                │
│                                      │
│   Aimant      N                      │
│                                      │
│         ┌──●●●●┐                      │
│         │  S   │────── Membrane       │
│         │      │                      │
│         │  S   │                      │
│         └──●●●●┐                      │
│              N  │────── Suspension    │
│                                      │
│   Bobine mobile                      │
└─────────────────────────────────────┘
```

L'impédance de sortie des microphones professionnels est de 200 Ω. Cette valeur ayant été choisie car elle est à la fois suffisamment élevée pour permettre des rapports d'élévation importants des transformateurs de sortie et suffisamment bonne pour attaquer des liaisons de grande longueur. Il existe aussi des microphones dont l'impédance est comprise entre 50 et 600 Ω. Certains microphones à bobine mobile sont dotés de transformateurs délivrant des niveaux plus importants avec une impédance de sortie plus élevée, ce qui permet d'attaquer les entrées peu sensibles des amplificateurs pour guitare ou de certains dispositifs destinés à la sonorisation. Leur impédance de sortie élevée restreint toutefois la longueur des câbles à quelques mètres, sauf à constater des pertes importantes aux fréquences élevées. (Le chapitre 13 traite de ce problème.)

## 4.2 Le microphone à ruban

Les meilleurs modèles de microphone à ruban permettent d'obtenir des résultats de très haute qualité. La suspension souple du ruban permet une résonance à fréquence basse, environ 40 Hz, au-dessous de laquelle la réponse chute rapidement. Aux fréquences élevées, la réponse est régulière, même si la masse du ruban lui-même l'empêche de répondre aux fréquences très élevées, une atténuation pouvant être constatée à partir d'environ 14 kHz. La réduction de la taille du ruban, et donc de sa masse, s'accompagne d'une surface de captation moindre et d'un niveau du signal de sortie insuffisant. L'un des constructeurs a adopté le principe du double ruban, qui permet de résoudre ce dilemme jusqu'à un certain point. Deux rubans ayant chacun une longueur égale à la moitié de celle du ruban conventionnel sont montés l'un au-dessus de l'autre et connectés électriquement en série, comme si le ruban conventionnel était pincé en son centre. Chacun présente une masse en mouvement moitié moindre et, par suite, une meilleure réponse à l'extrémité haute du spectre. Leur fonctionnement simultané permet d'obtenir un niveau de sortie suffisant.

Plus fragile que son homologue à bobine mobile, le microphone à ruban convient mieux aux applications pouvant avant tout bénéficier de la régularité de sa réponse en fréquence, comme la captation d'instruments acoustiques ou d'ensembles classiques. Il en existe toutefois des modèles dont la robustesse approche celle des microphones-chant à bobine mobile et qui peuvent donc être utilisés à leur place.

Des applications telles que la prise de son de grosses caisses sont cependant à éviter, en raison des niveaux de pression sonore très élevés.

---

**C**omplément **4.2** – *Le microphone à ruban*

Le microphone à ruban est constitué d'une longue bandelette de métal conducteur, pliée en accordéon pour lui donner une certaine rigidité et une certaine élasticité, légèrement tendue entre deux fixations. Le ruban est immergé dans le champ magnétique qui règne entre les pôles de l'aimant et, lorsqu'il est excité par une onde sonore, un courant induit le parcourt (voir le complément 3.1). La tension électrique aux bornes du ruban, très faible, est élevée à l'aide d'un transformateur incorporé dans le boîtier. Le rapport d'élévation est choisi de manière à ce que l'impédance de sortie avoisine 200 $\Omega$, ce qui permet d'obtenir un niveau de sortie comparable à celui d'un microphone à bobine mobile, quoique plus faible.

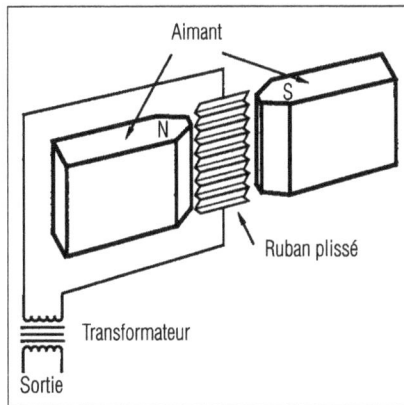

La fréquence de résonance d'un microphone à ruban est située dans la partie basse du spectre audio.

---

## 4.3 Les microphones électrostatiques

### 4.3.1 *Le microphone à condensateur*

Le principal avantage que présentent les microphones électrostatiques sur les modèles à bobine mobile ou à ruban est que leur membrane n'a pas à être rendue solidaire d'une bobine ni à présenter une taille et une forme en permettant l'immersion dans un champ magnétique.

Cette membrane peut être de petite taille, d'un diamètre compris entre 12 et 25 mm, et présenter une grande légèreté. Elle est souvent constituée d'un disque de polyester recouvert d'une couche de métal conducteur déposée par vaporisation, ou, pour certains modèles, d'un disque de métal, comme le titane. La fréquence de résonance se situe dans la zone 12-20 kHz, mais son amplitude est moins importante qu'avec les microphones à bobine mobile en raison de la grande légèreté de la membrane.

Le niveau délivré par certains microphones électrostatiques est suffisamment élevé pour en permettre le raccordement direct à l'entrée ligne d'une console ; comme il est de toute manière nécessaire d'intégrer un amplificateur au microphone lui-même, cet objectif est relativement aisé à atteindre.

Le niveau de sortie élevé d'un microphone électrostatique rend le signal moins sensible aux interférences lorsque des liaisons de grandes longueurs sont utilisées, et, dans certains cas, permet de se dispenser d'un amplificateur à l'entrée d'une console ou d'un enregistreur. Ce type de microphone nécessite toutefois un dispositif d'alimentation (voir le paragraphe 4.9.1).

### 4.3.2 *Le microphone à électret*

Le microphone à électret est un développement du microphone à condensateur et permet de se dispenser de la tension de polarisation, une charge électrostatique permanente étant communiquée à la membrane lors de sa construction.

Ce procédé nécessite cependant une membrane de plus grande masse. C'est la raison pour laquelle les performances de ce type de microphone s'apparentent plus à celles d'un modèle à bobine mobile qu'à celles d'un véritable microphone à condensateur. L'alimentation du préamplificateur intégré est fournie soit par des piles, soit par une alimentation fantôme. Le microphone à électret est particulièrement destiné aux applications pour lesquelles la compacité et la légèreté sont des aspects primordiaux, ainsi qu'aux microphones clipsables, omniprésents en télévision. La production en grande quantité de ce type de microphones les rend également bon marché.

Plus récemment, des modèles dits à électret arrière ont été développés, dans lesquels la charge électrostatique est communiquée à l'armature arrière fixe. Leur membrane est similaire à celle des microphones à condensateur et certains présentent une qualité comparable.

### 4.3.3 *Les microphones radiofréquences à condensateur*

Le microphone radiofréquence constitue une autre variante de microphone à condensateur. Le condensateur est inclus dans le circuit accordé d'un oscillateur produisant une fréquence porteuse beaucoup plus élevée que le haut du spectre audio. Lorsque l'onde sonore met la membrane en mouvement, la valeur de la capacité du condensateur est modifiée, ce qui produit une modulation de la fréquence de la porteuse. Le signal est alors démodulé, à l'aide de techniques identiques à celles utilisées dans les récepteurs radio FM, pour fournir le signal audio de sortie. Il faut préciser que l'ensemble du processus est accompli à l'intérieur du boîtier et n'a rien à voir avec les microphones HF que nous décrirons au paragraphe 4.10.

---

**Complément 4.3** – *Le microphone à condensateur*

Le principe de fonctionnement du microphone à condensateur est que, si la distance entre deux armatures d'un condensateur change, la capacité de ce dernier s'en trouve modifiée. Comme le montre la figure, le condensateur est ici constitué par la membrane flexible et une armature arrière fixe séparées par un isolant. La membrane vibre sous l'effet d'une onde sonore.

Le condensateur est chargé, ou polarisé, par une tension continue au travers d'une résistance de valeur très élevée. Un condensateur de liaison évite la transmission de la tension d'alimentation à l'étage d'amplification, ne permettant le passage que du signal audio.

Lorsque les ondes sonores mettent en mouvement la membrane, la capacité varie, de même que la tension à ses bornes, dès lors que la résistance de valeur élevée ne permet que de lentes variations de charge. La modulation de la tension est transmise à l'amplificateur par l'intermédiaire du condensateur de liaison, qui convertit l'impédance de sortie élevée de la capsule en une impédance plus faible. Le transformateur de sortie, enfin, symétrise le signal (voir le paragraphe 13.4) qui est appliqué au connecteur de sortie. La fréquence de résonance de ce type de microphone se situe dans la partie la plus haute du spectre audio.

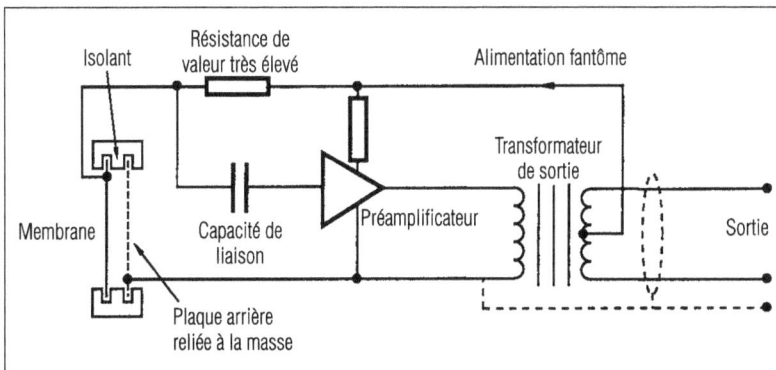

L'amplificateur est le plus souvent constitué d'un transistor à effet de champ, en raison de l'impédance d'entrée extrêmement élevée qu'il présente. D'autres composants sont également intégrés dans le microphone, par exemple ceux qui assurent la régulation de tension ou ceux qui constituent l'étage de sortie. Les premiers microphones à condensateur fonctionnaient avec des tubes électroniques et étaient beaucoup plus volumineux que ceux d'aujourd'hui. Ils nécessitaient par ailleurs des liaisons supplémentaires pour véhiculer la haute tension et la tension de filament nécessaires au fonctionnement des tubes. Leur utilisation n'était pas particulièrement simple, mais ils offraient une qualité sonore telle qu'ils s'imposèrent rapidement. Aujourd'hui, l'utilisation du microphone à condensateur est généralisée dans les domaines exigeant une qualité supérieure ; les autres types de microphones sont utilisés dans le cadre d'applications relativement spécifiques.

Le courant électrique absorbé par un microphone à condensateur varie d'un modèle à l'autre, mais il est compris entre 0,5 mA et 8 mA ; il est fourni le plus souvent par une alimentation fantôme.

## 4.4 Directivité et diagramme polaire

Les microphones sont conçus de manière à présenter une certaine directivité, représentée par une figure appelée *diagramme de directivité* ou *diagramme polaire*. Ce diagramme se présente sous la forme d'une courbe à deux dimensions qui indique le niveau délivré par le microphone pour différents angles d'incidence des ondes sonores.

La distance d'un point du diagramme au centre du cercle, considéré comme étant la position de la membrane du microphone, est le plus souvent graduée en décibels. La référence, 0 dB, correspond à la réponse à 1 kHz pour un angle d'incidence nul. Pour un angle donné, plus le point est éloigné du centre, plus le niveau délivré par le microphone est important.

### 4.4.1 *Diagramme omnidirectionnel*

Dans l'idéal, un microphone omnidirectionnel capte les sons de manière identique quelle que soit la direction de la source. La réponse d'un tel microphone est illustrée à la figure 4.1. Elle est obtenue en laissant l'avant de la membrane exposé aux ondes sonores, alors que l'arrière est obturé ; le microphone constitue alors un capteur à pression qui ne réagit qu'aux variations de la pression de l'air engendrées par les ondes sonores. Ce principe fonctionne parfaitement bien aux fréquences basses et moyennes, mais, aux fréquences élevées, les dimensions de la capsule deviennent du même ordre de grandeur que la longueur d'onde et un effet d'ombre amène alors une moins bonne captation à l'arrière et sur les côtés du microphone. Par ailleurs, on peut constater une augmentation du niveau relatif des fréquences élevées en incidence axiale. Simultanément apparaissent des phénomènes d'annulation lorsqu'une onde de haute fréquence, de longueur d'onde comparable au diamètre de la membrane, parvient à cette dernière avec un angle d'incidence non nul. En pareil cas, des interférences additives et soustractives peuvent apparaître, des forces opposées étant appliquées à la membrane.

La figure 4.2 montre le diagramme polaire que l'on peut attendre d'un microphone omnidirectionnel réel, pour une capsule de diamètre égal à environ 13 mm. Son comportement est parfaitement omnidirectionnel jusqu'à environ 2 kHz, où commence à apparaître une baisse de sensibilité à l'arrière ; à 3 kHz, pour une incidence de 180°, la sensibilité est de 6 dB inférieure à celle aux basses fréquences.

**Figure 4.1**
Diagramme de directivité
d'un microphone
omnidirectionnel idéal.

**Figure 4.1**
Diagramme de directivité
d'un microphone
omnidirectionnel idéal.

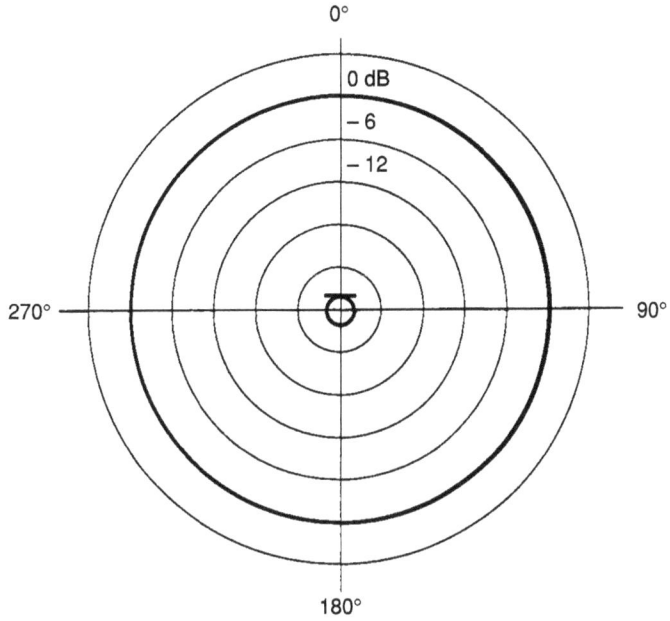

**Figure 4.2**
Diagramme de directivité
d'un microphone
omnidirectionnel pour
différentes fréquences.

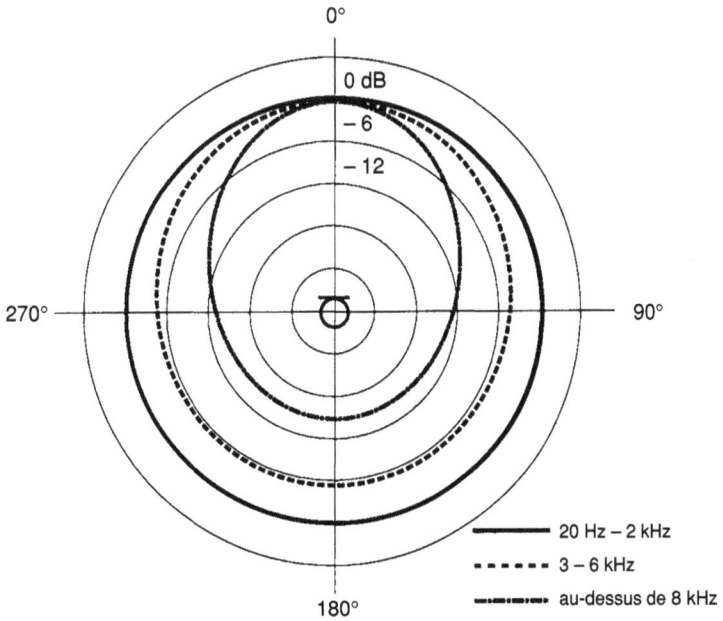

20 Hz – 2 kHz
3 – 6 kHz
au-dessus de 8 kHz

Au-dessus de 8 kHz, la réponse à 180° chute d'environ 15 dB et présente une perte de 10 dB à 90° et 270°. La conséquence est que les sons significativement hors de l'axe sont reproduits avec un manque important d'aiguës. La meilleure réponse est obtenue pour des angles d'incidence n'excédant pas 45°.

Les microphones omnidirectionnels de haute qualité se caractérisent par une réponse en fréquence régulière et étendue, allant des fréquences les plus basses aux fréquences les plus élevées, avec des résonances et des colorations minimales.

Ces performances sont sans doute liées à la simplicité de leur conception : une capsule ouverte sur l'avant et étanche à l'arrière, hormis une très petite ouverture appelée *trou d'égalisation* destinée à compenser les variations de la pression atmosphérique qui, en son absence, déformeraient la membrane.

Les microphones clipsables, que l'on rencontre souvent en télévision, sont en général des omnidirectionnels à électret et sont capables de très bonnes performances. Plus le microphone est de petite taille, meilleure est la réponse aux fréquences élevées, et les microphones équipés de membranes d'un diamètre voisin d'un demi-pouce, soit environ 12,7 mm, présentent une excellente réponse jusqu'à 10 kHz.

De tous les microphones, les omnidirectionnels sont les moins sensibles aux bruits de vent et de maniement, car ils ne réagissent qu'à la pression. Les microphones bidirectionnels, particulièrement ceux à ruban et cardioïdes, que nous décrirons ci-dessous, y sont plus sensibles, car ils répondent aux différences de pression importantes créées entre les deux côtés de la capsule par des mouvements de basse fréquence tels ceux engendrés par le vent ou un déplacement indésirable de la membrane. L'impédance mécanique, ou résistance de la membrane au mouvement d'un microphone à gradient de pression, est toujours inférieure aux basses fréquences à celle d'un microphone à pression, ou omnidirectionnel, ce qui explique cette sensibilité accrue aux nuisances de fréquences faibles.

## 4.4.2 *Réponse bidirectionnelle ou en huit*

La figure 4.3 illustre le diagramme polaire d'un microphone bidirectionnel qui présente une réponse proportionnelle au cosinus de l'angle d'incidence $\theta$. On peut rapidement dessiner une telle figure sur une feuille de papier quadrillé, à l'aide d'un rapporteur d'angles et de tables trigonométriques ou d'une calculatrice de poche : cos 0° = 1, la réponse est maximale dans l'axe et constitue notre référence, soit 0 dB ; cos 90° = 0, aucun son ne sera capté pour un angle d'incidence de 90° ; cos 180° = − 1, un son en incidence axiale arrière provoquera une réponse de même amplitude que pour $\theta$ = 0°, mais de phase opposée ; la phase est indiquée sur le diagramme polaire par les signes + et −. Pour un angle d'incidence de 45°, la sortie du microphone est de 3 dB inférieure à la référence axiale, puisque cos 45° = $1/\sqrt{2}$ = 0,707.

Le microphone à ruban, dans sa version de base, présente une réponse bidirectionnelle, l'avant et l'arrière du ruban étant totalement exposés aux ondes sonores. Dans ce cas, la membrane répond à la différence des pressions appliquées sur ses faces avant et arrière ; ce principe de fonctionnement est dit « à gradient de pression ». Si une onde sonore parvient au microphone avec un angle d'incidence de 90°, la pression appliquée à chacune des faces de la membrane sera la même ; la membrane restera alors immobile, aucun signal n'étant délivré. Si l'onde sonore est axiale, soit $\theta = 0°$, il apparaîtra une différence de phase entre l'avant et l'arrière de la membrane, en raison de la distance supplémentaire que doit parcourir l'onde pour l'atteindre. La différence de pression qui en résulte produira la mise en mouvement de la membrane, ce qui produira un signal de sortie.

**Figure 4.3**
Diagramme de directivité
d'un microphone
bidirectionnel.

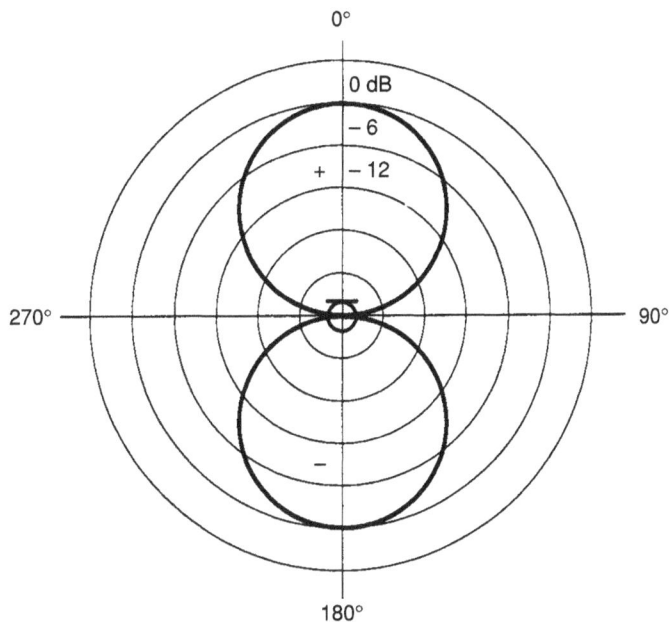

Aux fréquences très basses, les longueurs d'onde sont très importantes et la différence de phase entre l'avant et l'arrière de la membrane est très petite. Le signal fourni est donc d'autant plus faible que la fréquence est plus basse. Dans le microphone à ruban, on met à profit sa résonance à basse fréquence pour compenser ce phénomène en remontant la réponse aux fréquences basses. Avec les microphones à condensateur à simple membrane, une telle technique n'est pas possible puisque la résonance de la membrane se produit pour des fréquences très élevées ; on constate une chute de la réponse aux fréquences basses, sauf à opérer une correction par d'autres moyens, électroniques par exemple.

Dans le cas des microphones à double membrane commutables, la réponse bidirectionnelle est obtenue en combinant deux directivités cardioïdes en opposition de phase l'une avec l'autre (voir le paragraphe 4.4.3).

Comme le microphone omnidirectionnel, le bidirectionnel permet d'obtenir une réponse régulière, sans aucune coloration. Le diagramme de directivité présente une grande uniformité à toutes les fréquences, si ce n'est qu'un léger rétrécissement commence à se manifester au-delà de 10 kHz. Il faut cependant noter que la réponse aux fréquences élevées d'un microphone à ruban est meilleure dans le plan horizontal que dans le plan vertical en raison de la forme même du ruban. Une onde sonore de haute fréquence parvenant d'un point situé quelque part au-dessus du plan du microphone subira des annulations partielles. En effet, à des fréquences telles que la longueur d'onde devient comparable à la longueur du ruban, l'onde arrivant à la partie basse présente un déphasage avec celle parvenant à sa partie supérieure. Cela réduit l'énergie communiquée au ruban par rapport à celle aux fréquences moyennes. C'est pourquoi les microphones bidirectionnels à ruban doivent être orientés verticalement pour obtenir la meilleure réponse horizontale possible, la réponse dans le plan vertical présentant, dans la plupart des cas, une importance moindre.

Bien que les microphones bidirectionnels captent de la même manière à l'avant et à l'arrière, il faut se souvenir que le lobe arrière est de phase opposée au lobe avant : on doit en tenir compte pour l'orientation du microphone.

---

**Complément 4.4** – *L'effet de proximité*

Les microphones à gradient de pression sont le siège d'un phénomène appelé *effet de proximité*, qui se traduit par le renforcement exagéré des fréquences basses lorsque la source est proche du microphone. En fonctionnement normal, la force appliquée à la membrane résulte de la différence de phase entre les ondes qui atteignent l'avant et l'arrière de celle-ci, due au trajet supplémentaire que doit accomplir l'une d'elles. Pour une différence de trajet donnée, la différence de phase est plus faible aux basses fréquences qu'aux fréquences élevées.

À proximité d'une source ponctuelle, le microphone est plongé dans un champ d'ondes sphériques tel que la pression sonore diminue lorsque la distance à la source augmente (voir le complément 1.3). Ainsi, en plus de la différence de phase entre l'onde avant et l'onde arrière, une différence de niveau apparaît entre elles. Puisque la différence de phase est faible aux basses fréquences, la différence de niveau devient prépondérante pour contribuer au mouvement de la membrane, ce qui a pour conséquence un renforcement des basses fréquences. Aux fréquences élevées, la différence de phase est plus importante, la contribution de la différence de niveau étant alors relativement moindre.

Pour des distances à la source plus importantes, les ondes sonores s'apparentent plus à des ondes planes et la différence de niveau entre l'avant et l'arrière de la membrane devient insignifiante, la force appliquée à la membrane ne dépendant alors que de la différence de phase avant/arrière.

---

## 4.4.3  *Réponse unidirectionnelle ou cardioïde*

La réponse cardioïde répond à l'équation mathématique $(1 + \cos\theta)$, $\theta$ étant l'angle d'incidence. Puisque la réponse omnidirectionnelle est égale à 1 (étant indépendante de $\theta$) et la réponse bidirectionnelle à $\cos\theta$, on peut considérer en théorie que la réponse cardioïde est la somme des deux précédentes.

**Figure 4.4 (a)**

Diagramme de directivité d'un microphone cardioïde idéal.

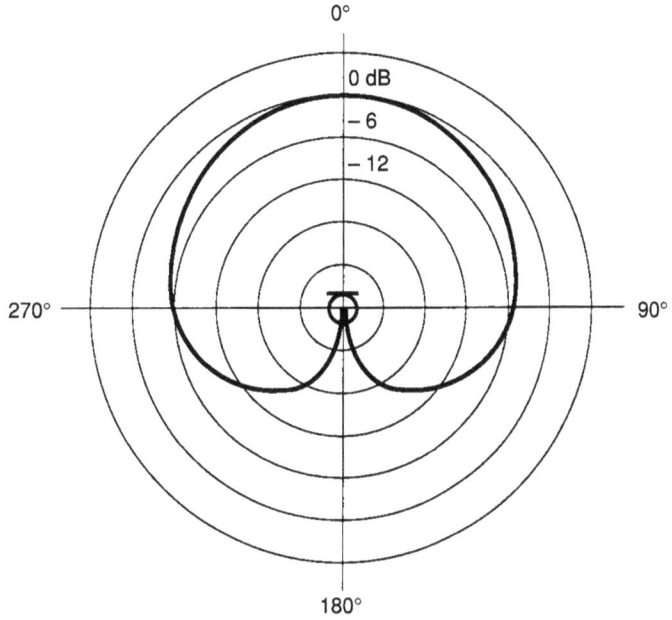

**Figure 4.4 (b)**

La réponse d'un microphone cardioïde est l'équivalent de la sommation d'une réponse omnidirectionnelle et d'une réponse bidirectionnelle.

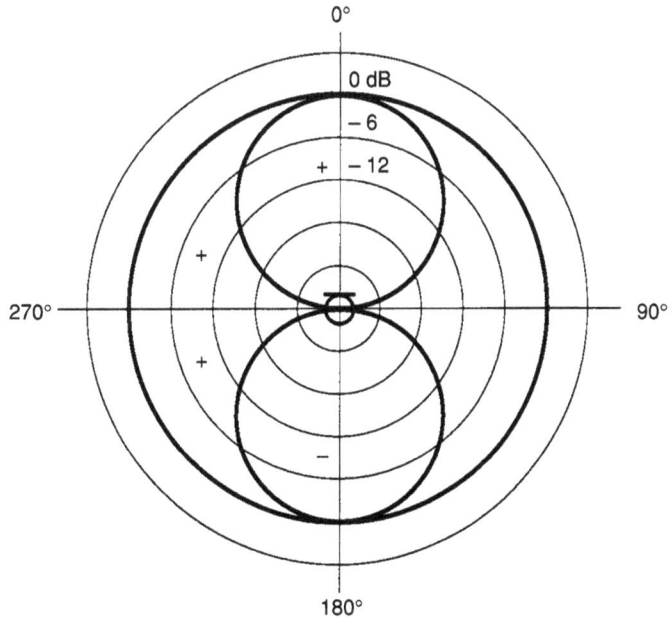

La figure 4.4 (a) illustre la réponse cardioïde et la figure 4.4 (b) la superposition d'une réponse omnidirectionnelle et d'une réponse bidirectionnelle, qui permet de constater que l'addition des deux fournit la réponse cardioïde ; pour $\theta = 0°$, les deux contributions sont d'amplitudes et de phases égales. Elles se renforcent donc pour fournir un signal double de celui fourni par chacune d'elles. Lorsque $\theta = 180°$, elles sont de même amplitude mais de phases opposées, aucun signal n'étant alors fourni. Pour $\theta = 90°$, seule existe la contribution omnidirectionnelle, et la réponse cardioïde y présente une atténuation de 6 dB, alors que, pour un angle d'incidence de 65°, cette dernière s'établit à 3 dB.

Les tout premiers microphones comportaient deux capsules, l'une omnidirectionnelle et l'autre bidirectionnelle, intégrées dans le même boîtier, dont les signaux de sortie étaient combinés de manière à obtenir une réponse cardioïde. Les microphones ainsi obtenus étaient fort volumineux et, d'autre part, les deux capsules ne pouvaient pas être placées au même endroit, car la réponse cardioïde aux fréquences élevées en était affectée ; les longueurs d'onde étaient alors comparables à la distance entre les capsules. Ces microphones constituaient toutefois une application directe des principes de base que nous avons exposés.

**Figure 4.5** _____

Diagramme de directivité d'un microphone cardioïde, dans les basses, dans le médium et aux fréquences élevées.

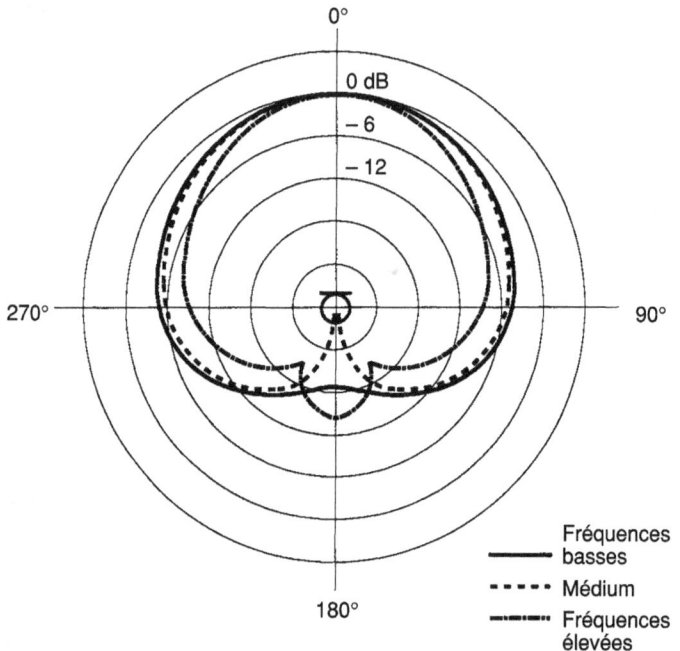

De nos jours, la réponse cardioïde est obtenue en laissant la face avant de la membrane directement exposée aux ondes sonores et en introduisant dans le parcours des ondes vers la face arrière différents labyrinthes acoustiques permettant d'obtenir des combinaisons d'amplitudes et de phases résultant en une réponse cardioïde. Ce résultat est cependant difficile à obtenir simultanément pour toutes les fréquences, et la figure 4.5 montre le diagramme de directivité d'un microphone réel doté d'une membrane d'un diamètre de trois quarts de pouce. On peut y constater une réponse presque idéale pour les fréquences moyennes, mais le microphone tend à devenir omnidirectionnel aux fréquences basses et présente, aux fréquences élevées, une directivité plus accentuée qu'on ne le souhaiterait. Par exemple, les sons parvenant avec une incidence de 45° subiront une atténuation des aiguës et, par ailleurs, ceux parvenant au microphone en incidence arrière ne seront pas totalement atténués, surtout aux fréquences basses.

L'exemple que nous venons de traiter est typique des microphones cardioïdes à bobine mobile, très souvent utilisés pour les voix, car la directivité étroite aux fréquences élevées permet d'exclure les sons hors axe et l'importance moindre du fonctionnement en gradient de pression aux basses fréquences diminue l'effet de proximité. Les microphones à condensateur cardioïdes de haute qualité, dotés de membranes d'un diamètre voisin d'un demi-pouce, offrent une réponse cardioïde plus idéale. La présence des labyrinthes s'accompagne inévitablement d'une certaine coloration et il est possible de rencontrer des microphones omnidirectionnels à électret bon marché qui sonnent mieux que des cardioïdes beaucoup plus chers.

### 4.4.4 *Réponse hypercardioïde*

La figure 4.6 nous montre la directivité d'un microphone hypercardioïde idéal. Cette directivité, qui correspond à l'équation $(0,5 + \cos \theta)$, est obtenue par l'addition d'une contribution omnidirectionnelle atténuée de 6 dB et d'une contribution bidirectionnelle. Elle est donc intermédiaire entre une réponse cardioïde et une réponse bidirectionnelle, et présente un lobe arrière en opposition de phase avec le lobe avant. La sensibilité chute de 3 dB pour un angle d'incidence égal à 55°. Comme pour la réponse cardioïde, la réponse hypercardioïde est obtenue à l'aide de labyrinthes acoustiques situés à l'arrière de la membrane. Comme le fonctionnement à gradient de pression est ici prépondérant, l'effet de proximité est accentué. Certains microphones hypercardioïdes réels présentent un comportement relativement proche de l'idéal. De toutes les réponses que nous avons examinées, la réponse hypercardioïde est celle qui présente le rapport son direct/son réverbéré le plus élevé, ce qui signifie que le niveau délivré pour des sons en incidence axiale est beaucoup plus élevé que pour d'autres incidences. Cette propriété peut être mise à profit pour éliminer les sons indésirables tels qu'un bruit d'ambiance excessif.

**Figure 4.6**

**Figure 4.6**

Diagramme de directivité
d'un microphone
hypercardioïde idéal.

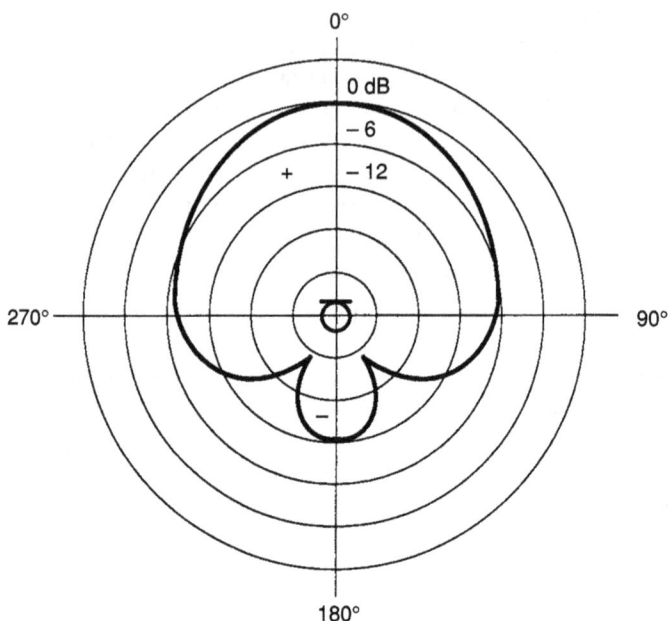

## 4.5 Dispositifs microphoniques particuliers

### 4.5.1 *Le microphone-canon*

Le microphone-canon est ainsi appelé car il se présente sous la forme d'un tube d'environ deux centimètres de diamètre et d'une soixantaine de centimètres de longueur, ce qui lui donne l'allure du canon d'un fusil. Un microphone cardioïde est fixé à l'une des extrémités du tube qui présente une série de fentes sur sa longueur.

Une onde sonore en incidence non-axiale pénètre ainsi dans le tube par les fentes, induisant des contributions de différentes phases qui tendent à s'annuler au voisinage de la membrane. Les sons hors axe sont donc considérablement atténués par rapport à ceux parvenant au dispositif en incidence axiale. La figure 4.7 illustre le diagramme polaire ainsi obtenu. Extrêmement directif, le microphone-canon est fréquemment utilisé par les équipes de reportages pour enregistrer une personne parlant dans une ambiance bruyante, laquelle en est considérablement atténuée. Les autres domaines d'application de ce microphone sont la prise de son animalière, les retransmissions sportives et les émissions avec participation du public, où il permet de capter la voix de tel ou tel intervenant. On l'utilise également au théâtre, sous la forme de rampes constituées de plusieurs microphones-canon installés à l'avant-scène. Lorsqu'on l'utilise en extérieurs, il est en principe enfermé dans une gaine anti-vent longue et mince, ce qui lui donne l'allure d'un énorme cigare. Il en existe également des versions plus courtes, dont le diagramme polaire est intermédiaire entre celui illustré à la figure 4.7 et celui d'un microphone hypercardioïde. Toutefois, quel que soit le modèle, la directivité est moins prononcée aux fréquences basses.

**Figure 4.7**
Diagramme polaire typique
de directivité d'un
microphone hautement
directif.

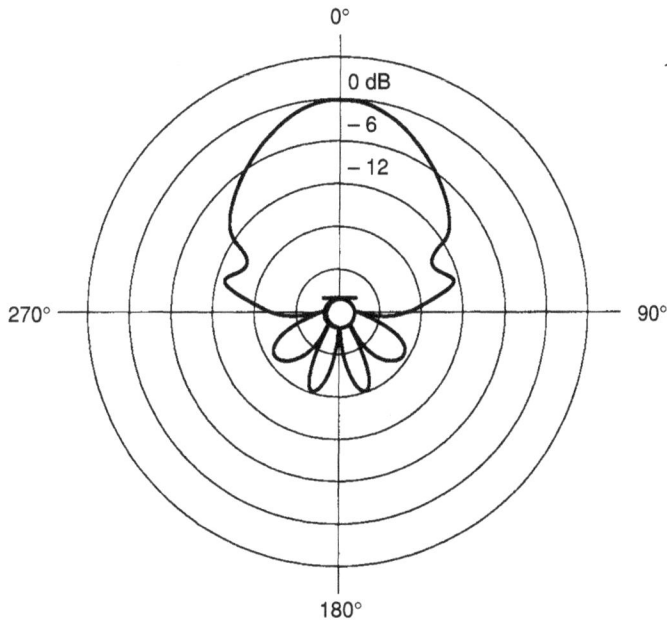

## 4.5.2 *Réflecteurs paraboliques*

Autre méthode permettant d'obtenir une directivité importante, le réflecteur parabolique, illustré à la figure 4.8, présente un diamètre compris entre environ 0,5 m et 1 m, un microphone unidirectionnel étant installé en son foyer.

Ce dispositif permet d'obtenir un gain de directivité d'environ 15 dB, même s'il est moindre aux basses fréquences, où les longueurs d'onde deviennent comparables au diamètre du réflecteur. Puisqu'il opère par concentration des ondes parvenant de sa direction de captation et non par réjection des ondes parvenant d'autres, il permet d'obtenir des signaux de niveau relativement élevé pour des sources distantes. Très répandus en prise de son animalière, particulièrement pour l'enregistrement de chants d'oiseaux, les réflecteurs paraboliques sont également utilisés pour certaines manifestations sportives ; leur encombrement reste toutefois un inconvénient dans certaines applications, ainsi que la coloration qui affecte le son qu'ils produisent.

**Figure 4.8**

Un réflecteur parabolique permet de focaliser l'onde incidente vers la membrane du microphone, ce qui rend ce dernier très directif.

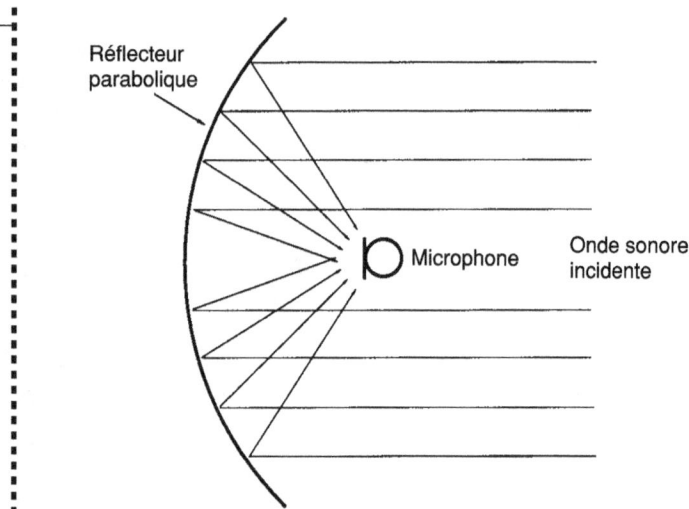

### 4.5.3 *Microphones à zone de pression*

Le microphone à zone de pression, ou PZM, pour *pressure zone microphone*, est également appelé microphone-plaque. Il est constitué pour l'essentiel d'une capsule microphonique omni-directionnelle placée sur une plaque carrée ou circulaire, dont le côté ou le diamètre sont voisins d'une quinzaine de centimètres, de manière à ce que la membrane soit située à une distance d'environ 2 ou 3 millimètres de la plaque. Cette dernière est conçue pour être posée sur une sur-face réfléchissante de grande taille, par exemple un mur, le plancher, ou encore la face inférieure du couvercle d'un piano. Le système présente une directivité hémisphérique. Comme le micro-phone utilisé est omnidirectionnel, il est possible d'obtenir des réalisations d'une qualité cor-recte avec des capsules à électret bon marché, ce qui permet de se familiariser avec ce type de dispositif de captation sans dépense importante. Malgré son apparence, le microphone à zone de pression n'est pas un microphone-contact, car la plaque elle-même n'entre pas en vibration. La réponse en fréquence est rarement aussi régulière que celle d'un microphone omnidirectionnel ordinaire, mais c'est rarement un handicap en pratique.

## 4.6 Microphones à directivité commutable

Un microphone à condensateur à double membrane, tel que celui illustré par la figure 4.9, est constitué de deux membranes identiques positionnées de part et d'autre d'une plaque centrale. Des perforations pratiquées dans cette dernière assurent un comportement cardioïde de chacune des membranes. Lorsque les tensions de polarisation des membranes sont de valeur égale, leur combinaison fournit un diagramme polaire omnidirectionnel résultant des contributions en phase des deux réponses cardioïdes dos à dos. Si la tension de polarisation de l'une est opposée à celle de l'autre, la plaque centrale étant portée au potentiel moitié, la réponse obtenue est bidirectionnelle ; les cardioïdes et hypercardioïdes dos à dos étant alors en opposition de phase. Des combinaisons intermédiaires permettent d'obtenir d'autres réponses, cardioïdes et hypercardioïdes par exemple. De cette manière, ce type de microphone présente une directivité commutable à l'aide soit de commutateurs placés sur le boîtier lui-même, soit d'une télécommande.

Pour d'autres modèles, qui ne comportent qu'une seule membrane, la directivité variable est obtenue par la mise en service, par des moyens mécaniques, de labyrinthes acoustiques qui permettent différents diagrammes polaires.

**Figure 4.9**
Microphone à condensateur à double membrane doté d'une directivité commutable : le modèle C 414 B –ULS de AKG.

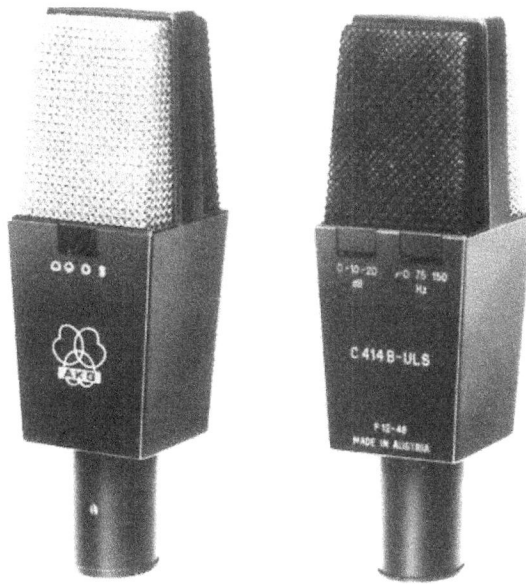

Certains constructeurs ont adopté une autre technique, qui consiste à rendre le corps du microphone et la capsule mécaniquement dissociables, de sorte qu'une capsule cardioïde peut être dévissée et remplacée par une autre, par exemple omnidirectionnelle. Cette méthode facilite également l'utilisation d'extensions consistant en un tube long d'un mètre environ, inséré entre la capsule et le corps du microphone ; ce dernier est installé sur un petit pied et le tube fin permet de positionner la capsule à la hauteur désirée, ce qui diminue la gêne visuelle occasionnée par un pied de microphone ordinaire.

## 4.7 Microphones stéréophoniques

Les microphones stéréophoniques, tels que celui qu'illustre la figure 4.10, intègrent deux capsules dans un même boîtier, dont l'orientation relative est réglable pour permettre d'obtenir l'angle désiré. Par ailleurs, la directivité de chacune d'elles est commutable, ce qui permet de disposer du diagramme polaire souhaité. Il est ainsi possible de régler le dispositif pour obtenir, par exemple, un couple de microphones bidirectionnels présentant un angle par exemple de 90° ou encore un couple de microphones cardioïdes à 120°, et ainsi de suite.

**Figure 4.10**

Exemple de microphone
stéréophonique : le SM69 de
Neumann.

Certains modèles, au lieu de constituer une paire gauche-droite, sont combinés dans une configuration dite somme-différence (voir la figure 4.11) ; la capsule somme est alors dirigée vers l'avant et la capsule différence, bidirectionnelle, vers les côtés. Les signaux correspondants, somme et différence, ou M-S, pour *middle and side*, sont traités dans un boîtier de matriçage pour fournir les signaux gauche et droite. Le premier est obtenu par sommation de M et S et le second par soustraction de S à M. Le complément 4.5 décrit plus précisément ce processus.

**Figure 4.11**

Microphone stéréophonique
de type somme-différence :
le VP 88 de Shure.

Le microphone Soundfield, de AMS Calrec, est un dispositif très sophistiqué dans lequel quatre capsules infracardioïdes, ou hypocardioïdes, c'est-à-dire intermédiaires entre des réponses omnidirectionnelle et cardioïde, sont disposées selon un tétraèdre. Ce microphone, illustré à la figure 4.12, permet différentes combinaisons des signaux émanant des capsules en vue de l'obtention de signaux dits « au format B ». Alors que l'ensemble des sorties directes des capsules constitue le format A, le format B comporte une réponse bidirectionnelle avant-arrière (signal X), une réponse bidirectionnelle gauche-droite (signal Y), une réponse bidirectionnelle haut-bas (signal Z) et une réponse omnidirectionnelle (signal W). Des combinaisons appropriées permettent d'obtenir toutes les configurations de microphones stéréophoniques, chaque voie étant commutable (de l'omnidirectionnel au bidirectionnel, en passant par le cardioïde), et les angles entre les capsules sont eux aussi réglables. L'inclinaison du microphone, et donc le rapport avant-arrière, peuvent également être ajustés. L'ensemble de ces réglages est effectué à l'aide d'un boîtier de télécommande. Par ailleurs, les signaux au format B peuvent être enregistrés sur un magnétophone à quatre pistes, puis relus en passant par le boîtier de télécommande, qui permet le choix des paramètres après la session d'enregistrement.

**Figure 4.12**
Le microphone Soundfield de AMS, et son boîtier de commande.

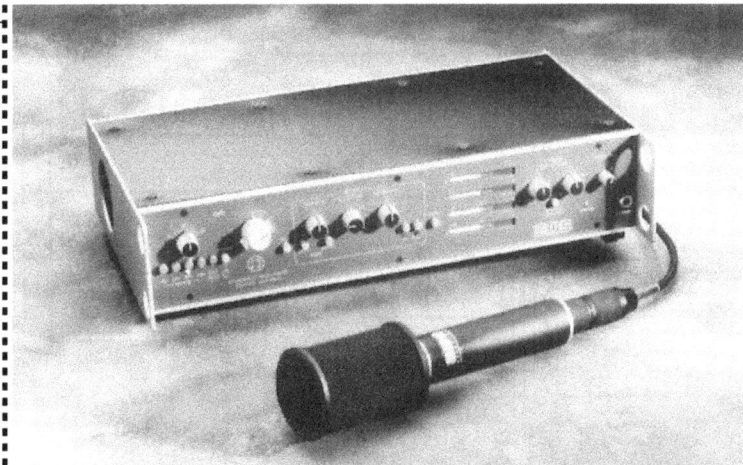

**Figure 4.13**
Reposant sur les techniques « Soundfield », le microphone ST 250 de AMS peut être utilisé dans les directions avant/arrière, gauche/droite ou haut/bas, grâce à un matriçage des capsules réalisé par son boîtier de commande.

À partir des mêmes principes, la firme AMS a développé un microphone de deuxième génération, le modèle ST 250, de plus petite taille et utilisable soit en bout, soit latéralement (voir la
figure 4.13).

---

**Complément 4.5** – *Le traitement des signaux M-S*

Les signaux MS peuvent être convertis de manière aisée en un signal stéréophonique conventionnel à l'aide soit
de trois voies d'une console, soit d'un boîtier de matriçage. M représente la somme des signaux gauche et droite
et S leur différence. Il vient alors :

$$M = (G + D)/2,$$
$$S = (G - D)/2,$$

et donc,

$$G = (M + S)/2,$$
$$D = (M - S)/2.$$

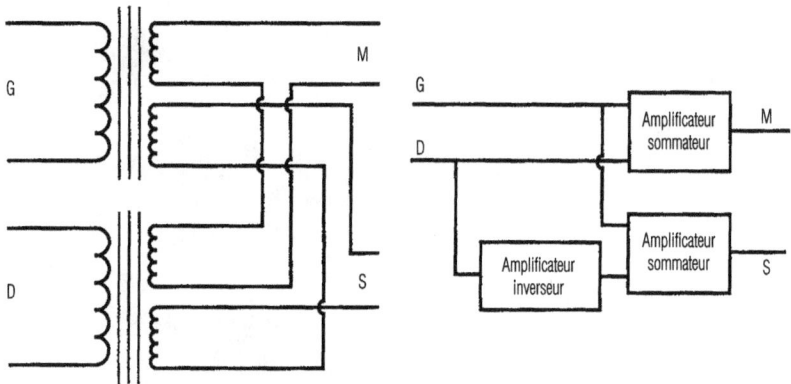

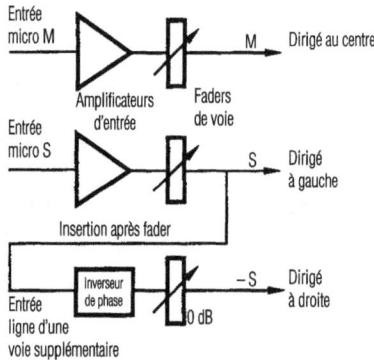

Il est possible de recourir à deux transformateurs, branchés comme l'indique la figure, pour obtenir M et S à partir de G et D, et inversement. On peut aussi utiliser deux amplificateurs sommateurs et un inverseur. L'utilisation de trois voies de console consiste à diriger le signal M au centre (également à gauche et à droite) alors que le signal S est dirigé à gauche (M + S = G). Le signal S est aussi prélevé à l'aide d'un insert après fader et envoyé à une troisième voie dont l'inverseur de phase permet d'obtenir – S. Le gain de cette troisième voie est réglé à 0 dB, et le signal envoyé vers la droite (M – S = R).

La modification du réglage du fader de la voie véhiculant le signal S permet de modifier la largeur de l'image stéréophonique.

## 4.8  Paramètres caractéristiques des microphones

Les microphones professionnels présentent une sortie symétrique, à basse impédance, disponible le plus souvent sur un connecteur à trois broches de type XLR. L'impédance de sortie, d'environ 200 $\Omega$, et parfois moins, permet d'attaquer des câbles de grande longueur. La symétrie, que nous étudierons au paragraphe 13.4, assure quant à elle une grande immunité du signal aux interférences. Nous aborderons ci-dessous la sensibilité et le bruit (voir les compléments 4.6 et 4.7).

### 4.8.1  *Aspects pratiques de la sensibilité des microphones*

La différence entre les sensibilités des divers types de microphones est que, pour amener le signal au niveau ligne dans le cas de microphones à ruban ou à bobine mobile, l'amplification nécessaire est plus importante que dans le cas de microphones à condensateur.

Prenons comme exemple la captation d'une voix à l'aide d'un microphone à ruban, qui fournit, par exemple, une tension égale à 0,15 mV. Amener ce signal à un niveau de 0 dBu, soit une tension de 0,775 V, nécessite une amplification de 5 160, soit un gain de 74 dB. Ce gain très important met à l'épreuve les caractéristiques du matériel en termes de bruit de fond et amènera une amplification importante à des interférences susceptibles de pénétrer dans le câble du microphone.

Si nous utilisons, dans le même but, un microphone à condensateur présentant une sensibilité de 1 mV/μbar, l'amplification nécessaire ne sera plus que de 775, et le gain de 57 dB. Ainsi, les éventuelles interférences seront à un niveau moins audible et l'exigence concernant les caractéristiques du matériel en matière de bruit de fond sera moindre.

Ce qui précède ne signifie aucunement que le recours systématique à un microphone à condensateur s'impose, mais montre que des consoles de haute qualité et un câblage soigné sont indispensables lors de l'utilisation de microphones à faible niveau de sortie.

---

**C**omplément **4.6** – *Sensibilité des microphones*

La sensibilité d'un microphone indique quelle tension sera délivrée par celui-ci pour un niveau de pression acoustique donné. Les caractéristiques fournies sont en général, pour un niveau, soit de 74 dB SPL, ou 1 µbar, soit de 94 dB SPL, ou 1 Pa ou 10 µbar. Le second est dix fois plus élevé que le premier, ce qui permet des comparaisons aisées entre différentes spécifications. Le niveau de 74 dB SPL correspond en gros à celui d'une voix moyenne à une distance d'un mètre du locuteur. 94 dB SPL correspondent à 20 dB, ou dix fois, plus que le niveau précédent. Ainsi, un microphone délivrant 1 mV/µbar fournira 10 mV s'il est excité par un niveau de pression sonore de 94 dB SPL.

Il existe d'autres façons d'exprimer la sensibilité d'un microphone : par exemple, le nombre de décibels au-dessous d'une certaine tension pour un certain niveau de pression acoustique. À titre d'exemple, un microphone à condensateur dont la sensibilité est indiquée comme égale à – 60 dBV/Pa délivre 60 dB au-dessous de 1 V, soit 1 mV, lorsqu'il reçoit une pression sonore de 94 dB SPL.

Parmi les microphones, ceux à condensateur sont les plus sensibles, l'ordre de grandeur étant de 5 à 15 mV/Pa, c'est-à-dire qu'une pression sonore de 1 Pa donnera naissance à un signal de sortie compris entre 5 et 15 mV. Les moins sensibles sont les microphones à ruban, dont la sensibilité est de l'ordre de 1 à 2 mV/Pa. Les microphones à bobine mobile présentent une sensibilité intermédiaire, voisine de 1,5 à 3 mV/Pa.

---

## 4.8.2 *Bruit produit par les microphones ; aspects pratiques*

Le bruit généré par un microphone à condensateur provient principalement de l'amplificateur qui y est intégré. On pourrait penser que les microphones à ruban et à bobine mobile, passifs, sont moins bruyants. Ce n'est pas le cas, car une résistance de 200 $\Omega$ est le siège, à température ambiante et dans la bande de 20 Hz-20 kHz, d'une tension de bruit de 0,26 µV. Le bruit produit par les microphones passifs est dû principalement à l'agitation thermique des électrons dans le ruban et la bobine, et également dans les bobinages du transformateur de sortie. Pour pouvoir comparer les bruits propres des différents types de microphones, il est nécessaire de tenir compte de leurs sensibilités.

---

**C**omplément **4.7** – *Spécifications en bruit*

Par essence, tout microphone génère un certain bruit. Ce dernier est le plus couramment spécifié sous la forme du bruit propre équivalent, pondéré par la courbe A. Un microphone à condensateur de qualité présente un bruit propre voisin de 18 dBA, ce qui signifie que la tension de bruit à sa sortie équivaut à le placer dans un champ sonore de pression acoustique égale à 18 dBA. Un microphone présentant un bruit propre de 25 dBA est peu performant à cet égard, ce qui le fait réserver à la captation de voix parlée en proximité, faute de quoi le bruit qu'il produit sera audible. Les meilleurs microphones à condensateur présentent des bruits propres d'environ 12 dBA.

---

Lors de la comparaison des performances des différents microphones, il faut s'assurer que les spécifications sont fournies avec les mêmes unités. Certains industriels donnent différentes valeurs résultant de pondérations et de protocoles de mesure divers. Ils indiquent souvent le rapport signal sur bruit, en prenant pour référence une pression sonore de 94 dB SPL, qui est alors égal à cette dernière valeur diminuée du bruit propre du microphone. De la sorte, un microphone générant un bruit propre de 18 dBA sera spécifié comme présentant un rapport signal sur bruit de 76 dBA pour la pression de référence de 94 dB SPL. Ce type de spécification est très répandu.

Soit un microphone à bobine mobile présentant une sensibilité de 0,2 mV/µbar ou 2 mV pour 94 dB SPL. Le bruit produit est, comme nous l'avons vu, de 0,26 µV. Le rapport signal sur bruit est alors obtenu en divisant la sensibilité par la tension de bruit, soit :

$$2/0,00026 = 7\ 600,$$

ce qui donne, en décibels :

$$RSB = 20\ \text{Log}\ 7600 = 77\ \text{dB}.$$

Ce résultat est non pondéré, et l'utilisation de la courbe de pondération A donnera en général une valeur légèrement supérieure. Toutefois, l'amplificateur microphonique auquel notre microphone doit être raccordé ajoutera un certain bruit, dont il doit être tenu compte lors d'une comparaison avec un microphone électrostatique. Dans le cas de ce dernier, le niveau plus élevé qu'il délivre a pour conséquence une contribution du bruit de la console moindre que dans le cas du microphone à bobine mobile. Le bruit généré par un microphone à condensateur est plus élevé que celui produit par un amplificateur microphonique de qualité ou par les autres types de microphones.

Un microphone à bobine mobile, d'impédance de sortie 200 Ω, dont la sensibilité est de 0,2 mV/µbar, présente donc un rapport signal sur bruit de 77 dB et donc un bruit propre égal à (94 – 77) = 17 dB, qui est comparable à celui produit par un microphone à condensateur, pourvu qu'il soit raccordé à un amplificateur de haute qualité. Un microphone à ruban, d'impédance de sortie égale à 200 Ω, qui présente une sensibilité de 0,1 mV/µbar, soit 6 dB de moins que celui à bobine mobile, produira un bruit propre de 23 dB. En effet, le bruit thermique produit par la résistance de 200 Ω reste le même, et le rapport signal sur bruit est donc moindre de 6 dB. Ce niveau de bruit s'avérera tout juste tolérable pour l'enregistrement de voix et de musique classique si un amplificateur à très faible bruit, qui n'apporte pas de contribution significative, est utilisé.

Cette discussion, qui porte sur quelques décibels çà et là, peut sembler quelque peu académique. Cependant, des bruits propres de l'ordre de 20 dBA sont à la limite de l'acceptable lorsqu'il s'agit d'enregistrer des voix ou certains types de pièces de musique classique. Pour de la musique de niveau plus élevé, ou encore lorsque les microphones sont positionnés à proximité des sources, comme c'est le cas pour la musique rock, les signaux qu'ils délivrent sont de niveau supérieur et le bruit constitue rarement un problème. Par contre, les niveaux élevés qu'ils délivrent dans ces situations risquent d'entraîner la saturation des amplificateurs microphoniques.

Si, par exemple, un microphone à condensateur de grande sensibilité est placé devant l'amplificateur d'un guitariste, il pourra délivrer un signal de 150 mV, voire davantage, qui amènera certains types d'étages d'entrée micro à la saturation. Un atténuateur permettant de réduire le niveau de 15 à 20 dB doit alors être inséré dans la liaison. Il existe de tels atténuateurs, câblés à l'intérieur d'un cylindre métallique équipé à ses extrémités de connecteurs XLR, à insérer entre le câble du microphone et l'entrée de la console ou de l'enregistreur. Il faut éviter de les insérer du côté du microphone, car il est préférable de maintenir un niveau élevé lors du transit du signal par le câble pour lui conserver une meilleure immunité aux interférences.

## 4.9 Techniques d'alimentation des microphones

### 4.9.1 *Alimentation fantôme*

L'étude des microphones à condensateur met en évidence la nécessité d'une alimentation destinée aux circuits électroniques inclus dans le boîtier, et, sauf pour les modèles à électret, à la polarisation du condensateur constitué par la membrane et l'armature fixe. À l'évidence, incorporer dans le câble du microphone des conducteurs supplémentaires destinés à véhiculer cette tension d'alimentation pose des problèmes de différentes natures. Pour les contourner, une méthode astucieuse a été imaginée, qui permet de transmettre simultanément le signal audio et la tension d'alimentation sur les mêmes câbles. Cette dernière étant transportée de manière invisible, ce système a été appelé *alimentation fantôme*. Qui plus est, ce système autorise le raccordement sans dommage de microphones passifs. Le principe en est décrit dans le complément 4.8.

---

**Complément 4.8** – *Alimentation fantôme*

Le principe de l'alimentation fantôme est illustré par la figure, où les flèches représentent le trajet parcouru par le courant continu d'alimentation. Le lecteur se reportera au paragraphe 13.4 sur les liaisons symétriques.

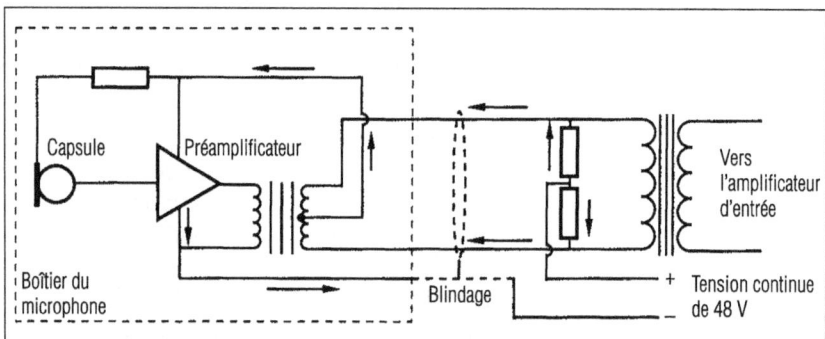

La tension continue de 48 V est transmise au microphone à condensateur de la manière suivante : son pôle positif est appliqué à chacun des deux conducteurs audio par l'intermédiaire d'une résistance d'une valeur normalisée de 6,8 kΩ, alors que le pôle négatif est relié au blindage de la liaison. Le secondaire du transformateur de sortie du microphone présente souvent un point milieu, c'est-à-dire une connexion située au milieu de l'enroulement, comme c'est le cas sur la figure ; le courant circule des deux conducteurs vers ce point milieu, qui est relié aux circuits électroniques à alimenter ainsi qu'au dispositif de polarisation. En l'absence de point milieu, un montage identique à celui représenté à l'autre extrémité de la liaison peut également être utilisé. Le retour du courant s'effectue par le blindage du câble.

Si, par exemple, un microphone à ruban est raccordé à un câble à la place d'un microphone à condensateur, aucun courant continu ne circulera en raison de l'absence de point milieu sur le transformateur de sortie. On peut donc raccorder n'importe quel type de microphone à sortie symétrique à ce câble.

Intéressons-nous aux deux résistances de 6,8 kΩ. Elles sont indispensables, car si elles étaient remplacées par des fils raccordés directement aux deux conducteurs audio, ces derniers seraient court-circuités et le signal audio ne pourrait donc pas être transmis. On pourrait envisager d'appliquer l'alimentation fantôme au point milieu du transformateur d'entrée, mais, si un court-circuit accidentel se produisait entre l'un des conducteurs audio et le blindage, un courant très important serait délivré par l'alimentation, circulant dans les bobinages du transformateur et pouvant entraîner sa destruction, ainsi que celle d'autres composants et, au minimum, la rupture d'un fusible. La présence des deux résistances de 6,8 kΩ permet de limiter l'intensité du courant à environ 14 mA, valeur trop faible pour poser de tels problèmes. La valeur de 6,8 kΩ a été choisie de manière à être à la fois suffisamment élevée pour ne pas trop charger le microphone et suffisamment faible pour ne provoquer qu'une chute de tension minime, le microphone recevant la presque totalité des 48 V.

Prenons deux exemples concrets pour examiner en détail le comportement des résistances. Remarquons tout d'abord que les courants circulant dans les deux résistances sont égaux ; elles peuvent donc être considérées comme étant en parallèle. Elles se comportent ainsi comme une résistance unique de valeur moitié, soit 3,4 kΩ. D'après la loi d'Ohm (voir le complément 1.1), la chute de tension aux bornes d'une résistance est égale au produit de la valeur de la résistance par l'intensité du courant qui y circule. Dans le cas du microphone 1050c de Calrec, qui consomme 0,5 mA, soit 0,0005 A, la chute de tension sera de $(3\,400 \times 0,0005) = 1,7$ V ; le microphone recevra alors $(48 - 1,7) = 46,3$ V. Pour un microphone CMC-5 de Schoeps, la consommation s'établit à 4 mA et la chute de tension est de 13,6 V, le microphone recevant 34,4 V. En principe, les constructeurs prennent en compte cette chute de tension lorsqu'ils conçoivent les microphones, même si certains consomment un courant tellement élevé qu'ils sollicitent l'alimentation fantôme d'une console à un point tel qu'elle n'est plus en mesure d'alimenter d'autres microphones. En pareil cas, certains deviennent très bruyants, d'autres refusent de fonctionner, d'autres encore produisent des oscillations. Dans des conditions difficiles, une alimentation fantôme autonome peut constituer une bonne solution.

La valeur de tension la plus universelle pour les systèmes d'alimentation fantôme est de 48 V. Certains microphones à condensateur sont cependant conçus pour fonctionner avec des tensions descendant jusqu'à 3 V, ce qui peut être intéressant lorsque l'on utilise des matériels alimentés par piles en extérieurs.

La figure 4.14 représente le cas d'une alimentation fantôme où la symétrie de la liaison est réalisée de manière électronique, et non à l'aide de transformateurs. Des capacités de liaison sont utilisées pour bloquer le courant continu aux deux extrémités, mais elles ne présentent qu'une impédance très faible pour le signal audio.

**Figure 4.14**

Alimentation fantôme 48 V
opérant avec une liaison
microphonique à symétrie
électronique.

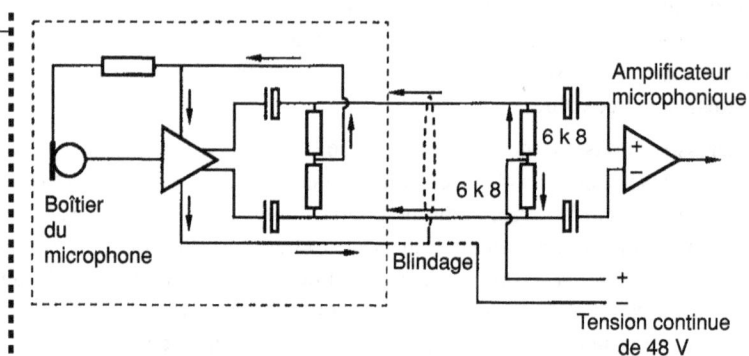

## 4.9.2 *Alimentation A-B, ou en T*

Une autre approche permettant l'alimentation des microphones à condensateur, moins répandue que l'alimentation fantôme, est l'alimentation A-B, ou alimentation en T, dont la figure 4.15 illustre le principe. La tension est appliquée entre les deux conducteurs audio, par l'intermédiaire de résistances ; le courant circule comme les flèches l'indiquent.

Le blindage ne participe ici d'aucune manière à la circulation du courant. Des condensateurs insérés entre les bobinages du transformateur de sortie du microphone et du transformateur d'entrée de l'appareil récepteur permettent d'éviter qu'un courant continu n'y circule. La faible impédance qu'ils présentent pour ce qui est du signal audio les rend sans effet sur ce dernier. La tension usuelle, pour ce système, est de 12 V.

À la différence de l'alimentation fantôme, l'alimentation A-B interdit le raccordement de microphones passifs. Si, par exemple, un microphone à ruban est connecté à une telle liaison, son transformateur de sortie court-circuitera la tension d'alimentation, un courant relativement important pouvant y circuler. Il est donc impératif de couper l'alimentation en T transitant par une liaison avant de pouvoir raccorder un microphone passif à cette liaison. C'est un inconvénient qui ne se pose pas avec l'alimentation fantôme.

L'alimentation A-B se rencontre surtout avec les appareils portables utilisés pour les tournages cinématographiques.

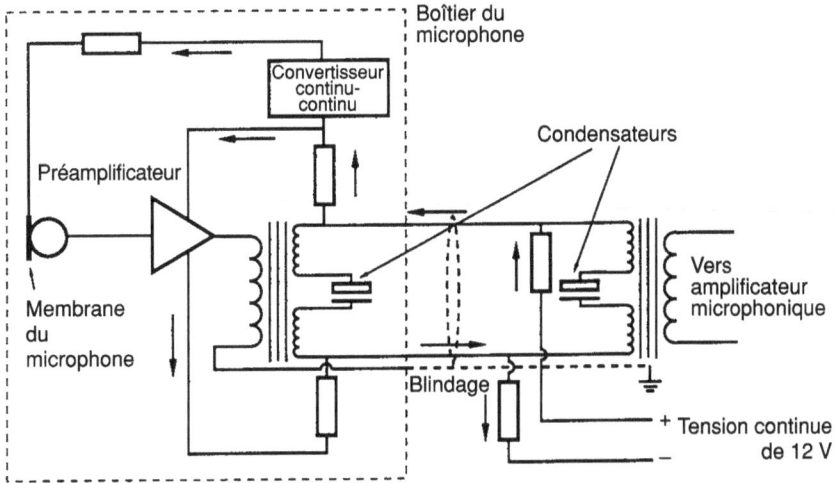

**Figure 4.15**
Alimentation A-B ou « en T » 12 V.

## 4.10 Les microphones HF

Les microphones émetteurs, ou microphones HF, sont d'un usage très répandu en production cinématographique, dans le domaine de la radiodiffusion, au théâtre, et dans d'autres disciplines où la liberté permise par l'absence de câbles de liaison revêt un intérêt considérable.

### 4.10.1 *Fonctionnement des microphones HF*

Le système est constitué d'un microphone, analogue à un modèle ordinaire, relié à un émetteur à modulation de fréquence qui peut être soit intégré dans le microphone lui-même, soit installé dans un boîtier distinct auquel le microphone est connecté, et d'un récepteur conçu pour recevoir le signal lui parvenant d'un émetteur donné. Chaque récepteur ne peut recevoir que la fréquence d'émission pour laquelle il a été réglé. La sortie audio du récepteur est ensuite reliée à une console ou à un enregistreur, comme le serait n'importe quelle source de niveau ligne. La figure 4.16 illustre ces principes.

**83**

Comme nous l'avons vu, l'émetteur est soit intégré dans le corps du microphone, soit installé dans un boîtier, dont la taille avoisine celle d'un paquet de cigarettes, auquel le microphone, ou une autre source, est raccordé. Il est alimenté par une pile, susceptible de fournir également la tension d'alimentation nécessaire aux microphones électrostatiques conçus pour fonctionner avec la même tension que l'émetteur, généralement 9 V.

Pour offrir la meilleure qualité audio possible, l'émetteur est du type à modulation de fréquence (voir le complément 4.9).

**Figure 4.16**_____

Un microphone HF repose sur une transmission radioélectrique, et ne nécessite donc pas de liaison matérielle avec la console.

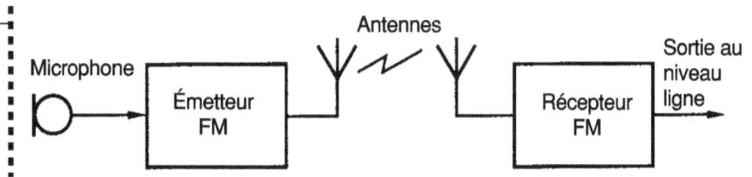

L'utilisation simultanée de plusieurs microphones HF est fréquente. Chacun des émetteurs doit fonctionner à une fréquence différente des autres. Les fréquences utilisées doivent présenter un écart suffisant pour éviter des phénomènes d'interférences ; un espacement de 0,2 MHz est considéré comme minimal en pratique. Un seul émetteur doit fonctionner à une fréquence donnée ; mais, plusieurs récepteurs peuvent être utilisés, comme on le fait dans la radiodiffusion classique.

## 4.10.2 *Indicateurs et réglages*

Différentes possibilités sont généralement offertes à l'utilisateur pour régler son système de manière optimale. Un oscillateur fournissant un signal test à 1 kHz permet de vérifier la continuité de l'installation. La possibilité de régler le gain d'entrée associée à un indicateur d'écrêtage permettent d'utiliser l'émetteur avec différents types de sources délivrant des niveaux variés. L'optimisation de ce réglage est importante, car un niveau d'entrée excessif amènera la mise en action du limiteur (voir le paragraphe 14.2) ce qui pourra occasionner des phénomènes de compression et de pompage. Un signal de niveau trop faible se traduira par une modulation insuffisante et donc un faible rapport signal sur bruit.

Le récepteur est souvent doté d'un indicateur de niveau du signal reçu, qui peut être mis à profit pour repérer les zones d'ombre. Il faut éviter, par ailleurs, de mettre l'émetteur à un endroit ou dans une position tels que le signal reçu soit de niveau trop faible. Dans certains cas, la modification de la position de l'antenne de réception permettra d'obtenir de meilleurs résultats. Un autre dispositif intéressant est l'indicateur de charge de la pile qui alimente l'émetteur. Lorsque la tension qu'elle délivre devient inférieure à une certaine valeur, l'indicateur émet, vers le récepteur, un signal d'alarme inaudible qui indique à l'utilisateur la défaillance prochaine de la pile : le remplacement de cette dernière doit intervenir dans un délai d'environ 15 minutes.

### 4.10.3 *Licences*

L'utilisation d'équipements de transmission est soumise à l'obtention d'autorisations, ou licences, dans la mesure où les organisations gouvernementales exercent un contrôle rigoureux de l'utilisation des différentes bandes de fréquences. Ce contrôle permet, en particulier, l'absence d'interférences avec les systèmes utilisés, entre autres, par la police, les ambulances et les pompiers. En France, les bandes de fréquences allouées aux microphones HF sont comprises entre 138 MHz et 260 MHz, et entre 470 MHz et 870 MHz. Les autorisations sont délivrées par le Conseil supérieur de l'audiovisuel (CSA). Elles sont subordonnées au respect de différents critères, comme un espacement minimal de 0,3 MHz entre canaux adjacents, ainsi que le pilotage des fréquences d'émission par quartz, ce qui permet d'en maintenir les dérives dans des limites étroites. La puissance d'un émetteur ne peut excéder 10 W, ce qui correspond à une puissance rayonnée par l'antenne de 2 W.

Cette puissance, bien que très faible, est suffisante dans la plupart des applications des microphones HF.

Il est fréquent que des spectacles importants requièrent plus de canaux de transmission que ceux réglementairement disponibles. Les chaînes de télévision ont souvent la possibilité d'utiliser des bandes de fréquence supplémentaires, étant détentrices de licences d'émission pour des canaux de télévision qui peuvent être utilisés pour les micros HF.

---

**Complément 4.9** – *La modulation de fréquence*

Dans les systèmes à modulation de fréquence, l'émetteur rayonne une onde radio, appelée porteuse, dont la fréquence élevée est modulée par l'amplitude du signal audio. La fréquence est augmentée lorsque le signal audio est positif, et diminuée lorsqu'il est négatif. Au niveau du récepteur, la porteuse modulée reçue est démodulée, les variations de la fréquence reçue étant converties en un signal audio d'amplitude variable.

Les signaux audio présentent une dynamique étendue qui conditionne l'importance de la modulation de la porteuse. Réglementairement, l'excursion de fréquence maximale doit être contenue dans certaines limites, les constructeurs indiquant le maximum de déviation autorisé. L'excursion maximale, ou *swing*, permise en Europe est de 75 kHz. Cela signifie, pour une fréquence au repos de 175 MHz, une modulation de la fréquence émise entre 175,075 MHz et 174,925 MHz. Un limiteur intégré à l'émetteur permet de s'assurer que ces limites ne sont pas dépassées.

---

### 4.10.4 *Antennes*

Les dimensions des antennes sont en relation avec la longueur d'onde du signal émis. La longueur d'onde correspondant à un signal de fréquence égale à 174,5 MHz dans un conducteur électrique est d'approximativement 1,6 m. Pour traduire celle-ci en longueur d'antenne, il faut tout d'abord examiner la manière dont un signal résonne dans un conducteur.

Considérons une antenne en dipôle simple, comme celle représentée à la figure 4.17. Elle est constituée de deux brins conducteurs, longs chacun d'un quart de longueur d'onde, et elle est alimentée par le signal à émettre. Le centre, ou *point nodal*, présente une impédance caractéristique voisine de 70 Ω. Dans le cas de notre exemple, la longueur totale, égale à la demi-longueur d'onde, doit donc être de $(160/2) = 80$ cm.

**Figure 4.17**

Antenne de type dipôle.

Longueur totale = $0,95\ \lambda/2$

Signal

Masse

$\lambda/2$

Nœud de tension au centre du dipôle

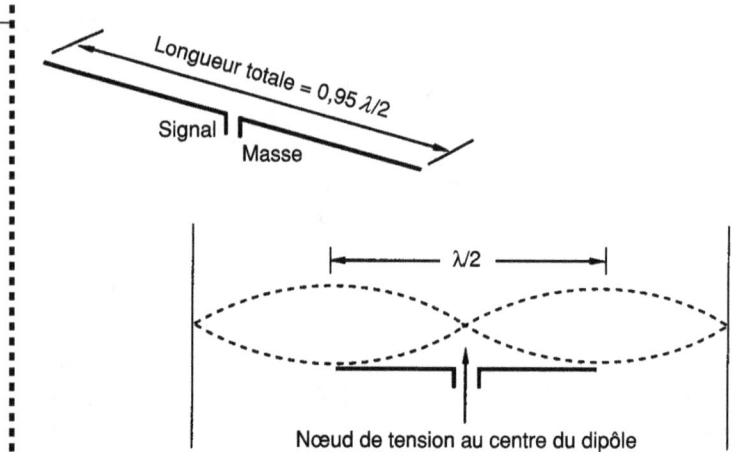

Une telle antenne permet aux signaux émis dans les bandes de fréquences allouées aux microphones HF de résonner dans sa longueur pour permettre un rayonnement efficace, la longueur précise n'étant pas trop critique. Il faut aussi s'intéresser au diagramme polaire d'émission. La figure 4.18 représente ce diagramme dans le cas d'une antenne dipôle : comme on peut le constater, il présente deux lobes ; l'antenne est donc bidirectionnelle, aucun rayonnement n'étant produit dans la direction des deux brins. Un autre aspect important est la polarisation de l'onde. Les ondes électromagnétiques sont constituées d'un champ électrique et d'un champ magnétique perpendiculaires. Ainsi, par exemple, si l'antenne d'émission est orientée verticalement, l'antenne de réception doit l'être également ; on parle alors de *polarisation verticale*.

**Figure 4.18**

Diagramme de directivité, en forme de huit, d'une antenne dipôle.

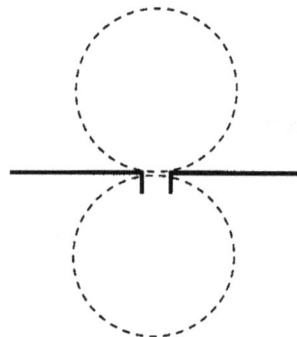

L'émetteur est alors doté d'une antenne d'une quarantaine de centimètres de longueur, soit la moitié de celle du dipôle, l'autre moitié étant constituée par le blindage du câble, qui, en pratique, présente une longueur supérieure. La première moitié est considérée comme l'antenne à proprement parler, et est, en général, disposée verticalement. L'orientation du câble, dont le blindage constitue l'autre moitié de l'antenne, tend en pratique à être négligée, d'autres considérations entrant en jeu.

L'antenne hélicoïdale, très répandue avec les microphones HF tenus à la main, constitue un autre type d'antenne. De longueur très inférieure à celle de l'antenne dipôle, elle présente un diamètre voisin d'un centimètre et émerge de la base du boîtier du microphone. Constituée d'une bobine de fil électrique, entourée d'un isolant plastique, elle a pour avantages sa petite taille et une certaine robustesse aux contraintes mécaniques. Elle présente toutefois une efficacité de rayonnement plus faible que celle des antennes dipôles. Le récepteur doit alors être équipé d'une antenne similaire. L'antenne hélicoïdale est très répandue, sa courte taille étant appréciable lors de reportages en extérieurs ou de tournages de films, alors que l'antenne dipôle, qui s'apparente à une antenne d'automobile, est d'un maniement moins aisé, même si elle présente un rayonnement plus efficace.

Il existe d'autres types d'antennes présentant un gain et une directivité supérieurs. Pour ce qui est de l'antenne à deux éléments représentée à la figure 4.19, le réflecteur, de taille plus importante que le dipôle, est situé à une distance de ce dernier telle que le signal est réfléchi vers lui. Le gain ainsi obtenu, c'est-à-dire l'augmentation de l'énergie, est de 3 dB.

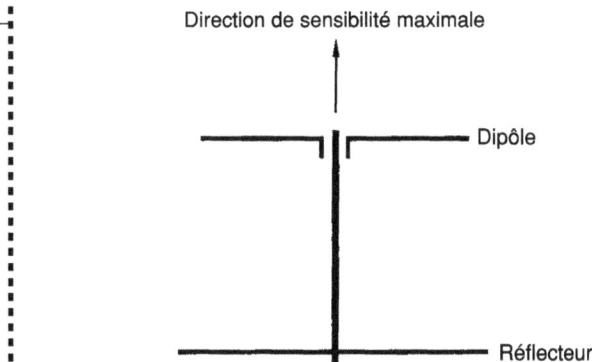

**Figure 4.19**
Antenne à deux éléments constituée d'un dipôle et d'un réflecteur, qui en augmente la directivité.

Une telle configuration permet aussi d'atténuer les signaux provenant de l'arrière ou des côtés. L'antenne à trois éléments, ou « Yagi », du nom de son inventeur japonais, met à profit la présence du directeur et du réflecteur pour diminuer l'impédance d'un dipôle dit replié, qui se présente sous la forme d'un rectangle très allongé, d'une impédance caractéristique voisine de 300 Ω. Les autres éléments sont positionnés de sorte que l'impédance résultante soit ramenée à la valeur normalisée de 50 Ω. L'antenne Yagi, représentée à la figure 4.20, présente une directivité plus prononcée que le dipôle et un gain accru. Elle est intéressante dans les situations de réception difficile ou lorsque de longues distances ont à être parcourues, par exemple, dans le cas d'un alpiniste commentant son ascension à l'aide d'un microphone HF. Les antennes de télévision UHF multiéléments, très directives et à grand gain, sont communes sur les toits de nos maisons.

**Figure 4.20**

Antenne de type « Yagi » à trois éléments.

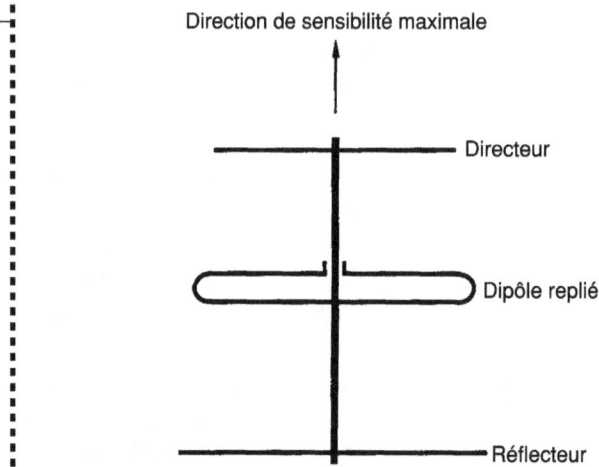

Direction de sensibilité maximale

Directeur

Dipôle replié

Réflecteur

Ces différentes antennes peuvent aussi être utilisées en émission, les principes restant les mêmes. Leur directivité accrue aide à combattre les effets des trajets multiples. Les éléments doivent être orientés verticalement, l'antenne d'émission devant en principe être verticale ; les flèches indiquant, sur les différentes figures, la direction de sensibilité maximale représentent la direction dans laquelle les antennes doivent être pointées.

Une autre technique permettant, dans des conditions de réception difficiles, l'amélioration du rapport signal sur bruit est la réduction de bruit, qui fonctionne comme suit. Un circuit intégré dans l'émetteur permet de compresser la dynamique du signal audio entrant, alors qu'au niveau du récepteur, après réception et démodulation, un circuit extenseur permet de restituer la dynamique initiale, les signaux de niveau faible et le bruit étant alors atténués. L'utilisation de tels systèmes permet de se sortir de conditions de réception qui seraient inacceptables sans eux. Il faut cependant noter que ces opérations n'agissent pas sur l'énergie du signal transmis, les problèmes d'émission et de réception restant les mêmes. (Les systèmes de réduction de bruit seront traités plus en détail au chapitre 9.)

## 4.10.5 *Positionnement et raccordement des antennes*

Pour recevoir un signal de fort niveau, il est souvent souhaitable que l'antenne de réception soit plus proche de l'émetteur que du récepteur. Elle est alors positionnée de manière optimale par rapport à l'émetteur et reliée au récepteur par un câble d'une certaine longueur. Comme nous le verrons au paragraphe 13.9.1, lorsque la longueur d'onde d'un signal dans un conducteur devient comparable à la longueur du conducteur, des phénomènes de réflexion d'énergie peuvent se produire pour peu que l'impédance terminale de la liaison soit incorrecte. C'est pourquoi les impédances des antennes et de l'émetteur ou du récepteur doivent être adaptées, et le câble de liaison doit présenter une impédance caractéristique correcte.

La valeur des impédances terminales et caractéristiques est de 50 Ω pour les microphones HF. Ces impédances ne peuvent pas être mesurées à l'aide d'un simple contrôleur : on doit faire appel à un appareil permettant la mesure des taux d'ondes stationnaires. Le câble de liaison à l'antenne doit être de bonne qualité, à faibles pertes, faute de quoi l'avantage gagné en plaçant l'antenne de réception à proximité de l'émetteur sera perdu en raison des pertes occasionnées par le câble. Une réception de mauvaise qualité se traduit par un accroissement du bruit, car le récepteur est doté d'un système de contrôle automatique du gain qui règle l'amplification du système de réception du signal reçu en fonction du niveau de ce dernier. S'il est faible, une amplification plus importante est appliquée, ce qui a pour conséquence un niveau de bruit accru.

L'utilisation simultanée de plusieurs microphones HF nécessite autant de récepteurs et donc d'antennes. Il peut être commode dans certains cas de n'utiliser qu'une antenne, raccordée à un amplificateur-distributeur doté d'un certain nombre de sorties raccordées chacune à l'un des récepteurs. Il est par contre exclu de raccorder en parallèle l'antenne unique aux différents récepteurs, en raison de la désadaptation d'impédance qui en résulterait.

**Figure 4.21**
Les réflexions sur les parois donnent naissance à des trajets multiples entre l'émetteur et le récepteur.

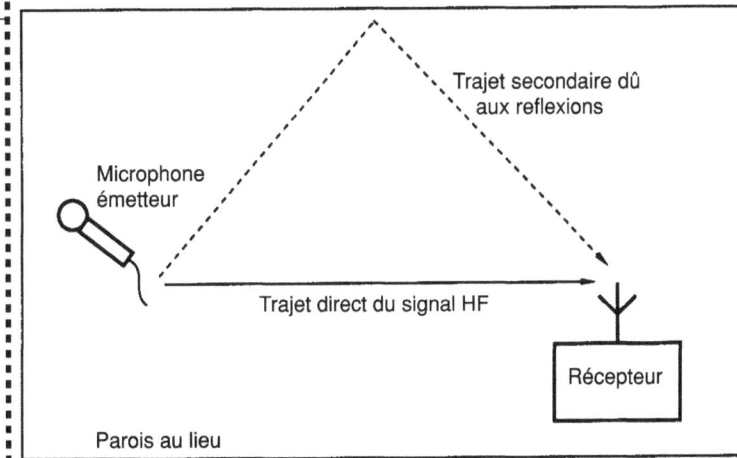

En dehors des difficultés évidentes provoquées par la présence de structures métalliques entre l'émetteur et le récepteur, deux types de phénomènes peuvent amoindrir la qualité de la réception. Le premier, appelé phénomène de *trajets multiples*, illustré à la figure 4.21, est dû au fait que le signal émis parvient à l'antenne de réception non seulement de manière directe mais aussi après avoir suivi différentes réflexions sur les parois du lieu. L'antenne de réception est alors confrontée à des contributions de niveaux et de phases plus ou moins aléatoires, dont la combinaison provoque des phénomènes d'annulation et donc une réception de piètre qualité. Les déplacements de l'émetteur porté par une personne mobile modifient continuellement ces trajets multiples et des zones d'ombre peuvent apparaître, où ce phénomène provoque l'annulation du signal reçu. La solution consiste à effectuer différents essais et à adopter une position de l'antenne de réception telle que ces effets soient le moins importants possible. Là aussi, disposer l'antenne de réception à proximité de l'émetteur a pour conséquence la prédominance du trajet direct sur les trajets secondaires et, ainsi une minimisation du phénomène.

Les structures métalliques doivent être évitées autant que possible, car elles constituent tout à la fois des réflecteurs et des écrans pour les ondes radioélectriques. Si une antenne doit être fixée à une barre métallique, elle doit être fixée perpendiculairement à cette dernière – et non parallèlement.

Le second phénomène apparaît lorsque plusieurs émetteurs sont utilisés simultanément et interfèrent.

Si les fréquences utilisées sont trop proches les unes des autres, des phénomènes d'annulation interviennent et diminuent le niveau des signaux reçus. Là encore, la proximité de l'antenne de réception et de l'émetteur correspondant est une solution au problème. Dans le cas de plusieurs fréquences, la sélectivité des récepteurs joue également un grand rôle. Un récepteur donné peut présenter une qualité acceptable lorsqu'un seul émetteur est utilisé, et s'avérer inutilisable, car insuffisamment sélectif, lorsque plusieurs émetteurs sont en service. Cet aspect doit être vérifié lors de l'évaluation des systèmes, l'essai d'un canal isolé ne permettant pas de les mettre en évidence.

### 4.10.6 *Le système de réception* diversity

Pour faire face aux différents problèmes que nous venons d'énoncer, une méthode appelée *diversity* a été introduite ; elle consiste à utiliser deux systèmes de réception pour chaque canal. Un circuit examine en permanence le niveau des signaux reçus par chaque canal et choisit automatiquement celui dont la réception est la meilleure (voir la figure 4.22). Lorsque les deux récepteurs reçoivent des signaux corrects, leurs sorties sont mélangées. Si l'un des signaux s'évanouit alors que l'autre augmente, le système assure une transition progressive entre eux.

Les deux antennes sont placées à une certaine distance l'une de l'autre. Cette distance est fonction de la fréquence utilisée, de sorte que les phénomènes de trajets multiples soient différents. Il est alors peu vraisemblable qu'un effet d'ombre se manifeste simultanément pour les deux antennes. Un système *diversity* de qualité permet de résoudre de nombreux problèmes de réception, et l'accroissement considérable de la performance et de la fiabilité compense largement l'augmentation du coût. Un tel système commence à s'imposer dès que l'on utilise simultanément plus de deux microphones HF, même s'il est possible, avec quatre micros, d'obtenir sans lui des performances correctes. Les microphones HF de qualité sont d'un coût élevé, plusieurs dizaines de milliers de francs, et, si des modèles meilleur marché existent, l'expérience montre qu'il est souvent préférable de se passer de microphone HF plutôt que de les utiliser.

**Figure 4.22**
Un système de réception *diversity*, constitué de deux antennes espacées et de deux récepteurs ; la comparaison des niveaux provenant de chaque antenne permet de déterminer celle qui présente la meilleure qualité de réception.

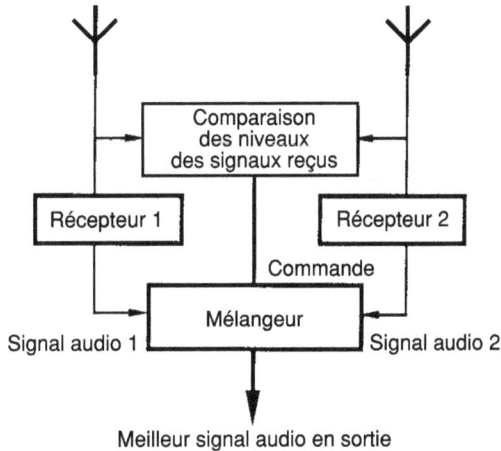

## Références bibliographiques

AES (1979) *Microphones : An Anthology*. Audio Engineering Society.

BARTLETT, B. (1991) *Stereo Microphone Techniques*. Focal Press.

BORWICK, J. (1990) *Microphones : Technology and Technique*. Focal Press.

GAYFORD, M. (1994) ed., *Microphone Engineering Handbook*. Focal Press.

HUBER, D. (1988) *Microphone Manual – Design and Application*. Focal Press.

JOUHANEAU, J. (1994) *Notions élémentaires d'acoustique ; électroacoustique*. Lavoisier.

NISBETT, A. (1989) *Use of Microphones*. Focal Press.

ROBERTSON, A. E. (1963) *Microphones*. Hayden.

ROSSI, M. (1986) *Electroacoustique*. Dunod.

RUMSEY, F. J. (1989) *Stereo Sound for Television*. Focal Press.

# 5

# Les haut-parleurs

Le haut-parleur est un transducteur dont le rôle est de convertir l'énergie électrique en énergie acoustique. Il doit donc comporter une membrane susceptible d'être mise en mouvement de telle sorte que ses vibrations produisent des ondes sonores sensiblement identiques à celles ayant donné naissance au signal électrique de commande. Il est très difficile, pour la membrane plastique d'un haut-parleur, de reproduire correctement le son d'un violon ; la manière dont certaines y parviennent relève de l'exploit. Des développements et des améliorations continuels ont permis d'aboutir à une certaine stabilisation des performances des haut-parleurs. Si l'on confond rarement un son émis par un haut-parleur avec le son réel, il est cependant nécessaire d'utiliser ces appareils relativement imparfaits pour juger de la qualité du travail effectué. De plus, il est aisé d'entendre des différences significatives entre un modèle et un autre ; mais lequel est le meilleur ? Il est important de ne pas chercher à modifier le signal sonore pour l'adapter à un modèle particulier.

Le fonctionnement des haut-parleurs repose sur différents principes ; nous décrirons brièvement les plus courants d'entre eux. Les enceintes peuvent avoir autant d'influence sur le résultat final que les haut-parleurs eux-mêmes. Cela peut paraître surprenant de prime abord, mais il faut se souvenir que le haut-parleur rayonne pratiquement autant d'énergie à l'intérieur de l'enceinte que dans le lieu d'écoute. Les parois de ce dernier jouent également un rôle majeur dans la qualité sonore finale.

## 5.1  Le haut-parleur à bobine mobile

Le haut-parleur à bobine mobile est de loin le plus répandu ; on peut le rencontrer aussi bien dans les récepteurs radio bon marché, les systèmes de sonorisation, ou les enceintes de studio de haute qualité que dans des applications et des niveaux de performances intermédiaires. La figure 5.1 montre la vue en coupe d'un haut-parleur à bobine mobile typique. Il est constitué d'un aimant permanent de grande puissance et de forme annulaire, dans l'entrefer duquel est placée une bobine enroulée sur un mandrin fixé à la membrane. La membrane est maintenue en position de repos grâce à un système constitué d'une part d'une suspension centrale, souvent en tissu imprégné, et, d'autre part, d'une suspension périphérique fréquemment en caoutchouc et qui peut aussi être la prolongation de la membrane elle-même, convenablement traitée pour permettre les mouvements de cette dernière.

**Figure 5.1**

Vue en coupe d'un haut-parleur à bobine mobile.

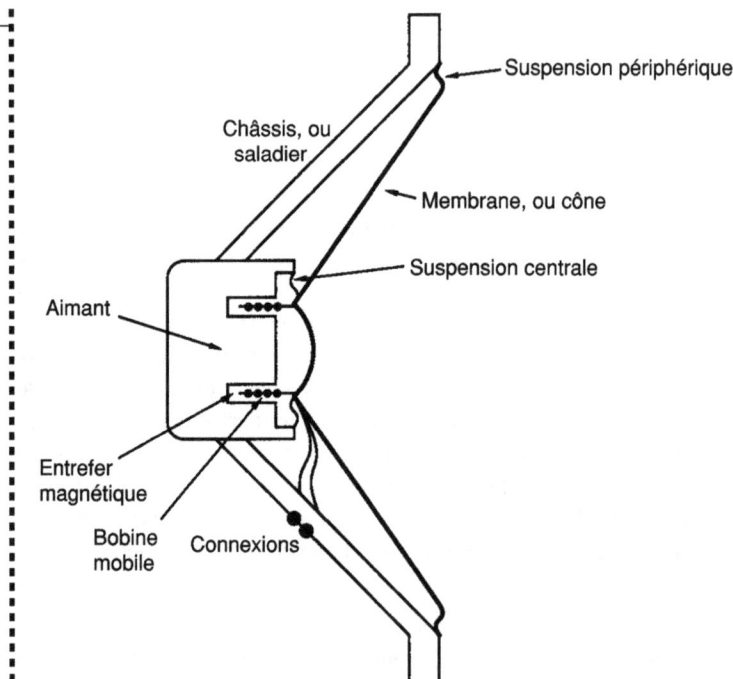

Suspension périphérique

Châssis, ou saladier

Membrane, ou cône

Suspension centrale

Aimant

Entrefer magnétique

Bobine mobile

Connexions

Le châssis, ou *saladier*, est souvent une tôle d'acier mise en forme à la presse ou encore un alliage moulé, particulièrement intéressant lorsque des aimants de grande taille et de masse élevée sont utilisés. Le faible écartement entre la bobine et l'entrefer de l'aimant exige une structure de grande rigidité pour que l'alignement demeure correct. Un châssis en acier pressé peut parfois subir des déformations lorsqu'il est soumis à de nombreuses manipulations, comme c'est le cas avec les systèmes de sonorisation portables. Il ne faut cependant pas rejeter systématiquement ce type de châssis, car certains sont très bien conçus.

La membrane elle-même peut, en théorie, être constituée de n'importe quel matériau. En pratique, les matériaux plus courants sont le papier cartonné, utilisé en particulier pour les haut-parleurs de sonorisation en raison de sa légèreté qui permet une bonne efficacité, les matières plastiques de différents types, que l'on rencontre surtout dans le domaine de la hi-fi en raison de leur rigidité supérieure à celle du papier cartonné, et de la moindre coloration du son qu'elles engendrent (au prix toutefois d'un poids accru et donc d'une efficacité moindre, ce qui n'est pas crucial dans ce domaine) ; parfois, des feuillards métalliques sont également utilisés.

Le principe de fonctionnement repose sur la transduction électromagnétique décrite dans le complément 3.1 et est exactement l'inverse de celui d'un microphone à bobine mobile (voir le complément 4.1). Les vibrations de la membrane créent des ondes sonores qui sont l'image acoustique linéaire du signal électrique appliqué. Si, dans son principe, le haut-parleur est un dispositif de grande simplicité, les résultats qu'on obtient aujourd'hui sont incomparablement meilleurs que ceux que permettait le modèle d'origine, créé en 1920 par Kellog et Rice. Rendons toutefois hommage à ces pionniers, car le principe de fonctionnement le plus utilisé de nos jours est toujours le leur.

## 5.2  Autres types de haut-parleurs

Le haut-parleur électrostatique, décrit dans le complément 5.1, est arrivé sur le marché au cours des années cinquante. Le principe électrostatique est beaucoup moins employé que celui à bobine mobile, en raison des difficultés et des coûts de fabrication, et aussi parce qu'il ne permet pas d'obtenir des niveaux sonores aussi élevés. La qualité sonore permise par les meilleurs modèles, tels que le Quad ESL 63 illustré par la figure 5.2, reste cependant difficilement égalable par d'autres types de haut-parleurs.

**Figure 5.2**
Le haut-parleur
électrostatique ESL 63 de
Quad.

---

**C**omplément **5.1** – *Principes du haut-parleur électrostatique*

L'élément moteur d'un haut-parleur électrostatique est constitué d'une membrane plate de grandes dimensions et de faible masse, insérée entre deux plaques rigides. La figure en présente une vue latérale. Ce type de haut-parleur présente certaines analogies avec le microphone à condensateur décrit au chapitre 4. La membrane présente une très grande résistance électrique. Une tension de polarisation élevée, de l'ordre du kilovolt, est appliquée entre celle-ci et le point milieu du transformateur d'entrée. Le condensateur constitué par l'intervalle étroit compris entre la membrane et les plaques est ainsi chargé. Le signal d'entrée, appliqué aux deux plaques rigides par l'intermédiaire du transformateur, module le champ électrostatique. La membrane subit alors une force qui dépend de l'amplitude et de la polarité du signal d'entrée. Libre de se déplacer, dans certaines limites, entre les deux plaques rigides, la membrane vibre, ce qui produit une onde sonore.

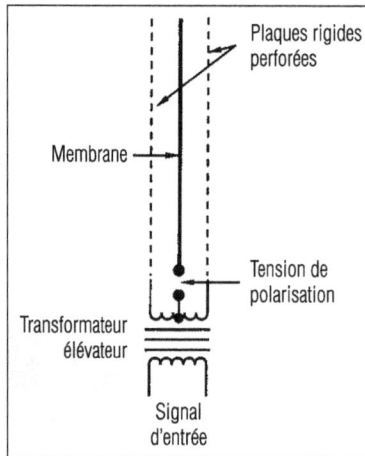

Ce type de haut-parleur n'est pas installé dans une enceinte, et les ondes sonores transitent par les trous ménagés dans les deux plaques. Elles sont émises de la même manière à l'avant et à l'arrière, mais pas sur les côtés. Un tel haut-parleur présente donc une réponse bidirectionnelle similaire à celle d'un microphone, le lobe arrière étant en opposition de phase avec le lobe avant.

---

Une autre technique permettant d'obtenir un haut-parleur à membrane plate consiste à employer une feuille de plastique légère sur laquelle est collée une série de rubans conducteurs, qui sont l'équivalent de la bobine mobile du haut-parleur électrodynamique conventionnel. Ce panneau est entouré d'un système d'aimants permanents puissants et le signal d'entrée est appliqué aux rubans conducteurs. Des trous ménagés dans les aimants permettent la circulation des ondes sonores. Comme pour les haut-parleurs électrostatiques, ces systèmes sont de grande taille et d'un coût élevé, mais permettent des résultats de très haute qualité. Pour obtenir une réponse correcte aux basses fréquences et des niveaux sonores importants, il faut une membrane de taille considérable.

Les principes du haut-parleur à ruban sont parfois utilisés pour les diffuseurs d'aiguës, ou *twee-ters*, et ont également fait l'objet d'applications pour des modèles à large bande. La figure 5.3 en illustre le fonctionnement. Un ruban d'aluminium plissé, très léger, attaché à ses extrémités, est placé entre les deux pôles d'un aimant. Par l'intermédiaire d'un transformateur-abaisseur, le signal est appliqué au ruban qui, se comportant comme la spire unique d'une bobine mobile, engendre un champ magnétique alternatif. La combinaison de ce dernier et du champ créé par l'aimant entraîne la mise en vibration du ruban, et donc la création d'ondes sonores. L'impédance du ruban est extrêmement faible, ce qui en rend impossible l'attaque directe par un amplificateur, d'où l'utilisation du transformateur, qui élève l'impédance vue par ce dernier. De manière générale, le ruban lui-même ne peut produire qu'une énergie acoustique relativement faible ; c'est pourquoi il est souvent doté d'un pavillon qui en améliore l'adaptation acoustique avec l'air environnant, ce qui élève le niveau de pression acoustique délivré pour un signal électrique de niveau donné. Il existe cependant des modèles de grande longueur – environ un demi-mètre –, qui peuvent attaquer l'air directement.

Notons qu'il existe d'autres types de haut-parleurs, mais ils sont insuffisamment répandus pour que nous les décrivions dans ce bref tour d'horizon.

**Figure 5.3**
Le mécanisme d'un haut-parleur à ruban.

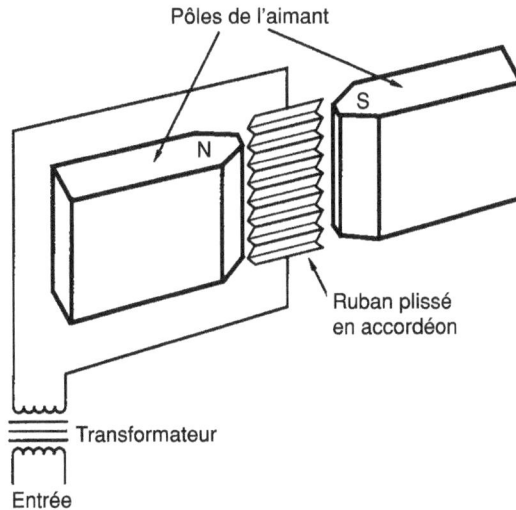

Pôles de l'aimant

S

N

Ruban plissé
en accordéon

Transformateur

Entrée

## 5.3 Installation et charge des haut-parleurs

### 5.3.1 *Enceintes closes*

La membrane d'un haut-parleur à bobine mobile engendre des ondes sonores à la fois vers l'avant et vers l'arrière. Lorsqu'elle se déplace vers l'avant, elle produit une compression de l'air et une détente apparaît simultanément à l'arrière. Les ondes produites présentent donc une opposition de phase et tendent à s'annuler lorsqu'elles se combinent, particulièrement aux fréquences basses. C'est la raison pour laquelle le haut-parleur doit être installé dans une enceinte ; son rôle est d'éviter que les ondes émises vers l'arrière sollicitent l'air environnant. La forme d'enceinte la plus simple est l'enceinte close, qui est parfois appelée, à tort, *baffle infini*, dont l'intérieur est garni d'un matériau acoustiquement absorbant, comme de la mousse de plastique ou de la laine de verre.

Un baffle infini est constitué d'une plaque de grandes dimensions percée en son centre d'une ouverture circulaire destinée au montage du haut-parleur. La diffraction qui se produit autour du baffle ne se manifestera qu'à des fréquences très basses, telles que leur longueur d'onde avoisine les dimensions du baffle ; ainsi, les effets d'annulation dus aux signaux en opposition de phase n'interviendront qu'en dehors du spectre utile. Cependant, pour être efficace aux fréquences les plus basses de la bande audio, un tel baffle devrait présenter une surface d'environ 3 ou 4 m². La seule méthode permettant, en pratique, la mise en œuvre d'un tel baffle est l'intégration des haut-parleurs dans les cloisons. Pour des raisons évidentes, elle n'est que très rarement utilisée.

### 5.3.2 *Enceintes* bass-reflex

La figure 5.4 montre une autre forme de charge, appelée *bass-reflex*. Un tunnel, ou *évent*, est ménagé sur l'une des faces de l'enceinte et les différents paramètres que sont le volume interne de l'enceinte, la masse de la membrane et la compliance de sa suspension, ainsi que les dimensions de l'évent, sont choisis pour qu'à une certaine fréquence (basse) l'air contenu dans l'évent entre en résonance, ce qui réduit les mouvements de la membrane à cette même fréquence.

**Figure 5.4**
Enceinte *bass-reflex* à évent.

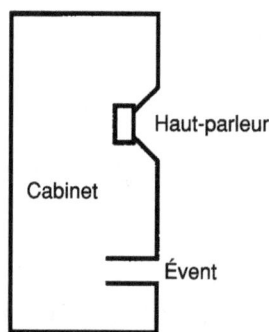

L'évent produit ainsi lui-même des ondes sonores de basse fréquence qui se combinent avec celles émises par le haut-parleur. De cette manière, on peut obtenir une réponse aux basses fréquences accrue, une meilleure efficacité, ou encore une combinaison des deux. Toutefois, il faut se souvenir qu'à des fréquences inférieures à la fréquence de résonance, le haut-parleur n'est plus chargé, l'évent se comportant comme une fenêtre ouverte. Alors, si des signaux de très basse fréquence, provenant soit de bruits de manipulation d'un microphone soit d'un bras de lecteur de disques vinyle, parviennent au haut-parleur, ils provoquent des excursions importantes de ce dernier, risquant même de l'endommager. L'air contenu dans une enceinte constitue cependant un support mécanique élastique jusqu'aux fréquences les plus basses.

Il est aussi possible d'installer, à la place de l'évent, un haut-parleur de basses démuni de bobine et d'aimant, pour constituer une enceinte dite *à radiateur auxiliaire*. La masse de la membrane du haut-parleur auxiliaire, qui ne reçoit aucun signal électrique, agit d'une manière similaire à l'air contenu dans l'évent. L'avantage est que, les fréquences moyennes n'étant pas émises, une coloration moindre sera constatée.

Une autre forme de charge possible, l'enceinte à labyrinthe, est décrite dans le complément 5.2.

---

**Complément 5.2** – *Enceintes à labyrinthe*

Le labyrinthe acoustique, que montre la figure, constitue une autre forme de charge aux basses fréquences. Une enceinte de grande taille renferme un tunnel replié, dont la longueur est choisie pour que la résonance se produise à une fréquence donnée.

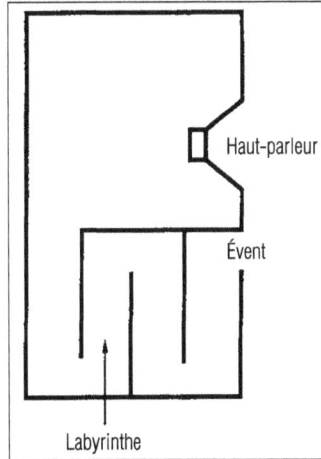

Au-dessus de cette fréquence, le labyrinthe, garni d'un matériau absorbant, absorbe l'onde arrière. Au voisinage de la résonance, l'ensemble constitué de l'ouverture et de l'air contenu dans le tunnel se comporte comme l'évent d'une enceinte *bass-reflex*. L'avantage de ce type de charge est de permettre une extension de la réponse aux très basses fréquences, qui se paye toutefois par le volume de l'enceinte nécessaire.

---

### 5.3.3 *Enceintes à pavillon*

La charge par pavillon est une technique très répandue pour les enceintes destinées à la sonori-sation. Comme le décrit le complément 5.3, elle consiste à placer, devant la membrane du haut-parleur, un pavillon qui concentre les ondes sonores dans un angle solide, selon une ouverture d'environ 90° dans le plan horizontal et 40° dans le plan vertical. Cette concentration de l'éner-gie acoustique vers l'avant permet d'obtenir une efficacité élevée. Le son est alors focalisé vers l'arrière de la salle et très peu d'énergie atteint les murs latéraux. Les pavillons à directivité constante ont pour but d'obtenir une couverture homogène dans la totalité de la bande où fonc-tionne le diffuseur, ce qui se paye le plus souvent par une réponse en fréquence irrégulière. Pour compenser cette irrégularité, il faut une correction particulière.

---

**Complément 5.3** – *Principes des enceintes à pavillon*

Le pavillon constitue un transformateur acoustique, dans la mesure où il assure l'adaptation de l'impédance de l'air entre l'embouchure (le côté où est placé le haut-parleur) et son ouverture. Une meilleure efficacité est alors obtenue ; par rapport à un haut-parleur installé dans une enceinte conventionnelle, la charge par pavillon per-met d'obtenir, pour un signal électrique de niveau donné, un surcroît de pression sonore de l'ordre de 10 dB, voire davantage. Le pavillon ne peut fonctionner que dans une bande de fréquence relativement réduite ; des pavillons de petite taille sont ainsi utilisés pour les fréquences élevées, et de plus gros sont utilisés pour les bas médiums. Ce type d'enceinte convient très bien lorsque des niveaux sonores élevés doivent être délivrés dans des lieux vastes, comme lors de concerts rock ou de manifestations en plein air.

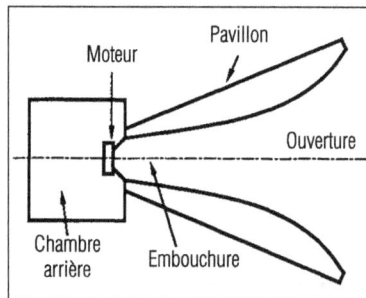

Chaque pavillon présente une fréquence de coupure basse naturelle en deçà de laquelle il cesse de constituer une charge acoustique pour le haut-parleur. La reproduction des fréquences basses nécessite des pavillons de très grandes dimensions et, pour contourner cette difficulté, il est possible de replier le pavillon en l'installant dans une enceinte à l'apparence plus classique. Toutefois, la taille nécessaire en restreint l'utilisation pour les fréquences basses. Fréquemment employé pour les fréquences moyennes et élevées, il produit cependant une coloration telle qu'on ne l'utilise que très peu en hi-fi ou pour les écoutes de studio, sauf dans les cas où des niveaux importants aux fréquences élevées sont nécessaires. Par rapport à d'autres modèles, les enceintes à pavillon présentent une directivité accrue, ce qui offre d'autres avantages dans le domaine de la sonorisation.

---

Ce type d'enceinte à pavillon ne peut pas atteindre la partie du public située près de la scène, entre les enceintes ; on utilise alors souvent une lentille acoustique, qui a pour rôle, comme son nom l'indique, d'opérer une diffraction sur les ondes sonores. Ainsi, les fréquences élevées sont émises sur un angle plus large en vue d'obtenir une meilleure couverture de l'avant-salle. La figure 5.5 montre une telle lentille acoustique, constituée d'une série de lamelles métalliques dont la forme et la position permettent la diffraction souhaitée. Le fait qu'elles soient ici dirigées vers le bas n'a pas pour but de projeter le son dans cette direction, mais résulte de la conception d'ensemble. Comme la puissance acoustique est rayonnée sur une zone plus vaste que dans le cas des pavillons classiques, l'efficacité dans l'axe tend à être moindre.

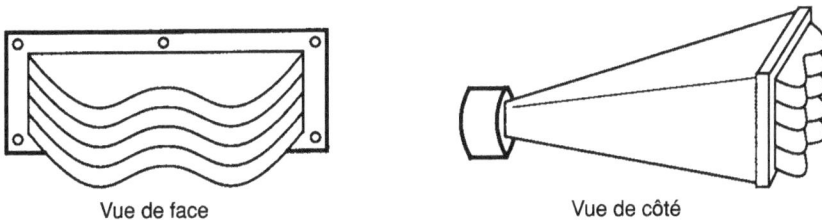

Vue de face                              Vue de côté

**Figure 5.5**
Exemple de lentille acoustique.

L'efficacité élevée que permettent les pavillons est souvent mise à profit dans des applications de renforcement sonore qui ne nécessitent pas une haute qualité : fêtes, rencontres sportives, quais de gares. On utilise alors souvent une configuration dite *à pavillon inversé*, comme celle illustrée à la figure 5.6. Tout se passe comme si le pavillon avait été coupé en deux parties : celle qui porte le haut-parleur est retournée et placée à l'intérieur de la cloche de la seconde. On peut ainsi obtenir un pavillon de longueur importante dans une structure compacte ; cette configuration sert très fréquemment pour les porte-voix.

**Figure 5.6**
Diffuseur à pavillon inversé.

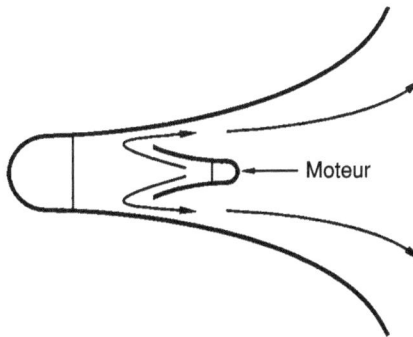

Moteur

Les pavillons destinés aux fréquences élevées sont attaqués non par un haut-parleur à membrane mais par un moteur à compression, qui consiste en une membrane en forme de dôme, d'un diamètre de 1 ou 2 pouces, soit 2,5 ou 5 cm. Il ressemble à un *tweeter* à dôme muni d'un dispositif permettant la fixation du pavillon. Les moteurs à compression sont particulièrement fragiles et peuvent être détruits s'ils sont attaqués par un signal de fréquence inférieure à la fréquence de coupure du pavillon auquel ils sont reliés.

## 5.4 Enceintes multivoies

### 5.4.1 *Enceintes à deux voies*

Aucun haut-parleur ne peut, à lui seul, reproduire correctement la totalité du spectre audio, soit de 30 Hz à 20 kHz environ. La reproduction des basses fréquences nécessite des haut-parleurs de grand diamètre et des élongations importantes de leur membrane. Inversement, on ne peut attendre de telles membranes qu'elles vibrent à 15 kHz pour reproduire les fréquences très élevées. Une contrebasse est plus volumineuse qu'une flûte, et les cordes basses d'un piano sont plus grosses et plus longues que les cordes aiguës.

La technique la plus répandue pour obtenir une reproduction correcte de l'ensemble du spectre est l'enceinte dite *à deux voies*, que l'on peut rencontrer aussi bien sur des modèles à bas prix que sur des écoutes de studio de haute qualité. Elle est constituée d'un diffuseur de basses et de médiums, qui prend en charge les fréquences allant jusqu'à environ 3 kHz, et d'un diffuseur d'aiguës, ou *tweeter*, qui diffuse les signaux de fréquences supérieures. La figure 5.7 représente la vue en coupe d'un *tweeter* à dôme.

**Figure 5.7**
Vue en coupe d'un *tweeter* à dôme.

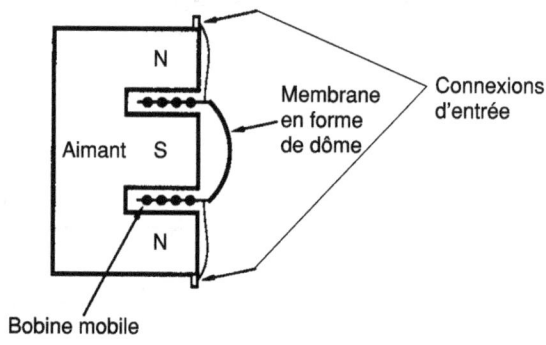

Ce dernier, d'un diamètre compris entre 2 et 3 cm, est solidaire d'une bobine comme la membrane d'un haut-parleur conventionnel. Il peut être constitué de différents matériaux, mous ou dur. On emploie fréquemment des dômes métalliques. Le diffuseur de basses et médiums, nous l'avons dit, ne peut reproduire correctement les fréquences élevées. De la même manière, un tel *tweeter* à dôme serait endommagé par des signaux de fréquences basses, aussi un système de filtrage, appelé *filtre de répartition*, répartit-il le spectre audio de manière à n'envoyer à chacun des haut-parleurs que les fréquences correctes. Un tel filtre est décrit dans le complément 5.4.

Dans un système de base, on trouvera un haut-parleur d'une vingtaine de centimètres de diamètre installé dans une enceinte d'un volume de quelques décimètres cubes, ainsi qu'un *tweeter* simplement installé dans un trou ménagé sur la face avant de l'enceinte, dès lors que sa face arrière est étanche. On rencontre couramment ce type d'enceinte à l'extrémité basse de la gamme des prix. Malgré sa simplicité, son étude est intéressante, car elle comporte la plupart des ingrédients de base des modèles plus coûteux. Ces derniers en diffèrent par l'utilisation de haut-parleurs plus sophistiqués, de matériaux de meilleure qualité, de techniques de construction plus élaborées et de filtres plus complexes, dont les sections basses et aiguës comportent des inductances et des condensateurs, ainsi que des résistances, afin d'obtenir des pentes supérieures aux 6 dB/octave de notre exemple. Sur ces modèles de haut de gamme, les filtres permettent un réglage de la réponse en fréquence pour tenir compte, par exemple, d'un haut-parleur présentant une bosse de réponse aux fréquences moyennes ; une certaine atténuation apportée dans cette zone permet d'obtenir une réponse globale mieux équilibrée.

## Complément 5.4 – *Filtres de répartition*

Le filtre de répartition, ou de séparation, intégré dans une enceinte subdivise le spectre du signal entrant en hautes (au-dessus de 3 kHz) et basses fréquences, et aiguille les premières vers le *tweeter* et les secondes vers le haut-parleur de basses et médiums. La figure illustre un exemple simple de ce principe. Lors de la conception de tels filtres, il faut tenir compte du fait que les haut-parleurs ne se comportent pas comme des résistances pures.

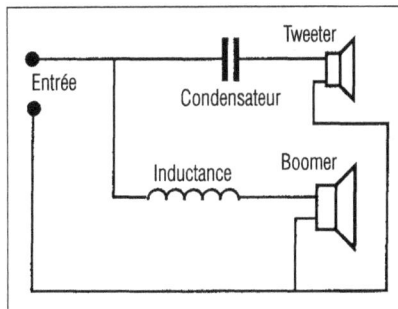

Le *tweeter* est alimenté par l'intermédiaire d'un condensateur, dont l'impédance est inversement proportionnelle à la fréquence. L'impédance typique que présente un *tweeter* est de 8 Ω, et, pour une fréquence de raccordement de 3 kHz, la valeur du condensateur sera choisie pour que son impédance ait également, à cette fréquence, une impédance égale à 8 Ω. En raison des relations de phase entre la tension aux bornes du condensateur et le courant qui le traverse, la puissance transmise au *tweeter* sera atténuée de 3 dB à 3 kHz et diminuera en deçà avec une pente de 6 dB/octave, soit un affaiblissement de 9 dB à 1,5 kHz et de 15 dB à 750 Hz, etc. Il sera ainsi prémuni contre les fréquences basses.

La relation permettant de calculer la valeur du condensateur, pour une fréquence de raccordement $f$, est :

$$f = 1/(2\pi R \cdot C) \text{ ou } C = 1/(2\pi R \cdot f),$$

où $R$ est la résistance du *tweeter*, et $C$ la valeur du condensateur cherchée.

Il est plus commode, en pratique, d'exprimer la capacité en microfarads (1 µF = $10^{-6}$ F) ; la valeur cherchée sera alors :

$$C = 1/(2\pi \times 8 \times 3 \times 10^3) = 6,7 \text{ µF.}$$

Si nous nous intéressons maintenant au haut-parleur basses/médiums, nous pouvons constater qu'il est alimenté par l'intermédiaire d'une inductance, dont l'impédance est proportionnelle à la fréquence ; la valeur de l'inductance est choisie de telle façon qu'elle présente, à la fréquence de raccordement, ici 3 kHz, une impédance égale à celle du haut-parleur, qui, typiquement, est égale à 8 Ω. On a alors :

$$f = R/2\pi L \text{ ou } L = R/2\pi f,$$

où $L$ est la valeur de l'inductance cherchée, exprimée en henrys, et $R$ la résistance du haut-parleur. Il vient alors :

$$L = 8/(2\pi \times 3 \times 10^3) = 0,42 \text{ mH.}$$

## 5.4.2 *Enceintes à trois voies*

Il existe de nombreux modèles d'enceintes à trois voies, où la reproduction des médiums est confiée à un haut-parleur spécialisé ; des composants supplémentaires intégrés au filtre de répartition permettent de ne l'alimenter, par exemple, qu'entre 400 Hz et 4 kHz. L'intérêt de cette technique est que les fréquences moyennes portent la majeure partie des détails de la voix ou de la musique, qui seront reproduits plus fidèlement par un diffuseur spécialisé. Malheureusement, l'accroissement de complexité et de coût ne se traduit pas toujours par une augmentation de la qualité sonore dans les mêmes proportions.

## 5.5 Enceintes actives

Nous n'avons traité jusqu'ici que des enceintes passives, ainsi appelées car la répartition du spectre entre les différents haut-parleurs est effectuée à l'aide de composants passifs : résistances, inductances et condensateurs. Il existe aussi des enceintes *actives*, où cette subdivision s'opère au niveau ligne grâce à des circuits électroniques actifs, après lesquels chaque bande de fréquence attaque un amplificateur de puissance distinct, à la sortie duquel est relié le haut-parleur correct. Le coût et la complexité des systèmes actifs tendent à réserver cette technique au domaine de la sonorisation professionnelle de grande puissance, où des systèmes à 4,5 et même 6 voies sont utilisés, ainsi qu'aux écoutes pour studios professionnels telles que le système LS 5/8 de Rogers, illustré à la figure 5.8. Les enceintes actives sont très rares dans le domaine du grand public.

Chacun des haut-parleurs possède son propre amplificateur de puissance, ce qui accroît le coût et la complexité, mais présente différents avantages. La distorsion observée est moindre, car le filtre séparateur agit au niveau ligne, où l'on ne rencontre que des tensions de l'ordre du volt et des courants très faibles, à comparer avec les dizaines de volts et les quelques ampères dont les filtres passifs doivent s'accommoder. La conception des systèmes est par ailleurs rendue plus souple, car de nombreuses combinaisons de haut-parleurs sont possibles, les différences de sensibilité et d'impédances pouvant être compensées par des réglages opérés sur les amplificateurs de puissance ou les différentes sections du filtre. La maîtrise de la réponse globale en fréquence est facilitée dans la mesure où il est plus simple d'intégrer des circuits de compensation précis dans un filtre actif que dans un filtre passif. L'absence de composants passifs entre l'amplificateur de puissance et le haut-parleur confère une meilleure précision au son reproduit. Enfin, comme chaque amplificateur de puissance n'a à traiter qu'une bande de fréquence relativement restreinte, il est possible d'en optimiser les performances.

**Figure 5.8**
Un exemple d'enceinte active de haute qualité, destinée au studio : le modèle LS 5/8 de Rogers.

Dans les systèmes actifs, il est possible d'obtenir une meilleure adaptation entre les amplificateurs et les haut-parleurs ; le système peut être conçu comme un tout, sans prendre en considération les problèmes de raccordement à un amplificateur d'une charge imprévisible. Dans les systèmes passifs, le concepteur ne peut pas savoir quel haut-parleur sera raccordé à quel amplificateur ; aussi la conception résulte-t-elle d'un compromis entre adaptabilité et performances.

Certaines enceintes actives ont les circuits électroniques intégrés à leur caisson, ce qui en simplifie l'installation.

## 5.6 Diffuseurs d'infrabasses

Obtenir d'un haut-parleur une réponse correcte aux très basses fréquences nécessite le recours à une enceinte très volumineuse, pour que la fréquence de résonance du système soit suffisamment basse, la réponse d'un haut-parleur donné chutant rapidement au-dessous de sa fréquence de résonance. Les enceintes de grande taille qui sont alors nécessaires peuvent s'avérer trop encombrantes et visuellement gênantes. Une manière de contourner ce problème est d'intégrer à la chaîne un dispositif de diffusion d'infrabasses (*subwoofer*). Il consiste en une enceinte indépendante, ne traitant que les fréquences les plus basses, le plus souvent attaquée par son propre amplificateur de puissance. Ce dernier est relié à un filtre de répartition qui retire des signaux envoyés vers l'amplificateur stéréo principal les composantes à très basse fréquence et en aiguille la somme vers le *subwoofer*.

Libérées de la reproduction de ces fréquences, les enceintes stéréo principales peuvent être des modèles de haute qualité et de plus petite taille. Selon les constructeurs de tels systèmes, le *subwoofer* peut être placé à peu près n'importe où dans le lieu, dans la mesure où il présente un rayonnement pratiquement omnidirectionnel en raison des fréquences très basses qu'il diffuse.

Cependant, des dégradations de l'image stéréophonique peuvent être constatées lorsqu'il est trop distant des enceintes principales. Une bonne solution consiste à le positionner au milieu, entre ces enceintes, ou à proximité de l'une d'elles.

Les diffuseurs d'infrabasses sont également utilisés dans les systèmes de sonorisation de concerts et de théâtres. Il est difficile d'obtenir simultanément une efficacité élevée et une réponse aux basses fréquences étendue, et certains systèmes réputés ne produisent que peu d'énergie au-dessous de 70 Hz. Un système diffuseur d'infrabasses soigneusement intégré à l'ensemble peut donner une tout autre dimension au spectacle.

## 5.7 Caractéristiques des haut-parleurs

### 5.7.1 *Impédance*

On peut rencontrer, sur la majorité des haut-parleurs, enceintes et systèmes de diffusion, une indication du type « impédance = 8 Ω ». Il s'agit en fait d'une valeur nominale, car l'impédance d'un haut-parleur présente d'importantes variations en fonction de la fréquence (voir le paragraphe 1.8). Il peut certes présenter une impédance de 8 Ω à 150 Hz par exemple, mais, à 50 Hz, celle-ci sera de 30 Ω, et, à 10 kHz, elle sera voisine de 40 Ω. La figure 5.9 montre l'évolution de l'impédance, en fonction de la fréquence, d'une enceinte close à deux voies destinée à la hi-fi.

L'augmentation brutale de l'impédance à une basse fréquence indique l'endroit où se produit la résonance du système. Les autres variations sont causées par sa nature réactive due aux composants capacitifs et inductifs qui constituent le filtre de répartition et au haut-parleur lui-même. L'adaptation entre ce dernier et l'enceinte où il est placé joue également un rôle, dont la manifestation la plus évidente est la résonance aux basses fréquences évoquées ci-dessus.

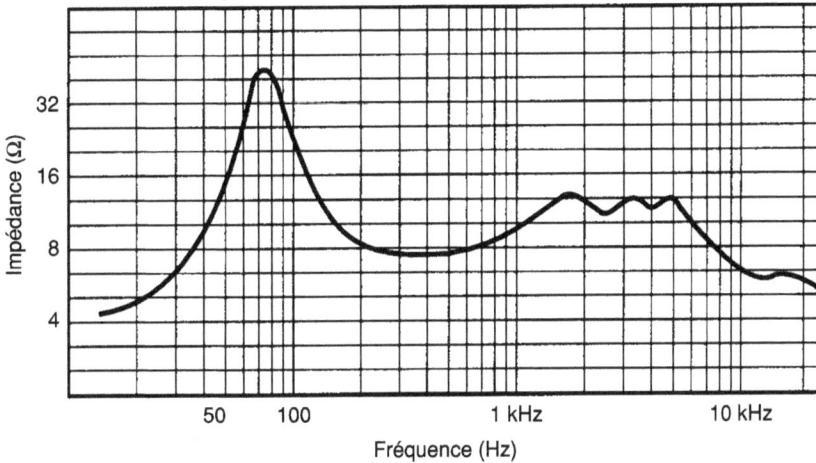

**Figure 5.9**
Évolution de l'impédance en fonction de la fréquence d'une enceinte grand public à deux voies.

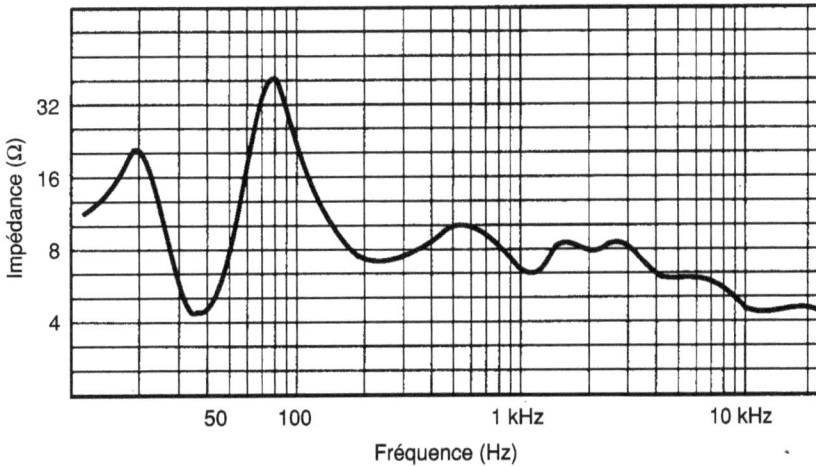

**Figure 5.10**
Évolution de l'impédance en fonction de la fréquence d'une enceinte bass-reflex typique.

**107**

La figure 5.10, qui montre les évolutions en fonction de la fréquence d'une enceinte de type *bass-reflex*, présente deux pics à l'extrémité basse du spectre. Le pic le plus important, situé autour de 70 Hz, correspond à la résonance du système haut-parleur graves/enceinte. La crevasse que l'on peut constater au voisinage de 40 Hz est due à la résonance de l'évent, une énergie maximale étant alors rayonnée par ce dernier et une énergie minimale par le haut-parleur lui-même. L'autre pic, aux environs de 20 Hz, correspond sensiblement à la résonance du haut-parleur de basse, la puissance de l'évent ayant pour conséquence qu'aux très basses fréquences le haut-parleur n'est pratiquement pas chargé. Les enceintes à labyrinthe présentent une courbe d'impédance similaire.

La résistance ohmique d'un haut-parleur, ou d'un système indiqué comme ayant une impédance de 8 Ω, est d'environ 7 Ω ; cette indication permet d'évaluer l'impédance d'un haut-parleur lorsqu'elle n'est pas spécifiée. Les autres valeurs courantes d'impédance de haut-parleurs sont 15 Ω et 4 Ω. L'attaque de ces dernier est plus contraignante, car, pour une tension de sortie de l'amplificateur donnée, le courant absorbé sera doublé par rapport à celui d'un haut-parleur de 8 Ω. Les modèles d'impédance 15 Ω constituent une charge sans problème pour l'amplificateur, mais l'impédance plus élevée a pour conséquence qu'il délivre un courant plus faible et que la puissance communiquée au haut-parleur, égale au produit de la tension par le courant, sera donc moindre. Ainsi, un amplificateur de puissance pourra s'avérer incapable de fournir sa pleine puissance à une telle charge. Pour ces raisons, l'impédance de 8 Ω est devenue un standard de fait.

Les amplificateurs professionnels de forte puissance sont, la plupart du temps, capables d'attaquer simultanément deux haut-parleurs de 8 Ω connectés en parallèle, dont l'impédance résultante est donc égale à 4 Ω.

## 5.7.2 *Sensibilité*

La sensibilité d'un haut-parleur indique l'efficacité avec laquelle il convertit l'énergie acoustique en énergie électrique, autrement dit son rendement. Le complément 5.5 en précise la signification et l'expression.

En réalité, les haut-parleurs sont des dispositifs à très faible rendement, et celui d'un modèle typique destiné à la hi-fi sera d'environ 1 %, ce qui signifie que, s'il reçoit une puissance électrique de 20 W, il ne délivrera qu'une puissance acoustique de 0,2 W. Le reste de la puissance est, pour l'essentiel, dissipé sous forme de chaleur dans la bobine mobile. Les systèmes à pavillon permettent d'atteindre des rendements supérieurs, souvent voisins de 10 %.

La valeur du rendement ne présente guère d'utilité pratique ; des paramètres tels que la sensibilité ou la puissance maximale admissible sont beaucoup plus intéressants. Il est cependant nécessaire d'avoir à l'esprit que la plus grande part de la puissance fournie à un haut-parleur est dissipée sous forme de chaleur, et que des signaux de fort niveau durables entraînent une élévation importante de la température de la bobine.

La sensibilité d'un haut-parleur n'indique en aucune manière sa qualité. En fait, il est fréquent que les modèles peu sensibles produisent un son meilleur. Cela est dû au fait que, bien souvent, l'amélioration de la qualité est obtenue au prix d'une baisse de rendement, et les concepteurs de haut-parleurs destinés à la sonorisation doivent sacrifier une qualité sonore optimale pour obtenir la sensibilité élevée et les niveaux sonores importants exigés dans ce domaine.

---

**Complément 5.5** – *La sensibilité des haut-parleurs*

La sensibilité d'un haut-parleur est définie comme le niveau de pression sonore produit par ce dernier, à une distance d'un mètre, lorsqu'on lui applique une puissance électrique de 1 W. Le signal utilisé doit être un bruit rose, qui contient une énergie constante par bande d'une octave (voir le paragraphe 1.6). En effet, un signal sinusoïdal pourrait présenter une fréquence correspondant à un pic ou à une crevasse dans la réponse, et aucune conclusion pertinente ne pourrait alors être tirée.

Par exemple, si l'on indique pour un haut-parleur hi-fi une sensibilité de 86 dB/W, cela signifie qu'il produira 86 dB SPL à 1 mètre, lorsqu'il sera attaqué par une puissance électrique de 1 W.

La sensibilité des haut-parleurs peut varier, d'un modèle à l'autre, dans des proportions très importantes ; elle n'indique par ailleurs rien qui concerne la qualité du son reproduit. Un haut-parleur de studio professionnel destiné à une écoute à fort niveau peut présenter une sensibilité de 98 dB/W, ce qui montre qu'il est beaucoup plus efficace que son cousin domestique. Certains diffuseurs d'aiguës destinés à la sonorisation présentent même une sensibilité de 118 dB/W.

Ce paramètre est donc une indication utile lorsque l'on doit choisir un modèle de haut-parleur en vue d'une application donnée. En effet, un petit haut-parleur de sensibilité 84 dB/W sera à peine perçu dans un lieu vaste, même s'il est alimenté avec une puissance de 40 W, alors que l'aptitude de gros modèles professionnels à délivrer des niveaux sonores élevés est totalement superflue dans une salle de séjour.

---

### 5.7.3 *Distorsions*

Les distorsions apparaissant dans les haut-parleurs sont plus grandes que celles qui se manifestent dans les autres maillons de la chaîne audio. La plus grande partie est de la distorsion par harmonique 2 (voir le paragraphe A.3) : le haut-parleur ajoute au signal utile des composantes de fréquence double, autrement dit à l'octave.

Ce phénomène se manifeste surtout aux fréquences basses, où les membranes ont à parcourir des distances relativement plus importantes. À des niveaux de pression sonore supérieurs à 90 dB SPL environ, pour les systèmes domestiques, et à 105 dB SPL, pour les modèles à grande sensibilité, des taux de distorsion voisins de 10 % sont courants. Cette distorsion est constituée majoritairement par l'harmonique 2, et, dans une moindre mesure, par l'harmonique 3.

Aux fréquences moyennes et élevées, la distorsion est souvent inférieure à 1 % et se produit surtout dans des bandes de fréquence étroites qui correspondent aux fréquences de raccordement des filtres ou aux résonances du haut-parleur. De tels taux de distorsion produits par un haut-parleur ne signifient aucunement qu'il est détérioré ; ils sont l'indication qu'il présente, par nature, un certain niveau de non-linéarité. La plus grande part de la distorsion produite l'est pour les fréquences basses, où l'oreille est relativement moins sensible ; par ailleurs, la prédominance de l'harmonique 2, qui présente un caractère consonant, fait que cette distorsion n'occasionne pas trop de gêne. Des taux de distorsion de 10 à 15 % sont courants pour ce qui est des diffuseurs d'extrême-aiguës à trompe.

## 5.7.4 *Réponse en fréquence*

La réponse en fréquence d'un haut-parleur indique son aptitude à répondre de manière égale à toutes les fréquences ; dans l'idéal, la courbe obtenue devrait être plate.

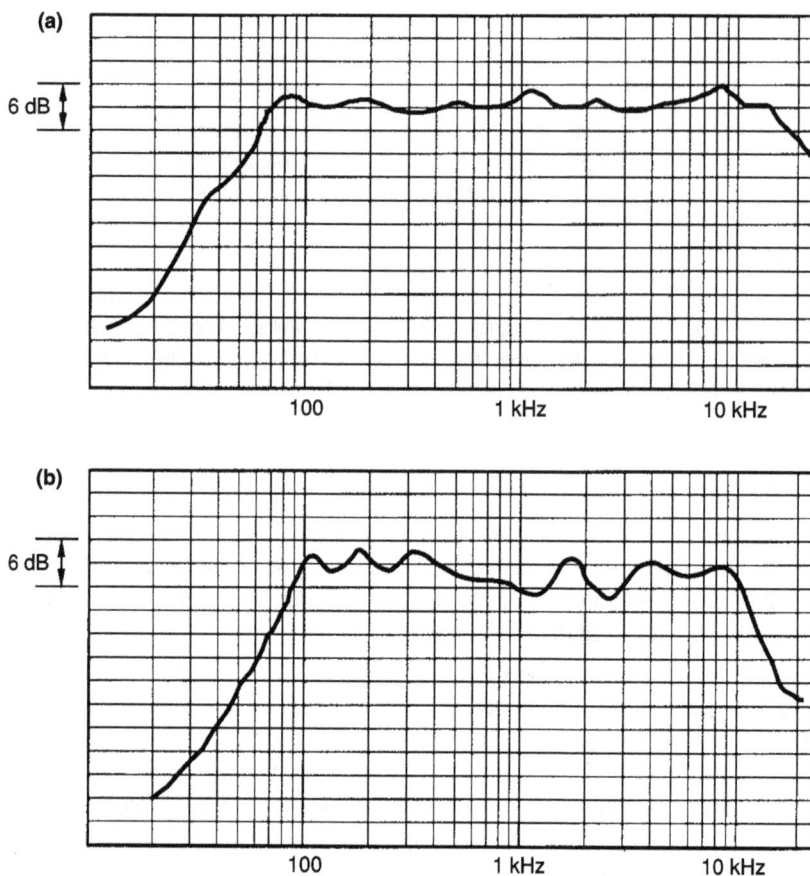

**Figure 5.11**

Réponses en fréquence typiques de haut-parleurs. (a) Modèle de haute qualité. (b) Modèle de qualité moindre.

Dans la pratique, seuls des haut-parleurs de très grand diamètre peuvent fournir un niveau significatif à 20 Hz, alors que même les plus petits systèmes peuvent présenter une réponse s'étendant jusqu'à 20 kHz. La régularité de la réponse, autrement dit le caractère plus ou moins plat de la courbe, est une tout autre affaire. Les systèmes de haute qualité présentent une réponse qui tient dans 6 dB, par rapport au niveau obtenu à 1 kHz, de 80 Hz à 20 kHz. La figure 5.11 (a) illustre une telle réponse ; la courbe de réponse de la figure 5.11 (b), qui est celle d'un haut-parleur de qualité moindre, se caractérise par de nombreux accidents et par une atténuation plus précoce des fréquences basses.

Différentes méthodes permettent d'évaluer la réponse en fréquence ; certains constructeurs effectuent leurs mesures dans les conditions les plus favorables de manière à masquer les défauts éventuels. D'autres se contentent d'indiquer quelque chose comme « ± 3 dB de 100 Hz à 15 kHz », ce qui permet de se faire une idée de la régularité de la réponse. Ce type de spécification ne renseigne toutefois pas sur la qualité sonore qui sera perçue. Rien n'y est dit sur le degré de coloration produit, l'aptitude du système à reproduire une profondeur stéréophonique correcte, l'absence d'agressivité des aiguës ou encore la précision des basses.

### 5.7.5 *Puissance maximale admissible*

La puissance maximale admissible indique le nombre de watts que peut recevoir un haut-parleur avant que ne se manifeste un taux de distorsion inacceptable. Elle permet, associée à la sensibilité, de déterminer le niveau sonore maximal qu'il peut fournir. Prenons l'exemple d'un haut-parleur grand public de sensibilité 86 dB/W et de puissance maximale admissible égale à 30 W. L'accroissement de puissance entre 30 W et 1 W est donné par :

$$\text{Accroissement} = 10 \, \text{Log} \, 30/1 = 10 \, \text{Log} \, 30 = 15 \, \text{dB}.$$

Le niveau de pression sonore que peut produire le haut-parleur à un mètre sera alors de (86 + 15) = 101 dB SPL. Ce niveau relativement important est bien adapté aux situations domestiques. Prenons maintenant un haut-parleur de sonorisation de sensibilité 99 dB/W. La même puissance de 30 W appliquée à ce dernier produira un niveau de pression sonore de (99 + 15) = 114 dB SPL. Pour obtenir ce niveau avec le premier des deux haut-parleurs, il aurait fallu lui communiquer une puissance électrique proche de 500 W, ce qui excède, de loin, ses possibilités.

Ces différents exemples montrent l'intérêt de l'utilisation conjointe de la sensibilité et de la puissance maximale admissible.

Un haut-parleur de 30 W peut cependant être attaqué en toute sécurité par un amplificateur de puissance supérieure, pourvu que des précautions soient prises quant au niveau du signal qui l'attaque. Des crêtes brèves de plus de 30 W seront sans doute tolérées, mais la permanence de signaux de niveau élevé détruira le haut-parleur. Il n'y a par contre aucun inconvénient à attaquer un haut-parleur de haute puissance par un amplificateur sous-dimensionné ; il convient toutefois de s'assurer que ce dernier n'est pas surchargé, faute de quoi les harmoniques présentes dans le son distordu produit seraient de nature à endommager les *tweeters*. Ici, la règle d'or est d'écouter attentivement : si le son est propre, tout va bien.

## 5.8   Mise en œuvre des haut-parleurs

### 5.8.1   *Mise en phase*

Lors du raccordement de haut-parleurs, la mise en phase est un aspect très important. Une tension positive provoque le déplacement de la membrane dans un certain sens, en principe vers l'avant ; certains constructeurs ont malheureusement adopté la convention opposée. Il est essentiel que les deux haut-parleurs d'une installation stéréophonique, ou que tous les haut-parleurs d'un type donné dans une installation de sonorisation, soient en phase, c'est-à-dire que leurs membranes, à un instant donné, évoluent dans le même sens, si on leur applique le même signal.

Dans le cas d'une écoute stéréophonique, un câblage hors phase aura pour conséquences des images stéréophoniques mal définies et fluctuantes ainsi qu'une atténuation importante des basses fréquences. Ces phénomènes peuvent facilement être mis en évidence en connectant temporairement l'un des haut-parleurs en opposition de polarité et en écoutant un signal monophonique.

Une voix paraîtra alors ne provenir de nulle part en particulier, et de faibles mouvements de la tête modifieront de manière importante l'impression d'espace ressentie. Si, maintenant, nous rétablissons le câblage orthodoxe, la voix parviendra d'un endroit bien défini, situé entre les deux haut-parleurs et cette position restera stable lorsque l'on se déplacera vers la gauche ou vers la droite.

Il peut arriver qu'il ne soit pas possible de vérifier la phase d'un haut-parleur inconnu à l'écoute. La solution consiste à relier une pile de 1,5 V aux connexions d'entrée et à observer le sens de déplacement de la membrane. Si cette dernière se déplace vers l'avant, l'entrée positive du haut-parleur correspond au pôle positif de la pile ; si elle se déplace vers l'arrière, ce dernier est relié à l'entrée négative du haut-parleur. Il est alors possible d'inscrire sur les deux bornes les signes + et –.

### 5.8.2   *Positionnement des enceintes*

L'emplacement des enceintes joue un rôle primordial dans la qualité obtenue. Dans des espaces restreints, on aura tendance à les placer à proximité des murs, ce qui se traduira par un renforcement des basses fréquences. En effet, à ces fréquences, le haut-parleur présente un comportement relativement omnidirectionnel, c'est-à-dire que les ondes sonores sont rayonnées dans toutes les directions. Les sons émis vers l'arrière et vers les côtés de l'enceinte se réfléchissent alors sur les parois et s'ajoutent aux sons émis vers l'avant, d'où le renforcement. Lorsque la fréquence augmente, on atteint un point où la longueur d'onde devient du même ordre de grandeur que la distance entre l'enceinte et le mur voisin. On peut alors percevoir des phénomènes d'annulation, les sons direct et réfléchi se combinant en opposition de phase. Par ailleurs, des réflexions d'ondes sonores de fréquence élevée se produiront sur des surfaces rigides proches, comme c'est le cas dans les petits studios, où la console, les racks d'effets et les magnétophones sont situés à proximité des enceintes. Les conséquences en sont l'apparition d'images stéréophoniques fantômes perturbant la perception d'espace voulue et une coloration apportée au son perçu, même dans le cas où les haut-parleurs ont une réponse propre suffisamment plate pour leur conférer une bonne neutralité.

C'est pourquoi il est essentiel de s'intéresser au positionnement des enceintes, qui doit être tel que les haut-parleurs soient à la hauteur du visage de celui qui écoute. La dispersion des fréquences élevées est en effet plus étroite que celle des basses fréquences ; aussi convient-il d'être situé dans l'axe des haut-parleurs.

Les enceintes doivent par ailleurs occuper une position suffisamment éloignée des murs pour en obtenir la meilleure précision possible.

**Figure 5.12**
Disposition des haut-parleurs recommandée en vue d'une écoute stéréophonique optimale.

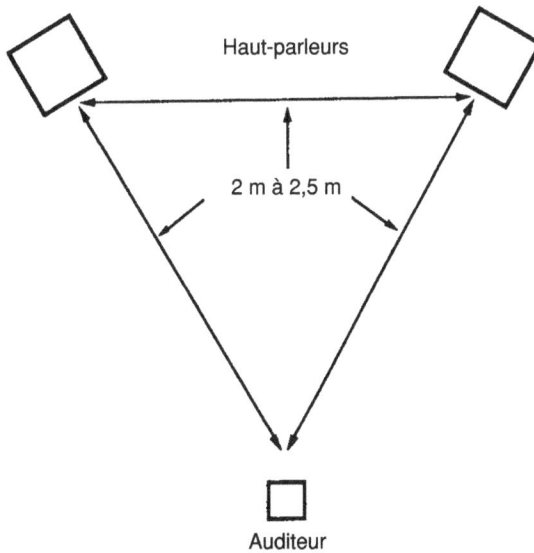

Certaines enceintes ont toutefois été conçues de manière à fournir les meilleurs résultats lorsqu'elles sont placées contre un mur, l'effet de renforcement des basses ayant été pris en compte lors de la conception. De nombreux systèmes d'écoute destinés aux studios sont également prévus pour être intégrés aux murs de telle manière que les haut-parleurs soient alignés avec leur surface. Il convient à la fois de respecter les instructions du constructeur et de procéder à des tests d'écoute. Pour ce faire, la voix parlée constitue un bon signal test. La voix masculine permet de mettre en évidence les phénomènes de résonance et de traînage, et la voix féminine, les réflexions occasionnées aux aiguës par les surfaces réfléchissantes voisines. La musique électronique est d'un intérêt moindre, car elle ne permet pas la comparaison du son reproduit avec une référence réelle. Il faut insister sur le fait que c'est par l'intermédiaire des haut-parleurs que sera jugé le résultat de tout le travail. Par conséquent, le temps consacré à leur choix et à leur positionnement est du temps bien employé.

Dans le monde de l'audiovisuel, on souhaitera souvent placer les haut-parleurs à proximité immédiate d'un moniteur vidéo. Il faut avoir conscience que les champs magnétiques créés par les aimants risquent d'occasionner des dégradations de l'image, agissant sur le faisceau d'électrons qui frappe le tube cathodique. Pour éviter ce phénomène, certaines enceintes sont dotées d'un blindage magnétique.

Pour la reproduction stéréophonique, on considère que la position d'écoute optimale se trouve juste à l'arrière du sommet du triangle équilatéral formé par les enceintes et l'auditeur, comme le montre la figure 5.12. Lorsque l'auditeur s'éloigne de cette position, l'image se déplace plus ou moins vers la source la plus proche, en fonction de la directivité que présentent les enceintes.

## Références bibliographiques

BORWICK, J. (1995) ed. *Loudspeaker and Headphone Handbook*, 2nd Edition. Focal Press.

COLLOMS, M. (1991) *High Performance Loudspeakers*, 4th Edition. Pentech Press/Wiley.

EARL, J. (1973) *Pickups and Loudspeakers*. Fountain Press.

GAYFORD, M. (1970) *Loudspeakers*. Newnes-Butterworth.

JOUHANEAU, J. (1994) *Notions élémentaires d'acoustique ; électroacoustique*. Lavoisier.

ROSSI, M. (1986) *Électroacoustique*. Dunod.

SINCLAIR, I. (1993) ed. *Audio and Hi-Fi Handbook*, 2nd Edition ; Chapter 15 : *Loudspeakers*, by Stan Kelly. Butterworth-Heinemann.

# 6 Les consoles 1

Dans sa forme la plus simple, une console audio a pour rôle de mélanger plusieurs signaux d'entrée pour donner naissance à un signal de sortie unique. Pour cela, on ne peut pas se contenter de relier les signaux d'entrée en parallèle, qui s'influenceraient alors l'un l'autre. Au moins une commande de niveau de chacun d'entre eux est nécessaire, pour permettre d'en doser la contribution au signal de sortie.

En réalité, les consoles remplissent de nombreuses autres fonctions que le mélange. Elles peuvent, par exemple, fournir une alimentation fantôme pour les microphones à condensateur (voir paragraphe 4.3) ; elles sont le plus souvent dotées de potentiomètres panoramiques qui permettent de situer chaque signal dans l'image stéréophonique, ainsi que de dispositifs de correction et d'affectation.

Un système de sélection d'écoute, ou monitoring, complète l'ensemble ; il permet de relier une source parmi plusieurs au dispositif d'écoute, sans affecter la sortie principale de la console.

## 6.1 Une console simple à six voies

### 6.1.1 Vue d'ensemble

Considérons, à titre d'exemple, une console simple dotée de six voies et de deux sorties. La figure 6.1 montre une telle console, six dans deux, dotée de fonctionnalités de base, et son panneau arrière. Les entrées, symétriques, se font sur des embases XLR tripolaires, différentes selon qu'elles sont au niveau micro ou au niveau ligne, bien qu'il existe des appareils dotés seulement d'une prise d'entrée commutable. Sur les modèles de bas de gamme, les entrées, asymétriques, sont accessibles sur des embases jacks quart de pouce ou même des prises RCA du même modèle que celles qui équipent les matériels hi-fi. Certaines consoles sont dotées d'entrées micro symétriques sur connecteurs XLR et asymétriques sur jacks ou prises RCA pour les entrées ligne, dans la mesure où les signaux de niveau ligne sont moins sensibles au bruit et aux interférences, et proviennent le plus souvent de sources proches.

Les consoles plus élaborées sont équipées de connecteurs multipoints qui permettent de les relier avec un panneau de brassage. Toutes les entrées et sorties apparaissent sur ce dernier et des bretelles permettent les différents raccordements aux divers appareils nécessaires (voir les paragraphes 6.4.9 et 13.12 pour une description détaillée des panneaux de brassage).

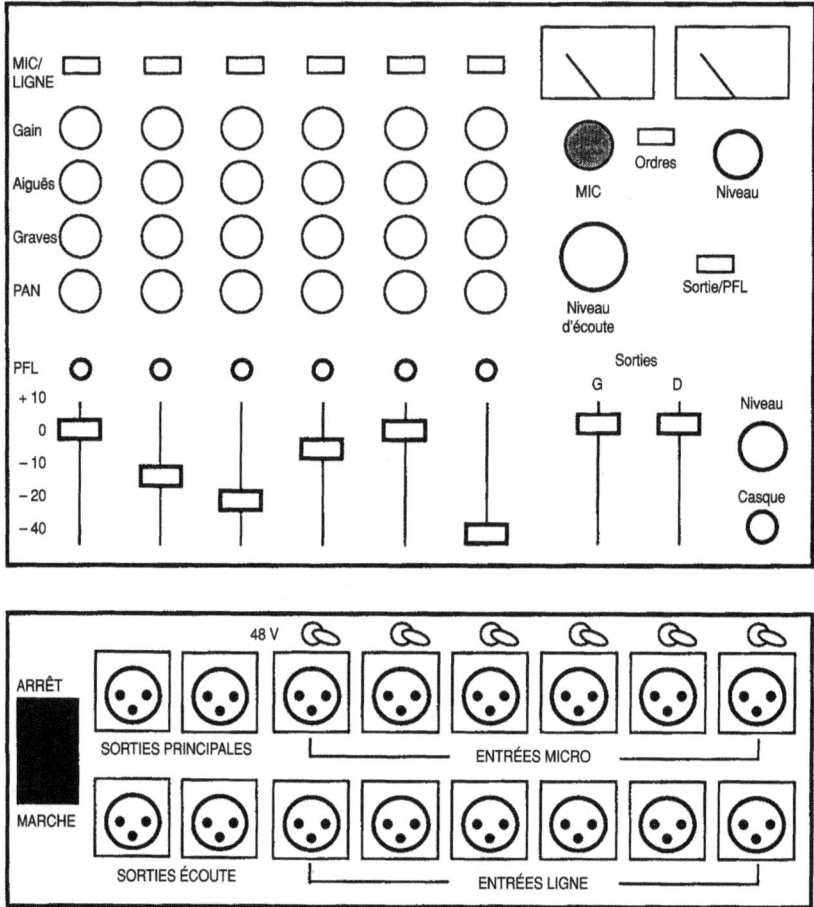

**Figure 6.1**
Face avant et panneau de connexion arrière d'une console à six voies.

Les sorties de notre console s'effectuent également sur des connecteurs XLR. La convention est que les entrées soient dotées d'embases femelles et les sorties d'embases mâles. Les broches des prises matérialisent ainsi le sens du parcours du signal, ce qui permet d'éviter les confusions.

Les entrées micro sont également dotées d'un interrupteur, qui permet, si nécessaire, la mise en service de l'alimentation fantôme de 48 volts. Ces commutateurs se trouvent sur les voies d'entrée elles-même ou encore sur l'alimentation ; dans ce dernier cas, l'alimentation fantôme devient effective pour l'ensemble des voies.

## 6.1.2 *Les voies d'entrée*

Dans notre exemple, toutes les voies sont identiques, de sorte que nous nous contenterons d'en décrire une. La première commande que l'on rencontre dans la voie est le *gain*, ou *sensibilité*, d'entrée, qui règle l'amplification apportée par l'étage d'entrée. La commande, continue ou par bonds, est souvent graduée en décibels. Les entrées sont en principe commutables en configuration micro ou en configuration ligne. Dans le premier cas, le gain d'entrée est réglé en fonction du niveau du signal délivré par le microphone raccordé à la voie (voir le paragraphe 4.8) pour l'amener au niveau ligne. L'étage d'entrée présente alors un gain pouvant aller jusqu'à 80 dB (voir le paragraphe 6.4.1). En position ligne, l'amplification nécessaire est moindre et la commande de gain permet un réglage de part et d'autre du gain unitaire (0 dB) d'environ ± 20 dB, ce qui permet le raccordement de différentes sources telles que des lecteurs CD, des magnétophones ou des claviers musicaux.

Le module de correction qui suit (voir le paragraphe 6.4.4) ne comporte, dans notre exemple, que deux sections, basses et aiguës, qui permettent une accentuation ou une atténuation, de + 12 dB à – 12 dB, aux extrémités du spectre (typiquement à 100 Hz et 10 kHz). Elle s'utilise comme le correcteur de tonalité d'un amplificateur hi-fi pour régler l'équilibre spectral du signal. Le fader commande le niveau du signal transitant dans la voie, permettant d'apporter un gain compris entre 0 dB et environ + 12 dB, ou une atténuation allant jusqu'à l'infini (coupure totale). La loi de variation du potentiomètre utilisé est spécialement conçue pour les applications audio (voir le complément 6.1). Enfin, le potentiomètre panoramique répartit le signal monophonique vers les sorties gauche et droite de la console de façon à positionner le son dans l'image stéréo (voir le complément 6.2).

**Complément 6.1** – *Caractéristiques des faders – Loi de variation*

Les faders des voies et des sorties et les commandes de niveau rotatives peuvent obéir à deux types de lois, *linéaire* ou *logarithmique*. Une loi de variation linéaire signifie que le potentiomètre agit sur le signal de manière proportionnelle à sa position. Par exemple, si la commande est positionnée à mi-course, entre le maximum et le minimum, la tension est divisée par deux, soit une atténuation de 6 dB. Cette loi de variation est inadaptée à la commande des niveaux audio, car une chute de 6 dB ne correspond pas à une impression de volume sonore moitié moindre. De plus, le reste de l'échelle de réglage (– 10 dB, – 20 dB, – 30 dB, etc.) est contenu dans la moitié inférieure de l'excursion de la commande ; la moitié haute gère ainsi une variation de 6 dB, et la moitié basse le reste.

C'est la raison pour laquelle on utilise, pour les commandes de gain, une loi logarithmique, qui permet de les graduer en décibels, avec des espacements à peu près réguliers. Un fader logarithmique occasionne une atténuation du signal d'environ 10 dB lorsqu'il est situé au quart de sa course en partant du maximum. Au-dessous de ce point,

**117**

des atténuations régulières en décibels correspondent à des positions régulièrement espacées. Un potentiomètre rotatif à courbe logarithmique, monté de manière à ce qu'il soit, au maximum, à la position « cinq heures », présentera une atténuation de 10 dB au voisinage de « deux heures ». De la sorte, si la commande est progressivement abaissée, l'atténuation du volume sonore perçue sera régulière. Une loi linéaire aurait pour conséquence que seule une différence de niveau minime serait perçue sur une partie importante de la course de la commande.

La courbe linéaire est toutefois utilisée lorsque l'on recherche un effet symétrique par rapport à la position centrale, par exemple pour la commande du gain d'un correcteur.

### Qualité technique

Deux types de pistes sont utilisées, au long desquelles un curseur se déplace pour modifier la résistance du fader, lorsque ce dernier est actionné. Le premier type est une piste en carbone, de fabrication économique, dont la qualité n'est pas excellente. La manipulation n'en est pas douce et les variations du niveau du signal subissent des à-coups au lieu d'être continues. Ce type de piste s'use rapidement et s'avère peu fiable.

Le second type est une piste obtenue par la diffusion d'un matériau conducteur dans un ruban plastique, contrôlée de manière à obtenir tout à la fois la résistance et la courbe souhaitées. Beaucoup plus onéreuse, elle offre une manipulation douce et régulière, et conserve ses propriétés de manière durable. Les matériels de qualité professionnelle l'utilisent de manière systématique.

---

**Complément 6.2** – *Potentiomètres panoramiques*

Les potentiomètres panoramiques d'une console servent à positionner un signal, entre la gauche et la droite, dans l'image stéréophonique. Pour ce faire, un signal unique est subdivisé en deux signaux, envoyés vers les sorties gauche et droite, dont les niveaux relatifs, réglés par les potentiomètres panoramiques, permettent de situer le signal dans l'image.

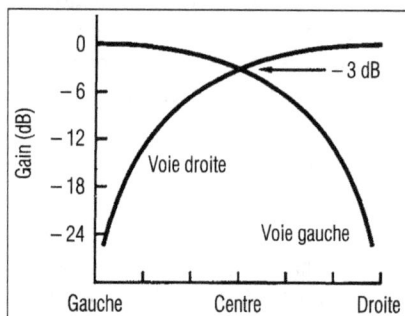

Ils sont différents de la commande de balance d'un amplificateur, qui, à partir d'un signal stéréo, modifie l'équilibre des deux voies. La figure représente une loi de variation typique d'un potentiomètre panoramique, qui assure la constance du niveau perçu lorsque la source est dirigée d'un côté vers l'autre. La sortie du potentiomètre panoramique attaque en principe les barres de mélange gauche et droite de la console (où s'effectue la sommation des signaux provenant des différentes voies), même si, dans le cas de consoles dotées de plus de deux sorties, la répartition s'effectue entre deux barres de mélange sélectionnées ou encore entre les groupes pairs et impairs (voir le complément 6.4). Sur certaines consoles anciennes, destinées à la tétraphonie, on peut trouver quatre départs, accessibles par l'intermédiaire de deux potentiomètres panoramiques, gauche-droite et avant-arrière ; un tel dispositif est aujourd'hui assez rare.

De nombreux panoramiques sont constitués par des potentiomètres doubles couplés, dont la loi de variation est telle qu'en position centrale, ils occasionnent pour chaque voie une atténuation de 4,5 dB par rapport au niveau délivré dans les positions extrêmes.

Les panoramiques n'occasionnant qu'une atténuation de 3 dB au centre sont la cause d'un renforcement des sources centrées dans le cas où une réduction monophonique est élaborée à partir des signaux gauche et droit, puisque l'addition de deux signaux identiques se traduit par un accroissement de niveau de 6 dB. Pour compenser ce phénomène, une atténuation de 6 dB au centre serait nécessaire ; malheureusement, elle n'est pas compatible avec le travail en stéréophonie. La valeur de 4,5 dB résulte donc d'un compromis entre ces deux solutions.

Pour donner l'impression d'une source parvenant pleinement de la gauche ou de la droite de l'image stéréophonique, une différence de niveau entre les canaux voisine de 18 dB suffit. Cependant, la plupart des potentiomètres panoramiques occasionnent, en position extrême, une atténuation totale de l'autre voie. Cela permet le traitement indépendant des deux barres de mélange et, par exemple, le choix de l'un des départs vers le multipiste, pair ou impair, parmi la paire sélectionnée.

## 6.1.3  *La section de sortie*

Les deux faders de sortie, gauche et droite, commandent le niveau général des signaux qui ont été sommés sur les barres de mélange respectives, comme le montre la figure 6.2.

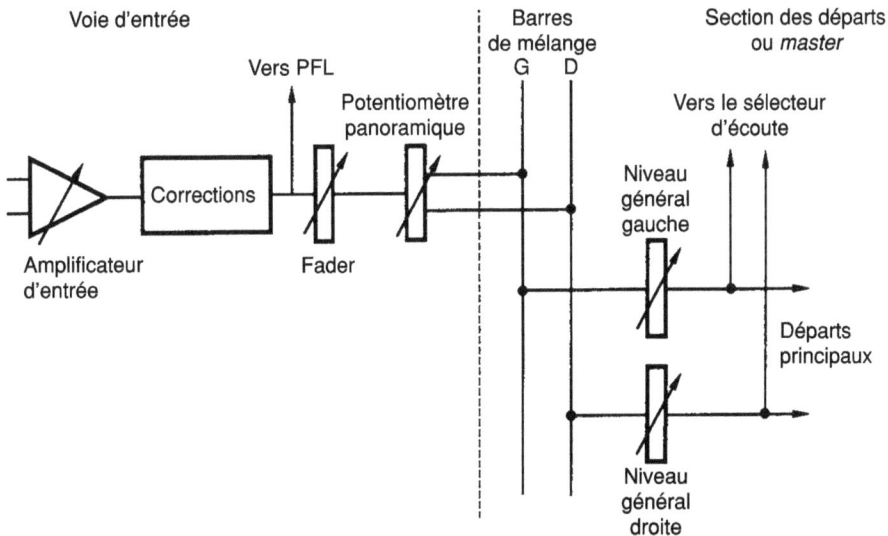

**Figure 6.2**
Trajet du signal de l'entrée d'une voie jusqu'à la sortie principale d'une console simple.

**119**

Ils sont reliés aux connecteurs des sorties principales situées sur le panneau arrière, et une liaison interne les transmet au commutateur d'écoute. Dans cet exemple simple, ce dernier permet de transmettre aux haut-parleurs soit les sorties principales de la console, soit le bus PFL. Le réglage de niveau d'écoute permet de régler le niveau sonore produit par les haut-parleurs sans modifier celui des sorties principales de la console ; par contre, le fait de jouer sur la position des faders de sortie entraînera une modification du niveau perçu.

Le circuit d'ordres (*slate*) permet de relier le petit microphone intégré à la console aux sorties principales. Ainsi, l'opérateur peut enregistrer différents commentaires sur un magnétophone relié aux sorties de la console. Un potentiomètre rotatif permet d'en régler le niveau.

---

## Complément **6.3** – *Dispositif de préécoute (PFL)*

La préécoute, ou écoute avant fader (PFL, pour *prefader listening*), permet d'écouter une modulation sans que cette dernière soit transmise aux sorties principales de la console. Cela permet l'écoute d'un signal isolé afin de régler son niveau ou d'ajuster les corrections qui lui sont appliquées. En principe, une barre de mélange court au long de la console et récupère les sorties PFL de chaque voie. Sur chacune de ces dernières, un commutateur active la fonction PFL, ce qui a pour effet d'envoyer le signal présent dans la voie, avant son passage par le fader, vers la barre de mélange (voir la figure) ; sur certaines consoles, un circuit logique interne est activé, qui commute la sortie écoute à la barre de mélange PFL. En l'absence d'un tel circuit, le sélecteur d'écoute permet la sélection du PFL ; le signal transitant dans la voie dont la touche a été activée est alors transmis aux haut-parleurs. Certaines consoles disposent d'un haut-parleur distinct spécialement destiné à cet effet ou encore d'une sortie particulière, ce qui permet de vérifier les modulations sélectionnées sans affecter l'écoute principale.

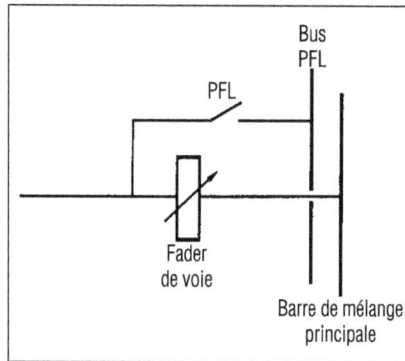

Il arrive, sur certaines consoles, qu'on active la fonction PFL en appuyant le fader vers le bas, un *microswitch* intégré à ce dernier remplissant la fonction de la touche PFL.

Le dispositif de préécoute est d'un grand intérêt en radiodiffusion et, d'une manière générale, dans les situations de direct, car il permet à l'opérateur d'écouter les différentes sources avant qu'elles soient intégrées au programme. Dans un studio d'enregistrement, cette fonction permet d'isoler une source des autres sans avoir à couper les voies qui véhiculent ces dernières, et ainsi de régler, par exemple, des corrections ou d'autres traitements dans des conditions plus aisées.

---

### 6.1.4 *Caractéristiques diverses*

Les microphones professionnels présentent une impédance de sortie voisine de 200 Ω et les entrées micro symétriques de la console une impédance d'entrée comprise entre 1 000 et 2 000 Ω.

La console doit par ailleurs présenter des impédances de sortie d'une centaine d'ohms, ou moins. Celle du circuit attaquant la prise de raccordement au casque doit être d'environ 100 Ω. De nombreuses consoles utilisent une alimentation séparée, qui se connecte au secteur. Cette alimentation, qui contient un transformateur et les circuits de redressement et de régulation, fournit à la console les tensions continues requises pour son fonctionnement, de l'ordre de quelques dizaines de volts. L'intérêt principal d'une alimentation séparée est que le transformateur est éloigné des circuits sensibles de la console, de sorte que le champ magnétique à 50 Hz qu'il rayonne ne peut atteindre les circuits audio. Si ce n'était pas le cas, un ronflement apparaîtrait.

La console que nous venons de décrire est très simple et n'offre que peu de possibilités ; elle constitue cependant une bonne base pour la compréhension d'appareils plus complexes. La figure 6.3 représente un exemple de console élémentaire.

**Figure 6.3** _____

Exemple de console
stéréophonique simple : le
modèle Seeport, de Seem
Audio.

## 6.2 Consoles multipistes

### 6.2.1 *Vue d'ensemble*

Habituellement, les enregistrements musicaux, sauf pour ce qui est de la musique classique, sont effectués en deux étapes : l'enregistrement puis le mixage. Lors de l'enregistrement, les sources sont enregistrées sur les différentes pistes d'un magnétophone multipiste : l'accompagnement et la rythmique d'abord, puis les chorus et les voix.

Lors du mixage, les pistes précédemment enregistrées sont relues et envoyées à la console, où leur mélange permet d'obtenir un signal stéréo constituant le produit final (voir le paragraphe 3.2).

Plus récemment, avec l'émergence d'instruments électroniques et des appareils MIDI (voir le chapitre 15), la machine multipiste a eu dans certains studios un rôle moindre, les sources commandées par un séquenceur MIDI étant jouées directement lors du mixage.

Ainsi, les consoles destinées à ce type d'opération doivent permettre, en plus de mélanger de nombreuses entrées vers un bus stéréo, d'envoyer différentes entrées vers des pistes distinctes de l'enregistreur. Il peut être nécessaire, dans certain cas, de mener à bien simultanément ces deux opérations et, par exemple, d'enregistrer sur le multipiste des signaux provenant de microphones, tandis que ceux lus sur le multipiste sont mélangés pour permettre à l'ingénieur et au producteur d'avoir une première idée du résultat final, et d'envoyer aux casques des musiciens le mélange des modulations enregistrées auparavant. Ce mélange, appelé *balance d'écoute*, constitue souvent une ébauche du mixage qui sera effectué une fois l'étape d'enregistrement achevée.

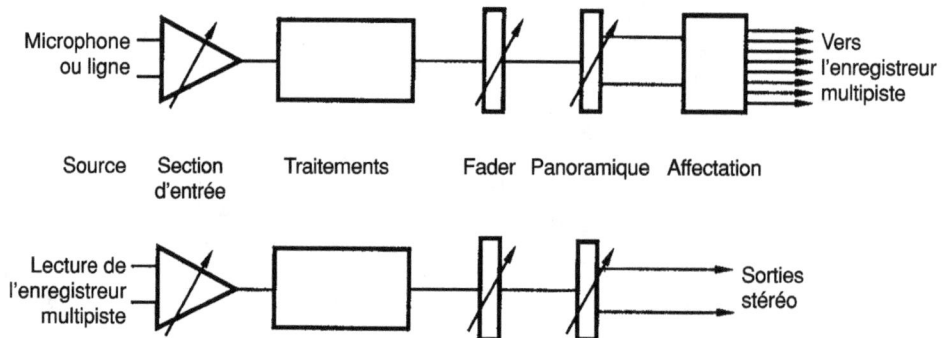

**Figure 6.4**

En enregistrement multipiste, les signaux doivent parcourir deux trajets ; le premier, de l'entrée de voie, micro ou ligne, vers l'enregistreur multipiste ; le second, de ce dernier à la sortie stéréo de la console, pour constituer un mélange d'écoute.

Pour ce faire, deux trajets simultanés des signaux doivent être mis en œuvre ; l'un depuis le microphone, ou une source de niveau ligne, vers le magnétophone multipiste ; l'autre, de ce dernier vers la console, comme l'indique la figure 6.4.

Le premier est souvent appelé *chaîne principale*, ou *chaîne de traitement*, alors que le second est qualifié de *chaîne d'écoute*, ou *monitoring*.

Même si certains traitements de base, comme des corrections, peuvent s'avérer nécessaires lors de l'envoi des signaux vers le magnétophone multipiste, la plupart d'entre eux ne seront effectués en principe que lors du mixage. Cette pratique est quelque peu différente aux États-Unis, où la tendance est plutôt d'enregistrer les signaux accompagnés des traitements et effets.

## 6.2.2 *Monitoring intégré (in-line) et séparé (split)*

Comme il apparaît à la figure 6.4, deux chaînes complètes coexistent, dotées chacune d'un fader, d'un bloc de corrections et ainsi de suite. Il en existe deux types de réalisations concrètes, les consoles à monitoring séparé, ou consoles *split*, et celles à monitoring intégré ou consoles *in-line*. Le premier type, plus simple à appréhender, présente une disposition comme celle représentée à la figure 6.5.

**Figure 6.5**
Une console à monitoring séparé est de fait constituée de deux mélangeurs distincts : les voies d'entrée d'un côté, et les modules d'écoute de l'autre.

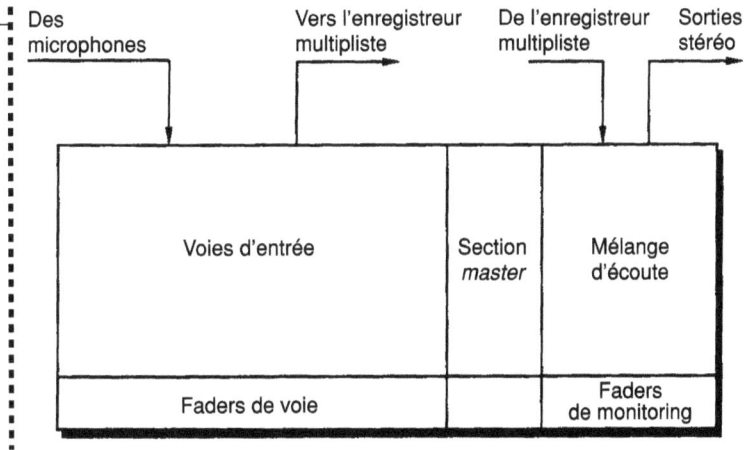

On y trouve d'un côté, en général à gauche, les voies d'entrée, au centre les commandes générales et à droite le mélangeur d'écoute, ou section monitoring. On est en quelque sorte en présence de deux consoles dans un même châssis. Il est nécessaire de disposer d'autant de voies de monitoring que l'enregistreur multipiste comporte de pistes, et, sur chacune, de différentes possibilités de traitement. La section monitoring est utilisée lors de l'enregistrement pour obtenir, à l'écoute, une version stéréophonique du programme, qui constitue une préfiguration du mixage final ; lors du mixage, toutes les entrées peuvent être affectées aux départs stéréo de la console, ce qui permet d'augmenter le nombre d'entrées disponibles pour, par exemple, les appareils périphériques, les voies situées sur la gauche de la console recevant les pistes de l'enregistreur

**123**

Ce type de disposition présente l'avantage d'une bonne lisibilité et donc d'une utilisation aisée. Par ailleurs, elle permet des voies moins encombrées que celles des consoles *in-line*. Cependant, dans le cas d'un grand nombre de pistes, ce type de console devient vite très encombrant. Le coût de fabrication en est important, en raison du doublement de certains circuits et de la fabrication mécanique importante qu'elle nécessite. La console *split* s'avère par ailleurs peu flexible, particulièrement lorsque l'on souhaite passer de l'enregistrement au mixage.

Dans la configuration *in-line*, les fonctions situées du côté droit de la console *split*, c'est-à-dire la section monitoring, sont rapatriées vers la partie gauche et intégrées aux voies d'entrée, comme le montre la figure 6.6.

**Figure 6.6**

Dans une console à monitoring intégré, ou console *in-line*, chacune des voies permet le double trajet des signaux et est dotée pour cela de deux faders. Cette configuration a pour avantage, entre autres, de réduire la taille de la console, pour un nombre de voies donné, par rapport à celle d'une console à monitoring séparé.

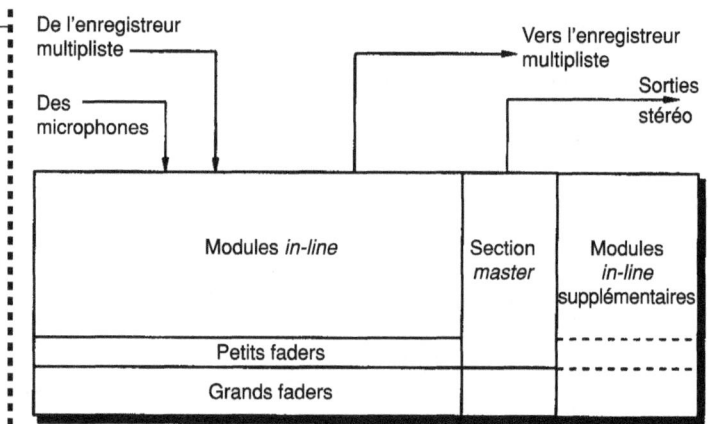

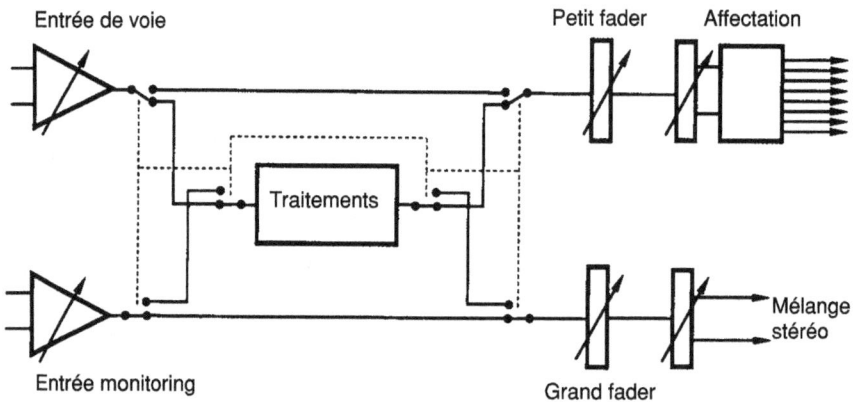

**Figure 6.7**

La configuration *in-line* permet d'affecter certaines fonctions (corrections ou traitements dynamiques, par exemple) à une chaîne ou à l'autre.

La chaîne de monitoring d'un numéro d'ordre donné est intégrée à la voie d'entrée de même numéro, et différents commutateurs permettent le partage des différentes fonctions entre les deux chaînes. Chaque voie comporte alors deux faders, un pour chacune, mais, en principe, un seul bloc de corrections, affectable à l'une ou à l'autre ; y figurent également un jeu de départs auxiliaires et une section dynamique, entre autres, qui peuvent être affectés soit à la chaîne principale, soit à la chaîne de monitoring. La figure 6.7 montre le principe de l'affectation d'un module de traitement.

Cela signifie qu'en principe, il n'est pas possible de disposer de corrections à la fois pour l'enregistrement et à l'écoute. Cependant, certains appareils récents offrent la possibilité de subdiviser le bloc de corrections, certaines commandes étant affectées à la chaîne principale et les autres à la chaîne de monitoring ; une telle possibilité nécessite bien sûr que les différentes sections du correcteur présentent un recouvrement important quant à leurs zones d'action.

### 6.2.3 *Autres aspects des consoles* in-line

Nous avons établi ci-dessus que chaque voie d'une console *in-line* devait composer deux faders contrôlant les niveaux de chacune des deux chaînes, principale et de monitoring. On les appelle souvent respectivement grand fader et petit fader. Le petit fader est la plupart du temps un potentiomètre rotatif. Les avis étant partagés quant à l'affectation de ces deux commandes, les consoles doivent permettre d'échanger leurs rôles respectifs.

Par ailleurs, ces rôles dépendent de la phase de travail : enregistrement ou mixage. Sur certaines consoles, l'inversion des fonctions des deux faders se fera de manière automatique lors du passage du mode enregistrement au mode mixage, alors que, sur d'autres, chaque voie sera dotée d'un inverseur appelé *fader flip*, *fader reverse* ou *changeover*. L'utilisation de cette possibilité est guidée par la commodité d'emploi, l'action sur une commande à longue course située près de l'opérateur étant plus précise que celle sur une commande à course plus restreinte, plus distante. C'est pourquoi le grand fader est en principe affecté à la fonction qui requiert le plus de précision à un moment donné. Autre paramètre intervenant dans ce choix, c'est presque toujours le grand fader qui est pris en compte par les systèmes d'automation des consoles.

Lors de l'exploitation d'une console *in-line*, une confusion peut naître lorsque, par exemple, la voie d'entrée 1 est affectée vers la piste 13, car, en pareil cas, l'opérateur devra commander le niveau d'écoute du signal correspondant à l'aide du fader de monitoring de la voie 13, alors que le fader de voie 1 commandera le niveau envoyé au magnétophone multipiste.

Si l'on utilise avec la console un enregistreur à 24 pistes, les faders de numéro supérieur à 24 ne recevront pas la sortie de la machine et resteront donc accessibles à d'autres sources. Il faut avoir présent à l'esprit qu'un signal peut être affecté à plusieurs pistes et que différentes commandes de gain peuvent conditionner le niveau d'une source dans le mélange. Nous allons décrire le rôle de chacune d'elles.

### • Mic level trim

Il permet d'ajuster le gain de l'étage d'entrée micro de la voie ; il est en général placé en haut de cette dernière.

### • Fader de voie

Il suit le précédent dans la chaîne et permet d'agir sur le niveau du signal (micro ou ligne) qui transite par la voie, avant son envoi vers la bande. Il est situé sur la voie de même numéro que l'entrée du signal sur lequel il agit. Suivant les configurations, il peut être commandé par le petit ou par le grand fader.

### • Bus trim

Il règle le niveau de l'ensemble des signaux affectés vers une piste donnée. Il est généralement situé à proximité des touches d'affectation vers le multipiste, en haut du module. On peut parfois l'utiliser comme potentiomètre de groupe.

### • Fader de monitoring

Situé dans le trajet que parcourt le signal depuis la sortie de l'enregistreur vers le mixage stéréo, il permet de doser la contribution d'une piste donnée à la balance d'écoute, mais non de modifier le niveau enregistré sur la bande multipiste. Suivant les configurations, il peut être commandé par le petit ou par le grand fader.

La photographie de la figure 6.8 nous montre un exemple de console *in-line*.

**Figure 6.8**
Exemple de console *in-line* : le modèle Sapphyre, de Soundcraft.

## 6.3 Techniques de groupage

Le terme *groupage* fait référence à la commande simultanée de plusieurs signaux. Une distinction doit être faite entre deux techniques différentes : le *groupage audio* (voir le complément 6.4) et le *groupage de commandes* (voir le complément 6.5) ; elles fournissent des résultats très différents, même si, de prime abord, elles peuvent sembler similaires dans la mesure où, dans les deux cas, un fader unique commande les niveaux d'un ensemble de signaux. Le groupage de commandes est parfois appelé *groupage VCA*, à tort, car il existe d'autres méthodes que le recours à des VCA pour l'effectuer.

La première raison d'être des techniques de groupage est de réduire le nombre de fader*s* que l'opérateur doit gérer simultanément ; le groupage n'est toutefois possible que dans les situations où un certain nombre de voies reçoivent des signaux qui peuvent être augmentés ou diminués en même temps. Les signaux n'ont pas à être de niveau initial identique, et l'opérateur garde la faculté d'en ajuster l'équilibre à l'intérieur d'un groupe. Avec une série de voies véhiculant les sons d'une batterie ou des différents instruments d'une section de cordes, le groupage s'impose.

---

**Complément 6.4** – *Le groupage audio*

Le groupage audio est appelé ainsi car il a pour but de créer un seul signal résultant de la sommation de ceux qui émanent de différentes voies. Un fader unique commande alors le niveau du signal résultant, qui est disponible sur une sortie de groupe de la console. Pour constituer le groupe de signaux, ces derniers sont transmis depuis les sorties des voies concernées jusqu'à un amplificateur sommateur par l'intermédiaire de résistances de valeurs égales.

On peut considérer que les sorties principales d'une console stéréo constituent des groupes audio, l'un pour la gauche, l'autre pour la droite, car elles effectuent la somme de tous les signaux qui y sont affectés et comportent une commande de niveau général. De la même manière, les départs vers le multipiste d'une console *in-line* constituent des groupes dans la mesure où ils effectuent la somme des signaux affectés à une piste donnée. Certaines consoles anciennes, ou de petite taille, comportent sur chaque voie des touches d'affectation permettant d'aiguiller le signal vers quatre groupes possibles, par lesquels doivent transiter les signaux avant d'atteindre la sortie principale.

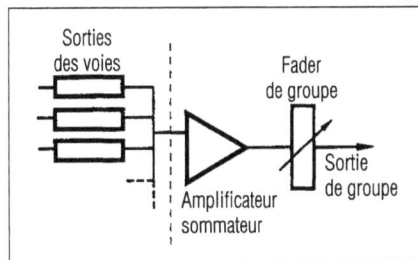

Les commandes de niveau des groupes se présentent souvent sous la forme d'un ensemble de quatre ou huit faders situés dans la section centrale de la console. Ils sont souvent faits de telle façon que l'on peut panoramiquer une voie donnée entre les groupes pairs et les groupes impairs ; deux d'entre eux, un de chaque, peuvent être utilisés comme sortie principale.

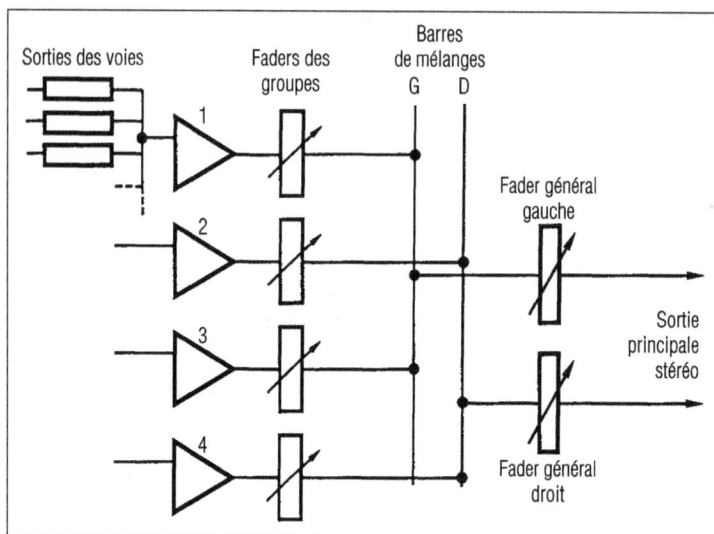

Il est également habituel de les utiliser comme sous-groupes, dans la mesure où ils peuvent être à leur tour affectés à la sortie stéréo, afin de rendre plus simple la gestion d'ensemble de signaux, dont le niveau global est alors sous la dépendance d'une commande unique, le fader de sous-groupe.

La figure montre une telle disposition. Seuls quatre sous-groupes y sont illustrés, et les potentiomètres panoramiques ont été omis. Les sous-groupes 1 et 3 atteignent la sortie gauche et les sous-groupes 2 et 4 la droite. Sur certaines consoles, les sorties de chaque sous-groupe peuvent y accéder par l'intermédiaire d'un potentiomètre panoramique.

---

## Complément **6.5** – *Groupage de commandes*

Le groupage de commandes diffère du groupage audio, car, contrairement à ce dernier, il ne donne pas naissance à un signal unique de sortie obtenu par sommation des signaux originels. Les niveaux de ces derniers sont certes commandés par un fader unique, mais ils conservent leur indépendance.

La manière la plus courante d'obtenir le groupage de commandes est d'utiliser des VCA (*voltage controlled amplifiers*, soit amplificateurs commandés par tension), circuits dont le gain est fonction d'une tension continue de commande appliquée à une entrée spécifique. Dans cette technique, le signal audio ne passe pas par le fader mais transite par le VCA, dont le gain est commandé par une tension continue dont la valeur dépend de la position du fader.

Cette commande de gain indirecte autorise différentes possibilités nouvelles. Par exemple, le gain d'une voie peut être commandé par un signal externe soit en combinant ce dernier avec la tension de commande locale, soit en interrompant la liaison entre le fader et l'entrée de commande du VCA pour, par exemple, intégrer un dispositif d'automation, comme nous le verrons au paragraphe 7.2. On peut alors faire en sorte que les faders de groupe règlent la tension continue qui sera envoyée aux faders des voies, les VCA recevant alors une tension dépendant des positions des deux, et réagissant simultanément lorsque le fader de groupe est déplacé. De plus, la commande du VCA d'une voie donnée peut être affectée à l'un des groupes disponibles à l'aide d'un sélecteur qui détermine le trajet de la tension de commande. Ce sélecteur prend souvent la forme d'une roue codeuse, comme le montre la figure.

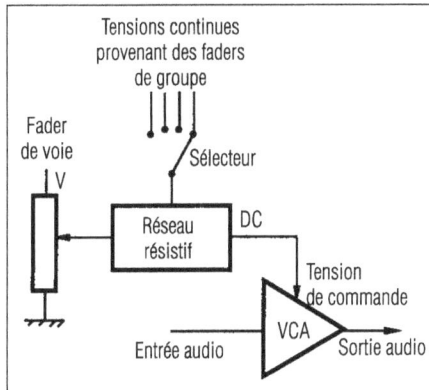

Les consoles dépourvues d'automation sont en général dotées de faders destinés à la commande de groupes VCA, appelés *masters*. Ces derniers, placés dans la section centrale, assurent la commande globale des faders de voie qui leurs sont affectés à l'aide des roues codeuses situées à proximité de ces derniers. Lors du mixage, les sorties audio des voies sont affectées directement à la sortie stéréo, leur contribution au mélange étant gérée via les groupes de commandes ainsi constitués.

Dans le cas de consoles automatisées, le groupage des commandes peut être effectué à l'aide du calculateur de l'automation, qui permet de désigner n'importe quel fader comme maître d'un groupe donné. Cette procédure est rendue possible par le fait que le calculateur scrute le niveau de chaque fader et peut alors utiliser la position de celui qui a été choisi comme maître pour modifier les données renvoyées aux autres faders du groupe (voir le paragraphe 7.2).

## 6.4 Tour d'horizon des fonctionnalités d'une console

La plupart des consoles sont dotées de moyens intégrés de traitement du son et permettent, par ailleurs, le raccordement à des systèmes de traitement externes, ou périphériques ; on y trouve, au minimum, des dispositifs de correction. Différents commutateurs permettent de modifier le trajet des signaux ainsi que le mode de fonctionnement de la console. Ces commutateurs pourront opérer soit voie par voie, soit de manière globale, la totalité de la console étant alors concernée. Nous passons en revue, dans ce paragraphe, les fonctionnalités les plus courantes d'une console multipiste ; la figure 6.9 montre leur disposition typique sur une voie de console *in-line*.

**Figure 6.9**

Disposition typique des commandes sur une voie de console *in-line* (voir le texte pour plus de détails).

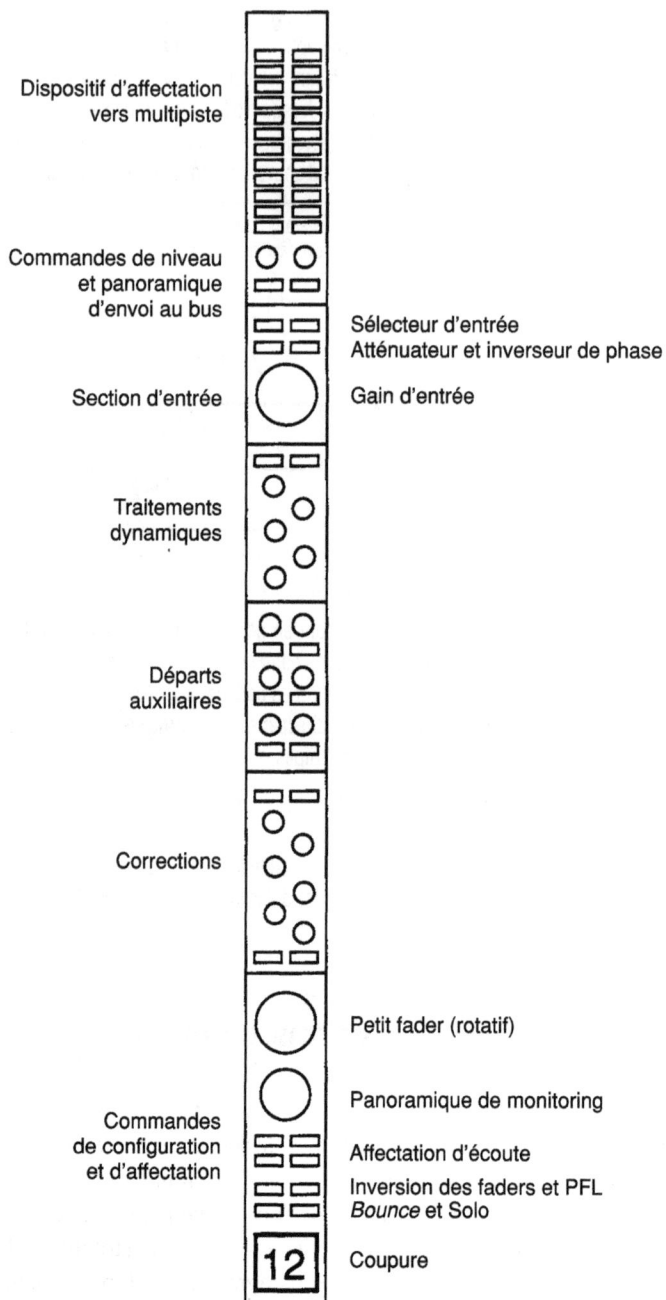

Dispositif d'affectation vers multipiste

Commandes de niveau et panoramique d'envoi au bus

Section d'entrée

Sélecteur d'entrée
Atténuateur et inverseur de phase

Gain d'entrée

Traitements dynamiques

Départs auxiliaires

Corrections

Petit fader (rotatif)

Panoramique de monitoring

Commandes de configuration et d'affectation

Affectation d'écoute

Inversion des faders et PFL
*Bounce* et Solo

12   Coupure

## 6.4.1 *Section d'entrée*

### • Gain d'entrée

La commande de gain d'entrée permet de régler l'amplification fournie par l'étage d'entrée, micro ou ligne, pour l'adapter au niveau du signal entrant. Elle comporte souvent un réglage grossier, par bonds de 10 dB, accompagné d'un réglage fin, continu. Les opinions divergent quant à l'intérêt d'un réglage par bonds ou continu. Le premier permet toutefois de retrouver plus aisément un réglage précis.

### • Alimentation fantôme

De nombreux microphones professionnels nécessitent une alimentation fantôme de 48 volts (voir le paragraphe 4.9). On trouve parfois sur la voie un commutateur qui permet de la mettre en ou hors service, bien que les microphones à sortie symétriques passifs ne soient pas endommagés si elle est inopinément maintenue en service. Ce commutateur peut aussi se trouver à l'arrière de la console, à proximité des embases d'entrées micro ; les différents commutateurs peuvent également être rassemblés sur un panneau unique. Il existe d'autres configurations, comme la nécessité de tirer vers le haut la commande de gain d'entrée.

### • Inverseur micro/ligne

Cet inverseur permet de relier à la voie soit l'entrée micro, soit l'entrée ligne. Cette dernière peut recevoir la lecture d'un magnétophone ou tout autre signal de niveau ligne, comme celui délivré par un synthétiseur ou un générateur d'effets.

### • PAD

Cette touche permet d'atténuer le signal parvenant à l'entrée micro d'environ 20 dB pour faire face aux situations où le microphone est situé dans un endroit où règnent des pressions sonores élevées. Dans le cas d'un microphone placé à l'intérieur d'une grosse caisse, par exemple, elle permet d'éviter de saturer l'étage d'entrée. De même, elle peut être utilisée dans certaines circonstances avec des microphones électrostatiques qui délivrent un niveau très supérieur à celui des électrodynamiques.

### • Inverseur de phase

Parfois situé juste après l'étage d'entrée micro, il permet d'inverser la phase, ou polarité, du signal qui y transite, pour compenser un défaut de câblage ou créer un effet particulier. On peut aussi le trouver plus loin dans le cheminement du signal.

### • Filtres (HPF/LPF)

Il est parfois possible de mettre en service des filtres au niveau de l'étage d'entrée. Il s'agit en principe de filtres passe-haut et passe-bas classiques, dont la fréquence de coupure n'est pas réglable. Ils peuvent être utilisés pour éliminer des ronflements ou du souffle de signaux bruités. Le filtrage de bruits à très basse fréquence à ce stade est intéressant, car il permet d'éviter de saturer les étages suivants.

## 6.4.2 *Dispositifs d'affectation*

### • Envoi à l'enregistreur multipiste

Le nombre de touches d'affectation dépend de la console : certaines en comportent 24, d'autres 32 ou 48. Elles permettent d'envoyer le signal transitant dans une voie vers une ou plusieurs pistes du magnétophone. Elles sont souvent disposées par paires de pistes, de sorte qu'un seul appui permet d'aiguiller le signal vers une piste paire et une piste impaire, le dosage entre les deux étant effectué à l'aide d'un potentiomètre panoramique. Supposons que les pistes 3 et 4 contiennent l'enregistrement de chœurs ; le microphone de chaque choriste pourra être affecté à celles-ci, et réparti dans l'image stéréo à l'aide du potentiomètre panoramique.

Sur certaines consoles, ces commandes n'apparaissent pas sur les différentes voies, mais sont renvoyées sur un panneau d'affectation centralisé. Pour économiser de la place, il peut être commode de ne prévoir qu'un nombre de touches inférieur au nombre de pistes. Différents exemples en sont les commutateurs rotatifs, une touche unique par couple de pistes, assortie d'une touche « paire/impaire », ou encore une commande de décalage (*shift*) pour sélectionner des pistes de numéro d'ordre supérieur à une certaine valeur.

L'affectation vers le multipiste peut être mise à profit pour envoyer les signaux à des générateurs d'effets, les envois vers le magnétophone n'étant pas utilisés. Il est alors nécessaire de dicorder, sur le panneau de brassage, les sorties multipistes vers les entrées des générateurs d'effets. Pour aiguiller les signaux appliqués aux entrées monitoring vers le bloc d'affectation au multipiste, il est nécessaire de relier le fader de monitoring à ce dernier : de nombreuses consoles sont dotées d'une commande qui permet d'établir ce type de configuration.

Dans le cas de consoles installées dans des théâtres, il est fréquent d'avoir à modifier rapidement l'affectation des sorties ; les touches d'affectation doivent alors être situées à proximité des faders des voies, plutôt qu'en haut de ces dernières, comme c'est le cas de celles utilisées en musique. Sur certaines consoles récentes, les affectations sont réalisées à l'aide d'une matrice située dans la section centrale, au-dessus des faders de sortie, ce qui permet de réduire l'encombrement des tranches ainsi que le nombre de touches nécessaires. Cette disposition permet également la mémorisation de configurations qui peuvent ensuite être rappelées.

### • Affectation au mixage

Certaines consoles permettent d'affecter la sortie de la voie, en fonction enregistrement, vers la sortie écoute, ou encore vers les départs principaux. Ces commandes sont souvent situées près des touches d'affectation à l'enregistreur.

### • Panoramique d'envoi aux pistes

Il permet, en relation avec les touches d'affectation, de répartir les signaux entre les pistes paires et impaires du magnétophone multipiste.

### • Niveau d'envoi (bus trim)

Cette commande permet le réglage de niveau général des signaux envoyés à une piste donnée, en principe celle dont le numéro correspond à celui de la voie.

### • Odd/Even/Both

On trouve cette commande lorsque le nombre de touches d'affectation est inférieur à celui des pistes. Si chaque touche concerne une paire de pistes, elle permet de choisir si le signal est envoyé vers la piste paire seule, la piste impaire seule, ou les deux, auquel cas le potentiomètre panoramique sera activé.

### • Direct

Cette touche permet de relier la sortie d'une voie donnée directement à la sortie vers la piste de même numéro d'ordre, sans transiter par le système de sommation correspondant. Dans la mesure où ce dernier peut être le siège de l'apparition de bruit, cette configuration permet de meilleures performances en la matière. Elle interdit par contre le raccordement d'autres signaux à la piste considérée.

## 6.4.3  *Section dynamique*

Certaines consoles sophistiquées comportent, sur chaque voie, une section de traitement dynamique, ce qui permet de traiter chaque signal sans avoir à recourir à des appareils périphériques. De telles sections comportent des fonctions de compression et d'extension qui peuvent fonctionner respectivement en limiteur et en *noise-gate*. Certains appareils permettent même l'insertion du correcteur de la voie dans la chaîne latérale de la section dynamique, ce qui permet d'obtenir un traitement sélectif. Il est souvent possible de coupler les fonctionnements des sections dynamiques de voies adjacentes, et ainsi de traiter des signaux stéréophoniques sans affecter l'image ; il est en effet important, en pareil cas, que les réglages concernant les signaux gauche et droit soient rigoureusement identiques.

Certaines consoles comportent, au lieu d'une section dynamique sur chaque voie, une section centrale dont les entrées et les sorties sont accessibles sur le panneau de brassage. Le lecteur trouvera au paragraphe 14.2 une description détaillée des traitements dynamiques.

## 6.4.4  *Correcteurs*

Le bloc de corrections est en général constitué de trois ou quatre sections qui travaillent chacune dans une zone différente du spectre. Nous en ferons ici une description générale, le paragraphe 6.5 traitant de ce sujet de manière plus détaillée.

### • HF, MID1, MID2, LF

Les blocs correcteurs des consoles comportent souvent quatre sections, qui opèrent respectivement aux fréquences élevées, dans le haut médium, dans le bas médium et aux fréquences basses. S'il s'agit de correcteurs paramétriques, chacune comporte un réglage continu de la fréquence d'accord, une commande de gain, accentuation ou atténuation, ainsi qu'un réglage du

**133**

facteur de sélectivité Q. Dans d'autres cas, les bandes médiums peuvent travailler à des fréquences commutables, les bandes hautes et basses opérant souvent à des fréquences fixes.

### • Correcteurs étagés (*shelve*) ; correcteurs sélectifs (*bell*)

Un commutateur est souvent associé aux cellules extrêmes (haute et basse) pour choisir le type de fonctionnement. En mode sélectif (*bell*), l'action de la cellule, accentuation ou atténuation, porte sur une bande de fréquence dont la largeur est fonction de la sélectivité ; en mode étagé, la réponse augmente ou diminue au-dessus ou au-dessous d'une fréquence déterminée (voir la figure 6.14).

### • Sélectivité

La sélectivité d'une cellule est définie comme le rapport entre sa largeur de bande (la distance en hertz entre les fréquences occasionnant une chute de 3 dB par rapport à la réponse maximale) et sa fréquence d'accord. Elle conditionne le caractère plus ou moins abrupt du pic ou de la crevasse occasionnés dans la réponse en fréquence. De faibles valeurs du coefficient de sélectivité Q amènent une accentuation ou une atténuation concernant une zone du spectre relativement large, alors que l'action d'une cellule à grande sélectivité sera plus ponctuelle (voir le complément 6.6).

### • Réglage de la fréquence

Il permet d'ajuster la fréquence centrale, ou fréquence d'accord, d'un correcteur sélectif (*bell*) ou la fréquence de coupure d'un correcteur étagé (*shelve*).

### • Boost/cut

Cette commande de gain permet de régler l'importance de l'accentuation (*boost*) ou de l'atténuation (*cut*) produite dans la bande de fréquence où la cellule travaille. Les valeurs maximales sont habituellement de ± 15 dB.

### • HPF/LPF

Les blocs de corrections comportent parfois des filtres passe-haut (*HPF* pour *high-pass filters*) et passe-bas (*LPF* pour *low-pass filters*), qui remplacent ceux habituellement placés dans la section d'entrée, ou les complètent. Ils présentent en général une fréquence de coupure et une pente d'atténuation fixes, cette dernière étant souvent de 12 ou 18 dB par octave. Ces filtres continuent à être opérants lorsque le bloc de corrections est hors service.

### • Affectation des correcteurs

Aux États-Unis, le bloc de corrections est habituellement affecté durant l'enregistrement à la chaîne de monitoring, une commande permettant néanmoins de la relier à la chaîne principale. En principe, la commutation concerne la totalité de la section, mais, sur certaines consoles récentes, le bloc de corrections peut être subdivisé, chacune des parties pouvant alors être affectée séparément, ce qui permet d'enregistrer des signaux corrigés sur la bande multipiste ; si le correcteur est affecté à la chaîne de monitoring, il ne pourra concerner le signal que lors de la lecture. En Europe, l'habitude est plutôt d'affecter le bloc de corrections à la chaîne principale de manière à permettre l'enregistrement de signaux corrigés.

## • IN/OUT ; bypass

Ces commandes permettent la mise en service ou hors service du bloc de corrections, dont les circuits sont susceptibles d'introduire du bruit et de la distorsion de phase et doivent donc n'être mis en service que si cela est nécessaire.

---

**Complément 6.6** – *Sélectivité variable*

Certains correcteurs, appelés *correcteurs paramétriques*, permettent de régler, outre la fréquence d'accord et le gain, la sélectivité de la réponse. La figure montre l'allure de cette dernière pour différents réglages du coefficient de sélectivité Q du correcteur. La largeur de bande affectée est d'autant plus restreinte qu'il est élevé. Un correcteur peu sélectif produira un son plus chaud et plus naturel, les pentes douces que présente sa réponse indiquant une action régulière et progressive. Un coefficient de sélectivité élevé permettra par ailleurs, dans les situations qui le nécessitent, de travailler une bande de fréquence particulièrement étroite. Certains correcteurs sont appelés paramétriques même si la sélectivité n'en est pas réglable. Il s'agit là d'un abus de langage ; ainsi convient-il de toujours s'assurer du bien-fondé d'une telle appellation.

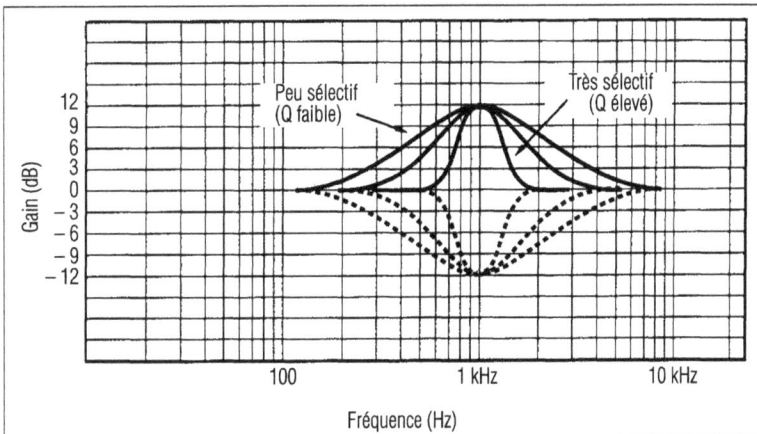

---

## 6.4.5 *Commandes de configuration et de service*

### • Potentiomètre panoramique (pan)

Voir le complément 6.2.

### • Fader reverse

Il permet d'affecter le petit et le grand fader soit à la chaîne principale soit à la chaîne de monitoring, et d'inverser leurs rôles si nécessaire. Sur de nombreuses consoles, cette fonction est activée de manière automatique lorsque l'opérateur commute le mode de fonctionnement de « enregistrement » à « mixage ».

### • Line/tape ou bus/tape

Cet inverseur permet de relier l'entrée de la chaîne de monitoring d'une voie de numéro d'ordre
donné soit à la sortie vers le multipiste de même numéro, soit à la lecture de la piste correspondante. Là aussi, la commutation peut être effectuée de manière globale, pour toute la console.
Ainsi, en mode *line* ou *bus*, les départs vers le multipiste accéderont à l'écoute, alors qu'en mode
*tape*, cette dernière recevra les signaux de sortie de l'enregistreur multipiste, sauf si le commutateur de sortie est sur la position *input*, auquel cas les mêmes modulations seront écoutées dans
les deux modes.

Cette dernière configuration peut toutefois être mise à profit, en cas de problème, pour vérifier
que la console envoie bien un signal correct à l'enregistreur.

### • Broadcast, ou mic to mix

Cette fonction permet d'envoyer le signal issu d'un microphone à la fois à la chaîne principale
et à la chaîne de monitoring, ce qui autorise un enregistrement multipiste simultané avec une diffusion radio ou un enregistrement stéréo.

**Figure 6.10**
Le commutateur « antenne »
d'une console *in-line* permet
d'affecter l'entrée micro
simultanément aux deux
chaînes ; ainsi, l'équilibre
stéréo direct et les niveaux
d'envoi au multipiste restent
indépendants.

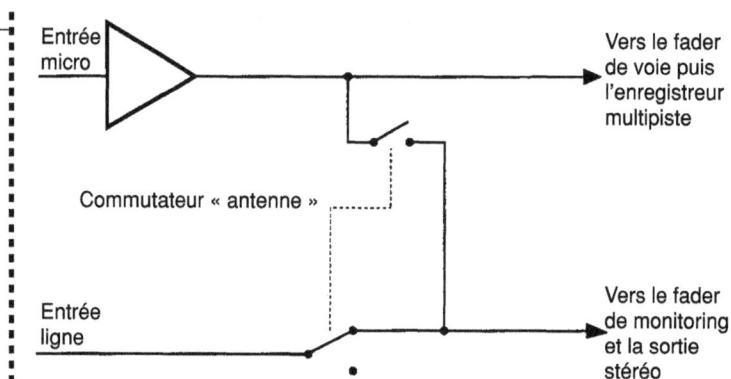

Entrée
micro

Commutateur « antenne »

Entrée
ligne

Vers le fader
de voie puis
l'enregistreur
multipiste

Vers le fader
de monitoring
et la sortie
stéréo

Dans cette configuration, des modifications faites sur la chaîne principale ne doivent pas se répercuter sur le mixage stéréo, ce qui est particulièrement important lors d'une diffusion en direct ou d'une sonorisation.

### • BUS, ou monitor to bus

Cette fonction a pour but de relier la sortie du fader de monitoring à l'entrée de la chaîne principale. Cette dernière peut alors être utilisée comme un départ effet post-fader par l'intermédiaire d'une sortie vers l'enregistreur multipiste, qui joue ici le rôle de départ auxiliaire, comme le montre la figure 6.11. Dans le cas où chaque sortie dispose d'une commande de gain (*bus trim*), cette dernière permet de régler le niveau général du signal envoyé au générateur d'effets.

### • DUMP

Cette fonction, moins répandue, est offerte sur certaines consoles pour aiguiller le signal ayant transité par le fader de monitoring et le potentiomètre panoramique vers le système d'affectation vers le multipiste. De la sorte, il est possible d'enregistrer sur deux des pistes du multipiste un mélange élaboré à partir d'autres pistes à l'aide des faders de monitoring et des potentiomètres panoramiques (voir la figure 6.11).

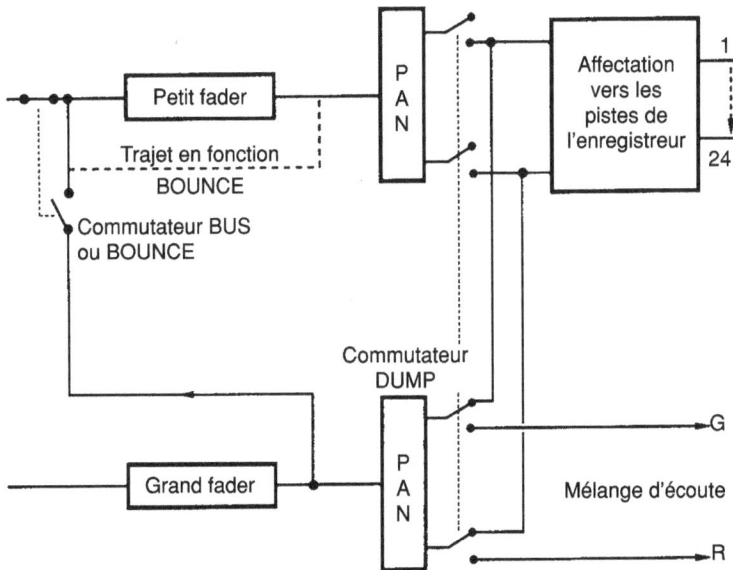

**Figure 6.11**
Cheminement du signal dans les modes *bounce*, *bus* et *dump*.

## • BOUNCE

Cette fonction constitue en quelque sorte la version monophonique de la précédente (DUMP), le signal étant ici prélevé avant le potentiomètre panoramique pour être aiguillé vers l'affectation multipiste. Elle permet de libérer des pistes en mélangeant certaines d'entre elles et en enregistrant le mélange obtenu sur une piste unique (voir la figure 6.11).

## • MUTE ou CUT

Cette commande de coupure interrompt le cheminement du signal. Certaines consoles en comportent deux, l'une agissant dans la chaîne principale, coupant sa liaison avec l'affectation au multipiste, et l'autre interrompant le raccordement de la voie aux barres de mélange stéréo principales.

## • PFL

Voir le complément 6.3.

## • AFL

Le système d'écoute après fader (AFL, pour *after fader listening*) s'apparente au PFL, sauf qu'ici, le signal est prélevé après le fader et non avant. Appelée également *SOLO*, cette fonction permet l'envoi, après potentiomètre panoramique, du signal vers les écoutes, les signaux des autres voies en étant alors isolés. Elle est très utile pour affiner les réglages concernant une voie donnée, ou pour rechercher l'origine de défauts. Sur de nombreuses consoles, le système AFL est stéréo. On peut l'utiliser par exemple lorsque des effets ou des corrections sont appliqués à un signal pour juger du résultat obtenu sans entendre les autres modulations.

La mise en service de cette fonction est souvent matérialisée par l'illumination d'un voyant, car il peut arriver qu'une touche SOLO soit activée sur une voie où aucun signal ne transite, auquel cas les haut-parleurs resteront silencieux. On peut trouver, sur la partie centrale de certaines consoles, une sécurité, appelée *solo safe*, qui interdit l'activation de cette fonction.

## 6.4.6 *Départs auxiliaires*

Le nombre de départs auxiliaires dépend de la console ; on peut souvent en trouver une dizaine, et parfois plus. Les départs auxiliaires permettent de prélever des signaux transitant dans une voie, soit par la chaîne principale, soit par la chaîne de monitoring. Ils constituent des sorties supplémentaires de la console, qui permettent de renvoyer des modulations aux musiciens, d'attaquer des générateurs d'effets, etc. Chaque voie comporte un certain nombre d'envois auxiliaires, numérotés de 1 à n, chaque départ auxiliaire de la console fournissant en sortie un signal constitué de la somme des modulations qui y sont affectées sur les différentes voies. Ils remplissent donc à proprement parler une fonction de mélange. Chaque départ auxiliaire comporte en principe une commande de gain général, située le plus souvent sur la section centrale de la console, qui permet de régler le niveau du signal disponible sur la sortie correspondante. Sur certains appareils, des possibilités de corrections sont également offertes. Le plus souvent, une console présente à la fois des départs auxiliaires mono, et d'autres stéréo. Dans ce dernier cas, les réglages de niveau d'envoi sur chaque tranche sont associés à des potentiomètres panoramiques.

### • Aux 1 à n

Commandes du niveau d'envoi du signal transitant dans la voie vers le départ auxiliaire de même numéro d'ordre.

### • Pré/post

Cet inverseur permet de choisir si le signal envoyé vers un départ auxiliaire donné est prélevé avant ou après le fader de voie. Dans le premier cas, le signal continue, même si le fader de voie est fermé, à être transmis au départ auxiliaire, ce qui permet, par exemple, d'envoyer aux musiciens des modulations, à l'aide de casques ou de retours de scène, indépendamment du mixage général. Les départs après fader sont utilisés pour attaquer des générateurs d'effets ; le niveau du signal traité suit alors les évolutions de celui du signal direct.

### • Mix/channel

Ce commutateur détermine si le signal envoyé vers un départ auxiliaire concerne la chaîne principale ou la chaîne de monitoring. On utilisera la première position dans le cas, par exemple, où les effets doivent être enregistrés lors de la phase d'enregistrement et non lors du mixage. Sur certaines consoles, cette fonction est appelée *WET*.

### • Mute

Cette commande permet d'interrompre l'envoi du signal transitant par une voie vers un départ auxiliaire donné.

## 6.4.7 *Section des commandes générales (master section)*

Située soit au centre de la console, soit à son extrémité droite, la section centrale comporte un certain nombre des fonctions suivantes, voire toutes.

### • Sélecteur d'écoute, ou de monitoring

Constitué d'un ensemble de touches, il permet de choisir la source du circuit d'écoute parmi celles possibles. Ces touches comportent en principe la sortie stéréo de la console, les départs auxiliaires, les retours des enregistreurs ainsi que d'autres appareils externes. Le sélecteur de

**139**

monitoring n'agit que sur la chaîne d'écoute et non sur le mixage principal. L'envoi des signaux à l'écoute du studio comporte également un clavier de sélection plus ou moins identique, ainsi qu'une commande de gain distincte.

### • DIM

Cette commande met en service dans le circuit d'écoute un atténuateur, d'environ 20 ou 40 dB, qui permet de réduire instantanément le niveau d'écoute en cabine.

### • MONO

Il permet d'envoyer à l'écoute la somme des signaux gauche et droit afin de vérifier la compatibilité monophonique du programme.

### • Inverseur de phase

Il inverse la phase de l'un des canaux du système d'écoute, ce qui permet une vérification rapide lorsque l'on suspecte des problèmes d'inversion de polarité de certains signaux.

### • Line/tape

Possibilité de commuter globalement les entrées des chaînes de monitoring des différentes voies soit aux sorties multipistes de la console, soit aux retours de l'enregistreur. Cette commutation peut aussi être effectuée localement sur chacune des voies.

### • Fader reverse

Il permet d'échanger les rôles respectifs du petit et du grand fader.

### • Enregistrement/mixage (record/mixdown)

Cette commande permet la configuration globale des étages d'entrée, y reliant soit l'entrée micro, soit l'entrée ligne, l'affectation respective des petits et des grands faders, ainsi que la configuration des départs auxiliaires. Des commandes locales permettent, sur chaque voie, de modifier les configurations qu'elle établit.

### • Foldback et talkback (retours et ordres)

La possibilité est souvent offerte de choisir quels signaux sont renvoyés aux musiciens, sur des casques ou des enceintes de retour. À cette fin, on trouve parfois une véritable console auxiliaire, qui permet, à partir des départs auxiliaires, de réaliser différents mélanges vers des sorties stéréo distinctes. Plus fréquemment, le choix est effectué, à l'aide d'un sélecteur, entre le mixage stéréo ou l'un des départs auxiliaires. Le niveau général d'envoi aux musiciens est réglable, circuit par circuit ; par ailleurs, il est parfois possible de choisir des sources différentes pour le signal gauche et le signal droit.

Le circuit d'ordres (*talkback*) est en général constitué d'un microphone de petite taille intégré à la console, raccordé à un préamplificateur spécifique, dont la sortie peut être aiguillée vers différentes destinations telles que les départs auxiliaires, les départs vers le multipiste, les sorties stéréo, le système d'écoute du studio et le circuit *foldback*.

## • Oscillateur

La section centrale des consoles comporte en principe un oscillateur générant des signaux sinusoïdaux. Leur qualité et leur complexité peuvent être très variables, certains ne pouvant fournir qu'une ou deux fréquences déterminées, alors que d'autres permettent de balayer la totalité du spectre audio. Un oscillateur de bonne qualité peut être utilisé pour la vérification de l'alignement d'un enregistreur, car sa sortie peut en principe être aiguillée vers les sorties stéréo ou les départs vers le multipiste. Il doit être en mesure, pour ce faire, de délivrer des signaux de fréquences 1 kHz et 10 kHz. Le signal de fréquence de 10 kHz est particulièrement important pour le réglage de la polarisation d'un magnétophone analogique. Le niveau de sortie de l'oscillateur est en général réglable.

## • Slate

Cette touche établit la liaison entre le microphone d'ordres de la console et sa sortie stéréo afin d'enregistrer sur la bande des indications ou des annonces ; ces dernières sont parfois accompagnées d'un signal de basse fréquence qui peut être entendu lors des évolutions du magnétophone à vitesse élevée.

## • Faders principaux

On trouve sur cette section de la console les commandes générales de gain. En ce qui concerne le mixage stéréo, le niveau peut être commandé soit par un fader unique double, soit à l'aide de deux faders, l'un pour la sortie gauche et l'autre pour la droite. On y trouve également les commandes générales de niveau des départs auxiliaires et les faders maîtres de groupes.

## 6.4.8 *Retours d'effets*

Les retours d'effets constituent des entrées supplémentaires de la console, spécialement destinées à recevoir les signaux provenant des sorties d'appareils externes tels que les chambres de réverbération. Souvent situés dans la section centrale de la console, ils se présentent comme des voies d'entrée simplifiées. On y trouve parfois un bloc de corrections, moins complet que celui des voies, ainsi que des départs auxiliaires. Les retours d'effets accèdent en principe à la sortie stéréo, et, dans certains cas, à l'enregistreur multipiste, par l'intermédiaire d'un clavier d'affectation. Le niveau en est commandé par un potentiomètre rotatif, un potentiomètre panoramique permettant par ailleurs la répartition d'un retour monophonique. Plus rarement, des commandes automatisées peuvent être affectées à de tels retours, ce qui permet une commande assistée des niveaux des retours d'effets dans le mixage.

### 6.4.9 *Panneau de brassage (patch)*

La plupart des consoles de grand gabarit comportent un panneau de brassage intégré qui permet d'établir des configurations particulières ainsi que le raccordement à des appareils externes. Toutes les entrées et sorties y sont en principe accessibles, ce qui permet à peu près toutes les configurations souhaitées.

Le panneau de brassage intégré aux consoles se présente en général sous la forme d'une série de rangées qui comportent chacune un même nombre de jacks.

La configuration tend en général à suivre au plus près, dans le sens vertical, le cheminement du signal dans la chaîne. Les entrées micro sont ainsi situées en haut et les sorties vers le magnétophone multipiste en bas. En position intermédiaire se trouvent les points d'insertion, qui permettent l'interruption du cheminement du signal, avant ou après les corrections, afin d'insérer un appareil périphérique tel qu'un compresseur ou tout autre système de traitement.

Les points d'insertion apparaissent le plus souvent sur deux rangées successives. Celui du haut est en général utilisé comme départ et celui du bas comme retour ; l'insertion d'une fiche dans ce dernier provoque l'interruption du cheminement normal du signal. Ces embases sont câblées selon une technique appelée *normalisation*, qui permet la transmission du signal entre le connecteur supérieur et le connecteur inférieur lorsque aucun raccordement n'est effectué à ce dernier.

En bas du panneau de brassage se trouvent les sorties principales, les retours des machines, des connecteurs multiples et parfois des réserves destinées au raccordement ultérieur d'autres dispositifs. Sur certaines consoles, les liaisons microphoniques apparaissent également sur le panneau de brassage. Certains constructeurs préfèrent toutefois éviter cela, car l'apparition de bruit est alors possible, et, par ailleurs, la présence de l'alimentation fantôme sur le panneau de brassage présente certains risques. Nous aborderons les panneaux de brassage plus en détail au paragraphe 13.12.

## 6.5 Les correcteurs de tonalité

La section de correction de tonalité, ou *égalisation*, permet une action aux fréquences moyennes en plus des graves et des aiguës. Un ensemble de correcteurs typique comporte tout d'abord une commande HF, analogue au réglage des aiguës d'un amplificateur mais opérant à des fréquences supérieures. Viennent ensuite la section haut-médium, qui concerne les fréquences comprises entre environ 1 kHz et 10 kHz, dont la fréquence d'accord est réglable, puis la section bas-médium, similaire à la précédente mais affectant la zone 200 Hz à 2 kHz par exemple. On trouve enfin une section basse (LF).

L'ensemble peut éventuellement être complété par des filtres passe-bas et passe-haut. Un bloc de corrections complet est représenté à la figure 6.12 ; sa taille importante entraîne l'utilisation fréquente de potentiomètres concentriques doubles. Par exemple, les commandes de gain des sections haut et bas-médium peuvent être entourées par des commandes annulaires qui permettent le réglage des fréquences d'accord.

**Figure 6.12**

Une section de correcteurs typique.

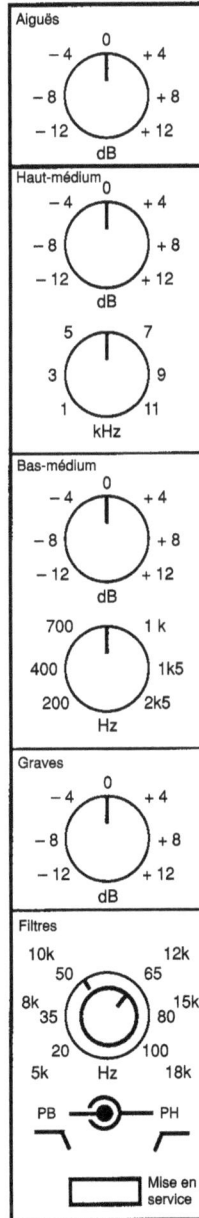

```
Aiguës
            0
    − 4         + 4
  − 8             + 8
  − 12           + 12
          dB

Haut-médium
            0
    − 4         + 4
  − 8             + 8
  − 12           + 12
          dB

      5         7
    3             9
      1         11
          kHz

Bas-médium
            0
    − 4         + 4
  − 8             + 8
  − 12           + 12
          dB

    700         1 k
  400             1k5
  200             2k5
          Hz

Graves
            0
    − 4         + 4
  − 8             + 8
  − 12           + 12
          dB

Filtres
  10k             12k
    50        65
 8k               15k
    35        80
    20        100
  5k     Hz    18k

  PB          PH

              Mise en
              service
```

**143**

### 6.5.1 *Les différentes sections*

La section HF affecte les fréquences les plus élevées et permet une accentuation ou une atténuation allant jusqu'à 12 dB, selon une courbe dite *étagée* (*shelving*) ; l'action est progressive
jusqu'à atteindre un palier où le niveau reste relativement constant (voir la figure 6.13 (a)).

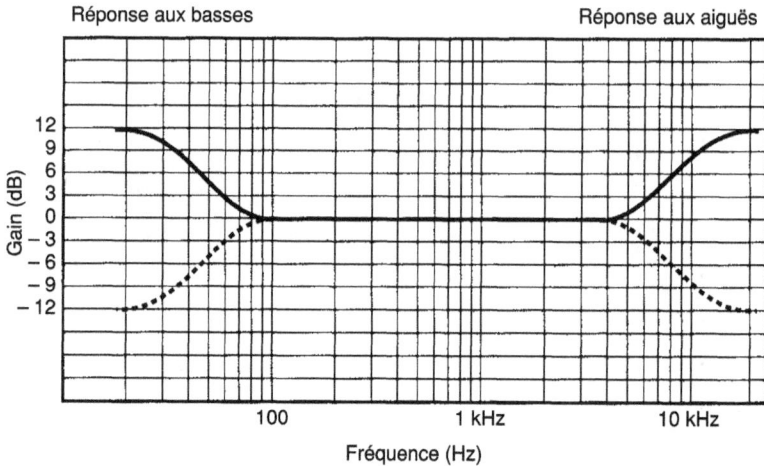

**Figure 6.13 (a)**
Comportement typique des sections graves et aiguës d'un correcteur Baxandall, les réglages étant au maximum.

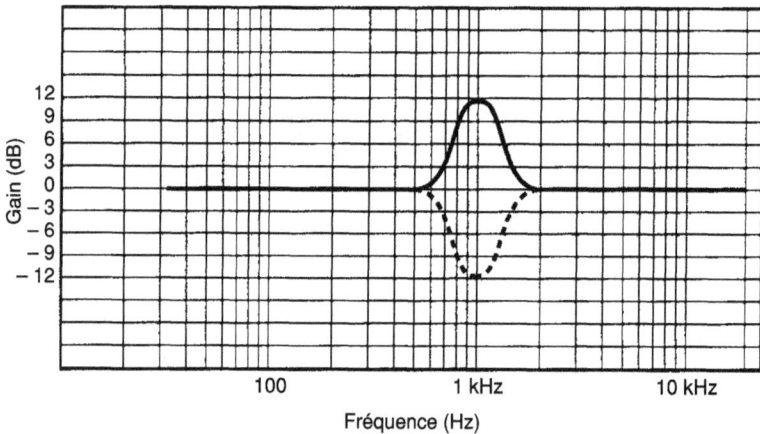

**Figure 6.13 (b)**
Comportement caractéristique d'un correcteur médium.

Vient ensuite la section haut-médium, dotée de deux commandes : l'une permet de régler le gain, accentuation ou atténuation, et l'autre la fréquence d'accord.

La figure 6.13 (b) montre la réponse obtenue pour une fréquence d'accord de 1 kHz, pour l'accentuation (traits pleins) et l'atténuation (pointillés) maximales. Les courbes sont beaucoup plus pentues que celles du correcteur étagé décrit précédemment.

Leur forme, qui n'est pas sans rappeler celle d'une cloche, amène à appeler ce type de dispositif *correcteur en cloche*. La sélectivité en est relativement importante, d'où les pentes.

Le coefficient de sélectivité, Q, est défini par :

$$Q = fa/B_3,$$

où la bande passante, $B_3$, est la différence, en hertz, entre les deux fréquences pour lesquelles la réponse chute de 3 dB par rapport à son maximum, et *fa* est la fréquence d'accord. Dans notre exemple, cette dernière vaut 1 kHz et la bande passante 400 Hz, d'où Q = 2,5.

La figure 6.13 (c) montre le comportement extrême du correcteur lorsque le réglage de fréquence d'accord est sur les positions 1,5 et 10 kHz. La sélectivité importante permet de n'affecter que des zones spectrales relativement étroites. Comme nous l'avons décrit dans le complément 6.6, certains correcteurs permettent également le réglage du coefficient de sélectivité Q.

La section bas-médium est identique à celle que nous venons de décrire, hormis qu'elle couvre des fréquences plus basses. Il faut noter que l'extrémité haute de la zone d'action de la section bas-médium est supérieure à l'extrémité basse de celle de la section haut-médium ; ce recouvrement permet d'être sûr que l'ensemble du spectre est couvert.

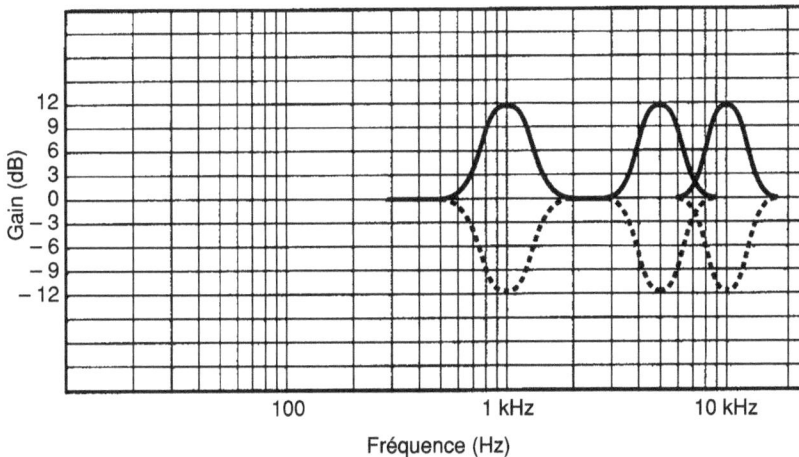

**Figure 6.13 (c)**
Limites du comportement de correcteurs de médium accordés sur 1,5 et 10 kHz.

### 6.5.2 *Les filtres*

Les filtres passe-haut et passe-bas permettent d'atténuer les fréquences extrêmes du spectre audio ; leurs fréquences de coupure sont le plus souvent réglables. La figure 6.13 (d) montre un filtre passe-haut, ou coupe-bas, dans le cas de réglages à 80, 65, 50, 35 et 20 Hz. Les pentes, plus importantes que celles d'un correcteur étagé, sont couramment de 18 ou 24 dB/octave, ce qui permet une atténuation rapide des fréquences extrêmes sans que les fréquences moyennes soient affectées. Un réglage de la fréquence de coupure à 20 ou 35 Hz permet, par exemple, d'atténuer des bruits de circulation à très basse fréquence, et, si ces derniers sont de niveau plus important, le réglage sera porté à une valeur supérieure. Un souffle à fréquence élevée, provenant, par exemple, d'un amplificateur de guitare bruyant ou du flux d'air s'échappant des tuyaux d'un orgue, sera traité à l'aide du filtre passe-bas, qui en permettra l'atténuation sans que les composantes de fréquences élevées du son utile soient trop touchées.

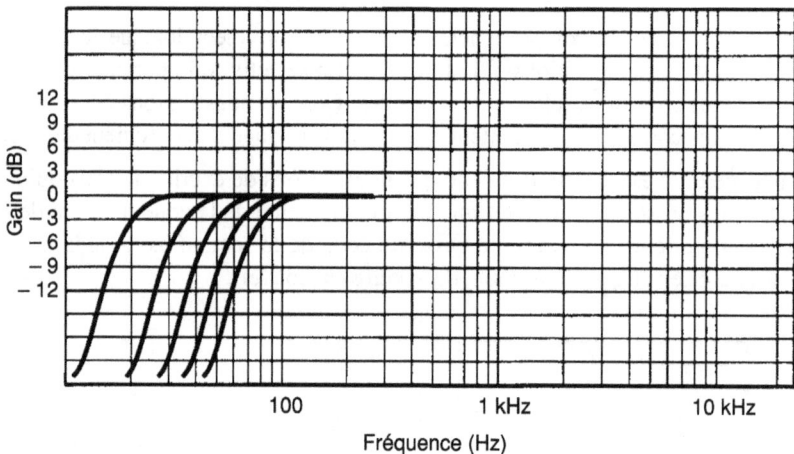

**Figure 6.13 (d)**
Filtres passe-haut avec différentes fréquences de coupure.

## 6.6 Voies d'entrée stéréophoniques

En radiodiffusion, il est souhaitable de disposer de voies particulières destinées au raccordement de sources stéréo au niveau ligne, telles que les machines à cartouche, les lecteurs de CD, les magnétophones, etc. De telles voies, qui permettent d'agir simultanément avec un fader unique sur les niveaux des signaux gauche et droit, sont souvent proposées en remplacement de voies d'entrée conventionnelles. Les correcteurs sont habituellement plus rudimentaires que ceux de ces dernières, mais permettent la sélection, en entrée, de plusieurs sources qui peuvent être aiguillées aussi bien vers le mixage stéréo que vers l'enregistreur multipiste. Ces voies stéréo sont en général insérées à des emplacements particuliers de la console, car elles nécessitent un câblage spécifique. Certaines, dotées de correcteurs RIAA (voir le paragraphe 11.2), permettent le raccordement de tourne-disques.

Le développement de la stéréophonie à la télévision a entraîné l'apparition de voies d'entrée stéréo au niveau micro, aussi bien au format M-S qu'au format A-B (voir le paragraphe 4.7).

## 6.7 Consoles de retours

Des consoles spécialement conçues pour fournir au retour de chaque musicien une balance différente sont utilisées en sonorisation ; elles permettent de répondre aux exigences des différents artistes. Une configuration typique comprendra, par exemple, 24 voies, qui présentent des étages d'entrées et de correction similaire à ceux d'une console conventionnelle. Ils sont suivis d'une série de potentiomètres rotatifs, ou rectilignes à course réduite, qui permettent de doser le signal transitant dans la voie vers les divers groupes de sortie. Chacun de ces derniers fournit alors un équilibre différent vers les amplificateurs de puissance ou vers les casques.

## 6.8 Quelques modes opératoires

### 6.8.1 *Réglage des niveaux*

Lors d'un enregistrement de voix ou de musique classique, un gain d'entrée important est en principe nécessaire. Par contre, si un microphone est placé devant un amplificateur pour guitare, il délivrera un niveau de sortie important et le gain d'entrée nécessaire sera moindre. Pour l'essentiel, trois méthodes différentes permettent de régler la commande de gain à sa position optimale ; nous allons les décrire.

La première méthode utilise le circuit de préécoute ou PFL (voir le complément 6.3). La touche PFL de la voie concernée est activée, ce qui a pour effet de permettre la lecture du niveau du signal soit sur un indicateur de niveau spécifique, soit sur les indicateurs principaux de la console, qui sont alors connectés au bus PFL. Le gain d'entrée doit être réglé de manière à ce que son indication corresponde au niveau de référence (soit 0 VU s'il s'agit d'un Vu-mètre). Cette procédure de réglage doit cependant tenir compte de deux remarques.

Tout d'abord, dans le cas d'un Vu-mètre, en présence d'un signal à caractère impulsionnel, l'indication fournie sera très inférieure à la valeur instantanée du signal ; il est alors important de ménager une certaine marge pour ne pas risquer la saturation d'autres étages de la chaîne (voir le paragraphe 7.5). Ensuite, ce réglage de gain doit être effectué avec un niveau émis par la source réaliste, c'est-à-dire correspondant à celui qui sera délivré lors de l'enregistrement. Il est en effet fréquent que, lors des répétitions, des chanteurs ou des musiciens produisent un volume moindre que lorsqu'ils chantent ou jouent vraiment.

Le réglage du potentiomètre panoramique (voir le complément 6.2) intervient ensuite ; il permet de placer la source dans l'image stéréophonique. Les faders de sortie sont en général position-nés sur le repère 0 dB, le réglage de ceux des voies permettant d'obtenir l'équilibre souhaité ainsi qu'une déviation correcte des indicateurs de sortie.

La deuxième méthode doit être utilisée dans le cas où la console n'est pas dotée de circuits PFL. Tout d'abord, les faders des voies et des sorties doivent être placés sur leur position 0 dB, qui, suivant le cas, peut correspondre à leur butée haute ou être située au quart de leur course à par-tir de cette dernière. S'ils ne comportent pas d'indication de la position de référence, on les pla-cera au maximum. Après réglage des potentiomètres panoramiques, le gain d'entrée peut être réglé de manière à obtenir en sortie une déviation des indicateurs de niveau correcte. Si plusieurs signaux entrants ont à être mélangés, les réglages des gains d'entrée doivent permettre d'obte-nir simultanément un équilibre satisfaisant et une indication correcte des Vu-mètres, voisine de 0 VU sur les passages les plus forts.

Les deux méthodes que nous venons d'exposer diffèrent en ce que, avec la première, les posi-tions relatives des faders des voies correspondent à la contribution des différentes sources à l'équilibre général, alors que, avec la seconde, tous les faders sont sensiblement dans la même position.

La troisième méthode s'apparente à la deuxième, mais on opère ici voie par voie ; le premier fader de voie est placé sur 0 dB, le potentiomètre panoramique réglé et le gain d'entrée ajusté pour obtenir le niveau correct en sortie. Le fader est alors abaissé et celui de la voie suivante placé sur sa position de référence. La procédure est ensuite répétée pour l'ensemble des voies concernées. Une fois ces réglages terminés, l'équilibre souhaité et le niveau de sortie correct sont obtenus grâce au réglage des faders.

Le recours à des corrections, lorsqu'elles sont importantes, nécessite souvent de retoucher le réglage du gain d'entrée. S'il est nécessaire, par exemple, d'accentuer les basses d'un instrument donné, il en résultera un accroissement du niveau du signal, qu'une légère réduction du gain d'entrée permettra de compenser. Une atténuation des basses ou des aiguës en demandera par contre une légère augmentation.

## 6.8.2 *Utilisation des départs auxiliaires*

Les principes de fonctionnement des départs auxiliaires ont été expliqués au paragraphe 6.4.6. Ces départs peuvent être configurés *pre-fader* ou *post-fader*. La première possibilité permet de fournir un équilibre correct aux retours (casques ou enceintes) des musiciens, qui ne sera pas affecté par les réglages des faders des voies qui contrôlent le mélange principal écouté en cabine. L'opérateur peut alors travailler son équilibre sans perturber celui envoyé aux artistes.

Les départs auxiliaires *post-fader* dépendent, comme leur nom l'indique, de la position des faders des voies. Ils servent principalement à envoyer des signaux vers des générateurs d'effets ou vers d'autres destinations où il est nécessaire de disposer de signaux sous le contrôle du fader de voie.

À titre d'exemple, l'opérateur peut souhaiter ajouter de la réverbération à une voix. Le départ auxiliaire 2, commuté en départ *post-fader*, est alors utilisé pour envoyer le signal à une chambre de réverbération, la commande AUX2 de la voie étant réglée au voisinage de la position 6, le gain de sortie du départ auxiliaire 2 étant au maximum. La sortie du réverbérateur est renvoyée à une autre voie d'entrée ou à un retour d'effets dont la commande de gain est ajustée pour obtenir l'effet désiré. Le niveau du son réverbéré augmente et diminue avec celui du son direct lorsque la position du fader de voie est modifiée.

Les départs auxiliaires *post-fader* peuvent aussi être utilisés comme sorties additionnelles pour attaquer, par exemple, des systèmes d'écoute supplémentaires.

### 6.8.3 *Utilisation des groupes audio*

Les groupes de sortie (voir le paragraphe 6.3) ou les barres de mélange vers le multipiste (voir le paragraphe 6.4.2) peuvent être utilisés, respectivement lors du mixage ou de l'enregistrement, pour gérer différents groupes d'instruments. Si, par exemple, huit microphones sont disposés autour d'une batterie, les huit voies d'entrée correspondantes peuvent être affectées aux groupes 1 et 2, moyennant un réglage approprié des potentiomètres panoramiques. Ces groupes sont à leur tour envoyés respectivement aux départs gauche et droit. Un contrôle général du niveau de la batterie est alors obtenu par l'action des faders des groupes 1 et 2.

Lors de l'enregistrement sur une machine multipiste, il est en principe souhaitable d'enregistrer sur chacune des pistes le niveau maximal possible, sans tenir compte de l'équilibre final, afin d'obtenir le meilleur rapport signal sur bruit. C'est la raison pour laquelle chaque groupe de sortie est en principe doté d'un indicateur de niveau.

# 7 Les consoles 2

## 7.1 Spécifications des consoles analogiques

### 7.1.1 *Bruit ramené à l'entrée*

La tension de sortie d'un microphone est de l'ordre du millivolt. Un gain considérable est donc nécessaire pour amener ce signal au niveau ligne. L'amplification du signal utile s'accompagne de celle du bruit propre du microphone (voir le paragraphe 4.8.2), contre lequel on ne peut pas lutter, ainsi que du bruit généré par l'étage d'entrée de la console. Celui-ci doit être aussi faible que possible, pour ne pas compromettre la qualité du signal. Une résistance de 200 Ω génère, dans une bande de fréquence de 20 kHz, un bruit propre égal à 0,26 µV, soit un niveau de − 129,6 dBu (référence 0 dBu = 0,775 V). L'étage d'entrée de la console ajoutera à ce bruit son bruit propre. Les constructeurs indiquent pour cette raison la valeur du bruit ramené à l'entrée de la console (EIN, pour *equivalent input noise*), mesuré avec une résistance de source de 200 Ω connectée à la console.

Un étage d'entrée dont le bruit propre est identique à celui de la résistance de 200 Ω amènera une augmentation du niveau du bruit de 3 dB. Le bruit ramené à l'entrée indiqué sera alors de (− 129,6 + 3) = − 126,6 dBu. Cette valeur constitue la limite de l'acceptable pour des consoles de haute qualité ; les meilleures présentent un bruit ramené à l'entrée de − 128 dBu, voire − 129 dBu, ce qui indique que la contribution au bruit de leur étage d'entrée est moindre que celle de la résistance de 200 Ω. Il est nécessaire, en vue d'une interprétation correcte des caractéristiques annoncées, de vérifier que le bruit ramené à l'entrée est bien exprimé pour une impédance de source de 200 Ω, sur une bande de fréquence de 20 kHz et sans pondération. En effet, l'utilisation d'une impédance de source de seulement 150 Ω apportera un résultat apparemment meilleur, le bruit ramené à l'entrée étant proportionnel à sa racine carrée. De même, une mesure pondérée fournira un chiffre plus flatteur ; c'est pourquoi une vérification des conditions de mesure utilisées s'impose. Par ailleurs, il faut s'assurer que le bruit ramené à l'entrée est bien exprimé en dBu ; en effet, certains constructeurs l'indiquent en dBV (référence 1 volt), ce qui amène un chiffre de 2,2 dB meilleur.

En plus d'un bruit propre faible, un étage d'entrée de qualité doit se caractériser par une réjection de mode commun importante (voir le complément 7.1).

## 7.1.2 *Bruit observable en sortie*

Le bruit résiduel observable à la sortie d'une console ne doit pas excéder – 90 dBu lorsque toutes les commandes de gain sont en position nominale. En effet, il ne sert à rien de disposer d'un étage d'entrée performant si l'étage de sortie est bruyant. Si toutes les voies sont affectées à la sortie et tous les faders en position nominale (ou position « 0 »), le bruit mesuré ne doit pas être supérieur à – 80 dBu, les étages d'entrée étant commutés sur la position ligne et réglés sur le gain unitaire.

La commutation des entrées sur « micro » augmentera immanquablement le niveau du bruit, en raison du gain fourni par l'amplificateur d'entrée. Il paraît donc indispensable de couper les voies non utilisées et d'abaisser leurs faders en position minimale. Il convient également de s'assurer que les départs auxiliaires présentent de bonnes caractéristiques en ce qui concerne leur bruit de sortie.

---

**Complément 7.1** – *La réjection de mode commun*

La *réjection de mode commun* (voir le paragraphe 13.4) indique l'aptitude d'un étage d'entrée symétrique à rejeter les interférences qui peuvent apparaître au sein des liaisons. Une entrée micro doit présenter un taux de réjection de mode commun (CMRR, pour *common mode rejection ratio*) d'au moins 70 dB, ce qui indique une atténuation des interférences de 70 dB. Il faut cependant s'intéresser de plus près à la signification du chiffre annoncé, car obtenir une telle performance à, disons, 500 Hz est relativement aisé, mais la tenue de cette dernière sur l'ensemble du spectre audio est primordiale, et particulièrement importante pour les fréquences élevées. Une indication du type « 70 dB à 15 kHz » ou « 70 dB entre 100 Hz et 10 kHz » devrait être en principe fournie.

Les entrées ligne sont plus tolérantes vis-à-vis de la réjection des signaux de mode commun, dans la mesure où le niveau du signal utile est beaucoup plus élevé que dans le cas des entrées micro.

La réjection de mode commun est une grandeur caractéristique des étages d'entrée symétriques et ne s'applique pas aux étages de sortie. Cependant, on pourra parfois trouver une indication de la qualité de la symétrie de ces derniers ; idéalement, si le point chaud et le point froid sont mélangés en opposition de phase, une annulation totale du signal doit être constatée ; en pratique, une atténuation d'environ 70 dB doit être recherchée.

---

## 7.1.3 *Impédances des entrées et sorties*

L'impédance de l'entrée micro d'une console doit être au minimum égale à 1 kΩ, dans la mesure où une valeur plus faible compromettrait les performances du microphone ; celle de l'entrée ligne doit être au minimum de 10 kΩ. Les spécifications doivent indiquer clairement si cette dernière est symétrique ou non ; l'importance de ce point dépend du type d'appareil qui y sera raccordé et de la longueur des liaisons.

Toutes les sorties doivent présenter une impédance de sortie faible, 200 Ω pouvant être considérés comme un maximum (la valeur de 600 Ω a une consonance professionnelle, mais est beaucoup trop élevée, comme nous l'expliquons au paragraphe 13.9). Il convient également de vérifier la faible impédance de sortie des départs auxiliaires ; ce n'est pas toujours le cas. Par ailleurs, si la console comporte, au niveau des voies et/ou des sorties, des points d'insertion, ces derniers doivent présenter des impédances de sortie basses et d'entrée élevées.

## 7.1.4 *Réponse en fréquence*

Une réponse en fréquence tenant dans 0,2 dB entre 20 Hz et 20 kHz est souhaitable, quelle que soit la combinaison d'entrées et de sorties. Les caractéristiques des transformateurs audio varient légèrement selon les impédances de source et de charge qui leur sont raccordées, aussi convient-il d'indiquer les valeurs d'impédance de bouclage pour lesquelles une réponse optimale peut être obtenue. La réponse en fréquence doit chuter rapidement au-dessous d'environ 15 Hz et au-dessus de 20 kHz, de manière à ce que les signaux indésirables situés hors du spectre audio, comme des infrasons ou des interférences radiofréquences, ne soient pas amplifiés.

## 7.1.5 *Distorsion*

La distorsion doit être mesurée dans le cas le plus défavorable, c'est-à-dire au gain maximal permis par la console et pour un niveau de sortie élevé, voisin de + 10 dBu. Le taux de distorsion harmonique constaté ne doit alors pas être supérieur à 0,1 %. Dans le cas d'une entrée ligne à faible gain, il doit être encore inférieur, voisin de 0,01 %. Pour effectuer cette mesure, les sorties doivent être chargées par des impédances relativement faibles, de l'ordre de 600 Ω, qui demanderont aux étages de sortie de fournir un courant relativement important, ce qui permettra de détecter les anomalies éventuelles.

Le complément 7.2 traite des phénomènes d'écrêtage et des réserves avant surcharge.

## 7.1.6 *Diaphonie*

Un signal transitant par un circuit peut induire sur les circuits adjacents un signal de niveau faible : c'est le phénomène de *diaphonie*. La diaphonie entre des voies adjacentes doit être très inférieure au niveau du signal utile, une valeur de – 80 dB, voire moins, devant être recherchée.

Les caractéristiques en la matière sont moins bonnes aux fréquences élevées, en raison des couplages capacitifs qui peuvent apparaître au sein des torons de câbles, mais une diaphonie d'au moins – 60 dB à 15 kHz s'impose. De la même manière, une diaphonie accrue aux basses fréquences peut apparaître, due à l'augmentation de l'impédance de sortie de l'alimentation ; une valeur de – 50 dB à 20 Hz peut être considérée comme acceptable.

En matière de diaphonie, il convient de s'assurer que les caractéristiques restent correctes quelles que soient les combinaisons d'entrées et de sorties établies. Il faut également vérifier les performances des différents circuits auxiliaires, qui s'avèrent souvent moins bonnes que celles des circuits principaux.

---

**Complément 7.2 –** *Écrêtage et saturation*

Une console de bonne qualité doit être conçue de manière à être capable de délivrer à sa sortie un niveau maximal d'au moins + 20 dBu ; certaines consoles vont jusqu'à + 24 dBu. Au-dessus de ce niveau intervient le phénomène d'écrêtage, où le haut et le bas du signal sont rabotés, ce qui se traduit par une distorsion importante et soudaine (voir la figure). Comme le niveau de référence usuel de + 4 dBu correspond à l'indication « 0 » d'un Vu-mètre, il s'avère difficile de faire saturer l'étage de sortie d'une console. L'indication de référence d'un crête-mètre doit dans ce cas être obtenue pour un niveau voisin de + 12 dBu et il faudra dépasser cette valeur de manière importante pour que l'écrêtage se manifeste.

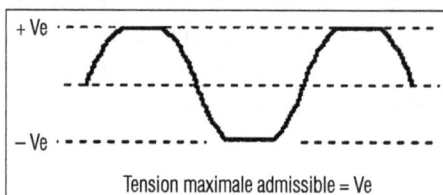

Tension maximale admissible = Ve

Le phénomène d'écrêtage, ou de saturation, peut cependant apparaître en d'autres points de la chaîne, particulièrement si des corrections importantes ont été effectuées. Si, par exemple, une accentuation de 12 dB à certaines fréquences a été réglée sur une voie et que le fader de cette dernière soit sur la position 0, il pourra en résulter un écrêtage au niveau de la barre de mélange, selon la réserve avant surcharge à ce point de la chaîne.

Des corrections importantes doivent donc en principe être accompagnées d'une réduction du gain de la voie correspondante. Un atténuateur d'entrée (PAD) est souvent prévu pour éviter la saturation de l'étage d'entrée micro en présence de signaux de niveau élevé (voir le paragraphe 6.4.1).

---

## 7.2 Indicateurs de niveau

On trouve sur les consoles audio différents indicateurs de niveau qui permettent la mesure des signaux qui entrent dans la console et en sortent. Une utilisation précise de ces appareils est primordiale pour enregistrer sur la bande des niveaux corrects, ce qui permet tout à la fois d'éviter les saturations et d'obtenir un rapport signal sur bruit satisfaisant. Nous examinerons dans ce paragraphe les caractéristiques des différents indicateurs utilisés.

### 7.2.1 *Indicateurs mécaniques, ou à aiguilles*

On trouve aujourd'hui deux grandes familles d'indicateurs mécaniques : le Vu-mètre (de *volume unit meter*), illustré à la figure 7.1, et le crêtemètre, ou PPM (de *peak program meter*), que montre la figure 7.2. Leurs comportements sont très différents, la seule ressemblance étant que, dans les deux cas, les indications sont fournies par des aiguilles mobiles. Le crêtemètre anglais, ou de type BBC, a un aspect particulier : il est doté de graduations de 1 à 7, également espacées, chaque intervalle correspondant à une variation de niveau de 4 dB, hormis celui situé entre les valeurs 1 et 2, qui équivaut en principe à 6 dB. Le crêtemètre de l'UER est, lui, gradué en décibels. Le Vu-mètre, quant à lui, est en général de couleur blanche ou crème ; son échelle s'étend de − 20 dB à + 3 dB, la valeur 0 correspondant au niveau de référence d'un studio donné.

**Figure 7.1**

Échelle de graduations du Vu-mètre.

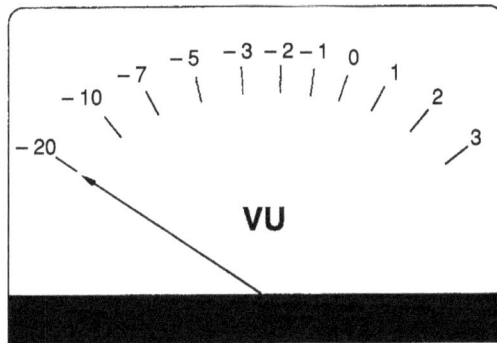

**Figure 7.2**

Deux types de crêtemètre : en (a), modèle utilisé par la BBC ; en (b), modèle dit « européen ».

Même si nous n'avons pas l'intention, dans ce paragraphe, de dispenser un cours traitant de l'alignement des machines et des niveaux de référence, il n'est pas possible de s'intéresser aux indicateurs de niveau sans aborder ces sujets, tant ils sont étroitement liés. Il est important de connaître les relations entre les indications observées et les standards d'alignement en usage dans un environnement donné, et de comprendre que ces derniers peuvent varier d'un lieu à l'autre. Le complément 7.3 explicite les relations entre les indicateurs et le niveau d'enregistrement sur la bande d'un magnétophone.

**Complément 7.3 – *Niveaux électriques et niveaux magnétiques***

Dans tout studio, un niveau de référence et un niveau de crête sont définis. Le niveau de référence correspond en général à celui obtenu lors de la lecture d'un signal d'alignement de niveau couché sur la bande étalon, qui occasionne la déviation à 0 d'un Vu-mètre, ou celle à − 8 d'un crêtemètre (la relation entre les indications de ces deux instruments est abordée au paragraphe 7.5). Le niveau électrique correspondant en sortie de la console est ordinairement égal à + 4 dBu. Le signal de référence a été enregistré sur la bande étalon à un niveau magnétique spécifique, en général 320, 250 ou 200 nWb/m, suivant les normes en vigueur. Ainsi, une relation est établie entre les indications des instruments et le niveau magnétique sur la bande. Ces aspects seront abordés plus en détail au chapitre 8.

Dans un magnétophone analogique, les phénomènes de distorsion et de compression dépendent pour l'essentiel du niveau d'enregistrement magnétique sur la bande. La distorsion produite par les circuits électroniques est minime, sauf dans le cas d'un niveau d'entrée anormalement élevé, supérieur typiquement à + 20 dBu, ce qui amène les aiguilles des indicateurs de niveau de la console en butée.

Cet aspect est pris en compte dans la conception des magnétophones professionnels et des bandes modernes. Sur ces dernières, le niveau maximal admissible (MOL) indique le niveau auquel le taux de distorsion par harmonique 3 atteint 3 % pour un signal de fréquence égale à 1 kHz (voir l'annexe 1). Il est en général considéré comme le niveau de crête au-dessus duquel il est dangereux de s'aventurer, sauf à rechercher un effet particulier. Pour les bandes actuelles, il s'établit à environ 8 à 12 dB au-dessus de 320 nWb/m.

Si, par exemple, les réglages ont été effectués pour associer un niveau électrique de 0 VU à un niveau magnétique de 320 nWb/m, la déviation à 0 d'un crêtemètre correspondra à un niveau enregistré supérieur d'environ 8 dB, soit 800 nWb/m. Même si les réglages doivent correspondre aux habitudes d'un studio donné, ces valeurs constituent des repères. Dans le domaine de la radiodiffusion, un niveau crête entraînant la déviation d'un crêtemètre à 0 constitue le maximum acceptable pour ne pas entraîner la surmodulation des émetteurs.

## 7.2.2 *Caractéristiques des indicateurs mécaniques*

Les crêtemètres, dotés par construction d'un temps de montée court, permettent le suivi des variations instantanées du signal. Les Vu-mètres, en raison de leur temps de montée important, ne peuvent donner une idée exacte des crêtes du signal enregistré sur la bande, particulièrement si ce dernier, comme c'est le cas, par exemple, pour le clavecin, présente des transitoires importants. L'indication qu'ils fournissent en pareil cas peut être inférieure de 10 à 15 dB à celle donnée par un crêtemètre. Il peut en résulter une saturation de l'enregistrement, particulièrement avec les enregistreurs numériques, très sensibles aux surmodulations. Néanmoins, nombreux sont ceux qui ont pris l'habitude de travailler avec des Vu-mètres et ont appris à en interpréter les indications. Même s'ils sont adaptés à la mesure de signaux relativement stables, leur intérêt est discutable à l'ère de l'enregistrement numérique.

Le temps de descente d'un Vu-mètre est sensiblement égal à son temps de montée, alors que les crêtemètres sont conçus de manière à présenter un temps de retour important, pour en permettre une lecture aisée. Les crêtemètres, s'ils donnent une indication relative aux signaux de grande amplitude susceptibles de provoquer une distorsion audible, n'effectuent pas une mesure du niveau de crête absolu du signal.

Les indicateurs mécaniques sont volumineux et il peut s'avérer impossible, dans le cas d'une console multipiste, de disposer d'une place suffisante pour doter chaque voie d'un tel indicateur.

En pareil cas, il est fréquent que seules les sorties principales soient dotées d'indicateurs mécaniques, ainsi qu'éventuellement un circuit de mesure auxiliaire (PFL, par exemple), qui sont alors complétés, sur les consoles de haut de gamme, par une série d'indicateurs lumineux, constitués soit de rampes de diodes électroluminescentes, soit d'afficheurs à cristaux liquides ou encore d'écrans à plasma.

## 7.2.3 *Indicateurs lumineux (bargraphs)*

À la différence des indicateurs mécaniques, les indicateurs lumineux n'ont aucune inertie à vaincre, et peuvent donc, en théorie, présenter un temps de montée idéalement court. Les modèles bon marché sont constitués d'une rampe de diodes électroluminescentes (LED), du nombre desquelles dépend la précision de l'affichage. Ce type d'indicateur s'avère plus ou moins bien adapté, car il est difficile à utiliser, par exemple, pour les procédures d'alignement, en l'absence de graduations précises. Les afficheurs à plasma ou à cristaux liquides présentent une rampe continue, et produisent une lumière moins agressive que les LED, ce qui en rend l'usage continu plus agréable. Les indicateurs lumineux couvrent en général une échelle de dynamique plus importante que leurs équivalents mécaniques, typiquement de – 50 dB à + 12 dB, et permettent la visualisation de signaux de niveau plus faible que les crêtemètres classiques. La figure 7.3 montre un exemple d'indicateur lumineux.

**Figure 7.3**

Indicateur de type *bargraph* pouvant fonctionner en crêtemètre ou en Vu-mètre, et doté des graduations correspondantes.

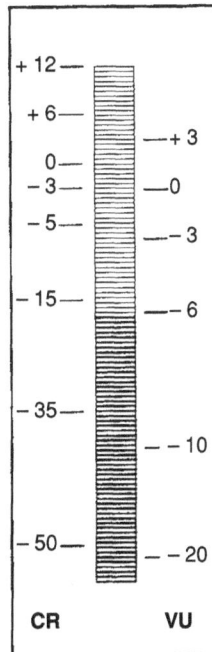

Certains indicateurs sont dotés d'une commutation permettant leur fonctionnement, du point de vue de la balistique et de la réponse, soit en crêtemètre, soit en Vu-mètre. Certains intègrent la possibilité de mémoriser les crêtes les plus élevées qui ont été atteintes.

L'intérêt principal des indicateurs lumineux verticaux est qu'ils ne prennent qu'une place minime sur un bandeau et peuvent donc être utilisés sur chacune des voies d'une console, ce qui permet de visualiser les niveaux d'enregistrement des différentes pistes du magnétophone. Dans ce cas, les indicateurs sont raccordés à l'entrée de la chaîne de monitoring de chacune des voies d'une console *in-line*.

Les consoles comportent souvent d'autres indicateurs, qui, connectés aux sorties auxiliaires, permettent de visualiser les signaux envoyés à différents appareils tels que les générateurs d'effets. Ils sont en général de taille plus réduite que les indicateurs principaux, ou peuvent même être constitués d'afficheurs à LED à faible résolution. On rencontre également souvent des indicateurs appelés *corrélateurs de phase*, qui, reliés aux sorties monitoring gauche et droite, indiquent le niveau de corrélation entre les signaux correspondants. Ils peuvent être de type mécanique ou lumineux. Dans le domaine de la radiodiffusion, des indicateurs de somme et différence permettent de visualiser les niveaux des signaux compatible mono et de différence, dans le cas d'une diffusion stéréophonique. Ils sont souvent situés à proximité des indicateurs principaux gauche et droit.

### 7.2.4  *Correspondances entre les différents indicateurs*

La correspondance entre la déviation des indicateurs et les niveaux électriques correspondants dépend des modèles et des pays. La figure 7.4 montre un certain nombre d'échelles d'indicateurs courants et leur relation avec les niveaux électriques mesurés. Comme nous l'avons indiqué dans le complément 7.3, une autre correspondance est à prendre en compte, celle du niveau électrique délivré par une console avec le niveau magnétique qui en résulte sur la bande d'un enregistreur analogique ou numérique. Nous approfondirons ce sujet dans le complément 8.5.

### 7.2.5  *Point de raccordement des indicateurs*

Les circuits de commande des indicateurs de sortie d'une console devraient, en toute logique, être raccordés aux sorties même de cette dernière pour pouvoir indiquer réellement le niveau qu'elle délivre. Cela peut sembler évident, mais ce n'est cependant pas toujours le cas, les indicateurs étant raccordés, sur certaines consoles, en amont des amplificateurs de sortie de cette dernière.

Dans une telle configuration, si, par exemple, une liaison ou un appareil défaillants provoquent une mise en court-circuit de la sortie de la console, les indicateurs continueront à afficher un niveau correct, et l'absence de signal pourra être imputée à une autre cause. La consultation des schémas de la console doit permettre de prendre connaissance de la configuration utilisée. Si la documentation manque de clarté, il est possible de recourir à une approche expérimentale, qui consiste à envoyer vers la sortie de la console un signal permanent de niveau suffisant pour occasionner une déviation importante des indicateurs. On peut alors court-circuiter délibérément la sortie de la console (les étages de sortie des consoles professionnelles tolèrent un tel court-circuit temporaire) et observer le comportement des indicateurs. Si le niveau indiqué chute, ces derniers sont raccordés directement aux sorties ; si le niveau reste stable, ils sont raccordés à un autre point de la chaîne.

**Figure 7.4**
Comparaison graphique de différents indicateurs de niveau courants et des niveaux électriques correspondants, exprimés en dBu.

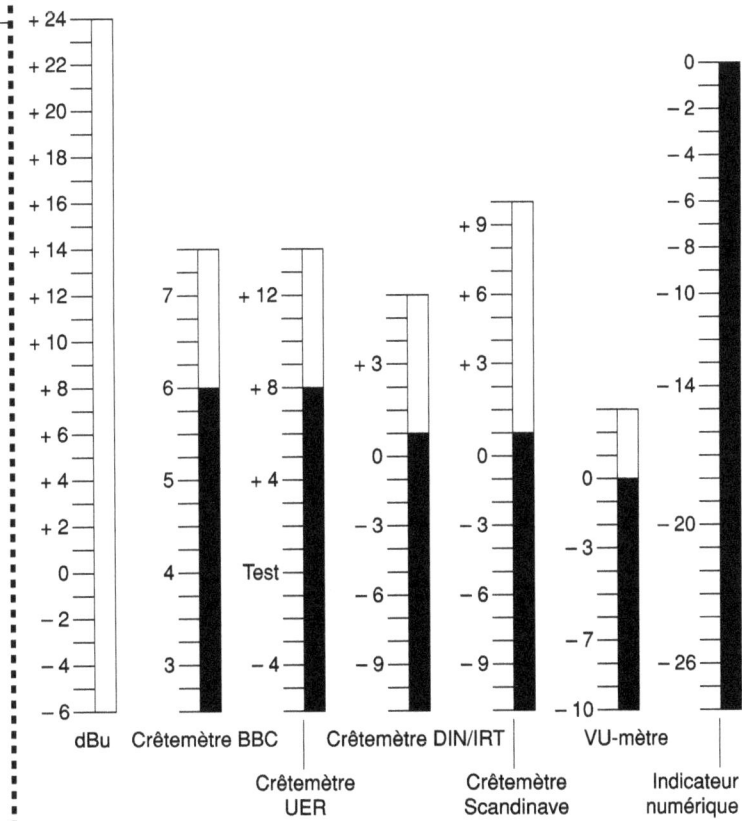

## 7.3 Dispositifs d'automation

### 7.3.1 *Vue d'ensemble*

La forme originelle, et également la plus courante, des dispositifs d'automation de console est la mémorisation des positions des faders et de leurs évolutions, qui peuvent être rappelées ultérieurement, en synchronisme avec le déroulement du programme.

Le but de tels systèmes est de fournir, lors du mixage, une assistance à l'opérateur qui doit gérer simultanément un nombre de commandes considérable. L'opérateur peut alors se concentrer à chaque passage sur tel ou tel aspect, et affiner les réglages qui donnent naissance, peu à peu, au produit final.

La firme MCI fut la première, au milieu des années soixante-dix, à introduire sur sa série de consoles JH-500 une automation fondée sur l'utilisation de VCA. Elle fut rapidement imitée par d'autres constructeurs, qui proposèrent des systèmes analogues assortis de différentes variantes. Des automations à faders mobiles, tels que le système NECAM de Neve, apparurent peu après ; elles étaient d'un coût très supérieur à celui des systèmes à VCA. Au milieu des années quatre-vingts, en raison surtout de la diminution des coûts des microprocesseurs et microcontrôleurs, les dispositifs d'automation connurent d'importants développements, offrant des possibilités telles que la mise en mémoire de configurations instantanées (*snapshots*), la mémorisation des paramètres dynamiques, l'installation de kits d'automation adaptables, ainsi que les systèmes commandés par protocole MIDI.

Il est aujourd'hui possible d'installer sur une console une automation de base pour quelques dizaines de milliers de francs, soit environ dix fois moins que le coût des premiers systèmes. L'émergence des consoles numériques et des consoles analogiques commandées numériquement confirme la tendance, sur les appareils actuels, vers une automation totale de la plupart des commandes des consoles. Nous présenterons, dans les paragraphes qui suivent, les différents principes de ces systèmes.

### 7.3.2 *Automation des faders*

Il existe deux méthodes pour mémoriser et commander le gain d'une voie. La première consiste à mettre en mémoire une donnée qui représente la position du fader, puis à l'utiliser pour commander le gain d'un VCA. La seconde repose également sur la mémorisation de la position du fader, mais la donnée est ensuite envoyée à un micromoteur, qui positionne le fader de manière conforme. La première méthode présente sur la seconde l'avantage d'un coût moindre, mais elle est moins satisfaisante sur le plan ergonomique, le fader n'étant pas toujours dans une position qui correspond au gain de la voie.

Il est toutefois possible de combiner ces deux approches, la commande de gain étant alors effectuée à l'aide d'un VCA et la position du fader étant commandée par un micromoteur de manière à correspondre au gain de la voie. Cela permet des variations de niveau très rapides, qu'il serait impossible d'obtenir manuellement, et permet des modifications aisées des gains mémorisés. Nous utiliserons, dans ce qui suit, l'expression « fader VCA » pour désigner la commande indirecte du gain de la voie, quelle que soit la technique utilisée.

Comme nous l'avons vu dans le complément 6.5, il est possible de rompre la liaison entre un VCA et le fader qui le commande ; le système d'automation peut alors être connecté à la place du fader. La position du fader, représentée par une valeur numérique, peut être communiquée à l'automation, et cette dernière renvoie une donnée au VCA pour commander le gain de la voie (voir la figure 7.5). L'information renvoyée dépend du mode opératoire du système à un instant donné, et peut correspondre ou non à la position du fader.

Les principaux modes opératoires sont :

• *WRITE* : le gain du VCA ne dépend que de la position du fader ;

• *READ* : le gain du VCA est commandé par les données précédemment mémorisées ;

• *UPDATE* : le gain du VCA résulte d'une combinaison entre les données mémorisées et la position actuelle du fader ;

• *GROUP* : le gain du VCA est commandé par la combinaison de la position du fader de voie et de celle d'un fader de groupe.

**Figure 7.5**
La position du fader est codée pour pouvoir être gérée par le dispositif d'automation ; la donnée que renvoie ce dernier est traduite en une tension qui commande le gain du VCA par lequel transite le signal.

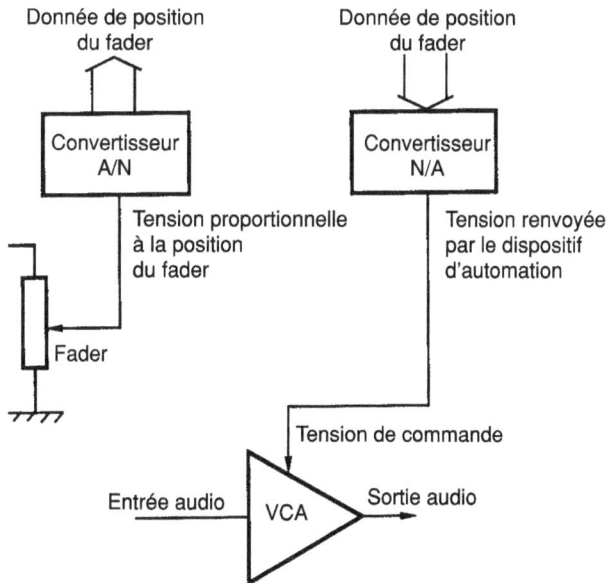

161

La position du fader est évaluée à l'aide d'un convertisseur analogique numérique (voir le chapitre 10), qui transforme la tension continue qu'il délivre en un nombre binaire exprimé, suivant les systèmes, sur huit ou dix éléments binaires, dont le calculateur peut alors prendre connaissance. Dans le premier cas, la position du fader peut prendre l'une des 256 valeurs possibles, ce qui est la plupart du temps suffisant pour donner l'impression de mouvements continus. Toutefois, les systèmes professionnels de haut de gamme utilisent une représentation sur dix éléments binaires, qui permet 1 024 valeurs différentes et, par là, une précision accrue.

Le système d'automation scrute les positions des différents faders plusieurs dizaines de fois par seconde et acquiert les valeurs correspondantes. À chacun d'eux correspond une adresse différente et l'information acquise est stockée dans une zone mémoire particulière. La figure 7.6 représente le schéma de principe d'une automation typique.

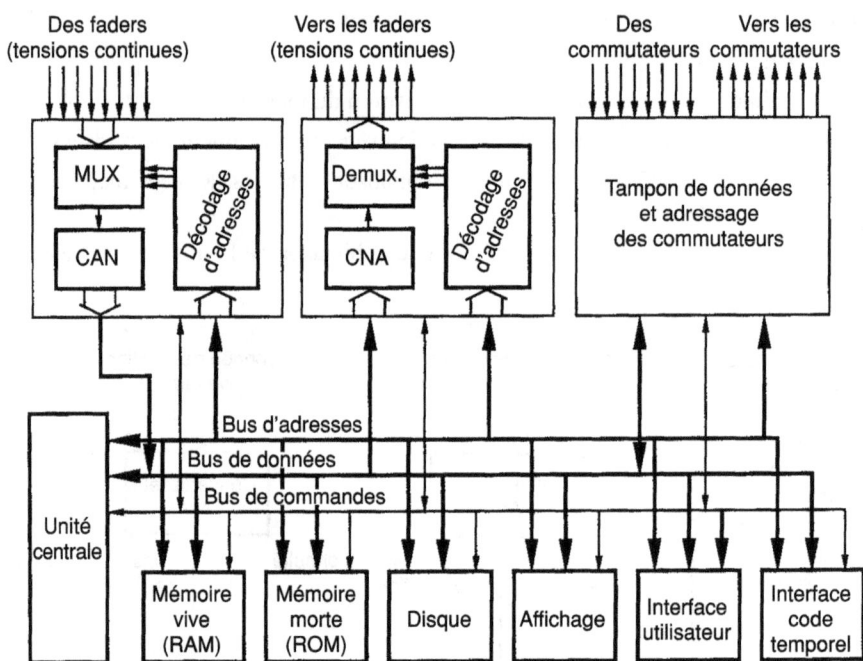

**Figure 7.6**

Schéma synoptique d'une automation de console traitant les positions des faders et des commutateurs. La liaison aux faders se fait par l'intermédiaire de multiplexeurs (MUX) et de démultiplexeurs (DEMUX), un convertisseur unique étant utilisé pour un certain nombre de faders. La mémoire vive (RAM) permet de stocker les données à court terme, et la mémoire morte (ROM) contient le programme. Le microprocesseur (CPU) commande l'ensemble.

L'inconvénient d'un tel système est qu'il ne permet pas de visualiser aisément le gain d'une voie. Ce dernier, lors d'une passe en mode *read* ou *update*, est commandé par le système d'automation et non par le fader, qui peut se trouver à mi-course alors que le gain est à son maximum. Sur certaines consoles, les indicateurs lumineux des tranches peuvent servir à visualiser la tension de commande envoyée par l'automation au VCA, un commutateur permettant de leur donner cette fonction. Sur d'autres dispositifs, l'automation est dotée d'un écran où sont représentés les faders ainsi que deux marqueurs, l'un indiquant la position du fader et l'autre le gain de la voie. Le plus fréquemment, on trouve à proximité du fader deux diodes électroluminescentes, disposées verticalement, qui indiquent la direction dans laquelle le fader doit être déplacé pour atteindre la position correspondant au gain de la voie. Lorsque les deux diodes sont éteintes (ou allumées, selon le cas), cette position est atteinte. Ce système est très utile lors de la modification d'une séquence d'un mixage. Si la donnée envoyée au VCA par l'automation est différente de celle correspondant à la position du fader, une saute de niveau apparaîtra lors du passage du mode *read* au mode *write*. Le système à diodes que nous venons de décrire permet à l'opérateur de déplacer le fader vers la position indiquée par les données enregistrées, certains systèmes n'acceptant de passer d'un mode à l'autre que lorsque cette égalité est atteinte, ce qui assure une transition imperceptible.

Dans le mode *update*, c'est le déplacement relatif du fader, et non sa position absolue, qui est pris en compte pour la modification des données. Le système considère que la position du fader constitue une référence, de gain unitaire, les changements apportés à cette position occasionnant une modification correspondante des données.

Ainsi, si une voie est commutée en mode *update* et la position de son fader modifiée de + 3 dB, le niveau du passage sur lequel porte la mise à jour sera augmenté de cette même valeur (voir la figure 7.7).

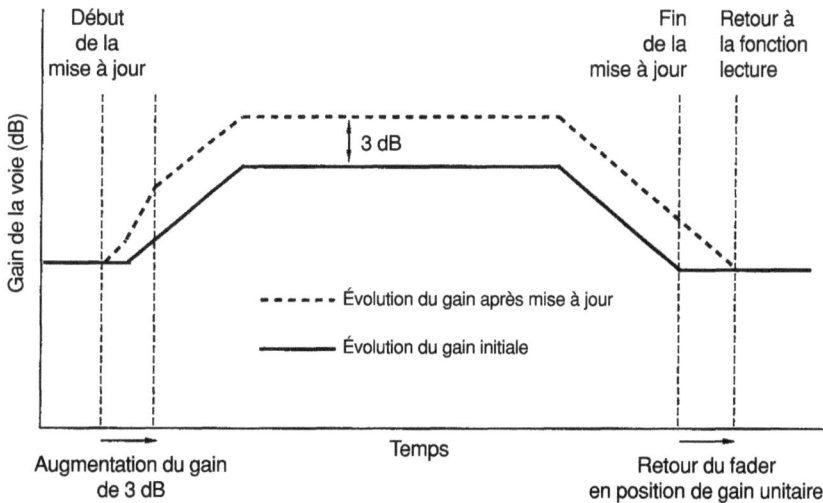

**Figure 7.7**
Étapes successives lors de la mise en service puis hors service de la fonction *update*.

Pour effectuer des modifications de gain de faible importance, le fader peut être prépositionné avant passage en mode *update* au voisinage de l'extrémité supérieure de sa course, ce qui permettra un réglage de grande précision ; une modification importante sera obtenue à l'aide d'un déplacement faible du fader si ce dernier est vers le bas de sa course, en raison de sa courbe de variation.

Sur certains dispositifs, le choix des modes de fonctionnement est relativement transparent pour l'opérateur, le système anticipant le mode le plus approprié à une situation donnée. Par exemple, le mode *write* est nécessaire pour la première passe d'un nouveau mixage, durant laquelle les positions absolues des faders sont enregistrées, alors que les passes ultérieures feront appel au mode *update*.

Un système à faders mobiles fonctionne de manière similaire, sauf que les données renvoyées au VCA pour l'automation servent également à commander un micromoteur qui déplace le fader dans la position leur correspondant. L'avantage est alors que ce dernier assure lui-même le retour d'information de l'automation et occupe toujours une position qui correspond au gain de la voie.

Si le fader est ainsi commandé de manière permanente, des problèmes peuvent se poser quand le système et l'opérateur doivent l'activer en même temps. Pour éviter ce type de conflit, différents dispositifs sont utilisés, parmi lesquels un système de débrayage mis en action lorsque l'appui sur le fader est détecté, pour désolidariser ce dernier du moteur d'entraînement. De tels faders sont en fait en mode *update* de manière permanente, car ils peuvent être activés à tout moment, pour modifier le gain de la voie, mais, la plupart du temps, un mode relatif est offert, qui permet de décaler le niveau de tout un passage d'une certaine valeur. Le problème des décalages relatifs avec les potentiomètres mobiles est que si les données déjà enregistrées présentent une variation soudaine alors que l'opérateur actionne le fader, elle ne sera pas exécutée tant que le système ne pourra pas reprendre la main. Dans ce cas, une combinaison des systèmes à faders mobiles et à VCA trouve toute son utilité.

### 7.3.3 *Faders de groupe automatisés*

Le groupage de commandes conventionnel (voir le complément 6.5) est obtenu le plus souvent à l'aide de faders maîtres dédiés.

Dans le cas d'une console automatisée, il est possible de procéder autrement. Le système d'automation a accès aux données qui représentent les positions de tous les faders principaux de la console, ce qui peut permettre de désigner l'un de ces faders comme maître d'un groupe de faders. Pour ce faire, l'opérateur peut soit appuyer sur une touche située à proximité du fader concerné, soit effectuer cette opération à partir du panneau central de commande de la console. Il pourra alors agir sur ce dernier pour modifier les données renvoyées aux différents faders du groupe ainsi constitué. Le maître peut être l'un des faders du groupe, même si cette manière d'opérer n'est pas obligatoirement optimale.

Certains systèmes mémorisent les données relatives aux groupes sous la forme des évolutions individuelles de chaque fader, sans mettre en mémoire le fait que tel ou tel a été choisi comme maître, alors que d'autres mémorisent également son rôle de maître ainsi que ses évolutions propres.

### 7.3.4 *Automatisation des coupures*

Les coupures (*mutes*) sont plus simples à mémoriser que les positions des faders, dans la mesure où elles ne peuvent présenter que deux états. Les clés de coupure associées à chacun des faders sont aussi scrutées périodiquement par le système d'automation, même si un seul élément binaire est nécessaire pour représenter leur état. La coupure est souvent effectuée à l'aide d'un simple interrupteur électronique, constitué d'un transistor à effet de champ (FET) inséré dans le trajet du signal, qui présente à l'état coupé une très grande atténuation. Une autre méthode, rencontrée sur des consoles moins sophistiquées, consiste à appliquer soudainement à l'entrée de commande du VCA une tension qui correspond à l'atténuation maximale de ce dernier.

**Figure 7.8**
Transistor à effet de champ utilisé comme interrupteur.

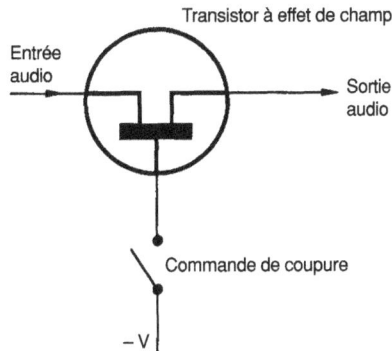

### 7.3.5 *Enregistrement des données d'automation*

Dans les premiers systèmes, les données relatives aux positions des faders et à celles des clés de coupure étaient converties en des signaux pouvant être enregistrés sur un magnétophone multi-piste, à côté du programme audio auquel elles se rapportaient. Pour permettre leur mise à jour, un minimum de deux pistes était nécessaire, l'une permettant la lecture des données pendant que l'autre recevait les données modifiées ; en général, les pistes extérieures (les pistes 1 et 24 dans le cas d'une machine 24 pistes) étaient réservées à cet usage. Cette méthode présentait différentes limites. Tout d'abord, seules deux versions d'un mixage pouvaient être comparées, à moins d'utiliser pour les données d'automation un nombre de pistes plus important ; ensuite, chaque passe de mise à jour devait être effectuée totalement, faute de quoi la piste nouvellement enregistrée était incomplète ; enfin, au minimum deux des pistes audio étaient sacrifiées. Cette procédure présentait par contre l'avantage que les données étaient couchées sur le même support que le programme, ce qui éliminait les risques de perte ou d'inversion.

Les systèmes actuels sont implémentés sur des plates-formes informatiques où les données sont inscrites en RAM et sauvegardées sur un enregistreur (disque dur et/ou disquette). Pour permettre leur synchronisation avec l'audio, un code temporel est enregistré sur le support multipiste ; il permet l'identification, sans ambiguïté, de tout instant du programme. Le système d'automation reçoit les valeurs du code lors de la lecture de la bande et peut donc mettre en relation la position de celle-ci et les données idoines. Cette méthode présente une flexibilité pratiquement sans limite pour ce qui est des modifications apportées à un mixage ; de nombreuses versions peuvent être enregistrées, dont des séquences peuvent être assemblées (fonction *merging*), sans que la bande défile, pour constituer la version définitive. Cette dernière peut alors être reportée sur un support, par exemple une disquette, en vue de sa conservation.

Pour ce qui est des systèmes d'entrée de gamme, il est devenu courant que la transmission des données s'effectue à l'aide du protocole MIDI. Les données de position des faders sont alors converties en informations MIDI (numéro du fader et valeur), la mise en série et la transmission au débit standard ainsi que le décodage en réception étant assurés par un circuit appelé UART (*universal asynchronous receiver and transmitter*), comme le montre la figure 7.9. Les données MIDI sont alors mémorisées soit par un séquenceur conventionnel, soit à l'aide d'un logiciel dédié. Cette méthode s'avère bien adaptée au cas de mixages simples, où un nombre relativement restreint de voies sont utilisées. Cependant, dans le cas de mixages plus complexes, une interface MIDI de base risque d'être saturée par le trop grand nombre d'informations à gérer ; pour contourner ce problème, un système récent fait appel à une interface MIDI multiport (voir le chapitre 15) et à une implémentation non standard qui permet la gestion des données de position des faders, sur dix éléments binaires, pour un grand nombre de voies.

**Figure 7.9**

Les données MIDI allant vers le système d'automation et en venant transitent par un UART.

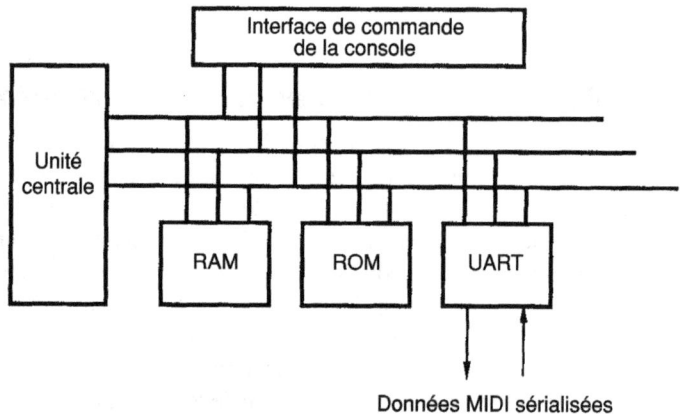

### 7.3.6 *Centralisation des commandes*

Il est devenu fréquent que les consoles actuelles soient équipées de dispositifs permettant la télécommande des enregistreurs ainsi que d'autres appareils. Ces systèmes peuvent soit se présenter sous la forme de claviers de commande installés dans la partie centrale de la console, soit consister en un synchroniseur intégré associé au système d'automation. Sur certaines consoles sophistiquées, chaque voie comporte une présélection d'enregistrement de la piste correspondante reliée à la commande générale d'enregistrement de la machine, ce qui permet de se dispenser d'une télécommande distincte installée près de la console ; un interfaçage soigneux entre cette dernière et l'enregistreur est toutefois nécessaire.

Il peut être intéressant de pouvoir communiquer avec l'automation dans des termes décrivant des instants du programme ; en d'autres termes, l'expression « retour vers le second chorus » doit être comprise par le système, même sous une forme abrégée. Sinon, la solution peut consister à commander les évolutions du système à l'aide d'un code temporel.

Il est fréquent que des commandes soient mises à la disposition de l'opérateur pour lui permettre de commander l'installation dans ces deux modes, dans le cas d'un synchroniseur intégral à même de communiquer avec le calculateur de l'automation.

Le protocole MIDI de télécommande de machines (MMC, pour *MIDI machine control*) est de plus en plus utilisé pour la commande d'enregistreurs multipistes modulaires et offre une autre possibilité pour l'interfaçage d'un magnétophone avec un système d'automation.

### 7.3.7 *Installation différée d'une automation*

Il est souvent possible d'équiper d'un dispositif d'automation une console qui n'en est pas pourvue à l'origine. Les systèmes qui le permettent se bornent, le plus souvent, à gérer les faders et les coupures, la prise en compte d'autres commandes exigeant d'importantes modifications des circuits de la console ; leur faible prix les rend cependant très attractifs. L'équipement de tels dispositifs nécessite la modification ou le remplacement des faders existants de manière à incorporer des VCA aux consoles qui n'en sont pas pourvues, ou simplement à interrompre la liaison entre les faders et les VCA, s'ils existent déjà. Cette modification peut être menée à bien en une journée. Il est également parfois possible de procéder à l'installation différée de faders mobiles.

Ces systèmes comportent un panneau de commande distinct de la console, qui comporte tout à la fois les accès aux différents modes opératoires et le retour d'information comme les gains des VCA et les données de configuration.

Les faders sont interfacés avec un rack de traitement qui peut être situé soit sous la console, soit dans une baie technique distante, et qui contient un dispositif d'enregistrement sur disque dur ou disquette. Une autre solution consiste à utiliser un ordinateur comme unité de commande.

## 7.3.8 *Systèmes à automation totale*

Cette expression admet différentes significations. À l'origine, la firme SSL appela son système *Total Recall*. En fait, il n'assurait pas de lui-même le rappel de l'ensemble des réglages d'une console, mais indiquait à l'opérateur la position qu'ils devaient avoir, laissant à ce dernier le soin de les effectuer.

Néanmoins, ce système permettait une économie de temps considérable lors des changements de réglages entre deux sessions successives, l'opérateur n'ayant plus à noter les positions des différentes commandes de la console.

La fonction de rappel total, *total reset*, est sensiblement différente et exige une interface entre le système d'automation et chacune des commandes de la console. Elle nécessite de pouvoir évaluer la position de chacune d'elles, de pouvoir retrouver un réglage donné et d'afficher le déroulement des opérations. Différentes solutions sont envisageables, parmi lesquelles :

- la motorisation de l'ensemble des potentiomètres rotatifs ;
- utiliser des commandes à course continue associées à un affichage ;
- utiliser des commandes incrémentales, le retour d'information étant assuré par un système d'affichage ;
- recourir à des commandes affectables et à un écran.

Même si la première de ces solutions résout le problème de l'affichage, elle est peu pratique dans la plupart des cas, en raison de la place nécessaire, des problèmes de fiabilité engendrés et de son coût. La deuxième se heurte au problème qu'une commande continue est dépourvue d'index et est plus utilisable comme réglage relatif (augmenter ou diminuer un paramètre) que comme réglage absolu, ce dernier nécessitant un affichage de retour d'information lui aussi gourmand en place. Toutefois, des solutions ingénieuses ont été trouvées, qui consistent, par exemple, à inclure l'affichage dans le bouton, comme le montre la figure 7.10.

**Figure 7.10**
Deux options possibles pour indiquer la position des potentiomètres rotatifs sans fin utilisés dans les systèmes automatisés. (a) Informations lumineuses situées sur le bouton lui-même.
(b) Indicateurs lumineux situés sur la platine, à la périphérie du bouton.

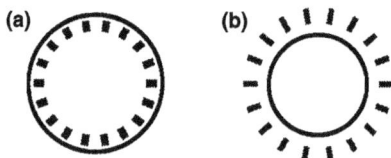

La troisième possibilité n'est que peu satisfaisante sur le plan ergonomique, les opérateurs préférant les commandes analogiques aux commandes numériques, et, de plus, la place disponible sur une console conventionnelle ne permettrait pas d'implanter la totalité des commandes de ce type assorties de leur affichage. La plupart des dispositifs à automation totale recourent à une version ou à une autre de la quatrième option, celle d'utiliser moins de commandes qu'il n'y a de fonctions et de doter la console de systèmes d'affichage complets.

Le concept d'automation totale est inhérent à la notion de console à commandes affectables. Dans une telle console, le signal audio ne transite pas par les différentes commandes, ces dernières n'étant que des interfaces avec le système de contrôle centralisé, chacune pouvant être, selon les besoins, affectée au contrôle de tel ou tel paramètre. Cette méthode de commande indirecte, qui repose en général sur l'utilisation d'un microprocesseur, rend aisée la mémorisation des différents réglages ainsi que leur rappel ultérieur.

### 7.3.9 *Automations statiques et dynamiques*

De nombreuses consoles analogiques configurables utilisent l'équivalent moderne du VCA, l'*atténuateur à commande numérique*, pour contrôler les niveaux des différentes fonctions, corrections, départs auxiliaires, etc. Si toutes les fonctions doivent être mémorisées de manière dynamique, c'est-à-dire que tous les changements doivent être pris en compte et reproduits en temps réel et continûment, une quantité impressionnante de données doit être traitée avec une rapidité suffisante pour que des effets indésirables ne soient pas perçus. Des processeurs très rapides ainsi que des logiciels complexes sont alors nécessaires, ainsi qu'un espace mémoire de grande capacité.

Il existe également des systèmes statiques qui ne visent pas à mémoriser les changements continus intervenus mais prennent des photographies instantanées (*snapshots*) des positions des différentes commandes qui peuvent ensuite être rappelées manuellement ou en référence à un code temporel. Si ces prises d'informations sont effectuées régulièrement et à un rythme élevé, plusieurs fois par seconde, cela permet d'approcher le fonctionnement des systèmes dynamiques. D'autres systèmes mettent plus d'une seconde à se configurer, ce qui en exclut l'utilisation au cours d'un mixage.

D'autres systèmes, enfin, se cantonnent à mémoriser les positions des commutateurs et non les commandes variables, ce qui nécessite beaucoup moins de temps de calcul et de mémoire. L'automation des configurations est particulièrement intéressante dans un théâtre, où les effets sonores peuvent devoir être envoyés à des destinations complexes. Une mémoire statique est alors utilisée, qui permet à l'opérateur, à l'aide d'une commande unique, de préparer la configuration voulue pour l'effet suivant.

## 7.4 Consoles numériques

Dans une console numérique, les signaux analogiques entrants sont convertis dès que possible en données numériques, de manière à ce que l'ensemble des fonctions soient réalisées dans le domaine numérique. La plupart de ces appareils sont dotés d'entrées et de sorties numériques, ce qui permet le raccordement d'enregistreurs et d'autres appareils sans avoir à repasser par le domaine analogique (voir le chapitre 10).

L'intérêt en est qu'une fois le signal converti au domaine numérique, il présente par nature une robustesse supérieure à celle de son équivalent analogique, une immunité presque totale à la diaphonie, une certaine tolérance vis-à-vis de la capacité des liaisons, et il n'est pas directement affecté par les champs électromagnétiques rayonnés par les câbles d'alimentation, la distorsion, le bruit, et les autres formes d'interférences.

L'ensemble des opérations, qu'il s'agisse du gain, des corrections, des retards, de l'inversion de phase, des affectations ou des effets tels que l'écho ou la réverbération, ou encore des traitements dynamiques, peut alors être mené à bien dans le domaine numérique, ce qui permet une grande précision et une reproductibilité totale, en faisant appel aux techniques de traitement numérique que nous aborderons au chapitre 10.

Les préamplificateurs des microphones peuvent être implantés à distance de la console, près des microphones, leurs gains étant toujours commandés à partir de celle-ci. De la sorte, les signaux de niveau ligne qu'ils délivrent peuvent être convertis en numérique avant d'être acheminés vers la console. L'exploitation d'une console numérique peut s'apparenter à celle de son équivalent analogique et surtout à de nombreux modèles présentant le caractère configurable que nous avons décrit plus haut.

L'état de la technologie a atteint un point où il est possible de fabriquer des outils à un coût peu élevé, la firme Yamaha proposant, par exemple, une gamme de consoles numériques dotées d'une automation totale pour un prix raisonnable. La figure 7.11 en montre un exemple. À l'autre extrémité de la gamme, les consoles à grand gabarit proposées par les constructeurs se caractérisent par une qualité sonore exceptionnelle et un panneau de commande dont l'ergonomie est particulièrement soignée. La figure 7.12 montre un exemple d'un tel outil. Il est également possible d'intégrer à la console les fonctions d'enregistrement et de montage, comme l'a montré la firme Solid State Logic sur ses consoles destinées à la post-production audio pour la télévision, appelées Scenaria et Omnimix (voir la figure 7.13). Du côté des produits bon marché, on peut trouver des consoles numériques intégrées à des stations de travail implémentées sur des ordinateurs personnels. L'écran permet de visualiser les différentes fonctions, et les réglages sont effectués à l'aide de la souris.

**Figure 7.11**
La console audionumérique
02R de Yamaha.

**Figure 7.12**
La console audionumérique
OXF-R3 de Sony.

**171**

**Figure 7.13**

La console audionumérique
Omnimix de Solid State
Logic.

# 8 L'enregistrement magnétique

L'enregistrement analogique du son est un processus par lequel un signal électrique continûment variable, qui représente l'information acoustique (voir le chapitre 1), est converti en une modulation d'une grandeur physique d'un support, qui peut alors être stocké, puis relu. Dans le cas de l'enregistrement magnétique, la modulation concerne le niveau de magnétisation rémanente de la bande, qui évolue de manière analogue à l'information sonore enregistrée. L'enregistrement analogique diffère de l'enregistrement numérique (voir le chapitre 10) en ce que, dans le premier, le signal est continu dans les domaines des amplitudes et du temps, alors que, dans le second, il est discrétisé dans le domaine du temps et enregistré sous la forme d'une suite de données. Une vue grossie de la modulation résultant d'un enregistrement analogique laisse apparaître une similitude avec le phénomène sonore originel, alors qu'il est vain de rechercher une telle similarité avec un enregistrement numérique.

## 8.1 La bande magnétique

### 8.1.1 Structure de la bande

La bande magnétique est constituée d'un ruban plastique revêtu d'une couche de matériau magnétique susceptible de conserver une aimantation rémanente, à la manière d'une barre de métal aimantée (voir la figure 8.1). Les tout premiers enregistreurs utilisaient comme support un fil métallique.

Le support des bandes d'aujourd'hui est fait en polyester, en raison de ses caractéristiques mécaniques, et, en particulier, de sa résistance à l'allongement. D'autres matériaux ont été essayés, par le passé, mais ils ont été abandonnés, car ils étaient soit trop fragiles et la bande se cassait fréquemment, soit trop souples et la bande s'étirait. Le support polyester est aujourd'hui utilisé aussi bien pour les microcassettes des dictaphones que pour les bandes multipistes de largeur deux pouces. La couche magnétique est constituée de cristaux d'oxydes métalliques.

Le matériau magnétique le plus répandu est l'oxyde ferrique gamma, qui est une forme particulière de rouille purifiée. Ce matériau est pratiquement le seul utilisé pour les bandes de toutes largeurs, d'un quart de pouce à deux pouces, alors que, pour les cassettes, on recourt également au dioxyde de chrome ainsi qu'à d'autres oxydes métalliques.

**Figure 8.1**
Vue en coupe d'une bande
magnétique.

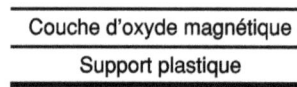

| Couche d'oxyde magnétique |
| Support plastique |

## 8.1.2 *Les développements récents*

La firme allemande BASF a introduit au début des années soixante-dix une formule au dioxyde de chrome, annoncée comme présentant une meilleure réponse aux fréquences élevées et un rapport signal sur bruit amélioré. Le dépôt de brevet qui s'ensuivit amena les autres constructeurs à proposer des alternatives, d'où l'émergence des bandes à l'oxyde de fer enrichi au cobalt. Une autre formule, appelée *ferrichrome*, consistait en une couche d'oxyde ferrique recouverte de dioxyde de chrome. Comme nous le verrons, les fréquences élevées ont tendance à s'inscrire à la superficie de la couche magnétique alors que les basses pénètrent plus en profondeur. La double couche était destinée à tirer parti de ce phénomène, la couche superficielle au chrome présentant une excellente réponse aux fréquences élevées alors que la couche profonde, à oxyde ferrique, présentait une faible distorsion et une bonne réponse aux basses fréquences. Cette formule est toutefois moins répandue aujourd'hui, car elle a tendance à faire apparaître des distorsions aux fréquences moyennes et les formules à oxyde de fer normal et à dioxyde de chrome ont fait l'objet d'améliorations sensibles.

Au cours des années quatre-vingts apparut, pour les cassettes, la bande à métal pur, qui, dans ses débuts, posa de grandes difficultés aux industriels, les particules d'acier ou d'alliage de très petites tailles subissant rapidement une oxydation. Ce problème a toutefois été maîtrisé et des cassettes métal ont été proposées, d'un coût plus élevé que les supports à oxyde, et nécessitant, par ailleurs, des machines dont les circuits et les têtes permettent de magnétiser correctement ce matériau à grande coercitivité. De nombreuses machines ordinaires peuvent toutefois accueillir ce type de bande, mais sans en exploiter toutes les possibilités.

La coercitivité de ces bandes, c'est-à-dire leur aptitude à véhiculer et à mémoriser un flux magnétique, était tellement élevée qu'il était fréquent que les têtes ordinaires soient portées à la saturation avant la bande elle-même, en raison des courants de polarisation très élevés nécessaires (voir le paragraphe 8.2.3).

Les cassettes métal permettaient des améliorations sensibles en matière de distorsion, d'efficacité et de rapport signal sur bruit lorsqu'elles étaient utilisées sur des machines de haute qualité, donc onéreuses.

Les couches magnétiques au métal s'implantèrent dans d'autres domaines, lorsque leur haute capacité d'enregistrement fut mise à profit pour l'enregistrement numérique, sous la forme de cassettes particulières destinées aux machines au format R-DAT (voir le paragraphe 10.5.3) ainsi qu'aux Caméscopes grand public.

### 8.1.3 *Les cassettes*

Il existe des cassettes de longueurs diverses qui permettent des temps d'enregistrement adaptés à différentes applications. La cassette C5 permet des durées de 2 minutes 30 secondes par côté, et la cassette C90, 45 minutes. Les bandes des cassettes à longue durée présentent une épaisseur moindre, pour qu'une plus grande longueur puisse être enroulée sur les bobines. La cassette C120, par exemple, présente une finesse telle que des problèmes surviennent avec de nombreuses machines, dont le transport de bande n'est pas en mesure de la guider de manière convenable. Lorsqu'elle passe entre le cabestan et le galet presseur, elle tend à adhérer à ce dernier, ce qui peut entraîner son enroulement autour du cabestan et du galet presseur puis sa mise en morceaux.

Les bandes très fines ne s'insèrent souvent pas correctement dans les guides du boîtier et sont donc mal appliquées sur les têtes, ce qui a pour conséquence une perte d'efficacité et une mauvaise réponse aux fréquences élevées. Peu de constructeurs de machines à cassettes garantissent leur fonctionnement avec des cassettes C120.

### 8.1.4 *Les bandes pour bobines*

Les bandes quart de pouce destinées à l'enregistrement analogique existent en différentes épaisseurs. Les bandes standards présentent une épaisseur totale de 50 microns et permettent, pour une vitesse de défilement de 38 cm/s, une durée d'enregistrement de 33 minutes, dans le cas d'une bobine de 25 cm de diamètre. Les bandes longue durée, dont l'épaisseur n'est que de 35 microns, autorisent, dans les mêmes conditions, un temps de programme de 48 minutes, ce qui peut s'avérer intéressant pour les enregistrements *live*. Des bandes encore plus fines, appelées double et triple durée, ont également existé ; elles étaient avant tout destinées aux magnétophones grand public. Sujettes à de fréquentes cassures et à des étirements, elles ne permettaient qu'une qualité sonore très moyenne, ce qui en interdisait l'utilisation dans le cadre d'applications professionnelles.

Les bandes standards sont revêtues, sur la face opposée à la couche magnétique, ou dorsale, d'un matériau présentant une certaine rugosité, afin de permettre un rembobinage plus régulier ; elle entraîne d'une part une certaine friction entre les spires jointives et assure de l'autre que de l'air ne sera pas emprisonné entre elles lors d'un rembobinage rapide. Certaines bandes longue durée sont dotées de telles dorsales rugueuses, et d'autres non. Il faut noter que les plateaux latéraux ne sont destinés qu'à protéger la bande, et les galettes de bande placées sur les bobines ne doivent en aucun cas les toucher. Les bobines métalliques sont préférables à celles en plastique, en raison de leur rigidité.

Les bandes professionnelles sont disponibles sous forme soit de bobines, soit de galettes enroulées sur des noyaux, sans flasques. Ces dernières sont bien sûr moins coûteuses, mais elles nécessitent un grand soin lors des manipulations, la bande n'étant pas protégée. Elles peuvent soit être utilisées après avoir été rembobinées sur des bobines à flasques, soit être posées sur des supports spéciaux uniquement dotés d'un flasque inférieur. Les bandes un demi-pouce, un pouce et deux pouces destinées aux magnétophones multipistes sont toujours livrées sur des bobines à flasques, de type standard, et dotées d'une dorsale rugueuse. Les magnétophones professionnels sont toujours utilisés en position horizontale.

Sur les boîtes de bandes figure un numéro de bain. Celui-ci permet de s'assurer que les bandes ont été fabriquées au même moment et qu'elles présentent donc des caractéristiques magnétiques identiques. Des numéros de bains différents pourront nécessiter un réalignement des machines, même si, de nos jours, la dispersion des caractéristiques d'un bain à l'autre est très faible.

## 8.2   Le processus de l'enregistrement magnétique

### 8.2.1   *Introduction*

Le but recherché étant l'inscription d'une aimantation sur la bande, le processus d'enregistrement consiste à convertir le signal électrique en une information magnétique. À la lecture, cette dernière est reconvertie en un signal électrique. Le complément 8.1 en donne une description d'ensemble. En principe, comme le montre la figure 8.2, un magnétophone professionnel comporte trois têtes, qui assurent, dans l'ordre, les fonctions d'effacement, d'enregistrement et de lecture.

**Figure 8.2**
Disposition des têtes sur un magnétophone analogique professionnel.

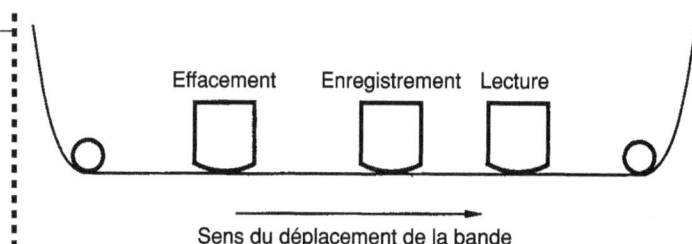

Cette disposition permet d'effacer tout d'abord la bande, de l'enregistrer ensuite, la tête de lecture permettant de contrôler la qualité de l'enregistrement. Si la structure des trois têtes est similaire, elles diffèrent cependant quant à la largeur de leurs entrefers, ces derniers étant plus étroits dans les têtes de lecture que dans les têtes d'enregistrement. Il est certes possible d'utiliser la même tête pour les deux fonctions, mais au prix de moindres performances. Une telle disposition à deux têtes peut être rencontrée sur certaines machines à cassettes bon marché, qui ne permettent pas l'écoute après bande lors d'un enregistrement. La figure 8.3 présente le schéma synoptique simplifié d'un magnétophone typique.

**Figure 8.3**
Synoptique simplifié d'un magnétophone analogique professionnel. Le réjecteur de polarisation (*bias trap*) est un filtre destiné à ce que le signal de polarisation, de fréquence élevée, ne puisse pas remonter dans les étages amont.

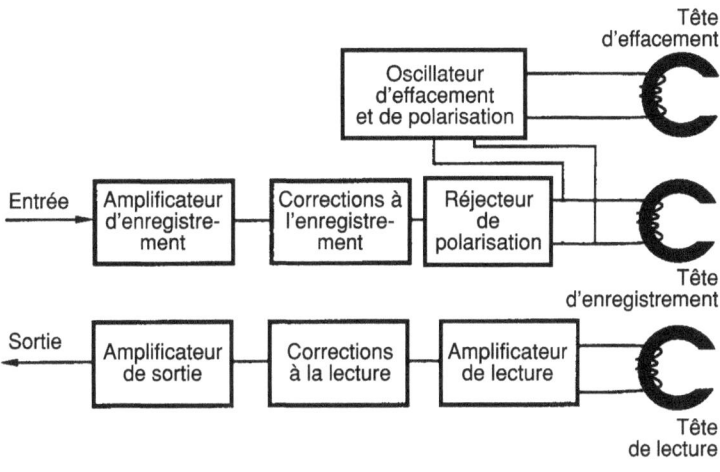

## Complément 8.1 – *La tête d'enregistrement*

Lorsqu'un courant électrique circule dans une bobine, un champ magnétique est créé. Si le courant ne circule que dans un sens (courant continu), l'électroaimant ainsi constitué présente un pôle nord à l'une de ses extrémités et un pôle sud à l'autre (voir la figure). Le signal audio qui doit être enregistré sur la bande est alternatif, et, s'il circule dans une telle bobine, un champ magnétique est produit, dont la direction change comme la polarité du signal.

Le flux magnétique constitue en quelque sorte l'équivalent du courant électrique, car il circule d'un pôle de l'aimant vers l'autre, sous la forme de lignes de force invisibles. Pour l'enregistrement magnétique, il convient que la bande soit magnétisée par un champ évoluant comme le signal audio. On utilise pour ce faire une tête d'enregistrement qui, à la base, est un électroaimant doté d'un entrefer, devant lequel la bande défile. Le signal audio est appliqué au bobinage de sorte qu'un champ magnétique alternatif est créé au niveau de l'entrefer. Comme ce dernier est garni d'un matériau magnétiquement non perméable, il présente une opposition à la circulation des lignes de force magnétiques beaucoup plus grande que celle qu'occasionne la bande magnétique. Le flux traverse alors cette dernière, ce qui crée son aimantation.

À la lecture, la bande aimantée défile devant l'entrefer de la tête, similaire ou identique à celle d'enregistrement, mais, cette fois-ci, le flux magnétique créé par la bande circule dans la tête, induit de ce fait un courant dans la bobine et engendre donc un signal de sortie.

**177**

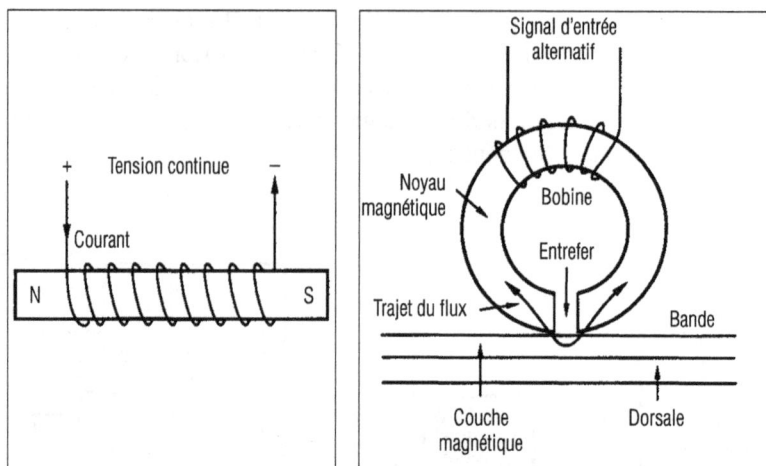

Les caractéristiques de magnétisation de la bande ne sont pas linéaires, tant s'en faut. C'est pourquoi un signal auxiliaire, appelé *polarisation*, ou *bias*, est ajouté au signal audio appliqué à la tête d'enregistrement ; il s'agit d'un signal sinusoïdal, d'une fréquence comprise entre 100 et 200 kHz, qui permet de linéariser le comportement de la bande magnétique. En son absence, le processus est de faible efficacité et présente une distorsion inacceptable. La fréquence du signal de polarisation est trop élevée pour qu'il s'inscrive sur la bande ; il n'apparaît donc pas lors de la lecture. À chaque type de bande correspond un niveau de polarisation différent, qui permet d'obtenir des conditions d'enregistrement optimales. Nous préciserons ce point au paragraphe 8.2.3.

## 8.2.2 *Les corrections à l'enregistrement et à la lecture*

Une correction est appliquée au signal avant son enregistrement, de telle façon que le flux de court-circuit lu par une tête idéale soit conforme à une réponse en fréquence normalisée (voir la figure 8.4). Il existe, pour les différentes vitesses, un certain nombre de normes dont les constantes de temps sont égales à celles des corrections en lecture présentées au tableau 8.1.

Si le flux lu par une tête de lecture idéale doit être conforme à l'une de ces courbes, cela ne signifie pas que la correction électrique appliquée avant l'enregistrement a la même allure ; elle dépend en effet des caractéristiques propres de chaque type de tête et de bande. La correction en lecture (voir la figure 8.5) permet d'obtenir une réponse en fréquence plate à la sortie de la machine. Elle a pour rôle de compenser tout à la fois les pertes survenues lors de l'enregistrement et de la lecture, les caractéristiques normalisées du flux enregistré, l'accroissement du niveau délivré par la tête de lecture lorsque la fréquence augmente, et les pertes aux fréquences élevées constatées lorsque la longueur d'onde devient comparable à la largeur de l'entrefer (voir le complément 8.2).

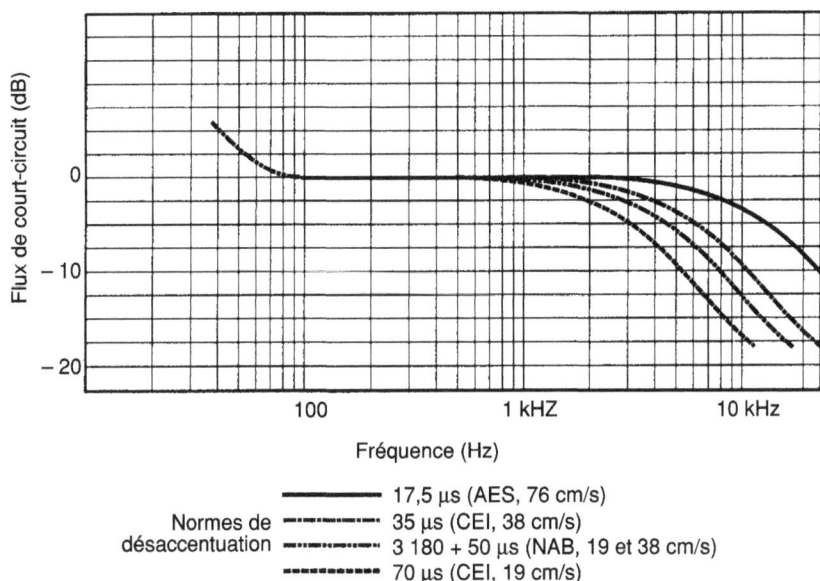

Figure 8.4 (legend):

Normes de désaccentuation
- 17,5 µs (AES, 76 cm/s)
- 35 µs (CEI, 38 cm/s)
- 3 180 + 50 µs (NAB, 19 et 38 cm/s)
- 70 µs (CEI, 19 cm/s)

**Figure 8.4**

Différents exemples de caractéristiques d'enregistrement normalisées. On notera qu'il ne s'agit pas du traitement effectué par la chaîne d'enregistrement, mais du flux obtenu lors de la lecture de la bande par une tête idéale.

Le tableau 8.1 récapitule les constantes de temps qui correspondent aux fréquences de coupure des correcteurs de lecture, pour différentes vitesses. Là aussi, plusieurs normes existent.

Tableau 8.1 – Constantes de temps normalisées en lecture.

| Vitesse de la bande inches/s. (cm/s) | Norme | Constantes de temps (µs) | |
|---|---|---|---|
| | | aiguës | graves |
| 30 (76) | AES/AES | 17,5 | – |
| 15 (38) | IEC/CCIR | 35 | – |
| 15 (38) | NAB | 50 | 3 180 |
| 7,5 (19) | IEC/CCIR | 70 | – |
| 7,5 (19) | NAB | 50 | 3 180 |
| 3,75 (9,5) | Toutes | 90 | 3 180 |
| 1,875 (4,75) | DIN (Type I) | 120 | 3 180 |
| 1,875 (4,75) | DIN (Type II ou IV) | 70 | 3 180 |

La constante de temps, la plupart du temps exprimée en microsecondes, est le produit de la résistance $R$ et de la capacité $C$, qui constituent un filtre ; elle est liée à la fréquence de coupure du filtre par la relation

**179**

$$F = 1/2\,\pi\,RC$$

La norme américaine NAB a introduit une constante de temps aux basses fréquences, égale à 3180 µs, afin de réduire les ronflements que présentaient les premiers magnétophones ; elle la conserve de nos jours. Les constantes de temps élevées, qui correspondent à des fréquences de coupure faibles, tendent à occasionner un bruit de lecture plus important, puisque les fréquences élevées subissent à la lecture une accentuation plus prononcée, le bruit étant alors lui aussi amplifié. Ce phénomène se manifeste surtout pour les cassettes de type I, dont la constante de temps est de 120 µs, alors que celles de type II (70 µs) sont moins bruyantes.

La plupart des magnétophones professionnels sont dotés de commutateurs de correction qui permettent la lecture de bande soit au standard CCIR/IEC, soit à la norme NAB. Le plus souvent, le commutateur de vitesse assure également la sélection de la correction correspondante.

Sur de nombreuses machines, des correcteurs réglables permettent en outre d'ajuster la réponse en fréquence pour l'optimiser dans les différentes conditions d'utilisation concernant les niveaux de polarisation et les types de bande.

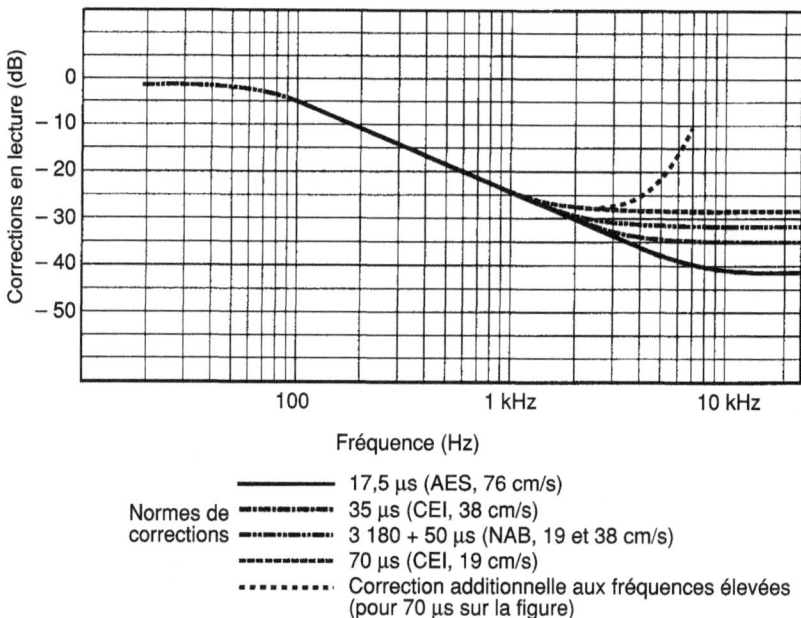

Normes de corrections
- ———— 17,5 µs (AES, 76 cm/s)
- ▬▪▬▪▬▪ 35 µs (CEI, 38 cm/s)
- ▬▪▪▬▪▪▬▪ 3 180 + 50 µs (NAB, 19 et 38 cm/s)
- ‑‑‑‑‑‑‑‑ 70 µs (CEI, 19 cm/s)
- ∙∙∙∙∙∙∙∙ Correction additionnelle aux fréquences élevées (pour 70 µs sur la figure)

**Figure 8.5**

Exemples de corrections nécessaires, à la lecture, pour compenser les caractéristiques d'enregistrement (voir la figure 8.4), les pertes dues à la tête de lecture ainsi que l'effet d'accentuation inhérent au processus de lecture.

---

**C**omplément **8.2** – *Comportement de la tête de lecture*

La tension délivrée par la tête de lecture est proportionnelle à la rapidité des évolutions du flux lu de la bande ; c'est pourquoi elle augmente, lorsque la fréquence croît, avec une pente de 6 dB/octave. Une correction apportée à la lecture permet de compenser ce phénomène.

Aux fréquences élevées, les longueurs d'onde enregistrées sur la bande sont très petites ; autrement dit, la distance entre inversions de flux est très courte. Plus la vitesse de défilement de la bande est grande, plus grandes sont les longueurs d'onde. Pour une certaine fréquence, la longueur d'onde devient égale à la largeur de l'entrefer de la tête de lecture ; le flux qui traverse alors cette dernière devient nul, aucun courant n'étant induit.

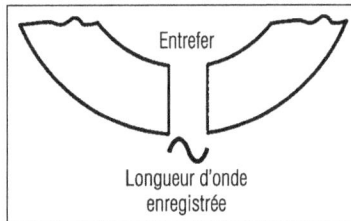

La conséquence en est l'existence d'une fréquence d'extinction à la lecture que la conception de la tête doit rendre aussi élevée que possible. Ce phénomène, appelé *effet d'entrefer*, commence à se manifester avant la fréquence d'extinction et se traduit par une atténuation progressive des fréquences élevées (voir la figure). Pour des vitesses basses, où les longueurs d'onde sont relativement faibles, la fréquence d'extinction sera plus basse que lorsque la vitesse est plus élevée, pour une largeur d'entrefer donnée.

Aux fréquences basses, la longueur d'onde enregistrée est de l'ordre de la longueur de bande en contact avec la tête ; différents effets de combinaisons additives et soustractives se manifestent, car seulement une partie du flux émanant de la bande circule dans la tête. Ces effets se traduisent par des irrégularités dans la courbe de réponse en fréquence.

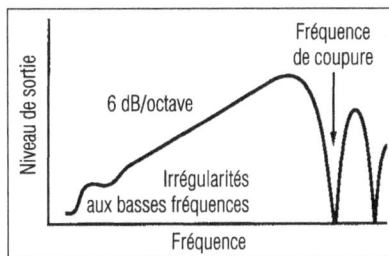

La figure illustre les conséquences de ces différents phénomènes sur la tension délivrée par la tête de lecture.

---

## 8.2.3 *La polarisation*

Le signal audio est enregistré d'autant plus profondément dans la bande que le niveau de polarisation choisi est élevé. Par ailleurs, une magnétisation correcte de la bande exige un niveau de polarisation d'autant plus important que la coercitivité du matériau magnétique l'est. Un réglage correct est essentiel pour obtenir d'une bande analogique des performances optimales et fait partie des opérations d'alignement quotidiennes dans les systèmes professionnels (voir le paragraphe 8.7).

Les niveaux de polarisation nécessaires varient, comme nous l'avons vu, d'une bande à l'autre. En ce qui concerne les cassettes, un classement a été établi où les différents types sont groupés en quatre familles : le type I, à oxyde ferrique, le type II, cassettes au chrome $CrO_2$, le type III, cassettes ferrichrome, et le type IV, cassettes métal. Les différentes compositions des couches d'oxyde des cassettes doivent s'apparenter, en ce qui concerne le niveau de polarisation requis, à l'une de ces familles ; il est alors possible d'obtenir de bons résultats, en gardant le même réglage de polarisation, avec différentes marques de cassettes. Cet aspect est très important, car des variations dans le réglage de la polarisation occasionnent des variations significatives dans la réponse aux fréquences élevées. Dans le domaine grand public, on n'attend pas de l'utilisateur qu'il règle sa machine pour un type particulier de bande, comme c'est l'usage dans le domaine professionnel, pour les magnétophones à bobines, bien que certaines machines à cassettes permettent un réglage, manuel ou automatique, de la polarisation. On constatera souvent qu'une machine donnée présente un meilleur comportement avec telle ou telle cassette. Cela dépend de celle qu'ont utilisée le constructeur ou le distributeur pour régler la machine ; des essais effectués avec différents modèles de cassettes permettront de déterminer celle qui fournit les meilleurs résultats.

### 8.2.4 *L'effet d'empreinte*

L'effet d'empreinte est causé par une zone aimantée de la bande qui induit un champ magnétique sur les spires adjacentes lorsqu'une bobine de bande est stockée, à la manière d'une épingle placée à proximité d'un aimant qui devient elle-même aimantée. Cet effet se manifeste, selon le sens dans lequel la bande a été bobinée, par des phénomènes de pré-échos ou post-échos ; dans le premier cas, on entendra, à bas niveau, le début d'un mouvement musical ou d'un programme avant son commencement réel ; dans le second, les derniers instants de celui-ci seront répétés, à niveau faible, même si cette répétition est en général masquée par la décroissance de la réverbération ou coupée, en l'absence de cette dernière, la bande ayant été montée après la fin du programme.

Le stockage à l'envers des bandes *master* permet d'éviter les pré-échos. Cette pratique est habituelle et indiquée par la présence, à l'extérieur de la bobine, de l'amorce rouge qui devrait toujours être présente en fin de bande. C'est alors une zone silencieuse de la bande qui est en contact avec le programme précédent, non adjacent au programme suivant. Le stockage à l'envers est également souhaitable car la qualité de bobinage est meilleure en lecture qu'en rembobinage ou défilement avant rapide ; une bande venant d'être lue peut être alors immédiatement stockée, dans un état qui permettra de la conserver dans de bonnes conditions.

Le post-écho est préférable, car il est plus naturel d'entendre une réplique de ce qui vient d'être entendue qu'une prélecture de la section suivante. La décroissance de la réverbération, comme nous l'avons dit, contribue également à masquer ce dernier.

Les systèmes de réduction de bruit (voir le chapitre 9) aident à minimiser les conséquences de l'effet d'empreinte, car, à la lecture, le processus de décodage rejette les signaux de bas niveau encore plus loin, en raison de l'extension opérée. Les signaux produits par l'effet d'empreinte apparaissent entre le codage et le décodage et sont donc amoindris par ce dernier.

## 8.3 Le magnétophone

### 8.3.1 *Le magnétophone de studio*

Les magnétophones à bande professionnels appartiennent à deux catégories : les machines de studio, intégrées dans des pieds-supports, et les enregistreurs portables. Les magnétophones stéréophoniques destinés à être installés de manière relativement permanente dans un studio ou dans une régie mobile ne présentent en général que peu de fonctions. Ils sont dotés d'entrées et de sorties symétriques au niveau ligne et ne comportent en général pas d'entrées micro. Outre les commandes du transport de bande et des modes de fonctionnement, ils sont équipés d'un véritable compteur affichant le temps réellement écoulé et non un nombre plus ou moins arbitraire de tours de cabestan, d'un sélecteur de taille de bobines, d'une prise destinée au raccordement d'un casque et, parfois, d'une paire d'indicateurs de niveau. Cette simplicité est délibérée, leur fonction étant de recevoir un signal, de le mémoriser et de le relire à la demande. Ils sont de construction robuste et présentent une stabilité de performances qui autorise des réglages espacés. On attend d'eux une fiabilité à toute épreuve. La figure 8.6 représente un exemple d'une telle machine.

Les entrées doivent pouvoir accepter des niveaux électriques élevés, voisins de + 20 dBu, soit environ 8 V, pour qu'il n'y ait que peu de chances de les saturer. L'impédance d'entrée est au minimum de 10 k$\Omega$, alors que celle de sortie, qui doit permettre d'attaquer des charges descendant jusqu'à 600 $\Omega$, est voisine d'une centaine d'ohms. Il est souvent possible de raccorder ce type de magnétophone à un boîtier de télécommande afin de pouvoir en commander les évolutions à partir, par exemple, de la console. Il est également fréquent que le compteur en temps réel puisse faire l'objet d'un affichage à distance, de sorte que la machine peut être quasiment ignorée lors des sessions d'enregistrement. Dans certaines d'entre elles est intégré un dispositif de réduction du bruit de fond, auquel la commande d'enregistrement envoie, lorsqu'elle est activée, une tension continue qui a pour effet de mettre en service le codeur. Les réglages de niveaux d'entrée et de sortie, de polarisation et de corrections sont en général masqués pour éviter qu'ils ne soient accidentellement modifiés.

**Figure 8.6**

Un exemple de
magnétophone analogique
professionnel : le modèle
A 807-TC de Studer.

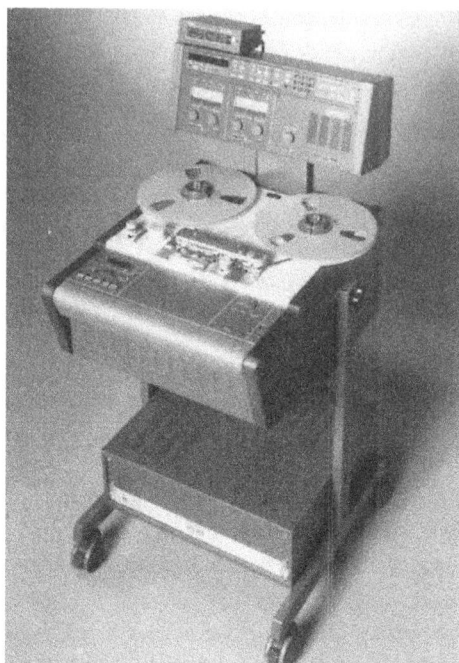

Selon les modèles, les commutateurs de protection (*safe*) et de présélection (*ready*) d'enregistrement sont distincts pour chacune des deux pistes ainsi que, dans le cas d'un magnétophone multipiste, l'inverseur lecture normale/lecture synchrone (voir ci-dessous). Certaines machines disposent également d'un dispositif variateur de vitesse, qui permet un réglage fin de cette dernière autour de sa valeur nominale. D'autres peuvent également être synchronisées à l'aide d'un signal externe de référence de vitesse.

## 8.3.2 *Le magnétophone semi-professionnel*

Le magnétophone semi-professionnel se distingue des machines professionnelles par un niveau de performances moindre, une taille et un poids plus faibles, et les différentes fonctions qu'il permet, telles que les entrées micro et différentes possibilités d'entrées/sorties. Il est en général doté d'une sortie casque, d'indicateurs de niveau d'enregistrement et d'un commutateur d'écoute source/bande ; son niveau de sortie est le plus souvent réglable. Certains permettent la fonction surenregistrement, ou superposition. Un exemple en est illustré à la figure 8.7. Ce type de magnétophone n'est pas aussi robuste que son équivalent professionnel, aspect important lorsqu'il s'agit de machines ayant à être transportées. Les mauvais traitements peuvent entraîner un voilage du châssis, source d'un désalignement du transport de bande qui s'avèrera très difficile, voire impossible, à rattraper. Certaines machines ont un châssis en acier pressé ; les modèles à châssis moulé sont préférables.

**184**

**Figure 8.7**

Uun magnétophone
analogique semi-
professionnel : le modèle
PR 99 de Revox.

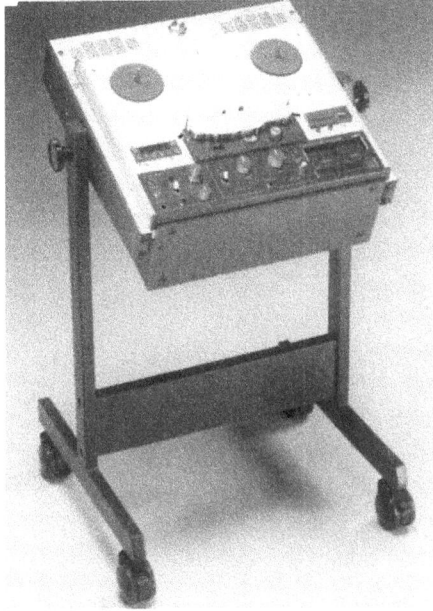

Les prises d'entrées et de sorties de ce type d'appareil sont des modèles grand public, RCA ou jack, et les niveaux sont voisins de – 10 dBV au lieu de + 4 dBu. Les guides de bande ne sont en général pas dotés, comme c'est le cas pour les magnétophones professionnels, de roulements à billes à faible friction. Rares sont ceux offrant la possibilité d'insérer un réducteur de bruit. Bien que d'un coût très inférieur à celui d'une machine professionnelle, le magnétophone semi-professionnel offre, pour les meilleurs modèles, de très bonnes performances et une bonne fiabilité.

### 8.3.3 *Les enregistreurs portables*

Le magnétophone portable professionnel, contrairement au modèle de studio, offre un large éventail de possibilités. Il est doté d'entrées, aussi bien au niveau micro qu'au niveau ligne, et de sorties symétriques, de dispositifs d'alimentation par microphones de types fantôme et A-B, et d'indicateurs de niveau. Il fonctionne en général à l'aide de piles ou de batteries, ces dernières permettant une autonomie plus importante. Certains modèles permettent d'enregistrer un code temporel et un signal pilote, nécessaires dans le cas d'enregistrements destinés au cinéma ou à la télévision, et même d'effectuer des mélanges de signaux. Il doit tout à la fois présenter une grande robustesse, en vue de son utilisation à des fins professionnelles, et être d'une taille et d'un poids suffisamment faibles pour être porté aisément. Des adaptateurs lui permettent de fonctionner, si nécessaire, avec des bobines professionnelles d'un diamètre de 25 cm. Le niveau de miniaturisation nécessaire pour placer tant de choses dans un boîtier aussi petit contribue à son prix élevé. Les performances de telles machines, dont la figure 8.8 montre l'une des plus répandues, n'ont rien à envier à celles des magnétophones de studio.

**Figure 8.8**
Le Nagra IV-S,
magnétophone professionnel
portable bipiste.

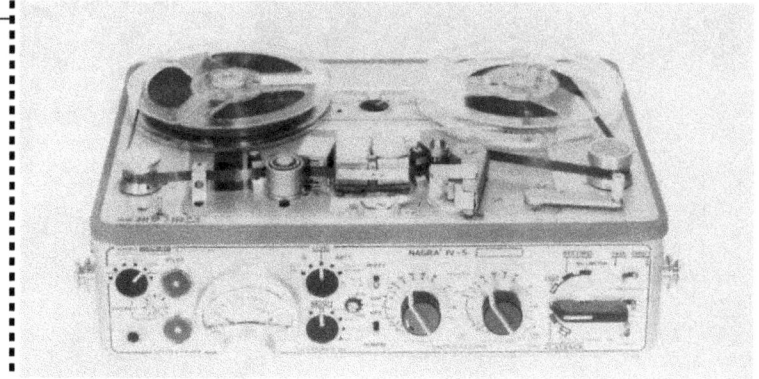

## 8.3.4 *Les magnétophones multipistes*

Les magnétophones multipistes présentent une grande variété de configurations et de performances. Leur conception leur confère une grande robustesse et des caractéristiques comparables à celles des modèles stéréophoniques de studio.

Le transport de bande doit être particulièrement soigné pour que la qualité soit identique pour les différentes pistes. Une bobine pleine de bande de largeur deux pouces est lourde, et les moteurs et les freins doivent, pour y faire face, être d'une grande puissance. Hormis le nombre accru de pistes, ces machines sont, à la base, identiques aux magnétophones stéréophoniques ; les constructeurs présentent une gamme de machines fondées sur le même modèle comportant des nombres variés de pistes. Les procédures d'alignement sont bien sûr très longues ; aussi des réglages pilotés par ordinateur sont-ils les bienvenus, quand on sait qu'une machine 24 pistes nécessite 168 réglages différents. La figure 8.9 nous montre un magnétophone 24 pistes typique.

Une fonction très utile sur ce type de machine est l'adressage automatique (*autolocator*) et le fonctionnement en boucle. Le compteur en temps réel peut être programmé de manière à ce que la machine répète indéfiniment la lecture de la même séquence, entre les points d'entrée et de sortie programmés, ce qui facilite les différents essais lors du mixage. Les machines multipistes sont dotées d'un certain nombre de fonctions spécifiques très appréciables lors des sessions d'enregistrement. Citons la lecture synchrone (voir le complément 8.3), la rampe d'entrée en enregistrement, qui permet d'activer l'enregistrement d'une piste n'importe où, sans percevoir ni trou ni clic, et l'effacement ponctuel, qui permet l'effacement manuel d'une piste sur une courte longueur de bande.

**Figure 8.9** _____
Un exemple de
magnétophone multipiste
professionnel : le modèle
827, de Saturn.

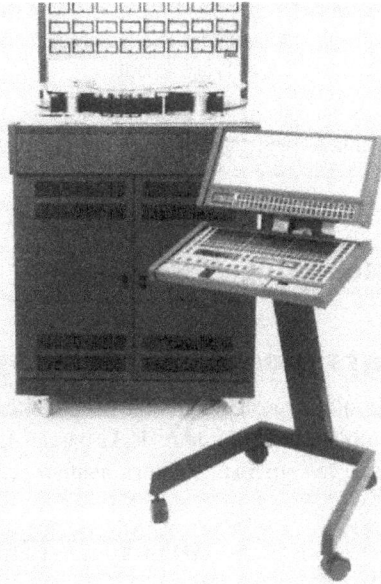

Différents magnétophones semi-professionnels sont apparus, qui utilisent des largeurs de pistes inférieures pour permettre d'utiliser des transports de bande plus simples ; ces économies se payent cependant par une baisse de la qualité. Des machines 4, 8 et même 16 pistes utilisent ainsi des bandes quart de pouce ; d'autres permettent d'enregistrer 8 ou 16 pistes sur une bande un pouce. Certaines sont dotées de réducteurs de bruit de type grand public, tels que le Dolby C ou, pour les plus récentes, le Dolby S, dérivé du réducteur professionnel Dolby SR (voir le paragraphe 9.2.5).

Les machines multipistes bon marché sont dotées de prises d'entrées et de sorties de type grand public, asymétriques. Leur alignement, assez peu stable, n'est pas aisé. Le transport de bande est assez simple, ce qui occasionne des erreurs de phase assez importantes entre pistes. La diaphonie entre les pistes adjacentes est, elle aussi, relativement élevée. La durée de vie de ces machines est beaucoup plus faible que celle de leurs homologues professionnels.

**Complément 8.3** – *La lecture synchrone*

La procédure de *rerecording*, ou *overdubbing*, est très répandue dans le domaine de l'enregistrement multipiste. Elle consiste, pour les musiciens, à enregistrer certaines pistes tout en en écoutant d'autres. Si la lecture de ces dernières était effectuée à l'aide de la tête de lecture, alors que l'enregistrement est effectué à l'aide de la tête spécialisée, un décalage apparaîtrait entre les signaux enregistrés et ceux déjà couchés sur la bande, créé par le décalage entre les têtes. La lecture synchrone permet d'assurer la lecture de certaines pistes à l'aide de la tête d'enregistrement, en vue de maintenir la synchronisation. La qualité permise n'est pas aussi élevée qu'avec la tête de lecture, en raison de l'entrefer plus large, mais elle est en général suffisante pour ce type d'application. Pour compenser ce défaut, certaines machines disposent de corrections séparées pour cette fonction. Le mixage doit toujours être effectué à l'aide de la tête de lecture.

Certains constructeurs ont optimisé leur technologie des têtes d'enregistrement à un point tel que les performances en lecture normale et en lecture synchrone sont comparables.

## 8.4 Les dispositions des pistes

### 8.4.1 *Formats mono, bipiste et stéréo*

Le format stéréophonique professionnel est également appelé demi-piste, car chaque piste occupe environ la moitié de la hauteur de la bande. Les enregistreurs monophoniques pleine piste enregistrent, eux, le signal sur toute sa hauteur (voir la figure 8.10).

**Figure 8.10**
Disposition des pistes sur une bande quart de pouce. (a) Enregistrement mono, pleine piste ; (b) enregistrement stéréo ; (c) quatre pistes, ou stéréo quart de piste (dans ce dernier cas, 1 et 3 sont enregistrées et lues dans un sens et 2 et 4 dans l'autre).

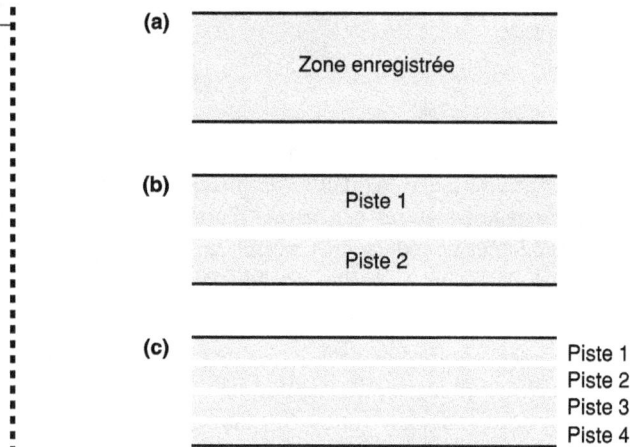

(a)

Zone enregistrée

(b)

Piste 1

Piste 2

(c)

Piste 1
Piste 2
Piste 3
Piste 4

Les magnétophones bipistes grand public s'apparentent au format quart de piste, où les signaux gauche et droit sont enregistrés sur le premier (le plus haut) et le troisième quart de la hauteur de la bande. À la fin de cette dernière, il est possible de la retourner et d'enregistrer alors sur les deux quarts de bande restés vierges, ce qui permet de doubler la capacité d'enregistrement de la bande. L'autre côté de la bande, comme on l'appelle, est en fait le même, mais c'est une autre zone de la bande qui est utilisée. Les inconvénients de cette disposition sont que la largeur réduite de la piste accroît le niveau de la distorsion et du bruit de fond, et que la qualité du contact entre la bande et les têtes est plus critique, des pertes de signal étant à craindre s'il n'est pas optimal ; la présence d'un programme enregistré dans les deux sens interdit le montage par coupe de bande.

Certaines machines semi-professionnelles sont au format quart de piste ; certaines machines bipistes sont par ailleurs dotées d'une tête de lecture additionnelle permettant de travailler dans ce format.

Enfin, il existe deux types de formats bipistes professionnels, appelés NAB et DIN, qui sont décrits dans le complément 8.4.

---

**C**omplément **8.4** – *Formats de bande NAB et DIN*

Il est important d'opérer une distinction entre une machine stéréo et une machine bipiste. Avec la seconde, il est possible d'enregistrer les deux pistes à des moments différents, si nécessaire. Les enregistrements synchrones sont également possibles, pour peu qu'une commutation permette la lecture à l'aide de la tête d'enregistrement, ce qui permet de relire un enregistrement effectué auparavant, par exemple, sur la piste 1 alors que l'on enregistre sur le 2. Ces machines doivent permettre l'enregistrement, sur les deux pistes, de signaux totalement décorrélés et différents ; la diaphonie entre pistes doit alors être réduite à son minimum. Pour ce faire, un intervalle de garde est ménagé entre les pistes, dont la hauteur est plus importante que dans le cas d'une machine stéréo. Le format à intervalle de garde large est appelé *format NAB* (ce qui ne veut pas nécessairement dire que les corrections sont elles aussi de type NAB). Le format stéréo à intervalle de garde étroit est, quant à lui, appelé *format DIN*.

L'existence de ces deux formats entraîne différents problèmes de compatibilité ; si un enregistrement effectué au format DIN est effacé sur une machine bipiste, la tête d'effacement de cette dernière laissera subsister des traces de signal au voisinage du centre de la bande, qui pourront être audibles. Par ailleurs, si un enregistrement NAB est relu sur une machine au format DIN, le niveau de bruit sera accru de 1 ou 2 dB.

---

### 8.4.2  *Formats multipistes*

La disposition des pistes sur une bande multipiste dérive des dimensions correspondant aux machines bipistes à bande quart de pouce. C'est pourquoi une machine 4 pistes utilise une bande d'un demi pouce, et une machine 8 pistes une bande d'un pouce. Les magnétophones 16 pistes utilisent une bande de hauteur égale à deux pouces, ainsi que ceux à 24 pistes. De la sorte, toutes les pistes des différents formats présentent, de 4 à 16 pistes, des performances comparables.

Les pistes sont en principe numérotées à partir du haut de la bande (piste 1), la piste de plus grand numéro d'ordre se situant en bas.

## 8.5  Niveaux d'enregistrement magnétique

Nous avons vu plus haut que l'équivalent du courant électrique, dans le domaine magnétique, est le flux. Il est nécessaire de bien comprendre les relations existant entre les niveaux électriques et les niveaux magnétiques inscrits sur la bande (nous en avons dit quelques mots dans le complément 7.3). Les performances à attendre d'un magnétophone dépendent pour une grande part de ces derniers, des niveaux trop élevés étant source de distorsions et des niveaux trop faibles entraînant un accroissement du bruit (voir la figure 8.11). Le signal doit être enregistré de manière à ce que le domaine inscriptible ainsi délimité soit utilisé de manière optimale. C'est pourquoi la relation entre le niveau du signal d'entrée du magnétophone et celui inscrit sur la bande doit être établie de manière à ce que l'opérateur sache à quel flux magnétique correspond telle déviation de l'indicateur de niveau de la console. Cette relation établie, il n'a plus à se préoccuper des niveaux de flux et peut se concentrer sur les indicateurs de niveau. Le complément 8.5 traite des niveaux de référence de flux magnétique.

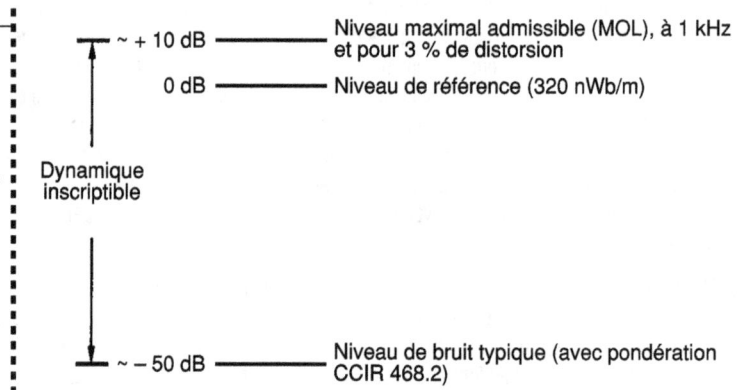

**Figure 8.11**
La dynamique inscriptible sur la bande magnétique est limitée par le niveau de bruit et le niveau maximal admissible. Les valeurs exactes dépendent du type de la bande.

## Complément 8.5 – *Niveaux magnétiques de référence*

La densité de flux magnétique sur la bande est exprimée en nanowebers par mètre (nWb/m), le weber étant l'unité de flux magnétique. Les spécifications des bandes comportent différents paramètres importants, dont les principaux sont le niveau maximal de sortie (MOL, pour *maximum output level*), le niveau de saturation aux fréquences élevées et le niveau de bruit. (Le lecteur trouvera, à l'annexe 1, une description de ces paramètres.) Le niveau maximal de sortie est le niveau de flux pour lequel le taux de distorsion harmonique atteint 3 % à 1 kHz (ou 5 % à 315 Hz pour les cassettes) ; il peut être considéré comme la limite du domaine enregistrable de la bande. Pour les bandes modernes de haute qualité, il est d'environ 1000 nWb/m, et même un peu supérieur pour certaines. Il est alors logique d'aligner le magnétophone de telle manière que ce niveau corresponde au niveau crête délivré par la console.

On prend souvent comme niveau de référence électrique la valeur + 4 dBu, qui correspond à une déviation à 0 du Vu-mètre de la console. L'alignement de la machine doit le faire correspondre à un niveau de référence magnétique sur la bande, par exemple 320 nWb/m.

Le niveau crête, qui est supérieur au niveau de référence d'environ 8 dB, entraînera l'inscription sur la bande d'un niveau magnétique voisin de 800 nWb/m, ce qui est proche du niveau maximal de sortie de la bande et occasionnera l'apparition d'environ 1 % de distorsion. Parmi les différents niveaux magnétiques de référence couramment utilisés, les plus répandus sont 200, 255 et 320 nWb/m. Les niveaux de 200 et 320 nWb/m présentent un écart de 4 dB. De la sorte, une bande étalon enregistrée au second produira un niveau électrique de 4 dB plus élevé que celui produit par une bande enregistrée au premier. Les bandes étalons d'origine américaine sont souvent enregistrées à 200 nWb/m (*niveau NAB*) ; les bandes allemandes présentent la plupart du temps un niveau de 255 nWb/m (*niveau DIN*). D'autres bandes européennes travaillent à 320 nWb/m (*niveau IEC*). Le lecteur trouvera dans le corps du texte une description des bandes étalons.

Il est fréquent aujourd'hui, dans les studios d'enregistrement, de constater que les bandes magnétiques analogiques sont sous-modulées, alors que les bandes modernes autorisent des niveaux d'enregistrement crête plus élevés que par le passé. Si, par exemple, une machine a été réglée de manière à ce que le niveau de référence électrique, + 4 dBu ou 0 VU, corresponde à un niveau de 200 nWb/m, une réserve inutilisée de 4 à 6 dB sera ménagée entre le niveau de crête et le niveau maximal de sortie de la bande, au détriment du rapport signal sur bruit.

## 8.6 Les bandes étalons

Une bande étalon est un enregistrement de référence constitué de signaux de niveaux magnétiques connus et garantis. Son utilisation est un point de passage obligé lors de l'alignement d'un magnétophone, car, sans elle, il n'est pas possible de connaître le niveau magnétique qui sera inscrit sur la bande lors de l'enregistrement.

L'alignement en niveau de lecture est effectué en lisant la bande étalon, dont la plage, contenant un signal de fréquence 1 kHz à un niveau magnétique de référence (par exemple 320 nWb/m), produit un signal électrique à la sortie de la machine. Le gain de l'amplificateur de lecture est alors réglé de manière à ce que son niveau corresponde au niveau de travail du studio, par exemple + 4 dBu. On est alors certain que, si le niveau de sortie du magnétophone est égal à ce dernier, le niveau magnétique sur la bande est de 320 nWb/m. Une fois cette relation établie, il est possible d'inscrire sur la bande un niveau magnétique donné. Un signal électrique de fréquence 1 kHz et de niveau + 4 dBu est appliqué à l'entrée de la machine, et le niveau d'enregistrement est réglé de manière à obtenir, à sa sortie, un niveau de + 4 dBu. Le signal à 1 kHz est alors enregistré à un niveau de flux magnétique de 320 nWb/m.

Les bandes étalons contiennent également d'autres salves de signaux à différentes fréquences, qui permettent le réglage d'azimut des têtes et celui des corrections de lecture (voir ci-dessous).

Il faut utiliser une bande étalon présentant le niveau de référence magnétique correct et correspondant au standard de correction adéquat (NAB ou CCIR ; voir le paragraphe 8.2.2). Les bandes étalons sont disponibles pour toutes les vitesses, tous les standards et toutes les largeurs de bande. La plupart sont enregistrées pleine piste.

## 8.7 L'alignement des magnétophones

### 8.7.1 *Inspection et démagnétisation des têtes*

L'usure des têtes et des guides de bande doit faire l'objet d'une inspection régulière : il faut surveiller l'apparition d'éventuels méplats, auquel cas les guides doivent être tournés, si cela est possible, de manière à ce qu'une surface neuve soit en contact avec la bande. Les têtes et les guides présentant une usure irrégulière font courir le risque que leurs aspérités endommagent la couche magnétique de la bande. Les têtes peuvent être faites de matériaux différents. Celles en mu-métal présentent de bonnes caractéristiques électromagnétiques, mais ne sont pas particulièrement résistantes à l'usure. Les têtes en ferrite s'usent très lentement et leurs entrefers peuvent être réalisés avec des tolérances très serrées. Le bord des entrefers peut toutefois s'avérer assez fragile ; il est donc nécessaire de les manipuler avec soin. Les têtes en permalloy ont une grande durée de vie et présentent par ailleurs de bonnes performances ; elles sont très répandues. L'usure d'une tête est révélée par l'apparition d'une surface plane à l'endroit qui est au contact de la bande. Une usure légère n'implique pas nécessairement le remplacement de la tête, et, si les résultats obtenus lors de la lecture de la bande étalon sont satisfaisants, elle ne s'impose aucunement.

L'usure de la tête de lecture se traduit souvent par une réponse très accentuée aux fréquences élevées, ce qui nécessite, pour la compenser, une correction importante. Ce phénomène, qui peut sembler curieux, s'explique par le fait que, sur de nombreuses têtes, l'entrefer se rétrécit au fur et à mesure qu'elles s'usent.

Les têtes doivent être nettoyées régulièrement à l'aide d'un Coton-Tige et d'alcool ou de fréon vaporisé. Elles doivent aussi être démagnétisées de temps à autre ; elles peuvent en effet devenir porteuses d'une aimantation qui a pour résultat un niveau de souffle accru ainsi que l'apparition d'un bruit de modulation qui amène un effet de granulation sur les enregistrements. Le démagnétiseur est un électroaimant puissant, alimenté par le courant alternatif du secteur, qui doit être situé loin de la machine lors de sa mise en service et être débarrassé de toute trace de matériau magnétique ou de métal. Une fois en fonctionnement, il doit être passé doucement et lentement le long de la trajectoire de la bande, en l'absence de cette dernière, qu'il effacerait immédiatement, autour des guides et des têtes, puis éloigné progressivement de la machine ; il peut alors être mis hors service.

### 8.7.2 *Alignement de la lecture*

Comme nous l'avons expliqué plus haut, l'alignement de la chaîne de lecture doit être effectué avant celle d'enregistrement.

Nous avons expliqué, au paragraphe 8.6, la méthode de réglage des niveaux de lecture et d'enregistrement. Celle qui concerne les réglages d'azimut, à l'aide des plages de la bande étalon prévues à cet effet, est exposée dans le complément 8.6.

L'alignement de la réponse en fréquence de la chaîne de lecture est effectué à l'aide d'une série de signaux à différentes fréquences, que contient la bande de référence. Cette séquence de signaux, enregistrés 10 ou 20 dB sous le niveau de référence, débute par une salve à 1 kHz, suivie d'autres à 31,5 Hz, 63 Hz, 125 Hz, 250 Hz, 500 Hz, 1 kHz, 2 kHz, 4 kHz, 8 kHz et 16 kHz. Ces valeurs peuvent différer d'une bande étalon à l'autre. Les caractéristiques de chaque salve font l'objet d'une annonce parlée. On relève, à leur lecture, les niveaux relatifs obtenus à la sortie du magnétophone, et l'on cherche à obtenir la courbe la plus plate possible à l'aide des correcteurs dont la machine est dotée. La plupart permettent le réglage de la réponse aux basses et aux aiguës ; sur certaines, seule la réponse aux fréquences élevées peut être ajustée. Il faut avoir conscience, lors de l'alignement de la réponse aux fréquences basses, des irrégularités de cette dernière, dues à la tête de lecture elle-même et que nous avons mises en évidence dans le complément 8.2. Il se peut que l'une des fréquences lues sur la bande étalon corresponde à un pic ou à un creux de cette réponse, ce qui peut conduire à une erreur d'alignement. Les bandes étalons pleine piste peuvent également provoquer aux basses fréquences un effet de bord, le flux enregistré sur l'intervalle de garde influençant les pistes adjacentes.

## Complément **8.6** – *Les réglages des têtes*

### Azimut

L'azimut représente l'angle que forme l'entrefer d'une tête avec la perpendiculaire à la bande. Cet angle, dans l'idéal, doit être nul, l'entrefer étant alors orthogonal à la bande. Si ce n'est pas le cas, deux phénomènes en résulteront. Tout d'abord, les fréquences élevées subiront, à l'enregistrement ou à la lecture, une atténuation due au fait que l'entrefer apparent sera plus large que l'entrefer réel (respectivement B et A sur la figure). Par ailleurs, les relations de phase entre les pistes seront modifiées.

Le réglage d'azimut peut être effectué de plusieurs manières, à l'aide des plages à fréquence élevée (8,10 ou 16 kHz) inscrites à cet effet sur la bande étalon. On peut tout d'abord mélanger les signaux de sortie des deux voies, puis régler la tête de manière à obtenir le signal le plus élevé possible, ce qui indiquera que les pistes sont lues en phase. Une autre méthode consiste à visualiser les signaux émanant des deux pistes sur un oscilloscope bicourbe, un signal étant positionné au-dessus de l'autre sur l'écran. La tête est alors réglée de manière à ce que les deux sinusoïdes observées soient en phase. Dans ce cas, il est intéressant de dégrossir le réglage avec une fréquence plus basse, pour ne pas courir le risque de se retrouver avec des pistes déphasées d'un multiple de 360°.

Pour ce qui est des machines multipistes, il est nécessaire de procéder à des essais pour déterminer celles des pistes qui sont les plus représentatives de l'alignement en phase de l'ensemble. En effet, les tolérances de fabrication de telles têtes ont pour conséquence que les entrefers des différentes pistes ne sont pas parfaitement alignés. Les erreurs de phase entre les pistes sont beaucoup plus importantes sur les machines bon marché que sur les machines haut de gamme.

Le réglage de l'azimut de la tête de lecture doit être effectué régulièrement, particulièrement lorsque l'on doit relire des bandes ayant été enregistrées avec un azimut incorrect. Celui de la tête d'enregistrement n'est en principe pas touché, sauf si l'on a une raison de croire qu'il n'est pas correct.

### Hauteur

Le positionnement en hauteur de la tête doit être tel que son milieu soit situé à mi-hauteur de la bande. Il peut être ajusté à l'aide d'une bande étalon enregistrée sous la forme de deux pistes distinctes, et non pleine piste. La hauteur correcte sera obtenue lorsque les deux signaux de sortie présenteront le même niveau, et que la diaphonie sera minimale. Il existe également des bandes spéciales où seul l'intervalle de garde est enregistré, qui permettent au technicien d'ajuster la hauteur de la tête de manière à obtenir des signaux de sortie de niveau minimal. La hauteur des têtes peut aussi être réglée à l'aide de moyens optiques.

### Zénith

Le zénith de la tête représente l'orientation de sa surface de contact par rapport à celle de la bande. La tête ne doit être inclinée ni vers l'avant ni vers l'arrière, faute de quoi le contact bande/têtes sera imparfait et une usure irrégulière de la tête interviendra. Le réglage du zénith n'est effectué qu'en cas de remplacement d'une tête ou lorsqu'un déréglage est suspecté.

### Site

Le site de la tête indique la position centrale de l'entrefer dans la surface de contact bande/têtes. L'entrefer doit être le plus exactement possible au centre, pour que les trajectoires d'approche et d'éloignement soient exactement symétriques. La non-symétrie se traduira par une courbe de réponse irrégulière. Le réglage de site peut être effectué en enduisant la tête d'une poudre colorée et en faisant défiler la bande. Cette dernière effacera les traces de poudre sur la surface de contact, ce qui permettra d'effectuer le réglage en conséquence.

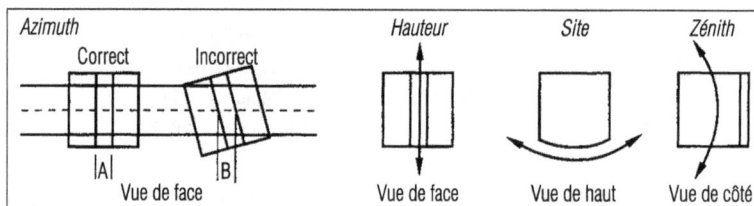

## 8.7.3 *Alignement de la chaîne d'enregistrement*

La réponse en fréquence du magnétophone lors de l'enregistrement est étroitement liée à la valeur du courant de polarisation. C'est pourquoi le réglage de ce dernier doit être effectué en premier, conformément à la méthode décrite dans le complément 8.7. Il est cependant utile de procéder à un réglage grossier du niveau d'enregistrement avant de régler la polarisation, en appliquant à l'entrée de la machine un signal de fréquence 1 kHz au niveau de référence et en réglant le gain de l'amplificateur d'enregistrement de manière à obtenir en sortie le même niveau.

Une fois le réglage de polarisation terminé, l'azimut de la tête d'enregistrement peut être ajusté, si nécessaire (voir le complément 8.6), en enregistrant sur la bande un signal de fréquence élevée (typiquement 10 kHz) et en recherchant le niveau de sortie maximal. À ce stade, il peut s'avérer nécessaire de retoucher le niveau d'enregistrement à 1 kHz, dans le cas où la polarisation a été largement modifiée.

**Complément 8.7** – *Réglage de polarisation*

Le niveau de polarisation conditionne les performances du processus d'enregistrement et le niveau optimal résulte d'un compromis entre le niveau de sortie, la distorsion, le bruit de bande et d'autres paramètres. La figure montre l'évolution des caractéristiques de la bande en fonction du courant de polarisation.

On peut y remarquer que le niveau de sortie croît, puis décroît, passant par un maximum. La distorsion, elle, passe par une valeur minimale. Malheureusement, les valeurs du courant de polarisation correspondant au niveau de sortie maximal et à la distorsion minimale ne sont pas identiques. Le compromis optimal entre ces différents paramètres, qui permet la dynamique inscriptible maximale, est typiquement tel que la valeur du courant de polarisation est légèrement supérieure à celle produisant le maximum de niveau.

Pour régler la polarisation, on enregistre sur la bande un signal à 10 kHz, environ 10 dB au-dessous du niveau de référence. Le réglage de polarisation, tout d'abord au minimum, est progressivement augmenté ; le niveau de sortie augmente lui aussi jusqu'à atteindre le maximum, puis diminue alors que la polarisation est augmentée. La valeur optimale de la polarisation est obtenue lorsque la chute de niveau par rapport au maximum correspond au recul d'efficacité indiqué sur la fiche technique de la bande.

La valeur du recul d'efficacité dépend du type de bande et de la vitesse de défilement ; elle est d'environ 3 dB à 38 cm/s, 6 dB à 19 cm/s et 1,5 dB à 76 cm/s. Si la polarisation est réglée à l'aide d'un signal à 1 kHz, les variations du niveau de sortie sont moindres ; le recul d'efficacité, à 38 cm/s, n'est que de 0,5 à 0,75 dB, ce qui est difficile à apprécier. C'est pourquoi il est préférable d'utiliser un signal à 10 kHz.

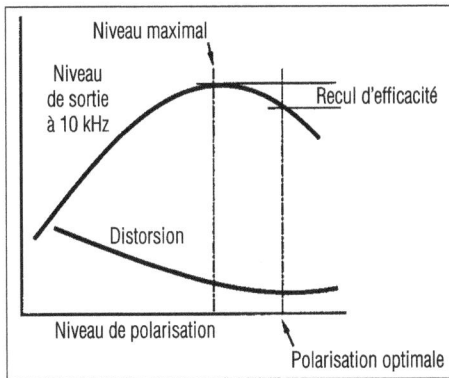

Il est maintenant possible de procéder au réglage des corrections à l'enregistrement, qui, la plupart du temps, ne concernent que les fréquences élevées. On enregistre tout d'abord un signal de niveau inférieur de 10 ou 20 dB au niveau de référence, puis une série de signaux dont les fréquences correspondent à celles lues sur la bande étalon lors de l'alignement de la lecture. Les signaux sont lus au fur et à mesure, après bande, et les correcteurs réglés de manière à occasionner la réponse approchant le plus possible celle obtenue en lecture. La chaîne d'enregistrement est alors transparente. Le correcteur de basses fréquences de l'amplificateur de lecture peut maintenant être réglé à l'aide de différentes fréquences comprises entre 40 et 150 Hz pour obtenir le meilleur compromis dans cette zone.

Certaines machines sont dotées d'un calculateur intégré qui permet l'alignement automatique, sur tout type de bande, de la polarisation, des niveaux et des corrections, opération qui ne prend que quelques secondes. Différents réglages peuvent être mémorisés de sorte qu'un changement de bande peut se faire en appuyant simplement sur une touche pour indiquer à la machine le type de bande utilisé ; les réglages correspondants sont alors rappelés. De tels dispositifs sont particulièrement intéressants lorsqu'il s'agit de machines multipistes.

Une fois la machine correctement réglée en lecture et en enregistrement, une série de signaux de référence doit être enregistrée au début de chaque nouvelle bande ; ils permettent de régler la réponse d'une autre machine amenée à la relire de manière à obtenir une réponse plate. Ils doivent comprendre au minimum un signal à 1 kHz, au niveau de référence, suivi de signaux à fréquences basses et élevées (par exemple 10 kHz et 63 Hz) soit au niveau de référence, soit 10 dB au-dessous de ce dernier. Les niveaux et fréquences de ces signaux doivent être indiqués sur la boîte de la bande, sous la forme d'indications telles que 1 kHz à 320 nWb/m (= 0 dB) ; 10 kHz et 63 Hz à – 10 dB.

Une formulation telle que 1 kHz à 0 VU est pratiquement démunie de sens, car 0 VU n'est aucunement un niveau magnétique. Elle signifie seulement qu'un signal a été envoyé sur le magnétophone à partir d'une console dont le Vu-mètre indiquait 0, mais ne fournit aucun renseignement quant au niveau magnétique inscrit.

Il est également intéressant de mentionner la relation entre le niveau crête d'enregistrement et le niveau du signal de référence, sous une forme telle que : niveau crête d'enregistrement supérieur de 8 dB à 320 nWb/m. Cela permet de régler la chaîne de lecture de manière à ce qu'elle tolère les signaux proches de ce niveau de crête. En radiodiffusion, par exemple, la connaissance de ce niveau de crête est primordiale, puisqu'il doit entraîner la déviation à 0 d'un crêtemètre, qui correspond à la modulation maximale permise de l'émetteur.

Lorsque cette bande aura à être relue, le technicien ajustera le niveau de lecture et les corrections de la machine lectrice, ainsi que l'azimut de la tête de lecture, pour s'assurer d'une lecture optimale et d'une compatibilité du niveau de référence de la bande avec celui du studio. C'est la seule manière d'être sûr qu'une bande enregistrée sur une machine donnée pourra être relue ultérieurement sur n'importe quelle autre.

## 8.8 Le transport de bande

Il convient, avant de procéder au réglage des chaînes d'enregistrement et de lecture, de vérifier l'alignement du transport de bande. En effet, la qualité de ce dernier influera de manière notable sur les performances électromagnétiques à attendre de la machine. Les réglages mécaniques s'effectuent en principe beaucoup moins fréquemment que les alignements électriques et nécessitent un outillage spécialisé. Les techniques utilisées en la matière requièrent une grande spécialisation et diffèrent d'une machine à l'autre. Nous n'entrerons donc pas ici dans le détail de ces procédures, qui sont exposées dans le manuel de maintenance de chaque magnétophone. On peut constater, à l'examen de la figure 8.12, que la bande se déroule de la bobine de gauche, transite par une série de guides avant son passage devant le bloc de têtes, puis par d'autres guides, avant de s'enrouler sur la bobine réceptrice, à droite.

**Figure 8.12**
Disposition classique des composants mécaniques d'une platine de magnétophone analogique.

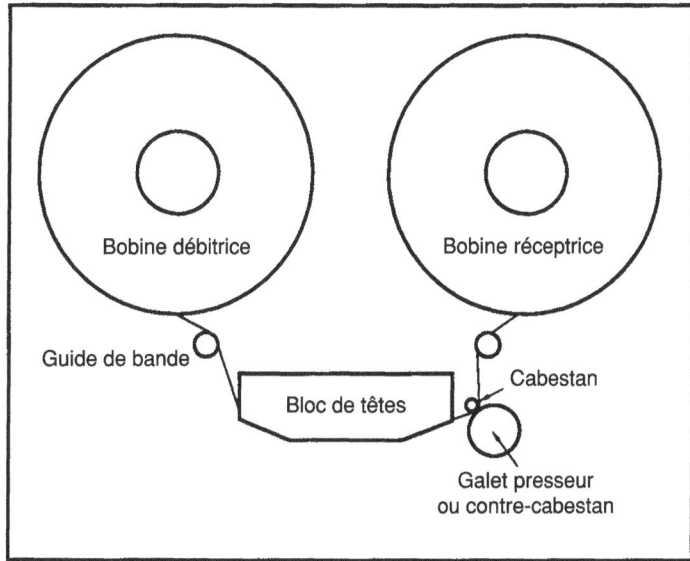

Certains guides de bande sont dotés de systèmes à ressorts qui se tendent à l'instant du démarrage de la bande et se détendent progressivement une fois que celle-ci défile. Le cabestan est constitué par l'axe d'un moteur ; il traverse la platine et en émerge de quelques centimètres, selon la hauteur de la bande utilisée. Il est situé sur la droite du bloc de têtes et occupe une position très proche de la bande lorsque cette dernière est au repos. De l'autre côté de la bande, on trouve une roue caoutchoutée de diamètre relativement important, appelée *galet presseur* ou *contre-cabestan*. Le moteur de cabestan tourne à une vitesse constante et très précise, qui détermine celle à laquelle la bande est entraînée. Lorsque la commande de lecture ou d'enregistrement est activée, le galet presseur se déplace brutalement vers le cabestan ; la bande est alors pincée entre les deux. La rotation du cabestan contrôle alors l'évolution de la bande devant le bloc de têtes.

La rotation de la bobine réceptrice est commandée par un moteur qui présente un faible couple dans le sens contraire des aiguilles d'une montre, ce qui permet l'enroulement de la bande. La bobine débitrice, située sur la gauche, est commandée par un autre moteur à faible couple, dans le sens des aiguilles d'une montre, et qui tend donc à retenir la bande ; la tension de la bande assure son bon contact avec les têtes. Aux diverses tailles de bobines correspondent différentes valeurs de la force de retenue ; elles sont obtenues, suivant les machines, soit à l'aide d'un commutateur, soit de manière automatique.

Il existe des magnétophones dépourvus de galet presseur, auquel cas le cabestan, qui présente alors un diamètre important, assure à lui seul l'entraînement de la bande. Les moteurs latéraux doivent faire l'objet d'un contrôle extrêmement précis pour éviter les glissements de cette dernière. Il existe même des transports de bande sans cabestan, la vitesse de la bande étant alors contrôlée par les moteurs latéraux.

Lorsque les fonctions de marche avant rapide ou de rembobinage sont activées, la bande est dégagée du bloc de têtes par des écarteurs de bande et les moteurs latéraux fournissent un couple moteur important à la bobine qui doit recevoir la bande et un faible couple résistant à celle qui la fournit. Le dégagement de la bande du bloc de têtes a pour but d'éviter l'échauffement et l'usure des têtes. De même, si la bande est en contact avec la tête de lecture lorsqu'elle défile à vitesse rapide, une énergie importante, à fréquence élevée, sera communiquée à la tête de lecture, risquant d'endommager les haut-parleurs, et particulièrement les *tweeters*. Néanmoins, la plupart des machines permettent d'approcher la bande des têtes, lors de telles opérations, pour permettre le repérage à l'écoute de telle ou telle séquence.

La détection de mouvement et la logique de commande sont des fonctions très importantes sur les magnétophones modernes. Les transports de bande de ces derniers sont gérés électroniquement, ce qui permet, par exemple, de passer du rembobinage à la lecture, en laissant la machine mémoriser la commande et arrêter la bande pour permettre le mouvement du galet presseur en toute sécurité. La détection de mouvement peut être réalisée de différentes manières, parmi lesquelles les plus répandues sont la mesure de la vitesse des moteurs latéraux à l'aide de zones tachymétriques ou par comptage des impulsions générées par un guide de bande rotatif. Le compteur de bande est souvent commandé par un galet rotatif situé entre le bloc de têtes et l'un des plateaux ; de légers glissements peuvent apparaître, qui se cumulent sur la longueur de la bande. Il existe néanmoins des compteurs en temps réel extrêmement précis.

## 8.9  La cassette audio

### 8.9.1  *Vue d'ensemble*

La cassette compacte audio, inventée par Philips et introduite sur le marché en 1963, était destinée à l'origine à des applications de basse qualité, telles que les dictaphones. Il était envisagé à l'époque que l'enregistrement grand public utilise des magnétophones à bobines, dont il était prévu un grand développement. Ce dernier n'eut cependant jamais lieu et la commodité d'emploi de la cassette entraîna son utilisation de plus en plus répandue dans le domaine du grand public.

Elle est constituée d'une bande large d'un huitième de pouce (3,2 mm), au format quart de piste, défilant à la vitesse de 4,75 cm/s. Des dimensions aussi réduites et une vitesse aussi faible ne permettaient que de piètres performances audio et de nombreux développements furent nécessaires en vue de l'utiliser pour une reproduction musicale de qualité acceptable.

À partir des normes définies pour la cassette, qui demeurèrent inchangées, les fabricants de bandes et de machines s'acharnèrent à améliorer les performances de ce format, dont le niveau est sans commune mesure aujourd'hui avec celui de ses modestes débuts.

Il nous faut mentionner l'introduction, par la firme Sony, d'un format concurrent au début des années soixante-dix. Ce dernier, appelé Elcaset, utilisait une bande de largeur un quart de pouce (6,3 mm) entraînée à la vitesse de 9,5 cm/s, ce qui laissait augurer une qualité sensiblement meilleure. L'arrivée de ce format fut néanmoins trop tardive, la cassette compacte s'étant alors imposée, particulièrement depuis l'introduction du réducteur de bruit Dolby B, au début des années soixante-dix.

## 8.9.2 *Boîtier et transport de bande*

Le boîtier de la cassette contient un patin presseur, du côté de la dorsale de la bande, qui permet de plaquer cette dernière contre les têtes lors de l'enregistrement et de la lecture, la qualité du contact bande/têtes prenant une acuité particulière dans un format aux dimensions aussi réduites. Les têtes, mobiles, sont déplacées vers le boîtier et entrent en contact avec la bande par l'intermédiaire de fenêtres d'accès ménagées dans ce dernier. Les machines ne comportaient à l'origine que deux têtes, l'une destinée à l'effacement et l'autre assurant l'enregistrement ou la lecture, ce qui interdisait l'écoute après bande d'un enregistrement en cours. Ni l'enregistrement ni la lecture n'étaient alors effectués à l'aide d'une tête optimisée.

Au cours des développements, les industriels souhaitèrent adjoindre une troisième tête, pour ces différentes raisons. Certains choisirent d'intégrer la tête de lecture et celle d'enregistrement dans le même boîtier, positionné en lieu et place de la tête mixte d'origine ; d'autres optèrent pour une troisième tête accessible par une fenêtre distincte du boîtier. Le patin presseur ne pouvant assurer le contact de la bande avec cette nouvelle tête en raison de son emplacement, les transports de bande durent être modifiés de manière à fournir une tension de bande suffisante pour assurer un contact bande/têtes correct.

Les machines à trois têtes permettent l'écoute après bande et des réducteurs de bruit doubles doivent alors être utilisés pour assurer simultanément le codage avant enregistrement et le décodage à la lecture.

Les machines à double entraînement comportent un cabestan et un galet presseur de chaque côté du bloc de têtes. L'entraînement placé du côté de la bobine débitrice est conçu de manière à ce qu'il tourne à une vitesse légèrement inférieure à l'autre, ce dernier ayant pour charge d'entraîner la bande à sa vitesse nominale, alors que le premier assure la tension de bande correcte. De telles machines permettent un contact bande/têtes optimale, les performances mécaniques des bobines de la cassette elle-même n'affectant plus les résultats. Certaines sont dotées d'un dispositif permettant d'écarter le patin presseur, qui n'est ici plus nécessaire.

## 8.9.3 *Sélection du type de bande*

Nous avons abordé, au paragraphe 8.1.3, les différentes constitutions des couches magnétiques. De nombreuses machines permettent la commutation automatique des corrections et du niveau de polarisation adaptés à la cassette chargée, à l'aide de la détection d'ouvertures du boîtier prévues à cet effet (voir la figure 8.13). Les machines à cassettes permettent généralement le réglage interne du courant de polarisation, alors que les corrections sont la plupart du temps fixes.

**Figure 8.13**
Les ouvertures d'identification du boîtier de la cassette permettent d'indiquer le type de la bande et d'interdir l'enregistrement.

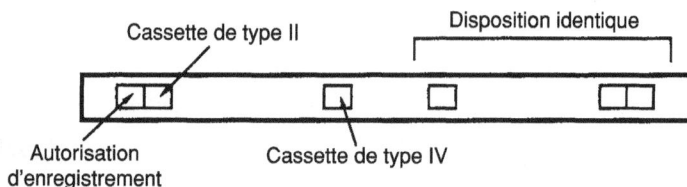

Si l'on souhaite régler la polarisation pour un certain type de bande, une bonne méthode, en l'absence de corrections réglables, consiste à enregistrer un bruit rose, à un niveau inférieur d'environ 20 dB au niveau nominal, produit par un disque étalon ou à l'aide du bruit interstation d'un tuner FM. À partir d'un niveau de polarisation faible, on augmente ce dernier jusqu'à ce que le son lu sur la bande soit le plus proche possible de celui qui y est appliqué. Une polarisation trop faible produira un son trop brillant ; trop élevée, elle donnera un son sourd. Cette manipulation est très aisée avec une machine à trois têtes, l'inverseur d'écoute source/bande permettant une comparaison instantanée ; une machine à deux têtes nécessitera des rembobinages fréquents pour pouvoir opérer les comparaisons.

Il est impératif que le niveau d'écoute de la source de bruit soit identique à celui du bruit lu de la bande, faute de quoi les caractéristiques de l'oreille feront intervenir les différences de réponse nées des niveaux d'écoute non identiques. Ce réglage doit être effectué alors que les réducteurs de bruit sont hors service. Une fois l'alignement terminé, ces derniers seront remis en fonction et une autre séquence de bruit sera enregistrée : aucune dégradation significative ne devra être perçue.

Sur les machines bon marché, le réglage de polarisation est unique pour tous les types de bandes, ou ne concerne que les cassettes à oxyde de fer qui présentent la plus grande dispersion des réglages.

### 8.9.4 *Autres réglages*

Il existe des cassettes étalons qui permettent de vérifier la réponse en fréquence et les réglages d'azimut. Avant de les utiliser, il convient de procéder à un nettoyage sérieux et à la démagnétisation de la machine. L'optimisation du réglage de l'azimut peut apporter une amélioration notable des performances, surtout lorsqu'on lit une cassette enregistrée sur une autre machine. On peut l'ajuster, à l'oreille, en vue d'obtenir la meilleure réponse possible aux fréquences élevées, à l'aide de la vis de réglage située sur l'un des côtés de la tête d'enregistrement/lecture.

Certains appareils sont dotés d'un système de calcul, analogue à celui qui équipe certains magnétophones professionnels à bande, qui permet l'alignement automatique de la machine pour l'utilisation d'un type de bande donné. La mémoire de ce calculateur permet de stocker plusieurs combinaisons de réglages.

Ce type de dispositif permet également, dans certains cas, le réglage automatique de l'azimut. Les signaux délivrés par les deux canaux sont filtrés et convertis en signaux carrés, qui sont alors présentés à un comparateur. Les différences de phase produisent une tension d'erreur qui est envoyée à un micromoteur ; celui-ci ajuste l'azimut de la tête de lecture. Lorsque ce dernier est correct, il est laissé tel quel. Lors de la lecture, ce système fonctionne de manière continue et permet d'obtenir les meilleurs résultats possibles de cassettes préenregistrées sur d'autres machines.

### 8.9.5  *Enregistreurs multipistes à cassettes*

À la fin des années soixante-dix, la firme japonaise TEAC a introduit une machine, appelée Portastudio, qui permet l'enregistrement de quatre pistes sur une cassette et intègre une console de mixage aux nombreuses entrées. La bande y défile à la vitesse de 9,5 cm/s. Chacune des pistes peut être enregistrée séparément ; la machine permet la lecture synchrone, ainsi que la fonction de réduction, ou *tracking*. Cette dernière consiste à enregistrer un mélange des signaux préenregistrés, par exemple sur les pistes 1, 2 et 3, sur la piste 4, laissant les trois premières libres pour une utilisation ultérieure. La bande quatre pistes finale peut alors être mixée en stéréo sur un enregistreur à cassettes classique ou un magnétophone à bande.

Un fabricant a même proposé un enregistreur de cassettes à huit pistes doté d'une section de mixage comportant des fonctionnalités telles que des correcteurs multibandes et des départs auxiliaires.

### 8.9.6  *Duplication des cassettes*

L'attrait que présentent les cassettes préenregistrées a entraîné un développement considérable de la duplication. La plupart d'entre elles sont produites sur des machines particulières qui défilent à 16, 32, voire 64 fois la vitesse normale, une cassette de durée utile égale à 20 minutes étant dupliquée en seulement quelques secondes. L'un des systèmes de duplication, utilisé principalement pour les courtes durées, copie simultanément toute une série de cassettes et en assure de manière automatique la mise en boîtier et l'étiquetage. Les bandes-maîtres qui doivent être copiées sont enregistrées sur une bande quart de pouce montée en boucle, stockée dans un réservoir où est fait le vide, ce qui en permet des lectures répétées à haute vitesse. Des signaux de repérage sont inscrits sur la bande-maître pour indiquer au système de chargement des cassettes le début et la fin de chaque séquence.

Une vitesse 32 fois plus élevée que la normale nécessite que la fréquence du signal de polarisation soit de l'ordre du mégahertz, et que les entrefers des têtes d'enregistrement soient d'une largeur inférieure à un micron, compte tenu des fréquences élevées à enregistrer. Les éventuelles erreurs de niveau et de réponse en fréquence seraient aggravées par les processus de codage et de décodage Dolby. À de telles vitesses, il est difficile de maintenir un contact bande/têtes correct, ce qui a pour conséquence des pertes aux fréquences élevées. C'est pourquoi de tels systèmes de duplication doivent être maintenus dans un état de fonctionnement parfait, si le produit final doit pouvoir supporter la comparaison avec les enregistrements effectués par l'utilisateur.

Nombreuses sont les cassettes qui sont enregistrées à un niveau trop faible et n'exploitent pas de manière optimale le domaine inscriptible de la bande. Elles présentent souvent un son sourd, les résultats étant meilleurs lorsque le décodeur Dolby n'est pas en fonction. Certains constructeurs utilisent des bandes de meilleure qualité que d'autres, parmi lesquelles des cassettes au dioxyde de chrome, mais enregistrées avec une constante de temps de 120 µs.

La méthode alternative à la duplication à haute vitesse est la copie en temps réel. Le système utilisé comporte alors une batterie d'enregistreurs soigneusement réglés qui défilent simultanément à la vitesse normale et reçoivent les signaux d'un magnétophone à bande, ou même d'un enregistreur numérique, par l'intermédiaire d'un amplificateur de distribution. Une telle configuration est bien adaptée à la production d'un nombre limité de cassettes, car il permet l'économie de la préparation des bandes spéciales nécessaires à la procédure à haute vitesse. La qualité sonore n'est alors limitée que par les possibilités du support.

## 8.10 Les machines à cartouche

### 8.10.1 Vue d'ensemble

Les cartouches à huit pistes sont apparues au milieu des années cinquante. Elles consistent en une boucle de bande sans fin, enfermée dans un boîtier plastique, qui peut être lue de manière continue. La cartouche ne contient qu'une seule bobine, et aucune fonction de rembobinage (*rewind*) n'est prévue. Il est toutefois possible d'effectuer une avance rapide (*fast forward*), qui permet d'accéder à la séquence désirée. Dans le format d'origine, quatre paires de pistes étaient inscrites sur la hauteur de la bande, qui défilait à 9,5 cm/s. Le collant qui joignait le début et la fin de la bande était couvert d'une pièce métallique dont le passage pouvait être détecté par le dispositif de lecture ; en pareil cas, la tête de lecture était déplacée vers le bas pour autoriser la lecture de la paire de pistes suivante, jusqu'au passage du collant, où elle était encore abaissée, et ainsi de suite. Des cartouches préenregistrées furent produites durant les années soixante et soixante-dix, et ces machines étaient d'usage courant dans les véhicules automobiles. Cependant, la cassette l'emporta, écartant la cartouche de ce domaine d'application.

La cartouche NAB s'est toutefois maintenue dans le domaine professionnel, particulièrement dans les domaines de la radiodiffusion et, dans une moindre mesure, du théâtre. Le format actuel est la cartouche de type AA ; la vitesse de défilement habituelle est de 19 cm/s, même si certaines machines permettent de travailler à 38 cm/s. Une seule paire de signaux est enregistrée sur la bande, selon un format analogue à celui des machines bipistes de studio. La dorsale de la bande est lubrifiée pour lui permettre de glisser hors de la galette en son centre, avant d'atteindre la tête de lecture, comme le montre la figure 8.14. La bande est entraînée par un cabestan et un galet presseur, et la tension de bande est assurée par un axe autour duquel la bande circule. Il existe des cartouches de longueurs très diverses, qui permettent des temps d'enregistrement de 10, 20, 40, 70 et 100 secondes, et même, pour certaines, de 10 minutes.

**Figure 8.14**

Dans une cartouche, la bande se présente sous la forme d'une boucle sans fin.

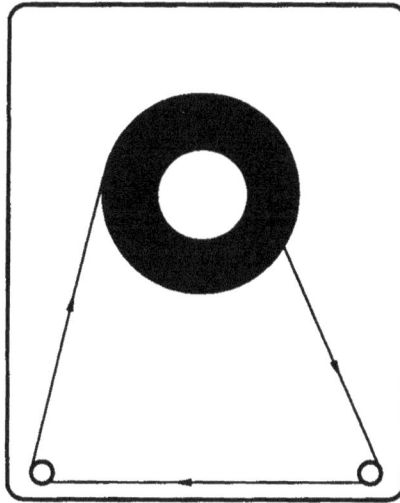

La grande quantité de bande enroulée dans celles qui présentent la plus grande longueur a pour conséquence une tension de bande relativement faible.

Les machines permettant l'enregistrement sont dotées de deux têtes, d'enregistrement et de lecture, mais ne comportent pas de tête d'effacement. L'effacement est effectué à l'aide soit d'un gros pistolet démagnétiseur, soit d'une machine spécialement conçue à cet effet, où la bande défile à grande vitesse devant une tête d'effacement. Les machines sont capables de détecter le collant de la bande, de manière à ce que l'enregistrement commence juste après son passage pour éviter son effet nuisible. Il existe des modèles dédiés à la lecture où la tête et les circuits d'enregistrement sont absents. La figure 8.15 montre une machine et une cartouche.

Les machines à cartouche présentent un fonctionnement mécanique très silencieux, ce qui en permet l'utilisation par un animateur radio dans le studio même, pour la lecture de sonals (*jingles*) sans qu'aucun bruit n'atteigne le microphone.

Ce fonctionnement silencieux est à l'origine de leur utilisation au théâtre, où les bruits produits par le transport de bande d'une machine à bobines sont inacceptables. Certaines sont dotées d'un réducteur de bruit pour les travaux nécessitant une haute qualité.

**Figure 8.15**_____
Un exemple de
magnétophone à cartouche,
produit par ITC.

## 8.10.2 *Fonctionnement en enregistrement et en lecture*

L'enregistrement débute par l'appui sur la touche *record*, qui se traduit par l'illumination d'un voyant. Lorsque la touche *play* est activée, la bande commence à défiler et un signal de 1 kHz est enregistré, pendant une demi-seconde, sur une piste spéciale située entre les deux pistes audio. Ce signal de repérage primaire permet à la machine de détecter le début de la bande, ce qui, lors de sa relecture, entraînera un arrêt de la machine. Le signal audio est enregistré de manière normale et, en fin de programme, la touche *fast* ou *fast forward* est activée, ce qui a pour conséquence l'enregistrement sur la piste auxiliaire d'un signal à 150 Hz. Ensuite, l'enregistrement est mis hors service et le transport de bande entraîne la bande à trois fois la vitesse normale. Ce signal de repérage, dit *secondaire*, entraînera, lorsqu'il sera détecté lors de la relecture, la mise en avance rapide de la machine jusqu'à ce que le signal primaire de fréquence 1 kHz soit détecté, ce qui arrêtera la bande en début de programme enregistré.

Si l'on procède maintenant à la relecture du programme enregistré, on peut constater que la machine a positionné la bande au début de celui-ci, à l'aide du signal de repérage à 1 kHz.

À la fin de la séquence enregistrée, le signal à 150 Hz est détecté, la machine défile alors quelques secondes en vitesse rapide, et les sorties audio sont coupées. Ensuite, elle s'arrête, ce qui indique que le début de l'enregistrement a été de nouveau atteint. La cartouche peut alors être extraite de la machine et étiquetée.

Il est souvent souhaitable d'enregistrer une suite de séquences sur une même cartouche. La procédure d'enregistrement est identique à celle que nous avons décrite, sauf qu'il convient, à la fin de la première séquence, d'activer la commande *stop* au lieu de la touche *fast forward*. Après l'arrêt de la machine, un nouvel appui sur la touche *record* permet de la préparer pour l'enregistrement d'une nouvelle séquence, qui démarre lorsque la commande *play* est activée. Cette procédure permet d'enregistrer les unes à la suite des autres plusieurs séquences de programme, un signal de repérage étant inscrit au début de chacune d'elles. Il est possible d'enregistrer un signal de rembobinage à la fin de la dernière d'entre elles.

Certaines machines permettent un fonctionnement en boucle ; elles sont dotées d'un commutateur qui rend le signal de repérage d'arrêt inactif, seul le signal utile étant enregistré. Lorsque le début de la bande est de nouveau atteint, l'écoute après bande permet de localiser le recouvrement entre l'ancien et le nouvel enregistrement. La machine est alors arrêtée. Un enregistrement en boucle a été réalisé, sans signal d'arrêt, qui permet la lecture en continu de bruitages de longue durée, comme des bruits de vent ou de vagues.

Le signal d'arrêt, à 1 kHz, doit pouvoir être lu par la machine soit en vitesse normale, soit à une vitesse trois fois plus élevée, lors des phases d'avance rapide, ce qui portera sa fréquence à 3 kHz. Le signal secondaire à 150 Hz n'est relu qu'à la vitesse nominale, puisqu'il constitue un ordre de mise en avance rapide. Il existe également un signal tertiaire, de fréquence 9 kHz, qui peut être utilisé pour déclencher le démarrage d'une autre machine ou encore le changement de vue d'un projecteur de diapositives.

Certaines machines permettent également l'enregistrement, sur la piste auxiliaire, d'informations concernant le contenu de la cassette. Ces informations, codées en modulations de fréquence, doivent être décodées à l'aide d'un ordinateur et peuvent être utilisées, par exemple, en radiodiffusion, lors de la lecture de messages publicitaires qui doivent être identifiés.

## Références bibliographiques

BUFFARD, R. (1964) *Enregistrement magnétique*. École nationale supérieure des télécommunications.

CALMET, M. *Introduction aux procédés d'enregistrement*. Encyclopédie des techniques de l'ingénieur.

CALMET, M. *Enregistrement magnétique ; étude théorique*. Encyclopédie des techniques de l'ingénieur.

JORGENSEN, F. (1988) *The Complete Handbook of Magnetic Recording*. TAB Books.

MALLINSON, J. C. (1987) *The Foundations of Magnetic Recording*. Academic Press.

# 9 Réduction du bruit

Des techniques de réduction du bruit de fond ont été et sont utilisées dans des domaines aussi divers que les magnétophones analogiques de tous formats, les microphones HF, la radiodiffusion, les transmissions par câble ou par satellite, l'enregistrement de disques vinyle, et même certains types d'enregistreurs numériques. Nous allons en étudier les principes généraux puis décrire certains dispositifs particuliers parmi les plus connus. Pour une étude plus détaillée, le lecteur se reportera aux références bibliographiques mentionnées à la fin de ce chapitre.

## 9.1 La nécessité de la réduction du bruit

La finalité d'un réducteur de bruit est de diminuer le niveau de signaux indésirables qui sont susceptibles d'apparaître lors des processus d'enregistrement ou de transmission (voir la figure 9.1), en raison de l'imperfection des dispositifs ou de l'influence de l'environnement : le souffle, les ronflements, les interférences radioélectriques ou encore, en ce qui concerne la bande magnétique, l'effet d'empreinte.

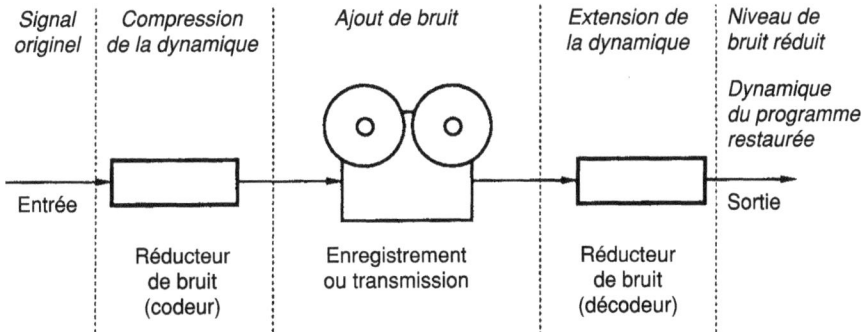

**Figure 9.1**
Schéma synoptique d'un réducteur de bruit par compression-extension.

Dans le domaine des communications, un signal véhiculé sur une liaison de grande longueur est sensible à des interférences de natures diverses. Un signal enregistré sur une cassette sera, à la lecture, affecté d'un certain souffle.

Toutefois, le bruit déjà présent dans un signal avant sa transmission est très difficile à éliminer sans que le signal utile soit lui aussi affecté. Par exemple, l'atténuation des fréquences élevées lors de la lecture d'une cassette réduit l'importance du souffle perçu, mais, simultanément, dépouille l'information sonore de ses composantes aiguës ; le son semble alors étouffé et sourd.

## 9.2 Les principales techniques de réduction du bruit

### 9.2.1 *Préaccentuation variable*

Sans constituer la panacée, la préaccentuation (voir le complément 9.1) est une solution simple et efficace au problème de la réduction du bruit. Elle repose sur le fait que de nombreuses sources sonores présentent une énergie assez faible dans les fréquences élevées et qu'ainsi, pour les signaux de niveau faible, elles peuvent être amplifiées sans risque de saturation de la bande magnétique ou des systèmes de transmission.

Comme nous l'avons vu au chapitre précédent, la bande magnétique est plus sensible aux phénomènes de saturation aux fréquences élevées qu'aux basses fréquences ; si une préaccentuation trop importante est apportée lors de l'enregistrement, il en résulte des phénomènes de compression et de distorsion. C'est pourquoi il est nécessaire de disposer d'un circuit qui évalue continuellement le niveau du signal pour déterminer l'importance de la préaccentuation à appliquer, cette dernière devant être inexistante en présence d'un signal de niveau élevé et importante en présence d'un signal de niveau faible.

Comme le montre la figure 9.2, un tel dispositif comporte une chaîne latérale constituée d'un filtre ne laissant passer que les signaux faibles de fréquence élevée, cette composante étant ajoutée au signal d'entrée.

Lors de la lecture, un circuit de désaccentuation réciproque permet de récupérer le signal original. L'absence de réduction de bruit pour les signaux de niveau élevé est sans importance dans la mesure où ces derniers produisent sur le bruit, de niveau faible, un effet de masque (voir le complément 2.3).

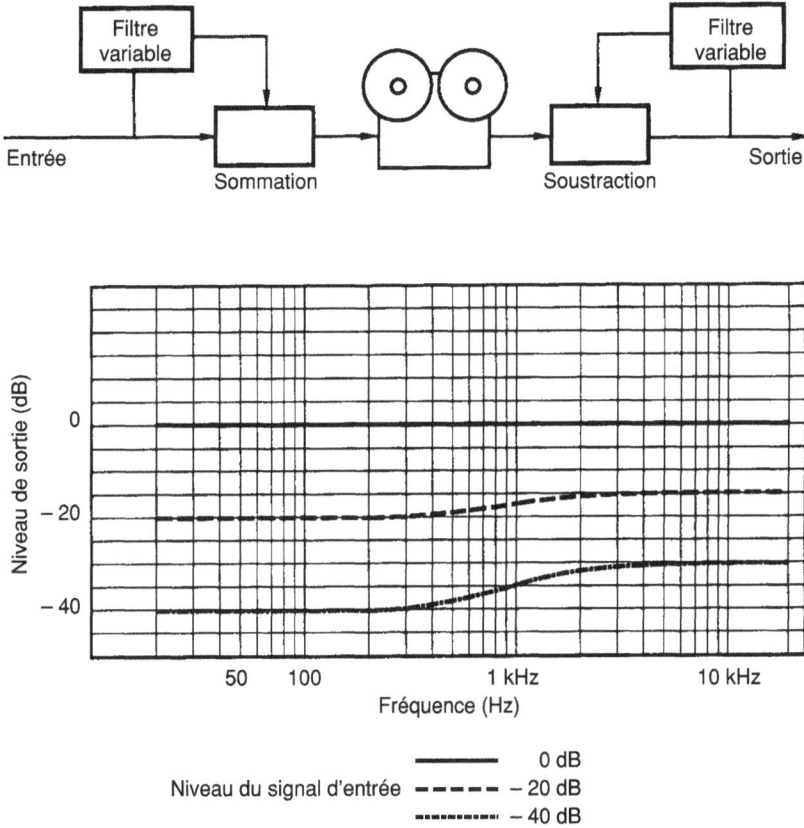

Figure 9.2
Un réducteur de bruit complémentaire accentue les composantes à fréquence élevée des signaux de faible niveau lors du codage, et les atténue réciproquement lors du décodage (les caractéristiques représentées sont celles du codage).

## Complément 9.1 – Préaccentuation

Une manière d'approcher le problème du niveau apparent du bruit est de traiter le signal d'entrée dans le but de le surélever par rapport au bruit. Le bruit est le plus gênant aux fréquences élevées ; il est possible de suramplifier ces dernières lors de l'enregistrement. À la lecture, la même zone spectrale fera l'objet d'une atténuation réciproque ramenant le signal à son niveau d'origine, le bruit contenu dans la même bande de fréquence étant lui aussi atténué. Une certaine réduction du bruit est ainsi obtenue, sans dégradation du signal utile. Cette technique est qualifiée de préaccentuation (à l'enregistrement) et de désaccentuation (à la lecture).

**209**

Une telle technique, qui consiste de fait à restreindre la dynamique du signal avant enregistrement puis à l'étendre lors de la lecture est qualifiée de compression/extension ou de réciproque ; on utilise parfois l'expression anglaise *companding* (contraction de *compression* et *expanding*). La préaccentuation variable des aiguës décrite plus haut est un exemple de compression/extension sélective, n'agissant qu'à certaines fréquences. Il est de première importance de noter que le processus de décodage doit être la réciproque exacte du processus de codage et qu'ils sont indissociables. Il n'est pas possible, par exemple, d'agir à l'aide du décodeur sur le bruit affectant un enregistrement effectué sans codeur. De même, des bandes encodées relues sans décodeur offriront une piètre qualité sonore et seront affectées d'une brillance (excès d'aiguës) anormale et de fluctuations du niveau des fréquences élevées.

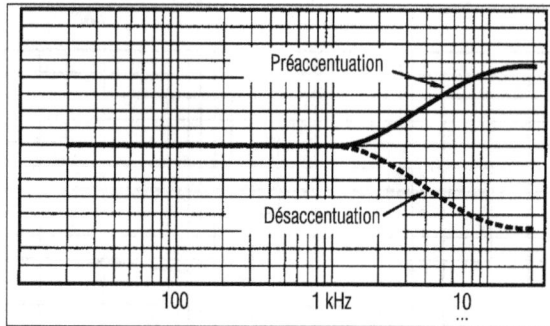

## 9.2.2  Le Dolby B

Le processus que nous venons de décrire est à la base du réducteur de bruit Dolby B, que l'on peut rencontrer sur la plupart des enregistreurs de cassettes audio. Le seuil au-dessous duquel la réduction de bruit intervient est inférieur d'environ 20 dB au niveau de référence magnétique, appelé *référence Dolby*, égal à 200 nWb/m. L'accentuation maximale des fréquences élevées que permet le Dolby B est de 10 dB au-delà de 8 kHz, ce qui permet une réduction de bruit de 10 dB à ces fréquences. Un système à cassettes, sans réducteur de bruit, présente un rapport signal sur bruit voisin de 50 dB. Lorsque le réducteur de bruit Dolby B est mis en service, l'augmentation de 10 dB qu'il permet amène le rapport signal sur bruit à une valeur de 60 dB, plus compatible avec des enregistreurs de qualité. Les valeurs qui précèdent correspondent à des mesures effectuées à l'aide d'une pondération CCIR 468-2 (voir le paragraphe A.5 en annexe), et sont inférieures dans le cas d'une mesure directe.

La bande de fréquence à laquelle la préaccentuation est appliquée par le réducteur de bruit Dolby B est commandée par un filtre à bande glissante ; autrement dit, la fréquence au-dessus de laquelle le traitement intervient dépend des caractéristiques (niveau et contenu spectral) du signal ; elle est au minimum égale à 400 Hz. Ce fonctionnement permet d'assurer un maximum de masquage du bruit, tout en évitant que les signaux de niveau élevé n'occasionnent un effet de pompage, phénomène pouvant survenir lorsqu'un signal de niveau élevé dans une région du spectre entraîne une diminution de la réduction de bruit, et donc une remontée de ce dernier dans d'autres régions spectrales, le signal de fort niveau n'opérant alors qu'un effet de masquage insuffisant en raison de la différence des fréquences du signal et du bruit.

Le procédé Dolby, qui réagit en fonction du niveau du signal, nécessite qu'à la lecture, lors du décodage, ce niveau présente exactement le même écart par rapport à la référence Dolby qu'à l'enregistrement. Cela implique que toutes les machines soient correctement alignées pour permettre un décodage correct sur ce même appareil ou sur un autre ; ce réglage est indépendant du niveau de sortie de la machine qui, lui, peut varier d'un modèle à un autre. Si, par exemple, le niveau de lecture d'une machine est trop faible, le décodeur applique une désaccentuation des aiguës trop prononcée, car le niveau – 20 dB sera décalé vers le bas, entraînant une désaccentuation non voulue de signaux enregistrés à un niveau supérieur. Il s'ensuivra une erreur dans la réponse en fréquence. De la même manière, si la réponse en fréquence d'un appareil est déficiente aux fréquences élevées, ce défaut sera accentué par le codage/décodage Dolby.

En vue de l'enregistrement d'émissions radiophoniques en bande FM, un filtre MPX doit être mis en œuvre pour supprimer la composante à 19 kHz présente dans le multiplex stéréo de la bande FM. Il peut en effet arriver que ce signal soit présent à la sortie du tuner et affecte les caractéristiques de codage Dolby B. Dans la mesure où la réponse en fréquence de la plupart des appareils n'atteint pas 20 kHz, ce signal sera absent lors de la lecture et le décodeur fonctionnera d'une manière non réciproque du codeur, avec pour conséquences des effets de pompage et une réponse en fréquence incorrecte.

Sur certains appareils, ce filtre est commutable ; sur les enregistreurs bon marché, il est constitué d'un simple filtre passe-bas qui atténue à partir de 15 kHz, alors que, sur les appareils plus sophistiqués, il s'agit d'un filtre réjecteur accordé sur 19 kHz.

### 9.2.3 *Le Dolby C*

Le réducteur Dolby B a été installé, au début des années soixante-dix, sur de nombreux appareils à cassettes, mais, à la fin de la décennie, la concurrence de dispositifs plus performants amena la société Dolby à introduire le Dolby C, qui permet une réduction du bruit d'environ 20 dB. Le Dolby C agit à partir de fréquences plus basses que le Dolby B (100 Hz) et intègre des fonctionnalités supplémentaires. Le circuit appelé antisaturation évite de trop solliciter la bande lorsque des signaux de fréquence élevée et de fort niveau sont présents. La réduction de bruit est maximale dans la bande 1 kHz-10 kHz et moindre au-delà (le bruit est alors moins perceptible), de manière à rendre le système moins sensible à la dispersion des réponses aux aiguës des machines, due, par exemple, à un mauvais réglage d'azimut. Ce dispositif a été appelé par le constructeur *spectral skewing*. Le Dolby C, dont les caractéristiques de compression-extension sont plus sévères que celles du Dolby B, accentue encore plus que ce dernier les déficiences de la réponse aux fréquences élevées des machines ; par ailleurs, une bande codée à l'aide d'un Dolby C paraîtra très aiguë si elle est lue sans passer par un décodeur.

## 9.2.4 *Le Dolby A*

Le Dolby A, introduit en 1965, est un réducteur de bruit destiné au domaine professionnel. Il présente différentes similitudes avec les systèmes décrits précédemment, mais le processus de réduction de bruit opère dans quatre bandes de fréquences distinctes, comme le montre la figure 9.3. Pour chacune d'elles, une composante dite *différentielle* de faible niveau est calculée, puis les sorties de la chaîne latérale sont ajoutées au signal d'entrée. La contribution des composantes différentielles au signal de sortie est fonction du niveau d'entrée et présente un maximum lorsque ce dernier est de 40 dB inférieur au niveau de référence Dolby (voir les figures 9.4 (a) et (b)).

**Figure 9.3**

Dans le réducteur de bruit Dolby A, une composante différentielle de niveau faible est ajoutée au signal d'entrée lors du codage. Celle-ci est élaborée par une chaîne latérale qui travaille de manière indépendante dans quatre bandes de fréquence. La composante différentielle est soustraite du signal lors du décodage.

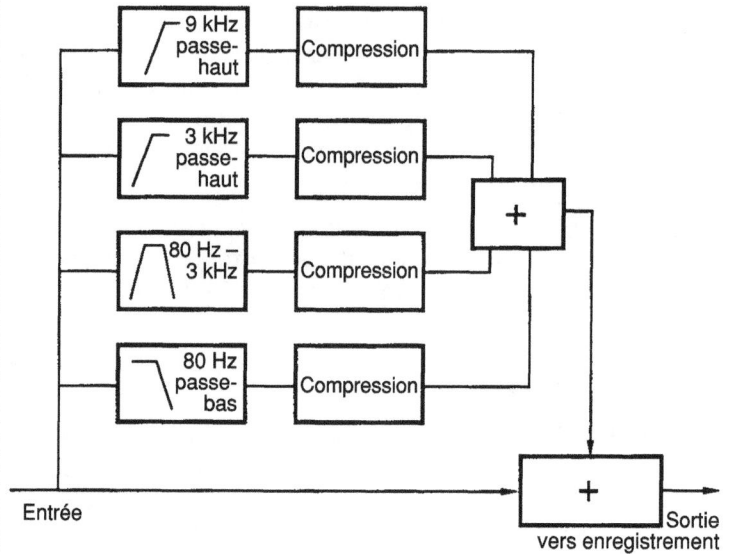

**Figure 9.4**

(a) Composante différentielle produite par la chaîne latérale du Dolby A.
(b) Diagrammes de transfert du codeur et du décodeur du Dolby A.

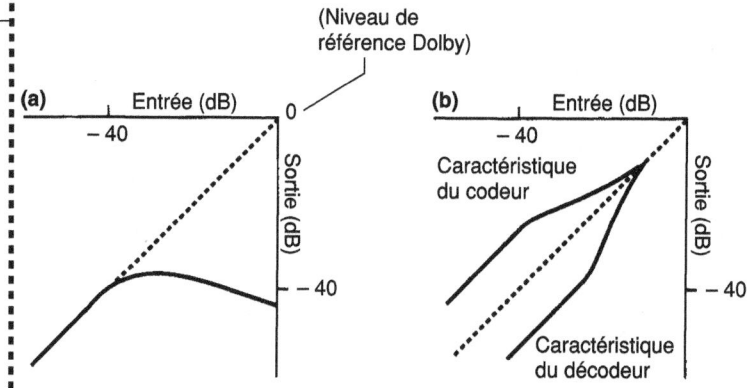

La subdivision en quatre bandes permet un traitement indépendant dans chacune d'elles, de sorte qu'un signal de fort niveau dans une bande n'occasionne pas de diminution de l'importance du traitement dans les autres. Le système conserve alors une efficacité maximale quelle que soit la nature du programme. Les deux bandes supérieures sont de type passe-haut et se recouvrent, ce qui permet l'obtention d'une réduction du bruit d'environ 10 dB à 5 kHz, augmentant jusqu'à 15 dB à l'extrémité haute du spectre.

Le décodeur a un fonctionnement réciproque de celui du codeur, hormis le fait que la composante différentielle est maintenant soustraite du signal, ramenant ce dernier à ses caractéristiques d'origine ; le bruit introduit entre codage et décodage est alors atténué.

### 9.2.5 *Le Dolby SR*

La fin des années quatre-vingts a vu l'apparition du Dolby SR – pour *spectral recording* – qui permet une réduction du bruit accrue, d'environ 25 dB. Face à l'émergence des enregistreurs numériques, il a eu pour conséquence de prolonger l'emploi de magnétophones analogiques, stéréo ou multipistes. Alors que le Dolby A n'apporte pas de modification au signal tant que le niveau de ce dernier ne devient pas inférieur à un certain seuil, le Dolby SR assure une réduction de bruit maximale sur tout le spectre tant que le niveau du signal d'entrée n'excède pas le seuil. Au-delà de ce dernier, la bande de fréquences concernée subit un traitement moindre. Le Dolby SR cherche avant tout à utiliser de manière optimale la capacité d'enregistrement de la bande.

Ce dispositif intègre dix filtres, les uns à bande fixe et gain variable, les autres à bande glissante et gain fixe, ces derniers pouvant être réglés pour couvrir différentes zones spectrales. C'est de fait un système multibande de grande complexité, qui procède tout d'abord à l'analyse du signal d'entrée en vue de déterminer sa répartition spectrale. Il intègre les systèmes anti-saturation et *spectral skewing* abordés au paragraphe 9.2.3. Le réducteur de bruit Dolby SR présente une transparence remarquable ainsi qu'une tolérance accrue vis-à-vis des dispersions de niveau et de vitesse. Une version simplifiée, appelée Dolby S, a été développée pour les appareils à cassettes et certains magnétophones multipistes semi-professionnels.

### 9.2.6 *Le réducteur de bruit DBX*

Appareil également très répandu, le réducteur de bruit DBX permet une réduction du bruit d'environ 30 dB et diffère des systèmes Dolby par différents aspects. Il compresse la dynamique du signal d'entrée dans l'ensemble du spectre et, de plus, occasionne une préaccentuation aux fréquences élevées. Son comportement ne dépend pas du niveau du signal d'entrée, et les caractéristiques du compresseur permettent de restreindre une dynamique de 90 dB à environ 60 dB, étendue compatible avec les performances des magnétophones analogiques. À la lecture, le décodeur opère une extension et une désaccentuation réciproques.

Les rapports de compression importants, utilisés conjointement avec le processus d'accentuation, rendent le système vulnérable aux défauts de réponse en fréquence des machines qui se trouvent considérablement accrus.

C'est pourquoi ce dispositif est proposé en deux versions ; le type 1, destiné aux appareils professionnels, et le type 2, destiné aux machines grand public, telles que les enregistreurs à cassettes, où la réduction de bruit aux fréquences élevées est amoindrie de manière à minimiser les effets de réponses en fréquence déficientes.

L'importance de la compression-extension est fixée et ne dépend pas du niveau du signal d'entrée ; par ailleurs, le système opère de manière uniforme sur tout le spectre, ce dernier n'étant pas subdivisé en bandes de fréquences. Ces deux aspects sont susceptibles de provoquer des effets de modulation du bruit de fond parfois audibles, en particulier avec de la musique classique à forte dynamique, ainsi que des effets de pompage. Ce système permet toutefois une réduction du bruit impressionnante, particulièrement utile avec les cassettes ; il est par ailleurs relativement tolérant vis-à-vis des imprécisions d'alignement en niveau.

### 9.2.7 *Le réducteur de bruit Telcom C4*

Plus récent que les appareils Dolby et DBX, le réducteur Telcom C4, de la firme ANT, est apparu en 1978. Bénéficiant de l'expérience acquise avec les systèmes antérieurs, et permettant une réduction du bruit d'environ 30 dB, il a en commun avec les réducteurs Dolby une action dépendante du niveau et un traitement distinct dans quatre sous-bandes. Le constructeur affirme qu'il est moins sensible aux erreurs d'alignement que le Dolby A ; il offre un fonctionnement satisfaisant et les effets induits sont minimes.

Il en existe une version bon marché, appelée *hi-com*, destinée aux studios amateurs et aux appareils à cassettes.

## 9.3 Alignement des réducteurs de bruit

Afin d'être sûr que l'ensemble du dispositif présente un gain unitaire en lecture après bande, et que le comportement du décodeur Dolby est correct, il est nécessaire de procéder à un alignement de la chaîne de réduction de bruit. Différentes méthodes peuvent être utilisées, certaines plus rigoureuses que d'autres ; pour ce qui est de l'alignement quotidien d'un studio dans le cadre d'une exploitation normale, les opérations suivantes donneront toute satisfaction. Elles ne doivent bien sûr être menées à bien qu'après que le magnétophone lui-même aura été aligné, le réducteur de bruit étant hors service.

Dans le cas d'un codeur Dolby A, on injectera à l'entrée de ce dernier un signal sinusoïdal de fréquence 1 kHz et de niveau + 4 dBu, délivré par exemple par la console. Le réducteur de bruit doit être commuté en mode « NR OUT » et « Record ». Un réglage correct du niveau d'entrée doit permettre d'observer une déviation de l'indicateur à la graduation « NAB » (voir la figure 9.5).

Le niveau de sortie peut maintenant être réglé pour obtenir + 4 dBu, ce niveau pouvant être éventuellement évalué à l'aide des indicateurs du magnétophone, pourvu qu'ils existent et qu'ils soient suffisamment fiables.

Il est habituel d'enregistrer, au début d'une bande encodée Dolby, en plus des signaux-tests habituels (voir le paragraphe 8.7.3), une salve de référence « Dolby tone » dans le cas du Dolby A ou « Dolby noise » dans le cas du Dolby SR. Lors de l'alignement de l'enregistreur, ces signaux sont générés par le réducteur de bruit lui-même.

Le signal « Dolby tone » consiste en un signal sinusoïdal de fréquence 700 Hz modulée. Son niveau correspond au niveau d'alignement interne du dispositif Dolby ; il est aisément identifiable et se distingue clairement des autres signaux de références couchés sur la bande. Une fois le niveau de sortie du réducteur Dolby réglé, il convient d'activer le commutateur « Dolby tone » et d'enregistrer le signal de référence en début de bande.

Pour aligner le décodeur en lecture, il convient tout d'abord de commuter le réducteur de bruit en mode « NR OUT » et « Replay », de lire la salve de signal « Dolby tone » précédemment enregistrée sur la bande et de régler le niveau d'entrée de telle manière que l'indicateur dévie jusqu'à la graduation « NAB ». Le niveau de sortie doit alors être réglé en vue d'obtenir une valeur de + 4 dBu.

La phase d'alignement achevée, les commutateurs des sections d'enregistrement et de lecture du réducteur doivent être positionnés sur « NR IN » en vue de l'utilisation de l'appareil.

**Figure 9.5** _____

Le niveau de travail des dispositifs Dolby est évalué à l'aide soit d'un indicateur mécanique (à gauche), soit de diodes électroluminescentes (à droite). L'indicateur de gauche doit dévier sur la graduation « 18,5 NAB » ; les diodes vertes doivent être allumées toutes les deux.

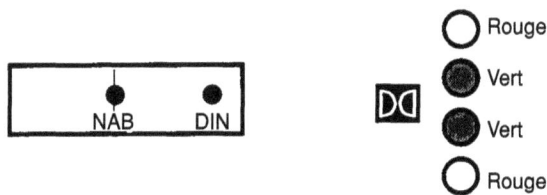

## 9.4 Quelques aspects pratiques

À ce stade, il nous faut évoquer les problèmes que posent l'utilisation conjointe de réducteurs de bruit et des variateurs de vitesse (*varispeed*). Il est fréquent, en studio, de faire appel à ces derniers dans le but de modifier la hauteur musicale, ou encore la durée d'un programme. Il faut avoir conscience que le décalage de hauteur, donc de fréquence ainsi généré aura pour conséquence une non-correspondance entre les bandes de fréquence lues et celles enregistrées, ce qui entraînera un défaut de réciprocité du système décodeur.

Généralement incorporés dans les racks au standard 19 pouces, les réducteurs de bruit professionnels existent dans différentes versions : monocanale, stéréo et, pour les machines multipistes, en groupe de 8, 16 ou 24 canaux. Certains modèles sont conçus pour être installés dans la machine même, le tout formant alors un ensemble cohérent et compact.

Chaque canal est doté d'une commutation manuelle enregistrement/lecture et, la plupart du temps, d'une possibilité de télécommande à l'aide d'une tension continue. La présence de cette dernière configure le réducteur en fonction enregistrement et son absence en fonction lecture. Il est courant, sur les machines professionnelles, de relier cette télécommande à la présélection d'enregistrement de la piste correspondante, la sélection de pistes en enregistrement entraînant la commutation des réducteurs de bruit correspondants en fonction « ENR » en une seule manœuvre.

## 9.5 Réducteurs de bruit non réciproques

### 9.5.1 Vue d'ensemble

Les dispositifs que nous avons précédemment décrits, constitués d'une opération de codage puis de décodage, sont qualifiés de complémentaires ou réciproques. Différents industriels ont développé des systèmes de réduction de bruit, destinés à nettoyer des signaux bruités n'ayant pas fait l'objet d'un codage préalable, qualifiés de non réciproques. Leur fonctionnement repose sur une évaluation du niveau du signal et, si ce dernier devient inférieur à un certain seuil, une atténuation progressive est apportée aux figures élevées pour réduire le niveau de souffle perçu.

Le signal utile, de niveau faible, est en théorie moins affecté par cette atténuation des fréquences élevées que ne le serait un signal de niveau élevé, en raison de l'évolution de la réponse de l'oreille selon le volume sonore (voir le complément 2.2). Les signaux de fort niveau, quant à eux, ne subissent aucun traitement. De fait, ces appareils s'apparentent au décodeur du Dolby B, le codage préalable étant ici absent. Les commandes de niveau d'entrée de tels dispositifs doivent être réglées avec soin de manière à obtenir une atténuation des fréquences élevées à partir d'un seuil approprié à tel ou tel signal et ainsi d'atteindre un compromis satisfaisant entre la réduction du souffle et la perte d'aiguës lors des passages les plus faibles. Les systèmes non réciproques doivent faire l'objet d'un emploi judicieux, et ne sont pas destinés à être utilisés de manière systématique. Ils nécessitent une évaluation permettant de conclure à l'amélioration apportée par rapport au signal original non traité.

Lors de l'utilisation de tels dispositifs pour un programme stéréo, il convient de s'assurer que les paramètres des deux canaux sont rigoureusement identiques, faute de quoi l'équilibre spectral variable entre les deux canaux entraînera une instabilité des images stéréophoniques.

## 9.5.2 *Portes de bruit* (noise gates)

Le *noise gate*, que l'on peut considérer comme un réducteur de bruit non réciproque, fonctionne de la manière suivante. Un réglage de seuil est effectué de manière à ce que la sortie de l'appareil soit coupée (on dit alors que la porte est fermée) lorsque le niveau du signal est très faible, par exemple quand ce dernier ne contient que le souffle de bande ou le bruit de fond d'un amplificateur, qui ne sont alors pas transmis. Ces systèmes présentent un temps d'attaque très faible, de manière à ce que la porte s'ouvre lors d'une apparition soudaine du signal, sans que l'attaque soit affectée d'une discontinuité. Le temps mis par la porte pour se fermer après que le signal est devenu plus faible que le seuil choisi est lui aussi réglable.

Le seuil de fermeture est en général choisi plus faible que le seuil d'ouverture (l'appareil présente alors un hystérésis), de façon qu'un signal de niveau limite n'occasionne pas une oscillation du système (succession d'ouvertures et de fermetures).

De tels dispositifs s'avèrent intéressants lors, par exemple, de l'enregistrement d'une guitare électrique reliée à un amplificateur présentant un bruit de fond important. Durant les passages où le guitariste ne joue pas, la porte se ferme, et, ainsi, le bruit n'est pas transmis à l'enregistreur. D'une manière similaire, ils peuvent être utilisés lors du mixage d'un enregistrement multipiste ; ils interrompent le cheminement des signaux émanant de pistes non modulées, et éliminent ainsi la contribution au bruit de fond de ces dernières.

Dans le cas de liaisons radio par satellite ou de conversations téléphoniques transitant par des lignes à grande distance, l'action des *noise gates* est fréquemment perceptible. Lorsqu'aucun locuteur ne s'exprime, un silence impressionnant règne, mais, dès que la conversation reprend, une salve de bruit apparaît soudainement et accompagne la voix du locuteur jusqu'à ce qu'il cesse de parler. Ce phénomène peut être source de surprise, la disparition soudaine du bruit pouvant donner l'impression à l'interlocuteur que la liaison a été interrompue.

Les *noise gates* sont également utilisés en tant qu'effets, notamment pour la caisse claire dans la musique pop. La caisse claire y est colorée par une réverbération importante, et un seuil élevé est réglé sur la porte, de sorte que quelques fractions de seconde après le coup, la réverbération est soudainement coupée. Les boîtes à rythme permettent souvent de générer cet effet, ainsi que certains multieffets.

### 9.5.3 *Dispositifs numériques d'extraction du bruit*

Des systèmes de réduction de bruit non complémentaires ont été développés. Hautement sophistiqués et d'un coût élevé, ils reposent sur les principes suivants. Un enregistrement bruité présente en principe de courtes périodes de silence, où seul le bruit est audible, comme le sillon d'entrée d'un vieux disque 78 tours. Ces périodes peuvent fournir un échantillon des caractéristiques du bruit de fond. Ce dernier peut alors être analysé par l'ordinateur et identifié comme une composante indésirable du signal, dont il sera soustrait. De même, des discontinuités dans le programme (bruits impulsionnels) peuvent être reconnues comme telles et éliminées. Le trou occasionné est alors comblé par un signal calculé à partir de ce qui précède et de ce qui suit. La plupart de ces dispositifs ne fonctionnent pas en temps réel, le temps de traitement étant souvent largement supérieur à la longueur du programme concerné ; cependant, l'accélération constante des processus de traitement numérique rend nombre de ces opérations instantanées.

## Références bibliographiques

DOLBY, R. (1967) An audio noise reduction system. *J. Audio Eng. Soc.*, vol 15, pp. 383-388.

DOLBY, R. (1970) A noise reduction system for consumer tape applications. Presented at the *39th AES Convention. J. Audio Eng. Soc. (abstracts)*, vol. 18, p. 704.

DOLBY, R. (1983) A 20 dB audio noise reduction system for consumer applications. *J. Audio Eng. Soc.*, vol. 31, pp. 98-113.

DOLBY, R. (1986) The spectral recording process. Presented at the *81st AES Convention*. Preprint 2413 (C-6). Audio Engineering Society.

# 10 L'enregistrement numérique

## 10.1 Enregistrement analogique et enregistrement numérique

Tout processus d'enregistrement, comme nous l'avons vu dans les chapitres précédents, débute par la conversion des variations de la pression sonore en variations de tension électrique, à l'aide d'un microphone. Pour ce qui est de l'enregistrement analogique, cette tension continûment variable est à son tour transformée en variations d'une grandeur physique du support, comme le niveau d'aimantation d'une bande magnétique, une suite de zones transparentes et opaques dans le cas de l'enregistrement optique d'un film, ou encore, la déviation du sillon d'un disque vinyle.

Comme les variations de ces grandeurs physiques sont étroitement liées à celles des ondes sonores originelles, leur lecture, dans son principe, est relativement simple. Elles peuvent être à leur tour reconverties en signal électrique puis en ondes acoustiques, à l'aide d'une suite d'amplificateurs et de transducteurs. Le problème majeur qui se pose toutefois est que le système de lecture est incapable d'opérer la différence entre les signaux utiles et les signaux indésirables. Ces derniers peuvent résulter d'un phénomène de distorsion ou être de simples bruits et autres formes d'interférences. Par exemple, en présence d'un mouvement brusque du stylet lecteur, une platine de lecture de disques vinyles ne pourra reconnaître si le mouvement est dû à une rayure indésirable du disque ou à la présence d'un transitoire dans le programme musical. Ainsi, toutes les imperfections du support d'enregistrement lui-même se traduiront par des phénomènes audibles.

L'enregistrement numérique consiste à convertir le signal électrique produit par un microphone en une suite de nombres dont chacun représente l'amplitude instantanée du signal originel à un instant significatif donné, puis à enregistrer ces nombres après un codage qui permet de détecter, à la lecture, un défaut éventuel. Le système de lecture est alors à même d'opérer la distinction entre le signal utile et les défauts que nous avons évoqués plus haut, en étant capable, dans la plupart des cas, de ne conserver que l'information désirable.

L'enregistrement numérique est beaucoup plus tolérant que son équivalent analogique vis-à-vis d'un support d'enregistrement de qualité médiocre ; les différentes distorsions et défauts apparaissant au sein d'un canal d'enregistrement ou de transmission n'affectent en rien la qualité sonore perçue tant qu'ils restent à l'intérieur des limites de tolérance du système. Ces différents aspects sont précisés dans le complément 10.1.

L'enregistrement numérique permet par ailleurs aux acteurs du domaine sonore de profiter des développements et progrès de l'informatique, ce qui est particulièrement intéressant dans la mesure où la production de masse dans ce domaine est génératrice d'économies qui ne seraient pas envisageables dans le cadre d'une production spécifique. Il est aujourd'hui courant que les informations sonores soient enregistrées, traitées et montées à l'aide d'ordinateurs de coût relativement modeste, et il est vraisemblable que cette tendance perdurera. Ce chapitre constitue une introduction aux principes fondateurs de l'enregistrement numérique, que nous aborderons de la manière la plus concrète possible. Différents ouvrages mentionnés à la fin de ce chapitre permettront au lecteur d'approfondir le sujet.

---

**Complément 10.1** – *Représentations analogique et numérique de l'information*

L'information, sous sa forme analogique, est représentée par un signal continûment variable, c'est-à-dire que la valeur de ce dernier peut être à chaque instant déterminée et être quelconque entre les limites de fonctionnement du système. Par exemple, une commande continue (voir la figure) peut occuper une infinité de positions différentes et constitue, de ce fait, une commande analogique.

En revanche, un simple interrupteur, dans la mesure où il ne peut prendre que deux positions, ouvert ou fermé, et aucune position intermédiaire, peut être considéré comme une commande numérique. L'intensité lumineuse que nos yeux perçoivent est une grandeur analogique ; lorsque le soleil se couche, la lumière baisse de manière régulière et progressive, alors qu'une ampoule, si elle n'est pas commandée par un gradateur, ne peut être qu'allumée ou éteinte : son comportement présente un caractère binaire, c'est-à-dire qu'elle ne peut se trouver que dans deux états.

Une information analogique peut être représentée sous la forme d'une tension ou d'un courant variables. Si une commande rotative actionne un potentiomètre, lui-même connecté à une alimentation, sa position modifiera la tension disponible sur son curseur comme le montre la figure. Si l'interrupteur est relié à cette même alimentation, la tension de sortie ne pourra qu'être nulle ou égale à la tension que l'alimentation fournit. Dans ce dernier cas, l'information électrique résultante est binaire.

On peut, par convention, associer l'état haut (+ V) à la valeur binaire 1, et l'état bas (0 V) à la valeur binaire 0. La convention inverse peut également être adoptée.

L'information binaire est, par nature, plus robuste aux bruits et aux interférences que ne l'est l'information analogique. En effet, si un bruit est ajouté à un signal analogique, il devient très difficile à un étage suivant de la chaîne que parcourt le signal de déterminer quel est le signal désirable et celui qui ne l'est pas, car il n'existe aucun moyen permettant de les distinguer l'un de l'autre. Par contre, si du bruit est ajouté à un signal numérique, il est possible de récupérer l'information car seuls deux états sont significatifs, l'état haut et l'état bas. En comparant l'amplitude du signal avec une certaine valeur, appelée *seuil de décision*, il est possible à un récepteur de décider que tout signal supérieur à ce seuil est à l'état haut, et que tout signal qui lui est inférieur est à l'état bas. Pour que le bruit ait une influence sur l'information, il faut que son amplitude soit telle qu'un état haut sera interprété comme bas et inversement.

La cadence des signaux numériques peut également être corrigée, dans une certaine mesure, à l'aide d'une méthode similaire, ce qui confère au signal numérique un autre avantage par rapport au signal analogique. Si le cadencement des éléments binaires d'un message numérique devient instable, par exemple parce que le signal a transité par de longs câbles, ce qui a pour effet de provoquer de la gigue (*jitter*), il est possible de le resynchroniser à l'aide d'une horloge stable ; cela aura pour effet de restaurer la stabilité temporelle de l'information.

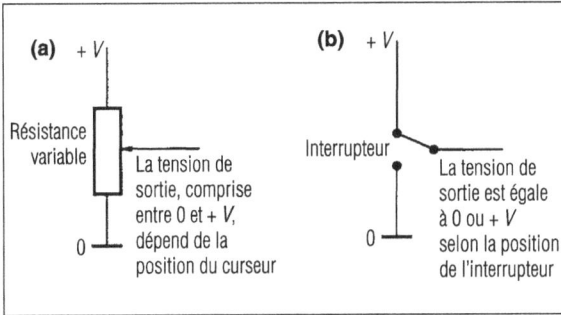

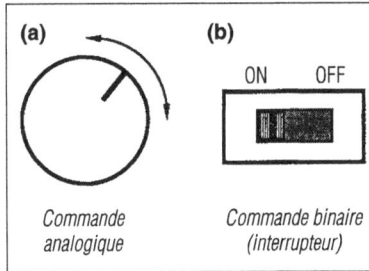

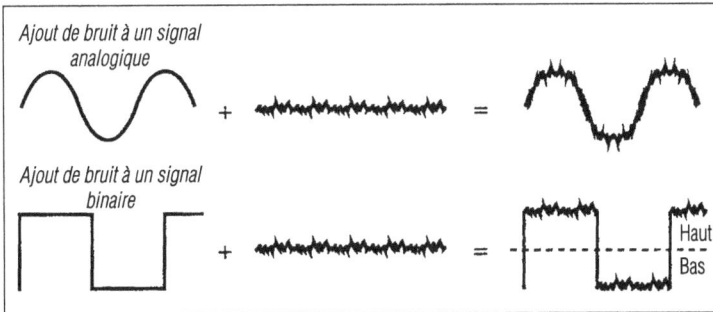

**(a)** $+ V$

Résistance variable

La tension de sortie, comprise entre $0$ et $+ V$, dépend de la position du curseur

$0$

**(b)** $+ V$

Interrupteur

La tension de sortie est égale à $0$ ou $+ V$ selon la position de l'interrupteur

$0$

**(a)**

**(b)**

ON  OFF

*Commande analogique*

*Commande binaire (interrupteur)*

*Ajout de bruit à un signal analogique*

$+$  $=$

*Ajout de bruit à un signal binaire*

$+$  $=$

Haut
Bas

**221**

## 10.2 La chaîne audionumérique

Tout système d'enregistrement ou de transmission numérique présente une architecture du type de celle illustrée à la figure 10.1. Le signal audio analogique, tension électrique variable en fonction du temps, transite tout d'abord par un convertisseur analogique numérique (CAN) au sein duquel il est transformé en une série d'échantillons, qui constituent des photographies instantanées du signal analogique, prises plusieurs milliers de fois par seconde. Chaque échantillon est ensuite représenté par un nombre. La suite de nombres ainsi obtenue fait alors l'objet d'un codage adapté à l'enregistrement ou à la transmission (cette opération est appelée *codage de voie*), après quoi le signal est enregistré ou transmis. À la lecture ou à la réception, le signal est décodé puis il fait l'objet d'une détection et d'une correction des erreurs éventuelles, à l'aide de techniques qui permettent d'évaluer si le signal a été affecté de défauts depuis son codage. Autant que faire se peut, ces erreurs sont alors corrigées. Le signal est ensuite appliqué à un convertisseur numérique analogique (CNA) qui reconvertit les données numériques en un signal analogique à temps continu.

Nous allons étudier, dans les paragraphes suivants, les principaux processus effectués aux différents étages de cette chaîne et nous poursuivrons cette étude par une discussion portant sur la manière avec laquelle ils sont implémentés sur les appareils audio réels. Seuls les aspects essentiels de ces processus seront traités ici, les aspects théoriques qui les sous-tendent sortant du cadre de cet ouvrage.

**Figure 10.1**
Schéma synoptique d'une chaîne audionumérique d'enregistrement ou de transmission.

## 10.3 Conversion analogique numérique

### 10.3.1 *Échantillonnage*

L'opération d'échantillonnage qui intervient au sein du convertisseur analogique numérique repose sur la mesure de l'amplitude instantanée du signal audio à des instants significatifs régulièrement espacés. L'examen de la figure 10.2 montre que les impulsions obtenues ont des amplitudes identiques à celles du signal audio aux instants considérés. Les échantillons peuvent être assimilés à des images fixes, ou à des photographies instantanées, dont l'enchaînement donne une représentation du signal originel, temporellement continu, de la même manière que la succession d'images fixes qui constituent un film donnent l'impression, lorsqu'elles sont projetées à une vitesse suffisante, d'une image animée.

**Figure 10.2**

Un signal audio quelconque, échantillonné à des intervalles de temps Te réguliers. Il en résulte une suite d'impulsions dont les amplitudes représentent les amplitudes instantanées du signal originel aux instants considérés.

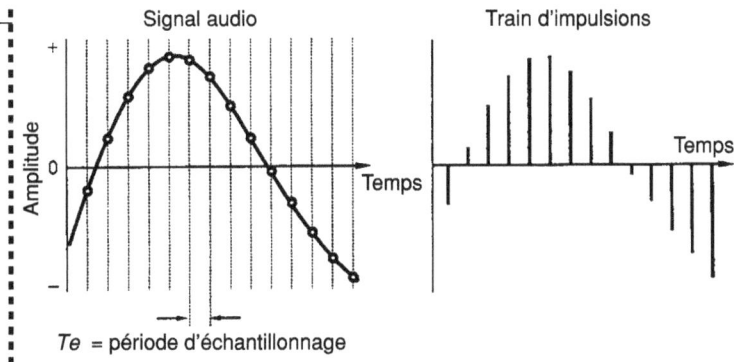

Te = période d'échantillonnage

Pour pouvoir représenter le signal avec une précision suffisante, il est indispensable de prendre un grand nombre d'échantillons par seconde. Le théorème de Shannon indique qu'il est nécessaire de disposer d'au moins deux échantillons par période du signal audio pour échantillonner ce dernier sans perte d'information. En d'autres termes, la fréquence d'échantillonnage doit être au minimum égale au double de la fréquence maximale à traiter (ce critère est également souvent appelé *critère de Nyquist*). Une autre manière d'aborder cette technique est de considérer l'échantillonnage comme une opération de modulation, ainsi que l'expose le complément 10.2.

## Complément 10.2 – *Vision spectrale de l'échantillonnage*

Une méthode permettant d'analyser le processus d'échantillonnage est de considérer ce dernier en termes de modulation.

Le signal audio opère la modulation en amplitude d'une suite d'impulsions, dont la fréquence *fe* est appelée fréquence d'échantillonnage. Avant que la modulation intervienne, les impulsions présentent toutes la même amplitude, ou hauteur, mais ensuite, l'amplitude de chaque impulsion est modifiée selon celle du signal audio au même instant. Cette technique est appelée modulation d'impulsions en amplitude (PAM, pour *pulse amplitude modulation*). Le spectre du signal modulé est illustré sur la figure ; son allure n'a ici aucune signification particulière, mais elle constitue un exemple arbitraire de signal audio. On peut remarquer qu'en plus du spectre en bande de base, c'est-à-dire du spectre du signal originel avant échantillonnage, un certain nombre de spectres additionnels (ou spectres images) sont apparus ; ils sont tous centrés sur une fréquence multiple de la fréquence d'échantillonnage. Des bandes latérales ont donc été créées autour de la fréquence d'échantillonnage et de ses multiples, comme dans le cas d'une modulation d'amplitude utilisant une infinité de porteuses ; elles présentent une largeur de bande, de part et d'autre de leur fréquence centrale, égale à celle du spectre en bande de base.

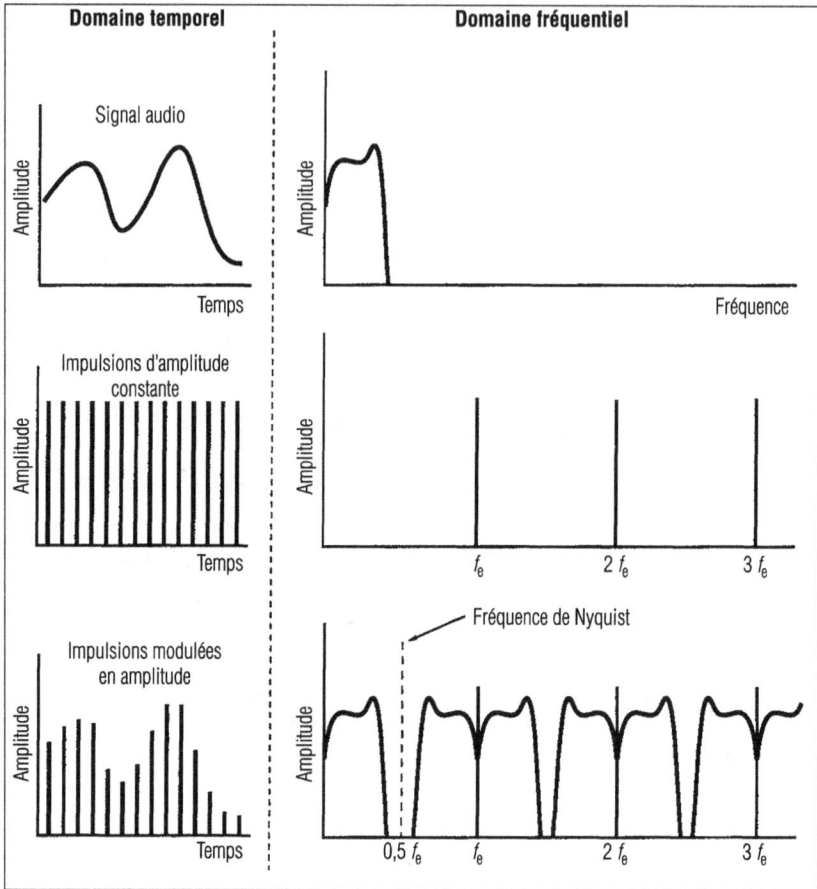

| Domaine temporel | Domaine fréquentiel |
|---|---|
| Signal audio | |
| Impulsions d'amplitude constante | |
| Impulsions modulées en amplitude | |

## 10.3.2 *Repliements de spectre*

L'exemple simple illustré à la figure 10.3 montre que, si un nombre insuffisant d'échantillons est pris par période du signal audio, ces derniers seront interprétés comme représentant un signal différent du signal d'origine. Ce constat est l'une des manières de comprendre le phénomène de repliement (*aliasing*).

Ainsi, un échantillonnage incorrect, au sens du théorème de Shannon, aura pour conséquence l'apparition de signaux non présents dans l'information initiale. Ces derniers apparaissent lors de la reconstruction du signal opérée par la conversion numérique analogique. En effet, si les échantillons de la figure 10.3 (b) sont présentés à un convertisseur numérique analogique, le signal produit sera le signal représenté par les pointillés sur la figure ; on remarque qu'il n'est pas conforme à l'original. Les échantillons ne contiennent aucune information relative aux variations rapides que présente le signal entre chaque échantillon.

**Figure 10.3**_____

(a) Signal échantillonné à un débit correct.
(b) Signal échantillonné avec une fréquence insuffisante, ce qui conduit à un repliement.

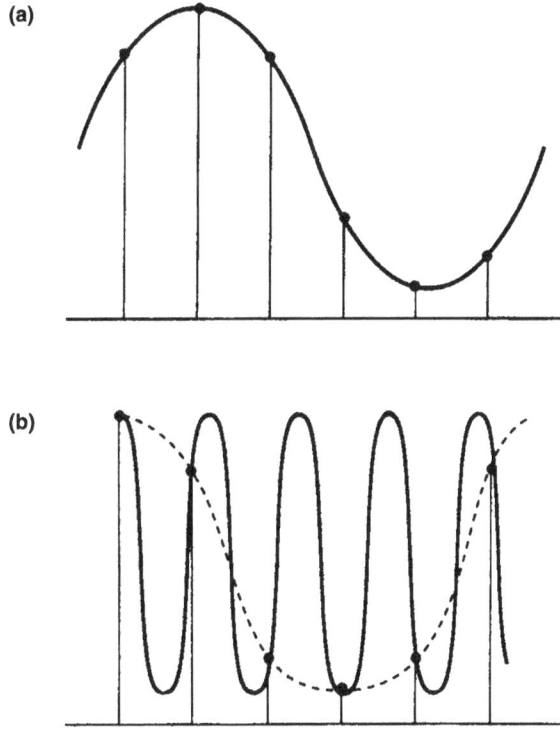

(a)

(b)

Toutefois, une meilleure compréhension de ce phénomène nécessite de l'étudier dans le domaine spectral. Il est relativement aisé, à l'examen de la figure 10.4, de comprendre pourquoi la fréquence d'échantillonnage doit être au minimum le double de la fréquence maximale contenue dans le signal. On peut constater qu'une extension de la largeur du spectre en bande de base du signal au delà de la fréquence de Nyquist, de la moitié de la fréquence d'échantillonnage, aura pour conséquence que la bande inférieure du premier spectre image créé par le processus d'échantillonnage viendra recouvrir le haut du spectre en bande de base. La figure 10.4 propose deux autres exemples. Dans le premier cas, le signal sinusoïdal échantillonné est de fréquence suffisamment basse, par rapport à la fréquence d'échantillonnage, pour que le premier spectre image soit distant du spectre en bande de base. Dans le second cas, en revanche, le signal possède une fréquence supérieure à celle de Nyquist, ce qui ramène la bande basse du spectre image à l'intérieur de la bande audio, provoquant l'apparition de modifications audibles du signal originel.

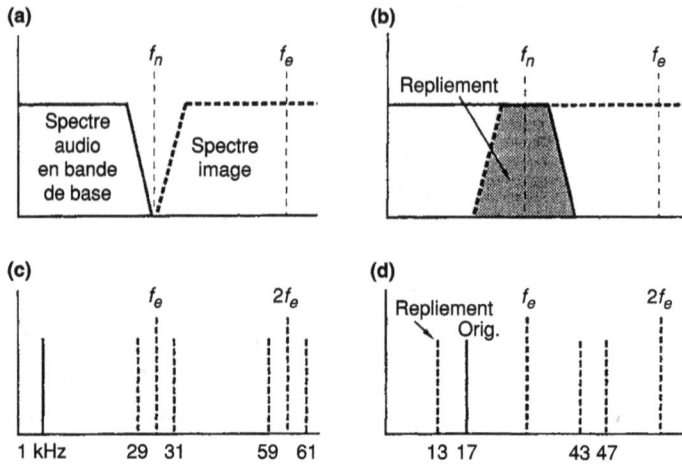

**Figure 10.4**

Étude spectrale du phénomène de repliement. En (a), le spectre en bande de base du signal audio s'étend jusqu'à la moitié de la fréquence d'échantillonnage (ou fréquence de Nyquist, $f_n$) : aucun repliement n'est constaté.

En (b), ce même spectre s'étend au-delà de la fréquence de Nyquist et recouvre la bande latérale basse du premier spectre image, ce qui donne naissance à des composantes indésirables dans la zone grisée.

En (c), un signal de fréquence 1 kHz est échantillonné, avec une fréquence d'échantillonnage égale à 30 kHz, ce qui crée des images à 29 et 31 kHz (ainsi qu'à 59 et 61 kHz, etc.). Ces dernières sont situées très au-delà de la gamme de l'audible, et ne seront pas perçues. En (d), un signal de fréquence 17 kHz est échantillonné à 30 kHz ; la première image, à 13 kHz, sera alors perçue.

Le phénomène de repliement de spectre peut également être constaté visuellement sur le film d'une roue à rayons. Le cinéma constitue, en effet, un exemple de processus d'échantillonnage, car il est constitué d'une succession d'images fixes prises à une vitesse de 24 images/seconde.

Si la roue qui tourne est filmée alors que sa vitesse de rotation est inférieure au rythme de prise des images, elle sera perçue comme tournant dans un certain sens, mais, si la rotation s'accélère, la roue paraîtra ralentir, puis s'immobiliser, et enfin tourner dans l'autre sens. Si la vitesse de rotation augmente encore, le mouvement apparent en sens inverse deviendra plus rapide. La perception que nous avons de cette inversion du sens de rotation de la roue est le résultat d'une fréquence d'échantillonnage insuffisante.

En fait, la roue tourne toujours dans le même sens, mais si nous la voyons tourner dans le sens inverse, c'est que l'inadaptation de la fréquence de prise de vues, autrement dit de la fréquence d'échantillonnage, entraîne une reconstitution incorrecte de l'information d'origine.

Si un tel phénomène de repliement est amené à se produire lors de l'échantillonnage d'un signal audio, un défaut audible équivalent à la perception de l'inversion du sens de rotation de la roue se manifestera, sous la forme de l'apparition de signaux qui n'existaient pas dans le signal originel. Ces derniers auront des fréquences d'autant plus basses que la fréquence du signal d'entrée sera élevée.

Dans les convertisseurs qui utilisent ces techniques de base, ce phénomène est la raison d'être d'un dispositif de filtrage, situé en amont de l'échantillonnage. Le but de ce dispositif est de débarrasser le signal à échantillonner des éventuelles composantes dont la fréquence est supérieure à la moitié de la fréquence d'échantillonnage. La figure 10.5 illustre un tel dispositif, appelé filtre anti-repliement (*anti-aliasing filter*).

**Figure 10.5**

Dans les convertisseurs de base, un filtre analogique antirepliement, disposé préalablement à la conversion, permet de bloquer les composantes du signal d'entrée de fréquences supérieures à la fréquence de Nyquist.

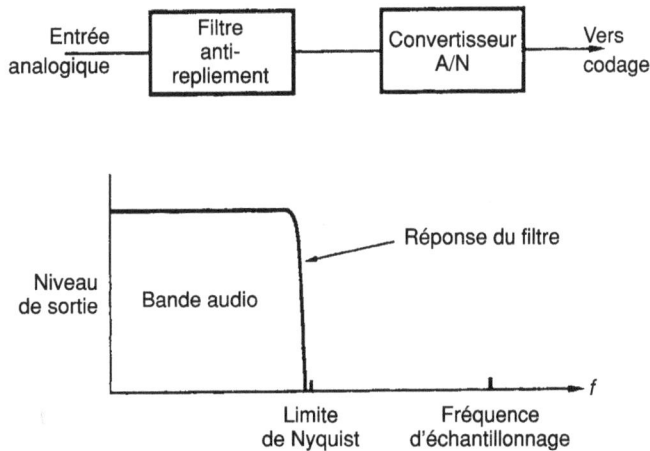

Concrètement, parce qu'il n'est pas possible de concevoir un filtre parfait, la fréquence d'échantillonnage est choisie de manière à être légèrement supérieure au double de la fréquence maximale à traiter, ce qui permet d'utiliser un filtre dont les contraintes d'application sont moins sévères. Le choix des fréquences d'échantillonnage est abordé plus en détail dans le complément 10.3.

**Complément 10.3** – *Fréquences d'échantillonnage*

Le choix de la fréquence d'échantillonnage conditionne la largeur de bande du signal pouvant être échantillonné. Le tableau ci-dessous récapitule les différentes fréquences utilisées et les domaines d'application correspondants. En ce qui concerne les cartes son des ordinateurs, l'éventail est large, et seules les valeurs les plus répandues sont indiquées. Des arguments sont apparus en faveur de la normalisation des fréquences d'échantillonnage élevées, telles que 88,2 kHz et 96 kHz. Ils sont fondés sur le fait qu'il est important de respecter les informations se situant au delà de 20 kHz en vue d'obtenir une qualité sonore optimale ; il est incontestable que la réponse de l'oreille n'est pas totalement coupée à 20 kHz, mais il est peu probable que les auditeurs puissent distinguer de manière fiable les sons contenant des informations au-delà de cette fréquence de ceux qui n'en contiennent pas. Le doublement de la fréquence d'échantillonnage conduit à multiplier par deux le débit des données, et donc à diviser par deux le temps de programme stocké sur un support.

**227**

Les fréquences d'échantillonnage les plus basses, telles que celles inférieures à 30 kHz, sont parfois utilisées pour les stations de travail installées sur un ordinateur en vue d'applications de faible qualité telles que l'enregistrement de paroles ou la génération d'effets sonores.

| Fréquences d'échantillonnage les plus courantes | |
|---|---|
| fe (kHz) | Application |
| 8 | Utilisée en téléphonie ; qualité audio médiocre ; norme CCITT G711. |
| 11,025 | Le quart de la fréquence du CD ; utilisée sur certains ordinateurs, comme le Macintosh, pour des applications à faible qualité. |
| 16 | Utilisée dans certaines applications téléphoniques. |
| 18,9 | Utilisée dans le CD-Rom/XA et le CDI pour des applications de faible qualité pour lesquelles le codage ADPCM permet d'augmenter le temps de programme. |
| 22,05 | La moitié de la fréquence du CD ; utilisée sur le Macintosh. |
| 32 | Essentiellement utilisée en radiodiffusion (NICAM 3, NICAM 728), ainsi que pour le DAT en mode longue durée. |
| 37,8 | Utilisée dans le CD-Rom/XA et le CDI pour des applications de qualité intermédiaire à codage ADPCM. |
| 44,056 | Fréquence équivalente aux États-Unis du 44,1 kHz en Europe. Elle est destinée à synchroniser les échantillons audio avec la fréquence image du système de télévision NTSC (29,97 images/seconde). |
| 44,1 | Fréquence d'échantillonnage du CD largement utilisée pour les enregistrements professionnels à différents formats. |
| 48 | Fréquence d'échantillonnage professionnelle, comme il est spécifié dans la recommandation AES3 − 1984. De nombreuses machines DAT ne permettent d'enregistrer à partir des entrées analogiques qu'à cette fréquence. |
| 88,2 et 96 | Doubles des fréquences normalisées à 44,1 et 48 kHz. De plus en plus répandues dans le domaine professionnel. |

## 10.3.3 Processus de quantification

Une fois le signal audio échantillonné, les échantillons doivent faire l'objet d'une conversion en une suite de nombres, via une quantification. À sa sortie, l'échantillonnage produit un train d'impulsions d'amplitudes variables, et la quantification fait correspondre une valeur numérique à l'amplitude de chacune d'elles. Ce processus s'apparente, en quelque sorte, à la mesure de la hauteur de chaque impulsion, au-dessus ou au-dessous de la valeur 0 (voir la figure 10.6).

Une des valeurs possibles est alors associée à chaque échantillon, en nombre fini. Dans notre exemple, une échelle de 1 à 10 est utilisée pour mesurer les amplitudes positives, les amplitudes négatives étant mesurées entre − 1 et − 10. Une de ces valeurs entières est exprimée pour chaque échantillon, l'expression des valeurs fractionnaires ou décimales n'étant pas permise. La quantification arrondit ainsi l'amplitude de chaque échantillon à la valeur entière la plus proche. La figure montre la suite des nombres qui résulte d'une telle opération.

**Figure 10.6**

Les impulsions résultant de l'échantillonnage sont quantifiées pour leur affecter une valeur numérique (le schéma représente une échelle décimale). Chaque échantillon est arrondi au niveau de quantification le plus proche.

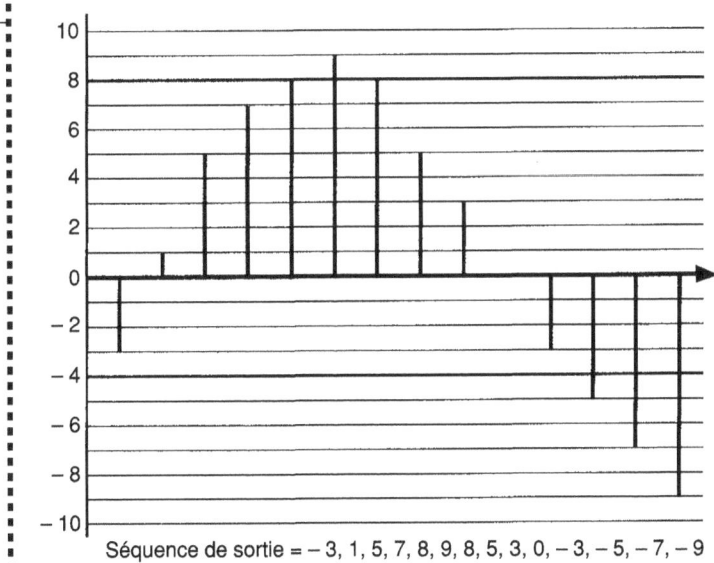

Séquence de sortie = − 3, 1, 5, 7, 8, 9, 8, 5, 3, 0, − 3, − 5, − 7, − 9

Dans un système numérique, les nombres sont exprimés à l'aide de la numération binaire, ce qui présente différents avantages. Tout d'abord, chaque chiffre ne peut prendre que deux états (en/hors, haut/bas, vrai/faux, présence/absence d'une tension, etc.). Les informations audio peuvent alors être stockées de la même manière que des données informatiques.

En numération décimale, chacun des chiffres qui composent un nombre représente une puissance de dix. En numération binaire, chaque chiffre représente une puissance de deux et est appelé caractère ou élément binaire (*bit*, contraction de *binary digit*), comme le montre la figure 10.7, qui expose également une méthode permettant le calcul de l'équivalent décimal à un nombre entier binaire. Un nombre constitué de plusieurs éléments binaires est appelé *mot binaire* ; dans le cas où il comporte huit éléments, on l'appelle *octet* (*byte*, contraction de *by eight*). De même, un ensemble de quatre éléments binaires est souvent qualifié de *quartet*. Plus un mot comporte de caractères binaires, plus il permet de représenter un grand nombre de valeurs, ou d'états. Un octet permet par exemple l'expression de 256 ($2^8$) valeurs différentes, et un mot de seize éléments binaires, 65536 ($2^{16}$) valeurs. Le caractère de poids le plus faible est souvent appelé *bit de poids faible* (LSB, pour *least signifiant bit*), et celui de poids le plus élevé, *bit de poids fort* (MSB, pour *most significant bit*). Le terme kilooctet (kB, pour *kilobyte*) représente $2^{10}$, soit 1024 octets ; un mégaoctet (MB, pour *megabyte*) correspond à 1024 kilooctets.

**229**

**Figure 10.7**_____
(a) Un nombre binaire est constitué d'un certain nombre d'éléments binaires, ou bits.
(b) Chacun de ces derniers représente une puissance de deux.
(c) Les nombres binaires peuvent être représentés électriquement par une suite de tensions hautes et basses.

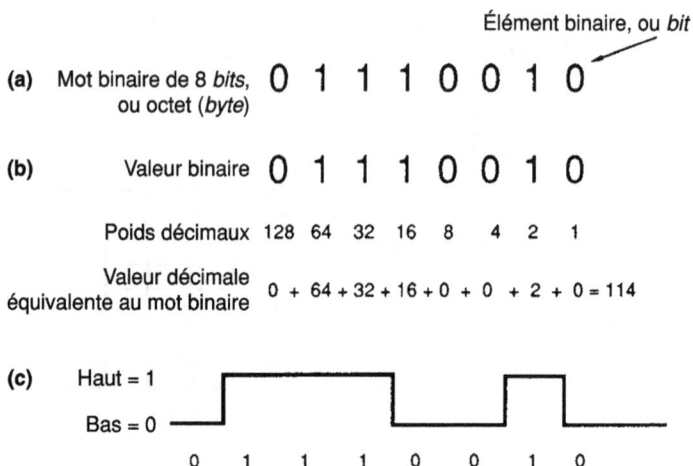

Élément binaire, ou *bit*

**(a)** Mot binaire de 8 *bits*, ou octet (*byte*)   0 1 1 1 0 0 1 0

**(b)**   Valeur binaire   0 1 1 1 0 0 1 0

Poids décimaux   128   64   32   16   8   4   2   1

Valeur décimale équivalente au mot binaire   $0 + 64 + 32 + 16 + 0 + 0 + 2 + 0 = 114$

**(c)**   Haut = 1

Bas = 0

0   1   1   1   0   0   1   0

**Figure 10.8**_____
Chaque échantillon est arrondi à l'intervalle de quantification Q le plus proche, et la valeur binaire de ce dernier lui est affectée. (La figure illustre un quantificateur sur 3 bits, la valeur binaire 0 correspondant à une tension de 0 volt.) Lors de la conversion numérique analogique, le convertisseur associe à chaque valeur binaire la tension correspondant au point milieu de l'intervalle de quantification correspondant.

Valeurs binaires affectées aux intervalles de quantification (quantificateur sur 3 bits)

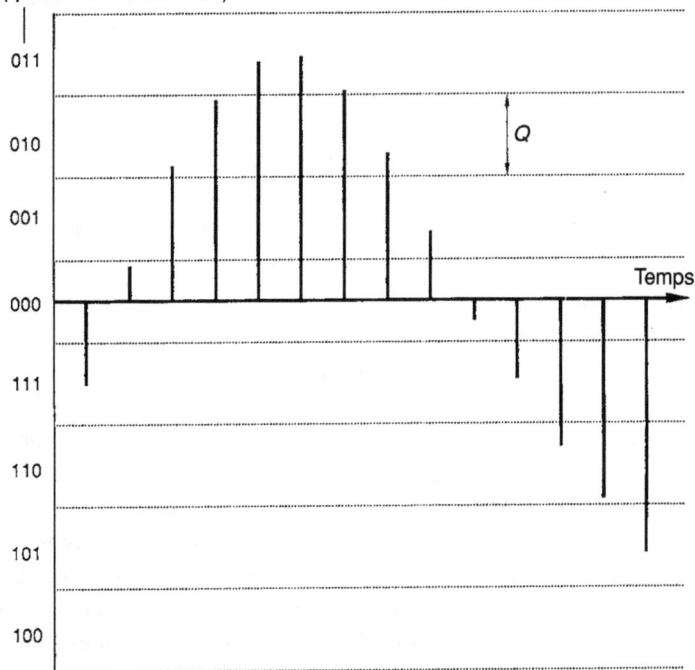

011

010

001

Q

000   Temps

111

110

101

100

Un nombre binaire constitué de trois caractères permet de représenter $2^3$, soit huit, valeurs différentes. La figure 10.8 présente un exemple d'échelle de quantification, également appelée *échelle de codage*, qui utilise des valeurs binaires sur trois caractères, au lieu des valeurs décimales de la figure 10.6. La correspondance entre les amplitudes de tension et les valeurs binaires a ici été établie de manière à ce qu'une tension nulle (0 volt) corresponde à la valeur binaire zéro, selon une méthode exposée dans le complément 10.4.

---

**Complément 10.4** – *Représentation binaire des valeurs négatives*

Les valeurs négatives des échantillons doivent être représentées en tant que telles, dans la mesure où un système audionumérique doit effectuer des opérations mathématiques sur les données pour remplir des fonctions comme le mélange de deux signaux. Dans ce but, on utilise la plupart du temps un mode de représentation appelé *code complément à deux*, qui représente les valeurs binaires négatives par la mise à 1 du caractère le plus à gauche du mot, ou MSB (*most significant bit*), ainsi appelé car il correspond à la plus grande puissance de deux exprimée. Dans le cas de nombres positifs, le MSB prend la valeur zéro.

Pour calculer l'expression en code complément à deux d'une valeur négative, il faut tout d'abord prendre la valeur opposée, qui est donc positive, inverser les valeurs de tous les éléments binaires, puis ajouter une unité à la valeur précédemment obtenue.

L'équivalent binaire sur quatre caractères de la valeur décimale − 5, en code complément à deux, sera obtenu de la manière suivante :

$$5_{10} = 0101_2,$$

$$-5_{10} = 1010 + 0001 = 1011_2.$$

L'avantage de cette représentation en code complément à deux est que le MSB représente le signe (1 = négatif ; 0 = positif) et que des opérations entre des nombres positifs et négatifs peuvent être effectuées de manière simple.

L'opération décimale :

$$5 + (-3) = 2$$

admet comme correspondant :

$$0101 + 1101 = 0010.$$

Le caractère de retenue qui peut résulter de l'addition des deux MSB est ignoré.

Dans l'exemple de la figure 10.8, l'échelle de codage fait appel à des mots binaires de trois caractères, en code complément à deux ; on peut y constater que la valeur binaire passe de tout à zéro à tout à un lorsque l'on franchit la valeur de tension nulle. De plus, la valeur la plus positive est codée par 011, et la plus négative par 100 ; autrement dit, les codages de ces deux extrêmes sont successifs.

---

Comme il est peu probable qu'un échantillon présente une amplitude correspondant exactement à une valeur de quantification, une légère différence apparaît entre la valeur codée et l'amplitude originelle ; c'est l'*erreur de quantification*. La valeur maximale de cette dernière est de la moitié d'un intervalle de quantification, en plus ou en moins. Si l'échelle de codage est subdivisée en un plus grand nombre d'intervalles, ou *pas de quantification*, chacun de ces intervalles est de moindre amplitude et l'erreur commise est plus petite (voir la figure 10.9).

**Figure 10.9**

En (a), le quantificateur opère sur 3 bits et l'échelle de codage ne présente qu'un faible nombre d'intervalles, rendant l'erreur de quantification importante. Le second échantillon, par exemple, se voit affecter la valeur 010, qui correspond à une tension sensiblement plus élevée que celle de l'échantillon. Lors de la conversion numérique analogique, les valeurs binaires d'échantillons délivrés en (a) sont transformées en impulsions dont les amplitudes sont illustrées en (b), de nombreux échantillons se voyant forcés au même niveau, à cause de l'erreur de quantification. En (c), la quantification sur 4 bits offre un plus grand nombre d'intervalles, et donc une erreur réduite. On notera que, dans un souci de clarté, seul le domaine des tensions positives est représenté.

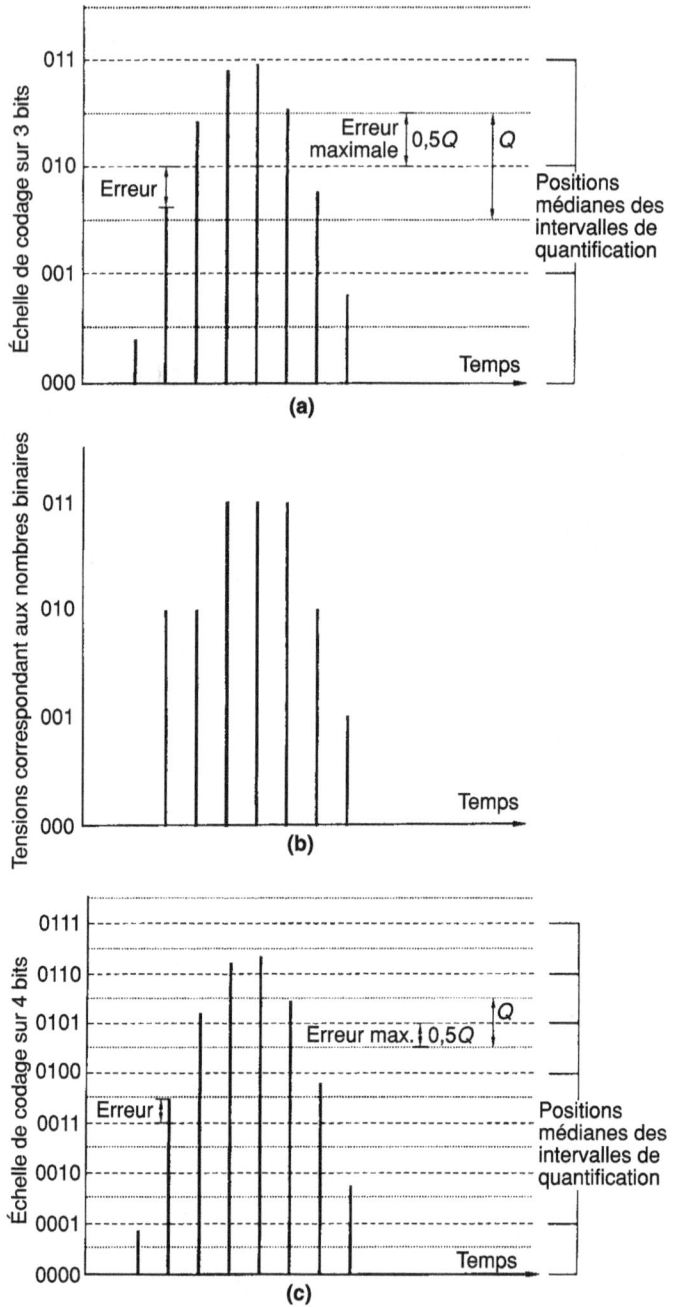

(a)

(b)

(c)

L'expression des valeurs sur quatre éléments binaires constitue une quantification grossière et conduit à une erreur de quantification importante dans la mesure où l'échelle de codage n'est subdivisée qu'en seize intervalles. Le son produit par un tel système sera alors affecté d'une distorsion importante, le signal quantifié ne ressemblant que de très loin au signal originel. Intéressons-nous maintenant aux conséquences de l'erreur de quantification. Il s'agit en fait d'un certain type de distorsion, puisque la forme du signal audio est plus ou moins altérée selon l'importance des erreurs commises.

La succession de ces erreurs constitue un signal appelé *bruit de quantification* ou *distorsion de quantification*. Pourvu que le signal audio soit de niveau suffisamment élevé et qu'il présente une nature relativement aléatoire, ce qui est le plus souvent le cas, les erreurs se manifesteront par un bruit de niveau faible. L'addition intentionnelle d'un bruit dit de dispersion (*dither*) au signal audio, avant sa conversion, aura pour effet de rendre les erreurs plus aléatoires et de rendre le bruit de quantification plus proche d'un bruit blanc, particulièrement pour les signaux de niveau faible.

La dynamique de codage d'un système audionumérique est bornée du côté des niveaux élevés par le fait qu'on a atteint le point où toutes les ressources de codage ont été utilisées. En d'autres termes, il n'y a plus d'élément binaire supplémentaire permettant de coder une valeur supérieure. Au-delà de ce seuil, le signal subira un sévère écrêtage (voir la figure 10.10) et sera donc affecté d'une distorsion importante. Ce point est atteint pour un certain niveau électrique d'entrée : + 24 dBu pour les systèmes professionnels. L'effet auditivement perçu est très différent de l'effet produit par la saturation d'une bande magnétique, car, dans ce dernier cas, la distorsion augmente de manière progressive avec le niveau du signal. Les systèmes numériques se montrent pratiquement exempts de distorsion jusqu'à ce que le niveau maximal soit atteint ; la distorsion se manifeste alors soudainement et de manière importante. Du côté des bas niveaux, la dynamique de codage est limitée par le bruit de quantification. Le complément 10.5 traite du choix de la résolution des systèmes audionumériques.

**Figure 10.10**

Les signaux, dont le niveau excède le niveau maximal admissible d'un système numérique, subissent un écrêtage sévère, aucune valeur disponible ne permettant de représenter les valeurs des échantillons.

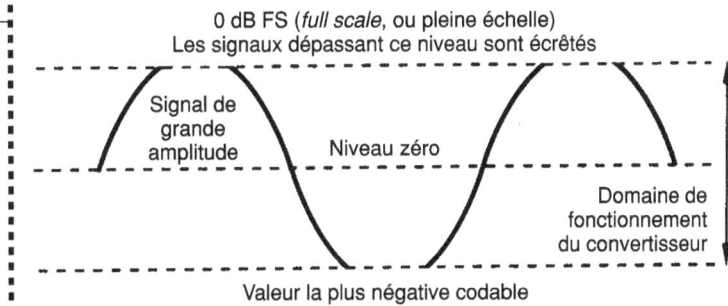

0 dB FS (*full scale*, ou pleine échelle)
Les signaux dépassant ce niveau sont écrêtés

Signal de grande amplitude

Niveau zéro

Domaine de fonctionnement du convertisseur

Valeur la plus négative codable

La sortie quantifiée d'un convertisseur analogique numérique est parfois disponible sur une série de connexions, chacune étant porteuse de l'un des éléments binaires du mot produit. Ainsi, un convertisseur 16 bits comportera seize sorties. Lorsque chaque élément binaire est transmis sur une liaison indépendante, on dit que le signal numérique est *au format parallèle*.

Si les données sont transmises les unes après les autres sur la même liaison, le signal est dit *au format série*. L'ensemble du processus qui permet la conversion d'un signal analogique en une suite de données numériques au format série est appelé modulation par impulsions codées (MIC) ; on utilise également l'expression PCM (de *pulse code modulation*).

---

### Complément 10.5 – *Résolution de la quantification*

Le nombre d'éléments binaires par échantillon conditionne la dynamique de codage d'un système audionumérique. Elle est en théorie voisine de 6 dB par caractère, soit environ 96 dB pour un système 16 bits. En pratique, la situation n'est malheureusement pas aussi simple ; d'une part, certains systèmes sont capables de reproduire des signaux en deçà de la limite théorique, et, d'autre part, les convertisseurs à suréchantillonnage intégrant une mise en forme du bruit de quantification présentent des caractéristiques en matière de bruit qui paraissent moins bonnes à l'écoute. De plus, de nombreux convertisseurs 16 bits présentent une linéarité plus que discutable, qui a pour conséquence un niveau de bruit supérieur à sa valeur théorique. Le tableau présente les résolutions associées à différents domaines d'application.

Depuis de nombreuses années, les systèmes PCM 16 bits ont constitué la référence des applications audio de qualité. Ce standard, qui est celui du CD, permet une dynamique de codage supérieure à 90 dB, ce qui convient à de nombreuses applications. Il est cependant courant, dans le domaine professionnel, qu'une certaine réserve soit nécessaire, c'est-à-dire qu'une certaine partie de la dynamique inutilisée, au-dessus du niveau de crête, soit destinée aux circonstances non prévues, comme lorsqu'un signal dépasse le niveau attendu. Cette réserve est particulièrement indispensable dans les situations de direct où l'on ne peut être totalement sûr de l'évolution des niveaux. C'est pourquoi les systèmes à 20 et 24 bits deviennent de plus en plus répandus, car ils permettent une dynamique de codage plus importante.

Du côté des faibles résolutions, certaines cartes son pour ordinateur n'offrent qu'une résolution de 4 bits ; c'est également le cas de certains générateurs qui leur sont intégrés. Une résolution de 8 bits est courante pour les ordinateurs de bureau et la qualité reste homogène avec celles des haut-parleurs dont ils sont équipés ; elle permet une dynamique de codage d'environ 50 dB.

| Bits par échantillon | Dynamique de codage (avec *dither*) | Application |
| --- | --- | --- |
| 8 | 44 dB | Utilisée sur les cartes son de première génération et dans certaines applications multimédia. |
| 12 | 68 dB | Anciens échantillonneurs tels que le S900 de Akaï. |
| 14 | 80 dB | Format EIAJ d'origine des adaptateurs PCM tels que le PCM-100 de Sony. |
| 16 | 92 dB | Standard du DAT et du CD. Résolution de haute qualité ; la plus répandue pour les matériels grand-public et pour de nombreux enregistreurs professionnels. |
| 20 | 116 dB | Applications d'enregistrement et de mastering professionnels de haute qualité. Convertisseurs aisément disponibles. |
| 24 | 140 dB | Résolution maximale de la plupart des systèmes d'enregistrement professionnels récents, ainsi que de l'interface numérique AES/UER. La dynamique de codage excède la dynamique audible. La conversion à cette résolution est complexe. |

## 10.3.4 *Conversion analogique numérique à suréchantillonnage*

La technique de suréchantillonnage consiste à choisir, pour échantillonner le signal audio, une fréquence très supérieure à celle strictement nécessaire pour respecter le critère de Nyquist, autrement dit à choisir une fréquence très supérieure à deux fois la fréquence maximale contenue dans le signal audio. Une des conséquences du recours à une fréquence d'échantillonnage très élevée est que les spectres images sont distants les uns par rapport aux autres, et, qu'en particulier, le premier spectre est situé loin au-dessus du spectre en bande de base (voir la figure 10.11). Un filtre analogique à pente d'atténuation abrupte n'est plus nécessaire ici, ce qui entraîne une amélioration de la qualité sonore. Le filtre anti-repliement analogique utilisé dans les convertisseurs conventionnels est remplacé par un filtre numérique de décimation, qui présente des réponses en fréquence et en phase plus précises.

Le suréchantillonnage permet aussi d'effectuer une opération de mise en forme du bruit de quantification, appelée *noise shaping*, au cours de la conversion. Elle a pour effet de diminuer l'énergie du bruit dans le spectre audible en la rejetant au-delà du spectre, et consiste donc à modifier la forme de la densité spectrale de puissance du bruit de quantification, d'où son nom.

**Figure 10.11**

(a) Dans une conversion analogique numérique à suréchantillonnage, les spectres images créés sont très éloignés du spectre en bande de base du signal audio. Le trait pointillé montre l'extension théoriquement possible de ce dernier, ainsi que la possibilité de repliements, mais le signal audio n'occupe que la partie basse de cette bande.

(b) La décimation et le filtrage passe-bas numérique limitent la largeur de bande des spectres à la moitié de la fréquence d'échantillonnage et restituent la série de spectres centrés sur des multiples de la fréquence d'échantillonnage, les phénomènes de repliement étant évités.

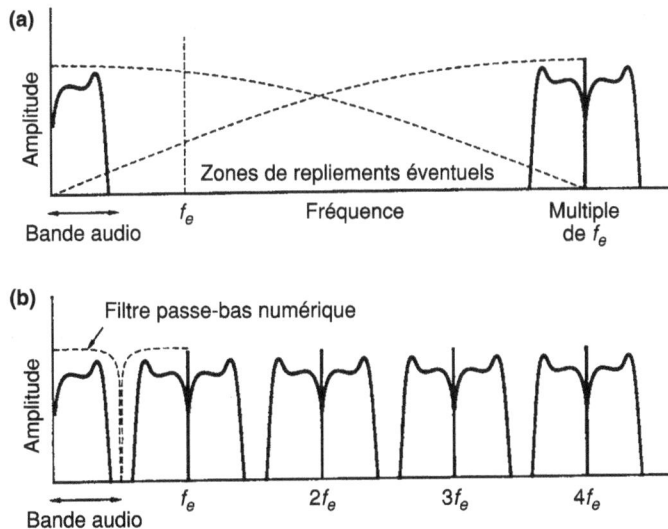

Même si les convertisseurs analogique numérique travaillent souvent à des fréquences allant jusqu'à 128 fois les fréquences usuelles de 44,1 et 48 kHz, ils délivrent à leur sortie des données cadencées à ces dernières fréquences. En effet, le processus d'échantillonnage s'effectue à une fréquence très élevée, et la quantification initiale à relativement faible résolution, mais les échantillons codés sont ensuite ramenés par filtrage numérique au cadencement standard, comme le montre la figure 10.12.

Le filtre passe bas numérique opère, sur le signal, une restriction de la largeur de bande à la fréquence de Nyquist, pour éviter les phénomènes de repliement ; ce filtrage et l'opération de décimation sont simultanés. Cette dernière, qui consiste à abandonner certains des échantillons acquis, permet de réduire la fréquence d'échantillonnage. L'une des conséquences du filtrage passe-bas est l'augmentation de la longueur des mots binaires, et donc de la résolution. Il ne s'agit pas d'un allongement arbitraire, mais d'un calcul précis de la valeur correcte de chacun des échantillons de sortie à partir des valeurs des échantillons voisins.

Selon les applications, la résolution peut alors être amoindrie, si cela s'avère nécessaire, afin d'obtenir des mots de la longueur souhaitée.

**Figure 10.12**

Schéma synoptique d'un convertisseur analogique numérique à suréchantillonnage.

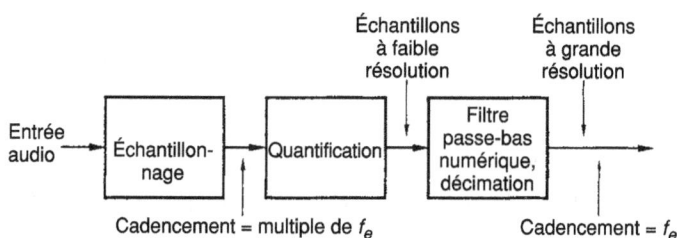

Récemment, il a été proposé un système appelé *Direct Stream Digital* ; il recourt à un suréchantillonnage, mais sans décimation, qui permet de réduire le débit des données avant l'enregistrement. Il est destiné à l'enregistrement de signaux audio sans en restreindre la largeur de bande à 20 kHz, pour que des informations de fréquence plus élevée puissent être conservées. Une telle technique entraîne que les enregistrements nécessitent une place plus importante que ceux effectués à l'aide des techniques PCM conventionnelles, mais les auteurs de la proposition arguent que certaines informations situées au-delà de 20 kHz peuvent être subjectivement importantes et que l'on doit chercher à conserver le maximum d'informations dans les enregistrements destinés à être archivés.

## 10.4 La conversion numérique analogique

### 10.4.1 *Techniques de base*

La reproduction d'enregistrements numériques implique de reconvertir les données en un signal analogique. Le processus de base, illustré à la figure 10.13, consiste à tout d'abord transformer les données numériques en échelons de tension, qui ressemblent quelque peu aux marches d'un escalier. Dans des convertisseurs simples, cette transformation peut être réalisée en utilisant les états binaires pour actionner ou non des sources de courant dont les sorties sont combinées de manière à obtenir les amplitudes adéquates. L'escalier ainsi obtenu est alors rééchantillonné pour réduire la largeur des impulsions avant qu'elles passent par un filtre passe-bas, dit de reconstruction, dont la fréquence de coupure est égale à la moitié de celle d'échantillonnage. Le but de ce filtre est d'opérer la jonction entre les extrémités des impulsions pour obtenir un signal lissé.

Sans le rééchantillonnage, l'effet de moyennage produit par le filtre entraînerait une atténuation des composantes audio de fréquence élevée.

Ce phénomène, connu sous le nom *d'effet d'ouverture*, voit ses conséquences minorées par la limitation de la largeur des impulsions à environ un huitième de la période d'échantillonnage.

**Figure 10.13**

La suite d'opérations effectuées par un convertisseur numérique analogique. (Seules les valeurs positives sont représentées.)

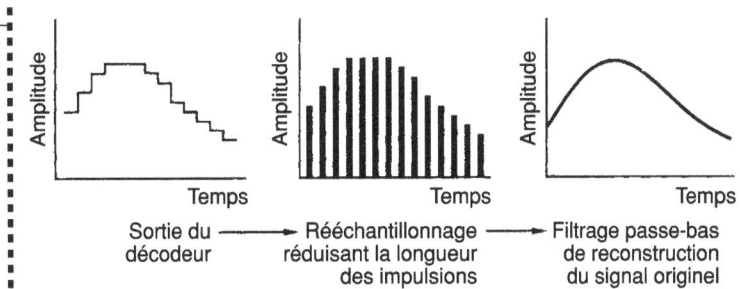

Amplitude — Temps
Sortie du décodeur → Rééchantillonnage réduisant la longueur des impulsions → Filtrage passe-bas de reconstruction du signal originel

### 10.4.2 *Convertisseurs numérique analogique à suréchantillonnage*

Le suréchantillonnage peut être utilisé aussi bien au cours d'une conversion numérique analogique que lors d'une conversion inverse. Dans le cas de la conversion numérique analogique, de nouveaux échantillons doivent être calculés à partir de ceux qui existent, puis insérés entre ces derniers pour permettre une conversion à partir d'une fréquence d'échantillonnage élevée. Les échantillons sont alors convertis en un signal analogique, selon la méthode exposée plus haut, la différence étant que les contraintes du filtre de reconstruction ont été allégées. Sur certains types de convertisseurs, il est également possible d'introduire une mise en forme du bruit (*noise sha-ping*) pour réduire l'importance significative de ce dernier.

Il existe aujourd'hui différents convertisseurs numérique analogique qui intègrent un suréchantillonnage à très haut débit, et travaillent avec des échantillons de faible résolution. La limite de cette approche est l'existence de convertisseurs n'opérant que sur un élément binaire, à des fréquences extrêmement élevées, et qui intègrent des fonctions de mise en forme du bruit. La théorie sur laquelle repose leur fonctionnement sort du cadre de cet ouvrage. On les appelle convertisseurs Σ-Δ, ou convertisseurs *bit stream*.

## 10.5 Introduction au traitement numérique des signaux audio

Les signaux numériques, de la même manière que leurs équivalents analogiques, peuvent faire l'objet de traitements tels que le contrôle de gain, les corrections ou la compression. Dans le domaine numérique, il est en fait souvent possible de mener à bien certaines opérations avec des défauts induits moins importants que dans le domaine analogique. En numérique, il est également envisageable de mener à bien des opérations extrêmement difficiles, voire impossibles en analogique, comme le traitement des réverbérations artificielles de haute qualité, avec des sonorités authentiques, pour lesquelles les caractéristiques de différents lieux peuvent être simulées très précisément.

Le traitement numérique impose la manipulation à haute vitesse des données binaires qui représentent les échantillons audio, ce qui est obtenu à l'aide de circuits calculateurs à même d'accomplir un nombre considérable d'opérations mathématiques dans un temps très court (souvent plusieurs millions d'opérations par seconde). Ce type de traitement peut, par exemple, consister à changer les valeurs des échantillons, ou leur ordre, ou encore à combiner plusieurs trains de données audio. Le traitement numérique peut, lui aussi, apporter différents types de dégradations à l'information sonore, bruit ou distorsion par exemple, mais la minimisation de ces effets induits fait partie intégrante de la conception de tels systèmes.

Dans les paragraphes qui suivent, nous introduirons les principales applications du traitement du signal aux appareils audio tels que les consoles, les générateurs d'effets et les stations de travail, sans toutefois nous intéresser aux principes mathématiques utilisés. Dans certains cas, les descriptions de certains processus auront un caractère très simpliste, mais le but est ici l'illustration des concepts et non leur analyse détaillée.

### 10.5.1 *Contrôle de gain*

Modifier le niveau d'un signal numérique est relativement aisé. L'opération la plus simple en la matière est d'introduire une accentuation ou une atténuation de 6 dB. Elle ne nécessite que de décaler la valeur de l'échantillon d'une case vers la gauche ou vers la droite, comme le montre la figure 10.14. En effet, la valeur originelle a alors été multipliée ou divisée par deux. Un réglage de gain plus précis est obtenu en multipliant la valeur de l'échantillon par un facteur quelconque, représentatif de l'augmentation ou de la réduction de gain souhaitée. La longueur du facteur multiplicatif, c'est-à-dire le nombre d'éléments binaires qu'il comporte, détermine la précision de l'opération. Le résultat de la multiplication de deux nombres binaires constitue un nouveau mot binaire qui peut présenter une longueur beaucoup plus importante que les mots d'origine. C'est par exemple pour cette raison que les consoles numériques sont dotées d'une structure interne leur permettant de traiter des mots de 32 éléments binaires, alors que leurs entrées et leurs sorties n'en acceptent que 20.

**Figure 10.14**

Le niveau d'un échantillon peut être augmenté de 6 dB par un simple décalage des valeurs des éléments binaires vers la gauche.

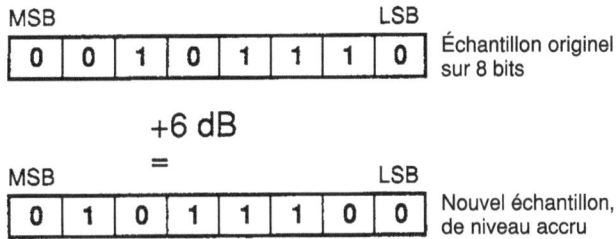

| MSB | | | | | | | LSB |
|---|---|---|---|---|---|---|---|
| 0 | 0 | 1 | 0 | 1 | 1 | 1 | 0 |

Échantillon originel sur 8 bits

+6 dB
=

| MSB | | | | | | | LSB |
|---|---|---|---|---|---|---|---|
| 0 | 1 | 0 | 1 | 1 | 1 | 0 | 0 |

Nouvel échantillon, de niveau accru

Les valeurs des coefficients multiplicatifs utilisés dans la commande de gain numérique sont issues soit de l'interface homme-machine, c'est-à-dire des faders, des potentiomètres rotatifs ou encore d'un système de contrôle informatique, soit, dans le cas d'une console automatisée, de valeurs stockées en mémoire. Une méthode simple pour obtenir une valeur numérique représentative de la position d'un fader analogique consiste à relier ce dernier à une tension de référence et à connecter son curseur à un convertisseur analogique numérique. Il existe toutefois aujourd'hui des dispositifs qui fournissent directement une valeur binaire image de leur position. La loi de variation du fader, c'est-à-dire la relation entre la position physique de ce dernier et la variation de gain occasionnée, peut être déterminée à l'aide d'une table de conversion adaptée, contenant, dans une mémoire, les valeurs qui seront utilisées comme coefficients multiplicatifs.

## 10.5.2 *Fondu enchaîné (crossfade)*

La procédure de fondu enchaîné est très utilisée dans les stations de travail audionumériques lorsqu'il s'agit d'assembler bout à bout deux séquences sonores, par exemple aux points de montage. Elle permet une transition progressive entre les deux modulations numériques correspondantes sans artefact audible qui se manifesterait si le signal antérieur était brutalement coupé et si le signal postérieur apparaissait soudainement. Nous étudierons plus loin ce phénomène en détail.

**239**

La figure 10.15 illustre le principe d'une telle fonction. Les deux signaux d'entrée transitent chacun par une commande de gain, qui est en fait un multiplicateur binaire. Le multiplicateur qui traite la modulation antérieure au point de montage opère avec une suite de coefficients multiplicatifs décroissants ; dans le même temps, les coefficients de l'autre multiplicateur croissent. Les sorties des deux multiplicateurs accèdent à un sommateur qui délivre une suite d'échantillons de sortie, sommes pondérées des échantillons d'entrée. Le réglage de la durée de la transition et le choix de la loi de variation des coefficients permet d'adapter les caractéristiques du fondu enchaîné à une application donnée.

**Figure 10.15**

Principe du fondu enchaîné (*crossfade*) ; les deux signaux audio sont ajoutés après avoir été multipliés par des coefficients variables.

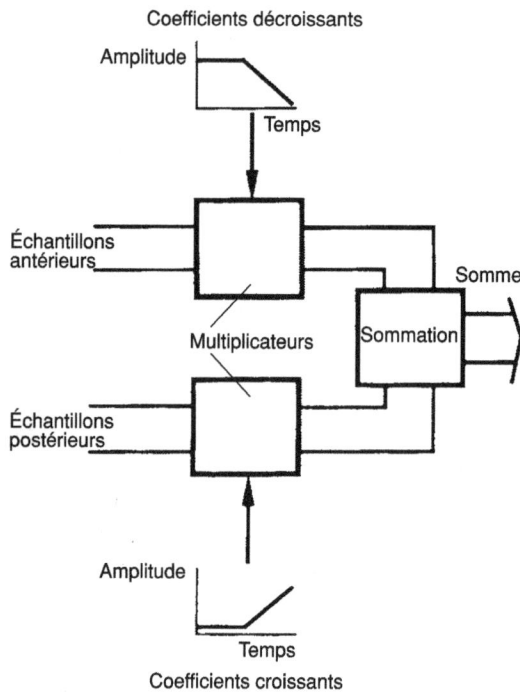

### 10.5.3 *Mélange*

Le mélange consiste à effectuer la somme de deux, ou de plusieurs, trains de données, constituant chacun une voie audio. Chaque échantillon de sortie est obtenu par sommation des échantillons temporellement coïncidents des voies concernées.

Il est possible de créer un certain nombre de mélanges différents. Dans une console analogique, il est conditionné par le nombre même barres de mélanges disponibles, alors que, dans une console numérique, le rôle de ces barres est rempli par des opérateurs de sommation distincts. Le mélange de plusieurs signaux peut se traduire par une élévation notable du niveau global ; il est indispensable que l'architecture de la console présente une réserve permettant de la tolérer. D'une manière générale, la structure de gain d'une console numérique, comme celle d'une console analogique, doit présenter aux différents points de la chaîne un diagramme de dynamique approprié qui permette aussi d'effectuer des opérations telles que des corrections qui opèrent une modification du niveau du signal.

### 10.5.4 *Filtres numériques et corrections*

L'expression « filtrage numérique » possède un caractère passe-partout et est souvent utilisée pour décrire des opérations de traitement numérique qui ne semblent pas, à première vue, relever du filtrage, et ceci parce que toute opération de traitement linéaire peut être considérée comme un opérateur de filtrage particulier ; nous n'irons pas plus loin en la matière.

Un filtre numérique est un processus de calcul qui comporte des retards et des opérations de multiplication et de recombinaison des échantillons dans toutes sortes de configurations, pouvant aller de la plus simple à la plus complexe. De telles procédures permettent de créer des filtres passe-haut et passe-bas, des correcteurs étagés ou sélectifs, de générer des effets d'écho et de réverbération, et de constituer des filtres adaptatifs.

Pour comprendre le principe de base des filtres numériques, il peut être intéressant d'étudier comment une opération de filtrage analogique donnée est réalisable dans le domaine numérique. La réponse d'un filtre peut être analysée soit dans le domaine spectral (réponse en fréquence), soit dans le domaine temporel (réponse impulsionnelle). Une autre méthode mathématique consiste à utiliser la transformée en $z$, mais elle sort du cadre de cet ouvrage. La réponse du filtre dans le domaine spectral montre la manière dont la sortie du filtre évolue en fonction de la fréquence du signal, alors que sa réponse dans le domaine temporel montre son comportement en fonction du temps, lorsque l'on applique une impulsion de courte durée à son entrée (voir la figure 10.16). À toute réponse en fréquence correspond une réponse impulsionnelle, et réciproquement. Toute modification de l'une entraîne une modification de l'autre, et inversement. Ces deux réponses sont dites duales. Le processus mathématique de transformée de Fourier permet de passer de l'une à l'autre (voir le chapitre 1). La réponse fréquencielle et la réponse temporelle constituent deux outils différents pour analyser un même phénomène.

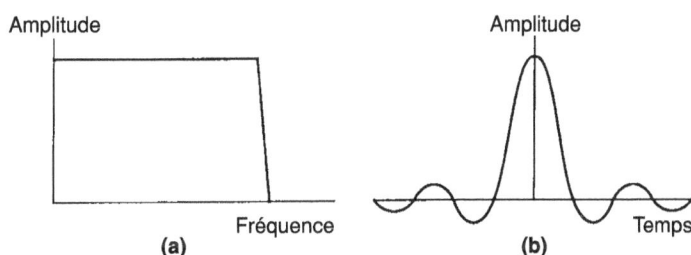

**Figure 10.16**
(a) Exemple de réponse d'un filtre.
(b) Réponse impulsionnelle correspondante.

Le signal audionumérique, qui résulte d'un échantillonnage, est donc discret dans le domaine du temps. Chaque échantillon représente l'amplitude du signal originel à un instant significatif donné. Il est alors légitime de penser obtenir des caractéristiques de filtrage en opérant sur les échantillons audio dans le domaine temporel. En fait, si l'on veut imiter le comportement d'un filtre analogique dans le domaine numérique, il est nécessaire de calculer la réponse impulsionnelle qui correspond à ce filtre et de la modéliser numériquement. Le filtre numérique ainsi créé présentera la même fréquence de coupure que son équivalent analogique, et l'on peut donc envisager reproduire les dispositifs de filtrage analogique habituellement utilisés, à l'aide d'une station de travail audionumérique. Toutefois la question de l'obtention d'une réponse impulsionnelle donnée et de sa combinaison avec les données audio reste posée.

Comme nous l'avons évoqué plus haut, les ingrédients de base d'un filtre numérique sont des opérations de retard, de multiplication et de combinaison des échantillons audio. C'est de l'association de ces différents opérateurs que dépend la réponse impulsionnelle d'un filtre numérique. Le modèle le plus simple de filtre numérique est le filtre à réponse impulsionnelle finie (RIF), ou filtre transversal, tel que celui illustré à la figure 10.17. Comme on peut le constater, ce type de filtre est constitué d'une ligne à retard multiaccès, chacun d'eux étant relié à un opérateur de multiplication par un certain coefficient, les résultats étant finalement sommés.

**Figure 10.17**

Exemple de filtre à réponse impulsionnelle finie (RIF, *FIR*). Les nombres N représentent des coefficients multiplicatifs, différents pour chaque cellule. La réponse illustrée montre des échantillons de sortie multipliés par des coefficients décroissants.

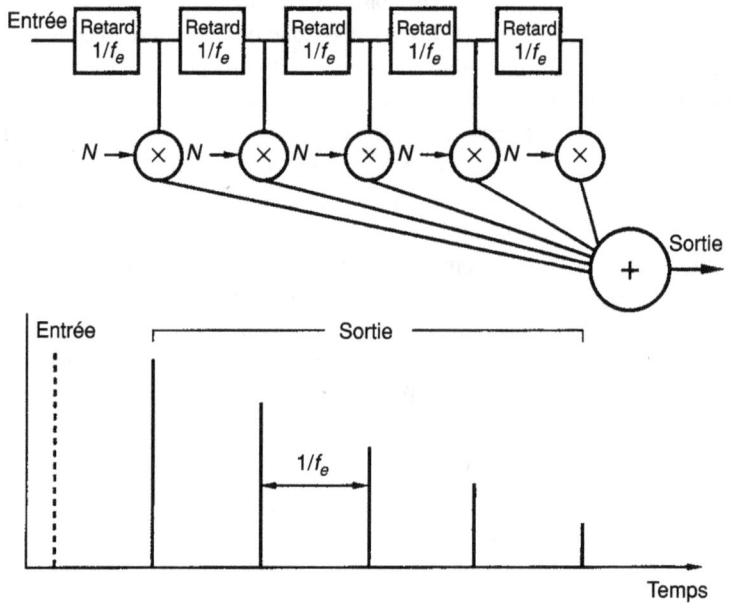

Chaque retard élémentaire correspond à la durée d'une période d'échantillonnage. Si l'on applique une impulsion à l'entrée d'un tel filtre, le résultat obtenu sera une suite d'impulsions distinctes, d'amplitudes différentes. Ce type de filtre est dit « à réponse impulsionnelle finie » puisque une impulsion unique appliquée à l'entrée donnera naissance à un nombre fini d'impulsions en sortie, nombre d'impulsions qui dépend du nombre d'accès de la ligne à retard. Plus ces derniers sont nombreux, plus la réponse du filtre peut être complexe ; un filtre passe bas élémentaire n'en nécessite toutefois qu'un faible nombre.

Le second type de filtre numérique principal est le filtre à réponse impulsionnelle infinie (RII), également appelé filtre récursif, car il comporte une réinjection de la sortie vers l'entrée (voir la figure 10.18). Cette réinjection amène, en sortie, l'apparition d'une suite d'impulsions de longueur infinie lorsqu'une impulsion unique est appliquée à l'entrée. Les filtres RII sont fréquemment utilisés dans les équipements audio, car ils ne nécessitent qu'un nombre d'opérations réduit et n'occasionnent qu'un retard minime au signal, comparativement à leur équivalent à réponse impulsionnelle finie. Toutefois, les filtres RII sont source de distorsion de phase, alors que les filtres RIF peuvent en être exempts.

**Figure 10.18**

Exemple de filtre à réponse impulsionnelle infinie (RII, *IIR*) ou filtre récursif. L'impulsion en sortie se répète indéfiniment mais son amplitude devient progressivement très faible. Dans le cas illustré, N est voisin de 0,8. Ce type de filtre permet d'obtenir une réponse comparable à celle du filtre RIF de la figure 10.17, mais avec un plus petit nombre d'étages.

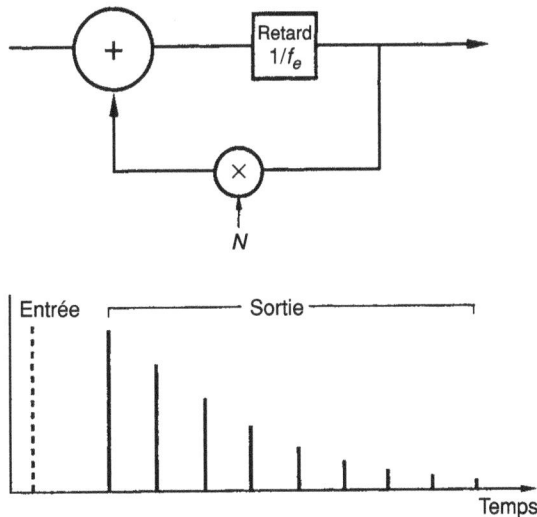

## 10.5.5 *Réverbération numérique et autres effets*

Il est assez simple de constater que le filtre à réponse impulsionnelle infinie abordé au paragraphe précédent est à la base de différents effets numériques tels que la réverbération. La réponse impulsionnelle d'une salle s'apparente à l'allure générale illustrée à la figure 10.19. Le son direct émis par la source arrive tout d'abord ; il est suivi d'une série de réflexions précoces relativement espacées, ou premières réflexions, qui se densifient pour constituer le champ diffus qui présente une décroissance progressive. L'utilisation d'un certain nombre de filtres RII éventuellement associés à des RIF permet d'obtenir une suite d'impulsions retardées et atténuées à partir de l'impulsion d'entrée qui peut simuler le comportement de la salle. La modification des retards et des amplitudes des impulsions, ainsi que la nature de la loi de décroissance, permettent de simuler l'acoustique de différents lieux.

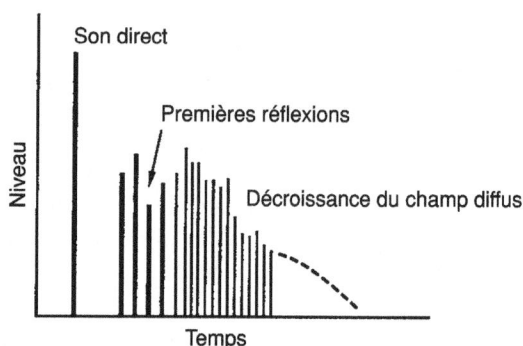

**Figure 10.19**
Réponse impulsionnelle typique d'une salle réverbérante.

La conception d'algorithmes de réverbération convaincants et réalistes n'est pas une mince affaire, et la différence entre des approches simplistes et les réalisations sophistiquées est, considérable en termes d'écoute. Certaines stations de travail audionumériques n'offrent que des effets de réverbération très limités, intégrés à leur logiciel, mais leur qualité sonore est souvent médiocre en raison d'une puissance de calcul réduite et de la simplicité des algorithmes utilisés. Des générateurs plus efficaces existent, sous la forme d'appareils dédiés, de cartes optionnelles installables sur les stations de travail, ou de logiciels complémentaires (*plug-in*). Ils se concrétisent tout à la fois par une puissance de calcul accrue et des algorithmes spécialement développés.

D'autres effets qui ne nécessitent pas une puissance de calcul importante peuvent être introduits, comme le chorus, le *phasing* et le *flanging*, qui peuvent être obtenus à l'aide de processus simples de retards et de recombinaison. Les techniques numériques permettent aussi les décalages de hauteur (harmoniseurs), qui s'apparentent, comme nous le verrons plus loin, à la conversion de fréquence d'échantillonnage. De tels systèmes exigent toutefois un grand nombre d'opérations mathématiques et s'avèrent donc exigeants en puissance de calcul.

## 10.5.6 *Traitements dynamiques*

Les traitements dynamiques consistent, en première analyse, en une commande de gain fonction du niveau du signal d'entrée. Le schéma synoptique simplifié d'un tel dispositif est illustré à la figure 10.20. Une chaîne latérale, ou chaîne de calcul, génère les coefficients correspondant aux modifications de gain à opérer par lesquels sont multipliés les échantillons audio retardés. Dans la chaîne latérale, la première étape consiste à évaluer le niveau du signal d'entrée qui doit être converti en une valeur logarithmique permettant de l'exprimer en décibels. Seuls les échantillons supérieurs à un certain seuil doivent être traités, aussi une constante doit-elle être ajoutée aux valeurs obtenues, ensuite pondérées conformément à la pente de compression à obtenir. Les résultats sont alors convertis en coefficients linéaires par lesquels les échantillons audio sont multipliés.

**Figure 10.20**
Schéma synoptique d'un système numérique de traitement dynamique.

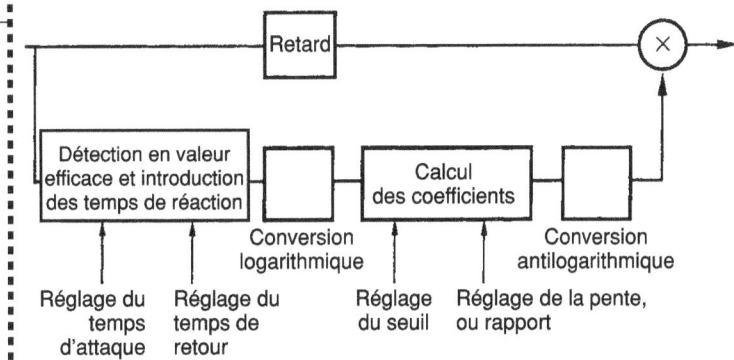

## 10.6 Codage audio à réduction de débit

On a pu constater ces dernières années des avancées considérables en matière de réduction de débit audionumérique. Les signaux audionumériques PCM conventionnels s'accompagnent d'un débit de données très élevé, et il existe de nombreuses applications pouvant tirer parti d'une réduction de ce débit sans dégradation trop flagrante de la qualité perçue. Un signal audionumérique échantillonné à 44,1 kHz et quantifié sur 16 éléments binaires, ce qui est le cas du CD, conduit à un débit de $(16 \times 44100) = 705\ 600$ bits/s par voie, soit environ 700 kbits/s.

Dans le cadre d'applications telles que le multimédia, la radiodiffusion, les communications et certains appareils grand public, il s'avère que ce débit peut être réduit de manière relativement importante sans conséquence, ou presque, sur la qualité du son perçu. Des techniques simples, comme la réduction de la fréquence d'échantillonnage ou de la résolution, seraient source de dégradations importantes ; c'est pourquoi les techniques de codage à réduction de débit exploitent le phénomène de masquage auditif pour masquer l'augmentation de bruit de quantification qui résulte de la diminution de la résolution dans certaines parties du spectre audio (voir le complément 2.3). Ce qui suit constitue une brève introduction au fonctionnement de ces dispositifs ; nous nous appuierons sur les principes de base des codeurs MPEG.

Comme le montre la figure 10.21, le signal audionumérique d'entrée est subdivisé par filtrage en un certain nombre de bandes de fréquence, ou sous-bandes. Parallèlement, le système effectue une analyse du contenu spectral du signal à l'aide de séquences de celui-ci, longues de quelques milisecondes, dans le but de modéliser la réaction de l'appareil auditif à cette information.

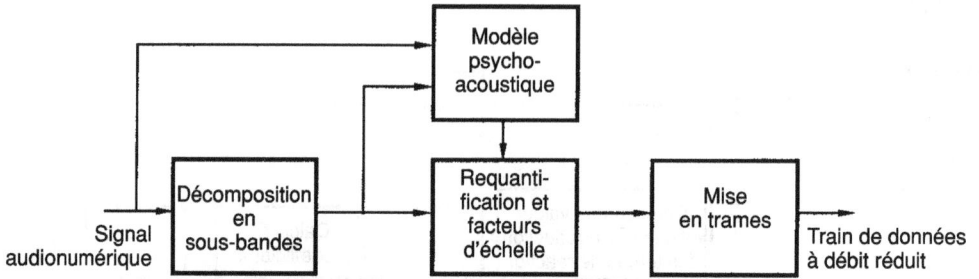

**Figure 10.21**
Schéma de principe d'un codeur perceptuel à réduction de débit.

Il s'agit de déterminer quelles zones du spectre audio feront, l'objet d'un phénomène de masquage pendant cette durée, et quelle sera son importance. Dans les sous-bandes qui contiennent un signal de niveau élevé, le bruit de quantification pourra être accru de manière importante avant d'être perçu, car le signal utile aura pour effet de masquer les autres informations de niveau plus faible dans la même sous-bande (voir la figure 10.22). Pourvu que le bruit reste inférieur au seuil de masquage, il sera inaudible.

**Figure 10.22**
Le bruit de quantification situé sous le seuil de masquage est en principe inaudible.

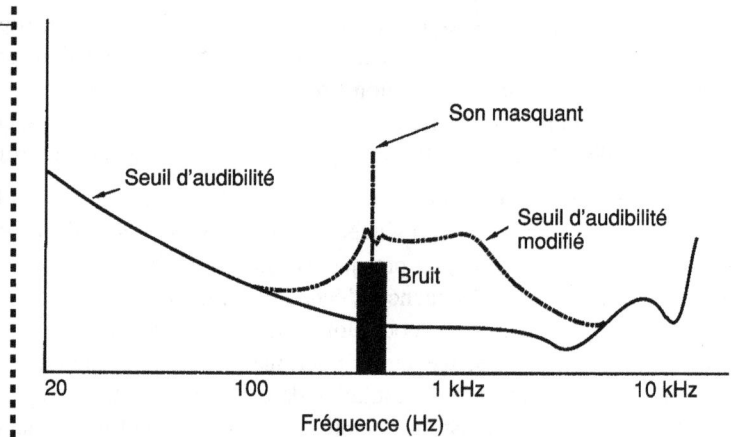

Dans chaque sous-bande, les blocs d'échantillons sont alors normalisés, c'est-à-dire que les signaux de niveau faible sont amplifiés pour être amenés au maximum de l'échelle de codage.

Le gain apporté, ou facteur d'échelle, est mémorisé en vue de sa transmission au récepteur. Les échantillons font ensuite l'objet d'une requantification à résolution réduite, c'est-à-dire que le nombre d'éléments binaires alloués à leur codage est diminué ; cela entraîne un accroissement du niveau du bruit de quantification. Ce processus est mené à bien sous le contrôle du modèle auditif. Une plus grande résolution est allouée aux sous-bandes où le bruit sera le plus audible, et une résolution plus faible est allouée aux sous-bandes où le signal provoque un phénomène de masquage du bruit. Outre les échantillons requantifiés et les facteurs d'échelle, le système transmet alors différentes informations de commande pour permettre une reconstruction correcte du signal à la réception.

Le processus que nous venons de décrire est répété au bout de quelques millisecondes de sorte que le modèle de masque est constamment remis à jour pour tenir compte des changements intervenus dans le signal. Une telle technique, si elle est implémentée avec soin, permet la réduction du débit dans un rapport pouvant aller d'un quart à un dixième du débit initial. Le décodeur utilise les informations de commande qu'il reçoit avec les échantillons à débit réduit pour recadrer ceux-ci à leur niveau correct, et pour dissocier les informations relatives à chacune des sous-bandes. Il reconstruit alors des échantillons au format PCM linéaire et combine les différentes sous-bandes pour constituer le signal de sortie (voir la figure 10.23). Le décodeur est beaucoup moins complexe et coûteux que le codeur, dans la mesure où il ne comporte pas le modèle psychoacoustique.

**Figure 10.23**
Schéma synoptique d'un décodeur MPEG audio.

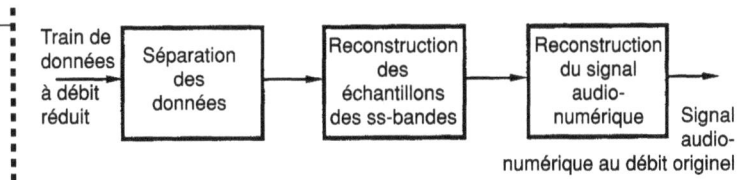

La norme MPEG, publiée par l'ISO (*International standards organisation*) sous le numéro ISO 11172-3, définit un certain nombre de couches de complexité pour les codeurs à réduction de débit, comme le montre le tableau 10.1. Chacune des couches peut travailler à un débit quelconque, compris dans l'éventail autorisé ; les débits les plus élevés sont destinés à la stéréophonie ; l'utilisateur peut ainsi décider quel niveau de qualité est nécessaire pour chaque application. Plus faible est le débit, moins bonne est la qualité permise. Pour ce qui est des débits les plus élevés, le processus de codage et de décodage a pu être qualifié de transparent par beaucoup, c'est-à-dire que le signal codé puis décodé ne pouvait pas être distingué du signal originel.

La couche 2 a été choisie pour le système de radiodiffusion numérique DAB, en Europe et dans d'autres régions du monde, qui permet la diffusion d'un grand nombre de programmes stéréophoniques numériques avec un encombrement spectral inférieur à celui d'un canal conventionnel de la bande FM, une qualité sonore améliorée ainsi que des interférences moindres.

Il existe un certain nombre de systèmes de codage audio à réduction de débit reposant sur des principes similaires ; ils sont utilisés sur des appareils à bande ou à disque du domaine grand public (DCC, Minidisc, DVD), ainsi que pour la diffusion du son numérique au cinéma (Dolby SR-D, système SDDS de Sony, DTS).

Tableau 10.1 – Les différentes couches de la norme MPEG audio.

| Couche | Complexité | Délai | Gamme de débits | Débit typique |
|--------|-----------|-------|-----------------|---------------|
| 1 | Faible | 19 ms | 32 – 448 kbit/s | 192 kbits/s |
| 2 | Moyenne | 35 ms | 32 – 384 kbit/s* | 128 kbits/s |
| 3 | Importante | 59 ms | 32 – 320 kbit/s | 64 kbits |

* Pour la couche 2, les débits égaux ou supérieurs à 224 kbits/s ne sont utilisés qu'en stéréo

## 10.7 L'enregistrement numérique sur bande

### 10.7.1 *L'avenir des formats à bande*

Dans les paragraphes qui suivent, les caractéristiques de base des formats d'enregistrement audionumérique sur bande seront exposées. Avant que l'utilisation des stations de travail sur plate-forme informatique ne prenne l'ampleur qu'elle connaît aujourd'hui, les enregistreurs à bande constituaient le principal outil permettant l'enregistrement et le montage.

Il subsiste aujourd'hui un nombre important de formats d'enregistrement numérique sur bande, même s'ils sont peu à peu supplantés par des appareils informatiques comportant des disques extractibles ou d'autres types de mémoire de masse. Même si le stockage sur bande continue à être utilisé dans le futur, en raison du faible coût du support, il est plus que vraisemblable que les données y seront stockées sous la forme de fichiers, comme ceux que l'on trouve sur un ordinateur, plutôt que sous un format dédié à l'enregistrement audio ; les lecteurs pourront alors être directement connectés à un ordinateur hôte via une interface normalisée.

Les principaux avantages de la bande sont son faible coût et sa facilité d'utilisation. À la fin d'une session d'enregistrement par exemple, on peut décharger la bande de l'enregistreur et partir avec. De même, une bande enregistrée à un format dédié peut facilement être placée sur autre machine, pourvu qu'elle fonctionne au même format.

Les disques, quant à eux, existent dans une grande variété de tailles et de formats, et, si un disque donné est adapté à un lecteur donné, il peut s'avérer impossible d'en lire les fichiers sur un autre lecteur en raison des différents niveaux de compatibilité nécessaires pour envisager des échanges. Cet aspect est discuté plus en détail dans l'ouvrage *Audio Workstation Handbook* de Francis Rumsey (voir en fin de chapitre).

L'accès à la bande est relativement lent, car il s'agit d'un stockage linéaire. Il faut faire défiler la bande jusqu'à un point précis. Ceci étant dit, l'absence de format de fichier en rend l'usage plus simple pour ceux qui sont habitués aux moyens d'enregistrement traditionnels, dans la mesure où un opérateur peut actionner la mise en enregistrement à n'importe quel endroit de la bande sans se préoccuper des noms de fichiers par exemple. Les endroits où débute et finit un enregistrement sont physiquement simples à identifier, alors qu'ils relèvent de l'abstraction dans les structures de fichiers informatiques.

## 10.7.2 *Les évolutions de l'enregistrement numérique à bande*

Lorsque les premiers systèmes d'enregistrement audionumériques sont apparus, à la fin des années soixante-dix, il a fallu recourir à des machines présentant une bande passante suffisante pour faire face au débit de données très élevé, soit quelques mégahertz. Il était hors de question d'utiliser des magnétophones classiques dont la bande passante n'excédait pas 35 kHz pour les meilleurs. En revanche, les magnétoscopes présentaient, des largeurs de bande et des densités d'enregistrement qui les rendaient bien adaptés pour un enregistrement vidéo de qualité. Sont alors apparus des appareils appelés codeurs PCM ; leur rôle était de structurer les données audionumériques pour constituer un signal appelé pseudo-vidéo, dont l'enregistrement était possible sur les magnétoscopes. Au cours des années soixante-dix, le premier codeur PCM résultait d'un partenariat entre la firme japonaise Denon et la NHK (compagnie nationale de radiodiffusion et télévision japonaise). Au tout début des années quatre-vingts, des appareils tels que le codeur PCM F1 de Sony étaient proposés à des prix abordables (voir la figure 10.24). Ils permettaient des enregistrements audionumériques sur des magnétoscopes grand public, avec une fréquence d'échantillonnage de 44.1 kHz et une résolution de 16 bits ; ils ont participé à l'éclosion des enregistrements numériques stéréophoniques.

**Figure 10.24**
Un des premiers codeurs
audionumériques :
le PCM-F1, de Sony.

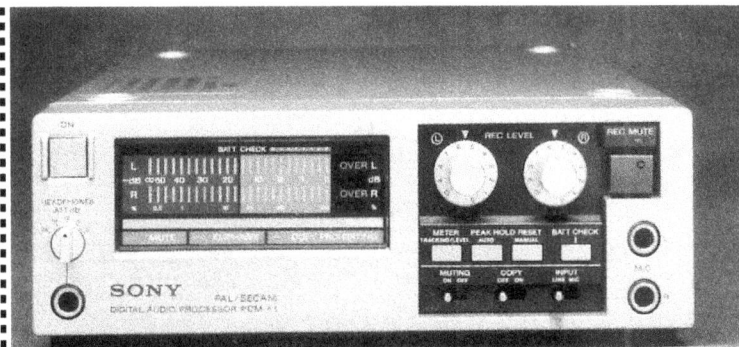

Peu après des magnétophones à bande à têtes fixes spécialement conçus pour l'enregistrement numérique ont été développés (voir le complément 10.6). Des bandes à haute densité ont alors fait leur apparition ; combinées avec de nouveaux codes de voie (voir ci-dessous) et les progrès accomplis en matière de correction des erreurs et de technologie de fabrication des têtes, elles ont permis de ne mobiliser que peu de pistes par voie (format DASH), à des vitesses de 38 cm/s ou de 76 cm/s.

Plus récemment, les enregistreurs au format R-DAT, qui utilisent des têtes rotatives mais constituent des machines dédiées, et non de simples adaptations de magnétoscopes, sont arrivés sur le marché.

Les bandes destinées à l'enregistrement numérique présentent une épaisseur égale à 27,5 microns, plus fines que celles utilisées pour l'enregistrement analogique, ce qui autorise une durée de programme importante par bobine, mais surtout une optimisation du contact bande/tête, aspect essentiel compte-tenu de la densité d'information à enregistrer et à lire.

---

**Complément 10.6** – *Têtes fixes et têtes tournantes*

L'enregistrement audionumérique sur bande magnétique fait appel à deux grands types de mécanismes. Dans le premier, la bande défile à une vitesse relativement faible et les têtes sont portées par un tambour rotatif qui tourne à vitesse élevée. Dans le second, la vitesse de défilement de la bande est élevée et les têtes sont fixes. Il existe deux systèmes d'enregistrement à têtes rotatives ; le premier, appelé *enregistrement transversal*, est tel que les têtes inscrivent des pistes presque perpendiculaires à la direction de défilement de la bande. Le second système d'enregistrement est appelé *enregistrement hélicoïdal*, et les pistes décrites forment un très léger angle avec la direction de défilement. À temps de programme égal, le premier système requiert plus de bande que le second, et n'est pratiquement pas utilisé en enregistrement audionumérique.

La justification des systèmes à têtes tournantes est l'obtention d'une vitesse relative tête/bande élevée, qui permet la largeur de bande nécessaire. Les enregistrements hélicoïdaux ne peuvent être montés à l'aide des techniques classiques (coupe et collage) ; leur montage exige au minimum deux machines et un banc de montage électronique.

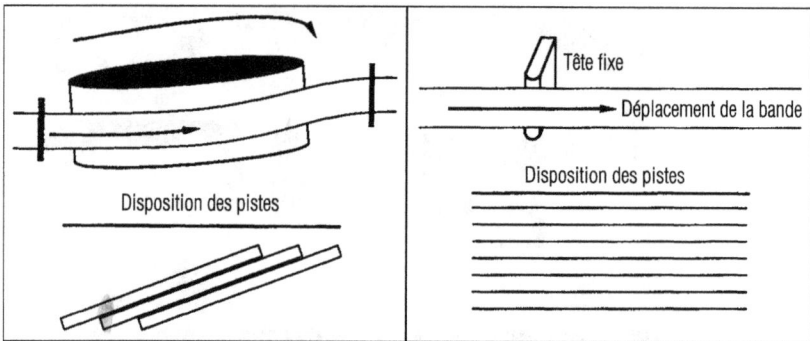

Les systèmes à têtes fixes font appel à des transports de bande pratiquement identiques à ceux des magnétophones analogiques ; ils permettent l'enregistrement d'un certain nombre de pistes parallèles sur la hauteur de la bande. Ils permettent aussi d'échanger la vitesse de défilement de la bande contre le nombre de pistes occupées par un canal audio, les données relatives à une voie pouvant être alors réparties sur plusieurs pistes. Ce type d'approche est utilisée par le format DASH, dont la vitesse peut être soit de 76 cm/s, une piste étant alors utilisée par canal, soit de 38 cm/s, avec deux pistes par canal, soit de 19 cm/s, avec quatre pistes par canal.

### 10.7.3 *Les techniques de codage de voie*

Les données binaires sont impropres à être enregistrées telles quelles sur une bande ; une technique de codage, dit *codage de voie*, est utilisée pour adapter les données aux caractéristiques de l'enregistrement, exploiter au mieux les capacités de stockage et permettre une récupération facile des données lors de la lecture. Il existe un large éventail de codes de voie, dont chacun présente des caractéristiques qui le destinent à un certain domaine d'application. Un code de voie convertit une suite de données binaires, qui se caractérisent par leurs états, en l'existence ou non de transitions dans le signal enregistré. C'est, de fait, un autre type de modulation. Ainsi, la succession de trous et de bosses que présente le CD n'a que peu de ressemblance avec les données audio d'origine, et les changements de flux magnétique que contient une cassette DAT en sont encore très différents. La connaissance des données audio représentées sur le support par telle ou telle configuration nécessite la connaissance des règles de codage.

La plupart des codes de voie sont conçus de manière à présenter une composante continue la plus faible possible, ce qui revient à dire que les données sont codées pour présenter, en moyenne, autant d'états hauts que d'états bas. D'autres codes sont élaborés pour limiter le largeur de bande nécessaire ou encore, pour limiter le contenu aux fréquences élevées. Certains codes sont destinés à des enregistrements à haute densité et peuvent ne pas comporter d'indication d'horloge, présentant de longues durées sans transition.

Le codage de voie comporte l'incorporation d'un signal d'horloge aux données dans le but de faciliter leur récupération lors de la lecture (voir le complément 10.7). Les codes de voie diffèrent quant à leur robustesse vis-à-vis des distorsions, du bruit et des instabilités temporelles qui apparaissent dans le canal d'enregistrement.

**Figure 10.25**

Trois exemples de codes de voie utilisés en enregistrement numérique. Le code Miller$^2$, qui présente le moins grand nombre de transitions pour une séquence d'entrée donnée, est le plus efficace des codes illustrés.

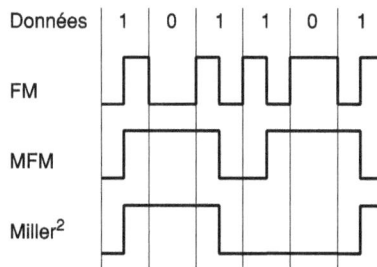

La figure 10.25 présente différents types de codes de voie utilisés dans les systèmes audio. Le code FM est le plus simple et est un exemple de modulation de fréquence binaire ; également connu sous le nom de code biphase-mark, il est utilisé pour l'interface AES/UER (voir le complément 10.9) ainsi que pour le code temporel SMPTE/UER (voir le chapitre 16). Les codes MFM et Miller$^2$ lui sont supérieurs en termes de densité d'enregistrement. Le premier tire son efficacité de l'élimination des transitions en cas de valeurs 1 successives, ne les conservant qu'entre deux valeurs 0. Le code Miller$^2$ permet d'éliminer la composante continue du code MFM par la suppression de la dernière transition dans le cas d'un nombre pair de valeurs 1 successives.

Les codes de groupe tels que ceux utilisés pour le Compact Disc ou le format R-DAT reposent sur le transcodage de séquences de données d'une certaine longueur en d'autres séquences présentant des caractéristiques mieux adaptées, à l'aide d'une table de traduction, ou traducteur (*look-up table*). Ce type de codage présente une certaine parenté avec les codages utilisés par l'armée ou par les services secrets, dont la compréhension nécessite un décodage après la réception.

Le CD recourt à une technique appelée modulation 8 vers 14 (code EFM), dans laquelle chaque échantillon audio est subdivisé en deux octets ; un traducteur permet ensuite d'associer à chacune des 256 valeurs possibles une séquence de 14 éléments binaires. Dès lors qu'il existe beaucoup plus de mots possibles avec 14 caractères qu'avec 8, il est possible de choisir ceux qui présentent les caractéristiques les plus appropriées au CD. Dans ce cas, ne sont retenus que les mots qui présentent entre 3 et 11 caractères consécutifs dans le même état, et au moins 3. Cela permet de limiter la largeur de bande du signal enregistré et de l'adapter au principe de lecture optique, tout en conservant la présence d'un signal d'horloge.

---

**Complément 10.7** – *La récupération des données*

Les données ayant fait l'objet d'un codage de voie doivent être décodées à la lecture, mais il est tout d'abord indispensable de séparer les données audio et les informations d'horloge qui leur ont été adjointes avant l'enregistrement. Cette opération est appelée séparation des données (voir la figure).

La reconstitution du signal d'horloge à partir des données reçues s'opère, en général, à l'aide d'une boucle à verrouillage de phase (PLL) ; cette dernière est organisée autour d'un oscillateur commandé par tension (VCO) dont la fréquence au repos est un multiple de celle contenue dans les données lues.

Un comparateur de phase reçoit d'une part le signal délivré par l'oscillateur, après qu'il a transité par un diviseur de fréquence, et, d'autre part, le signal d'horloge extrait des données lues.

Le comparateur fournit une tension proportionnelle à l'écart de phase que présentent ces deux signaux, qui est utilisée pour commander la fréquence d'oscillation du VCO. L'oscillateur verrouillé en phase ainsi constitué continuera à fonctionner en « roue libre » lors de pertes de courtes durée ou d'instabilités du signal d'horloge contenu dans les données.

Lors de la phase d'enregistrement, des séquences de synchronisation sont en général intercalées entre les données pour fournir à la PLL une référence de synchronisation en l'absence d'un signal d'horloge contenu dans les données, dans la mesure où de nombreux codes de voie présentent des durées assez longues sans transition.

Même lorsque les données et le signal d'horloge qui leur est intégré présentent des instabilités temporelles, comme celles qui se manifestent dans un magnétophone analogique sous la forme de pleurage et scintillement (voir le paragraphe A.6), ces instabilités peuvent être annulées dans le cas de systèmes numériques.

Les données erratiques provenant de la lecture d'une bande ou d'un disque sont inscrites dans une mémoire RAM, puis relues un instant plus tard à l'aide d'une horloge très stable. Pourvu que les débits moyens d'entrée et de sortie soient identiques et que la taille de la mémoire tampon soit suffisante pour absorber les irrégularités temporelles à court terme, la mémoire ne sera jamais vide ou saturée.

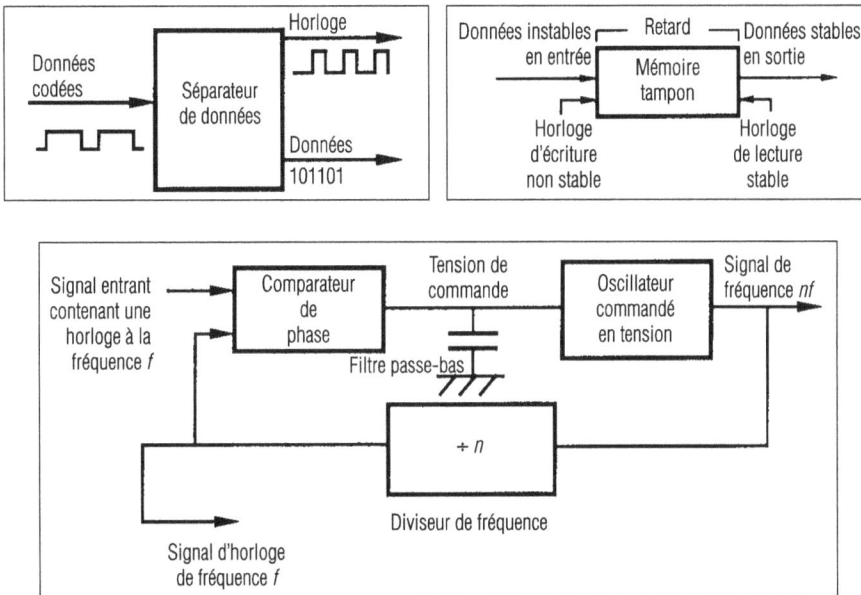

## 10.7.4 *Le traitement des erreurs*

Le traitement des erreurs, en enregistrement audionumérique, fait appel à deux étapes successives : les erreurs doivent tout d'abord être détectées puis corrigées. Si la correction n'est pas possible, on recourt à une opération de compensation. La détection et la correction des erreurs nécessitent la mise en œuvre de différentes techniques, dont l'ensemble est appelé *codage de canal*.

Il existe principalement deux types d'erreurs : les erreurs indépendantes et isolées, et les erreurs survenant en groupes, ou salves. Ces dernières entraînent la perte d'un nombre important d'échantillons successifs et sont généralement dues à une absence momentanée du signal, dont la cause peut être une déficience de la bande magnétique (*drop-out*), une interférence à caractère impulsionnel, ou encore, une impureté sur la surface d'un CD. La possibilité de corriger des erreurs en salves est en général indiquée sous la forme du nombre d'échantillons successifs cor-

**253**

rompus qu'il est possible de restaurer. Les erreurs aléatoires, quant à elles, ont pour conséquence la perte d'échantillons isolés pouvant se situer n'importe où ; elles sont principalement dues à la présence de bruit ou à des déficiences concernant la qualité du signal. Leur fréquence est indiquée sous la forme d'une moyenne de leurs occurrences : par exemple, 1 pour $10^6$. Les systèmes de correction d'erreurs doivent être capables de traiter les deux types d'erreurs.

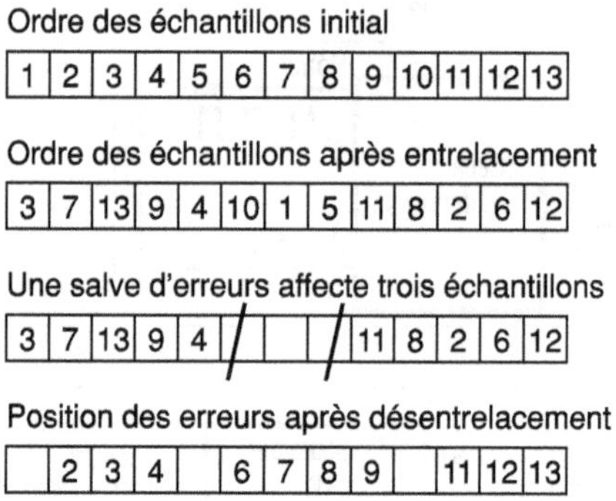

**Figure 10.26**

L'entrelacement des données utilisé en enregistrement et dans les transmissions numériques consiste à modifier l'ordre initial des données. Il a pour effet de transformer, lors de désentrelacement, des salves ou paquets d'erreurs en erreurs isolées.

Ordre des échantillons initial

| 1 | 2 | 3 | 4 | 5 | 6 | 7 | 8 | 9 | 10 | 11 | 12 | 13 |
|---|---|---|---|---|---|---|---|---|----|----|----|----|

Ordre des échantillons après entrelacement

| 3 | 7 | 13 | 9 | 4 | 10 | 1 | 5 | 11 | 8 | 2 | 6 | 12 |
|---|---|----|---|---|----|---|---|----|---|---|---|----|

Une salve d'erreurs affecte trois échantillons

| 3 | 7 | 13 | 9 | 4 | / | | / | 11 | 8 | 2 | 6 | 12 |
|---|---|----|---|---|---|---|---|----|---|---|---|----|

Position des erreurs après désentrelacement

| | 2 | 3 | 4 | | 6 | 7 | 8 | 9 | | 11 | 12 | 13 |
|---|---|---|---|---|---|---|---|---|---|----|----|----|

Les données audio font, en principe, l'objet d'un entrelacement avant leur enregistrement, ce qui signifie que l'ordre naturel des échantillons est modifié, comme le montre la figure 10.26. Les échantillons adjacents sont donc dispersés sur le support ; en cas de salve d'erreurs corrompant un certain nombre d'échantillons contigus sur le support, cette dispersion entraîne une série d'erreurs simples entre lesquelles se trouvent de nombreux échantillons non affectés, ce qui rend le traitement des erreurs possible lorsque les données sont désentrelacées. Il est courant d'associer à l'entrelacement une séparation des échantillons de numéro d'ordre pair et de numéro d'ordre impair. Plus la séquence d'entrelacement est longue, plus la longueur de salves d'erreurs pouvant être corrigée est importante. Un exemple de ces techniques est fourni par le format DASH, format d'enregistrement numérique sur magnétophone, qui comporte un retard appliqué aux échantillons pairs qui implique une séparation de 2 448 périodes d'échantillonnage des échantillons impairs adjacents en entrée, ainsi qu'un réordonnancement des groupes d'échantillons pairs et impairs enregistrés.

Des données redondantes, appelées *symboles de contrôle*, sont adjointes aux données porteuses de l'information. Un exemple limite est fourni par le format *Twin-DASH* dans lequel les données audio sont enregistrées deux fois. Sur la seconde piste, qui contient les données dupliquées, la séquence paire/impaire est inversée. Il en résulte une double protection contre les erreurs, qui autorise une correction parfaite en cas de montage par coupe de la bande ; cette dernière occasionne, en effet, une salve d'erreurs sur chacune des pistes, mais, en raison de l'inversion de la séquence sur l'une d'entre elles, il sera possible de récupérer l'ensemble des données en comparant les deux pistes, les données manquantes pouvant être retrouvées par simple interpolation (voir le complément 10.8).

Pour détecter la présence d'éventuelles erreurs et pour les localiser, de nombreux systèmes audionumériques utilisent les codes du contrôle à redondance cyclique (CCRC), calculés à partir des données originelles et enregistrés avec elles. Des opérations mathématiques d'une certaine complexité permettent de calculer des symboles de contrôle à partir des données entrantes, qui permettent, dans certaines limites, une correction parfaite des erreurs isolées ou en salves. Les codes de Reed-Solomon permettent également de bonnes performances en matière de protection des données numériques contre les erreurs. La description détaillée de tels codes sort du cadre de cet ouvrage.

---

**C**omplément **10.8** – *Le traitement des erreurs*

### Correction vraie

Les systèmes de correction d'erreurs sont en mesure d'opérer une restauration parfaite des échantillons corrompus jusqu'à un certain taux d'apparition d'erreurs ou à une certaine longueur des salves. Les échantillons ainsi corrigés sont identiques aux originaux et la qualité sonore en sortie de chaîne n'est aucunement affectée. La présence de telles erreurs est souvent indiquée sur les machines par l'illumination de diodes électroluminescentes vertes, portant l'indication « CRC » ou « parité ».

### Interpolation

Lorsque le taux d'erreurs dépasse la capacité des systèmes à opérer une correction parfaite, il est possible de recourir à un procédé, appelé interpolation, qui consiste à évaluer l'information manquante par calcul à partir des valeurs adjacentes (voir la figure). La valeur approchée obtenue résulte d'une moyenne effectuée à l'aide des échantillons antérieurs et postérieurs, dont les valeurs peuvent toutefois s'avérer correctes ou non. Cette opération, si elle reste peu fréquente, n'occasionne pas d'effet important à l'écoute mais entraîne une réduction instantanée de la largeur de bande. La mise en service des dispositifs d'interpolation d'une machine est en principe signalée par l'illumination d'une diode de couleur orange, ce qui indique un taux d'erreurs important. Le plus souvent, la nécessité de recourir à l'interpolation ne dure que peu de temps, mais la prolongation d'un tel traitement est de nature à altérer la qualité sonore. Elle résulte généralement d'un encrassement des têtes ou d'un défaut d'alignement du transport de bande, qui nécessitent alors une intervention.

### Maintien

Dans des cas extrêmes où même l'interpolation ne peut être menée à bien – parce que les échantillons adjacents à une information erronée sont eux-mêmes corrompus –, la technique de maintien peut être utilisée. Elle consiste à répéter la dernière valeur correcte connue. Une telle technique, si elle reste d'un usage isolé, ne produira que peu d'effet audible ; elle est en général signalée par une diode de couleur rouge, et, en cas de prolongement sur quelques échantillons, les sorties de la machine sont coupées (voir ci-dessous).

### Coupure (*mute*)

Lorsque le taux d'erreurs est tel que le système de correction est totalement saturé, il en résulte le plus souvent une coupure des sorties audio de la machine. Sur certains appareils, la durée de la coupure peut être programmée par l'utilisateur. L'alternative à la coupure est de tolérer l'émission par la machine d'un signal altéré, qui pourra, dans le meilleur des cas, se manifester par un clic audible, et sinon, par une sévère dégradation. Il est cependant des situations où la présence du signal, même dégradé, est préférable à la coupure.

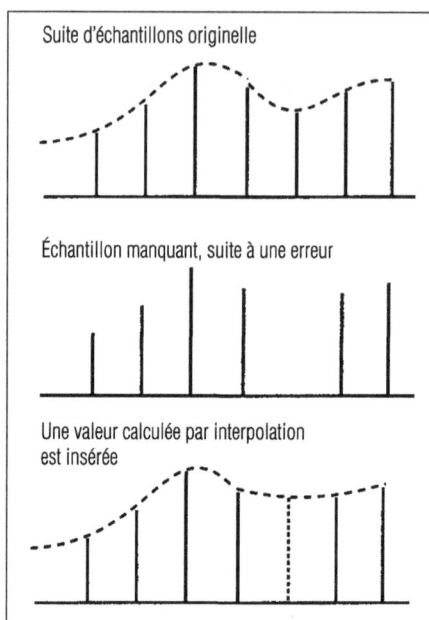

Suite d'échantillons originelle

Échantillon manquant, suite à une erreur

Une valeur calculée par interpolation est insérée

## 10.7.5 *Les différents formats d'enregistrement numérique sur bande*

Depuis une vingtaine d'années, un nombre considérable de formats d'enregistrement audionumérique sur bande sont apparus. Nous présenterons brièvement les formats les plus répandus dans ce qui suit, sans prétendre à l'exhaustivité. Les magnétophones bipistes à bobines seront passés sous silence, car on ne les utilise que très rarement. Même s'ils ont été conçus pour pouvoir effectuer des montages par coupe de bande, ils n'ont jamais fait l'objet d'une grande diffusion commerciale.

Les codeurs PCM 1610 et PCM 1630 de Sony ont régné sans partage pendant de nombreuses années dans le domaine du *mastering* de CD, même s'ils utilisent un format d'enregistrement relativement rudimentaire comparé à ceux d'aujourd'hui. Ils sont supportés par des magnétoscopes à cassettes au format U-matic, fonctionnant au standard vidéo 60 Hz/525 lignes (voir la figure 10.27).

Ils travaillent avec une fréquence d'échantillonnage de 44,1 kHz et avec une résolution de 16 éléments binaires, et ont été spécialement conçus en vue de l'élaboration de bandes destinées à la gravure de CD. Les enregistrements à ce format peuvent faire l'objet d'un montage, à l'aide du banc de montage DAE-300 de Sony ; le temps de programme autorisé est de 75 minutes, et la bande utilisée a été spécialement développée pour les applications audionumériques.

**Figure 10.27**

L'enregistreur numérique DMR 4000 de Sony.

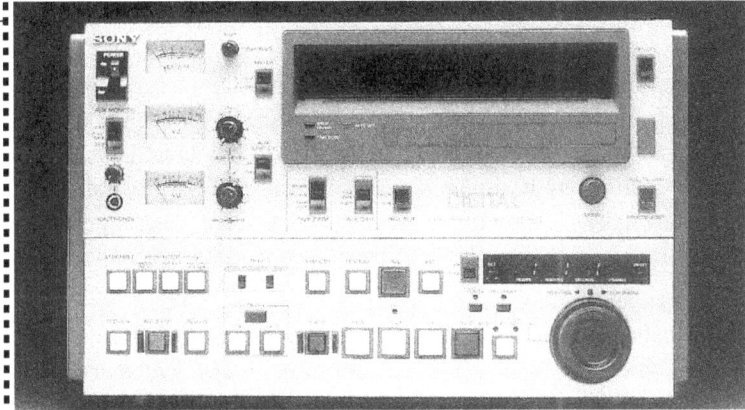

Le format RDAT utilise un système de têtes tournantes pour effectuer des enregistrements stéréo sur une cassette de faible volume. Il permet divers temps de programme et différentes fréquences d'échantillonnage, dont les standards professionnels à 44,1 kHz et 48 kHz. À l'origine, les machines grand public à ce format ne fonctionnaient qu'à 48 kHz afin d'éviter les copies numériques de CD ; mais les versions professionnelles permettent de travailler aux deux fréquences. Les machines grand public d'aujourd'hui autorisent l'enregistrement à 44,1 kHz, mais souvent uniquement à partir des entrées analogiques. Le format DAT présente une résolution de 16 éléments binaires. Il existe une très large gamme de machines, y compris des appareils professionnels dotés de possibilités de montage, de synchronisation externe ainsi que d'enregistrement du code temporel.

**Figure 10.28**

L'enregistreur professionnel au format DAT PCM 7030 de Sony.

Des variantes, non normalisées, ont été récemment introduites ; elles permettent par exemple d'utiliser la fréquence d'échantillonnage de 96 kHz, ou encore d'augmenter la résolution jusqu'à 20 éléments binaires à l'aide de dispositifs d'adaptation, cette augmentation s'accompagnant cependant de la diminution de la fréquence d'échantillonnage.

L'enregistrement du code temporel des formats RDAT a été normalisé en 1990 ; celui-ci est enregistré dans les zones de sous-codes des traces hélicoïdales. Le code temporel SMPTE/UER, à n'importe quel standard, est converti en un code interne appelé *pro-running-time*, et est de nouveau reconverti à la lecture en code temporel SMPTE/UER. Cette fonction nécessite la présence, dans la machine, d'un ensemble de circuits assurant la gestion du code temporel. La figure 10.28 montre un exemple d'enregistreur professionnel au format R-DAT. Ce format est très répandu dans le monde professionnel en raison de hautes performances associées à un coût raisonnable, de sa commodité d'utilisation et de sa portabilité.

L'enregistreur Nagra-D (voir la figure 10.29) a été conçu comme le successeur numérique des magnétophones analogiques portables Nagra, internationalement réputés ; il est, en tant que tel, destiné à une utilisation professionnelle aussi bien en extérieur qu'en studio. Le format utilisé s'apparente à celui des magnétophones numériques aux formats D1 et D2. Il comporte des têtes rotatives, même si, pour des raisons de commodité, l'enregistrement se fait sur des bobines de bandes et non sur des cassettes. Permettant une résolution allant jusqu'à 20 ou 24 éléments binaires, il doit être associé à des convertisseurs à haute performance. La densité d'enregistrement ainsi que les techniques de correction d'erreurs que présente ce format, confèrent aux enregistrements une robustesse exceptionnelle.

**Figure 10.29**

L'enregistreur audionumérique à bande Nagra D.

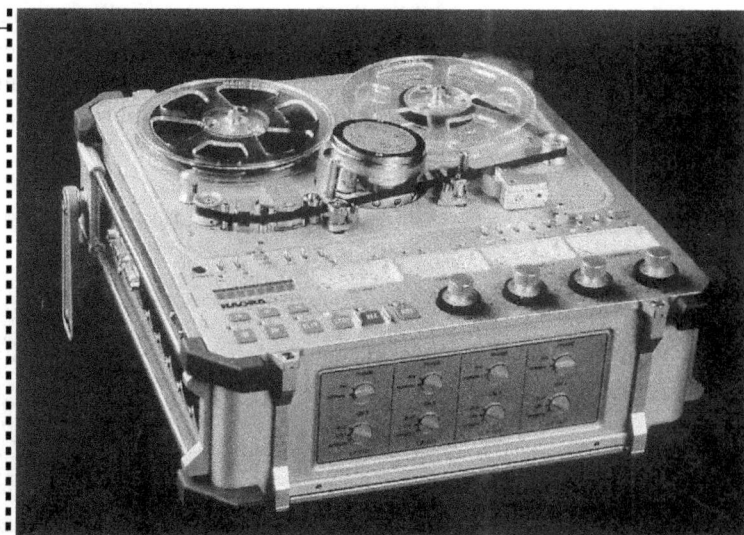

Le temps de programme peut atteindre 6 heures sur une bobine de diamètre 18 cm en mode bi-piste. Le format permet également de travailler en quatre pistes, avec une vitesse de défilement de la bande double de celle utilisée en stéréo ; elles sont respectivement de 9,525 cm/s et de 4,75 cm/s.

Le format DASH (*Digital Audio Stationary Head*, soit magnétophone audionumérique à têtes fixes) constitue une véritable famille de formats d'enregistrement sur magnétophones à bobines et à têtes fixes, qui permettent d'enregistrer jusqu'à 48 pistes.

Les machines au format DASH peuvent travailler avec des fréquences d'échantillonnage de 44,1 ou 48 kHz, et, pour certaines, de 44,056 kHz ; elles autorisent des variations de vitesse (*varis-peed*) de ± 12,5 %. Leur conception permet d'effectuer des reprises d'enregistrement sans trou, ainsi que le montage par coupe de bande ou électronique ; elles peuvent aussi être synchronisées. Si les magnétophones multipistes au format DASH se sont largement répandus dans les studios d'enregistrement, ce n'est pas le cas des appareils stéréo. Des développements récents ont permis d'utiliser les multipistes au format DASH pour effectuer des enregistrements sur 24 éléments binaires, au lieu des 16 d'origine. La figure 10.30 illustre une telle machine.

**Figure 10.30**

Exemple de magnétophone audionumérique multipiste au format DASH : le PCM 3348 de Sony.

Le format Prodigi a été introduit par la firme japonaise Mitsubishi au milieu des années quatre-vingts et l'on peut encore trouver un certain nombre de machines multipistes à ce format dans des studios d'enregistrement du monde entier. Les versions les plus répandues sont les machines à 32 pistes, construites par Mitsubishi et Otari ; ces machines ne sont cependant plus fabriquées de nos jours.

Une nouvelle tendance est apparue ces dernières années avec l'introduction sur le marché de machines multipistes d'un prix plus abordable. Elles ont pris le pas sur les magnétophones à bobines dans bien des domaines. La plupart sont fondées sur des transports de bande à têtes rotatives dérivés de matériels vidéo grand public, et permettent des enregistrements 8 pistes sur des cassettes vidéo. Les plus répandues à l'heure où sont écrites ces lignes sont le format DA 88, développé par Tascam, qui utilise une cassette Hi8, et le format ADAT de Alesis, qui utilise une cassette VHS. Elles présentent pour la plupart les fonctions des magnétophones à bobines et sont intersynchronisables pour étendre la capacité d'enregistrement ; la figure 10.31 en illustre un exemple.

**Figure 10.31**
Enregistreur audionumérique
multipiste modulaire : le
PCM 800 de Sony.

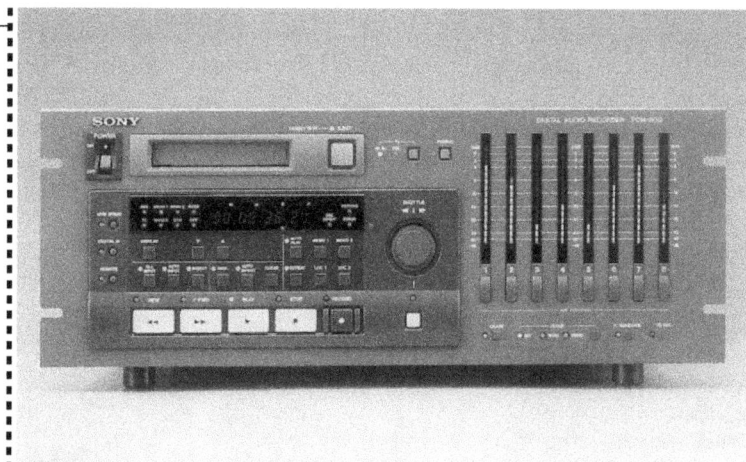

## 10.7.6 *Les caractéristiques propres aux enregistreurs numériques*

La diaphonie entre les pistes d'un enregistreur numérique est par nature inexistante, ce qui libère l'opérateur du problème de l'allocation des pistes. Par exemple, avec un magnétophone multipiste analogique, on aura tendance à enregistrer des voix sur des pistes éloignées de celle qui porte la grosse caisse (cette dernière pouvant, en cas de diaphonie, être audible sous les voix). Si certaines pistes ne sont pas utilisées, on pourra les mettre à profit pour fournir un intervalle de garde plus important, par exemple entre une guitare électrique ou un code temporel et les voix. Les enregistreurs numériques sont également exempts d'autres défauts inhérents aux appareils analogiques, comme le pleurage et le scintillement.

Les machines numériques nécessitent au moins autant de soin et d'entretien que leurs équivalents analogiques. Une légère dégradation des performances d'une machine analogique est très rapidement décelable à l'écoute, ce qui est beaucoup moins évident pour un enregistreur numérique. Une petite déficience de la réponse aux fréquences élevées due, par exemple, à l'usure d'une tête ou à un déréglage d'azimut, peut être rapidement contrôlée et compensée à l'aide d'une bande étalon. Un défaut d'alignement d'une machine numérique sera source de deux types de problèmes qui sont difficilement décelables au début de leur apparition, sauf si l'appareil fait l'objet de vérifications soigneuses et régulières. Tout d'abord, le désalignement d'un transport de bande peut entraîner que le support ne puisse plus être lu que sur l'appareil en question, et non sur un autre correctement aligné celui-là, la récupération des données défectueuses ne permettant pas une reconstitution correcte du signal, car les dispositifs de correction des erreurs sont totalement saturés. Il n'y a aucun moyen de faire face à une perte de signal importante, même si l'apparition régulière d'erreurs peut indiquer que l'appareil est proche de sa limite de fonctionnement. Si l'appareil est doté d'indicateurs permettant de visualiser le niveau auquel les dispositifs de correction sont sollicités, une analyse régulière de ces indicateurs permettra de surveiller l'état de la bande et l'alignement correct de la machine.

Ce type d'indicateurs, comme nous l'avons expliqué dans le complément 10.8, permet de se faire une idée de l'importance des problèmes. Par exemple, s'ils indiquent un recours régulier et fréquent à l'interpolation, on peut alors supposer que la bande est détériorée ou que l'alignement de la machine est défectueux. Il est donc important de vérifier fréquemment l'alignement des machines et de procéder régulièrement au nettoyage de leurs têtes, conformément aux indications du constructeur.

L'alignement nécessite généralement de disposer d'un outillage spécialisé dont seuls les services de maintenance des constructeurs sont dotés.

### 10.7.7 *Le montage des enregistrements numériques sur bande*

Les formats numériques à bobine permettent le montage par coupe et collage de bande, le repérage faisant appel aux pistes analogiques auxiliaires. En effet, la lecture des pistes numériques n'est possible qu'à une vitesse voisine de la vitesse nominale (± 10 %). Les pistes analogiques auxiliaires n'offrent qu'une piètre qualité, inférieure à celle d'un magnétophone analogique, mais toutefois suffisante pour les utiliser comme témoins.

Le montage des bandes numériques nécessite des collants à 90°. Ils occasionnent une discontinuité dans le train des données qui pourraient occasionner une interruption momentanée du signal. C'est pourquoi les machines comportent des circuits qui détectent le collant et opèrent un fondu (*crossfade*) entre les données antérieures et postérieures au point de montage ; il s'accompagne d'un traitement des erreurs ainsi engendrées, pour rendre le collant le moins audible possible. C'est la raison pour laquelle on ménage généralement un intervalle d'un demi millimètre entre les deux positions de bande raccordées ; il sera détecté comme tel par les circuits de traitement. La finesse de la bande la rend peu robuste vis-à-vis des opérations de coupe et de collage, aussi est-il prudent de faire une copie de sécurité. Le montage électronique, de plus en plus utilisé, est de loin préférable.

Le montage électronique nécessite deux machines et un banc de montage, comme le montre la figure 10.32. La bande finale (*master*) est obtenue à l'aide de copies successives des séquences choisies. Cette procédure est longue, car elle nécessite la copie en temps réel d'une machine à l'autre, et il est par ailleurs complexe d'opérer des modifications sur la bande obtenue.

Figure 10.32
Montage électronique par copie de bandes. Les séquences sélectionnées sont recopiées du lecteur vers l'enregistreur, avec des fondus enchaînés appropriés aux différents points de montage.

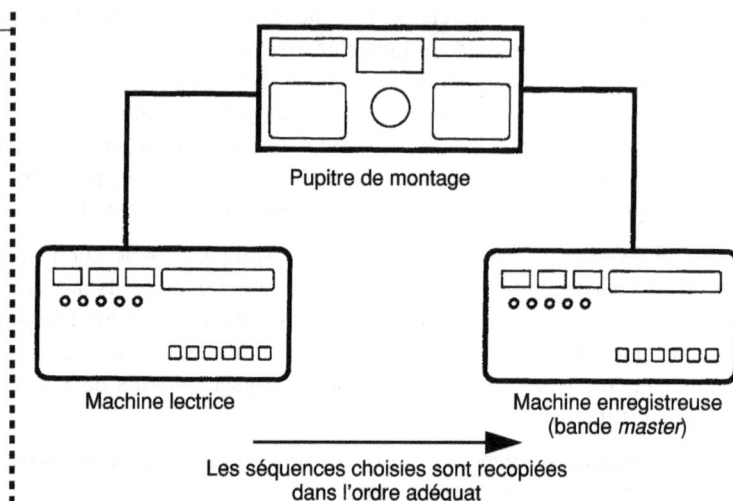

Pupitre de montage

Machine lectrice

Machine enregistreuse
(bande *master*)

Les séquences choisies sont recopiées
dans l'ordre adéquat

Certains pupitres de montage sont dotés d'une mémoire qui permet de stocker un certain temps de programme, qui peut être lu à vitesse variable sous le contrôle d'une molette de repérage permettant d'opérer des recherches à vitesse lente, à la manière de la fonction *rock and roll* des machines analogiques. Les points de montage peuvent être simulés avant leur exécution définitive ; lorsqu'ils sont satisfaisants, les deux machines sont synchronisées à l'aide d'un code temporel et l'enregistrement de la machine de finalisation est activé à l'instant désiré en vue du transfert de la nouvelle séquence. Là aussi, un fondu est opéré entre les données antérieures et postérieures, dans le but de lisser la transition. La bande originelle ne fait l'objet d'aucune altération.

## 10.8 Stations de travail et enregistrement sur mémoires de masse

Une fois que le signal audio est sous la forme numérique, il peut être traité par un ordinateur comme n'importe quel autre type de données, la seule différence étant que l'audio nécessite un débit de données élevé et continu, ainsi que des capacités de stockage plus importantes que des données de texte par exemple. Les paragraphes qui suivent constituent une brève introduction aux technologies utilisées dans les stations de travail implémentées sur des ordinateurs. Le lecteur pourra trouver une approche beaucoup plus détaillée de ces sujets dans l'ouvrage *The Audio Workstation Handbook*, référencé à la fin de ce chapitre. Il est important de noter que la terminologie en usage dans ces domaines n'a pas fait l'objet d'une harmonisation universelle. L'enregistrement sur de tels systèmes est souvent appelé *enregistrement non linéaire*, ce qui indique que l'emplacement des données sur le support n'est pas linéaire, par opposition, par exemple, à la bande magnétique. Cette expression ne doit pas être confondue avec le codage non linéaire du signal audio, technique utilisée dans certains convertisseurs analogique numérique ainsi que dans le domaine de la réduction de débit. D'autres expressions sont usuelles pour désigner des moyens d'enregistrement de masse utilisant des disques durs, telles que enregistrement à accès aléatoire, enregistrement à accès direct ou encore enregistrement sans bande.

## 10.8.1 *Les capacités de stockage nécessaires*

Le tableau 10.2 indique les débits de données correspondant à un signal audionumérique mono-canal, pour différentes fréquences d'échantillonnage et résolutions. Les supports devant être utilisés pour le stockage doivent pouvoir supporter des débits de transfert plus élevés. Le tableau indique également la capacité mémoire nécessaire pour le stockage d'une minute de signal audio, ce qui montre que la capacité requise pour les signaux audio est beaucoup plus importante que celle qui est nécessaire au stockage de données de texte ou aux applications graphiques simples. Les capacités requises augmentent proportionnellement au nombre de voies audio à traiter.

Les mémoires de masse peuvent utiliser soit des supports extractibles, soit des supports résidents. Les premiers sont intéressants car ils permettent d'enregistrer différents travaux sur des supports distincts et interchangeables à la demande. Les meilleures performances sont cependant obtenues avec les systèmes à supports fixes, malgré une amélioration continuelle des performances des supports extractibles.

Tableau 10.2 – Débits et capacités de stockage nécessaires en audionumérique.

| Fréquence d'échantillonnages (kHz) | Résolution (bits) | Débit (kbits/s) | Capacité mémoire (Moctets/min) | Capacité mémoire (Moctets/heure) |
|---|---|---|---|---|
| 96 | 16 | 1 536 | 11,0 | 659 |
| 48 | 20 | 960 | 6,9 | 412 |
| 48 | 16 | 768 | 5,5 | 330 |
| 44,1 | 16 | 706 | 5,0 | 303 |
| 44,1 | 8 | 353 | 2,5 | 151 |

## 10.8.2 *Les systèmes à disques*

Les systèmes à disques constituent la forme la plus habituelle de mémoires de masse. Leur principal intérêt est de permettre un accès aléatoire aux données : n'importe quel point d'un programme peut être atteint en un temps minime ; cela est à comparer avec les enregistreurs à bande qui ne permettent qu'un accès linéaire (la bande doit défiler jusqu'à atteindre le point désiré) qui prend un temps considérable.

Les systèmes à disques sont de formes et de tailles diverses, allant de la disquette aux disques durs. L'enregistrement des données repose sur des techniques soit magnétiques, soit optiques, même si, comme nous le verrons, certains supports utilisent une combinaison des deux. Comme nous l'avons précédemment exposé, les disques fixes permettent de meilleures performances que les disques extractibles. La raison en est que les premiers peuvent faire l'objet de tolérances de fabrication beaucoup plus serrées que les seconds, ce qui permet d'obtenir des densités d'enregistrement sensiblement supérieures. Même si les systèmes à disques extractibles sont plus onéreux que les systèmes à bande, le coût doit être apprécié en regard des possibilités offertes par l'accès aléatoire aux données.

La configuration générale d'un système à disques durs est illustrée à la figure 10.33. Il consiste, pour l'essentiel, en un moteur relié à un système d'entraînement qui permet la mise en rotation de l'un ou de plusieurs des disques, à une vitesse pouvant varier entre quelques centaines et plusieurs milliers de tours par minute.

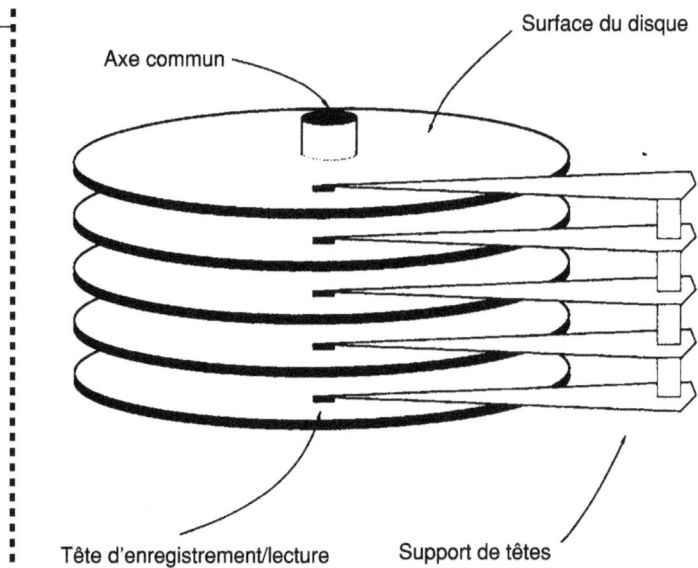

**Figure 10.33**
Structure mécanique d'une unité de disque dur.

Axe commun

Surface du disque

Tête d'enregistrement/lecture

Support de têtes

Selon le système, cette rotation peut être continuelle ou peut s'interrompre et redémarrer, et les flux de données peuvent être soit à débit constant, soit à débit variable. Une ou plusieurs têtes sont montées sur un système de positionnement qui permet de placer la tête en un point quelconque de la surface du disque, sous le contrôle d'un ensemble de circuits et de logiciels, appelé contrôleur de disque. Quel que soit le système, les mêmes têtes servent à l'enregistrement et à la lecture des données.

Il faut noter que certains disques ne permettent que la lecture des données (ROM, pour *Read Only Memory*), d'autres sont à enregistrement unique et à lectures multiples (WORM, pour *Write Once Read Many*), d'autres enfin sont totalement effaçables et réinscriptibles.

La surface du disque, comme le montre la figure 10.34, est subdivisée en pistes et en secteurs ; il ne s'agit pas d'une subdivision physique, mais d'un positionnement au sens logiciel. Le formattage met en place des indicateurs logiques qui signalent, entre autres, les limites des blocs de données. Sur les disques durs, les pistes sont concentriques, mais, dans le cas des disques optiques, les données sont enregistrées sous la forme d'une spirale continue.

**Figure 10.34**
Le formatage du disque subdivise la zone de stockage en pistes et secteurs.

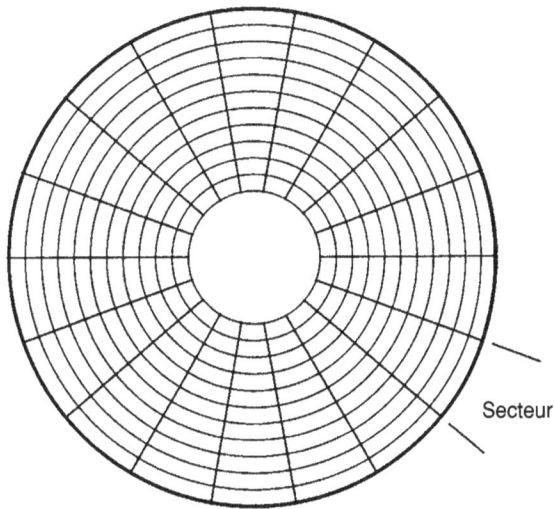

Secteur

Les systèmes à disques ont leurs propres stratégies de codage de voie, de codage de canal et de correction des erreurs, ce qui évite aux concepteurs d'avoir à développer des processus particuliers pour y enregistrer des informations audio.

La capacité des disques formattés est utilisable dans sa totalité pour les données audio, sans qu'il soit nécessaire de ménager une réserve pour les symboles de contrôle. Dans le cas où des zones sont avariées, elles sont repérées lors du formattage du disque et ne sont pas utilisées pour le stockage des données. Si une erreur est détectée lors de la lecture d'un bloc de données, le système procède à une seconde lecture. Si cette seconde tentative échoue, l'utilisateur ne sera pas en mesure d'accéder au fichier et devra, pour ce faire, avoir recours à un logiciel de récupération de fichiers. À la différence des enregistreurs à bande, les systèmes audio à disques ne permettent ni les opérations d'interpolation, ni les techniques de maintien. La lecture est soit correcte, soit impossible.

### 10.8.3 *L'enregistrement audio sur disques*

Sur les systèmes à disques durs, l'enregistrement et la lecture des données, s'effectue par salves, donc d'une manière discontinue ; des mémoires tampons sont alors nécessaires. Elles reçoivent en lecture, par exemple, le flot de données discontinu, stockent ces dernières pendant un bref laps de temps et fournissent, à leur sortie, un train de données continu. Elles remplissent des fonctions inverses à l'enregistrement, comme le montre la figure 10.35. Le retard subit par la récupération des données est dû à différentes causes : le temps mis par le bras positionneur de têtes pour atteindre la piste adéquate, le temps mis par le bloc de données cherché pour atteindre la tête, et le transfert des données entre le disque et le monde extérieur, via la mémoire tampon, comme le montre la figure 10.36.

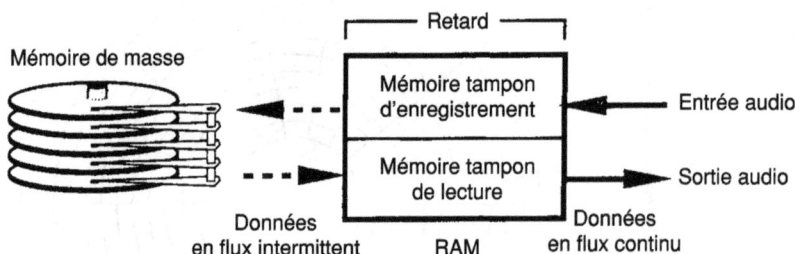

**Figure 10.35**
Les mémoires tampons assurent un stockage à court terme, qui convertit le train de données continu en slaves, en vue de l'enregistrement sur les disques, et opère réciproquement à la lecture.

**Figure 10.36**
Les composantes du temps nécessaire pour accéder à un bloc de données sur le disque.

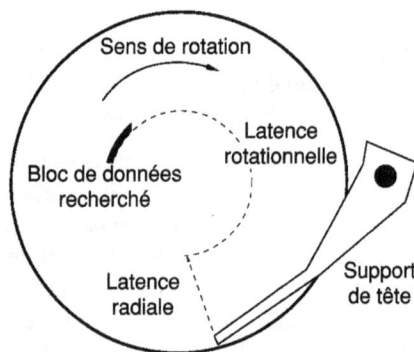

Le délai global, ou temps d'accès aux données, est en pratique de plusieurs millisecondes. Le débit instantané auquel le système peut enregistrer ou lire les données est appelé débit de transfert ; il diffère d'un système à l'autre.

Les informations audio sont enregistrées sur le disque sous la forme de fichiers, qui consistent chacun en un certain nombre de blocs de données enregistrées de manière globale ou fractionnée. Un répertoire enregistré sur le disque garde une trace des endroits où les blocs constituant les différents fichiers se trouvent, afin de pouvoir y accéder avec la séquence correcte. Chaque fichier correspond en principe à un enregistrement unique ou à une voie audionumérique, même s'il existe différents formats de fichiers stéréo.

Pour traiter des voies multiples, l'accès aux fichiers correspondants s'opère en temps partagé, la resynchronisation entre les pistes étant effectuée ensuite au niveau de la mémoire tampon. La capacité de stockage peut être allouée aux différents canaux selon les besoins, une pré-allocation n'étant pas nécessaire. À titre d'exemple, un disque d'une capacité de 360 Mégaoctets permet de stocker environ une heure de programme audio monophonique dans le cas des débits professionnels. Elle peut être subdivisée, autorisant alors un temps de programme de 30 minutes en stéréo, de 15 minutes en quatre pistes, et ainsi de suite. Le partage peut aussi se faire de manière inégale. Une caractéristique des systèmes à disques est que la capacité de stockage inutilisée n'est pas nécessairement perdue, comme c'est le cas avec les enregistreurs à bande.

**Figure 10.37**

Configuration d'un système modulaire multidisque montrant que la connexion d'un plus grand nombre de disques à la même chaîne SCSI permet d'accroître la capacité de stockage, et que des cartes d'entrées/sorties de disques additionnelles permettent d'augmenter le nombre de voies audio.

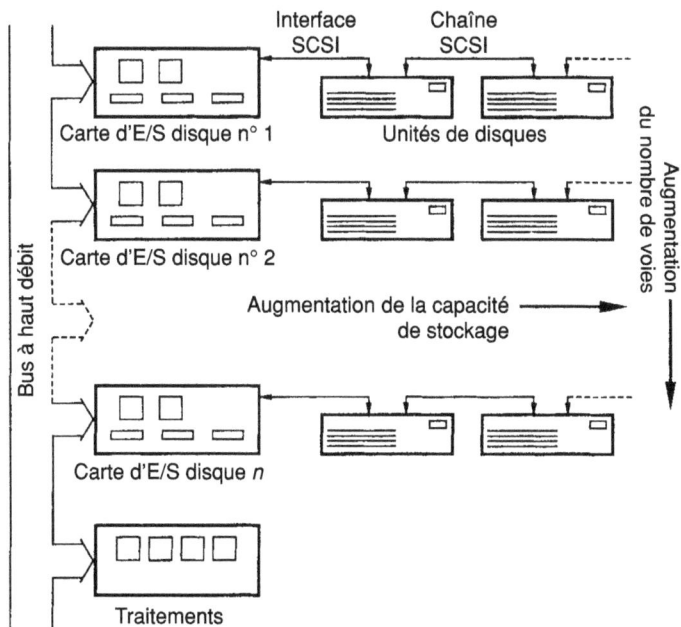

En effet, lors de l'enregistrement d'une bande multipiste, il est fréquent que différents extraits de chacune des pistes ne contiennent aucune information, mais ces emplacements ne peuvent pas être utilisés à d'autres fins. Sur les disques, ces « trous » n'occupent pas d'espace, et la capacité de stockage ainsi économisée peut être mise à profit pour créer ultérieurement des canaux additionnels.

Le nombre de canaux audio pouvant être enregistrés ou lus simultanément dépend de la performance du système de stockage et des caractéristiques de l'ordinateur hôte. Les systèmes les plus lents ne permettent qu'un petit nombre de voies, alors que les plus rapides, dotés d'unités à disques multiples, autorisent un nombre de canaux pratiquement illimité. Les constructeurs ont tendance à rendre leurs systèmes modulaires, ce qui permet l'augmentation de la capacité de stockage ainsi que l'implémentation de moyens de traitement, autant que la configuration le permet. Les différents modules communiquent à l'aide d'un bus de données à très haut débit, comme le montre la figure 10.37.

### 10.8.4 *Le montage virtuel*

La rapidité et la flexibilité des opérations de montage sont probablement les avantages les plus marquants procurés par les systèmes non linéaires. Il est en effet possible de simuler différentes versions d'un même montage avant de décider laquelle sera choisie. Une fois ce choix effectué, il est encore possible de faire une nouvelle retouche par simple modification de la liste de décision. Il est ainsi possible de procéder à une comparaison des emplacements et des traitements, ce qui est beaucoup plus ardu avec d'autres techniques de montage.

La plupart des montages musicaux sont réalisés aujourd'hui à l'aide de stations de travail audionumériques. Elles tendent à supplanter les systèmes de montage audio dédiés, car elles permettent une comparaison rapide des prises, la modification des enchaînements entre les séquences et des réglages de niveau et de correction, le tout dans le domaine numérique. Le montage virtuel est largement répandu dans les secteurs de postproduction travaillant pour le cinéma ou la télévision, car il présente une grande parenté avec les techniques traditionnelles de postproduction cinéma, qui reposent sur la gestion d'un certain nombre de bobines sonores fictives indépendantes.

Le montage virtuel est réellement non destructif, dans la mesure où la bande montée n'existe que sous la forme d'une série d'instructions indiquant l'ordre de lecture des différentes parties des fichiers, en relation au temps, ainsi que les paramètres d'éventuels traitements appliqués, comme le montre la figure 10.38.

Les fichiers originaux restent intacts, un même fichier pouvant être utilisé autant de fois que nécessaire à différents emplacements, et sur différentes pistes, sans qu'aucune copie des données audio ne soit nécessaire. Le montage peut ne comporter que des opérations simples, telles que l'aboutage de sections, ou bien des opérations plus complexes, comme les fondus de longue durée entre une plage et la suivante, ou des modifications du gain entre un passage et un autre. Toutes les opérations s'effectuent sans aucune modification des données originelles.

**Figure 10.38**

Les instructions de la liste de décision de montage (EDL) commandent la lecture des fichiers audio sur le disque. Ces derniers peuvent, le cas échéant, faire l'objet de traitements (également commandés par l'EDL), avant d'être disponibles sur les sorties audio.

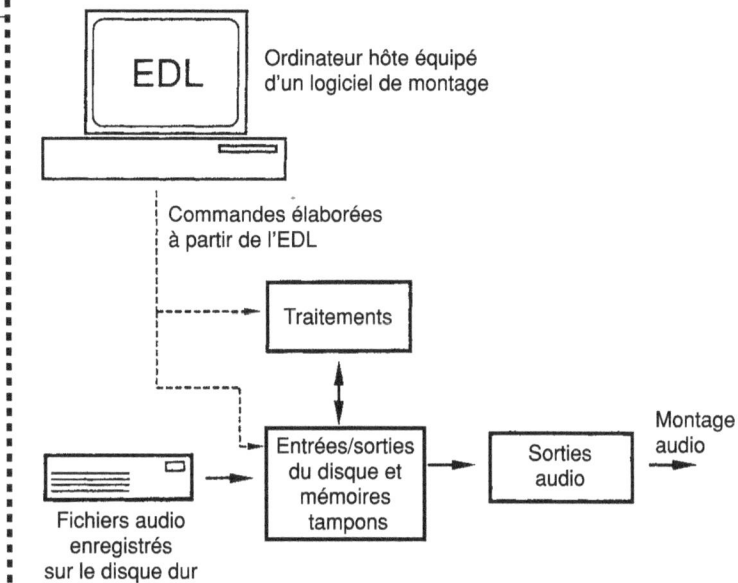

## 10.8.5 *Les stations de travail audionumériques*

Il existe fondamentalement deux types de stations de travail audio : les systèmes dédiés et les systèmes constitués de cartes et logiciels installés dans un ordinateur courant. La plupart des appareils s'apparentent aux uns ou aux autres, les systèmes dédiés étant généralement les plus onéreux, même si ce n'est pas toujours le cas.

Dans les premiers temps des systèmes audio à disques, les constructeurs avaient tendance à développer des appareils dédiés d'un coût élevé. Les raisons principales en étaient que les ordinateurs courants présentaient des performances insuffisantes pour cette application et que les mémoires de masse de grande capacité étaient beaucoup moins répandues qu'aujourd'hui, présentaient une grande variété d'interfaces et nécessitaient d'appliquer des protocoles de gestion de fichiers propriétaires. La faible importance du marché freinait les évolutions et des investissements considérables en matière de recherche et de développement durent être consentis. Les systèmes dédiés présentent toutefois des avantages considérables et sont très répandus dans les installations professionnelles. L'utilisateur commande le système non pas à l'aide d'un clavier et d'une souris, mais d'une interface spécialement conçue, à l'ergonomie adaptée. La figure 10.39 présente un exemple d'un tel système doté d'un écran tactile et de commandes dédiées, comme des molettes et des curseurs permettant une variation continue des paramètres. De même, il devient habituel que les systèmes dédiés d'entrée de gamme soient fournis avec une interface permettant de les relier à un ordinateur hôte pour permettre des commandes et un retour d'information mieux adaptés.

**269**

**Figure 10.39**

Station de travail
audionumérique dédiée, due
à Digital Audio Research.

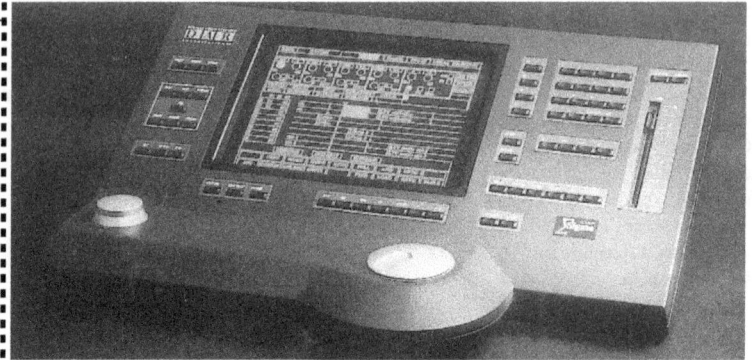

Plus récemment, des ordinateurs multimédia incorporant des fonctions audio et vidéo, offrant des possibilités limitées de montage et de manipulation des fichiers sonores, ont été introduits sur le marché. La qualité des convertisseurs dont ils sont dotés est limitée en raison de leur prix ; ils permettent cependant, dans de nombreux cas, de travailler à 44,1 kHz et sur 16 éléments binaires. Une qualité audio supérieure est souvent obtenue par l'adjonction de cartes supplémentaires.

De nombreux ordinateurs ne présentent qu'une puissance de calcul insuffisante pour traiter directement l'audio et la vidéo, mais l'adjonction de cartes d'extension et de logiciels adaptés permet de transformer un ordinateur en station de travail audiovisuelle capable d'enregistrer un nombre important de pistes audio ainsi que les images associées. Une carte de traitement sonore peut y être installée, comme le montre la figure 10.40 ; elle prend en charge les fonctions de montage et de traitement, alors que l'ordinateur joue le rôle d'interface utilisateur.

**Figure 10.40**

Configuration typique d'une
station de travail
audionumérique sur
ordinateur personnel.

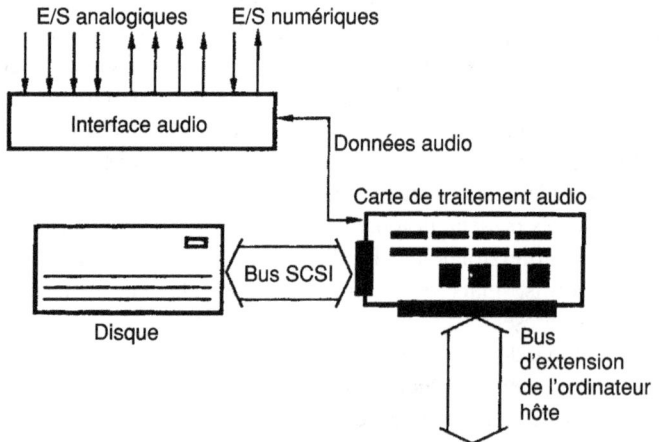

La carte comporte les accès audio, et est dotée de convertisseurs analogique numérique et numérique analogique, d'interfaces audionumérique, d'entrées/sorties de code temporel et, dans certains cas, d'une interface MIDI.

Elle comporte souvent également une interface SCSI (l'interface à haut débit la plus répandue) vers une ou plusieurs unités de disques, dans le but d'optimiser les transferts de fichiers, alors que les systèmes de base utilisent le bus SCSI de l'ordinateur à cet effet.

## 10.9 Interfaces audionumériques

Il est souvent nécessaire d'interconnecter des appareils audionumériques de manière à ce que les données puissent être transmises sans qu'il soit besoin de revenir à l'analogique, et ceci pour préserver la qualité offerte par le numérique. Une telle liaison est en principe établie à l'aide de l'une des interfaces numériques point à point normalisées décrites ci-dessous. Celles-ci diffèrent des liaisons informatiques car elles sont conçues et optimisées pour la transmission de données audionumériques en temps réel, et ne peuvent être utilisées pour des transferts de fichiers à un usage général.

### 10.9.1 *Réseaux informatiques et interfaces audionumériques*

Les interfaces audionumériques permettent de véhiculer des données audio numériques, en temps réel, relatives à une ou à plusieurs voies, éventuellement accompagnées de données auxiliaires. Une telle interface présente un format de données spécifiquement étudié pour les applications audio, à la différence des liaisons informatiques qui ne s'intéressent aucunement à la nature des paquets de données qui leur sont confiés. Un enregistrement transféré vers une autre machine par l'intermédiaire d'une interface audionumérique permet d'obtenir une copie transparente, véritable clone de l'original ; cette opération s'effectue en temps réel : l'opérateur met la machine réceptrice en mode enregistrement, et cette dernière se contente d'enregistrer le flot de données entrantes. Les informations auxiliaires peuvent faire l'objet, ou non, de l'enregistrement (dans la plupart des cas, elles ne sont pas enregistrées).

Par contraste, un réseau informatique opère de manière asynchrone et les données y sont véhiculées sous la forme de paquets. En général, un certain nombre d'appareils sont connectés au réseau, aussi est-il nécessaire d'utiliser un système d'adressage pour que des informations puissent être transmises d'une certaine source vers une certaine destination. Un système d'administration est également nécessaire pour surveiller le niveau de trafic du réseau et éviter les conflits. Le sens de circulation des données est déterminé par l'émetteur et le destinataire. Le format des données sur le réseau n'est en général pas spécifique à l'audio (même s'il existe des protocoles optimisés pour le transfert de donnés audio), un réseau pouvant transporter dans des paquets différents, des données de textes, de graphiques ou de courrier électronique par exemple.

### 10.9.2 *Interfaces normalisées*

Les systèmes audionumériques professionnels sont dotés, comme certains appareils grand public, d'interfaces numériques conformes à l'un des protocoles normalisés qui permettent le transfert d'informations sans perte de qualité. Un nombre quelconque de générations de copies numériques peut être fait sans que la dernière soit affectée d'une quelconque dégradation, pourvu que les erreurs éventuelles aient fait l'objet d'une correction. Dans la chaîne, les sorties numériques d'un enregistreur se situent en aval des dispositifs de correction d'erreur, ce qui permet que la copie en soit exempte – sous réserve que les erreurs intervenues lors de la lecture du *master* soient corrigibles.

Il existe différents types d'interfaces numériques, dont certaines ont fait l'objet d'une normalisation internationale alors que d'autres sont spécifiques à tel ou tel constructeur. Elles présentent toutes une résolution minimale de 16 bits, et travaillent aux fréquences d'échantillonnage standards de 44,1 kHz et 48 kHz et 32 kHz si nécessaire, avec une certaine latitude pour l'utilisation de la fonction *varispeed*. La plupart des interfaces sont monocanales ou bicanales, et l'une d'entre elles, appelée MADI, est multicanale.

Les interfaces spécifiques à un constructeur donné peuvent être installées sur des appareils construits par d'autres industriels, si ces derniers l'ont jugé nécessaire pour faciliter la communication entre les systèmes ; c'est particulièrement le cas des appareils antérieurs à la normalisation de l'interface AES/UER (voir le complément 10.9). Les interfaces diffèrent quant au nombre de connexions physiques qu'elles nécessitent. Certaines exigent une liaison par canal, plus une destinée à un signal de synchronisation, alors que d'autres véhiculent les données audio et la synchronisation sur un câble unique. Le lecteur désireux d'acquérir une connaissance approfondie des interfaces numériques consultera l'ouvrage *The Digital Interface Handbook* de Francis Rumsey et John Watkinson.

L'interface grand public, dérivée de l'interface Sony/Philips SPIDF, présente de grandes similitudes avec l'interface professionnelle AES/UER, mais utilise des liaisons asymétriques établies à l'aide d'un câble coaxial d'impédance caractéristique 75 ohms. On peut la rencontrer sur de nombreux appareils audionumériques grand public ou semi professionnels, tels que les lecteurs de CD ou les machines au format DAT. Elle se termine en principe par des connecteurs RCA, bien que certains matériels hi-fi utilisent une liaison optique pour véhiculer les données. Il existe des convertisseurs de format d'interface permettant de passer du format professionnel au format grand public, et inversement, et de convertir le format électrique au format optique, et réciproquement.

---

## Complément **10.9** – *L'interface AES/UER*

L'interface AES/UER permet la transmission au format série de deux voies audionumériques sur une liaison symétrique. Elle a été conçue pour couvrir des distances allant jusqu'à 100 mètres, à l'aide de combinaisons appropriées de câbles, de connecteurs et d'impédances terminales. Les connecteurs utilisés sont de type XLR-3, et les embases sont souvent étiquetées DI (*digital in*), pour l'entrée, et DO *(digital out)*, pour la sortie.

Chaque trame de données est constituée de deux sous-trames (voir la figure) dont chacune commence par un des trois préambules de synchronisation permettant de matérialiser la transmission d'une voie A, d'une voie B, ainsi que le début d'un nouveau bloc de la voie de signalisation. 4 bits de données auxiliaires sont ensuite transmis qui peuvent être soit utilisés pour porter la résolution à 24 bits, soit pour véhiculer d'autres informations comme la transmission d'un signal de parole. On trouve ensuite la zone principale de données audio, sur 20 éléments binaires ; il est à noter que le LSB est transmis le premier. Enfin, quatre caractères binaires, V (validité), U (utilisateur), C (signalisation) et P (parité), complètent la sous-trame ; une sous-trame contient donc 32 éléments binaires, et une trame en contient 64.

La durée d'une trame est égale à celle d'une période d'échantillonnage audio, ce qui rend le débit en ligne variable, en fonction de la fréquence d'échantillonnage utilisée.

Les caractères de signalisation, ou d'état de voie, sont rassemblés au niveau du récepteur pour constituer, toutes les 192 trames, un fichier de données de 24 octets, dont chaque caractère a un rôle particulier lié au fonctionnement de l'interface. Quelques exemples d'utilisation en sont l'indication de la fréquence d'échantillonnage, celle d'une éventuelle préaccentuation, ou la transmission d'une valeur de code temporel. Le premier caractère du premier octet indique si l'interface fonctionne conformément aux spécifications professionnelles, s'il est à 1, ou conformément aux spécifications grand public, s'il est à 0.

L'utilisation du code de voie *biphase-mark*, analogue à celui du code temporel SMPTE/UER, permet d'intégrer un signal d'horloge aux données, de rendre le signal exempt de composante continue, ainsi que de restreindre la largeur de bande de ce dernier, et de rendre la liaison indifférente à la polarité des connexions. La liaison symétrique doit faire appel à un câble de type paire blindée présentant une impédance caractéristique égale à 110 ohms.

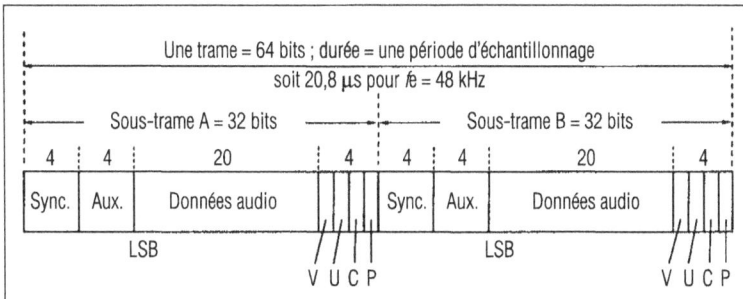

# Références bibliographiques

POHLMANN, K. (1995) *Principles of Digital Audio*. McGraw Hill.

POHLMANN, K. (1989) *The Compact Disc*. Oxford University Press.

RUMSEY, F. (1996) *The Audio Workstation Handbook*. Focal Press.

RUMSEY, F. (1999) *Station de travail audionumérique*. Eyrolles.

RUMSEY, F. and WATKINSON, J. (1995) *The Digital Interface Handbook*. Focal Press.

RUMSEY, F. and WATKINSON, J. (1999) *Le guide des interfaces numériques*. Eyrolles.

WATKINSON, J. (1994) *An Introduction to Digital Audio*. Focal Press.

WATKINSON, J. (1994) *The Art of Digital Audio*. Focal Press.

WATKINSON, J. (1998) *La réduction de débit en audio et vidéo*. Eyrolles.

ZÖLZER, U. (1997) *Digital audio signal processing*. John Wiley & Sons.

# 11 L'enregistrement électromécanique

À l'ère du numérique, l'enregistrement électromécanique peut sembler quelque peu anachronique ; le principe des vibrations mécaniques de la pointe de lecture explorant le sillon est aujourd'hui centenaire. Il ne faut cependant pas perdre de vue ni ses excellentes performances ni qu'il existe des enregistrements sur disques analogiques de programmes de grand intérêt qui n'ont pas fait et ne feront sans doute pas l'objet de rééditions sous la forme de CD. Par ailleurs, nombre de bruitages et d'effets sonores ont été enregistrés sur ce type de support.

## 11.1 Les principes de l'enregistrement électromécanique

### 11.1.1 *Disques gravés et disques pressés*

Les principes permettant d'enregistrer deux voies audio sur un sillon unique trouvent leur origine dans le brevet déposé par Alain D. Blumlein en 1931. Ce dernier imagina un burin graveur chauffé, relié à deux électroaimants attaqués par les deux canaux d'un signal stéréophonique.

**Figure 11.1**
Mouvements du stylet graveur lors de la gravure d'un disque stéréophonique.

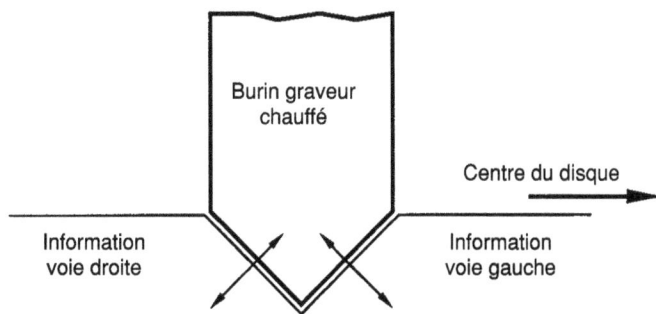

Burin graveur chauffé

Centre du disque

Information voie droite

Information voie gauche

Cette méthode permettait de graver dans la galette d'acétate un sillon où chacun des signaux se traduisait par des mouvements dans des directions présentant un angle de 45° par rapport à la verticale, comme le montre la figure 11.1. La figure 11.2 illustre les vues de haut de trois formes de sillons résultant de l'action du burin graveur.

**Figure 11.2**

Différentes formes du sillon.
(a) Les deux voies sont enregistrées en phase.
(b) Une seule voie est enregistrée.
(c) Les deux voies sont enregistrées en opposition de phase.

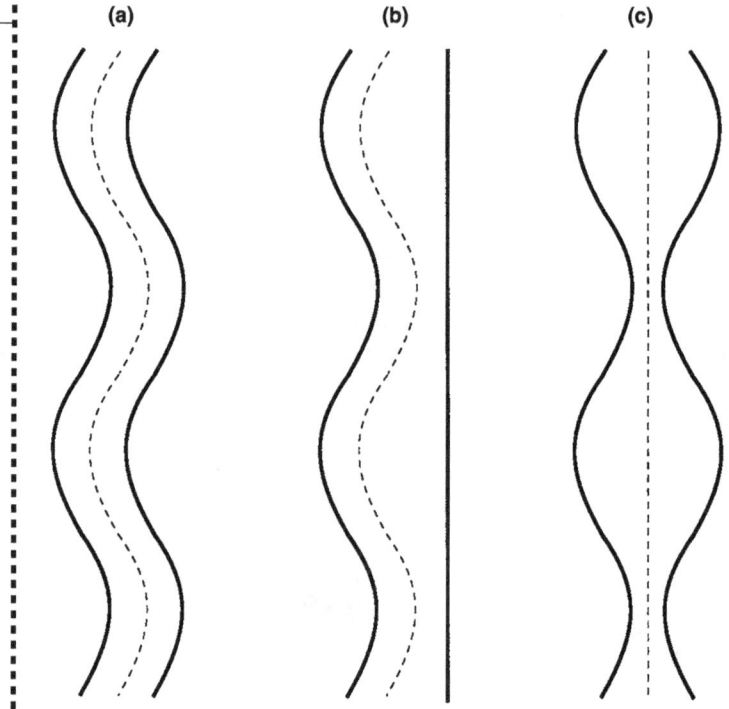

**(a)**          **(b)**          **(c)**

Après la gravure, on réalise des matrices qui permettent le pressage des disques de vinyle, matière plus dure que l'acétate et mieux adaptée à la lecture. Le stylet de lecture transmet les mouvements mécaniques du sillon, par l'intermédiaire d'un levier, à un système de bobines et d'aimants, inclus dans la tête de lecture, qui délivrent un signal électrique de sortie qui est ensuite amplifié et corrigé.

Pour en revenir au disque microsillon, nous avons précisé que chacun des signaux, gauche et droit, entraînait des mouvements du stylet dans l'une des directions formant un angle de 45° avec la verticale ; un signal monophonique entraîne le stylet latéralement, dans une direction parallèle à la surface du disque. Deux signaux de même amplitude mais de phases opposées entraînent le stylet de haut en bas, donc perpendiculairement à la surface du disque, la pointe de lecture ayant du mal à suivre correctement ce profil de sillon. Une autre manière d'interpréter les mouvements du stylet est de considérer que les mouvements latéraux représentent la somme des canaux droit et gauche (M), alors que les mouvements verticaux sont liés à l'information différence (S). Les relations entre signaux gauche et droite et M et S sont abordées dans le complément 4.5.

Les techniciens assurant la gravure des disques sont toujours extrêmement vigilants en ce qui concerne les signaux en opposition de phase devant être gravés.

Ils doivent parfois se résoudre à apporter un traitement à la bande afin d'atténuer l'importance de telles composantes, condition pour que le disque obtenu puisse être lu sur n'importe quel lecteur de disques grand public. Le stylet éprouve également de grandes difficultés lorsque seule une information de basse fréquence est présente sur un canal, et donc sur un seul des deux flancs du sillon. Ce type de modulation, relativement lente et de grande amplitude, doit être autant que possible évitée, et, pour le moins, atténuée avec soin. La méthode habituelle pour y parvenir est d'introduire par mélange un certain niveau de diaphonie entre les canaux aux basses fréquences. De la sorte, on obtient, à ces fréquences, une modulation latérale du sillon plus aisée à suivre par le stylet.

## 11.1.2 *Dispositifs de lecture*

Le stylet de lecture doit se déplacer selon un arc de cercle dont la tangente présente avec la verticale un angle de 20°, comme le montre la figure 11.3. Pour obtenir cette trajectoire, la hauteur du bras de lecture doit être réglée au niveau du pivot de manière à ce que celui-ci soit parallèle au plan du disque lorsque le stylet repose dans le sillon.

**Figure 11.3**
Déplacement vertical de la pointe de lecture.

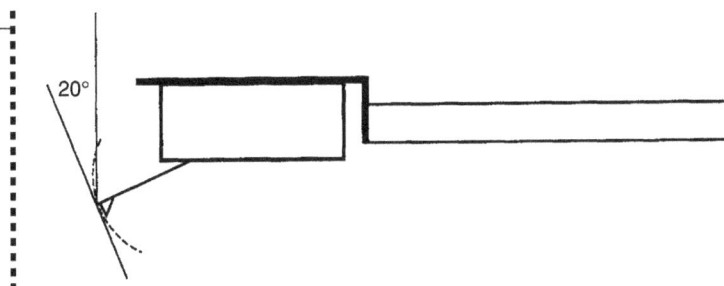

La pointe de lecture doit présenter un angle de 55°, et son extrémité est arrondie pour qu'elle ne puisse pas atteindre le fond du sillon (voir la figure 11.4). Le complément 11.1 donne des précisions sur les différentes formes de stylets.

La forme du bras est telle que, si l'on trace l'axe de symétrie de la tête de lecture, ce dernier est tangent au sillon au point où ce stylet y repose et ce en deux points du disque, à la fin du sillon d'entrée et au tout début du sillon de sortie. La figure 11.5 illustre cette disposition.

**Figure 11.4**
Pointe de lecture conique.

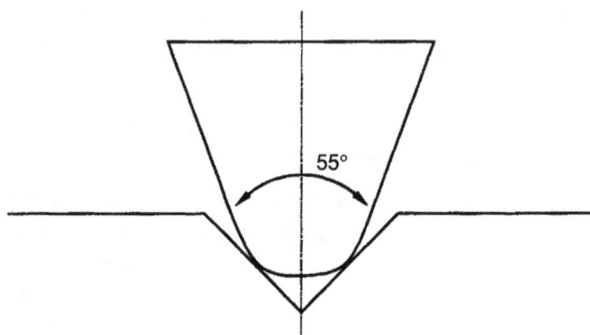

**Figure 11.5**
Un suivi de piste latéral correct est obtenu lorsque l'axe de symétrie de la tête est tangent au sillon.

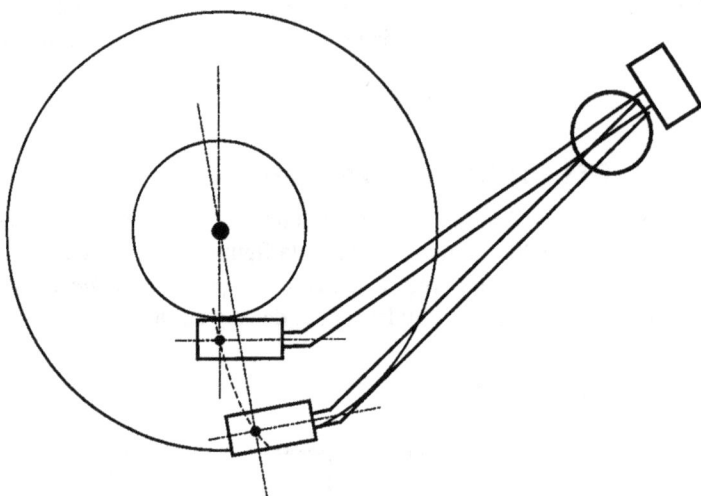

Pour y parvenir, soit le bras est doté d'une courbure, soit le bras est droit et la tête de lecture est alors montée de sorte qu'elle forme avec lui un certain angle. L'arc de cercle qui joint, sur la figure, les deux points, représente le trajet que parcourt le stylet au fur et à mesure de l'avancée de la lecture du disque. Comme le bras est monté sur un point fixe, il n'est pas possible que le stylet soit tangent au sillon sur la totalité du parcours.

Un réglage du bras correct aux deux points indiqués constitue cependant un bon compromis : l'erreur de piste sera ainsi inférieure à 1 % sur toute la surface du disque.

Il existe des calibres spécialement fabriqués pour faciliter le réglage correct du bras. Ils prennent la forme d'une pièce de carton, percée, à l'une des extrémités, d'un trou destiné à positionner le calibre sur l'axe central du plateau. Une série de lignes parallèles y sont dessinées, qui représentent des tangentes au sillon, ainsi que les points pour lesquels le réglage doit s'opérer.

Le stylet est alors posé tour à tour sur chacun de ces points, et le bras et la tête de lecture sont réglés de manière à ce que l'axe de symétrie de la tête soit parallèle aux lignes dessinées sur le calibre.

---

**Complément 11.1** – *La forme des stylets*

Les stylets de lecture peuvent être de section soit conique soit elliptique, comme le montre la figure. Les pointes elliptiques présentent une surface de contact avec les flancs du sillon moindre, ce qui signifie que, pour une force d'appui donnée (c'est-à-dire la force verticale exercée par le bras sur la surface du disque), elles exercent sur le disque une force par unité de surface supérieure aux pointes coniques. Pour compenser ce phénomène, la force d'appui est réglée à une valeur moindre pour les pointes elliptiques que pour les pointes coniques. La faible surface de contact des stylets elliptiques leur permet de suivre plus précisément les mouvements du sillon, ce qui se traduit par une restitution plus fidèle des composantes du signal de fréquences élevées, ou de faible longueur d'onde. Cet avantage est surtout sensible vers la fin d'une face de disque, lorsque la longueur parcourue en un tour est plus petite et que, par conséquent, la longueur d'onde enregistrée est plus faible pour une fréquence donnée. La plupart des pointes de lecture sont de forme elliptique, ou de formes dérivées, même s'il existe quelques pointes coniques de qualité, alors que le stylet graveur est toujours de section conique.

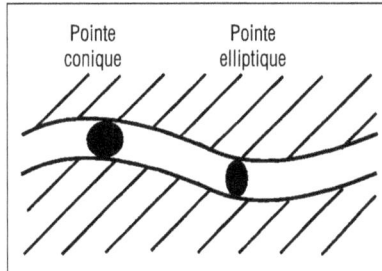

Lors de la gravure originale, le stylet graveur se déplace sur le disque selon une trajectoire radiale, en ligne droite ; il est fixé non à un bras pivotant, mais sur un chariot, ce qui lui permet de rester tangent au sillon sur la totalité de son parcours. Le plateau de la graveuse présente une masse importante, de manière à assurer une stabilité de la vitesse de rotation et l'absence de vibrations.

Certaines platines de lecture sont conçues avec les mêmes principes, pour obtenir une erreur de piste nulle. Toutefois, les difficultés de réalisation de tels systèmes rendent les coûts induits difficilement justifiables dès lors que les platines à bras pivotant, si elles sont bien conçues et convenablement réglées, donnent d'excellents résultats.

Une autre conséquence de l'adoption d'un bras rotatif est qu'une force latérale s'exerce sur le stylet, tendant à faire glisser ce dernier sur la surface du disque. Elle est due au fait que le stylet doit être suspendu de manière à présenter une erreur de piste minimale.

**279**

Examinons la figure 11.6 et considérons que, tout d'abord, le disque est immobile et le stylet est posé dans le sillon. Lors de la mise en rotation du disque, dans le sens des aiguilles d'une montre, le stylet a immédiatement tendance à se déplacer sur la surface du disque dans la direction indiquée par la flèche, vers le pivot, plutôt que dans celle du sillon. Il en résulte qu'il subit une force qui tend à l'attirer vers le centre du disque, ce qui a pour effet de le plaquer davantage sur le flanc intérieur du sillon que sur le flanc extérieur.

**Figure 11.6**

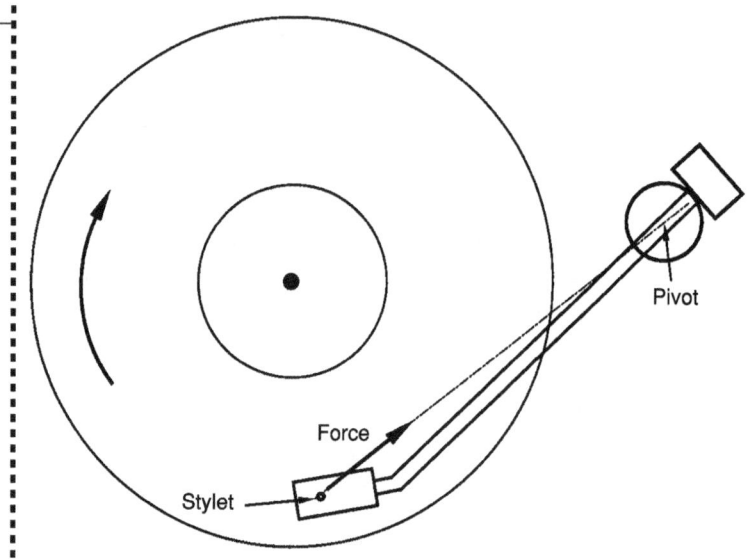

Pour contourner ce problème, les platines bien conçues comportent un système de compensation, appelé *anti-skating*. Il consiste en l'application, au niveau de l'axe du bras, d'une force de rappel qui s'oppose à l'attraction de l'axe vers le centre du disque. Différentes méthodes peuvent être utilisées : soit un système magnétique, soit un jeu de ressorts, soit encore un contrepoids agissant par l'intermédiaire d'une poulie. L'importance de la force de rappel dépend de la force d'appui appliquée au stylet (voir le complément 11.2) et est d'environ le dixième de la valeur de cette force d'appui.

La tête de lecture est fixée sur la coquille à l'aide de deux boulons présentant un écartement standard d'un demi-pouce. Elle doit être réglée, comme nous l'avons vu, de telle manière que son axe de symétrie tangente le sillon aux deux points de référence mentionnés.

À l'exception de quelques modèles particuliers, toutes les têtes de lecture peuvent être installées sur tous les types de coquilles. Il convient cependant d'examiner certaines caractéristiques concernant le bras et la tête de lecture pour s'assurer de leur compatibilité. Pour que le stylet puisse suivre convenablement les mouvements du sillon, l'équipage mobile doit être suspendu de façon à permettre ses mouvements par rapport au corps de la tête de lecture. Cette suspension présente une compliance souvent exprimée en (cm/dyne) $\times 10^{-6}$, unité souvent indiquée cu (*compliance unit*). Cette dernière indique de combien de centimètres (en pratique, fractions de centimètre) le stylet se déplacera si on lui applique une force de 1 dyne. Les têtes de lecture présentent des compliances pouvant aller de 8 à 45 cu, les valeurs comprises entre 10 et 30 cu étant les plus courantes.

---

**Complément 11.2** – *La force d'appui*

La force d'appui à appliquer dépend du modèle de la tête de lecture. Les constructeurs indiquent son ordre de grandeur, par exemple 1 ± 0,25 g ou encore de 1 à 2 g, la valeur exacte étant déterminée expérimentalement à l'aide d'un disque étalon. Il convient tout d'abord d'équilibrer le bras, qui doit être en position horizontale, la tête de lecture ne se déplaçant ni vers le haut ni vers le bas : la force d'appui est alors nulle. Cet équilibre est en général obtenu en éloignant du pivot le contrepoids placé à l'extrémité du bras opposé à la tête de lecture. Le déplacement du contrepoids s'opère souvent par rotation autour d'une partie filetée de l'extrémité du bras. Cette opération doit être menée à bien avec le dispositif d'*anti-skating* hors service.

Une fois l'équilibre obtenu, il faut appliquer une force d'appui correspondant à la valeur moyenne de la gamme indiquée par le constructeur. Pour ce faire, on utilise soit les graduations figurant sur le bras lui-même, soit, s'il n'y en a pas, un dynamomètre destiné à cet usage. Il convient ensuite de régler le dispositif *anti-skating* à une valeur correcte, soit à l'aide de graduations figurant sur le bras lui-même, soit à partir des indications fournies dans le manuel d'instructions. Une bonne méthode pour dégrossir ce réglage est de poser le stylet sur la zone d'entrée d'un disque en rotation, dans un espace intersillon. Un réglage trop important amènera un mouvement du bras vers l'extérieur avant que le stylet ne retombe dans le sillon, alors qu'un réglage insuffisant provoquera un mouvement du bras vers le centre du disque. Un réglage correct aura pour conséquence une relative stabilité de la position du bras.

À partir de là, les réglages de la force d'appui et du dispositif *anti-skating* seront affinés à l'aide d'un disque étalon, selon les instructions fournies avec ce dernier. En règle générale, une force d'appui plus élevée assure un meilleur suivi de piste mais accélère l'usure du disque ; une force d'appui insuffisante entraîne des sauts du stylet hors du sillon, qui peuvent rayer le disque.

---

## 11.2 La correction RIAA

Le sillon du disque est une image mécanique analogique des ondes sonores originelles. Cela a posé de sérieux problèmes aux pionniers de ce domaine. Dans les premiers matériels électriques de gravure, la vélocité du burin graveur était maintenue constante avec la fréquence, pour une tension d'entrée donnée (soit une amplitude décroissant avec la fréquence), sauf pour les très basses fréquences, où le système travaillait à amplitude, ou *élongation*, constante. Ainsi, en l'absence de correction, les fréquences basses se traduisaient par des mouvements du stylet de beaucoup plus grande ampleur que les fréquences élevées, pour une vélocité donnée. Deux inconvénients majeurs se présentaient : d'une part, l'équipage mobile, c'est-à-dire le stylet et sa suspension, avait beaucoup de difficultés à suivre ses mouvements importants, et, de l'autre, les fréquences basses occupaient une place importante sur le disque, ce qui pénalisait le temps de programme inscriptible. C'est pourquoi une atténuation des basses fréquences fut introduite à la gravure, de manière à limiter l'excursion du stylet.

Pour optimiser le processus, une norme connue sous le nom de *correction RIAA* a été introduite. Elle impose la vélocité enregistrée, quel que soit le type de burin graveur utilisé. Des corrections électriques sont opérées pour s'assurer que la vélocité enregistrée obéisse à la courbe de la figure 11.7 (a).

Une tête de lecture magnétique fournit une tension de sortie proportionnelle à la vélocité du stylet. Pour un sillon d'amplitude constante, en l'absence de correction, elle augmenterait donc avec la fréquence ; le signal délivré par une telle tête de lecture doit donc faire l'objet d'une correction conforme à la figure 11.7 (b) pour obtenir du système une réponse en fréquence plate.

Pour les fréquences élevées, la correction RIAA s'apparente à un processus de préaccentuation-désaccentuation qui diminue l'importance du bruit de surface. On utilise également une autre correction, aux très basses fréquences cette fois, qui consiste à procéder à une atténuation importante au-dessous de 20 Hz, soit une constante de temps de 7960 µs, qui permet d'éliminer les différentes nuisances (*rumble* et autres bruits vibratoires) qui se manifestent dans cette région du spectre. Les têtes de lecture doivent dans tous les cas être connectées à un circuit électronique spécialement conçu pour cet usage, qui produit simultanément l'amplification nécessaire et les corrections que nous avons décrites.

**Figure 11.7**
Caractéristiques à
l'enregistrement et à la
lecture de la norme RIAA.

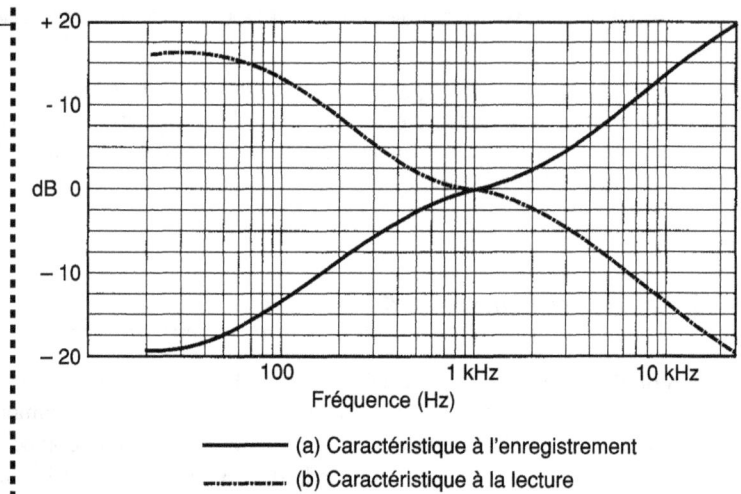

+ 20

- 10

dB  0

− 10

− 20

100          1 kHz          10 kHz
Fréquence (Hz)

——— (a) Caractéristique à l'enregistrement
—·——·— (b) Caractéristique à la lecture

## 11.3 Les différents types de têtes de lecture

La plupart des têtes de lecture sont de type à aimant mobile, c'est-à-dire que l'équipage mobile comporte de petits aimants puissants placés au voisinage des bobinages de sortie, qui, eux, sont fixes. Le mouvement du stylet communiqué à l'équipage mobile entraîne l'apparition d'un courant induit dans les bobinages, qui constitue le signal de sortie. Les bobinages présentent une résistance de quelques centaines d'ohms et une inductance de quelques centaines de millihenrys. Il en résulte une impédance de sortie de valeur moyenne, qui augmente avec la fréquence. Le niveau électrique délivré est fonction de la vélocité avec laquelle le stylet se déplace, de sorte que, pour un sillon d'élongation constante, le niveau du signal de sortie augmente avec la fréquence, avec une pente de 6 dB/octave. La vélocité du stylet est en général mesurée en centimètres/seconde (cm/s). Les tensions délivrées par les cellules à aimant mobile courantes sont d'environ 1 mV/cm/s.

Un programme musical courant produit à la sortie de la tête de lecture des tensions de plusieurs millivolts, le maximum se situant aux environs de 40 à 50 mV. En raison de la correction RIAA apportée lors de l'enregistrement, la sortie sera moindre aux fréquences basses ; elle n'augmentera cependant pas régulièrement jusqu'aux fréquences très élevées, le programme musical contenant en général peu d'énergie dans cette région du spectre. Les circuits destinés au raccordement de telles têtes de lecture présentent une impédance d'entrée normalisée à 47 kΩ et un gain voisin de 40 dB, nécessaire aux fréquences moyennes pour amener le signal au niveau ligne.

Un autre type de tête de lecture, moins courante mais très appréciée par les puristes, est la cellule à bobine mobile. Ici, l'équipage mobile est solidaire des bobinages, alors que les aimants sont fixes. Pour conserver aux bobinages la masse la plus réduite possible, ils ne comportent que peu de tours, ce qui entraîne des niveaux de sortie plus faibles que ceux délivrés par leur équivalent à aimants mobiles et une impédance de sortie réduite (moins d'une centaine d'ohms), dont la composante inductive est négligeable.

Le faible niveau qu'elles délivrent nécessite un gain accru de 20 à 30 dB, obtenu à l'aide d'un préamplificateur ou encore d'un transformateur-élévateur. Certains amplificateurs hi-fi de haute qualité comportent des entrées spécifiques destinées à ce type de têtes de lecture. Il existe également des cellules à bobine mobile, dites *à haut niveau de sortie*, qui délivrent environ 10 dB de plus que le modèle de base, et peuvent de ce fait être connectées aux entrées habituelles des amplificateurs.

Il peut exister, çà et là, des têtes de lecture reposant sur des principes différents, mais le seul modèle à être relativement répandu sur les lecteurs bon marché est la tête de lecture céramique ou piézo-électrique. Ces cellules utilisent un matériau particulier qui présente la propriété d'être le siège d'un déplacement de charges électriques lorsqu'il est soumis à une contrainte mécanique. De telles têtes de lecture fournissent un signal de sortie supérieur à celui des têtes à aimants mobiles et proportionnel au déplacement du stylet, donc à l'élongation du sillon, ce qui, globalement, compense la correction RIAA appliquée à l'enregistrement. La piètre qualité que l'on peut en attendre permet de se dispenser d'un étage d'entrée RIAA et de raccorder ces têtes à un étage ordinaire de gain moyen.

Les têtes de lecture sont le siège de phénomènes de diaphonie, qui font l'objet du complément 11.3.

---

**Complément 11.3** – *La diaphonie*

La diaphonie entre les canaux d'un signal stéréophonique est due pour une part au fait qu'ils modulent tous deux le même sillon et, pour l'autre, à la proximité des différents composants électroniques au sein de la tête de lecture. Un mauvais réglage du bras et de la cellule amène un positionnement incorrect du stylet dans le sillon et ne fait que dégrader les performances.

Les têtes de lecture sont le siège d'une diaphonie qui, aux fréquences moyennes, est de l'ordre de 25 à 30 dB. Cela signifie qu'un signal présent sur l'un des canaux apparaîtra également sur l'autre, 25 à 30 dB plus bas. Aux fréquences très basses, le phénomène empire quelque peu : il atteint 10 à 20 dB, car les phénomènes de résonance de l'ensemble bras et cellule tendent à coupler les deux canaux. À l'extrémité haute du spectre, la diaphonie n'est plus que d'environ 10 dB, le couplage entre canaux étant cette fois-ci dû aux résonances entre le stylet et la matière dont est fait le disque. Les chiffres cités constituent la limite de l'acceptable et il est nécessaire de mesurer la diaphonie gauche vers droite aussi bien que droite vers gauche ; une inégalité des résultats obtenus indique un alignement incorrect de la tête de lecture.

Malgré ses performances relativement médiocres en matière de diaphonie, le disque vinyle permet d'obtenir des images stéréophoniques très satisfaisantes, puisque la différence de niveau entre deux canaux pour que le signal sonore paraisse provenir pleinement de l'un des côtés n'est que d'environ 18 dB.

---

## 11.4 Les connexions

En raison du caractère inductif de l'impédance de sortie d'une cellule à aimants mobiles, la réponse de cette dernière est sensible à la capacité des liaisons ainsi qu'à celle de l'entrée de l'amplificateur à laquelle elle est raccordée. La capacité résultante est en effet reliée en parallèle avec la sortie de la cellule et constitue avec l'inductance un circuit résonant. Ce dernier affecte la réponse aux fréquences élevées de la tête de lecture ; c'est pourquoi la capacité résultante doit être ajustée de manière à obtenir les meilleurs résultats. Une valeur trop faible amènera une perte de quelques décibels au-dessus de 5 kHz, alors que se manifestera un pic dans la réponse, d'environ 2 ou 3 dB, aux environs de 18 à 20 kHz, dû à la résonance de l'ensemble pointe de lecture/surface du disque, les valeurs précises dépendant de la masse du stylet. L'augmentation de la valeur de la capacité a pour effet de minorer la chute de niveau entre 5 et 10 kHz et d'amortir le phénomène de résonance précédent, donc, globalement, de rendre la réponse plus régulière. Toutefois, une valeur de capacité trop forte entraîne une atténuation des fréquences élevées, ce qui rend le son plus sourd.

La valeur optimale dépend bien sûr du type de cellule, mais elle reste de l'ordre de quelques centaines de picofarads. Le câble qui relie le bras à l'amplificateur présente une capacité linéique d'environ 100 pF/m, auxquels il faut ajouter celle de l'entrée de l'amplificateur, qui est du même ordre. Les valeurs exactes sont fournies par les constructeurs.

La capacité résultante vue par la tête de lecture s'établit aux environs de 200 pF, valeur insuffisante pour les modèles à aimants mobiles ; une capacité supplémentaire doit alors être ajoutée. Dans le cas où le constructeur de la cellule ne spécifie pas de valeur particulière, cette dernière doit être déterminée expérimentalement, à l'aide, par exemple, d'une plage de bruit rose d'un disque étalon. Avec un peu d'expérience, il est assez aisé de percevoir si la réponse d'une cellule présente une atténuation dans le haut médium, accompagnée d'un pic aux fréquences audibles les plus élevées. L'augmentation de la capacité comble en quelque sorte ce trou dans la réponse et fournit un bruit rose plus équilibré. Une valeur trop élevée entraîne une atténuation sensible du haut du spectre, ce qui rend le son moins présent et également moins équilibré.

Il faut tout d'abord essayer une valeur telle que la capacité résultante soit de l'ordre de 300 à 400 pF, soit, si l'on suppose celle déjà présente d'environ 200 pF, une valeur de 100 pF puis une valeur de 200 pF. La manière de faire la plus commode est d'acquérir des cosses à insérer qui contiennent de petites capacités spécialement prévues, ou, à défaut, de souder de petits condensateurs au polystyrène aux fils de raccordement ; il ne faut en aucun cas les souder directement sur la cellule, qui risquerait d'être endommagée. Sur certains modèles de platines, des cosses à souder sont disponibles sur le châssis.

La longueur des câbles reliant la platine et l'amplificateur ne doit pas excéder environ un mètre, des liaisons plus longues risquant d'entraîner des valeurs de capacités trop grandes, ainsi qu'une sensibilité accrue aux interférences.

Il faut avoir présent à l'esprit que le réglage effectué à l'oreille que nous avons décrit ci-dessus tient compte des caractéristiques de l'ensemble constitué par la tête de lecture, l'amplificateur et les haut-parleurs. Par conséquent, le remplacement de l'un de ces trois maillons de la chaîne nécessitera un nouveau réglage.

Les cellules à bobine mobile présentent une impédance de sortie très faible et une inductance négligeable, et, de ce fait, leur réponse en fréquence est beaucoup moins liée à la charge capacitive. Toutefois, certains trouvent que la qualité sonore peut être améliorée par l'adjonction de capacités de valeurs de l'ordre de 1 nanofarad (1 nF = 1000 pF). Seuls des essais permettent de conclure en la matière.

## 11.5 Les bras de lecture

Les principales caractéristiques d'un bras sont sa longueur, sa masse et les forces de frottement, verticales et horizontales, qu'il présente. La longueur habituelle est d'environ 9 pouces, soit

25 cm, même si certains modèles, d'environ 30 cm, permettent de diminuer l'erreur de piste, ce qui se paye par une masse supérieure. La masse effective correspond en fait à l'inertie que présente l'ensemble bras et contrepoids au stylet, et non la masse du bras à proprement parler ; elle est généralement comprise entre 6 et 25 g, les valeurs intermédiaires constituant de bons compromis entre légèreté et rigidité. La valeur de la masse effective, dont nous décrivons ci-après les conséquences, est fournie par le constructeur. La figure 11.8 illustre un bras de lecture typique.

**Figure 11.8**_____
Le bras de lecture SME.

Le pivot du bras peut être réalisé de différentes manières : soit à roulement à billes, soit en forme de lame de couteau, ou encore de type unipivot (une pointe verticale sur laquelle le bras repose). Quoi qu'il en soit, c'est la force de frottement que la pointe de lecture subit qui importe, ainsi que des performances satisfaisantes et stables. La friction horizontale doit être inférieure à 80 mg, c'est-à-dire que la force nécessaire pour déplacer le bras dans le plan horizontal doit être inférieure à cette valeur. La force de frottement verticale, quant à elle, est moindre et doit en tout cas être inférieure à 30 mg, faute de quoi le stylet aura du mal à entraîner le bras sur la surface du disque. Par ailleurs, dans le cas de forces de frottement supérieures à ces valeurs, l'existence d'un système *anti-skating* devient un non-sens.

L'ensemble constitué par la masse effective du bras et la compliance du stylet constitue un système résonant, dont la fréquence d'accord doit être suffisamment faible pour se situer en deçà du spectre audible, mais également suffisamment élevée pour ne pas correspondre aux différentes nuisances de basse fréquence qu'elle contribuerait à amplifier, entraînant par là un suivi de piste incorrect, voire des sauts de la pointe de lecture hors du sillon. On peut parfois observer, lors de la lecture d'un disque, des mouvements lents et amples des haut-parleurs qui ne sont pas en relation avec le programme lu : ils sont dus à une mauvaise adaptation entre la tête de lecture et le bras.

De manière optimale, la fréquence de résonance de l'ensemble bras/tête de lecture doit être d'environ 10 à 12 Hz ; elle peut être calculée, pour un bras et une tête donnés, par la formule :

$$f = 1\,000 / (2\pi\sqrt{MC}),$$

où *f* est la fréquence de résonance, en hertz, M est la somme de la masse effective du bras, de celle de la tête de lecture et de celle de la visserie, et *C* est la compliance de la tête, exprimée en cu.

Considérons par exemple une cellule pesant 6 g et présentant une compliance de 25 cu et un bras de masse effective égale à 20 g, la visserie représentant une masse de 1 g. La fréquence de résonance sera alors de 6,2 Hz. Cette valeur est sous-optimale et cet ensemble s'avérera peu performant, car sa résonance sera excitée par des vibrations mécaniques : des gens marchant sur le plancher, la voilure d'un disque ou les vibrations émanant du système de suspension de la platine. De plus, la faible compliance du stylet s'accordera mal avec la masse effective du bras relativement élevée, des changements de position du stylet dans le sillon apparaissant et l'inertie du bras ayant tendance à déformer la suspension de la cellule.

Si la même tête de lecture est installée sur un bras de masse effective égale à 8 g, la fréquence sera alors de 8,4 Hz. Plus proche de la valeur idéale, celle-ci s'avérera sans doute acceptable. Cet exemple illustre bien la nécessité d'un bras de faible masse lorsque la compliance de la tête est élevée.

La résonance de l'ensemble tête/bras présente une grande sélectivité, ce qui confirme la nécessité de maintenir la fréquence d'accord voisine de la valeur optimale. Différents bras sont dotés de divers systèmes d'amortissement, qui, réduisant l'amplitude de la résonance, aident à en stabiliser le comportement ; ils ne permettent cependant pas de maîtriser les effets d'une fréquence de résonance non optimale.

## 11.6 Les platines de lecture

### 11.6.1 *Mécanismes d'entraînement*

Les deux principales caractéristiques de la platine elle-même sont le *rumble* et la stabilité de vitesse, représentée par les performances en matière de pleurage et de scintillement (*wow and flutter*). Le premier de ces phénomènes est aujourd'hui bien maîtrisé et ne devrait plus se rencontrer, même sur des modèles de bas prix. S'il se manifeste, les raisons principales peuvent en être une mauvaise conception du support central du plateau, qui, présentant un certain jeu, est susceptible de communiquer au disque et donc au stylet des vibrations de basse fréquence, ou encore un bruit mécanique de basse fréquence généré par le moteur lui-même et transmis au plateau en raison d'un découplage incorrect.

Une méthode très répandue pour entraîner le plateau était d'utiliser une poulie folle d'un diamètre voisin de 3 cm, positionnée entre le bord intérieur de la périphérie du plateau et l'axe du moteur d'entraînement ; ce dernier présentait différents diamètres et, par glissement vertical de la poulie, plusieurs vitesses de lecture pouvaient être obtenues, comme le montre la figure 11.9.

**287**

Cette technique était très répandue sur les appareils bon marché, mais elle ne permettait qu'un piètre découplage mécanique entre le moteur et le plateau, d'où un *rumble* important. Toutefois, certains appareils de haute qualité fonctionnant sur ce principe montrent que cette technique est viable, pour peu qu'elle soit assortie d'une réalisation très soignée.

**Figure 11.9**

Platine tourne-disque à entraînement par poulie.

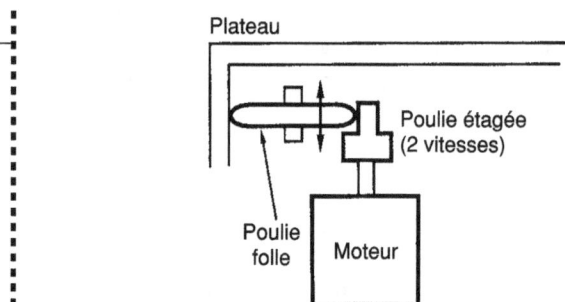

Plateau

Poulie étagée (2 vitesses)

Poulie folle

Moteur

Les deux principales techniques d'entraînement utilisées de nos jours sont l'*entraînement par courroie* et l'*entraînement direct*. Les modèles à courroie utilisent une bande élastique fine et relativement large entraînée par une poulie solidaire du moteur d'entraînement et qui entraîne à son tour une autre poulie, de grand diamètre, concentrique avec le plateau, ou même, dans certains cas, le plateau lui-même. La poulie étagée fixée sur l'arbre du moteur permet différents rapports de transmission et donc différentes vitesses de rotation. L'élasticité de la courroie de caoutchouc assure le découplage mécanique du moteur et du plateau, ce qui permet d'obtenir un *rumble* très faible. Le plateau, qui présente en général une masse importante, joue de ce fait le rôle de volant d'inertie et assure ainsi une stabilité de vitesse à court terme correcte.

Les platines à entraînement direct utilisent un moteur à basse vitesse assez volumineux, dont l'arbre constitue la broche centrale de la platine et entraîne donc directement le plateau. La sélection des vitesses se fait ici de manière électronique. Les premiers appareils de ce type étaient équipés de plateaux légers, pour que le moteur d'entraînement, ayant une faible charge à entraîner, puisse atteindre rapidement sa vitesse nominale. Malheureusement, la légèreté du plateau se traduisait par une vitesse relativement peu stable et la force de frottement du stylet sur le disque pouvait contribuer de manière notable à cette instabilité. Pour contrôler la vitesse, on s'est servi d'asservissements, dont le fonctionnement s'avérait satisfaisant lors de la reproduction de signaux sinusoïdaux lus sur un disque étalon, mais qui étaient peu convaincants lors de la lecture de programmes musicaux ; en effet, dans ce cas, les forces de frottement mises en jeu varient continuellement et les systèmes d'asservissement ne pouvaient réagir qu'après qu'une modification de vitesse avait été constatée, donc trop tard. Les phases de rattrapage se traduisaient alors par des résultats audio irréguliers.

Les modèles plus récents ont fait l'objet d'une conception plus poussée et présentent de bonnes performances ; les asservissements n'ont plus pour rôle que d'assurer la stabilité de la vitesse à long terme. Le couplage mécanique direct entre le moteur et le plateau nécessite une conception très soignée pour éviter les phénomènes de *rumble*.

---

**C**omplément **11.4** – *Pleurage et scintillement*

Le phénomène de pleurage (voir le paragraphe A.6) peut provenir du fait que le trou du disque n'est pas correctement centré ou, sur les platines à courroies, de déficiences du système d'entraînement.

Le scintillement se rencontre le plus souvent sur des platines dont le plateau est insuffisamment lourd pour jouer correctement son rôle de volant d'inertie.

Dans tous les cas, un plateau de masse importante constitue le meilleur remède contre les instabilités de vitesse à court terme.

Sur certaines platines, on augmente le moment d'inertie que présente le plateau en répartissant à sa périphérie la plus grande part de la masse métallique.

Une courroie sale, ou endommagée, est parfois à l'origine de tels phénomènes ; aussi convient-il de procéder, de temps à autre, à un nettoyage soigneux de la courroie, ainsi que de l'ensemble des poulies et organes participant à l'entraînement du plateau. Il faut également éviter de tenir la courroie avec les doigts, qui peuvent l'enduire d'un corps gras susceptible de provoquer des glissements.

---

## 11.6.2 *Ronflements induits*

Les moteurs rayonnent des champs magnétiques qui peuvent être induits dans la tête de lecture si cette dernière est insuffisamment blindée. Ce phénomène, qui se traduit à l'écoute par des ronflements audibles, est par ailleurs accru par l'accentuation des basses apportée à la lecture par la correction RIAA ; le ronflement perçu augmente souvent lorsque la tête de lecture s'approche du centre du disque, et donc du moteur. Si ce phénomène survient, on l'imputera à une déficience de blindage de la tête de lecture, mais il peut aussi provenir d'un câblage incorrect de cette dernière. Les broches situées à l'arrière de la cellule doivent être clairement identifiées et reliées aux fils sortant du bras, qui obéissent au code de couleurs suivant : signal gauche = blanc ; masse gauche = noir ; signal droit = rouge ; masse droite = vert.

De plus, la platine, ou le bras lui-même, sont dotés d'une liaison de mise à la masse qui doit être raccordée à une connexion spécialement prévue à cet effet sur l'amplificateur. Elle permet la mise à la masse des parties métalliques de la platine, ce qui entraîne une atténuation sensible des ronflements et interférences qui se manifestent en son absence. Si, une fois cette liaison établie, la tête de lecture continue à produire un ronflement à basse fréquence, il se peut que ce dernier provienne d'une boucle de masse due au fait que la platine et l'amplificateur sont tous deux reliés à la terre. La solution est alors de déconnecter le fil de terre de la prise d'alimentation de la platine, mais, par sécurité, il est alors nécessaire de rallonger ce fil et de le connecter à une partie métallique de l'amplificateur. En fait, cela est rarement nécessaire, parce que les constructeurs connaissent ce type de problème. Si le ronflement persiste encore, et que son niveau varie selon la position du bras, ou selon que le disque tourne ou non, il faut l'imputer à une déficience de blindage de la tête de lecture, ou à une incompatibilité entre cette dernière et la platine sur laquelle elle est montée.

### 11.6.3 *Installation des platines*

Comme le stylet, lors de la lecture, repose sur le disque, qui est une surface légère et de grand diamètre, le système est sensible aux phénomènes de réaction acoustique. Les sons émis par les haut-parleurs transmettent des vibrations au système de lecture, donc au stylet, qui seront ensuite amplifiées et reproduites par les haut-parleurs et ainsi de suite ; le son reproduit sera alors empreint de coloration. Dans les cas extrêmes, si le stylet est posé sur un disque immobile et le réglage de niveau de reproduction élevé, un bourdonnement pourra apparaître, dû à la réaction positive ainsi établie. Une réaction par les structures pourra également apparaître sous la même forme si l'endroit où la platine est posée entre en vibration. Pour cette raison, il faut s'interdire de placer la platine sur le même meuble ou la même étagère que les haut-parleurs. La proximité de ces derniers avec la platine entraînera toujours un certain niveau de réaction.

Il existe des appareils de haute qualité où le bras et le plateau sont montés sur une platine indépendante du châssis, suspendue à ce dernier à l'aide d'un système de ressorts, qui assure une bonne isolation vis-à-vis des vibrations environnantes.

Il est alors possible d'obtenir une bonne résistance à la fois à la réaction acoustique et aux chocs ; les meilleures performances sont obtenues lorsque la fréquence de résonance du système de suspension est inférieure aux fréquences basses du signal utile et à celles des différentes vibrations mécaniques auxquelles elle est soumise. Il est par ailleurs essentiel que cette fréquence de résonance soit inférieure de quelques hertz à celle de l'ensemble tête/bras. Ces différents aspects entraînent que la fréquence de résonance doit se situer aux environs de 4 ou 5 Hz.

Le comportement souple et oscillant de tels dispositifs nécessite qu'on les manipule avec précaution lorsqu'on change le disque et lorsque le stylet est positionné dans le sillon. C'est le prix à payer pour la qualité audio supérieure que permettent ces appareils à châssis suspendu.

Par ailleurs, la surface sur laquelle repose le disque doit être dépourvue de rainures ou de motifs décoratifs, pour que, étant le plus plane possible, elle offre une surface de contact maximale avec le disque et amortisse ainsi les vibrations du disque nées de la réaction acoustique et le bruit d'aiguille (le son produit par les mouvements du stylet lorsqu'il suit le sillon).

### 11.6.4 *Lecteurs professionnels*

Les lecteurs professionnels, tels que celui de la figure 11.10, ne reprennent pas les dispositifs décrits ci-dessus. Il doivent en effet permettre des changements de disque fréquents et rapides, le stylet étant disposé instantanément dans le sillon d'entrée pour permettre une lecture immédiate. Le système de suspension est donc délicat à concevoir. Une telle platine doit permettre le repérage des séquences : le stylet est posé sur le disque immobile et le plateau tourné à la main en arrière jusqu'à ce que le début de la séquence choisie soit atteint, ce qui permet alors un démarrage instantané. Cette opération nécessite que la suspension de la tête de lecture lui permette de supporter un tel traitement ; ainsi traitée, une cellule ordinaire serait très vite hors d'usage. De plus, un lecteur professionnel doit atteindre sa vitesse nominale de lecture presque instantanément, car il n'est pas tolérable d'entendre la musique atteindre progressivement sa hauteur. Une platine à entraînement par courroie bien conçue met plusieurs secondes pour atteindre sa vitesse nominale, ce qui est ici inacceptable. C'est pourquoi les lecteurs professionnels utilisent l'entraînement direct, un moteur à couple élevé entraînant un plateau de masse moyenne à la bonne vitesse en une fraction de seconde. Sur certains appareils, la sortie audio est coupée lors de la montée en vitesse, le signal n'étant disponible que lorsque la vitesse nominale est atteinte et stable. Les problèmes de réactions acoustiques et de transmission des vibrations par les structure sont ici résolus par amortissement par la masse : l'appareil est suffisamment lourd pour résister par inertie à ces vibrations. Certains lecteurs hi-fi utilisent aussi cette technique.

**Figure 11.10**
Une platine tourne-disque
professionnelle : le modèle
948 de EMT.

Les conditions difficiles auxquelles sont soumis les lecteurs professionnels amènent à choisir, pour eux, des pointes de lecture à faible compliance et des bras de masse efficace relativement élevée ; des forces d'appui supérieures à 2 g sont fréquentes. La plupart comportent des circuits électroniques qui fournissent des signaux symétriques au niveau ligne. Certains sont dotés de suspensions à ressorts, mais la nécessité de ne pas perturber le maniement amène à des fréquences de résonance de 50 Hz, voire plus, ce qui est antinomique avec le fait que certaines platines doivent résister aux basses fréquences émises par les haut-parleurs, aux personnes marchant dans le studio et aux chocs accidentels. C'est pourquoi, comme nous l'avons exposé plus haut, la plupart des platines professionnelles sont isolées de leur environnement grâce à leur masse importante.

La tête de lecture est aisément dissociable du bras, pour en permettre un remplacement rapide. Par contre, la plupart du temps, les stylets ne sont pas échangeables, comme ils le sont sur les têtes de lecture grand public, en raison de leur capacité à permettre les repérages en marche arrière. Le caractère démontable de la tête de lecture amoindrit la rigidité du bras, mais, dans le monde professionnel, le remplacement rapide qu'il permet est de première importance.

Les lecteurs professionnels présentent différents compromis, comparés avec leurs équivalents grand public, qui ne conduisent cependant pas à une qualité sonore notablement inférieure. Leur conception et leur fabrication font l'objet de grands soins – ils sont d'ailleurs très onéreux –, de manière à ce que les inconvénients théoriques influent le moins possible sur la qualité sonore.

## 11.7 Les platines à lecture par laser

L'idée de lire un disque vinyle à l'aide d'un rayon laser plutôt qu'à l'aide d'un stylet a été émise il y a déjà un certain temps, et, en 1990, un lecteur utilisant ce principe est apparu. Cette technique est séduisante pour les discothèques, car elle n'entraîne aucune usure des disques. Cependant, le rayon laser ne peut repousser sur le côté les particules de poussière comme le ferait un stylet ; aussi un tel système doit-il être alimenté par des disques très soigneusement nettoyés, faute de quoi des absences de signal se produiront. En réalité, deux faisceaux laser sont utilisés, chacun lisant l'un des canaux. Des circuits de traitement des erreurs sont incorporés à ces appareils pour permettre la suppression de bruits impulsionnels. Au voisinage du centre du disque, les signaux occupent une surface plus petite qu'à sa périphérie et la surface du rayon laser y rend difficile la lecture de signaux de grande amplitude à fréquence élevée. La réponse en fréquence d'un tel appareil chute d'environ 10 dB lorsque, en fin de disque, les signaux de haute fréquence présentent une amplitude élevée.

Ce type de lecteur offre des possibilités analogues à celles des lecteurs de CD, comme la pause, la répétition et la recherche de plages. Il ne souffre pas des défauts des lecteurs traditionnels tels que la résonance tête/bras, le *rumble*, le pleurage et le scintillement.

D'un prix très élevé, environ 100 000 francs, ce type d'appareil est de diffusion limitée ; il est donc pratiquement réservé aux utilisateurs professionnels.

## Références bibliographiques

AES (1981) *Disk Recording – An Anthology*, Vols 1 and 2. Audio Engineering Society.

BS 7063. British Standards Office.

EARL, J. (1973) *Pickups and Loudspeakers*. Fountain Press.

ROYS, H. E. (1978) ed. *Disk Recording and Reproduction*. Dowden, Hutchinson and Ross.

# 12 Amplificateurs de puissance

Souvent lourds et volumineux, les amplificateurs de puissance sont rarement source de problèmes. Ils mobilisent un espace important dans les baies techniques, mais ne laissent rien paraître, ou peu s'en faut, de ce qui se passe entre leurs connecteurs d'entrée et de sortie. Le peu d'attention dont ils sont l'objet a pour conséquence que leur choix et leur utilisation nécessitent un soin tout particulier. De formes et de tailles diverses, appartenant à différentes générations, ils ont pour rôle – apparemment modeste – d'amplifier les signaux de niveau ligne pour les amener à quelques dizaines de volts, avec des courants de sortie de l'ordre de plusieurs ampères afin de fournir aux haut-parleurs une puissance suffisante. Il peut alors sembler surprenant que le marché propose un aussi grand éventail de modèles.

## 12.1 Amplificateurs de puissance grand public

Les amplificateurs de puissance grand public, pour les meilleurs d'entre eux, sont conçus en vue d'une fidélité de reproduction maximale, ce qui explique qu'en général d'autres aspects, tels que la protection contre des surcharges durables ou encore une stabilité à toute épreuve, quel que soit le type de haut-parleur qui leur est raccordé, n'aient pas le caractère prioritaire qu'ils ont dans le monde professionnel. Dans ce dernier, l'amplificateur doit être en mesure d'attaquer une paire de haut-parleurs d'impédance égale à 6 Ω, connectés en parallèle par l'intermédiaire de câbles d'une trentaine de mètres, tout en fonctionnant des heures durant à un niveau proche du maximum possible. Ces situations rendent indispensables des alimentations largement dimensionnées, des transformateurs lourds et volumineux et de nombreux radiateurs, ou *refroidisseurs* (les ailettes noires visibles à l'extérieur du boîtier) pour éviter les chaleurs excessives. L'action des refroidisseurs est souvent complétée par la présence de ventilateurs, dont la vitesse de rotation est fonction de la température de l'amplificateur.

Il est rare, dans le domaine du grand public, qu'un amplificateur ait à fonctionner à un niveau élevé de manière prolongée. Une alimentation à même de délivrer des courants élevés pendant de longues durées est ici superflue ; elle doit seulement être en mesure de fournir les pointes de courant qui sont nécessaires lors de passages musicaux de fort niveau instantané. De même, l'inertie thermique du transformateur et des radiateurs rend une élévation de température excessive peu probable. Même si certains haut-parleurs hi-fi sont réputés comme délicats à commander, dans la mesure où ils présentent tout à la fois une impédance basse, une efficacité faible (d'où la nécessité d'une puissance importante) et des rotations de phases importantes (le déphasage variable entre tension et courant étant dû aux constituants du filtre et au comportement du haut-parleur), la plupart d'entre eux représentent une charge ne posant pas de problème particulier à l'amplificateur, d'autant que la longueur des liaisons est le plus souvent inférieure à une dizaine de mètres.

Il est rare qu'un amplificateur soit court-circuité à cause d'un câblage déficient (le silence constitue alors un avertissement immédiat), ce qui n'est pas le cas dans le domaine professionnel, où un amplificateur peut se voir raccordé à tout un ensemble de haut-parleurs. Un court-circuit apparaissant au début d'un spectacle amènera l'amplificateur à travailler dans ces dures conditions la soirée entière. Pour cette raison, l'amplificateur professionnel doit intégrer des circuits de protection lui permettant de faire face à de telles situations sans surchauffe ni défaillance, qui, à leur tour, pourraient être source de dommages pour d'autres matériels.

Au fil des ans sont apparues diverses classes d'amplification qui indiquent la configuration de l'étage de sortie de l'amplificateur (voir le complément 12.1).

---

**Complément 12.1** – *Les classes d'amplification*

### Classe A

Dans le domaine de la puissance, en classe A, l'étage de sortie tire constamment de l'alimentation un courant important, indépendamment de la présence ou de l'absence du signal audio. Pour les étages intermédiaires, où ne circulent que des courants faibles, les circuits en classe A sont largement répandus dans le domaine audio. Les semi-conducteurs présentent des zones de fonctionnement non linéaire, particulièrement pour ce qui est des courants très faibles ; la circulation d'un courant permanent, dit *courant de polarisation*, permet de les faire travailler avec une linéarité optimale. La circulation de ce courant constant a pour conséquence le faible rendement énergétique de la classe A ; elle offre par contre l'avantage que les transistors opèrent à température constante. Les amplificateurs en classe A permettent une très haute qualité sonore, raison pour laquelle certains amplificateurs hi-fi très haut de gamme font appel à cette classe d'amplification.

### Classe B

En classe B, aucun courant ne circule dans les transistors de sortie en l'absence de signal audio. Lorsque ce dernier est présent, il polarise lui-même les transistors. Le rendement de cette technique est important, puisque le courant que doit fournir l'alimentation dépend totalement du niveau du signal audio, ce qui la rend particulièrement adaptée pour les appareils alimentés par piles. Son inconvénient majeur est que, pour de faibles signaux, les transistors ont un comportement non linéaire. L'étage de sortie est en général constitué d'une paire de transistors complémentaires conduisant chacun une des alternances du signal (respectivement positive et négative), et, ainsi, lors du passage de ce dernier par zéro, apparaît une distorsion dite *de raccordement* ; il en résulte une qualité médiocre. La classe B peut toutefois être utilisée dans des applications qui ne requièrent pas une haute fidélité, comme le téléphone, les talkies-walkies, les répondeurs téléphoniques ou autres dictaphones.

### Classe A-B

Dans cette classe d'amplification, un courant de polarisation de faible valeur circule de manière permanente dans les étages de sortie, qui se comportent alors, pour ce qui est des signaux faibles, comme un amplificateur en classe A. Lorsque le niveau du signal croît, ce signal polarise les transistors de sortie qui peuvent fournir au haut-parleur la puissance élevée requise : l'étage de sortie travaille alors en classe B. Le comportement en classe A pour les signaux faibles permet d'éviter le phénomène de distorsion de raccordement ; c'est pourquoi la plupart des amplificateurs de qualité reposent sur ce principe.

### Autres classes d'amplification

En classe C, une bande de fréquence étroite est injectée à un système résonant ; elle est adaptée aux amplifications radiofréquences, où l'amplificateur doit attaquer une antenne correctement accordée sur une fréquence donnée.

La classe D, ou modulation *par largeur d'impulsions*, consiste à moduler, à l'aide du signal audio, un signal impulsionnel de fréquence ultrasonore, qui attaque l'étage de sortie de l'amplificateur, auquel est raccordé un filtre passe-bas. Cette technique a été mise à profit pour la conception de certains appareils à la fin des années quatre-vingts.

Les classes E et F sont destinées à l'amélioration du rendement, mais, à l'heure actuelle, aucun appareil commercialisé n'y fait appel.

En classe G, différentes alimentations entrent progressivement en fonction lorsque le signal audio augmente, ce qui permet d'améliorer le rendement, car, la plupart du temps, seules les alimentations à tension et courant faibles sont en service. Les appareils reposant sur ce principe sont moins volumineux que leurs équivalents en classe A-B, à puissance égale.

Depuis les années quatre-vingts, les transistors MOSFET se sont largement répandus dans le domaine des étages de sortie d'amplificateurs de puissance. Ils présentent l'intérêt d'une meilleure linéarité, d'une meilleure tenue (linéarité et stabilité) en température, d'une conception simplifiée des étages de sortie et d'une meilleure tolérance avec charges capacitives, sans recourir à des circuits de protection sophistiqués.

## 12.2 Fonctions intégrées aux amplificateurs professionnels

Dans sa version la plus dépouillée, l'amplificateur de puissance comporte des prises d'entrée et de sortie, un câble d'alimentation, et rien d'autre. Les modèles à canal unique sont courants dans le domaine professionnel ; en effet, lorsque l'un des canaux d'un amplificateur stéréo est défaillant, le second doit également être coupé. L'amplificateur monocanal s'avère donc être un bon choix dans les systèmes multi-haut-parleurs des scènes de variétés ou de théâtre.

Les autres fonctions que l'on peut rencontrer sur les amplificateurs de puissance sont la commande du niveau d'entrée, des indicateurs de niveau de sortie, des indicateurs de surcharge, une protection thermique (l'alimentation est automatiquement coupée si la température de l'amplificateur devient excessive), une possibilité de coupure de masse (pour prévenir la formation de boucles), ainsi qu'un commutateur de mise en pont, ou *mode bridgé*. Cette dernière fonction, qui équipe de nombreux amplificateurs bicanaux, consiste à associer les deux canaux en vue de constituer un amplificateur unique de puissance supérieure. La charge est alors connectée aux deux bornes positives, les bornes négatives ne sont pas raccordées et seule une entrée, le plus souvent la gauche, est utilisée.

Des ventilateurs sont souvent incorporés dans les amplificateurs de grande puissance ; ils permettent de diminuer la taille de ces appareils à ventilation forcée par rapport à celle des modèles à convection naturelle. Malheureusement, ces ventilateurs relativement bruyants ne sont pas compatibles avec le silence absolu requis dans une cabine technique ou au théâtre, et les amplificateurs doivent alors être installés dans une pièce isolée et convenablement ventilée. En règle générale, la ventilation est à prendre en considération quel que soit le type d'amplificateur.

## 12.3 Caractéristiques et spécifications

Les spécifications des amplificateurs de puissance comportent la sensibilité, la puissance maximale délivrable à une charge donnée, la réponse en fréquence, la vitesse de balayage, la distorsion, la diaphonie entre canaux, le rapport signal sur bruit, les impédances d'entrée et de sortie, le facteur d'amortissement et la réponse en phase. Des différences relativement sensibles peuvent apparaître entre les appareils quant à la qualité sonore perçue, et, malheureusement, les mesures ne permettent pas toujours d'en rendre compte.

### 12.3.1 *Sensibilité*

La sensibilité indique le niveau d'entrée qui doit être appliqué à l'entrée de l'amplificateur pour obtenir, en sortie, la puissance maximale. Prenons l'exemple d'un amplificateur décrit comme délivrant 150 W dans 8 $\Omega$, avec une sensibilité de 0,775 V, ou 0 dBu. Cela signifie que, lorsqu'un signal de niveau égal à 0 dBu est injecté à l'amplificateur, ce dernier fournira une puissance de 150 W à une charge d'impédance égale à 8 $\Omega$. L'impédance des haut-parleurs varie en fonction de la fréquence et cette indication a donc un caractère nominal.

Cette notion de sensibilité est importante, car l'appareil qui attaque l'amplificateur ne doit pas être en mesure de délivrer une tension supérieure, qui provoquerait une surcharge. Le signal serait alors écrêté, donnant naissance à une distorsion importante. Des dégâts pourraient par ailleurs être occasionnés aux diffuseurs d'aiguës.

De nombreux amplificateurs sont dotés d'une commande du niveau d'entrée, de sorte que, dans le cas, par exemple, d'une console dont le niveau crête de sortie est de + 8 dBu, soit environ 2 V, et d'un amplificateur de sensibilité 0 dBu, soit 0,775 V, la commande devra être positionnée de manière à occasionner une atténuation du signal de 8 dB, pour éviter la saturation.

La commande peut ne pas comporter de graduation en décibels, et, quoi qu'il en soit, une telle graduation n'est jamais précise ; on peut déduire approximativement que, si la position « 5 heures » correspond au maximum, le fait de ramener la commande en position « 2 heures » occasionnera une atténuation voisine de 10 dB, soit un facteur 3. Dans cette position, l'amplificateur de puissance devra recevoir (3 × 0,775 V), soit environ 2,2 V, pour fournir sa puissance maximale.

En l'absence de réglage du niveau d'entrée, il est également possible de constituer un atténuateur résistif qui diminuera la tension appliquée à l'entrée de l'amplificateur. La figure 12.1 montre deux exemples de tels atténuateurs, qui doivent être disposés au plus près de l'entrée de l'amplificateur, afin de maintenir le niveau du signal élevé lors de son transit dans les liaisons.

**Figure 12.1**
(a) Atténuateur résistif asymétrique.
(b) Atténuateur résistif symétrique.

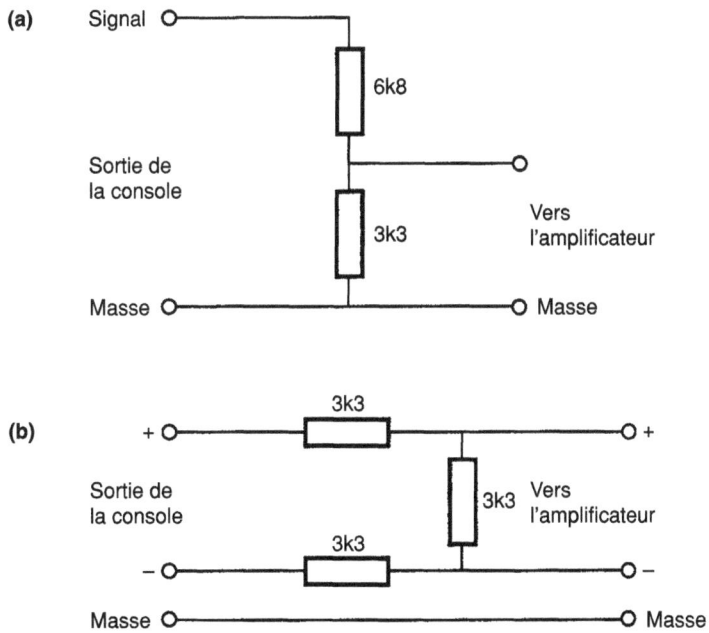

Dans les deux cas, les résistances de 3,3 kΩ en parallèle avec l'entrée de l'amplificateur peuvent avoir leurs valeurs modifiées ; une diminution de leur valeur entraînera une atténuation supérieure, une augmentation une atténuation moindre. Les résistances pourront être câblées, avec soin, à l'intérieur des prises de raccordement, ces dernières devant être clairement identifiées.

## 12.3.2 *Puissance de sortie*

Le constructeur indique en général la puissance maximale que peut fournir un appareil à une charge donnée, à l'aide d'une expression du type « 200 watts dans 8 ohms », souvent suivie de la formule « les deux canaux en fonctionnement », qui indique que les deux canaux d'un amplificateur stéréo peuvent fournir cette puissance simultanément. Lorsqu'un seul canal est utilisé, la puissance maximale est légèrement plus élevée – disons 255 W –, car l'alimentation est alors moins sollicitée. La fourniture de 200 W à une charge de 8 Ω signifie que l'amplificateur est en mesure de délivrer 40 V à celle-ci, avec un courant de 5 A. Si la charge est réduite à 4 Ω, l'amplificateur délivrera 400 W. Dans le cas d'un amplificateur idéal, la puissance délivrée est inversement proportionnelle à la charge raccordée. Dans la pratique, cette règle surpasse le comportement des amplificateurs, et, dans le cas de notre exemple précédent, la puissance délivrée à une charge de 4 Ω ne serait que d'environ 320 W, soit 1 dB de moins que la valeur théorique. Une charge trop faible, disons 2 Ω, est à éviter absolument, car elle serait dangereuse pour l'amplificateur, même si certains constructeurs annoncent la possibilité de délivrer des crêtes de puissance brèves de 800 W dans 2 Ω. Cette indication laisse par contre supposer que l'appareil pourra sans aucun problème fonctionner avec une charge de 4 Ω.

200 W ne représentent que 3 dB de plus que 100 W ; aussi l'indication d'une puissance rigoureusement exacte est-elle relativement secondaire à côté d'autres aspects tels que l'aptitude à commander des charges réactives sur de longues durées. On rencontrera souvent le sigle RMS (*Roat Mean Square*) après l'indication de la puissance : il signifie que la valeur indiquée correspond à la puissance efficace de l'amplificateur, et non à la valeur de crête. Cette indication permet cependant une comparaison aisée des performances de différents amplificateurs. La valeur RMS est égale à la moitié de la puissance crête délivrable.

La bande passante, c'est-à-dire le domaine spectral dans lequel la spécification en puissance est maintenue, fait l'objet du complément 12.2.

---

**Complément 12.2** – *Bande passante des amplificateurs de puissance*

La bande passante d'un amplificateur indique les fréquences limites entre lesquelles l'appareil peut fournir sa puissance nominale. Ces limites correspondent en général à une chute de puissance de 3 dB, soit de moitié. Par exemple, un amplificateur de puissance 200 W et de bande passante 10 Hz-30 kHz ne délivrera que 100 W à 10 Hz et à 30 Hz, et 200 W dans le milieu du spectre. On attend d'un tel appareil qu'il fournisse cette dernière puissance entre environ 30 Hz et 20 kHz, ce qui doit être vérifié sur les spécifications. Il est toutefois fréquent de constater qu'un amplificateur fournit une puissance supérieure lorsque la mesure est effectuée avec un signal sinusoïdal plutôt qu'avec un signal à large bande.

La bande passante peut indiquer l'aptitude de l'appareil à commander un diffuseur d'infrabasses à niveau élevé, où on lui demandera de fournir sa pleine puissance à des fréquences inférieures ou égales à environ 100 Hz. L'attaque de diffuseurs d'aiguës nécessite une bande passante étendue du côté des fréquences élevées pour que les signaux ne soient pas écrêtés, ce qui pourrait entraîner des dégâts pour les *tweeters*.

---

### 12.3.3 *Réponse en fréquence*

La réponse en fréquence, à la différence de la bande passante, indique la gamme de fréquences dans laquelle un amplificateur présente un comportement constant, et ce à bas niveau. On la mesure souvent en faisant délivrer par l'appareil une puissance de 1 W à une charge de 8 Ω. Une spécification telle que 20 Hz-20 kHz ± 0,5 dB indique que la réponse est pratiquement plate dans la totalité du spectre audio. De plus, les fréquences correspondant à une atténuation de 3 dB sont également indiquées ; − 3 dB à 12 Hz et 40 kHz indique que la réponse chute aux deux extrémités du spectre de manière progressive, ce qui est souhaitable, car c'est une protection contre les infrasons et les perturbations radiofréquences.

### 12.3.4 *Distorsions*

La distorsion d'un amplificateur de qualité doit être inférieure ou égale (voir paragraphe A.3) à 0,1 % sur la totalité du spectre, au voisinage de la puissance maximale. Une légère remontée est souvent observable pour ce qui est des fréquences très élevées, cependant sans conséquences notables.

La distorsion par intermodulation constitue également un renseignement précieux. Elle est en général établie en injectant à l'entrée de l'amplificateur deux signaux sinusoïdaux de fréquences respectives 19 kHz et 20 kHz, et en mesurant le niveau relatif de composante à 1 kHz (fréquence différence) recueillie. Ce dernier doit être inférieur à 70 dB, ce qui correspond à une performance correcte en la matière.

La mesure précédente doit être effectuée alors que l'amplificateur délivre au minimum les deux tiers de sa puissance maximale.

La distorsion de pente, ou *de balayage* (voir le complément 12.3), est également un aspect important.

### 12.3.5 *Diaphonie*

Des affaiblissements de diaphonie d'environ 70 dB aux fréquences médiums constituent un minimum, se dégradent jusqu'à environ 50 dB à 20 kHz et également aux environs de 25 Hz. Une spécification qualifiée de *diaphonie dynamique* est parfois indiquée ; elle se manifeste surtout aux fréquences basses, où l'alimentation est durement sollicitée car elle doit délivrer des courants élevés pour commander des haut-parleurs puissants à très basse fréquence.

Le courant appelé par un des canaux peut entraîner, dans les liaisons, une modulation de la tension d'alimentation qui se répercute sur l'autre canal. Pour éviter ce phénomène, de nombreux amplificateurs disposent de deux alimentations distinctes, une par canal, ou, au minimum, d'enroulements secondaires du transformateur principal séparés, ainsi que de redresseurs et de condensateurs de filtrage distincts.

## 12.3.6 *Rapport signal sur bruit*

La rapport signal sur bruit exprime, en décibels, le rapport entre le bruit résiduel et la tension maximale en sortie, l'entrée de l'amplificateur étant court-circuitée. Cet aspect ne constitue plus un problème pour ce qui est des amplificateurs modernes, qui peuvent présenter des rapports signal sur bruit supérieurs à 100 dB.

Plus l'amplificateur est de forte puissance, plus son rapport signal sur bruit doit être élevé, de manière à ce que le bruit résiduel demeure inaudible.

## 12.3.7 *Impédances d'entrée et de sortie*

L'impédance d'entrée d'un amplificateur de puissance doit être au minimum égale à 10 kΩ pour qu'une console puisse être raccordée sans problème à un ensemble constitué d'une dizaine d'amplificateurs. La charge vue par la console, soit (10 kΩ/10 = 1 kΩ), permet alors un fonctionnement correct.

En raison de l'impédance faible que présentent les haut-parleurs et des variations de celle-ci en fonction de la fréquence, l'impédance de sortie d'un amplificateur de puissance doit avoisiner une fraction d'ohm, typiquement 0,1 Ω, voire moins. L'amplificateur s'apparente alors à une source de tension idéale, sa tension de sortie demeurant sensiblement constante lors des variations de la charge.

Toutefois, l'impédance de sortie de l'amplificateur augmente quelque peu aux fréquences extrêmes.

Aux basses fréquences, cette augmentation est due pour l'essentiel à l'élévation de l'impédance de sortie de l'alimentation. Par ailleurs, il est habituel d'insérer dans le circuit de sortie une inductance de faible valeur, environ 1 ou 2 μH, afin de protéger l'amplificateur dans le cas de charges trop réactives ou de câbles trop capacitifs à même d'engendrer des oscillations ; cette inductance a aussi pour conséquence une légère augmentation de l'impédance de sortie aux fréquences élevées.

---

**Complément 12.3** – *Vitesse de balayage*

La vitesse de balayage indique l'aptitude d'un amplificateur à suivre de manière précise des transitoires de niveau élevé. Par exemple, ce type de signal peut requérir de l'amplificateur une excursion de puissance de 0 à 120 W en une fraction de milliseconde. La vitesse de balayage est exprimée en V/μs (volts par microseconde), et un amplificateur de puissance égale à 300 W doit présenter une valeur d'environ 30 V/μs. Plus la puissance est grande, plus la vitesse de balayage doit être élevée, car l'excursion de tension est plus importante. Ainsi, un amplificateur de 400 W dans 8 Ω devra présenter une excursion de tension de 57 V, à comparer avec les 40 V d'un amplificateur de 200 W ; sa vitesse de balayage devra alors être égale à :

$$30 \times (57/40) = 43 \text{ V/μs.}$$

Dans la pratique, les amplificateurs modernes atteignent ou dépassent facilement ces valeurs. Un minimum absolu peut être estimé en prenant en compte la fréquence la plus élevée, 20 kHz, et, pour ménager une marge, en la doublant (soit 40 kHz) et en examinant la vitesse à laquelle un amplificateur doit réagir pour reproduire précisément un tel signal. Une sinusoïde de fréquence 40 kHz atteint sa crête positive en 6,25 μs, comme le montre la figure. Un amplificateur de 200 W sur 8 Ω présente une excursion de tension égale à 56,56 V en crête (1,414 fois la valeur efficace) ; on pourrait alors penser qu'il doit balayer de 28,28 V en 6,25 μs, soit une vitesse de balayage de (28,28/6,25) = 4,35 V/μs. En fait, la valeur requise est sensiblement plus élevée, car la pente de la sinusoïde est plus importante au début, puis diminue lorsque la sinusoïde approche son maximum.

Les signaux musicaux sont de formes diverses, allant jusqu'à des signaux presque carrés, dont la pente est quasiment verticale, de sorte qu'une vitesse de balayage de huit fois la valeur précédente, soit 30 V/μs, peut être nécessaire.

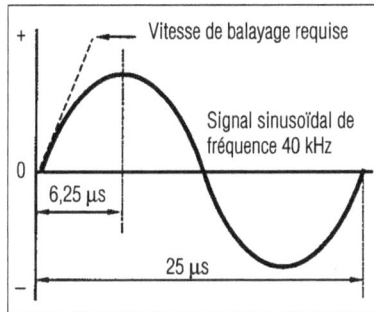

Il faut avoir présent à l'esprit que les harmoniques d'un signal carré s'étendent au-delà du spectre audible et qu'une distorsion de balayage aux fréquences élevées sera certainement inaudible.

Des vitesses de balayage élevées, de plusieurs centaines de volts par microseconde, peuvent être obtenues à l'aide d'une réponse en fréquence étendue et de transistors de sortie rapides qui ne sont pas aussi stables que leurs équivalents ordinaires. C'est pourquoi des vitesses de balayage excessives doivent être considérées avec circonspection.

## 12.3.8 *Facteur d'amortissement*

Le facteur d'amortissement est une indication chiffrée de la manière dont l'amplificateur commande les mouvements du haut-parleur. Les membranes des haut-parleurs ont tendance à continuer de vibrer après que le signal a cessé ; une impédance de sortie très faible court-circuite alors virtuellement le haut-parleur, ce qui a pour effet d'amortir ces oscillations indésirables. Le facteur d'amortissement est le rapport entre l'impédance de charge nominale et l'impédance de sortie de l'amplificateur ; ainsi, un facteur d'amortissement de 100 pour une charge de 8 Ω signifie que l'impédance de sortie de l'amplificateur est égale à (8/100), soit 0,08 Ω. Plus le facteur d'amortissement est élevé, meilleure est la liaison amplificateur/haut-parleur. Une valeur de 100 est convenable, 200 peut indiquer une protection insuffisante contre les charges réactives. Il est par ailleurs important que la fréquence à laquelle la mesure a été effectuée soit indiquée.

Le facteur d'amortissement concerne surtout la reproduction des basses fréquences, pour lesquelles les excursions des membranes sont les plus importantes et un amortissement efficace est requis ; ainsi, la spécification d'un facteur d'amortissement égal à 100 à 40 Hz est plus intéressante que 100 à 1 kHz.

### 12.3.9 *Réponse en phase*

La réponse en phase est une indication de la manière dont les fréquences extrêmes restent en phase avec les fréquences moyennes. Il est courant de constater, aux fréquences les plus basses et les plus hautes, des avances ou des retards de phase de l'ordre de 15° ; un retard de phase indique un léger retard des signaux par rapport à ceux de fréquence moyenne, une avance de phase le contraire. Les déphasages ne doivent pas excéder 15° à 20 Hz et 20 kHz, faute de quoi une tendance à l'instabilité se manifestera lors du raccordement de charges critiques, particulièrement en présence de déphasages importants aux fréquences élevées.

La phase absolue d'un amplificateur est simplement l'indication que les signaux d'entrée et de sortie sont en phase. Un amplificateur ne devrait pas provoquer d'inversion de phase, et certains appareils présentant ce défaut sont source de problèmes lorsqu'ils sont utilisés de concert avec d'autres qui, eux, n'inversent pas ; il s'ensuit des phénomènes d'annulation entre haut-parleurs voisins ainsi que des relations de phase incorrectes en stéréophonie. La cause de tels problèmes n'est pas toujours aisée à découvrir et occasionne d'importantes pertes de temps.

## 12.4 Couplage

La grande majorité des amplificateurs sont dits *à couplage direct*, ce qui signifie que les transistors de sortie sont directement reliés à la charge, hormis la présence éventuelle d'une résistance et d'une inductance, toutes deux de très faible valeur. Il est alors nécessaire qu'aucune tension continue n'apparaisse aux bornes de sortie de l'amplificateur, ce que l'on obtient généralement en faisant appel à une alimentation symétrique (par exemple ± 46 V), la borne de sortie étant alors portée au potentiel moitié, c'est-à-dire 0 V.

Cependant, de légères imprécisions sont toujours à constater, qui provoquent l'apparition d'une tension de décalage (*DC offset*) de l'ordre de quelques millivolts et, donc, la circulation d'un léger courant continu dans le haut-parleur, qui tend à éloigner légèrement la membrane du haut-parleur de sa position de repos.

Ces tensions de décalage doivent donc être autant que possible évitées, des valeurs de ± 40 mV constituant le maximum acceptable ; des valeurs de 15 mV ou moins sont courantes.

# 13
## Liaisons
## et interconnexions

Ce chapitre traite de l'interconnexion des appareils audio analogiques et de la résolution des différents problèmes pouvant survenir en la matière. Nous n'aborderons pas les communications et interfaces numériques, sujets développés dans d'autres ouvrages, dont le lecteur trouvera les références à la fin du chapitre 10. Le soin apporté à l'élaboration des liaisons, ainsi que la compréhension du comportement des lignes asymétriques et symétriques sont de première importance quant au maintien de la qualité dans les systèmes audio, et le resteront, quel que soit par ailleurs le développement des systèmes audionumériques.

## 13.1 Les transformateurs

Les transformateurs d'alimentation sont largement répandus dans les industries électrique et électronique et permettent la conversion de la tension du secteur, 220 V, en une tension plus faible. Les transformateurs audio sont largement utilisés dans le domaine professionnel, où ils assurent des fonctions de symétrisation et d'isolation. Alors que les premiers ne fonctionnent qu'à une fréquence de 50 Hz, les seconds doivent conserver leurs performances sur la totalité du spectre audio. Par chance, les transformateurs audio, pour la plupart d'entre eux, ne traitent que des tensions faibles et des puissances négligeables ; ils sont en conséquence moins volumineux que ceux utilisés dans les alimentations. Les principes de fonctionnement des transformateurs sont décrits dans le complément 13.1.

---

### Complément 13.1 – *Le transformateur*

La figure montre que le transformateur est constitué d'un noyau métallique, fait d'un empilage de fines feuilles de métal, autour duquel sont bobinés un enroulement primaire et un enroulement secondaire. Si un courant alternatif circule dans le premier, un flux magnétique s'établit dans le noyau, comme c'est le cas dans les têtes de magnétophones (voir le complément 8.1).

Les variations du flux induisent alors la circulation d'un courant dans l'enroulement secondaire. La tension qui apparaît aux bornes de ce dernier est égale à la tension appliquée au primaire multipliée par le rapport entre le nombre de tours de l'enroulement secondaire et celui du primaire.

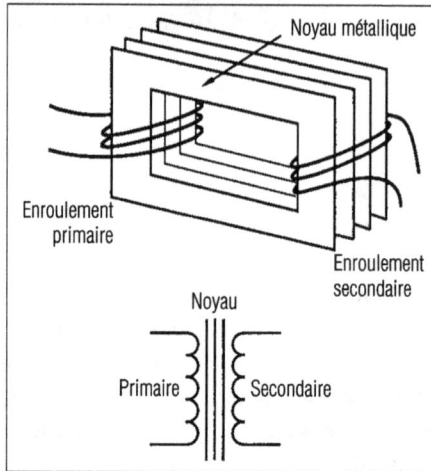

Si le primaire et le secondaire ont le même nombre de tours, une tension de 1 V appliquée au premier provoquera l'apparition de 1 V au second ; si le secondaire a deux fois plus de tours que le primaire, une tension de 2 V apparaîtra. Le transformateur fonctionne aussi dans l'autre sens : une tension appliquée au secondaire provoquera l'apparition d'une tension au primaire, dans le rapport des nombres de tours.

Le courant qui circule dans le secondaire est, par rapport à celui qui circule dans le primaire, dans le rapport inverse du nombre de tours. La puissance est alors identique au primaire et au secondaire, une élévation de la tension se traduisant par une réduction du courant, et inversement.

Il faut avoir présent à l'esprit que le fonctionnement du transformateur repose sur la circulation d'un courant alternatif dans les bobinages ; ce sont les variations du flux, et non son existence, qui induisent un courant dans l'enroulement secondaire ; c'est pourquoi un courant continu ne peut transiter par un transformateur.

Comme le corps du texte le précise, les impédances ramenées sont proportionnelles au carré du rapport d'élévation. Dans le cas d'un rapport égal à 1, l'impédance vue au secondaire est égale à celle vue au primaire, alors que, s'il est égal à 2, elle sera quatre fois plus élevée.

## 13.1.1 *Transformateurs et impédance*

Considérons la figure 13.1 (a), qui représente un transformateur-élévateur de rapport 2. L'impédance ramenée au secondaire correspond à l'impédance au primaire multipliée par le carré du rapport d'élévation, soit $(10 \times 4) = 40$ kΩ. La figure 13.1 (b) propose un autre exemple. Le rapport vaut ici 4. La tension qui apparaît au secondaire est donc $(0,7 \times 4) = 2,8$ V et l'impédance ramenée au secondaire est de $(2$ kΩ $\times 16) = 32$ kΩ. Le transformateur est réversible, comme le montre la figure 13.1 (c). Une résistance de 20 kΩ est câblée au secondaire ; l'impédance ramenée au primaire est donc de $(20$ kΩ$/16) = 1,25$ kΩ.

**Figure 13.1**_____

Exemples de circuits utilisant des transformateurs.
(a) Quelle est l'impédance aux bornes du secondaire ?
(b) Quelles sont l'impédance et la tension aux bornes du secondaire ?
(c) Quelle est l'impédance aux bornes du primaire ?

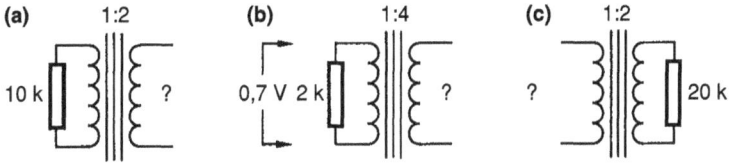

Considérons maintenant un transformateur pour microphone, relié des deux côtés à des impédances, comme le montre la figure 13.2. Le microphone a pour impédance de charge l'impédance d'entrée de la console, 2 kΩ, ramenée au primaire, alors que l'entrée de la console a pour impédance de source l'impédance de sortie du microphone, 200 Ω, ramenée au secondaire. Si le transformateur présente un rapport d'élévation de 4, égal au rapport des nombres de spires du secondaire et du primaire, le microphone verra une impédance de charge de $(2\,k\Omega/16) = 125\,\Omega$, alors que l'entrée de la console verra une impédance de source de $(200\,\Omega \times 16) = 3\,200\,\Omega$. Dans ce cas particulier, le transformateur de rapport 4 n'est pas adapté, car les microphones doivent fonctionner avec des impédances de charge égales au moins à cinq fois leur impédance de sortie. La valeur de 125 Ω est beaucoup trop faible. De la même manière, les circuits électroniques doivent être attaqués par des impédances beaucoup plus faibles que l'impédance d'entrée qu'ils présentent ; les 3 200 Ω de l'exemple sont beaucoup trop élevés.

**Figure 13.2**_____

Le microphone voit l'impédance d'entrée de la console modifiée par le rapport de transformation, et inversement.

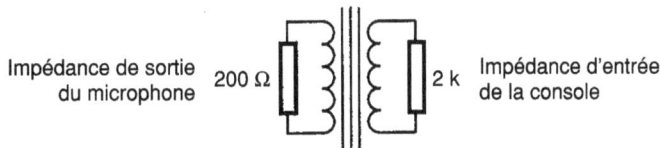

## 13.1.2 *Limites des transformateurs*

Nous avons mentionné plus haut que les transformateurs devaient fonctionner sur la totalité du spectre audio, donc de 20 Hz à 20 kHz. Obtenir d'un transformateur un fonctionnement correct aux fréquences très basses et très élevées n'est pas simple, et il est fréquent de constater l'apparition de distorsion en bas du spectre, et, dans une moindre mesure, à son extrémité haute. De même, la réponse en fréquence chute à ces extrémités ; un transformateur moyen apportera ainsi une atténuation d'environ 3 dB à 20 Hz et 20 kHz par rapport à sa réponse aux fréquences moyennes. Les transformateurs de haute qualité, très onéreux, présentent de meilleures performances. Chaque modèle est conçu pour travailler dans certaines limites de tension et de courant ; si ces limites sont dépassées, un accroissement rapide de la distorsion pourra être constaté.

**307**

La réponse en fréquence et la linéarité sont aussi affectées par les impédances raccordées ; un transformateur ne montre ses meilleures performances que s'il est utilisé dans les conditions pour lesquelles il a été conçu. À titre d'exemple, un transformateur pour microphone est prévu pour recevoir des tensions de 1 à 800 mV ; son enroulement primaire sera bouclé sur 200 Ω, et son secondaire sur 1 ou 2 kΩ, voire plus s'il s'agit d'un transformateur-élévateur. Un transformateur conçu pour travailler au niveau ligne se verra appliquer des tensions de l'ordre de 8 V et sera attaqué par une impédance de source inférieure à 100 Ω, et chargé par une impédance de charge de l'ordre de 10 kΩ. Ces caractéristiques si différentes nécessitent des conceptions adaptées à chaque cas ; il n'existe pas de transformateur universel.

L'implantation des transformateurs doit faire l'objet d'un grand soin, compte tenu de leur sensibilité aux champs électromagnétiques. Un transformateur audio placé au voisinage d'un transformateur d'alimentation captera les rayonnements émis par ce dernier ; un ronflement sera alors induit dans le circuit audio. La plupart des transformateurs audio, pour cette raison, sont enfermés dans un écran métallique qui réduit de manière importante leur sensibilité aux interférences.

## 13.2 Liaisons asymétriques

Ce type de liaison peut être rencontré dans tous les équipements audio grand public, de nombreux systèmes semi-professionnels et plus rarement dans le domaine professionnel.

La circulation du signal audio est assurée par un câble coaxial où le conducteur « aller » est entouré par un blindage métallique qui assure le « retour ». Le blindage prémunit la liaison contre les interférences comme les ronflements, les perturbations radiofréquences et d'autres types d'inductions, sans toutefois les éliminer totalement. Si un signal audio transite par une liaison asymétrique sur plusieurs dizaines de mètres, l'accumulation des interférences deviendra inacceptable. Des boucles de masse (voir le complément 13.2) sont également susceptibles d'apparaître.

Les liaisons asymétriques sont le plus souvent terminées par des connecteurs RCA, des prises DIN ou des jacks.

**Figure 13.3**
Liaison asymétrique.

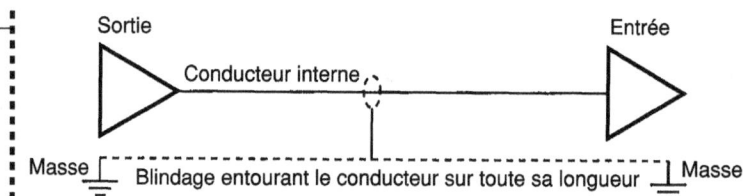

Sortie — Conducteur interne — Entrée
Masse — Blindage entourant le conducteur sur toute sa longueur — Masse

La figure 13.4 montre une amélioration possible d'une liaison asymétrique. Le câble utilisé, appelé *paire blindée*, comporte maintenant, à l'intérieur du blindage, deux conducteurs. Ces derniers assurent l'aller et le retour du signal, alors que le blindage n'est raccordé à la masse que d'un seul côté et joue ainsi mieux son rôle d'écran contre les interférences, et n'affecte pas le signal utile.

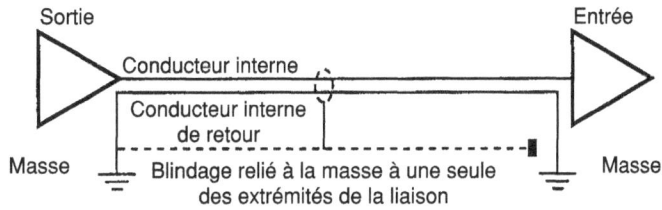

**Figure 13.4**_____
Autre exemple de liaison asymétrique.

Sortie — Conducteur interne — Conducteur interne de retour — Masse — Blindage relié à la masse à une seule des extrémités de la liaison — Entrée — Masse

---

**C**omplément **13.2** – *Les boucles de masse*

Il est possible de câbler les liaisons de telle manière que l'écran soit raccordé à la masse des deux côtés. Dans de nombreux appareils audio, la masse audio est reliée à la terre électrique. Lorsque plusieurs appareils sont interconnectés, différents trajets sont créés, où des courants de masse sont susceptibles de circuler si les potentiels de masse des appareils sont légèrement différents. Ces courants qui circulent dans les blindages des liaisons induisent dans les conducteurs internes des ronflements à 50 Hz. Une solution courante à ce problème est de déconnecter les liaisons de terre des prises d'alimentation des différents appareils, à l'exception d'un, dont la liaison à la terre est communiquée aux autres appareils par l'intermédiaire des blindages des liaisons audio. Cette façon de faire présente cependant un certain danger, car, si la prise d'alimentation assurant la liaison à la terre est déconnectée de l'appareil, le reste de l'installation n'est plus protégé, avec le risque de voir apparaître une tension importante sur les parties métalliques des appareils. Nombre de ces derniers sont dits, aujourd'hui, *à double isolation*, qui interdit que la tension secteur n'apparaisse sur le châssis métallique. Le cordon d'alimentation ne comporte alors que deux fils, la phase et le neutre.

---

## 13.3 Caractéristiques des câbles et liaisons asymétriques

### 13.3.1 *Résistance du câble*

La résistance qu'oppose un câble au passage du courant est la somme des résistances présentées par les trajets aller et retour du signal. Elle est donc d'un ordre de grandeur très inférieur (environ 100 fois plus faible) à celui de l'impédance d'entrée de l'appareil auquel le câble est raccordé. Soit, par exemple, un magnétophone dont l'impédance de sortie est de 200 Ω, raccordé à un amplificateur dont l'impédance d'entrée est d'environ 100 Ω. Les quelques mètres de câbles présentent une résistance ne s'élevant qu'à une fraction d'ohm, qui est donc négligeable. Mais qu'en est-il d'un câble de microphone long d'environ 100 m ? L'impédance de sortie d'un microphone est de 200 Ω et celle d'entrée d'un préamplificateur est au minimum de 1 kΩ. Malgré sa grande longueur, l'impédance du câble n'atteint pas la dizaine d'ohms, sauf peut-être dans le cas de câbles bon marché et très fins. Elle est donc, là aussi, négligeable.

Les câbles de liaison aux haut-parleurs méritent par contre une attention particulière. L'impédance d'un haut-parleur est de l'ordre de 8 Ω. Les fabricants de câbles indiquent la résistance de ces derniers par unité de longueur, et un câble typique permettant ce genre de raccordement, où circulent environ 16 A, présente une résistance de 12 mΩ ou 0,012 Ω.

Si le câble présente une longueur de 5 m, sa résistance sera de $(5 \times 2 \times 0,012) = 0,12 \ \Omega$. Cette valeur est légèrement trop forte, un haut-parleur de 8 Ω nécessitant une résistance de liaison inférieure ou égale à 0,08 Ω. En pratique, toutefois, ce câble sera utilisable, car de nombreux autres aspects conditionnent la qualité sonore. Néanmoins, cet exemple montre la nécessité d'utiliser de gros câbles pour alimenter les haut-parleurs, car, autrement, une partie importante de la puissance délivrée par l'amplificateur serait dissipée dans la ligne elle-même.

Si le câble de l'exemple qui précède avait une longueur de 40 m, la résistance de liaison serait de 1 Ω, un huitième de la puissance délivrée étant dissipée dans le câble sous forme de chaleur. Il faut donc, dans ce domaine, utiliser des câbles le plus courts possible, ou se tourner vers la technique de distribution par ligne 100 V (voir le paragraphe 13.8).

### 13.3.2 *Inductance des câbles et des transformateurs*

L'effet de l'inductance des câbles (voir paragraphe 1.8) se fait surtout sentir aux fréquences élevées, mais elle est relativement négligeable, même dans le cas d'un câble de grande longueur, aux fréquences audio. Par contre, l'inductance des transformateurs revêt une grande importance. Leurs bobinages sont constitués d'un grand nombre de spires, et le champ créé par chacune agit en sens contraire de ceux créés par les spires adjacentes, phénomène renforcé par le noyau métallique. C'est pourquoi l'inductance que présente chacun des bobinages est très élevée et son impédance assez importante, d'autant plus élevée que la fréquence du signal l'est.

### 13.3.3 *Capacité des câbles*

Plus les conducteurs qui constituent le câble sont proches, plus la capacité que présente ce dernier est élevée (voir le paragraphe 1.8). La capacité fonctionne en quelque sorte à l'inverse de l'inductance, dans la mesure où, pour une fréquence donnée, l'impédance est d'autant plus faible que la capacité est plus élevée. Dans un câble coaxial, le blindage entoure complètement le conducteur interne et présente, de ce fait, une surface importante. Cette dernière a pour conséquence la capacité relativement élevée que présente un câble coaxial par rapport, par exemple, à un câble d'alimentation. Lorsqu'un signal audio est véhiculé par un tel câble, il sera donc soumis à une capacité entre l'écran et le conducteur qui, loin d'être infinie, surtout aux fréquences élevées, entraîne la conduction d'une partie du signal vers la masse, via le blindage.

**Figure 13.5**_____
La tension de sortie $V_2$ est égale à la moitié de la tension d'entrée $V_1$.

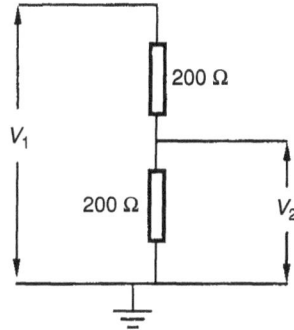

Le schéma de la figure 13.5 représente deux résistances de même valeur. Elles constituent un diviseur de tension et la tension $V_2$ est égale à la moitié de $V_1$. Si la résistance du bas avait sa valeur portée à 400 Ω, la tension à ses bornes serait le double de celle mesurable aux bornes de la résistance du haut. Le rapport des tensions est égal au rapport des résistances.

Considérons un microphone, dont l'impédance de sortie est égale à 200 Ω, relié à un câble, comme le montre la figure 13.6 (a). La figure 13.6 (b) représente le schéma électrique de ce montage, où $C$ est la capacité constituée par le conducteur interne et le blindage du câble.

**Figure 13.6**_____
Un microphone présentant une impédance de sortie de 200 Ω est raccordé à un amplificateur à l'aide d'un câble dont la capacité dérive les fréquences élevées vers la masse ; le câble agit alors comme un filtre passe-bas, et la tension $V_2$ est plus faible pour les fréquences élevées que pour les basses fréquences.

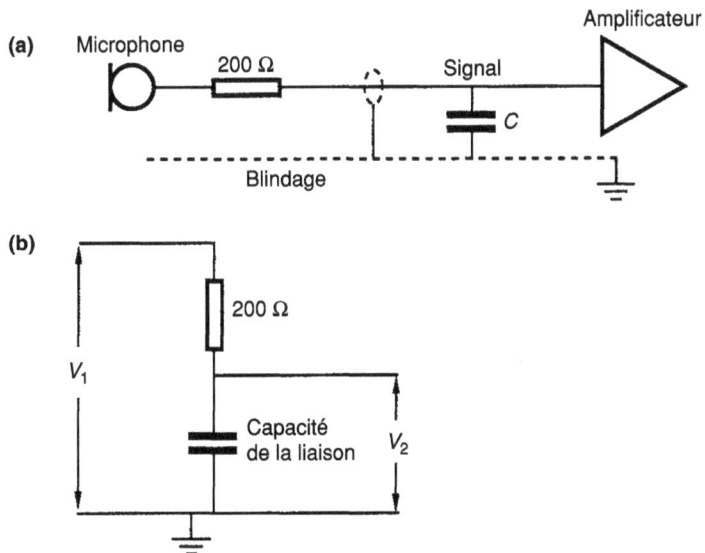

**311**

Les constructeurs expriment en général la capacité de leurs câbles en picofarads par mètre, une valeur courante étant de 200 pF/m. Une formule simple permet de déterminer la fréquence à laquelle le signal subira une atténuation de 3 dB :

$$f = 159\ 155/R \cdot C,$$

où $f$ est la fréquence en hertz, $R$ la résistance en ohms et $C$ la capacité en microforads.

Pour calculer la capacité qui causera une perte de 3 dB à 40 kHz, le spectre audio étant alors correctement transmis, la formule est remaniée de la manière suivante :

$$C = 159\ 155/R \cdot f,$$

où, ici, $R = 200\ \Omega$ (l'impédance de sortie du microphone), et $f = 40\ 000$. On trouve alors :

$$C = 0,02\ \mu F.$$

Ainsi, la valeur maximale de capacité tolérable pour un câble micro est de 0,02 µF, ce qui, pour la capacité typique de 0,0002 µF/m évoquée plus haut, autorise une longueur de câble d'une centaine de mètres.

Le même principe peut s'appliquer à d'autres circuits audio. Prenons un autre exemple. Un magnétophone présente une impédance de sortie égale à 1 kΩ ; quelle longueur de câble peut-il attaquer ? D'après la formule précédente :

$$C = 159\ 155/(1000 \times 40\ 000) = 0,004\ \mu F.$$

Si l'on utilise le même câble que précédemment, la longueur maximale est d'environ $(0,004/0,002) = 20$ m. En pratique, les équipements audio actuels présentent en général des impédances de sortie suffisamment faibles pour attaquer de longs câbles, mais il reste toujours utile de consulter les spécifications des constructeurs. La nécessité d'éviter les liaisons asymétriques de grande longueur, source d'interférences, est plus importante.

## 13.4 Liaisons symétriques

Les liaisons symétriques ont pour principale propriété d'assurer une réjection des interférences très supérieure à celle assurée par les lignes asymétriques. Les liaisons de haute qualité permettent, par rapport à ces dernières, une amélioration de 50 dB.

Comme le montre la figure 13.7, le câble utilisé, appelé *paire blindée*, est constitué de deux fils conducteurs entourés par un blindage. Aux deux extrémités de la liaison figurent des transformateurs de symétrisation. L'étage de sortie de l'appareil émetteur attaque le primaire du transformateur de sortie, dont le secondaire est relié au câble. Le courant circule dans les deux conducteurs, le blindage ne participant pas à la transmission du signal. Si un signal parasite pénètre à l'intérieur du blindage, il influence les deux conducteurs de manière identique. Au niveau du primaire du transformateur d'entrée de l'appareil récepteur, les courants parasites circulant dans les deux fils s'annulent ; le signal d'interférence est ainsi rejeté.

De tels signaux parasites sont dits *de mode commun* dans la mesure où ils apparaissent de manière identique sur les deux conducteurs. La réjection qu'en opère le transformateur est appelée *réjection de mode commun*. Le taux de réjection de mode commun (CMRR, pour *common mode rejection ratio*) exprime l'importance de la réjection obtenue. Les transformateurs de qualité permettent d'atteindre des valeurs de l'ordre de $10^4$, soit 80 dB.

Les liaisons symétriques sont également appelées *liaisons différentielles*, car l'appareil récepteur ne reçoit que la différence des signaux présents sur les deux conducteurs ; de la même manière, une entrée symétrique est également appelée *entrée différentielle*, car elle accepte les signaux de mode différentiel mais rejette ceux de mode commun.

Ainsi, les liaisons symétriques sont utilisées pour les raccordements audio dans le domaine professionnel, car la réjection importante des interférences qu'elles permettent s'avère précieuse lorsque l'on doit envoyer les quelques millivolts fournis par un microphone à un amplificateur distant.

**Figure 13.7**
Liaison symétrique à transformateurs.

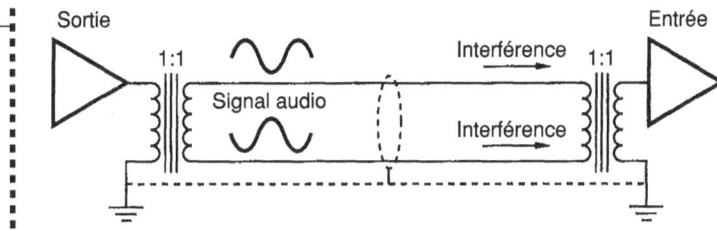

## 13.5 Mise en œuvre des liaisons symétriques

Dans le cas des liaisons symétriques, il est fréquent, pour éviter les boucles de masse (voir le complément 13.2), de ne connecter le blindage à la masse que d'un seul côté de la liaison. Il n'y a alors aucune liaison de masse entre les deux appareils et chacun d'eux peut donc être relié à la terre. Les transformateurs assurent entre eux un isolement galvanique. L'un des risques d'une telle méthode est qu'un câble dont l'écran est « en l'air » à l'une des extrémités soit utilisé comme liaison microphonique. L'absence de continuité de masse entre le microphone et l'amplificateur aura pour conséquence un blindage inefficace et, par ailleurs, interdira l'utilisation d'une alimentation fantôme (voir le paragraphe 4.9) ; il est donc indispensable que de tels câbles soient clairement identifiés. Tous les appareils audio ne sont malheureusement pas pourvus d'entrées et de sorties symétriques ; il faut donc faire face au problème du raccordement d'une sortie symétrique à une entrée asymétrique, et inversement. La figure 13.8 (b) propose l'une des solutions possibles : le transformateur de sortie est relié au point chaud et à la masse de l'entrée asymétrique. Cette dernière ne peut alors assurer la réjection des signaux de mode commun, et

**313**

la liaison sera aussi sensible aux interférences qu'une ligne asymétrique ordinaire. On notera toutefois que le blindage n'est connecté à la masse qu'à l'une des extrémités, ce qui permet au moins d'éviter les boucles de masse.

**Figure 13.8**_____
(a) Liaison symétrique vers symétrique dont le blindage n'est raccordé à la masse que du côté de la source.
(b) Liaison symétrique vers asymétrique.
(c) Liaison asymétrique vers symétrique.

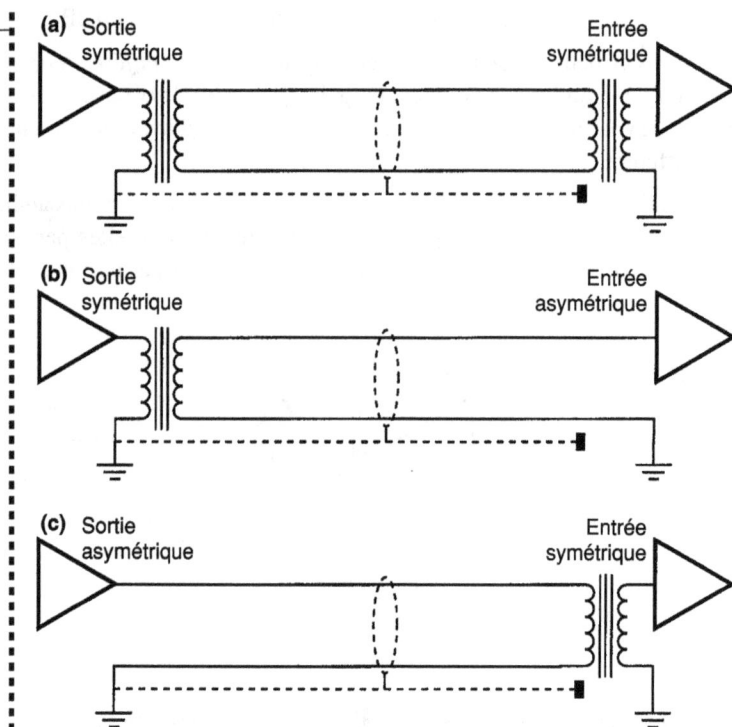

**(a)** Sortie symétrique — Entrée symétrique

**(b)** Sortie symétrique — Entrée asymétrique

**(c)** Sortie asymétrique — Entrée symétrique

À la figure 13.8 (c), une sortie asymétrique attaque une entrée symétrique. Le signal et la masse sont reliés au transformateur d'entrée et, là aussi, le blindage n'est relié à la masse que d'un côté. De même, la réjection des interférences est également perdue, car l'une des extrémités de l'enroulement primaire du transformateur d'entrée est reliée à la masse. Une meilleure solution sera d'insérer au plus près de la sortie asymétrique un transformateur de symétrisation, avant l'envoi du signal dans la liaison. À plus long terme, on pourra installer ce transformateur dans l'appareil lui-même, s'il y a la place ; il sera équipé d'un connecteur XLR tripolaire (voir le complément 13.3). Il est préférable, pour ce faire, d'attendre la fin de la période de garantie de l'appareil.

---

**Complément 13.3 – Connecteurs XLR-3**

Parmi les connecteurs symétriques, le connecteur XLR-3 est le plus répandu dans le domaine professionnel. Il comporte trois broches, disposées comme le montre la figure, qui sont raccordées de la manière suivante :

| Broche 1 | blindage | (*screen*) |
|----------|----------|------------|
| Broche 2 | point chaud | (*live* ou *hot*) |
| Broche 3 | point froid | (*return* ou *cold*) |

Cette configuration est aisément mémorisable car le nom du connecteur y fait référence (*eXternal, Live, Return*). Malheureusement, les américains ont utilisé une autre convention, que l'on peut toujours rencontrer sur certains matériels, dans laquelle les rôles des broches 2 et 3 sont échangés, la broche 2 correspondant au point froid et la 3 au point chaud. Il en résulte, entre ces deux conventions, une inversion de polarité du signal audio. Les matériels récents d'origine américaine tendent cependant à se conformer à la convention européenne, que les constructeurs d'outre-atlantique ont récemment normalisée.

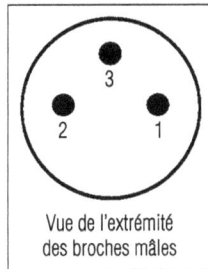

Vue de l'extrémité
des broches mâles

## 13.6 Le câble *star-quad*

Les deux conducteurs ne peuvent être situés, rigoureusement, en un même point de l'espace, et tout parasite induit dans la liaison symétrique le sera de manière légèrement plus intense sur l'un que sur l'autre. Ce léger déséquilibre sera perçu par le transformateur comme un signal différentiel de faible amplitude, qu'il laissera passer. Pour minimiser ce phénomène, les deux conducteurs sont torsadés, à la fabrication, de manière à présenter, en moyenne, la même surface exposée aux parasites. Une étape supplémentaire a été franchie dans le combat contre les interférences avec l'arrivée du câble *star-quad*. Ce câble comporte, comme le montre la figure 13.9, quatre conducteurs entourés par un blindage.

**Figure 13.9**

Le câble *star-quad* comporte quatre conducteurs internes.

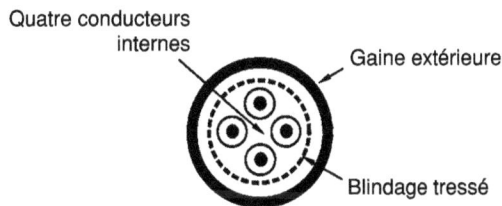

Quatre conducteurs internes

Gaine extérieure

Blindage tressé

Le câble *star-quad* est raccordé comme suit. Le blindage est connecté de la manière habituelle, alors que les conducteurs internes sont reliés deux à deux, les fils opposés (en haut et en bas sur la figure) constituant une ligne, et les deux restants, la seconde. Au cours de la fabrication, ils sont torsadés sur toute la longueur du câble. Cette configuration permet que, pour une longueur de câble donnée, les conducteurs soient également exposés aux interférences, d'où des parasites induits d'amplitude identique. Le transformateur d'entrée voit alors un signal de mode commun quasiment parfait, et le rejette de manière efficace. Ce type de câble est couramment utilisé pour les liaisons microphoniques. Dans le cas de câbles multiconducteurs, dont la gaine de fort diamètre contient de nombreuses liaisons audio indépendantes, la symétrisation des liaisons apporte une bonne immunité contre la diaphonie, dans la mesure où un signal transmis sur une paire donnée sera induit de manière identique sur les deux fils de la paire adjacente et constituera donc un signal de mode commun. Les multipaires *star-quad* sont encore plus efficaces en matière de diaphonie.

## 13.7 Symétrie électronique

Dans de nombreux appareils audio, la symétrie est réalisée à l'aide de circuits électroniques plutôt que de transformateurs. La figure 13.10 en propose une représentation schématique, où le transformateur est remplacé par un amplificateur différentiel. Conçu pour ne répondre, comme le transformateur, qu'aux signaux différentiels, il comporte une entrée positive et une entrée négative. Les appareils à symétrie électronique et ceux dotés de transformateurs sont bien sûr parfaitement compatibles.

Les arguments pour se passer des transformateurs sont un moindre coût (les composants électroniques coûtent beaucoup moins cher que le transformateur qu'ils remplacent), un volume réduit, une sensibilité moindre aux interférences électromagnétiques, ainsi qu'une plus grande tolérance vis-à-vis des impédances auxquelles les composants électroniques sont raccordés.

**Figure 13.10**
Liaison à symétrie
électronique réalisée à l'aide
d'amplificateurs différentiels.

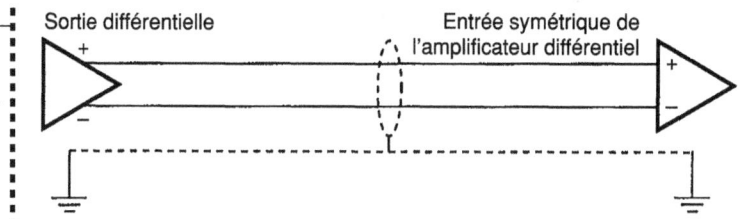

Toutefois, les circuits électroniques de symétrisation sont relativement délicats à concevoir et l'emploi de transformateurs de grande qualité dans les appareils de haut de gamme est plus sécurisant que le recours à des circuits électroniques de performances inconnues. Les meilleurs sont capables de rivaliser avec les transformateurs en matière de réjection de mode commun. Les principaux défauts de la symétrisation par transformateur sont l'apparition de distorsion aux basses fréquences ainsi que leur inaptitude à transmettre des signaux à l'extrémité basse du spectre audio. Les principaux défauts des circuits électroniques sont que leur taux de réjection de mode commun est moins élevé en moyenne, et que, par ailleurs, ils n'assurent pas l'isolation galvanique entre les appareils. Dans le domaine de la radiodiffusion, on préfère en général les transformateurs car les signaux sont véhiculés sur de très longues distances, alors que, dans les studios d'enregistrement, la symétrie électronique est plus répandue, car elle est réputée fournir une meilleure qualité sonore.

## 13.8 Distribution par ligne 100 V

### 13.8.1 *Principes*

Nous avons indiqué, au paragraphe 13.3, que la résistance des câbles, même de grosse section, était de nature à occasionner des pertes dans les liaisons aux haut-parleurs, sauf dans le cas de très courtes distances. Il est cependant des situations où des liaisons de grande longueur sont inévitables, comme les enceintes témoins ou d'annonces dans les coulisses d'un théâtre, les diffuseurs accrochés aux murs d'une salle de conférence, la sonorisation des supermarchés ou des usines, ou encore les installations en plein air lors de fêtes ou de foires. La solution de rechange, qui consiste à placer un amplificateur de puissance à proximité de chacun des haut-parleurs, alimenté à partir de la sortie ligne de console, est d'un coût et d'une complexité rédhibitoires. C'est pour répondre à ce type de situation que la distribution par ligne 100 V a été développée ; elle permet d'alimenter des haut-parleurs par des lignes de grande longueur sans que des pertes notables soient occasionnées.

Le problème rencontré avec les raccordements classiques de haut-parleurs est que l'impédance du câble est comparable, voire supérieure, à celle du haut-parleur qu'il alimente. Nous avons montré, au paragraphe 13.1.2, qu'un transformateur reflète les impédances de bouclage avec un facteur égal au carré du rapport de transformation. Considérons un transformateur-abaisseur, de rapport 5 : 1, relié à un haut-parleur de 8 Ω, comme le montre la figure 13.11. .

**Figure 13.11**
Couplage d'un haut-parleur par transformateur utilisé dans les systèmes de distribution 100 V.

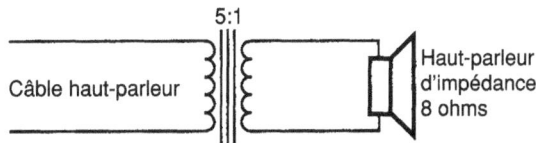

Le carré du rapport vaut 25 : 1 et l'impédance ramenée au primaire est donc égale à $(25 \times 8) = 200\ \Omega$. L'impédance vue par le câble est alors très supérieure à la sienne, de sorte que la quasi-totalité de la tension est appliquée au primaire du transformateur, donc à son secondaire et enfin au haut-parleur lui-même. Cependant, ce type de transformateur abaisse la tension, les haut-parleurs ne recevant que le cinquième de celle appliquée au primaire. Pour appliquer 20 V au haut-parleur, la tension au primaire du transformateur doit être de 100 V

**Figure 13.12**

Relations entre courant et tension dans un système de distribution 100 V.

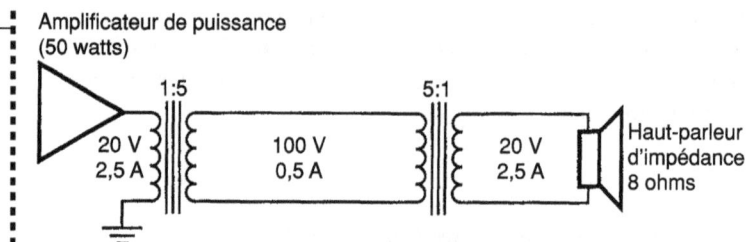

Dans le système de distribution par ligne 100 V de la figure 13.12, un amplificateur de 50 W attaque un transformateur-élévateur de rapport 1 : 5. Comme l'impédance de sortie de l'amplificateur est par nature très faible, son impédance ramenée au secondaire reste négligeable. Les 20 V fournis par l'amplificateur sont alors portés à 100 V et le courant de 2,5 A qu'il délivre est abaissé dans le même rapport, soit 0,5 A (voir le complément 13.1), la puissance restant la même. Dans la liaison au haut-parleur, la tension est plus élevée et le courant plus faible qu'avec un raccordement classique. La chute de tension dans le câble est proportionnelle au courant qui y circule : elle est donc également moindre. À l'autre extrémité de la liaison, le transformateur ramène la tension à 20 V et le courant à 2,5 A, et la puissance de 50 W est fournie au haut-parleur.

Dans l'exemple qui précède, l'amplificateur peut délivrer une puissance de 50 W ; il est possible d'utiliser cette technique avec un transformateur-élévateur de telle manière qu'il fournisse à son secondaire la tension standard de 100 V lorsque l'amplificateur délivre sa puissance maximale.

Prenons le cas d'un appareil pouvant fournir 100 W à une charge de 8 Ω. Dans ce cas, la tension sera de 28 V, et le rapport d'élévation du transformateur choisi devra donc être de $(100/28) = 3,6$. Si l'on raccordait à l'autre extrémité de la liaison un haut-parleur de puissance maximale admissible égale à 10 W, l'application de la puissance de 100 W à ce haut-parleur le détruirait rapidement ; aussi convient-il d'insérer un transformateur-abaisseur qui permette de ne fournir que 10 W au haut-parleur. Une telle puissance, dans une charge de 8 Ω, correspond à une tension d'environ 9 V ; le transformateur devra donc présenter un rapport de 100 : 9, soit environ 11 : 1.

## 13.8.2 *La mise en œuvre des lignes 100 V*

Les transformateurs spécialement conçus pour ce type de distribution sont dotés d'une série de bornes qui permettent, au primaire, le choix de la puissance transmise (30 W, 20 W, 10 W, 2 W, etc.), et au secondaire celui de l'impédance du haut-parleur, en général 15 Ω, 8 Ω ou 4 Ω.

Différents haut-parleurs peuvent alors être raccordés à la ligne ; un transformateur sera nécessaire pour chacun d'eux, dont la puissance sera choisie en fonction de la couverture désirée.

Examinons, par exemple, le cas de la sonorisation des coulisses d'un théâtre qui comporteraient six loges, des sanitaires de surface relativement importante, ainsi qu'un foyer assez bruyant. Les loges sont exiguës et calmes : un haut-parleur de puissance maximale de 10 W suffira, le transformateur-abaisseur étant câblé sur 2 W. Les sanitaires nécessitent une puissance supérieure ; un haut-parleur du même modèle que le précédent sera utilisé, mais le transformateur sera câblé sur 10 W. Le foyer nécessitera un haut-parleur plus important, permettant une puissance de 20 W, et son transformateur sera câblé sur la borne 20 W. De la sorte, chacun des diffuseurs ne recevra que la puissance nécessaire à un niveau d'écoute adapté à chacun des lieux. Un haut-parleur de 20 W fournirait un niveau beaucoup trop élevé dans une loge, alors qu'un diffuseur de 2 W serait insuffisant dans le foyer.

Si l'on doit ajouter d'autres haut-parleurs à un tel système, il faut veiller à ce que la puissance totale n'excède pas celle que délivre l'amplificateur, faute de quoi ce dernier sera surchargé. Reprenons notre exemple : 2 W ont été alloués à chacune des six loges, soit un total de 12 W ; les toilettes reçoivent 10 W et le foyer 20 W. La puissance totale de 42 W est compatible avec un amplificateur de 50 W doté d'un transformateur adéquat. Il est toutefois préférable, en pratique, d'opter pour un amplificateur plus puissant, disons de 100 W, qui offrira une bonne marge de sécurité et permettra le raccordement ultérieur de haut-parleurs supplémentaires, si nécessaire.

À la lecture de ce qui précède, on peut se demander pourquoi on ne fait pas systématiquement appel à ce type de technique pour les systèmes de diffusion. La première raison est que la tension de 100 V distribuée est suffisamment élevée pour provoquer des accidents électriques et présente donc un danger potentiel dans un environnement domestique ou dans des lieux où du public pourrait être au contact d'un tel système mal installé. La seconde raison est que la qualité sonore est limitée par la présence des transformateurs. Ces derniers, devant transmettre une puissance notable, sont en effet plus difficiles à concevoir que ceux travaillant aux niveaux micro ou ligne.

C'est pour ces raisons que la distribution par lignes 100 V n'est pas utilisée pour les systèmes de sonorisation de haute qualité ni pour les systèmes d'écoute de studio, non plus que dans le domaine de la hi-fi ; elle est par contre très répandue pour les systèmes de diffusion d'annonces et les sonorisations d'ambiance.

## 13.9 Les liaisons en 600 Ω

Les spécifications techniques des consoles et d'autres appareils dotés de sorties au niveau ligne font souvent allusion à une valeur d'impédance de charge de 600 Ω. Nous allons, dans ce qui suit, expliciter l'origine et la signification de cette valeur.

### 13.9.1 *Adaptation en tension et adaptation en puissance*

Comme nous l'avons dit, les impédances de sortie des appareils audio sont faibles, de l'ordre de 200 $\Omega$ pour les microphones et moins pour ce qui est des sorties au niveau ligne. Les impédances d'entrée sont plus élevées, de 1 ou 2 k$\Omega$ pour les entrées micro, et de 10 k$\Omega$ au minimum pour les entrées ligne. Ces ordres de grandeur permettent de s'assurer que la quasi-totalité de la tension délivrée par un appareil est transmise à celui qui lui est raccordé. De même, pour une tension donnée, le courant délivré sera d'autant plus important que l'impédance de charge sera de plus faible valeur. Des impédances d'entrée élevées amènent les étages de sortie des appareils sources à ne délivrer que des courants de faible intensité. Cela permet de ne s'intéresser qu'à la tension des signaux de niveaux micro ou ligne, sans prendre en considération le courant. Une telle manière d'opérer est appelée *adaptation en tension*.

Cette technique est parfaitement efficace, sauf dans le cas de liaisons à très longue distance telles que celles qu'utilisent les compagnies de téléphonie et de télécommunications, qui nécessitent la prise en compte d'un autre paramètre, la longueur d'onde du signal dans le câble. Sur une telle ligne, le signal audio est transporté à une vitesse voisine de celle de la lumière, $(3 \times 10^8)$ m/s, et la longueur d'onde la plus courte correspond à l'extrémité haute du spectre audio, c'est-à-dire qu'elle est d'environ 14,4 km pour une fréquence de 20 kHz.

Lorsque la longueur du câble devient du même ordre que la longueur d'onde du signal, des phénomènes de réflexion peuvent survenir, qui induisent des effets d'annulation. La seule manière d'éviter ces effets est de faire en sorte que le maximum de puissance soit transmis par l'appareil émetteur à l'appareil récepteur. Cela suppose que l'impédance de sortie du premier et l'impédance d'entrée du second soient égales, l'impédance caractéristique du câble utilisé devant être également de même valeur. On constitue ainsi ce que l'on appelle une *ligne de transmission* ; cette technique est appelée *adaptation en puissance*.

La valeur de 600 $\Omega$ a été normalisée il y a plusieurs décennies dans le domaine des télécommunications, le transport de signaux sur les liaisons d'une longueur supérieure à environ un kilomètre faisant appel à des « lignes symétriques 600 $\Omega$ ». Le choix de cette valeur résulte de différents compromis. D'une part, elle est suffisamment élevée pour que ne circulent sur les liaisons que des courants d'intensité relativement faible, et, de l'autre, elle est suffisamment faible pour conférer aux lignes une certaine immunité aux interférences ; en effet, ces dernières ont d'autant plus d'influence que les impédances sont plus élevées. Ainsi, les premiers matériels audio furent conçus de manière à être compatibles avec ces liaisons, et présentaient donc des impédances de sortie de 600 $\Omega$. Malheureusement, nombreux sont ceux qui ne se sont jamais posé la question ou n'ont jamais compris la nécessité ou non, suivant les circonstances, de travailler avec des impédances de charge de 600 $\Omega$, pensant qu'il s'agissait d'une norme audio de fait et oubliant qu'elle n'est à prendre en compte qu'avec des matériels ayant à opérer avec des lignes de transmission, comme dans le domaine de la radiodiffusion. De nombreux matériels anciens travaillent également sur ces principes.

Les impédances normalisées à 600 $\Omega$ sont également à l'origine du niveau de référence normalisé 0 dBm, qui correspond à la dissipation d'une puissance de 1 mW dans une impédance de

600 Ω. La tension correspondante est égale à 0,775 V, ce qui conduit certains à confondre dBm et dBu, la référence 0 dBu correspondant, il est vrai, à 0,775 V, mais sans considérer la puissance ou l'impédance terminale. L'échelle des dBu est mieux appropriée aux matériels modernes où, comme nous l'avons vu, les courants sont négligeables et les impédances variables. Les dBm ne doivent être utilisés que dans le cas de systèmes travaillant sur des impédances de 600 Ω, ou si une autre valeur d'impédance est spécifiée, comme c'est le cas pour les appareils vidéo, où les impédances terminales sont de75 Ω ; on utilise alors la formule dBm (75 Ω).

## 13.9.2 *Problèmes posés par les impédances de 600 Ω*

Une impédance de sortie de 600 Ω est trop élevée pour les applications habituelles. Si l'on considère comme acceptable une atténuation de 3 dB à 40 kHz, la longueur maximale d'un câble standard présentant une capacité de 200 pF/m ne sera que de 33 m, ce qui est très insuffisant pour de nombreuses installations. Si, de plus, une console d'impédance de sortie égale à 600 Ω doit attaquer simultanément cinq amplificateurs de puissance présentant chacun une impédance d'entrée de 10 kΩ, elle sera soumise à une impédance résultante de 2 kΩ $(10/5)$, comme le montre la figure 13.13 (a). La figure 13.13 (b) propose un schéma électrique de cette situation, et la tension $V_2$ ne sera que de l'ordre de 0,7 V lorsque $V_1$ sera égale à 1 V.

**Figure 13.13**
(a) Des pertes considérables apparaissent si une sortie de 600 ohms est raccordée à plusieurs entrées de 10 k en parallèle.
(b) Schéma électrique équivalent.

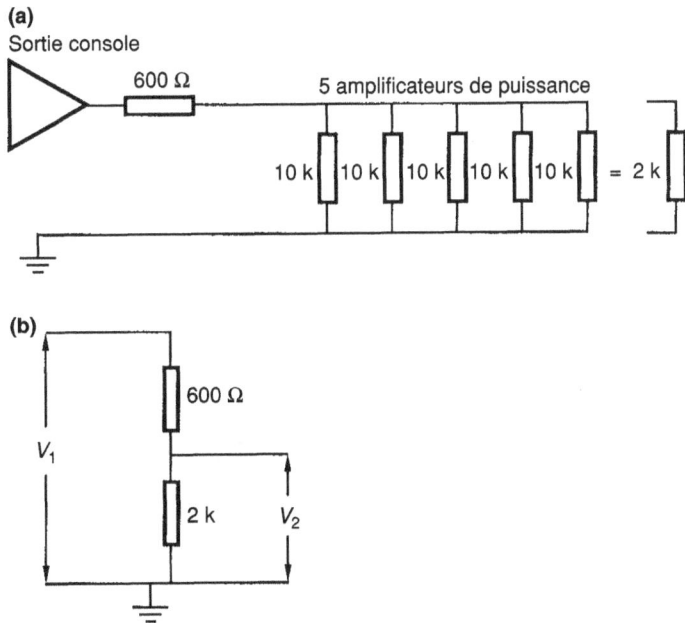

321

Ainsi, presque un quart de la tension délivrée sera perdu, et la longueur de la liaison sera limitée à 33 m. Malgré ce qui précède, certains constructeurs persistent à utiliser des impédances de 600 Ω, afin de donner à leurs matériels une apparence professionnelle. En fait, comme nous venons de l'exposer, ces impédances rendent les appareils moins bien adaptés à une utilisation professionnelle. Concernant les spécifications d'étages de sortie, on peut rencontrer une expression du style « capable de délivrer + 20 dBu dans 600 Ω ». + 20 dBu correspondent à 7,75 V, et 600 Ω représentent une impédance de charge relativement faible, qui demandera aux étages de sortie de délivrer un courant supérieur, à tension égale, à celui qu'appellerait une charge de 10 kΩ. Cette spécification est intéressante, car elle indique que l'appareil est en mesure de délivrer 7,75 V à une charge de 600 Ω, et peut donc, sans problème, attaquer un ensemble d'amplificateurs et/ou d'enregistreurs. Un appareil à cassettes grand public ne le pourra pas, malgré son impédance de sortie faible. Il sera indiqué comme pouvant, par exemple, délivrer 2 V à une charge supérieure ou égale à 10 kΩ, ce qui est convenable pour les applications domestiques, mais nécessite un calcul avant de déterminer si l'appareil pourra attaquer, par exemple, une batterie d'amplificateurs de puissance.

## 13.10   Boîtiers d'injection directe

### 13.10.1 *Vue d'ensemble*

Il est souvent nécessaire de raccorder un appareil dont la sortie est asymétrique à l'entrée symétrique d'une console, au niveau micro ou ligne. Prenons l'exemple d'une guitare électrique : sa sortie, asymétrique, présente une impédance élevée, d'environ 10 kΩ, qui, de plus, varie avec la fréquence du signal délivré et donc la note jouée ; la prise de sortie est le plus souvent un jack quart de pouce monophonique et la tension délivrée, au volume maximal, est de l'ordre de quelques centaines de millivolts. Le raccord direct de l'instrument à l'entrée, micro ou ligne, de la console est insatisfaisant pour différentes raisons. Tout d'abord, l'impédance d'entrée de la console est trop faible, la guitare étant conçue pour attaquer une impédance de charge d'environ 500 kΩ ; par ailleurs, la sortie de l'instrument est asymétrique et les propriétés de réjection des interférences de l'entrée symétrique de la console seront perdues. L'impédance de sortie de la guitare la rend incapable d'attaquer les liaisons d'une longueur importante qui équipent le studio. Par ailleurs, le guitariste peut souhaiter raccorder son instrument à la fois à un amplificateur et à la console ; se contenter d'utiliser, dans ce cas, un répartiteur (*splitter*) conduira à l'apparition d'interférences ainsi que de ronflements à basse fréquence. On rencontrera des problèmes avec d'autres appareils tels que synthétiseurs, pianos électriques et capteurs pour instruments acoustiques.

Le raccordement de tels instruments à une console requiert l'emploi d'un dispositif d'adaptation appelé *boîtier d'injection directe* (*DI box*, boîte de direct). Son rôle est de convertir la sortie de l'instrument en une sortie symétrique à basse impédance et d'adapter le niveau de sortie de l'instrument pour permettre le raccordement à l'entrée micro de la console. Ce type de boîtier est doté, en plus de l'embase jack d'entrée, d'une autre dite *de reprise* (*link*), permettant simultanément le raccordement de l'instrument à un amplificateur. La sortie symétrique à basse impédance est disponible sur une embase XLR à trois broches analogue à celle d'un microphone. Un interrupteur de coupure de masse (*earth lift*) est également prévu : il permet de dissocier celle des embases jack de celle de l'embase XLR de sortie pour prévenir les problèmes de boucles de masse.

## 13.10.2 *Boîtiers d'injection passifs*

Les boîtiers d'injection les plus simples contiennent juste un transformateur et sont qualifiés de *passifs* car ils ne nécessitent pas d'apport d'énergie externe. La figure 13.14 montre les circuits d'un tel boîtier. Le transformateur est un abaisseur, de rapport 20 : 1, qui ramène la tension relativement élevée fournie par l'instrument à une valeur proche de celle délivrée par un microphone. Simultanément, les impédances sont modifiées dans un rapport égal au carré de celui de transformation, soit, ici, 400 : 1 ; l'impédance de sortie de la guitare, voisine en moyenne de 15 k$\Omega$, sera donc ramenée à environ 40 $\Omega$, ce qui permet d'attaquer correctement des lignes de longueur importante. La guitare, quant à elle, est conçue pour voir une impédance de charge élevée. Si l'entrée de la console est égale à 2 k$\Omega$, le transformateur l'élèvera à 800 k$\Omega$ (2 × 400), valeur suffisamment importante pour un fonctionnement correct. L'embase jack de reprise est utilisée, si besoin est, pour raccorder la guitare à un amplificateur. On pourra remarquer que la configuration du jack d'entrée permet de court-circuiter l'entrée lorsque aucun instrument n'est raccordé, ce qui permet de réduire le bruit et la sensibilité aux interférences du dispositif. L'insertion d'un jack dans l'embase d'entrée rompt le court-circuit. Le transformateur isole l'instrument d'une éventuelle alimentation fantôme sur la liaison microphonique.

**Figure 13.14**
Boîtier d'injection directe passif.

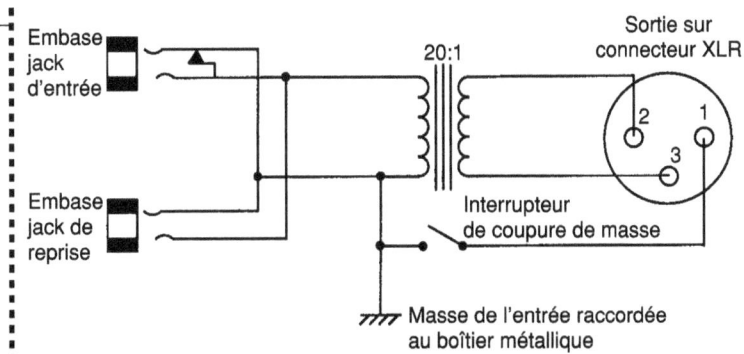

Ce modèle de boîtier présente les avantages d'un coût réduit, d'une grande simplicité et de ne pas nécessiter d'alimentation. Par contre, ses impédances d'entrée et de sortie dépendent entièrement de celles des appareils qui y sont raccordés, reflétées par le transformateur. Des entrées micro d'impédance faible n'offriront qu'une impédance de charge insuffisante pour la guitare. De même, des instruments dotés d'un contrôle de volume passif peuvent présenter, lorsque le réglage de ce dernier est voisin de son minimum, une impédance de sortie de plusieurs centaines de kilo-ohms, qui, ramenée au secondaire du boîtier d'injection passif, peut s'avérer trop élevée pour attaquer des câbles de grande longueur. Le rapport fixe du transformateur ne sera pas non plus adapté à l'éventail des sources devant lui être raccordées, même si certains modèles sont dotés de commutateurs permettant de modifier le rapport de transformation du système.

### 13.10.3 *Boîtiers d'injection actifs*

Dans les *boîtiers actifs*, le transformateur est remplacé par des circuits électroniques qui présentent à l'instrument une impédance d'entrée élevée et à la console une impédance de sortie faible, de valeur constante. De plus, la présence de ces circuits offre la possibilité d'adjoindre des fonctionnalités supplémentaires telles qu'une atténuation variable (par exemple – 20 dB, – 40 dB, – 60 dB) ou des dispositifs de filtrage passe-haut et passe-bas. Le boîtier est alimenté soit par des piles, soit par l'alimentation fantôme délivrée par la console. Dans le premier cas, un voyant indique l'état des piles : il s'allume si elles sont bonnes, lorsque le poussoir « test » est activé, ou bien encore si elles sont défaillantes. Des contacts auxiliaires de l'embase jack d'entrée sont souvent utilisés pour mettre en service les circuits lorsqu'une prise y est enfichée. Dans ce cas, il est nécessaire d'avoir conscience que tant que la fiche reste dans l'embase, la pile débite, ce qui peut constituer une consommation d'énergie inutile. La consommation des circuits reste cependant assez faible (quelques milliampères), ce qui autorise une autonomie de plusieurs dizaines d'heures. Certains amplificateurs sont dotés d'une sortie symétrique, sur connecteur XLR, étiquetée « DI » ou « Studio », qui est destinée à supplanter le boîtier d'injection directe.

Les boîtiers d'injection, généralement légers et de petite taille, ont à subir divers mauvais traitements sur le sol où ils sont posés ; aussi doivent-ils être installés dans des coffrets métalliques robustes. Les commutateurs, voyants et prises doivent également être montés en retrait, pour ne pas être accessibles aux pieds des musiciens. Les boîtiers d'injection peuvent aussi être utilisés pour interfacer des matériels grand public tels que des magnétophones à cassettes ou des récepteurs radio avec des entrées micro symétriques.

## 13.11 Boîtiers de répartition (*splitters*)

L'enregistrement ou la retransmission en direct d'événements nécessitent que les sources soient simultanément reliées à deux types de destinations, typiquement une console de sonorisation et celle installée dans le car d'enregistrement ou de radiodiffusion. Le sonorisateur peut alors travailler le mélange destiné au public et le technicien chargé de la retransmission l'équilibre adapté à cette dernière, de manière indépendante. On peut envisager utiliser deux jeux de microphones distincts, mais cette méthode se heurte au fait qu'une batterie peut, à elle seule, nécessiter une dizaine de microphones, et qu'il est inacceptable pour un chanteur d'avoir à tenir deux microphones solidarisés à l'aide d'un ruban adhésif. La méthode consistant à utiliser un seul jeu de microphones et un système de répartition s'impose alors. Il y a dix ou quinze ans, les compagnies de radiodiffusion et les studios d'enregistrement se l'interdisaient, car la faible qualité des microphones utilisés en sonorisation n'était pas compatible avec leurs exigences. Aujourd'hui, ces microphones sont d'une qualité comparable à celle des modèles utilisés en studio, certains étant même identiques.

Il ne peut être question de raccorder un microphone à deux entrées, en parallèle, car, d'une part, les deux consoles seraient reliées électriquement, avec le risque d'apparition d'interférences et de boucles de masse et, d'autre part, l'impédance vue par le microphone serait la résultante des impédances d'entrée des deux consoles en parallèle, soit environ 500 $\Omega$, valeur beaucoup trop faible. De plus, des conflits seraient susceptibles d'apparaître entre les alimentations fantômes délivrées par les deux consoles. Ces différents problèmes justifient le recours à des *boîtiers de répartition*, qui permettent de conserver l'isolation entre les deux consoles et d'offrir au microphone une impédance de charge convenable.

**Figure 13.15**

Boîtier de répartition passif.

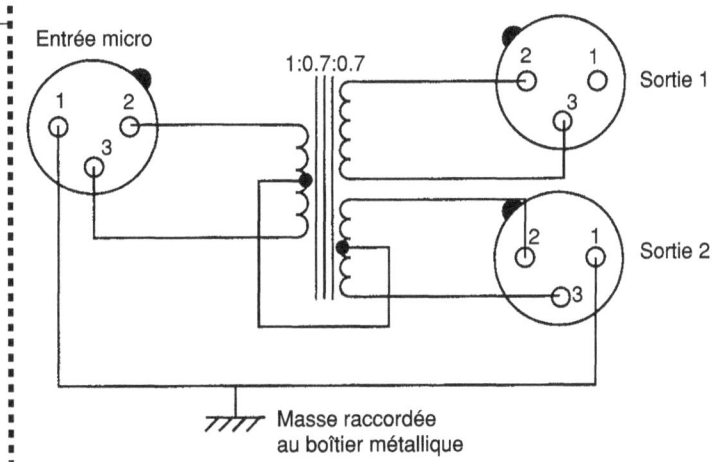

Un boîtier de répartition, comme le montre la figure 13.15, contient un transformateur comportant un enroulement primaire, auquel est raccordé le microphone, et deux enroulements secondaires, qui fournissent les sorties nécessaires. La figure nécessite quelques explications. Tout d'abord, le microphone doit recevoir l'alimentation fantôme. Cette dernière lui est transmise par l'intermédiaire de la liaison existant entre le point milieu du secondaire 2 et celui de l'enroulement primaire. La liaison de masse, qui correspond aux broches 1 des embases d'entrée et de sortie, n'est effectuée qu'entre l'entrée et la sortie 2, ce qui permet la mise à la masse du microphone ainsi que le retour de l'alimentation fantôme. Par contre, la broche 1 de la sortie 1 n'est pas reliée, afin d'éviter l'apparition de boucles de masse entre les deux circuits de sortie.

Intéressons-nous maintenant aux rapports de transformation. L'expression 1 : 0,7 : 0,7 indique que le nombre de spires de chacun des enroulements secondaires est égal à 0,7 fois le nombre de spires au primaire, ce qui provoque une atténuation de 3 dB. On dit alors que la perte d'insertion du transformateur est de 3 dB. La raison pour laquelle cette atténuation est nécessaire est qu'il est indispensable que l'impédance de charge vue par le microphone ne soit pas trop faible. Si tous les enroulements avaient le même nombre de spires, soit un rapport 1 : 1 : 1, le microphone verrait en parallèle les deux impédances auxquelles sont raccordées les sorties. Deux consoles d'impédance d'entrée 1 kΩ occasionneraient pour le microphone une impédance de charge de 500 Ω, donc trop faible. Le rapport adopté sur la figure signifie que chacune est ramenée au primaire avec un facteur de $(1/0,7)^2$, soit environ $(1/0,5) = 2$. Chacune des consoles occasionne alors une impédance de charge du microphone de 2 kΩ lorsqu'elles sont toutes deux connectées. La perte d'insertion de 3 dB s'accompagne d'une division par deux de l'impédance de source vue par la console, due, là aussi, à la conversion d'impédance occasionnée par le transformateur, égale au carré du rapport de transformation.

En raison de leur simplicité, les boîtiers de répartition passifs ne nécessitent qu'un transformateur de haute qualité, un boîtier métallique et les prises d'entrée et de sortie. Des boîtiers actifs, comportant des circuits électroniques, existent aussi. Ils présentent comme avantages de ne pas occasionner de perte d'insertion et d'apporter éventuellement un certain gain. Les avantages d'un boîtier de répartition actif par rapport à un boîtier passif ne sont toutefois pas aussi importants que ceux d'un boîtier d'injection actif, comparé à son équivalent passif.

## 13.12  Panneaux de brassage (*patchs*)

### 13.12.1 *Vue d'ensemble*

Un panneau de brassage, ou panneau de dicordage (patch), permet l'interconnexion des différents appareils et liaisons d'un studio, de manière non permanente, autorisant l'établissement de configurations diverses, selon les besoins.

Prenons, par exemple, une console de grand gabarit dotée d'entrées micro, d'entrées ligne, de sorties principales, de sorties de groupes, de départs auxiliaires et de départs et retours d'insert. Le panneau de brassage constitue le point terminal de ces différents accès ; il se présente le plus souvent sous la forme de panneaux de largeur 19 pouces, rackables, équipés d'embases jack ou de connecteurs FRB. On peut ainsi accéder séparément à n'importe quelle entrée ou sortie de la console. Chaque rangée comporte en principe 24 jacks, mais il existe des systèmes à 20 ou 28 embases par rang. Des câbles multipaires relient la console au panneau de brassage ; des connecteurs multipoints sont utilisés du côté de la console. Du côté du panneau de brassage, il est également possible d'utiliser de tels connecteurs, ou de câbler directement les prises, ou encore de faire transiter les liaisons par des réglettes de raccordement héritées des techniques téléphoniques.

En plus des liaisons avec la console, le panneau de brassage permet le raccordement des différents appareils du studio. On pourra y trouver les entrées et les sorties d'un enregistreur multipiste, ainsi que, par exemple, des liaisons avec d'autres studios. Dans le cas d'un studio de radiodiffusion, on trouvera également des liaisons avec des salles de concert proches et des liaisons destinées à transmettre les signaux vers les émetteurs. Dans un théâtre, il y aura des liaisons avec les différents endroits tels que les coulisses, les cintres et la fosse d'orchestre.

## 13.12.2 *Bretelles de dicordage, ou cordons de* patch

Des bretelles, ou cordons, liaisons blindées terminées par les connecteurs adéquats, sont utilisées pour relier les différentes embases du panneau. Dans le cas de jacks, la pointe correspond au point chaud (borne 2 d'une prise XLR), l'anneau au point froid (borne 3) et le corps à la masse (borne 1). Ce type de bretelle permet de réaliser des interconnexions symétriques. Certains utilisent des cordons de couleurs différentes, qui indiquent la propriété de la liaison effectuée. Les cordons ordinaires sont alors de couleur rouge ; le jaune indique une inversion de polarité et le vert indique que la masse n'est reliée qu'à une extrémité. Ces conventions ne sont toutefois pas universelles, ce qui peut être source de confusion. Les cordons de couleur verte, à masse interrompue, sont utiles pour raccorder des matériels alimentés séparément, afin d'éviter les boucles de masse.

## 13.12.3 *Normalisation*

Lorsque les points d'insertion du panneau de brassage ne sont pas utilisés, les embases de départ et de retour d'insert doivent être reliées pour assurer la continuité du signal. Lorsqu'un appareil périphérique doit être relié à un point d'insertion, l'embase de départ doit être connectée à l'entrée de cet appareil, sa sortie étant connectée à l'embase de retour. Cela implique que le départ doive être déconnecté de cette dernière et remplacé par la sortie du périphérique.

**Figure 13.16**

Câblage normalisé des prises d'insertion sur une baie de brassage (*patch*).

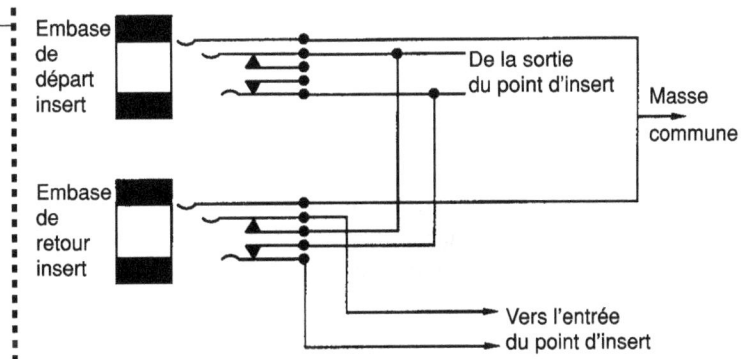

Pour ce faire, des contacts supplémentaires de l'embase jack doivent être utilisés, sous la forme d'un câblage, illustré à la figure 13.16, appelé *normalisation*. Le signal est transmis de l'embase du haut à celle du bas par l'intermédiaire des contacts auxiliaires de cette dernière, qui sont marqués d'un triangle noir. La continuité est ainsi assurée. Si une fiche jack est insérée dans l'embase inférieure, les palettes en contact avec la fiche s'écartent des triangles, ce qui rompt la liaison. Les contacts auxiliaires de l'embase supérieure ne sont pas utilisés. Aussi l'insertion d'une fiche dans l'embase supérieure est-elle sans effet sur le cheminement du signal ; elle permet seulement d'envoyer le signal vers l'entrée du périphérique.

Il arrive parfois que les contacts auxiliaires soient câblés de manière telle que l'insertion d'un jack dans l'embase de départ provoque également l'interruption du signal, ce qui peut être mis à profit lorsque, par exemple, une sortie de groupe doit être dirigée vers une destination différente. Dans ce cas, l'insertion du jack provoque automatiquement la coupure du circuit raccordé à la sortie du groupe, ce qui permet de le raccorder à une autre charge, sans modifier le câblage d'origine. Une telle disposition reste toutefois relativement rare.

En dehors des points d'insertion, la normalisation peut être également utilisée pour relier les sorties des groupes de la console aux entrées d'un enregistreur multipiste ou encore à celles d'un ensemble d'amplificateurs. Ces entrées sont accessibles sur des embases du panneau de brassage et sont reliées à celles sur lesquelles arrivent les sorties de la console par le câblage normalisé que nous avons décrit. En cas de besoin, il est possible d'enficher dans les sorties de la console des prises jack sur lesquelles arrivent d'autres signaux ; les sorties sont alors automatiquement déconnectées.

## 13.12.4 *Autres fonctionnalités des panneaux de brassage*

Un panneau de brassage offre d'autres possibilités, parmi lesquelles les fonctions de multiplage, qui consistent en un certain nombre de connecteurs adjacents et câblés en parallèle, de sorte, par exemple, que la sortie d'une console reliée à l'un deux peut être distribuée simultanément à un certain nombre d'appareils. L'inconvénient de ce type de distribution est que, si un court-circuit ou une interférence se manifestent sur l'une des embases, ce défaut se répercutera sur les autres en raison de l'absence d'isolation entre les embases.

Les appareils périphériques sont en général dotés d'embases d'entrée et de sortie de type XLR. Il est donc intéressant de disposer d'un panneau équipé de telles embases et relié au panneau de brassage, afin de simplifier le raccordement de ces appareils.

Les embases jack peuvent être dotées de contacts auxiliaires supplémentaires, qui réagissent de manière habituelle à l'enfichage d'une prise, mais ne sont pas utilisés pour le signal audio. On peut s'en servir, par exemple, pour allumer des voyants de signalisation permettant d'indiquer que tel ou tel appareil est connecté. Dans la mesure où la plupart, voire la totalité, des connexions transitent par le panneau de brassage, il est essentiel que les contacts soient d'excellente qualité et d'une fiabilité irréprochable. De ce fait, les constructeurs utilisent souvent des palettes métalliques recouvertes de palladium, métal dur et résistant à la fois à l'usure et à l'oxydation ; ces aspects doivent être vérifiés lors de l'acquisition d'un panneau de brassage. L'or et l'argent ne sont pas utilisés pour cette application professionnelle, car ils s'useraient rapidement. L'argent, par ailleurs, montre une tendance rapide à l'oxydation. Si les panneaux de brassage à jacks utilisent en général le modèle téléphonique, d'autres sont équipés d'une version miniaturisée appelée *jack Bantam*. On rencontre fréquemment ces derniers sur les panneaux de brassage intégrés aux consoles, dont ils permettent une grande compacité, au prix d'une complexification du câblage arrière. Certains modèles se sont avérés par le passé peu fiables et donc inadaptés à une utilisation professionnelle. Ceux d'aujourd'hui sont meilleurs et utilisent presque tous des contacts au palladium. Les systèmes de brassage électroniques, appelés aussi *grilles de commutation*, épargnent l'utilisation de bretelles. Ils sont constitués d'une série d'entrées et de sorties auxquelles les appareils sont reliés ; la connexion des entrées vers les sorties est effectuée à l'aide de circuits électroniques commandés numériquement. L'ensemble est contrôlé à l'aide d'un clavier, et un écran permet de visualiser l'état du système. Une sortie donnée peut être aiguillée sur n'importe quelle entrée et peut en attaquer simultanément plusieurs, si nécessaire. Différentes configurations peuvent être mémorisées, puis rappelées. Des changements d'architecture peuvent donc être effectués rapidement ; cette possibilité, associée à un code temporel, permet des changements de configuration au cours d'un mixage. Certaines grilles peuvent être commandées par protocole MIDI.

## 13.13 Amplificateurs de distribution

Un amplificateur de distribution est un appareil permettant de distribuer une entrée vers un certain nombre de sorties, chacune étant isolée des autres et dotée d'un réglage de niveau. Il est d'un usage très répandu dans les centres de radiodiffusion et dans toutes les circonstances où un signal donné doit être aiguillé vers différentes destinations. Cette approche est préférable à un simple raccordement en parallèle, car les différentes sorties ne sont pas affectées par les manœuvres effectuées sur les autres. Cela évite la propagation de défauts ainsi que des charges résultantes de valeur insuffisante.

## Référence bibliographique

GIDDINGS, P. (1990) *Audio system design and installation*. SAMS.

# 14 Les appareils périphériques

Les appareils périphériques sont les correcteurs paramétriques, les égaliseurs paragraphiques, les lignes à retard, les chambres d'échos, les traitements dynamiques, les multieffets, les portes et les réverbérations. Ils offrent des possibilités de traitement que les consoles ne permettent pas, même si certaines sont dotées de correcteurs paramétriques et d'une section dynamique.

## 14.1 Égaliseurs paragraphiques

L'égaliseur paragraphique, illustré à la figure 14.1, est constitué d'une rangée de potentiomètres rectilignes (plus rarement rotatifs), qui permettent d'accentuer ou d'atténuer le signal dans une bande de fréquence relativement étroite. Des modèles simples, à quatre ou cinq bandes, ont été développés pour le marché de la musique électronique et sont utilisés comme correcteurs de tonalité multibandes. Ils permettent d'étendre les possibilités des correcteurs rudimentaires des guitares ; de nombreux amplificateurs en sont dotés.

**Figure 14.1**
Égaliseur paragraphique de Klark-Teknik.

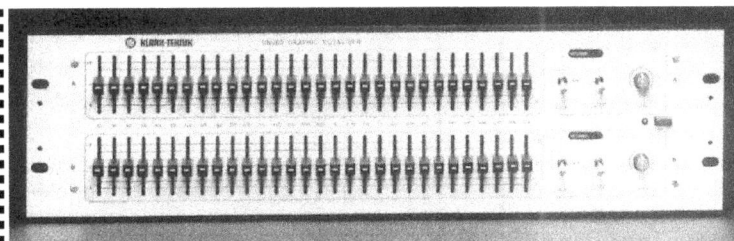

Les modèles professionnels, généralement montés dans des boîtiers au standard 19 pouces, comportent 10 ou 30 bandes de fréquences, respectivement espacées d'une octave ou d'un tiers d'octave. Les fréquences centrales normalisées par l'ISO, organisme international de normalisation, sont, pour les bandes espacées d'une octave, de 31 Hz, 63 Hz, 125 Hz, 250 Hz, 500 Hz, 1 kHz, 2 kHz, 4 kHz, 8 kHz et 16 kHz. Chaque commande permet une accentuation ou une atténuation d'au minimum 12 dB.

La figure 14.2 illustre deux types de comportements possibles, montrant trois positions d'amplification et d'atténuation de la section centrée sur 1 kHz. Dans les deux cas, la sélectivité est identique (voir le complément 6.6) pour les positions maximales. Dans le premier cas, aux positions intermédiaires, l'action est plus douce, la sélectivité variant avec l'importance du gain (accentuation ou atténuation). De nombreux modèles fonctionnent sur ce principe, qui présente l'inconvénient qu'une bande de fréquence relativement large est affectée lors d'accentuations ou d'atténuations assez modérées. Dans le second cas, la largeur de bande évolue en fonction de l'importance de l'action ; ce type de filtre est appelé « à Q constant », car la sélectivité reste la même quelle que soit la position de la commande.

**Figure 14.2**

Deux types de comportements de filtres, pour différentes valeurs de gain.
(a) Filtre dont la sélectivité Q dépend de l'importance de l'amplification ou de l'atténuation.
(b) Filtre à Q constant.

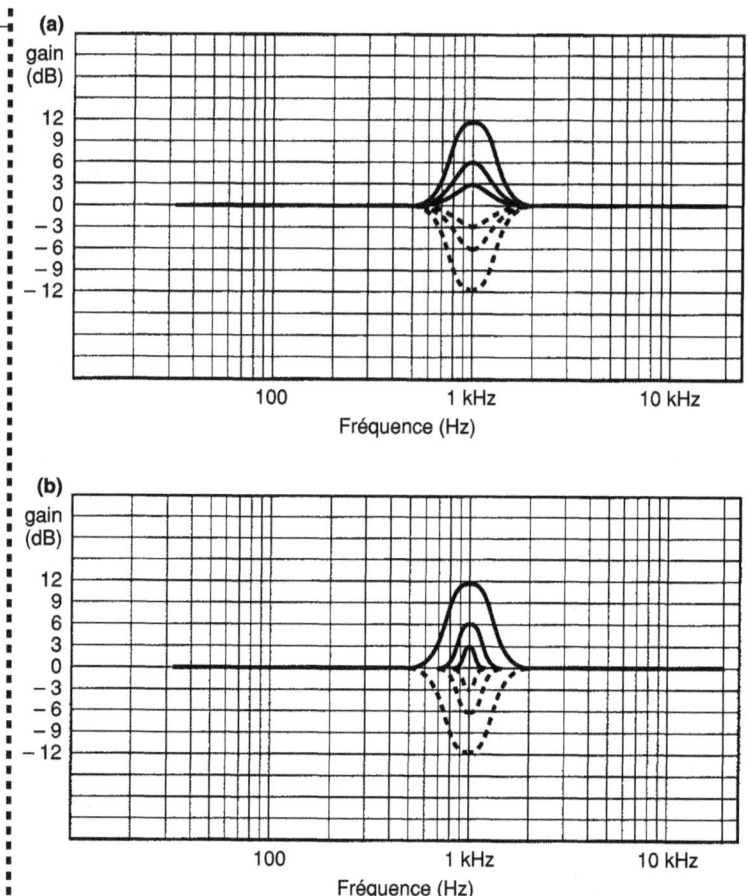

La constance de la sélectivité, soit une distance d'un tiers d'octave, est un aspect primordial pour ce qui est des égaliseurs paragraphiques à 30 bandes, car elle permet de limiter les interactions entre bandes adjacentes. Pour ces appareils, l'ISO a normalisé les fréquences centrales des sections à 25 Hz, 31 Hz, 40 Hz, 50 Hz, 63 Hz, 80 Hz, 100 Hz, 125 Hz, 180 Hz, 200 Hz, 250 Hz, 315 Hz, 400 Hz, 500 Hz, 630 Hz, 800 Hz, 1 kHz, 1,25 kHz, 1,8 kHz, 2 kHz, 2,5 kHz, 3,15 kHz, 4 kHz, 5 kHz, 6,3 kHz, 8 kHz, 10 kHz, 12,5 kHz, 16 kHz et 20 kHz. Ces valeurs normalisées permettent l'utilisation conjointe des égaliseurs paragraphiques et d'autres appareils, tels que les analyseurs de spectre, dont les bandes d'analyse sont centrées sur les mêmes fréquences.

Même avec des appareils à sélectivité constante, les égaliseurs classiques souffrent d'un certain niveau d'interactivité entre sections adjacentes. Si, par exemple, on choisit une accentuation de 12 dB et une atténuation de 12 dB pour la section adjacente, la réponse résultante sera voisine d'une accentuation et d'une atténuation respectives d'environ 6 dB ; de tels réglages sont toutefois peu vraisemblables. En revanche, les égaliseurs paragraphiques numériques permettent de telles performances sans interaction.

À voie unique ou stéréo, les égaliseurs paragraphiques sont tous dotés d'une commande générale de niveau et d'un commutateur de mise en/hors fonction ; certains intègrent en outre un filtre coupe-bas séparé. L'indicateur de surcharge dont certains sont dotés présente également un grand intérêt. Une diode électroluminescente s'éclaire juste avant que le signal n'atteigne l'écrêtage, ce qui peut arriver lors d'accentuations importantes. Certains modèles ne permettent que d'atténuer le signal ; ils sont alors utilisés en tant que filtres réjecteurs, par exemple pour atténuer les fréquences d'accrochage des systèmes de sonorisation. Un égaliseur paragraphique peut avoir à attaquer une liaison de grande longueur si, par exemple, il est inséré entre la sortie d'une console et l'entrée d'amplificateurs de puissance distants. Les caractéristiques de son étage de sortie doivent le permettre ; on doit donc rechercher en la matière des spécifications proches de celles d'une sortie de console. Il est plus courant de connecter un tel appareil aux inserts de sortie de la console, dont l'indicateur de niveau rend alors compte du traitement apporté par l'égaliseur paragraphique. Le rapport signal sur bruit doit être au minimum de 100 dB.

Permettant de modeler à volonté la couleur sonore, l'égaliseur paragraphique peut également être utilisé comme outil purement créatif. Son rôle le plus fréquent est toutefois l'égalisation des systèmes de diffusion en sonorisation. Il a parfois été utilisé pour corriger les écoutes des cabines techniques ; cependant les piètres résultats obtenus, d'une part parce que des mesures effectuées à l'analyseur de spectre ne rendent pas totalement compte de la perception et d'autre part en raison des rotations de phase qu'il occasionne, ont amené à l'éliminer de ce domaine d'application. On lui préfère des corrections par traitement acoustique de la régie. Les correcteurs paramétriques, quant à eux, font l'objet d'une description détaillée au paragraphe 6.4.4.

## 14.2 Compresseurs/limiteurs

Ce type d'appareil (voir le complément 4.1) est utilisé comme traitement de la dynamique ou pour se prémunir contre les phénomènes de saturation. La figure 14.3 en représente un modèle, dont les principaux paramètres réglables sont le temps d'attaque, le temps de retour, le seuil et le rapport de compression.

## Complément **14.1** – *Compression et limitation*

Un compresseur est un appareil dont les évolutions du niveau de sortie peuvent être rendues différentes de celles du niveau d'entrée. Par exemple, un compresseur de rapport 2 : 1 est tel que les variations du niveau de sorties seront moitié moindres que celles du niveau d'entrée lorsque ce dernier dépasse un certain seuil (voir la figure). Par exemple, un accroissement du niveau d'entrée de 6 dB se traduira par une augmentation du niveau de sortie de 3 dB. D'autres rapports (3 : 1, 5 : 1, etc.) sont possibles. Pour des rapports de valeur élevée, le niveau de sortie n'évolue que peu au regard des variations du signal d'entrée ; le compresseur se comporte alors comme un limiteur, dispositif utilisé pour s'assurer que le signal ne dépasse pas un certain niveau. On distingue les appareils à action progressive (*soft knee*), où la zone de mise en action est répartie autour du seuil, et ceux à action soudaine (*hard knee*), qui passent brutalement d'un comportement linéaire au traitement dynamique.

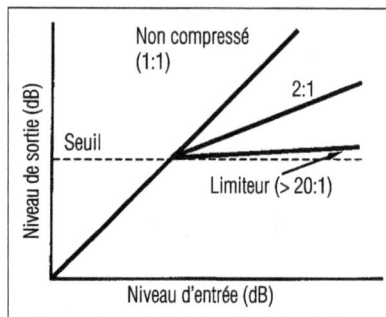

Le temps d'attaque, exprimé en microsecondes ou en millisecondes, indique la rapidité avec laquelle le compresseur réagit à un signal dépassant le seuil. Un temps d'attaque très court, de l'ordre de 10 microsecondes, permet d'éviter les surmodulations, un transitoire de niveau élevé étant vite maîtrisé. Un temps de retour court permet de retrouver rapidement le gain de référence, seules les crêtes de courte durée étant alors affectées.

Un temps de retour long associé à un seuil moyen permet de restreindre la dynamique à une étendue plus faible, et, ainsi, de remonter le niveau général. Une telle technique est fréquemment utilisée pour les voix, car elle permet d'obtenir d'un chanteur un niveau relativement constant. Les signaux devant être radiodiffusés en modulation d'amplitude font également l'objet d'un tel traitement : on peut ainsi faire passer des programmes à dynamique importante dans ce type de canal. On l'utilise également, à un degré moindre, en FM, bien que des exemples désastreux de l'emploi de cette technique puissent être constatés sur certaines stations. Le son qui en résulte est oppressant, et, lors des pauses, les variations de gain du système sont audibles en raison de l'effet de pompage qu'elles créent sur le bruit de fond. L'effet perçu est similaire à celui d'une bande ayant fait l'objet d'un codage à réduction de bruit en l'absence de décodeur réciproque.

Sur de nombreux appareils, les sections compresseur et limiteur sont distinctes et l'étendue des différents réglages de chaque section est appropriée à l'application correspondante. Certains appareils possèdent une section *noise gate* (voir le paragraphe 9.5.2) avec des réglages du seuil et du rapport, qui constitue en quelque sorte le symétrique d'un limiteur, le signal faisant l'objet d'une atténuation d'autant plus importante que son niveau est inférieur à celui du seuil. Certains réglages de la compression occasionnent un affaiblissement du niveau général perçu, qu'un réglage de gain permet de compenser. Les appareils sont par ailleurs souvent équipés d'un indicateur permettant la visualisation de la réduction de niveau opérée.

**Figure 14.3**_____
Compresseur/limiteur produit
par la firme Drawner.

## 14.3 Générateurs d'échos et de réverbération

### 14.3.1 *Chambres d'échos naturelles*

Avant l'apparition de dispositifs électroniques, la génération d'échos ou plus exactement de réverbération faisait appel à une chambre d'échos naturelle, c'est-à-dire à une pièce aux parois réfléchissantes dans laquelle étaient disposés un haut-parleur et deux microphones, ces derniers étant à une certaine distance l'un de l'autre et du haut-parleur (voir la figure 14.4).

**Figure 14.4**_____
Dans une chambre de
réverbération, le signal
émanant du départ écho
alimente un haut-parleur dont
le rôle est d'exciter la pièce.
Les deux microphones placés
dans le champ réverbérant
fournissent des signaux aux
retours écho.

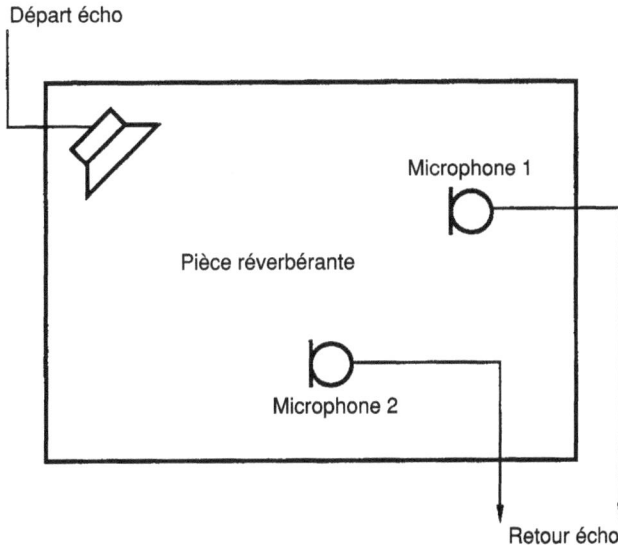

Départ écho

Microphone 1

Pièce réverbérante

Microphone 2

Retour écho

Le signal à traiter était envoyé au haut-parleur à un niveau suffisamment élevé pour exciter les réflexions de la pièce, qui étaient alors captées par les deux microphones, qui fournissaient le signal stéréo de retour écho. Cette technique pouvait donner d'excellents résultats, la qualité obtenue dépendant de la taille de la pièce, de sa forme et du traitement acoustique dont elle avait fait l'objet. L'introduction de pré-délais (voir le complément 14.2), souvent élaborés à l'aide de magnétophones, permettait de simuler des réflexions provenant de parois plus distantes.

**335**

---

**Complément 14.2** – *La simulation des réflexions*

Dans une chambre de réverbération, le pré-délai est utilisé pour retarder l'apparition des premières réflexions, ce qui permet de simuler le comportement des parois distantes d'un lieu vaste. Les premières réflexions, ou *réflexions précoces*, sont alors programmées ; elles simulent les quelques réflexions individuelles sur les parois du lieu, qui interviennent au tout début de la naissance du champ réverbéré. Ce dernier intervient ensuite ; il se caractérise par des réflexions denses et aléatoires, dont l'énergie décroît progressivement (voir la figure).

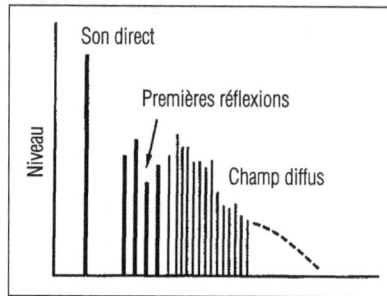

Le pré-délai et les réflexions précoces ont un rôle capital sur la perception que nous avons de la taille d'un lieu. Ce sont ces premiers instants qui fournissent au cerveau les informations principales en la matière, beaucoup plus que le temps de réverbération lui-même. En effet, ce dernier ne dépend pas uniquement du volume du lieu, mais est également fonction de l'absorption des parois (voir les compléments 1.5 et 1.6) ; ainsi, un même temps de réverbération peut être obtenu pour une grande pièce peu réverbérante ou pour une autre, de plus petite taille, mais moins absorbante.

Les premières réflexions, elles, ne dépendent que des distances entre les parois.

---

## 14.3.2 *Chambres d'échos à plaque*

Ce type de dispositif consiste en une feuille métallique peu épaisse, d'une surface de deux ou trois mètres carrés, suspendue à un cadre et enfermée dans une boîte acoustiquement étanche. Un transducteur d'excitation est fixé près de l'un des bords, et deux ou plusieurs capteurs sont positionnés à différents emplacements de la plaque (voir la figure 14.5). Le signal à traiter est appliqué au transducteur d'excitation, qui entraîne la mise en vibration de la plaque dont les propriétés de résonance permettent la persistance pendant un certain temps des vibrations engendrées.

Les différents capteurs transforment à leur tour ces vibrations en signaux électriques et permettent d'obtenir, selon leurs positions, différents types de réverbération. Sur certains modèles, plusieurs transducteurs d'excitation ont pour rôle d'exciter les divers modes de résonance de la plaque. Pour simuler une pièce de grande taille, il est là aussi possible de simuler des pré-délais, à l'aide d'un magnétophone ou d'une ligne à retard électronique. Ce dispositif permet des effets intéressants et fait l'objet de simulations dans les multieffets actuels dans la mesure où ils se marient bien avec certains types d'instruments. L'insertion d'un égaliseur paragraphique permet par ailleurs de travailler la couleur de la réverbération produite.

**Figure 14.5**

Réverbération à plaque, constituée d'une plaque métallique suspendue à un cadre, d'un dispositif d'excitation et de deux capteurs. En faisant varier l'amortissement de la plaque, il est possible de jouer sur la décroissance des vibrations.

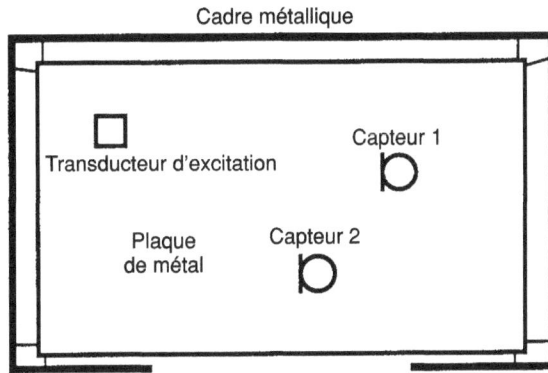

Cadre métallique

Transducteur d'excitation

Capteur 1

Plaque de métal

Capteur 2

Ce dispositif doit faire l'objet d'une isolation acoustique très soignée, car il est sensible aux vibrations externes, aussi bien aériennes que de structures. Installée dans un environnement bruyant, la chambre d'échos à plaque fournira un signal contenant une version réverbérée de ce bruit d'ambiance ! Il est fréquent de poser un tel appareil sur un sol mécaniquement isolé de celui du studio.

## 14.3.3 *Réverbération à ressorts*

Les réverbérations à ressorts, popularisées par le facteur d'orgues américain Hammond, consistent pour l'essentiel en un ressort de fil métallique d'un ou deux millimètres de diamètre et d'environ un mètre de long. À l'une des extrémités, un transducteur fait vibrer ce ressort, et des capteurs situés à l'autre extrémité ainsi qu'à des positions intermédiaires permettent de convertir les vibrations en signaux électriques. Certains modèles sont relativement sophistiqués et comportent plusieurs ressorts et de nombreux capteurs. La qualité sonore obtenue, certes modeste, permet d'obtenir des effets intéressants dans les amplificateurs pour guitare, qui constituent leur principal domaine d'application.

## 14.3.4 *Réverbérateurs numériques*

Les réverbérateurs numériques actuels, tels que celui illustré à la figure 14.6, ont atteint un haut degré de sophistication. Les recherches concernant les trajets des ondes sonores, les modes de réflexion, l'atténuation atmosphérique et le comportement de lieux réels ont été prises en compte lors de leur conception. Le panneau de commande comporte en général la sélection d'effets préprogrammés, tels que *large hall*, *medium hall*, *cathedral*, *church*, etc., ainsi que le réglage de paramètres comme le temps de pré-délai, la forme de la décroissance, le comportement de cette dernière en fonction de la fréquence, l'équilibre son direct/son traité et la largeur stéréophonique. Un système d'affichage permet à l'utilisateur de visualiser la valeur de ces paramètres.

**Figure 14.6**
Exemple de réverbération numérique : le modèle RMX 16 d'AMS.

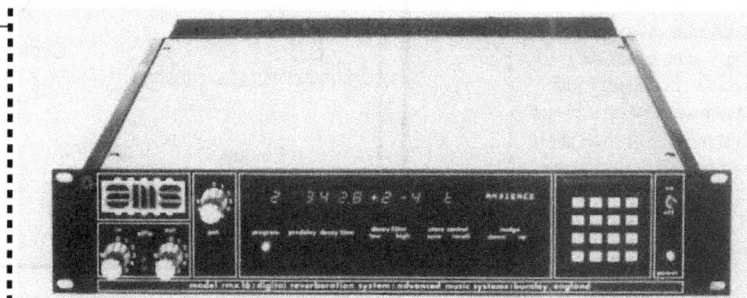

La plupart du temps, la mémoire de la machine comporte deux parties, l'une volatile et l'autre non. Cette dernière contient les effets pré-programmés en usine et, bien que les paramètres puissent en être modifiés, ces modifications n'y sont pas enregistrées. Les réglages sont mémorisés dans la zone volatile et il est habituel d'ajuster un effet préprogrammé à son goût et de le transférer dans cette même zone. Prenons l'exemple d'un appareil doté de cent programmes ; les cinquante premiers sont résidents et ne peuvent être définitivement modifiés ; on obtient les cinquante autres à partir des cinquante premiers, en les transférant dans la zone volatile accompagnés des paramètres modifiés. La procédure, qui peut varier d'un appareil à l'autre, est en général assez simple et ne nécessite que deux ou trois manœuvres ; par exemple, appuyer successivement sur les touches 5,7 et *store* aura pour effet de transférer un programme ajusté à son goût dans la mémoire volatile, en position 57. Des réglages complémentaires peuvent être effectués ensuite, si nécessaire.

Différents appareils sont dotés d'une sécurité permettant de protéger les programmes mémorisés contre un effacement accidentel. Une pile de sauvegarde protège le contenu de la mémoire lorsque l'alimentation de l'appareil est coupée. Bien qu'il soit possible d'enregistrer des programmes très particuliers, il est surprenant de constater qu'un appareil conserve son caractère, ou sa couleur, bonne ou mauvaise. C'est ce qui explique le penchant des opérateurs pour tel ou tel modèle. Certains ont une sonorité, quels que soient les réglages, qui n'est pas sans rappeler celle des réverbérations à ressorts, alors que d'autres fournissent un son plutôt sourd, en raison d'une bande passante n'excédant pas 12 kHz. Il convient de se préoccuper de cet aspect lors de l'examen des spécifications. Sur certains modèles, la bande passante évolue en fonction du temps de réverbération programmé, inconvénient qui n'est pas toujours aisé à découvrir à la seule lecture de la notice d'utilisation.

Dans tout ce qui précède, nous avons supposé l'entrée mono et la sortie stéréo. De cette manière, une sensation d'espace stéréo peut être ajoutée à un signal mono, les deux sorties présentant un certain niveau de décorrélation. Certains appareils sont dotés d'entrées stéréo, ce qui permet de considérer la source comme non ponctuelle.

**Figure 14.7**

Le processeur multieffets 2290, de TC Electronics.

## 14.4 Multieffets

Les multieffets numériques, dont la figure 14.7 montre un exemple, réunissent en un seul appareil un grand éventail de fonctions. La section de correction paramétrique permet différents degrés d'accentuation et d'atténuation, à des fréquences et avec des sélectivités réglables. Une certaine capacité de mémoire permet le stockage d'une séquence qui peut être traitée et relue sous la dépendance de signaux de commande. Il est souvent possible de télécommander la mise en service des différents effets soit à l'aide d'un ordinateur, via une interface RS 232, soit grâce à une interface MIDI (voir le chapitre 15). Certains appareils permettent le chargement, à partir d'une disquette, de configurations et de réglages. Les effets préprogrammés sont les échos répétitifs, le panoramique automatique, la modulation de phase, le *flanging*, divers types de filtres, les retards, la modification de hauteur, les portes et autres ajouts d'harmoniques. Des commandes multifonctions permettent d'accéder aux différents réglages. De nombreux appareils ne permettent d'obtenir qu'un seul effet à la fois.

Pour certains appareils, des mises à jour des logiciels sont offertes, qui permettent par exemple d'acquérir une machine de base et de la compléter plus tard et d'en augmenter les performances, ainsi que d'équiper l'appareil de nouveaux effets, au fur et à mesure de leur développement. Ainsi, ces appareils seront moins vite obsolètes, dans un domaine en constante évolution.

## 14.5 Décaleurs de fréquences

Ce type d'appareil permet de modifier la fréquence du signal d'entrée de quelques hertz. Il est surtout utilisé en sonorisation, où il permet une réduction importante des phénomènes de larsen

**339**

de la manière suivante. La réaction acoustique est causée par le réinjection dans le microphone des ondes sonores produites par le haut-parleur, ondes qui sont réamplifiées puis réémises, et ainsi de suite. Une boucle de réaction positive apparaît alors qui conduit à l'oscillation du système à une certaine fréquence. L'insertion du décaleur de fréquences dans le trajet du signal a pour conséquence que les ondes émises par le haut-parleur ont des fréquences légèrement différentes de celles provenant du microphone, ce qui évite les effets additifs et rompt donc la boucle de réaction positive. Dans de nombreuses applications, ce très faible décalage de fréquence n'a que peu de conséquences sur la hauteur du son perçu.

## 14.6 Autres dispositifs

Au cours des années soixante-dix, la firme américaine Aphex a introduit sur le marché un appareil appelé *Aural Exciter*, dont le fonctionnement est resté environné de mystère pendant un certain temps. Il permet de rendre un son plus brillant et d'en augmenter la présence. Il est souvent utilisé pour traiter des voix et des instruments solistes, mais aussi parfois la totalité d'un programme. Différents industriels ont ensuite proposé des appareils relativement similaires, qui reposent entièrement sur des principes subjectifs.

Pour l'essentiel, l'effet psychoacoustique recherché est obtenu à l'aide de techniques telles que le filtrage en peigne, une amplification sélective à certaines fréquences, et l'introduction de déphasages dans certaines bandes de fréquence.

Les dispositifs appelés *de-esser* ont pour but de débarrasser les signaux provenant d'enregistrements de voix en proximité, des sifflantes qu'ils contiennent. Ils procèdent à un filtrage dynamique des fréquences élevées, afin de redonner à ces voix une couleur plus naturelle.

## 14.7 Raccordement des périphériques

Il est nécessaire d'opérer une distinction entre les appareils qui nécessitent l'interruption du cheminement du signal en vue de son traitement, et ceux destinés à ajouter un effet au signal préexistant.

Les correcteurs paramétriques, les égaliseurs paragraphiques et les différents traitements dynamiques doivent être insérés dans le cheminement du signal ; en principe, il est peu probable qu'on souhaite par exemple mélanger un signal avec sa version compressée. Les périphériques doivent alors être raccordés à la console au niveau des connecteurs d'insertion des voies ou des sorties, ou bien à l'entrée, ou encore immédiatement derrière une sortie (voir la figure 14.8).

**Figure 14.8**
Les appareils périphériques
tels que les compresseurs
sont en principe raccordés au
point d'insert d'une voie de
la console.

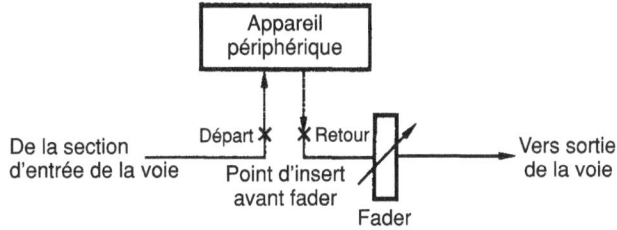

Les appareils tels que les chambres d'échos, les réverbérateurs ou les générateurs d'effets comme le chorus ou *flanger* ont pour but d'ajouter des composantes au signal originel et sont en principe attaqués par un départ auxiliaire. Leurs sorties sont connectées soit à des voies d'entrée de la console, soit à des voies simplifiées, dites *retours effets*, conçues à cette fin, les signaux étant alors mélangés avec le signal originel (voir la figure 14.9).

**Figure 14.9**
Les générateurs d'écho et de
réverbération sont
d'ordinaire attaqués par un
départ auxiliaire après fader ;
leurs sorties sont renvoyées à
la console sur des modules
de retour écho dédiés ou sur
des voies d'entrée.

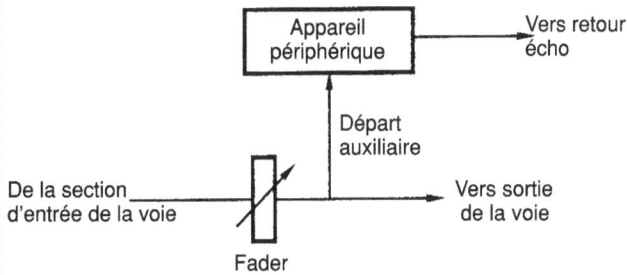

Il arrive que l'on n'utilise que le signal traité, auquel cas soit le départ auxiliaire se fera avant fader, soit la voie par laquelle transite le signal sera déconnectée des sorties de la console, ne servant alors qu'à envoyer le signal vers les générateurs d'effets via le départ auxiliaire.

## Références bibliographiques

WHITE, P. (1989) *Effets et processeurs*. T1. Les cahiers de l'ACME.

WHITE, P. (1990) *Effets et processeurs*. T2. Les cahiers de l'ACME.

# 15 MIDI

MIDI, acronyme de *Musical Instruments Digital Interface*, soit interface numérique pour instruments de musique, fait aujourd'hui partie intégrante de l'environnement des studios et de la production multimédia. On peut l'utiliser pour commander des instruments de musique tels que les échantillonneurs et les synthétiseurs, des cartes son installées sur des ordinateurs personnels où l'on trouve des fonctions de synthèse sonore FM et par tables d'ondes, aussi bien que d'échantillonnage ou encore d'autres appareils de studio comme des consoles, des générateurs d'effets et des enregistreurs. On trouve fréquemment aujourd'hui des ensembles logiciels qui comportent tout à la fois des programmes audionumériques et des programmes MIDI, et qui permettent donc l'enregistrement et la lecture aussi bien des échantillons audio que des données descriptives d'une pièce musicale, en vue de bénéficier de la combinaison des deux approches.

MIDI a acquis une grande popularité comme moyen économique d'enregistrement et de commande de données musicales. Un enregistrement numérique nécessite une capacité mémoire considérable, environ 5 Mo par minute pour un son de haute qualité, alors que les données MIDI relatives à la même durée n'occuperont qu'environ 5 ko, même si cette comparaison admet des limites. L'adoption très répandue du standard General MIDI et la disponibilité de cartes son bon marché permettent des applications sonores de haute qualité, reposant sur MIDI plutôt que sur des fichiers de données sonores.

Ce chapitre est une introduction à MIDI et à ses applications ; le lecteur en trouvera une étude plus approfondie dans l'ouvrage *MIDI Systems and Control*, du même auteur.

## 15.1 Introduction à MIDI

MIDI est une méthode permettant la télécommande d'instruments de musique électronique. Il intègre des fonctions de commande et de séquencement des systèmes. Il rend possible, à l'aide d'un train de données unique, la commande de plusieurs instruments de musique en mode polyphonique. L'interface est de type série (voir le complément 15.1), ce qui présente différents avantages.

## 15.2 MIDI et audionumérique

Nombreux sont ceux pour qui la distinction entre MIDI et audionumérique est évidente, mais les novices confondent souvent les deux. En effet, les appareils MIDI et audionumériques remplissent en apparence la même tâche : l'enregistrement de modulations musicales. Certains constructeurs entretiennent la confusion, en qualifiant les séquenceurs MIDI d'enregistreurs numériques.

**Figure 15.1**

Comparaison entre une chaîne d'enregistrement audionumérique (a) et une chaîne MIDI (b). Dans le premier cas, le signal est numérisé puis enregistré, alors que, dans le second, seules des informations de commande sont stockées, et un générateur commandé par protocole MIDI est nécessaire à la lecture.

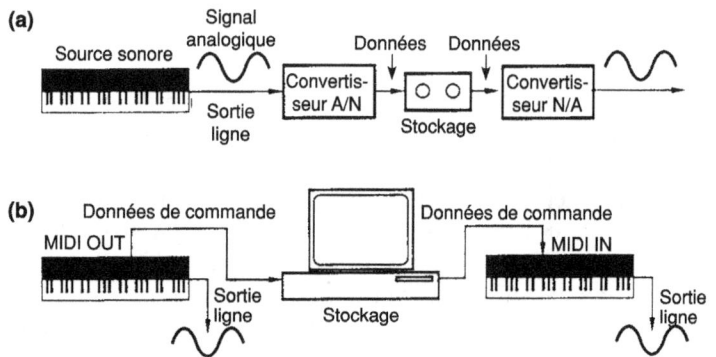

L'audionumérique implique un processus de conversion, où un signal audio (tel que celui délivré par un instrument de musique) est échantillonné à des intervalles de temps réguliers, puis converti en une suite de mots binaires (voir le chapitre 10). Un enregistreur numérique enregistre cette suite de données, qui, à la lecture, transitent par un convertisseur numérique analogique, qui fournit à son tour un signal sonore, comme le montre la figure 15.1. Le standard MIDI, quant à lui, est destiné à véhiculer des données de commande des générateurs et appareils de traitement du son. Ces données représentent des événements tels que l'appui sur une touche, la modification d'un réglage ou l'actionnement d'une commande. Lorsqu'un enregistrement musical est effectué à l'aide d'un séquenceur MIDI, cette donnée est enregistrée et l'événement peut être reproduit plus tard : il suffira de relire la donnée et de la transmettre à un ensemble d'instruments de musique commandés par MIDI. Ce sont donc en fait les instruments qui reproduisent ce qui a été enregistré.

Un enregistreur audionumérique, lui, permet d'enregistrer un son et de le relire sans appareil supplémentaire. Il permet l'enregistrement de voix, pour lequel MIDI ne peut être d'une grande aide. Un séquenceur MIDI n'est pas de grande utilité sans un ensemble de générateurs ; il ne fixe pas la qualité et le timbre du son reproduit, qui dépendent des synthétiseurs utilisés. L'intérêt de l'enregistrement MIDI est que les données enregistrées décrivent les événements intervenant dans un morceau de musique ; il est alors possible de modifier le morceau en agissant sur ces descripteurs.

---

**Complément 15.1** – *Interfaces série*

Dans une interface série, les éléments binaires qui constituent chaque octet sont transmis l'un après l'autre, ce qui différencie l'interface série d'une interface parallèle, où un certain nombre de données peuvent être transmises simultanément, à l'aide d'un jeu de liaisons parallèles. Une liaison série établie entre deux appareils ne nécessite qu'un canal de transmission ; elle est très avantageuse lorsque le coût du câblage est élevé ou qu'un seul canal est disponible (dans le cas du téléphone, par exemple).

La plupart des ordinateurs et les appareils MIDI utilisent des transports de données en parallèle, ce qui nécessite, en entrée et en sortie, des conversions du et vers le format série.

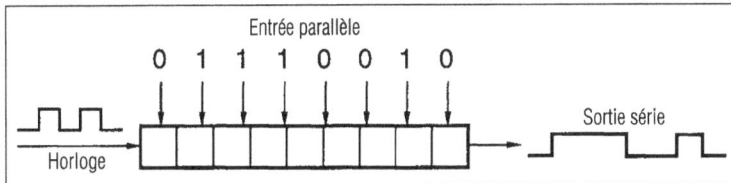

Un circuit appelé *registre à décalage*, dont le fonctionnement est illustré ci-dessus, opère cette conversion. La fréquence du signal d'horloge détermine le débit auquel les éléments binaires de la séquence d'entrée, en parallèle, sont décalés vers la sortie série. Un processus inverse permet la conversion d'entrées série vers le format parallèle.

L'adoption pour MIDI d'une interface série a été dictée par des considérations de commodité et d'économie, dans la mesure où cette interface doit être installée sur des appareils bon marché et doit pouvoir servir à un large éventail d'utilisateurs. La simplicité de mise en œuvre et d'utilisation de MIDI est à l'origine de son développement rapide et de sa normalisation internationale.

---

## 15.3 Principes de base de la norme MIDI

### 15.3.1 *Spécifications générales*

La norme MIDI spécifie une interface série unidirectionnelle et asynchrone, travaillant à un débit de 31,25 kbits/s ± 1 % (voir le complément 15.2). Cette valeur a été choisie suffisamment faible pour qu'elle soit compatible avec des circuits et des câbles simples, et suffisamment élevée pour qu'elle permette la transmission d'informations entre les différents instruments sans délai notable, donnant la sensation d'une commande en temps réel.

La norme définit une interface matérielle qui doit équiper tout appareil MIDI et assure la compatibilité électrique du système ; le complément 15.3 en donne la description. En ce qui concerne un éventuel retard entre les connecteurs IN et THRU, il faut avoir conscience que le temps de transit des données dans le circuit tampon qui les relie n'est de l'ordre que de quelques microsecondes, et n'est donc pas de nature à engendrer un retard audible entre les sorties des différents instruments constituant un système.

Si un retard se fait jour, la raison doit en être cherchée ailleurs ; dans les paragraphes qui suivent, nous décrirons différentes sources potentielles de retard.

---

## Complément 15.2 – *Transmission de données asynchrones*

Le protocole MIDI repose sur une communication série asynchrone : les données sont transmises sans être accompagnées d'un signal d'horloge, et le récepteur est supposé se verrouiller sur les données lorsqu'elles lui arrivent. L'interconnexion de deux appareils est alors très simple, et ne nécessite qu'un seul câble, constitué de deux fils et d'un blindage de protection contre les interférences.

Dans une telle interface, il faut que les horloges de l'émetteur et du récepteur fonctionnent exactement à la même fréquence, faute de quoi des données risquent d'être perdues à cause d'erreurs temporelles. C'est le fondement même du fonctionnement correct d'une interface asynchrone ; pour la norme MIDI, la tolérance en ce qui concerne les fréquences d'horloge est de ± 1 %.

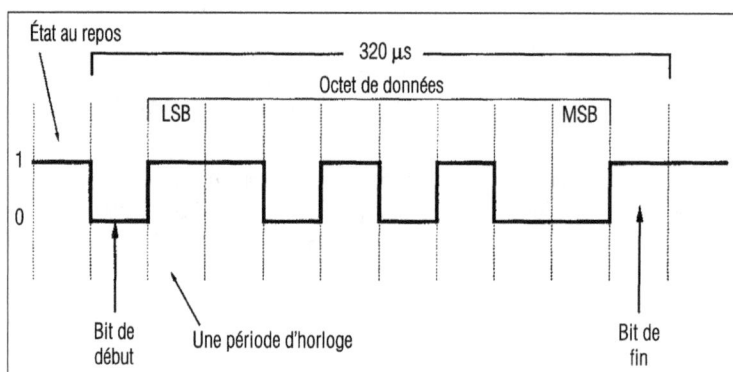

Les données peuvent être transmises à n'importe quel instant et les messages successifs peuvent être séparés par de longues périodes de silence. Il est donc nécessaire d'indiquer au récepteur le début et la fin d'une transmission, ce qui est réalisé à l'aide de caractères binaires de début et de fin de séquence, qui, respectivement, précèdent et suivent chaque octet de données transmis.

Lorsqu'il reconnaît le front montant du caractère de début (*start bit*), le récepteur ajuste la phase de son signal d'horloge de manière à pouvoir prendre en compte les éléments binaires qui le suivent aux instants corrects ; le caractère de fin (*stop bit*) intervient après la transmission de la huitième et dernière donnée (voir la figure). Un circuit appelé UART (*universal asynchronous receiver/transmitter*, soit émetteur/récepteur asynchrone universel), qui est en quelque sorte un registre à décalage sophistiqué, assure la conversion des données du format série au format parallèle, et inversement, au rythme du fonctionnement de l'interface.

La norme MIDI spécifie une interface série unidirectionnelle, présentant une rapidité de modulation de 31,25 kbauds. Les données ne sont transmises que dans un seul sens, de l'émetteur vers le récepteur ; la rapidité de modulation indique le nombre d'états électriques que peut véhiculer l'interface par seconde. Les messages MIDI standards sont constitués d'un, de deux ou de trois octets ; des messages de plus grande longueur sont prévus pour des applications particulières.

## Complément 15.3 – *Circuits d'interface MIDI*

La plupart des appareils MIDI sont dotés de trois connecteurs, OUT, IN et THRU. Le connecteur OUT transporte les données émises par l'appareil relatives aux touches pressées, aux modifications de réglages, etc., qui lui sont communiquées par l'UART.

Le connecteur IN reçoit les données émises par d'autres appareils et les envoie à l'UART. Les messages reçus par l'appareil ne sont pris en compte par un appareil donné que s'il lui est destiné et s'il est en mesure de le comprendre.

Le connecteur THRU est relié au connecteur IN, et fournit une réplique des données appliquées à ce dernier ; ces données ne subissent ni modification ni traitement, car seul un étage tampon est disposé entre les connecteurs IN et THRU. Certains appareils bon marché ne comportent pas de connecteur de ce type ; il est toutefois possible d'acquérir des interfaces appelées *MIDI THRU boxes*, qui, à partir d'une seule entrée, fournissent un certain nombre de sorties disponibles sur des connecteurs THRU, et s'apparentent donc à des amplificateurs distributeurs. Certains appareils dépourvus de connecteur THRU permettent la commutation de leur sortie OUT entre les fonctions OUT et THRU. Le connecteur THRU permet la mise en cascade (*daisy chain*) de plusieurs appareils MIDI ; ainsi, par exemple, les informations émises par un séquenceur peuvent être envoyées à un certain nombre de récepteurs sans que celui-ci possède le nombre de sorties correspondantes.

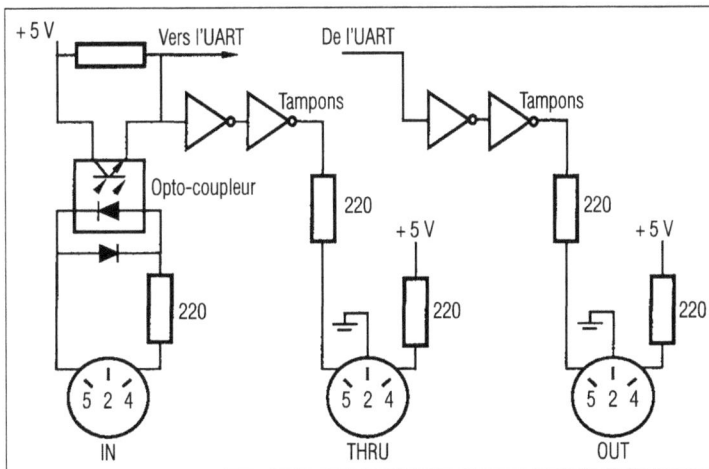

L'isolateur optoélectronique (composant contenant, dans un même boîtier, une diode électroluminescente et un phototransistor) assure un couplage optique des données entre le connecteur IN et l'UART ; il n'y a ainsi aucune liaison électrique entre les appareils, ce qui permet de réduire les conséquences de l'apparition, dans l'un d'entre eux, d'un défaut de nature électrique.

## Complément **15.4** – *Connecteurs et câbles*

Les connecteurs utilisés pour les interfaces MIDI sont du type DIN à cinq broches ; ils sont analogues à ceux qui équipent certains appareils hi-fi. La norme autorise également l'emploi des connecteurs professionnels XLR, même s'ils ne sont que très rarement utilisés dans ce contexte. Sur la plupart des appareils, seulement trois des cinq broches du connecteur, celles qui sont le plus au centre, sont utilisées.

Le câble doit être une paire blindée, dont l'écran est relié des deux côtés de la liaison à la borne 2 des prises, bien que, à l'intérieur du récepteur, cette borne ne soit pas reliée à la masse, afin d'éviter des phénomènes de boucle (voir le complément 13.2). On peut ainsi utiliser le câble dans n'importe quel sens. Les deux conducteurs internes permettent de relier les bornes 4 et 5 d'une prise aux bornes correspondantes de l'autre.

Lorsqu'une embase OUT ou THRU est reliée, à l'aide d'un câble adéquat, à une prise IN, une boucle de courant est constituée et l'émission des données se traduit par la circulation ou non du courant, suivant que la donnée est, respectivement, à l'état bas ou à l'état haut.

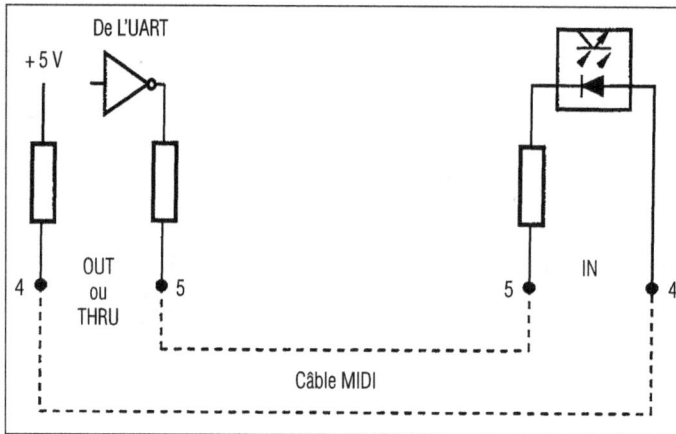

Il est recommandé de n'utiliser que des liaisons d'une longueur inférieure à 15 mètres ; les dégradations apportées au signal sont progressives et fonction de la longueur du câble, de sa qualité ainsi que des appareils qu'il relie.

Il est cependant possible de parcourir des distances supérieures à l'aide de régénérateurs de signal, appelés *booster boxes*.

Il est préférable de recourir à des câbles professionnels pour microphones, ceux du domaine grand public ne présentant pas toujours, surtout pour ce qui est des blindages, des performances suffisantes pour un fonctionnement correct. Cet aspect est particulièrement important dans le cas d'installations professionnelles, où les données MIDI voisinent avec les câbles audio, pour éviter les problèmes de diaphonie.

## 15.3.2 *Configurations élémentaires*

Avant de poursuivre, intéressons-nous à une application pratique simple, pour comprendre d'où viennent les différents aspects du protocole MIDI. Pour les besoins de l'exemple, nous supposerons qu'il s'agit d'un environnement musical, même si, comme nous le verrons, les systèmes MIDI peuvent comporter une grande variété d'appareils non strictement musicaux.

**Figure 15.2**

Le raccordement le plus simple entre deux appareils MIDI : la sortie OUT de l'un est reliée à l'entrée IN de l'autre.

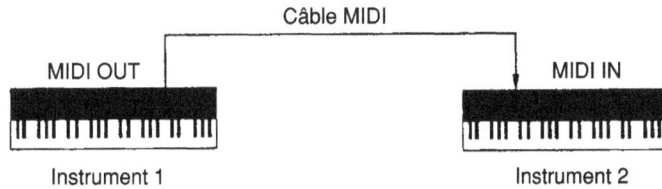

Câble MIDI

MIDI OUT

MIDI IN

Instrument 1

Instrument 2

Dans sa forme la plus simple, un système MIDI est constitué de deux instruments reliés à l'aide d'un câble MIDI (voir le complément 15.4). La figure 15.2 montre que l'instrument 1 envoie à l'instrument 2 des informations relatives aux actions effectuées sur ses commandes (pression sur une touche ou une pédale, etc.). L'instrument 2, autant qu'il le peut, reproduit ces actions. Ce type de configuration permet d'obtenir des sons doublés, en couches ou empilés. Une structure sonore composite peut alors être obtenue à partir des sorties des deux synthétiseurs ; cet effet nécessite, pour être écouté, le mélange des sorties audio à l'aide d'une console.

Des systèmes plus conséquents (voir la figure 15.3) peuvent être obtenus par la mise en cascade (*daisy chain*) d'un certain nombre d'instruments, qui fonctionnent sous la dépendance des informations délivrées par le premier d'entre eux. Ce type de mise en cascade n'est cependant pas la manière optimale de constituer un système MIDI complexe, comme nous le verrons plus loin dans ce chapitre.

**Figure 15.3**

Des appareils peuvent être mis en cascade, en utilisant la prise THRU ; tous les appareils reçoivent alors les données émanant de celui situé en début de chaîne.

OUT  IN

THRU  IN

THRU  IN

Instrument 1

Instrument 2

Instrument 3

Instrument 4

## 15.3.3 *Voies, ou canaux, MIDI*

Chaque message MIDI est constitué d'un certain nombre d'octets, dont chacun joue un rôle spécifique. L'un d'entre eux est utilisé pour indiquer, à l'aide d'un numéro, le destinataire concerné par un message donné, c'est-à-dire le ou les appareils qui devront réagir aux données que le message contient. Cet adressage prend toute son importance dans des systèmes complexes,

**349**

commandés par un séquenceur ou une unité centrale de commande, où un grand nombre d'informations circulent sur le bus MIDI et ne concernent pas toutes l'ensemble des instruments. Si un appareil est configuré pour recevoir les données relatives à un canal spécifique, il ne réagira que si les informations sont accompagnées du numéro correspondant, ignorant les autres. MIDI compte seize canaux, et les instruments pourront être configurés soit pour recevoir les données spécifiques à un canal ou à plusieurs (mode *omni off*), soit pour réagir aux données quel que soit le numéro du canal (mode *omni on*).

Nous verrons plus loin que cette limite de seize canaux peut être outrepassée en utilisant des interfaces MIDI multiports reliées à un ordinateur. En pareil cas, il est important de ne pas confondre le numéro de canal MIDI avec le numéro de port auquel un appareil est connecté. Chaque port permet en effet d'adresser les seize canaux de données.

## 15.4 Le protocole de communication MIDI

### 15.4.1 *Format des messages*

Les octets constituant les messages MIDI sont de deux types : les octets d'état (*status bytes*) et les octets de données (*data bytes*). Les octets d'état commencent toujours par un élément binaire à la valeur 1, ce qui permet de les distinguer des octets de données qui, eux, commencent toujours par une valeur 0. Comme le montre la figure 15.4, la première moitié d'un octet d'état représente le type du message et la seconde le numéro du canal. Comme l'élément binaire de poids fort (MSB) de chaque octet indique sa nature (d'état ou de données), il reste sept éléments binaires actifs, donc $2^7 = 128$ valeurs différentes possibles. Le lecteur trouvera au chapitre 10 des précisions relatives aux données binaires et dans le complément 15.5 des détails concernant la représentation hexadécimale.

**Figure 15.4**
Le format général d'un message MIDI. Les bits « sss » indiquent le type de message, les bits « nnnn » le numéro de voie et les bits « xxxxxxx » et « yyyyyyy » les données.

Le premier octet d'un message MIDI est en principe un octet d'état, qui contient le numéro du canal auquel le message doit s'appliquer. On peut remarquer sur la figure 15.4 que quatre éléments binaires sont prévus à cet effet, ce qui permet $2^4$, soit 16 canaux possibles. L'octet d'état constitue en fait un en-tête qui indique à quel récepteur, ou à quelle partie d'un récepteur, un message est destiné, ainsi que la nature du message qui suit. Cette dernière est indiquée par trois éléments binaires, ce qui permet en principe d'identifier huit types de messages. Toutefois, la configuration binaire 1111, soit le MSB à 1 suivi de la séquence 111, représente un cas particulier, celui d'un message système. Remarquons qu'en représentation hexadécimale, cette configuration vaut F ; dans ce qui suit, nous adopterons, en pareil cas, la représentation &F.

Tableau 15.1 – Vue d'ensemble des messages MIDI.

| Type de message | Octet d'état | Octet de données 1 | Octet de données 2 |
|---|---|---|---|
| Note off | &8n | Numéro de note | Vélocité |
| Note on | &9n | Numéro de note | Vélocité |
| Polyphonic aftertouch | &An | Numéro de note | Pression |
| Control change | &Bn | Numéro de commande | Donnée |
| Program change | &Cn | Numéro de programme | – |
| Channel aftertouch | &Dn | Pression | – |
| Pitch wheel | &En | Octet bas | Octet haut |
| *System exclusive* | | | |
| System exclusive stard | &F0 | Identifiant de constructeur | Donnée, (Donnée), (Donnée) |
| End of SysEx | &F7 | – | |
| *System common* | | | |
| Quarter frame | &F1 | Donnée | – |
| Song pointer | &F2 | Octet bas | Octet haut |
| Song select | &F3 | Numéro de morceau | – |
| Tune request | &F6 | – | |
| *System realtime* | | | |
| Timing clock | &F8 | – | – |
| Start | &FA | – | – |
| Continue | &FB | – | – |
| Stop | &FC | – | – |
| Active sensing | &FE | – | – |
| Reset | &FF | – | – |

Les messages standards peuvent être constitués d'un, de deux ou de trois octets, à l'exception des messages de type « système exclusif », qui constituent une exception et peuvent, pour différentes raisons, présenter une longueur plus importante. Le tableau 15.1 présente les principaux types de messages MIDI et leurs codes d'identification, format et contenu. La lettre *n* y représente un numéro de canal compris entre 1 et 16, dont la valeur codée est comprise entre 0 et 15. Dans les paragraphes qui suivent, nous décrirons succinctement les messages les plus fréquents, une description exhaustive méritant à elle seule un ouvrage complet.

**Complément 15.5** – *La représentation hexadécimale*

L'écriture de mots binaires de grande longueur est laborieuse, de sorte que différentes écritures plus compactes ont été proposées pour la faciliter. La plus répandue d'entre elles est la représentation hexadécimale, ou à base 16, qui utilise les caractères 0 à 9 et A à F, comme le montre le tableau. Chaque caractère hexadécimal permet de représenter un ensemble de quatre éléments binaires. Nous proposons un exemple d'écriture d'un long mot binaire, en représentation hexadécimale obtenue en subdivisant le mot en cellules de quatre éléments binaires, et en remplaçant chacune par le caractère hexadécimal équivalent.

Un processus inverse permet, à partir de la représentation hexadécimale, de retrouver la valeur binaire d'origine.

| Binaire | Hexadécimal | Décimal |
|---------|-------------|---------|
| 0000 | 0 | 0 |
| 0001 | 1 | 1 |
| 0010 | 2 | 2 |
| 0011 | 3 | 3 |
| 0100 | 4 | 4 |
| 0101 | 5 | 5 |
| 0110 | 6 | 6 |
| 0111 | 7 | 7 |
| 1000 | 8 | 8 |
| 1001 | 9 | 9 |
| 1010 | A | 10 |
| 1011 | B | 11 |
| 1100 | C | 12 |
| 1101 | D | 13 |
| 1110 | E | 14 |
| 1111 | F | 15 |

```
0 0 1 0 1 1 1 1 1 0 1 1 1 1 1 0
 └───┘ └─────┘ └───┘ └─────┘
   2      F      B       E
```

## 15.4.2 *Messages canal et messages système*

Il existe deux grandes familles de messages : ceux qui concernent des canaux spécifiques et ceux qui s'adressent à l'ensemble du système. Les premiers, appelés *messages canal*, ont un octet d'état dont la valeur est comprise entre &8n et &En (la valeur hexadécimale minimale 8 provient du fait que le MSB est toujours à 1). Les *messages système* commencent toujours par &F et ne comportent pas de numéro de canal. À la place, la seconde partie de l'octet (qui contient d'habitude le numéro de canal) est ici utilisée pour identifier le type de message système, ce qui permet seize messages possibles, de &F0 à &FF.

Les messages système sont eux-mêmes répartis en trois groupes : système commun, système exclusif et système temps réel. Les messages de type système commun peuvent s'appliquer à tout appareil raccordé au bus MIDI, sous réserve qu'il soit en mesure de l'interpréter. Les messages « système exclusif » concernent des marques et des types d'appareils particuliers, indiqués dans la suite du message. Les messages système temps réel sont destinés à des appareils devant être synchronisés avec le tempo du séquenceur.

### 15.4.3 *Messages de début et de fin de note (note on, note off)*

Ces deux messages représentent une part importante des informations musicales qui transitent par l'interface MIDI. Comme leur nom l'indique, ils commandent respectivement le début et la fin de l'émission d'une note.

Le message *note on* admet le format :

$$[\&9n] \text{ [Numéro de note] [vélocité]},$$

et le message *note off* :

$$[\&8n] \text{ [Numéro de note] [vélocité]}.$$

Un instrument MIDI délivrera à sa sortie un message de début de note (*note on*) correspondant à la touche pressée sur le clavier, avec un numéro de canal dépendant de celui pour lequel il a été configuré. Si une note a ainsi été jouée, et le message correspondant transmis, il est nécessaire, pour l'interrompre, d'envoyer un message de fin de note (*note off*). En effet, si un instrument reçoit d'un autre appareil un message de début de note et que la liaison MIDI soit inopinément interrompue, la note sera jouée indéfiniment. Cette situation peut survenir si un câble MIDI est débranché lors d'une transmission.

Les numéros de notes MIDI font référence à l'échelle musicale chromatique de la musique occidentale et le format du message autorise la définition de 128 notes, soit un peu plus de dix octaves, ce qui permet de faire face à la plupart des situations. Cette définition de l'échelle musicale est bien sûr très orientée vers les instruments à clavier, et peut s'avérer moins adaptée à d'autres instruments ou à d'autres cultures. Néanmoins, des méthodes ont été développées pour en modifier les caractéristiques dans le cas d'accords non conventionnels.

Le tableau 15.2 montre les relations entre l'échelle musicale et les numéros de notes MIDI.

Tableau 15.2 – Notes de musique et codes MIDI correspondants.

| Note | Numéro de note MIDI |
|------|---------------------|
| Do  − 2 | 0 |
| Do  − 1 | 12 |
| Do  0 | 24 |
| Do  1 | 36 |
| Do  2 | 48 |
| Do  3 | 60 (Yamaha convention) |
| Do  4 | 72 |
| Do  5 | 84 |
| Do  6 | 96 |
| Do  7 | 108 |
| Do  8 | 120 |
| Sol  8 | 127 |

Une certaine hétérogénéité règne cependant en la matière, car, par exemple, Yamaha a associé à la note *do* du milieu du clavier le *do3*, alors que, pour d'autres constructeurs, il s'agit du *do4*. Certains logiciels permettent à l'utilisateur de choisir la convention qu'il désire.

### 15.4.4 *Vitesse de frappe*

Les messages de début et de fin de note comportent un octet de vélocité, dont l'usage est de représenter la vitesse à laquelle une touche a été enfoncée ou relâchée. Dans le premier cas, il correspond à la force d'appui exercée sur la touche et peut être utilisé pour commander des paramètres tels que le volume ou le timbre d'une note, ou encore pour piloter le générateur d'enveloppe d'un synthétiseur. La vélocité peut prendre 128 valeurs différentes. Cependant, tous les instruments MIDI ne sont pas capables d'émettre ou d'interpréter l'octet de vélocité ; ils sont alors réglés pour une valeur intermédiaire, souvent la médiane, soit 64 en décimal. Certains instruments peuvent réagir à l'information de vélocité même s'ils ne sont pas en mesure de générer l'octet.

L'octet de vélocité du message de fin de note n'est que rarement utilisé ; néanmoins, il permet d'obtenir des effets particuliers.

La valeur zéro de l'octet de vélocité d'un message *note on* est réservée à une application particulière, que nous décrirons au paragraphe suivant. Si un instrument reçoit un numéro de note associé à une vélocité nulle, il interprétera ces données comme un message *note off*.

### 15.4.5 *Maintien d'état (running status)*

Lorsque de grandes quantités d'informations sont transmises sur une interface MIDI, des retards risquent d'apparaître, dus à la transmission série, qui implique, par exemple, que les différentes notes qui composent un accord sont transmises tour à tour. Il peut alors être intéressant de réduire autant que possible la quantité d'informations transmises, pour diminuer ce retard et éviter de saturer les appareils reliés au bus par des données non nécessaires.

La technique de *maintien d'état* permet de réduire la quantité d'informations transmises et devrait être comprise par tous les logiciels MIDI.

Elle repose sur le constat qu'à partir du moment où un octet d'état est transmis par un appareil, il n'a pas à être répété pour les messages qui suivent et qui sont de la même nature, et ce tant que l'état n'a pas été modifié. De la sorte, une suite de messages *note on* peut être transmise, alors que l'octet d'état ne l'est qu'au début de la séquence, par exemple :

[&9n] [donnée] [vélocité] [donnée] [vélocité] [donnée] [vélocité].

On pourra remarquer que, dans le cas d'une longue suite de notes, cette méthode permet de réduire la quantité de données d'environ un tiers. Mais, dans la plupart des cas, chaque message de début de note est rapidement suivi par un message *note off* concernant la même note ; la méthode ne peut alors plus être utilisée, l'octet d'état changeant régulièrement. C'est la raison pour laquelle il a été décidé qu'un message *note on* assorti d'une vélocité nulle équivaudrait à un message *note off*, ce qui permet d'éviter un changement d'état lors de la transmission d'une suite de notes et donc d'utiliser la méthode de maintien d'état. La séquence n'est alors constituée que de messages de type *note on*, qui représentent aussi bien des débuts que des fins de notes. Le maintien d'état n'est pas utilisé de manière systématique lors d'une série de messages de même état et le logiciel d'un instrument n'y fera appel que lorsque le débit des données atteindra un certain niveau. En fait, une analyse de données émises par un synthétiseur typique montre que, la majeure partie du temps, le maintien d'état n'est pas utilisé en cas de jeu normal.

## 15.4.6 *Messages de paramétrage (control change)*

Un appareil MIDI peut être capable de transmettre, outre les informations correspondant aux notes jouées, des données relatives aux différents dispositifs de réglage et de commande tels que les interrupteurs, les roues de modulation et les pédales qui y sont associées. Ce type de message a pris une importance considérable depuis les débuts de MIDI, et la totalité n'en est pas implémentée sur tous les appareils. Il faut noter l'existence de deux types de commandes : les interrupteurs, qui ne comptent en principe que deux états possibles, et les commandes continues, telles que les roues de modulation, les leviers, les curseurs ou les pédales, qui peuvent occuper de nombreuses positions.

Dans la plupart des cas, ces dernières sont codées à l'aide de mots binaires de sept caractères, ce qui permet une subdivision de leur course en $2^7$, soit 128 pas ; il est cependant possible d'adjoindre un second message comportant lui aussi sept éléments binaires, qui permet d'affiner la valeur transmise. Chaque donnée de commande comporte alors quatorze éléments binaires ; les sept premiers indiquent un ordre de grandeur du réglage et les autres la valeur précise.

Les interrupteurs, qui ne présentent que deux états, peuvent aisément faire l'objet d'une représentation binaire à l'aide d'un caractère unique, par exemple 0 pour OFF et 1 pour ON. Cependant, afin de conserver le même format de message quel que soit le type de commande codé, leurs états sont représentés par des valeurs comprises entre &00 et &3F pour OFF, et &40 et &7F pour ON. Ce codage sur 7 éléments binaires, analogue à celui des commandes continues, est mis à profit sur certains instruments pour définir des positions intermédiaires, comme c'est le cas pour certaines pédales de *sustain* ; la majorité des appareils n'utilise toutefois pas cette possibilité. Sur les appareils les plus anciens, on ne trouve que les valeurs &00 pour OFF et &7F pour ON.

## 15.4.7 *Sélection des modes opératoires (channel modes)*

Même s'ils correspondent au même octet d'état que les messages *control change*, les messages *channel mode* indiquent à l'appareil récepteur son mode opératoire.

Les messages *local on* et *local off* permettent respectivement d'établir et d'interrompre la liaison entre le clavier d'un instrument et les générateurs. En effet, comme le montre la figure 15.5, un interrupteur est situé entre le clavier et les générateurs de signaux sonores. Lorsqu'il est fermé, il permet une utilisation normale : le clavier active directement les générateurs. Lorsque l'interrupteur est ouvert, la liaison est rompue et la sortie du clavier est reliée à la prise MIDI OUT, alors que les générateurs sont commandés par les données appliquées sur l'embase MIDI IN. Dans ce mode, l'appareil est subdivisé en deux instruments : un clavier dépourvu de générateurs, et un ensemble de générateurs sans clavier. Ce type de configuration est intéressant lorsque l'instrument est utilisé comme clavier maître pour tout un système ; on peut alors souhaiter que ce qui est joué sur le clavier ne se traduise pas par un son émis par l'instrument lui-même.

**Figure 15.5**

Le commutateur « local » permet d'isoler le clavier des générateurs associés, ce qui permet, dans un système MIDI, de faire travailler ces deux sous-ensembles de manière indépendante.

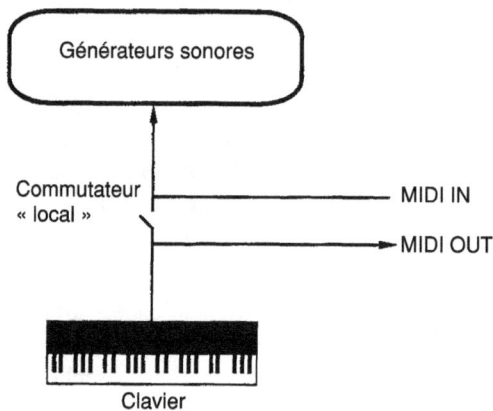

Le message *omni off* amène l'instrument à ne réagir qu'aux données accompagnées du numéro de canal pour lequel il a été programmé, alors que le message *omni on* lui permet de recevoir les données comportant n'importe quel numéro. En d'autres termes, l'instrument ignore alors le numéro de canal inscrit dans l'octet d'état et réagit à toutes les données qui lui parviennent. Conformément à la norme, tous les appareils devraient présenter, à l'allumage, ce mode de fonctionnement ; les appareils les plus récents tendent cependant à redémarrer avec le mode de fonctionnement qu'ils avaient avant leur extinction.

Le mode *mono* ne permet à l'instrument d'émettre qu'une note à la fois, alors que le mode *poly*, pour polyphonique, autorise l'émission simultanée d'un certain nombre de notes, qui n'est limité que par les possibilités du mode.

Lorsque ces possibilités sont dépassées, le comportement des appareils diffère : sur certains, la première note apparue est interrompue au bénéfice de la dernière jouée, alors que d'autres refusent d'émettre cette dernière. D'autres appareils plus sophistiqués n'acceptent une nouvelle note que si aucune note équivalente n'est déjà jouée. D'autres encore peuvent interrompre la note de plus faible niveau (c'est-à-dire celle ayant la valeur de vélocité la plus faible) pour céder la place à la nouvelle venue. Il est également fréquent de faire fonctionner un appareil en mode polyphonique en lui associant plusieurs numéros de canal, à condition que le logiciel utilisé soit à même de recevoir plusieurs canaux polyphoniques. Un générateur multitimbre peut offrir cette possibilité, souvent qualifiée de *mode multi* ; il se comporte alors comme plusieurs instruments distincts, associés chacun à un numéro de canal différent.

## 15.4.8 *Commandes de configuration (program change)*

L'utilisation principale de ce type de message est la configuration (*patch*) des instruments et autres appareils. Ils permettent, par exemple, de décrire les réglages des générateurs d'un synthétiseur et la manière dont ils sont interconnectés. Une configuration donnée correspond souvent à l'un des jeux préprogrammés d'un instrument. Un message *program change* est spécifique à un canal donné, et ne comporte qu'un seul octet de données. Cet octet indique à l'appareil qui le reçoit dans laquelle des 128 configurations possibles il doit s'établir. Pour ce qui est des appareils autres que les instruments de musique, tels que les générateurs d'effets, ce type de message permet de sélectionner le type d'effet souhaité, chacun correspondant à une valeur de l'octet de données d'un message *program change*.

## 15.4.9 *Messages système exclusif*

Un message système exclusif concerne un constructeur particulier, et souvent un instrument spécifique. Dans de tels messages, les seuls aspects définis par la norme sont l'identification du début et de la fin, sauf pour ce qui est des messages destinés à la transmission d'informations universelles, qui utilisent les trois caractères de poids fort d'identification des constructeurs.

Les messages système exclusif émis par un appareil apparaissent sur le connecteur MIDI OUT et non sur la prise THRU, ce qui nécessite la mise en place d'une liaison entre l'appareil émetteur et le récepteur avant que les données puissent être transmises. Il est également parfois nécessaire d'établir une voie de retour, de la sortie OUT du récepteur vers l'entrée IN de l'émetteur, pour rendre possible une communication bidirectionnelle, afin que le récepteur puisse exercer un certain contrôle sur le flot de données, en indiquant à l'émetteur quand il est prêt à recevoir et quand la réception a été correcte (il s'agit d'une sorte de liaison d'acquittement).

La forme générale de tels messages est :

[&F0] [ident. ] [donnée] [donnée]... [&F7],

où [ident.] identifie le constructeur de l'appareil, sous la forme d'un nombre qui permet de savoir quel message spécifique suit. À l'origine, l'identification des constructeurs ne mobilisait qu'un seul octet, mais le nombre d'identifiants a ensuite été augmenté en utilisant la valeur [00] pour pointer vers deux octets supplémentaires. L'identification d'un constructeur peut ainsi être exprimée sur un ou trois octets.

L'identification peut être suivie de données de natures très diverses, qui répondent à des objectifs n'ayant pas fait l'objet d'une spécification précise dans la norme ; en théorie, le message peut présenter n'importe quelle longueur, suivant les nécessités, même s'il est souvent subdivisé en paquets d'une taille suffisamment réduite pour éviter la saturation des mémoires tampons du récepteur. Certaines valeurs sont interdites pour ces messages : ce sont les valeurs qui correspondent à d'autres octets d'état MIDI, qui seraient alors interprétés comme tels par le récepteur, ce qui interromprait l'interprétation par ce dernier du message système exclusif. Un message système exclusif se termine par la valeur &F7.

## 15.5 Synchronisation

Les informations MIDI peuvent aussi être utilisées pour synchroniser les différents appareils constituant un système. Certains appareils sont capables de reconnaître les informations de synchronisation MIDI et d'autres non. Les séquenceurs nécessitent en principe une référence temporelle, interne ou externe, qui détermine le rythme auquel les informations musicales et les autres données sont émises. Les boîtes à rythmes nécessitent également une référence temporelle ; elles contiennent en effet un séquenceur qui a en mémoire différentes configurations rythmiques, qui peuvent être rappelées avec un tempo synchronisé à cette référence. Si plusieurs séquenceurs ou boîtes à rythmes sont interconnectés à l'aide de câbles MIDI, il est possible de les synchroniser, de les arrêter ou de les mettre en route simultanément, et de les positionner au même endroit d'un morceau. Dans de tels cas, l'un des appareils a le rôle de maître, et les autres, qui en suivent les évolutions, le rôle d'esclaves.

Un synthétiseur normal, un générateur d'effets ou un échantillonneur ne sont pas concernés par la référence temporelle, car ils n'ont aucune fonction pouvant l'utiliser. De tels appareils ne mémorisent en principe pas les structures rythmiques, même si certains claviers sont dotés de séquenceurs intégrés qui devraient comprendre les données temporelles.

Les appareils MIDI font aujourd'hui partie intégrante du studio d'enregistrement professionnel. On a développé des dispositifs qui permettent de verrouiller les horloges MIDI sur un code temporel préenregistré sur un enregistreur audio ou vidéo.

### 15.5.1 *Messages système temps réel*

Un type de message système, appelé message système temps réel (voir le tableau 15.1), permet de commander, en référence au temps, l'exécution de séquences par un système MIDI ; ces messages sont souvent utilisés conjointement avec les pointeurs de position (*song position pointers*, SPP), qui permettent de positionner l'ensemble du système à un endroit donné. L'octet d'horloge MIDI, qui n'est constitué que d'un simple octet d'état (&F8), est transmis par l'appareil maître six fois par battement MIDI, ce dernier correspondant au rythme des doubles croches. Pour un tempo musical donné, les battements MIDI sont espacés d'une certaine durée, qui varie si le tempo est modifié. Toutes les machines esclaves se verrouillent alors sur ce tempo, qui est indiqué par les octets d'horloge.

L'instruction *Start* (&FA) émise par la machine maître commande l'exécution de la séquence depuis son début. L'instruction *Stop* (&FC) en interrompt l'exécution. *Continue* (&FB) permet de reprendre la séquence au point où elle a été interrompue, et non à son début.

## 15.5.2 *Pointeurs de positionnement (song position pointers, SPP)*

Ces pointeurs sont utilisés lorsque l'appareil maître doit indiquer aux machines esclaves sa position dans un morceau de musique. Par exemple, si l'on souhaite parcourir le morceau en avance rapide et repartir à vitesse nominale une vingtaine de mesures plus tard, les machines esclaves du système doivent savoir d'où repartir. Un message SPP sera alors envoyé, suivi d'une instruction *Continue* puis de battements réguliers.

La valeur du pointeur représente une position donnée d'un morceau sous la forme du nombre de battements MIDI intervenus depuis son début, et non de signaux d'horloge. Là aussi, cette valeur correspond au tempo musical et non au temps réel ; elle ne correspond pas nécessairement au nombre de secondes écoulées, et reste constante si le tempo est modifié. Deux octets de données permettent de véhiculer cette valeur, le MSB de chacun d'eux étant forcé à 0 ; les quatorze éléments binaires restants permettent de compter jusqu'à 16 384 battements MIDI. Les pointeurs de position SPP sont souvent utilisés simultanément avec le message *song select* (&F3), qui permet de sélectionner un morceau parmi un ensemble.

Les pointeurs SPP sont bien adaptés pour commander les évolutions d'un système complètement orienté vers la musique, où tous les événements sont relatifs à la mesure ou à une partie de la mesure, mais sont moins commodes lorsqu'il s'agit de commander des événements relatifs au temps lui-même. Si, par exemple, on souhaite utiliser un système pour caler une musique et des bruitages sur une image, un effet particulier doit correspondre précisément à une information visuelle ; il doit conserver sa relation avec l'image quels que soient les traitements apportés à la musique. Si l'effet est commandé à l'aide d'un séquenceur de manière à intervenir un certain nombre de mesures après le début du morceau, cet instant musical interviendra au bout d'un laps de temps différent pour peu que le tempo musical ait été modifié. Il est clair que, dans de telles situations, une synchronisation en temps réel est nécessaire au lieu, ou en plus, de la combinaison de l'horloge MIDI et des pointeurs. Ainsi, dans un système commandé par MIDI, on pourra déclencher des événements à des instants programmés en heures, minutes et secondes.

### 15.5.3 *Code temporel MIDI (MTC)*

Le code temporel MIDI (MTC pour *MIDI time code*) permet de commander un système MIDI en référence au temps réel. Nous décrivons, au chapitre 16, le code temporel SMPTE/UER longitudinal (LTC). Le code MTC permet de communiquer ce dernier à un système commandé par MIDI.

Dans chaque trame du code temporel LTC, deux groupes de données binaires sont alloués au nombre d'heures, minutes, secondes et images, de sorte que l'ensemble des huit groupes représente la valeur temporelle d'une image. Pour permettre sa transmission aux appareils MIDI, il doit faire l'objet d'un transcodage qui le rende compatible avec les autres données MIDI, c'est-à-dire sous la forme d'un octet d'état suivi des octets de données adéquats.

Il existe deux types de messages de synchronisation MTC : l'un qui rafraîchit régulièrement le récepteur avec un code temporel continu et l'autre qui ne transmet que des valeurs ponctuelles du code et qui est utilisé dans des circonstances telles que le rembobinage rapide d'une machine, où la mise à jour continue des valeurs de code représenterait des quantités de données à transmettre trop importantes. Le premier type de message, appelé quart de trame, ou *quartet* (*quarter-frame*), est décrit dans le complément 15.6 ; il comporte un octet d'état à la valeur &F1, alors que le second est transmis sous la forme d'un message système exclusif temps réel, dont nous ne préciserons pas ici le détail.

---

**Complément 15.6** – *Quartets MTC*

Une trame de code temporel comporte trop d'informations pour pouvoir être transmise à l'aide d'un message MIDI standard, long de trois octets ; aussi est-elle subdivisée en huit messages distincts, appelés *quartets* ou *messages quart de trame*. Quatre d'entre eux sont transmis pendant la durée d'une trame de code temporel, afin de limiter le débit des données. La transmission d'une valeur complète nécessite donc une durée de deux images, ou deux trames de code temporel. Le récepteur est mis à jour à ce même rythme.

Pour cette raison, les récepteurs doivent présenter un décalage systématique de deux trames entre la valeur affichée et la dernière valeur décodée, car, pendant la transmission complète d'une valeur de code, deux trames s'écoulent.

Les appareils peuvent présenter une résolution meilleure que celle des messages de code temporel, ces derniers étant utilisés comme verrouillage d'une horloge interne plus rapide.

Chaque message, parmi l'ensemble de huit véhiculant une valeur du code temporel, est configuré de la manière illustrée par la figure, et admet la forme générale :

[&F1] [données].

Le MSB de l'octet de données est comme toujours à la valeur 0. Parmi les sept éléments binaires restants, les trois premiers servent à définir si le message représente des heures, des minutes, des secondes ou des images, et, pour chacun, s'il s'agit de données de poids faible ou de poids fort. Les quatre caractères qui restent codent la valeur correspondante. Pour reconstituer, à l'arrivée, la valeur correcte transmise à partir des huit messages

---

quart de trames, les cellules de poids faible et de poids fort de chacune des grandeurs – heures, minutes, secondes, images – sont assemblées pour constituer des octets, sous la forme suivante :

Images : rrrqqqqq,

où les caractères *r* sont réservés et les caractères *q* représentent le nombre d'images, de 0 à 29 ;

Secondes : rrqqqqqq,

où les caractères *r* sont réservés et les caractères *q* représentent le nombre de secondes, de 0 à 59 ;

Minutes : rrqqqqq,

où le codage est identique à celui des secondes ;

Heures : rqqppppp,

où *r* n'est pas défini, les caractères *q* représentent le type de code temporel (voir ci-dessous) et *ppppp* représentent le nombre d'heures, de 0 à 23.

Le type de code est indiqué dans le comptage des heures conformément aux règles suivantes :

00 = 24 images/seconde,

01 = 25 images/seconde,

10 = 30 images/seconde *drop frame,*

11 = 30 images/seconde normal.

Les caractères binaires non utilisés sont forcés à la valeur 0.

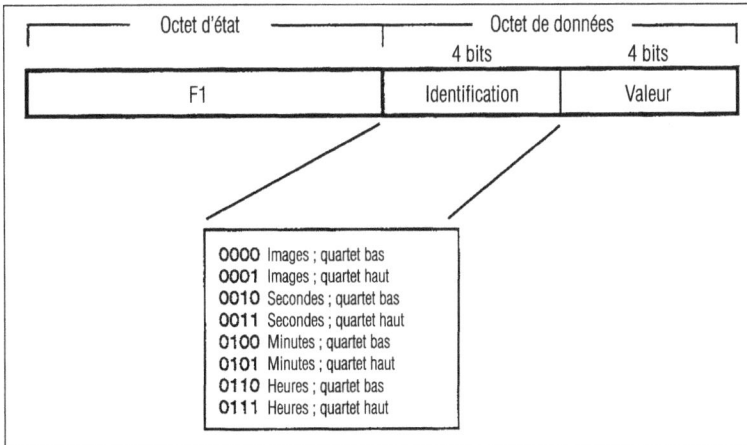

## 15.6 Interfaçage d'un ordinateur à un système MIDI

Pour utiliser un ordinateur comme commande centrale d'un système MIDI, il est nécessaire que celui-ci soit doté, au minimum, d'une interface MIDI consistant en une prise IN et une prise OUT, le connecteur THRU n'étant, dans la plupart des cas, pas indispensable. À moins que l'ordinateur ne soit équipé d'origine d'une interface, comme c'est le cas des anciennes machines Atari, une circuiterie d'interfaçage doit lui être ajoutée, qui peut prendre des formes diverses, allant du port unique à des configurations complexes à ports multiples.

### 15.6.1 *Interfaces MIDI à port unique*

Typiquement, une interface MIDI à port unique sera connectée à un port disponible de l'ordinateur ou à une carte d'extension. Dans le cas d'un Macintosh, par exemple, l'interface MIDI est en principe connectée à l'un des deux ports série, comme le montre la figure 15.6. Pourvu que les caractéristiques électriques soient respectées, il est possible de relier un certain nombre d'appareils récepteurs, soit en chaîne, soit à l'aide d'un boîtier répartiteur. La figure 15.7 illustre différents exemples de configurations possibles.

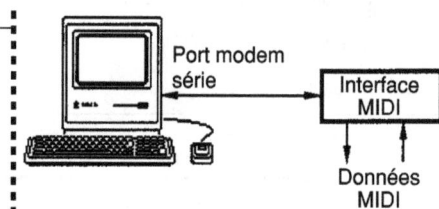

**Figure 15.6**
Une interface série de réserve, comme le port modem d'un Macintosh, permet le raccordement externe d'une interface MIDI.

On peut y remarquer que certains appareils peuvent servir d'interface MIDI pour l'ordinateur, ce qui permet d'économiser l'équipement complémentaire de ce dernier.

La limitation des interfaces MIDI à port unique est qu'elles ne permettent d'adapter que les seize canaux de base prévus dans le protocole MIDI, ce qui peut s'avérer insuffisant dans des systèmes comportant de nombreux appareils et programmes.

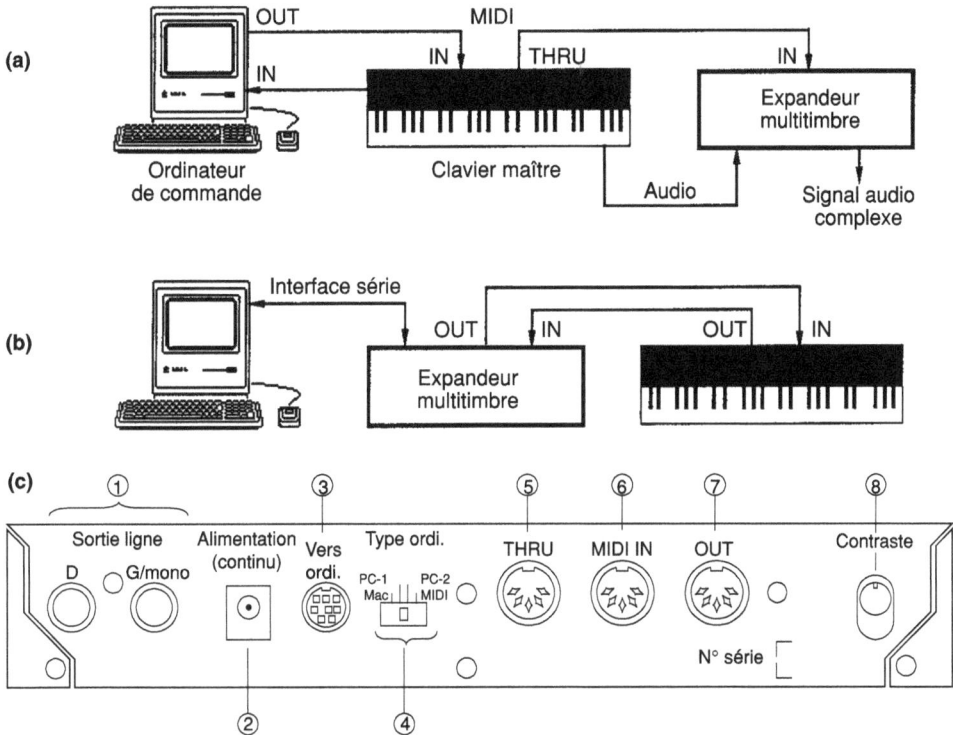

**(a)** OUT MIDI
IN THRU IN
IN
Expandeur multitimbre
Ordinateur de commande
Clavier maître
Audio
Signal audio complexe

**(b)** Interface série
OUT IN OUT IN
Expandeur multitimbre

**(c)** ① ③ ⑤ ⑥ ⑦ ⑧
Sortie ligne Alimentation (continu) Vers ordi. Type ordi. THRU MIDI IN OUT Contraste
D G/mono PC-1 PC-2 Mac MIDI
N° série
② ④

**Figure 15.7**

(a) Système à port unique où l'interface MIDI est intégrée à l'ordinateur.

(b) Utilisation d'un module comme interface MIDI.

(c) Panneau arrière du Yamaha TG 100, qui joue le rôle d'interface MIDI pour l'ordinateur ; le port « TO HOST » permet la connexion série avec ce dernier.

## 15.6.2 *Interfaces multiports*

Les interfaces multiports possèdent un certain nombre de sorties MIDI OUT indépendantes. Ces interfaces sont connectées à un port série ou parallèle disponible ou encore à une carte d'extension, comme le montre la figure 15.8.

La plupart des systèmes multiports permettent l'adressage, sur chacune des sorties, de 16 canaux ; le nombre total de ceux pouvant être adressés est donc égal à 16 fois le nombre de ports. Il est commun, avec de tels systèmes, de connecter chaque instrument à son propre port, à la fois en entrée et en sortie, ce qui est particulièrement intéressant avec les modules multitimbres pouvant travailler simultanément sur les seize canaux. Un certain nombre des possibilités offertes

**363**

sont illustrées à la figure 15.9. Ce type de configuration permet aussi d'utiliser n'importe quel instrument comme maître du système, ou encore de renvoyer à l'ordinateur, sans avoir à modifier le câblage, un message système exclusif à partir d'un appareil.

**Figure 15.8**

Une interface MIDI multiport permet la liaison de l'ordinateur avec un grand nombre de ports MIDI indépendants.

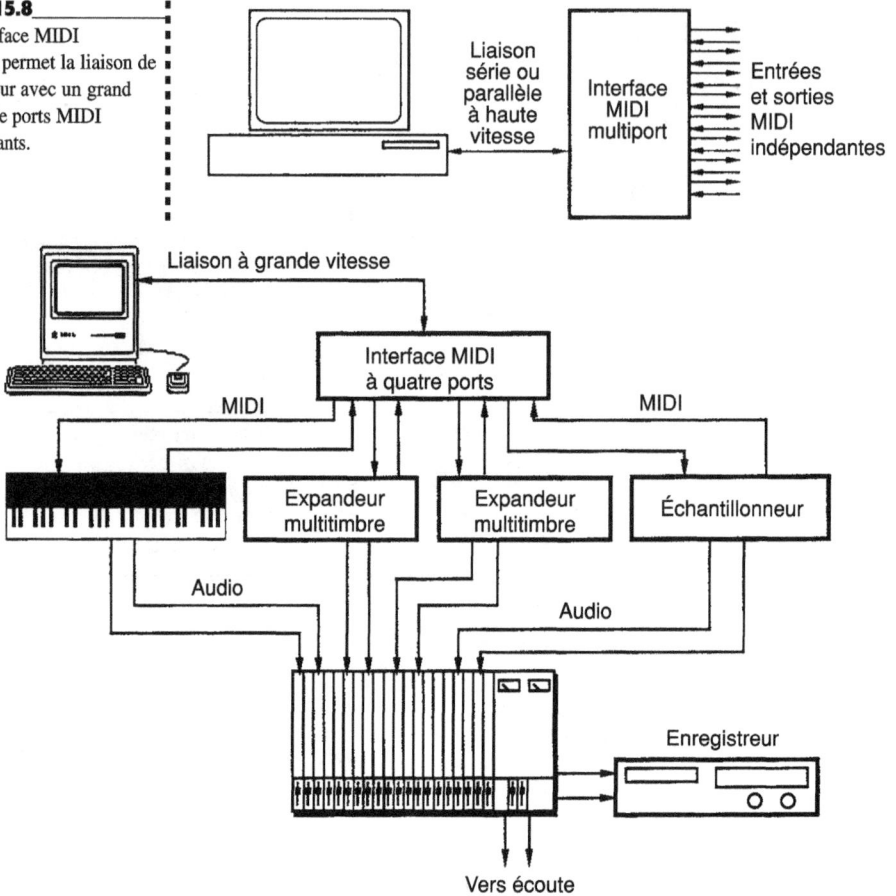

Liaison série ou parallèle à haute vitesse

Interface MIDI multiport

Entrées et sorties MIDI indépendantes

Liaison à grande vitesse

Interface MIDI à quatre ports

MIDI

MIDI

Expandeur multitimbre

Expandeur multitimbre

Échantillonneur

Audio

Audio

Enregistreur

Vers écoute

**Figure 15.9**

(a) Un exemple de système MIDI commandé par ordinateur, de niveau intermédiaire, orienté vers la production musicale ; le système, qui utilise une interface MIDI à quatre ports, est tel que chacun des appareils peut tout à la fois envoyer des données MIDI à l'ordinateur et en recevoir.

(b) Un exemple de système MIDI commandé par ordinateur, d'une certaine complexité. Il comporte des effets audio et une console automatisée commandés par MIDI. Les fonctions de commutation audio ne sont pas représentées sur la figure.

Les interfaces multiports autorisent ainsi la concaténation des données reçues sur plusieurs ports et l'enregistrement simultané de plusieurs sources.

Les interfaces multiports les plus perfectionnées peuvent également incorporer un dispositif générateur et lecteur de code temporel, ce qui permet la synchronisation d'enregistreurs vidéo et audio avec le système MIDI. La conversion du code temporel SMPTE/UER en code temporel MIDI s'opère au sein même de l'interface, avant le transfert vers l'ordinateur. Le protocole de télécommande MMC (*MIDI machine control*), que nous décrirons plus loin, permet la commande à distance de différentes machines à partir d'un port MIDI. La figure 5.10 montre différents exemples de configurations.

**Figure 15.10**

(a) Le magnétophone multipiste est télécommandé à partir d'un séquenceur à l'aide du protocole MMC et renvoie à celui-ci les informations relatives à sa position par l'intermédiaire du récepteur de code temporel SMPTE/UER intégré à l'interface MIDI. (b) Si le magnétophone intègre un lecteur de code temporel et a fait l'objet d'une implémentation MMC/MTC complète, un récepteur de code temporel intégré à l'interface MIDI n'est plus nécessaire, car l'information de position est renvoyée au séquenceur sous la forme de messages MTC.

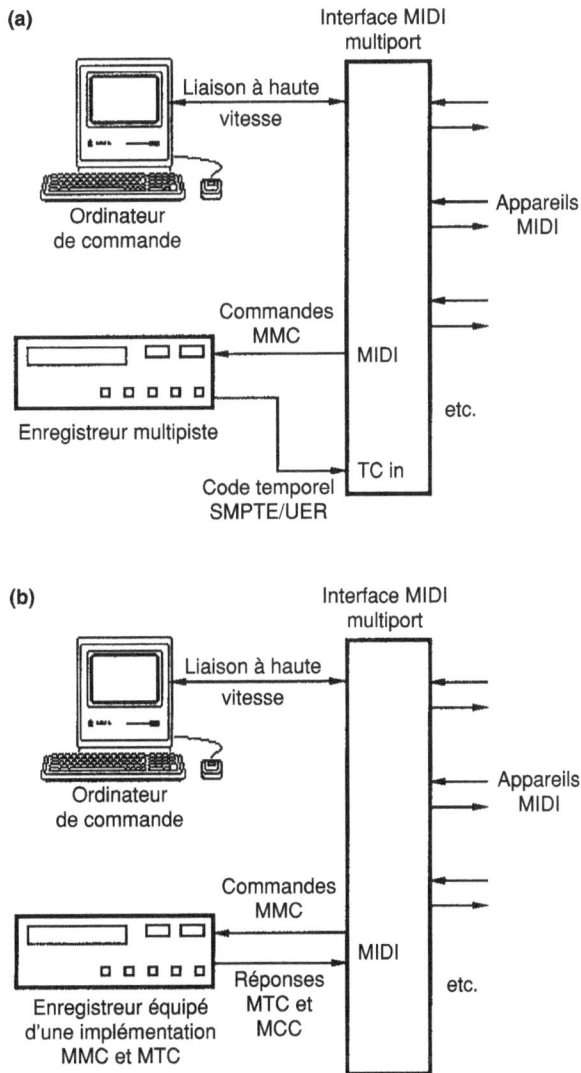

(a)

Interface MIDI multiport

Liaison à haute vitesse

Ordinateur de commande

Commandes MMC

MIDI

Appareils MIDI

etc.

Enregistreur multipiste

TC in

Code temporel SMPTE/UER

(b)

Interface MIDI multiport

Liaison à haute vitesse

Ordinateur de commande

Commandes MMC

MIDI

Appareils MIDI

etc.

Réponses MTC et MCC

Enregistreur équipé d'une implémentation MMC et MTC

### 15.6.3 *Logiciels pilotes d'interfaces*

Il est aujourd'hui quasiment systématique qu'un ordinateur soit doté d'un logiciel pilote d'interface MIDI. Ce logiciel est utilisé par le système d'exploitation pour adresser l'interface ou la carte d'extension concernée ; il contient les programmes nécessaires pour gérer les flots de données provenant des ports d'entrées/sorties et y allant. L'application MIDI communique alors avec le logiciel pilote. Il est donc indispensable d'installer le pilote adapté à l'interface qui doit être utilisée. Les logiciels MIDI de haut de gamme incorporent un certain nombre de logiciels pilotes correspondant aux interfaces MIDI les plus répandues.

## 15.7 Vue d'ensemble des logiciels MIDI

De tous les logiciels MIDI, les séquenceurs sont sans doute les plus polyvalents. Ils permettent l'enregistrement de plusieurs « pistes » de données MIDI, leur montage ainsi que différentes manipulations au service de la composition musicale. Ils autorisent également l'enregistrement d'événements MIDI autres que les paramètres musicaux, tels que des données relatives à l'automation d'un studio, et sont même dotés, dans certains cas, de possibilités d'enregistrement audionumérique. Certains parmi les plus élaborés sont disponibles sous une forme modulaire, l'utilisateur pouvant alors n'acquérir que les blocs fonctionnels nécessaires, ainsi que des versions simplifiées destinées aux débutants.

La ligne de partage entre les séquenceurs et les logiciels de notation musicale est relativement floue, car ils présentent différentes caractéristiques communes. Les seconds sont conçus pour permettre à l'utilisateur de commander un système, comme un chef d'orchestre, à partir de la partition musicale, et sont souvent dotés d'entrées et de sorties MIDI. Les entrées permettent d'acquérir les hauteurs de notes lors de la composition, alors que les sorties sont utilisées pour jouer la partition sous une forme audible. La majorité d'entre eux autorise l'enregistrement et la lecture de fichiers au format MIDI, ce qui permet d'échanger des données entre eux et des séquenceurs. Un morceau de musique séquencé peut ainsi être exporté vers un logiciel de notation afin d'éditer la partition. Les logiciels séquenceurs comportent souvent des possibilités de notation, à des degrés divers, même si les partitions qui en résultent n'ont que rarement l'apparence professionnelle de celles générées par des logiciels dédiés.

La gestion des données, en grand nombre, relatives aux registres des instruments fait appel à un logiciel de librairie et d'édition.

De tels logiciels communiquent avec les instruments MIDI à l'aide de messages système exclusif pour échanger les données relatives aux programmes de jeux. Ils permettent parfois de modifier ces dernières à l'aide d'un éditeur et offrent une interface graphique plus exploitable que celle que l'on trouve habituellement sur les faces avant des modules sonores. Des banques de configurations peuvent alors être enregistrées sur un disque dur à l'aide du logiciel de librairie, ce qui permet ensuite de gérer des bibliothèques de sons ; cette solution s'avère souvent plus économique que l'enregistrement des configurations sur les cartes mémoire proposées par les constructeurs de synthétiseurs. Il est possible d'accéder à ces données avec un logiciel séquenceur ; l'utilisateur peut alors choisir les jeux par leur nom, au lieu du numéro *program change* qui leur correspond.

Il existe également des éditeurs d'échantillons qui offrent des possibilités comparables. Cependant, le transfert d'échantillons à l'aide de messages système exclusif ne constitue pas une méthode idéale, sauf pour de très courtes séquences, en raison du temps qu'il nécessite. Il vaut mieux recourir, pour ce faire, à une interface rapide, par exemple de type SCSI, qui permet de communiquer les échantillons à un ordinateur à l'aide duquel ils peuvent être édités graphiquement.

On peut citer, parmi les divers autres logiciels pouvant être installés sur un ordinateur, les systèmes MIDI d'automation de consoles, les séquenceurs pour guitare, les lecteurs de fichiers MIDI, les systèmes multimédias ainsi que d'autres interfaces utilisateur. Il existe également des logiciels de développement destinés aux programmeurs, qui fournissent un environnement de programmation leur permettant d'écrire de nouvelles applications logicielles MIDI. On trouve enfin différents logiciels principalement orientés vers la recherche et la composition de musique expérimentale.

## Complément 15.7 – *Fichiers au standard MIDI*

Les logiciels de notation musicale et les séquenceurs enregistrent les données sur le disque dans leur format propre. Il peut arriver qu'un fichier provenant d'un logiciel donné puisse être relu par d'autres, surtout quand ils proviennent du même développeur ; cette situation reste peu fréquente. Les fichiers normalisés au format MIDI ont été développés pour faciliter les échanges entre logiciels et sont aujourd'hui couramment utilisés, à côté de formats propriétaires.

Il existe trois types de fichiers MIDI, qui contiennent des données relatives aux événements concernant chaque piste du séquenceur, aux noms des instruments et aux mesures. Ces fichiers ne sont pas seulement destinés à être lus par différents logiciels tournant sur le même ordinateur, mais aussi à pouvoir être exportés vers d'autres plates-formes, soit à l'aide d'un réseau, soit à partir de disques durs extractibles ; de la sorte, même un logiciel fonctionnant sous un système d'exploitation différent pourra lire les données.

Le fichier de type 0 est le plus simple et ne comporte qu'une piste de données. Le type 1 comporte des pistes multiples, synchronisées verticalement, comme le sont les partitions des différents instruments dans une pièce musicale ; le fichier de type 2 est lui aussi à pistes multiples, mais ces dernières ne présentent entre elles aucune relation temporelle particulière. Ce dernier type de fichier peut être utilisé pour transférer des fichiers sonores constitués de plusieurs séquences, chacune présentant une structure à pistes multiples.

## 15.8 La norme General MIDI

Si des fichiers MIDI doivent être échangés entre des systèmes et reproduits à l'aide de différentes plates-formes matérielles, il convient de s'assurer que, dans les deux cas, la musique sera identique. L'un des problèmes rencontrés avec les appareils commandés par MIDI a été que, bien que les messages *program change* puissent permettre la sélection des jeux des différents appareils, ceux-ci ne correspondaient pas tous de la même manière aux numéros de programmes. En d'autres termes, le message *program change 3* pouvait correspondre au saxophone alto sur un instrument et au piano classique sur un autre, ce qui avait pour conséquence qu'une séquence musicale pouvait sonner différemment lorsqu'elle était exécutée sur deux générateurs multitimbres. C'est pourquoi la spécification General MIDI fut introduite, afin de normaliser certains aspects de base de la commande des synthétiseurs en vue de permettre l'échange plus aisé de fichiers MIDI entre différents systèmes. Ainsi, un compositeur obtient les mêmes résultats quels que soient les appareils répondant à la spécification General MIDI utilisés.

La norme General MIDI spécifie d'autres aspects que les sons standards, et, entre autres, un degré minimal de polyphonie ; elle nécessite que les générateurs utilisés soient capables de recevoir des données MIDI simultanément sur les seize canaux et de manière polyphonique, avec un registre différent sur chacun d'eux.

Tableau 15.3 – Les familles de programmes du standard General MIDI, et les valeurs décimales associées (excepté le canal 10).

| Numéro de programme (décimal) | Types de son |
|---|---|
| 0-7 | Piano |
| 8-15 | Percussions chromatiques |
| 16-23 | Orgue |
| 24-31 | Guitare |
| 32-39 | Basse |
| 40-47 | Cordes |
| 48-55 | Ensemble |
| 56-63 | Cuivres |
| 64-71 | Instruments à anche |
| 72-79 | Flûte |
| 80-87 | Synthétiseur mélodique |
| 88-95 | Synthétiseur (batterie électronique) |
| 96-102 | Synthétiseur (effets) |
| 104-111 | Instruments traditionnels |
| 112-119 | Percussions |
| 121-128 | Effets sonores |

Elle nécessite également que les générateurs supportent les sons de percussion sous la forme de batteries, un module sonore General MIDI pouvant alors constituer un véritable « orchestre dans la boîte ». Certains ordinateurs multimédia intègrent aujourd'hui, au sein de leur carte son, des synthétiseurs General MIDI et sont dotés de systèmes d'exploitation permettant de communiquer avec des instruments MIDI.

Les modules sonores General MIDI doivent permettre l'allocation dynamique de registres, au minimum 24 pour la totalité, ou 16 pour la mélodie et 8 pour la percussion. Pour permettre la compatibilité entre les séquences relues sur des générateurs General MIDI, les percussions sont systématiquement affectées au canal MIDI n° 10. Les numéros de *program change* sont affectés à des noms de registres spécifiques, organisés en familles de sons, comme le montre le tableau 15.3. Les détails des différents registres sont indiqués dans la documentation General MIDI. Le canal 10, affecté aux percussions, fait correspondre les numéros de notes à des sons donnés, la touche 39, par exemple, correspondant au claquement de mains.

## 15.9 Le protocole de télécommande MMC (*MIDI machine control*)

Le protocole de télécommande MMC permet l'utilisation de liaisons MIDI pour commander à distance des enregistreurs ou d'autres appareils. Il utilise des messages système exclusif en temps réel et est très proche du protocole « ES-bus » développé par le SMPTE et l'UER en vue de la télécommande de magnétoscopes et d'autres appareils équipant un studio.

Le protocole MMC peut travailler à différents niveaux de complexité, la communication étant possible en boucle ouverte ou en boucle fermée, c'est-à-dire sans ou avec une liaison de retour vers l'ordinateur de commande. Grâce à son caractère flexible, il peut être implémenté à un niveau très simple ou de manière complète, toutes les possibilités qu'il offre étant alors permises. Le protocole MMC acquiert une popularité croissante dans le domaine des studios professionnels, car il est moins onéreux que le protocole ES-bus et permet une intégration aisée d'appareils à un environnement MIDI.

Le marché propose aujourd'hui un grand nombre d'enregistreurs et de synchroniseurs dotés d'interfaces MIDI, et certains séquenceurs intègrent des possibilités de télécommande à l'aide du protocole MMC. On peut relier les machines à l'ordinateur de commande en les raccordant à une interface MIDI à port unique ou multiport, comme le montre la figure 15.10.

Le protocole MMC peut n'être utilisé que pour la télécommande du transport de bande d'un magnétophone.

Dans ce cas, seul un petit nombre de commandes doit être implémenté dans celui-ci, et très peu d'informations ont à être véhiculées sur la voie de retour. En fait, il est possible d'établir une telle commande en boucle ouverte en se contentant d'envoyer les instructions de lecture, d'arrêt, de rembobinage, etc.

## Références bibliographiques

BRAUT, C. (1994) *Norme MIDI*. Sybex.

MMA (1983) *MIDI 1.0 Detailed Specification*. MIDI Manufacturers Association.

MMA (1991) *General MIDI System Level 1*. MIDI Manufacturers Association.

MMA (1993) *4.2 Addendum to MIDI 1.0 specification*. MIDI Manufacturers Association.

QUINET, J. J. *MIDI ; techniques de base*. Les cahiers de l'ACME.

QUINET, J. J. *Les appareils MIDI*. Les cahiers de l'ACME.

RUMSEY, F. (1994) *MIDI Systems and Control*, 2nd edn. Focal Press.

THOLOMÉ, E. *MIDI à votre portée*. Éditions Radio.

YAVELOW, C. (1992) *Macworld Music and Sound Bible*. IDG Books Worldwide, Inc., San Mateo, CA, USA.

# 16 Code temporel et synchronisation

La frontière entre les domaines audio et vidéo s'estompe toujours plus. Des techniques telles que le code temporel, d'un usage pratiquement universel dans la vidéo, sont aujourd'hui également familières aux techniciens audio. Largement répandu en postproduction audio pour la synchronisation des machines, il fournit une information en temps réel sur la position des supports. Dans le domaine du montage, on le rencontre aussi bien en vidéo que pour les enregistrements numériques ; les systèmes à disques durs l'utilisent pour la synchronisation et aussi pour l'élaboration de listes de décisions, *edit lists*. De nombreux magnétophones analogiques modernes permettent l'enregistrement et la lecture du code temporel, comme les enregistreurs numériques professionnels, certains étant même équipés de synchroniseurs.

Dans ce chapitre, nous allons exposer les principes de base du code temporel et de son utilisation pour la synchronisation des machines ; nous n'y traiterons toutefois pas des différentes techniques utilisées par le passé (et encore actuellement pour certaines) pour la synchronisation des supports cinématographiques. Le code temporel MIDI (MTC) est abordé au chapitre 15.

## 16.1 Le code temporel SMPTE/UER

Afin de faciliter le montage précis des bandes vidéo, l'association américaine SMPTE (*Society of Motion Picture and Television Engineers*) a proposé en 1967 un système connu aujourd'hui sous le nom de code SMPTE qui consiste, pour l'essentiel, en un comptage du temps qui s'écoule en heures, minutes, secondes et images pendant que le programme se déroule. L'affichage de cette information se fait sur huit chiffres ; elle fait par ailleurs l'objet d'un codage pour permettre son enregistrement sur une piste audio. Chaque image est associée à une valeur de code unique, appelée *adresse temporelle*, qui permet de repérer avec précision n'importe quelle image.

Selon le standard de télévision auquel il se rapporte, le code temporel SMPTE peut fonctionner avec différents débits d'image. Le débit de 30 images par seconde, ou code SMPTE vrai, a été utilisé pour la télévision noir et blanc aux États-Unis, et ne l'est plus aujourd'hui que pour le *mastering* de CD effectué à l'aide d'enregistreurs SONY 1630. Le standard à 29,97 images par seconde, ou SMPTE *drop-frame*, se rencontre surtout aux États-Unis et au Japon, ainsi qu'au Moyen-Orient, avec le système de télévision couleur NTSC (il est décrit dans le complément 16.1). Le débit de 25 images par seconde est utilisé avec les standards de télévision PAL et SECAM en Europe, en Australie, etc., et constitue le code SMPTE/UER. Enfin, le standard à 24 images par seconde est utilisé dans la production cinématographique.

---

### Complément **16.1** – *Le code* drop-frame

Lors de l'introduction de la télévision couleur aux États-Unis sous la forme du standard NTSC, il fallut modifier légèrement la fréquence de trame pour pouvoir transmettre les informations colorimétriques sans changer le spectre. Les 30 images par seconde de la télévision monochrome, valeur choisie à des fins de synchronisation avec la fréquence du secteur, égale à 60 Hz aux États-Unis, fut alors ramenée à 29,97 images par seconde, la synchronisation avec le secteur n'étant plus indispensable en raison des progrès accomplis en matière de stabilité des oscillateurs.

Il s'avéra nécessaire, pour conserver le synchronisme entre les deux systèmes, d'abandonner deux images par minute sauf toutes les dix minutes. La dérive à long terme entre le code temporel et l'image est alors minime, 75 ms en 24 h. La dérive à court terme va croissant au cours d'une minute puis est remise à zéro.

Un des éléments binaires des mots de code temporel est utilisé pour indiquer qu'il s'agit d'un code NTSC *drop-frame*. Ce type de code est utilisé lorsque l'enregistrement doit être synchronisé avec un programme vidéo au standard NTSC.

---

Chaque mot de code temporel est constitué de 80 éléments binaires et subdivisé pour l'essentiel en sous-ensembles, ou cellules, de 4 éléments, qui représentent chacun un paramètre (dizaines d'heures, unités d'heures, etc.), représenté en code décimal codé binaire (DCB, *BCD*).

La figure 16.1 illustre la structure d'un mot de code temporel. Pour certains paramètres, la totalité des quatre éléments binaires n'est pas nécessaire, les heures n'étant, par exemple, codées que jusqu'à la valeur 23 ; les éléments binaires disponibles sont alors soit réservés à d'autres usages soit non affectés. L'adresse temporelle requiert en tout 26 éléments binaires.

Un ensemble de 32 éléments binaires constituent les données d'utilisateur, ou *user's bits*, qui permettent de coder des informations telles que le numéro de bobine, celui de la prise ou encore la date. L'élément binaire 10 indique, lorsqu'il est à la valeur 1, le fonctionnement en *drop-frame* ; l'élément binaire 11 est quant à lui utilisé pour la séquence de parité couleur. La fin de chaque mot est constituée d'une séquence de 16 éléments binaires, appelée *mot de synchronisation*, qui indique la séparation entre une image et la suivante, et permet également de connaître le sens de défilement du support, dans la mesure où elle commence par 11 dans un sens et 10 dans l'autre.

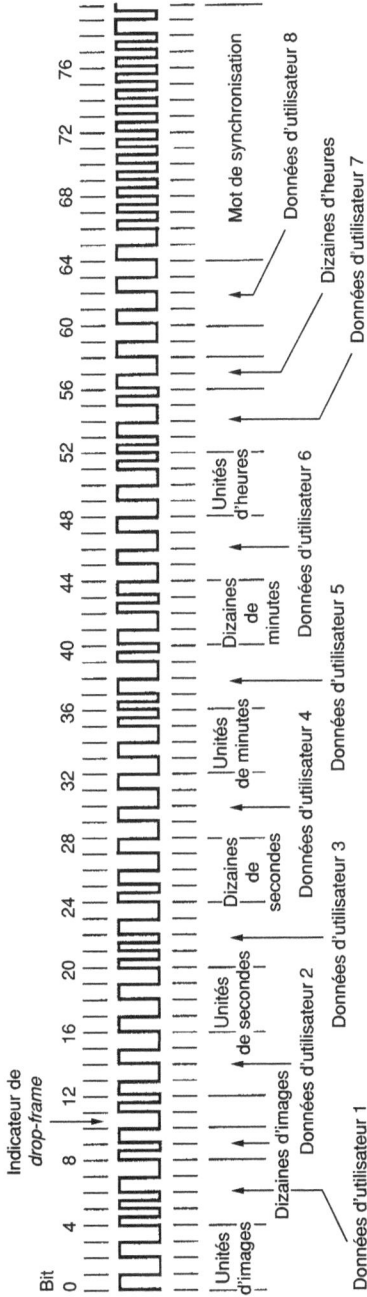

**Figure 16.1**

Structure des données d'un mot de code temporel longitudinal SMPTE/UER.

Cette information binaire ne peut pas être enregistrée sur la bande telle quelle ; elle fait l'objet d'un codage de voie de type *biphase-mark*, ou FM, tel qu'une transition apparaît à la fin de chaque élément binaire, à laquelle est ajoutée une transition médiane dans le cas où l'élément binaire à coder vaut 1. Ce codage est illustré à la figure 16.2. Il en résulte un signal carré pouvant présenter deux fréquences instantanées différentes, selon le contenu de l'information.

Les fréquences maximales et minimales dépendent du standard du code, la fréquence la plus élevée étant de 2400 Hz, soit $80 \times 30$ images/seconde, alors que la plus faible est de 960 Hz, soit $0,5 \times 80 \times 24$ images/seconde. Ces valeurs permettent un enregistrement aisé sur une bande audio. Le signal est insensible à la polarité des connecteurs. Le code peut être lu en marche avant ou en marche arrière, et de nombreuses machines en permettent la lecture entre 0,1 et 200 fois la vitesse nominale. Le temps de montée du signal, c'est-à-dire le temps mis pour passer d'un état à l'autre, doit être de 25 µs ± 5 µs, ce qui nécessite une bande passante d'environ 10 kHz.

**Figure 16.2**

Les données du code temporel longitudinal font l'objet, avant enregistrement, d'un codage de voie de type biphase-mark, ou FM. Une transition intervient à la fin de chaque bit, et une transition supplémentaire apparaît au milieu d'un bit si ce dernier a la valeur 1.

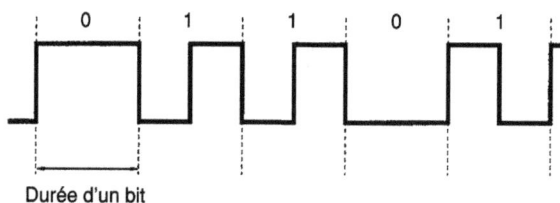

Il existe une autre forme de code temporel SMPTE, appelée VITC (*Vertical Interval Time Code*), largement utilisée avec les magnétoscopes, où elle n'est pas enregistrée sur une piste audio, mais dans l'intervalle de suppression trame du signal vidéo, ce qui en permet une lecture au ralenti et en arrêt sur l'image. Nous n'en dirons pas davantage sur le code VITC.

## 16.2 L'enregistrement du code temporel

Selon l'application, le code temporel peut être enregistré, ou couché, sur la bande avant, après ou simultanément avec le programme. Dans de nombreux cas, il doit être verrouillé sur la même référence que celle qui pilote la vitesse de la machine, faute de quoi une dérive à long terme risque d'apparaître entre le cadencement des informations lues et le codage temporel. Cette référence prend souvent la forme d'un signal de synchronisation vidéo composite et, pour cette raison, la plupart des enregistreurs numériques sont dotés d'entrées de synchronisation vidéo.

**Figure 16.3**
Générateur de code temporel
autonome, d'Avitel
Electronics.

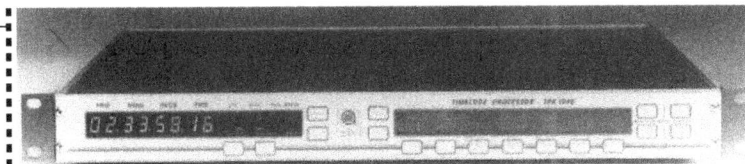

Les générateurs de code temporel se présentent sous différentes formes : appareils autonomes tels que celui illustré à la figure 16.3, sous-ensembles de synchroniseurs, ou encore intégrés aux machines. Dans les centres techniques importants, le code temporel est fourni par un générateur central, distribué aux différentes installations et disponible sur les panneaux de brassage (*patch*) de ces dernières. Quand on utilise sur une machine un code temporel externe, il s'apparente à un signal audio disponible sur un connecteur XLR ce qui permet de l'aiguiller vers la piste souhaitée en vue de son enregistrement. La plupart des générateurs permettent à l'opérateur d'effectuer une mise à l'heure et de choisir le débit d'images.

Sur un magnétophone multipiste, le code temporel est, la plupart du temps, couché sur une piste latérale, le plus souvent celle de numéro d'ordre le plus élevé ; les enregistreurs numériques présentent, eux, des pistes spécialement prévues à cet effet. Le code temporel est enregistré à un niveau inférieur d'environ 10 dB au niveau de référence, et des problèmes de diaphonie entre pistes adjacentes, ou encore dans les liaisons, sont susceptibles d'apparaître, en raison du contenu en fréquences moyennes, très audibles, du code temporel. Certains magnétophones à bande quart de pouce permettent l'enregistrement du code sur une piste située au centre de l'intervalle de garde dans le cas du format de piste NAB (voir le paragraphe 8.4.1).

L'enregistrement et la lecture de ce code temporel central nécessitent une disposition des têtes particulière, telle que celle illustrée à la figure 16.4. En principe, les têtes utilisées pour le code sont distinctes de celles qui véhiculent le signal audio, même si certains constructeurs ont réussi à maîtriser ces problèmes et recourent aux mêmes têtes. Dans le premier cas, la synchronisation entre le code temporel et le signal audio est obtenue à l'aide de lignes à retard.

Les enregistreurs numériques professionnels au format RDAT offrent souvent la possibilité d'enregistrer un code temporel. Ce code est alors converti en un code interne qui est enregistré dans les zones de sous-codes (*subcodes*) de la piste. À la relecture, la machine peut délivrer un code à n'importe quel débit d'images, ce qui peut s'avérer intéressant dans des environnements où plusieurs standards coexistent.

Pour les tournages en extérieurs, film ou vidéo, des supports distincts sont utilisés pour l'enregistrement de l'image et du son sur lesquels il est nécessaire de coucher un code temporel. Il est bien sûr possible d'utiliser un générateur unique qui alimente les deux machines mais, en général, chacune est dotée de son propre générateur ; on synchronise ces générateurs chaque jour, au début du tournage, en les mettant à l'heure absolue. Des horloges à haute stabilité, pilotées par quartz, assurent le maintien du synchronisme au long de la journée. Le fait que diverses machines soient utilisées à des instants et pendant des laps de temps différents importe peu, puisque chaque image comporte une valeur de code unique, ce qui permet une synchronisation aisée et efficace lors de la postproduction.

**Figure 16.4**_____

Format d'enregistrement du code temporel sur la piste centrale d'une bande quart de pouce.
(a) Des lignes à retard permettent d'enregistrer et de lire le code temporel à l'aide de têtes distinctes des têtes audio. (Il est également possible d'utiliser des têtes spécialement conçues à cet effet.)
(b) Disposition et dimensions des pistes.

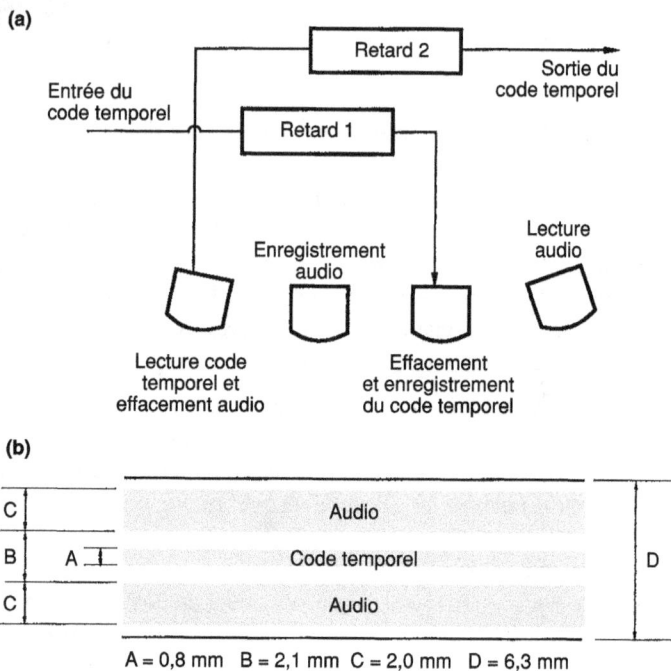

Il est nécessaire d'enregistrer le code temporel une vingtaine de secondes avant le début du programme pour permettre aux différentes machines de se synchroniser. Si le contenu est porté par plusieurs bobines, il convient de faire en sorte que la même valeur de code ne figure pas sur plusieurs d'entre elles, pour éviter toute confusion lors des opérations ultérieures. Il est aussi possible d'affecter à chacune un numéro d'ordre, en se servant par exemple des données d'utilisateur.

## 16.3 Les synchroniseurs

### 16.3.1 *Vision d'ensemble*

Le synchroniseur est un appareil qui reçoit les signaux de code temporel émanant de deux ou plusieurs machines et contrôle la vitesse des machines esclaves de manière à en assurer le défilement synchrone avec la machine maître. Pour ce faire, la vitesse de cabestan des premières est modifiée à l'aide d'un signal de référence de vitesse externe qui prend en général la forme d'un signal carré de fréquence égale à 19,2 kHz, que l'asservissement de vitesse de cabestan utilise comme signal de commande (voir la figure 16.5). Le synchroniseur est commandé par un microprocesseur et permet la programmation de décalages, ou *offsets*, entre les machines, ainsi que les programmations de début et de fin d'enregistrement, ou encore le fonctionnement en boucle ou l'adressage.

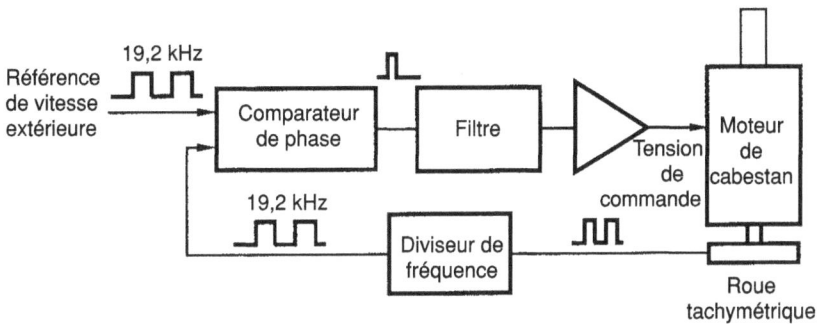

**Figure 16.5**
La commande de la vitesse du cabestan fait souvent appel à ce type de circuit d'asservissement où le signal généré par la roue tachymétrique est composé à une référence extérieure de même fréquence. La différence entre ces signaux permet d'élaborer une tension de commande d'accélération ou de ralentissement du moteur.

### 16.3.2 *Le mode poursuite*

Un synchroniseur de base n'assurant que le mode poursuite est doté d'entrées des signaux de code temporel provenant des machines maître et esclave, ainsi que d'interfaces de télécommandes permettant de contrôler l'évolution des machines (voir la figure 16.6). Un tel synchroniseur est conçu de manière à ce que l'esclave suive fidèlement les évolutions du maître. Si ce dernier défile en vitesse avant rapide, par exemple, il en sera de même de l'esclave, le synchroniseur assurant à ce dernier une position la plus proche possible de celle de la machine maître ; lorsque la machine maître revient en position lecture, le synchroniseur positionne l'esclave au plus près d'elle et la commute également en lecture, puis en ajuste la vitesse de cabestan de manière à obtenir une synchronisation correcte (voir la figure 16.7).

Lors des évolutions rapides des machines, le synchroniseur ne peut plus utiliser les signaux de code temporel car, d'une part, la bande n'est alors plus en contact avec les têtes, et, de l'autre, la chaîne de lecture n'est plus en mesure d'en effectuer une lecture correcte à de telles vitesses. Le synchroniseur exploite alors les impulsions tachymétriques qui sont véhiculées par l'interface de télécommande. Il doit être programmé pour compter le nombre correct d'impulsions par seconde pour chacune des machines, qui peut être très variable, ou être en mesure de le constater de manière automatique durant les premières secondes.

**Figure 16.6**
En mode maître-esclave, ou poursuite, le synchroniseur reçoit le code temporel et les informations tachymétriques et d'état de la machine maître, les compare avec celles issues de la machine esclave et commande cette dernière de manière à obtenir l'identité des codes temporels, à un décalage, ou *offset*, programmable près.

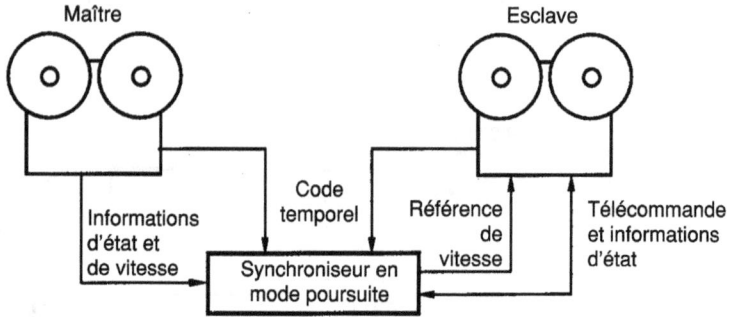

**Figure 16.7**
Synchroniseur modulaire d'Audio Kinetics.

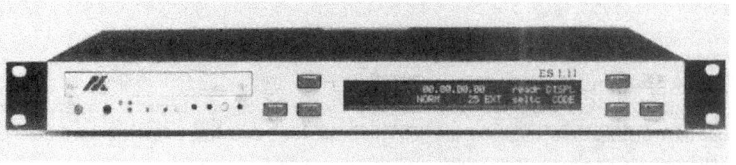

Lorsque la machine revient en lecture, le code temporel est de nouveau lu et le synchroniseur ajuste la position de la machine, qui doit être très proche de celle calculée à l'aide des informations tachymétriques. Le synchroniseur se sert des différences de valeurs des codes temporels lus par la machine maître et la machine esclave, éventuellement augmentées ou diminuées *d'offsets* programmés pour assurer leur défilement synchrone.

---

**Complément 16.2** – *Différents types de synchronisation*

### Synchronisation à l'image, ou synchronisation absolue

Cette expression désigne un mode de fonctionnement où le synchroniseur fonctionne sur la base des valeurs absolues des codes temporels du maître et de l'esclave. Si le premier présente une discontinuité, due par exemple à un montage, l'esclave recherchera la valeur correspondante et, si elle n'y figure pas, la bande sera totalement déroulée.

### Verrouillage en phase

Dans ce mode, le synchroniseur verrouille tout d'abord les machines à partir des valeurs absolues des codes temporels puis bascule dans un mode de fonctionnement où il assure le synchronisme d'apparition des mots de synchronisation sans tenir compte de la valeur absolue. Ce mode est intéressant lorsque des discontinuités de code sont connues ou supposées et permet d'être sûr que la machine ne passera pas en bobinage rapide pendant la lecture d'un programme.

### Resynchronisation lente et rapide

Après que la synchronisation initiale a été atteinte, une absence de code ou une discontinuité peuvent occasionner une perte de synchronisme. En resynchronisation rapide, le synchroniseur cherche à resynchroniser les machines le plus rapidement possible, quelles que soient les conséquences sur la modification de hauteur perçue. En resynchronisation lente, l'opération est plus progressive, et s'effectue à un rythme tel que les effets produits sont inaudibles.

Un tel synchroniseur peut être utilisé pour intersynchroniser deux magnétophones multipistes, en vue d'augmenter le nombre de pistes disponibles, ou encore de verrouiller un magnétophone quart de pouce sur un magnétoscope pour y lire ou y enregistrer des sons stéréophoniques lors d'opérations de montage vidéo. Le synchroniseur agit comme une liaison presque invisible entre les machines, qui ne nécessite que peu d'attention. L'opérateur n'a pas besoin de se préoccuper de l'initialisation du système puisque que la machine esclave réagira dès qu'un code sera délivré par la machine maître. Certains synchroniseurs de ce type fonctionnent même en l'absence de télécommande avec la machine maître, se contentant de suivre le code temporel appliqué à leur entrée.

Les divers systèmes diffèrent dans leur comportement en face d'une absence ou d'un saut de code temporel ; dans le premier cas, la plupart donnent au bout d'une ou deux secondes un ordre d'arrêt à l'esclave, et, dans le second, tentent de positionner ce dernier à la nouvelle adresse, selon le type de synchronisation utilisée (voir le complément 16.2).

Certaines machines sont dotées de synchroniseurs intégrés qui leur permettent de se verrouiller sur un code temporel appliqué à l'entrée située sur leur face arrière. D'autres contiennent également un générateur de code temporel intégré.

### 16.3.3 *Synchroniseurs-éditeurs*

Lors des opérations de postproduction, il est souvent nécessaire de disposer d'un système de télécommande doté de possibilités autres que la fonction de poursuite. Illustré à la figure 16.8, un tel appareil permet la commande de nombreuses machines à partir d'un pupitre unique qui communique avec elles à l'aide, par exemple, de liaisons informatiques. Dans les systèmes dits à fonctions distribuées, chacune des machines est dotée de son propre synchroniseur de poursuite qui communique avec l'unité centrale ; cette dernière s'apparente alors à une commande centralisée et non plus à un synchroniseur (voir la figure 16.9). Dans de telles applications, on utilise de plus en plus souvent un protocole spécialement destiné à la télécommande d'appareils audio et vidéo, appelé ES-bus.

**Figure 16.8**

Exemple de synchroniseur-
éditeur : le modèle *Eclipse*
d'Audio Kinetics.

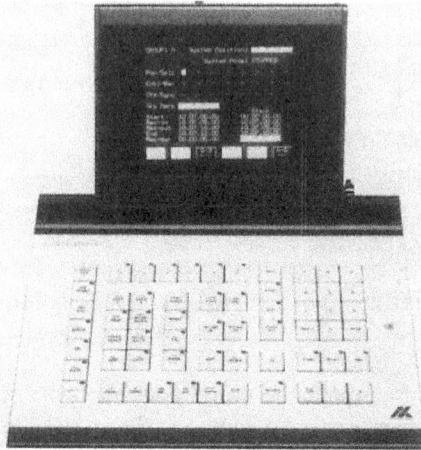

**Figure 16.9**

Dans les systèmes modernes,
dits à maître virtuel, chacune
des machines est dotée de
son propre synchroniseur, qui
reçoit de l'unité centrale les
différents ordres et données à
l'aide d'un bus série.

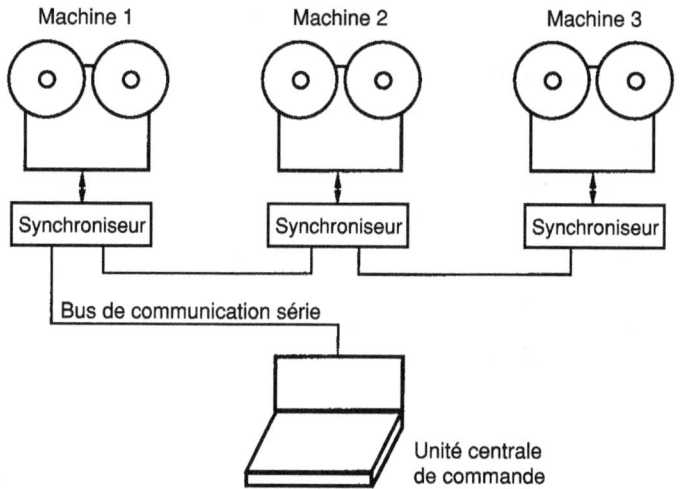

Un tel système permet la mémorisation des *edit-lists* comportant les décalages propres à chaque machine ainsi que les points de mise en et hors service de l'enregistrement. Cette possibilité peut être mise à profit, par exemple, pour des opérations de doublage ; des séquences du programme peuvent être programmées en boucle, avec un *pre-roll*, la mise en enregistrement s'effectuant de manière automatique à l'endroit où le dialogue d'un film ou d'une émission vidéo doit être remplacé. La machine esclave peut être un enregistreur multipiste, les mises en enregistrement successives concernant alors telle ou telle piste ; les musiques et effets sont enregistrés ultérieurement sur la bande.

Dans les systèmes synchronisés comportant des appareils vidéo, la machine maître est le plus souvent le magnétoscope, les machines audio étant esclaves. La raison en est que la synchronisation des machines audio est plus simple que celle des machines vidéo qui doivent être verrouillées sur une référence vidéo qui détermine leur vitesse d'évolution.

Dans les installations comportant de nombreuses machines vidéo ou audionumériques, le rôle de maître est rempli par le synchroniseur lui-même, à qui toutes les machines sont asservies. On parle alors de fonctionnement *à maître virtuel*. Le générateur de code temporel du synchroniseur est lui-même verrouillé sur un signal de référence. Cette technique est utilisée également dans les systèmes de montage vidéo.

## Complément **16.3** – *Terminologie*

### *Pre-roll*

Période précédant le point de synchronisation désiré mise à profit pour la stabilisation du synchronisme des machines. La durée de *pre-roll* nécessaire au synchroniseur pour accomplir sa tâche est d'environ une dizaine de secondes.

### *Post-roll*

Période consécutive à un point de sortie d'enregistrement programmé pendant laquelle les machines continuent à lire de manière synchrone.

### Fonctionnement en boucle (*loop*)

Une séquence de la bande programmée est lue puis relue automatiquement ; un temps de *pre-roll* permet aux machines de se resynchroniser à chaque passage.

### Points d'entrée et de sortie (*drop-in* et *drop-out*)

Points auxquels le synchroniseur, ou l'unité de contrôle, commande l'exécution d'une mise en enregistrement ou hors d'enregistrement d'une machine esclave sélectionnée. Ces points peuvent être aussi le début et la fin d'une boucle.

### Décalage ou *offset*

Valeur de code temporel programmée qui indique la position de l'esclave par rapport au maître qui peuvent alors défiler en synchronisme tout en présentant entre eux un certain décalage. Chaque esclave peut avoir une valeur de décalage différente.

### Décalage dynamique (*nudge*)

Il est parfois possible, alors que l'installation défile en synchronisme, de décaler la position de l'esclave par rapport à celle du maître, image par image, ce qui permet d'ajuster la position relative des deux machines.

### Synchronisme à haute résolution (*bit offset*)

Certains synchroniseurs permettent des décalages inférieurs à une image, allant jusqu'à une résolution d'un quatre-vingtième d'image, soit un bit de code temporel.

## Références bibliographiques

AMYES, T. (1990) *The Technique of Audio Post-Production in Video and Film.* Focal Press.

HALBWACHS, J. P. (1990) *Le timecode, théorie.* Les cahiers de l'ACME.

HALBWACHS, J. P. (1990) *Le timecode, pratique.* Les cahiers de l'ACME.

RATCLIFF, J. (1995) *Timecode : A User's Guide.* Focal Press.

RATCLIFF, J. (1999) *Timecode ; mode d'emploi.* Eyrolles.

# 17 Enregistrement et reproduction stéréophoniques

Ce chapitre traite des principes et des aspects pratiques de l'enregistrement et de la reproduction stéréophoniques. Le terme stéréo ne se borne pas ici à désigner la reproduction habituelle sur deux haut-parleurs, mais est à prendre au sens du terme grec *stéréo*, qui signifie « solide » ou « à trois dimensions ». Les techniques stéréophoniques ne peuvent pas être seulement considérées que d'un point de vue théorique, de même que la théorie ne peut être ignorée ; seul un rapprochement de cette dernière avec les constats subjectifs est pertinent. Certaines des techniques, qui ont pu être jugées à l'écoute comme correctes, ne résistent pas toujours à une analyse théorique rigoureuse et, a contrario, certaines techniques réputées pour être théoriquement satisfaisantes se révèlent, à l'écoute, moins performantes que d'autres. Une partie du problème réside dans le fait que les mécanismes de la perception directionnelle, ou localisation, ne sont pas aujourd'hui entièrement compris. De plus, la reproduction stéréophonique ne fait le plus souvent appel qu'à deux haut-parleurs, et, ainsi, la situation d'écoute est une distorsion de la réalité (dans la réalité, les ondes sonores nous parviennent de tous côtés) ; les auditeurs préfèrent parfois les images distordues en raison d'artefacts plaisants tels que l'effet d'espace, de la même manière que certains apprécient les sons entachés de distorsions de toute sorte. La plupart des techniques stéréophoniques utilisées aujourd'hui visent à conjuguer la précision des images et l'impression d'espace, même si de nombreux théoriciens les jugent antinomiques.

Dans les paragraphes qui suivent, nous aborderons la captation et la reproduction stéréophoniques, tant d'un point de vue théorique que sous leurs aspects pratiques, tout en ayant conscience que les règles théoriques peuvent avoir à être mises au second plan pour des raisons opérationnelles et subjectives. Dans la mesure où ce sujet est très vaste, nous proposons, à la fin de ce chapitre, différentes références qui permettront au lecteur d'en approfondir l'étude.

## 17.1 Perception directionnelle et techniques stéréo

L'étude de l'enregistrement et de la reproduction stéréophoniques ne peut être dissociée de celle de l'aptitude à la localisation de notre système auditif, puisque le but de la stéréo est de créer l'illusion de directions de provenance et d'espace. La compréhension des phénomènes de la perception directionnelle aidera également le lecteur à apprécier les différences entre les diverses techniques que sont la stéréophonie binaurale, la captation par couple coïncident, la captation par couple espacé, la monophonie dirigée et les différentes approches multicanales. Le chapitre 2 de cet ouvrage présente une vue d'ensemble des principaux mécanismes de la localisation et certaines des références bibliographiques proposées à la fin de ce chapitre traitent de ces sujets plus en profondeur.

En résumé, l'aptitude du système auditif à localiser les sons repose sur la combinaison de différents phénomènes. Aux fréquences médiums et élevées, elle dépend surtout des différences en amplitude des niveaux parvenant à nos deux oreilles ; principalement dues à l'effet d'ombre créé par la tête, ces différences sont fonction de la fréquence des signaux . Pour des sons continus de fréquence basse, l'aptitude du système auditif à localiser les sons dépend des différences de phase, elles aussi fonctions de la fréquence. Pour les sons complexes, la localisation dépend avant tout de la différence des temps d'arrivée et du rôle subtil que joue l'oreille externe. Les réflexions sur d'autres parties du corps et sur le sol influencent le spectre perçu et donc la perception directionnelle. Pour chaque angle d'incidence, une certaine configuration de pics et de crevasses apparaîtra dans le spectre reçu, ce qui constitue un facteur déterminant dans notre aptitude à distinguer l'avant de l'arrière et le haut du bas.

Lorsque l'on s'intéresse aux techniques stéréophoniques, il est nécessaire d'opérer la distinction entre l'effet binaural, où les deux oreilles sont stimulées indépendamment l'une de l'autre par la même onde sonore (ce qui résulte en des différences de temps interaurales comprises entre 0 et environ 600 μs), et l'effet de précédence, où les deux oreilles sont sollicitées par deux ondes, ou plus, qui intervient lorsque les différences des temps d'arrivée sont inférieurs à 50 ms. On peut alors penser que le mécanisme d'audition binaurale s'adapte à la direction suggérée lors de l'apparition d'un son, ignorant jusqu'à un certain point les informations qui suivent, jusqu'à ce que ces dernières parviennent à réinitialiser le processus de localisation. Il est vraisemblable que les composantes évolutives d'un son jouent un rôle plus important que les composantes constantes dans sa localisation.

On peut raisonnablement établir que les meilleurs systèmes de reproduction stéréophoniques sont ceux qui respectent fidèlement l'ensemble des paramètres qui concourent à la perception de la direction de provenance. Cet objectif doit être pris en compte lors de la conception des systèmes de reproduction. Les techniques binaurales, que nous aborderons plus loin, ont été développées en ce sens. Toutefois, de nombreux systèmes de reproduction stéréophoniques à haut-parleurs ne permettent de faire parvenir aux oreilles qu'une partie de ces informations. De telles techniques sont des compromis, plus ou moins performants, qui doivent permettre des techniques de captation suffisamment simples à mette en œuvre, la reproduction des résultats dans un salon, et présenter un progrès auditivement notable par rapport à la reproduction monophonique. La conformité à la théorie est une chose, le pragmatisme en est une autre, toute l'histoire de la stéréophonie se caractérisant par des compromis entre ces deux extrêmes.

## 17.2 Bases de la reproduction sonore spatiale

Après cette introduction aux mécanismes de la localisation des sons, nous allons nous intéresser aux bases des systèmes audio permettant la reproduction de sons spatialisés, avant d'étudier les signaux stéréo et les dispositifs de captation.

### 17.2.1 *Historique du développement de la stéréophonie*

Nous avons coutume d'associer stéréophonie et reproduction à deux canaux, même si un examen des développements du siècle dernier montre que le format à deux canaux s'est imposé surtout en raison de contraintes économiques et domestiques, mais aussi parce qu'il est simple à enregistrer sur les disques ou à transmettre en radio. Une chaîne de reproduction à deux haut-parleurs est facile à mettre en œuvre dans un environnement domestique, est d'un coût relativement modeste, et fournit à un auditeur en position centrée des images fantômes satisfaisantes.

Les premiers travaux portant sur la reproduction spatiale des sons, entrepris par les laboratoires Bell au cours des années trente, se donnaient comme objectif de recréer le front sonore qui serait fourni par une infinité de couples microphones/haut-parleurs à l'aide d'un nombre de canaux peu élevé, comme le montrent les figures 17.1 (a) et (b). Les expériences menées faisaient appel à des microphones à pression (omnidirectionnels) séparés, chacun étant relié, via un amplificateur, au haut-parleur correspondant situé dans la salle d'écoute. Steinberg et Snow découvrirent alors que lorsque l'on réduisait le nombre de canaux de trois à deux, les sources centrées semblaient s'éloigner vers l'arrière de la scène sonore, qui présentait alors une profondeur accrue. Ils tentèrent d'en déduire des conclusions, plutôt par calcul qu'à l'aide de mesures, quant à la manière dont les différences de niveau entre les canaux conditionnent la perception directionnelle, ignorant délibérément dans leurs recherches le rôle des différences temporelles ou de phase.

Vingt ans plus tard, Snow critiqua les résultats précédents, prenant en considération les différences temporelles dans le cas d'un système à nombre de canaux réduit, en remarquant qu'il existait une différence marquée entre les configurations à sources ponctuelles multiples et celles à nombre de canaux réduit. Il suggéra que le système multisource idéal recréait le front d'onde original de manière plus précise, permettant aux oreilles de recourir aux mêmes mécanismes de perception binaurale que dans le cas de l'écoute naturelle. On peut penser que le mur de haut-parleurs se comportait comme une source d'ondelettes recréant une onde plane dont la source virtuelle se trouvait à la même place que la source réelle d'origine, les différences de temps d'arrivée aux oreilles de l'auditeur variant alors entre 0 et 600 µs selon la position. Dans le système à deux ou trois canaux, très éloigné du précédent car il ne constitue qu'une approximation du système à front d'onde, les oreilles de l'auditeur sont stimulées par deux ou trois occurrences du son qui présentent des retards relatifs beaucoup plus importants que ceux rencontrés en audition binaurale (de l'ordre de plusieurs millisecondes), en fonction de l'espacement des microphones.

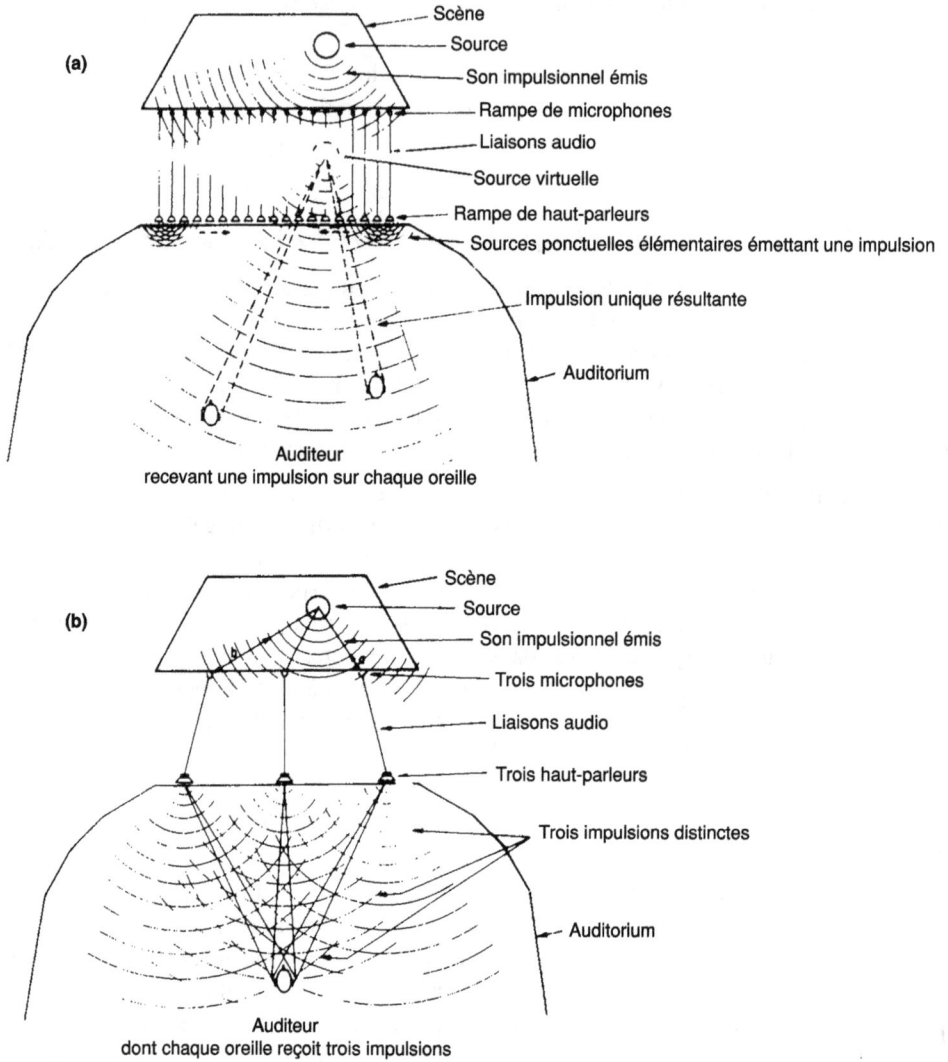

(a)

Scène
Source
Son impulsionnel émis
Rampe de microphones
Liaisons audio
Source virtuelle
Rampe de haut-parleurs
Sources ponctuelles élémentaires émettant une impulsion

Impulsion unique résultante

Auditorium

Auditeur
recevant une impulsion sur chaque oreille

(b)

Scène
Source
Son impulsionnel émis
Trois microphones
Liaisons audio
Trois haut-parleurs
Trois impulsions distinctes

Auditorium

Auditeur
dont chaque oreille reçoit trois impulsions

■ ■ ■ ■ ■ ■ ■ ■ ■ ■ ■ ■ ■ ■ ■ ■ ■ ■

**Figure 17.1 (a)**

(a) Une bonne image sonore virtuelle peut être obtenue à l'aide d'un nombre infini de voies microphone/haut-parleur ; les différences binaurales sont alors correctes quelle que soit la position de l'auditeur (d'après Steinberg et Snow).

(b) La réduction à trois du nombre de voies a pour conséquence que les sons émis par les trois haut-parleurs parviennent à l'auditeur de manière distincte. Les différences interaurales ne correspondent pas à l'écoute naturelle et l'effet de précédence n'agit pas (d'après Steinberg et Snow).

Dans ce cas, la localisation repose principalement sur l'effet de précédence, que nous avons décrit au chapitre 2, ainsi que sur les niveaux relatifs des canaux. C'est pourquoi Snow mit l'accent sur la différence existant entre les situations d'écoute binaurale (voir le paragraphe 17.2.3) et ce qu'il appela les situations stéréophoniques (voir le paragraphe 17.2.2).

Cette différence fut également affirmée par Alan Blumlein dont le brevet, déposé en 1931, concernait un dispositif permettant la conversion de signaux à un format binaural, adapté à des microphones à pression espacés, en un format adapté à la reproduction sur des haut-parleurs. Nous en reparlerons plus loin, mais il est intéressant de noter combien de contributions écrites relatives à la reproduction stéréophonique ont passé sous silence les travaux fondamentaux de Blumlein.

En 1957, une contribution anglaise de Clark, Dutton et Vanderlyn, de la firme EMI, a relancé les théories de Blumlein. Elle montre, avec une approche mathématique plus rigoureuse que dans le brevet original, comment un système à deux haut-parleurs peut être utilisé pour créer une corrélation précise entre l'angle d'incidence d'une source sonore réelle et l'angle perçu lors de la reproduction, en jouant sur les niveaux relatifs des deux canaux ; les signaux provenaient, dans leurs expériences, d'une paire de microphones bidirectionnels coïncidents. Les auteurs de ces travaux évoquent le système des laboratoires Bell, à trois microphones espacés, et suggèrent que bien qu'il fournisse des résultats convaincants dans de nombreuses situations d'écoute, il s'avère dispendieux dans le cadre d'applications domestiques et que la réduction à deux canaux, qui utilise encore des microphones espacés d'environ trois mètres, a tendance à engendrer une impression de « trou au centre » familière aux utilisateurs de tels dispositifs ; le son semble en effet parvenir de la gauche ou de la droite, mais pas de la zone intermédiaire. Ils concèdent que la méthode de Blumlein qu'ils ont adaptée ne tire pas parti de tous les mécanismes de l'audition binaurale, particulièrement l'effet de précédence, mais admettent qu'ils ont tenté d'exploiter et de recréer un certain nombre des paramètres de localisation de l'écoute naturelle.

Nous venons d'évoquer l'origine historique des dispositifs à microphones séparés, qui reposent sur l'effet de précédence et ne présentent que de faibles différences de niveau entre les canaux, et les dispositifs à microphones coïncidents et les autres techniques qui ne reposent que sur les différences intercanales ; la technique à microphones distants s'avère plus efficace dans le cas de systèmes à trois canaux qu'à deux canaux ; nous verrons plus loin qu'elle présente un défaut théorique fondamental en ce qui concerne le positionnement correct des sons continus, qui n'a pas toujours été mis en évidence, même si une telle technique permet d'obtenir des résultats subjectivement acceptables. Il est intéressant de constater que la reproduction sonore à trois canaux frontaux est de règle dans les salles de cinéma, le canal central ayant pour objet de stabiliser l'image centrale pour les spectateurs excentrés ; l'utilisation de ce type de dispositif s'est généralisée depuis le film de Walt Disney, *Fantasia*, en 1939. Les intentions des laboratoires Bell dans les années trente ont souvent été mal interprétées ; en effet, on n'a pas toujours eu conscience que leurs travaux étaient orientés vers la diffusion en salle dotée d'écrans larges, et non vers la reproduction domestique.

Il existe des alternatives à la stéréophonie à trois canaux permettant de couvrir une large zone. Elles sont fondées sur des dispositifs de haut-parleurs directionnels, où la compensation destinée aux spectateurs excentrés est obtenue en ajustant le niveau du haut-parleur le plus distant pour atténuer l'effet de précédence accru créé par le haut-parleur le plus proche. Un exemple intéressant en est le récent système de diffusion *Wide-Imaging stereo*, de Canon, qui utilise des réflecteurs coniques installés sur les diffuseurs de médiums et d'aiguës, orientés vers le haut. Les haut-parleurs présentent alors une directivité qui favorise les auditeurs situés du côté opposé, ce qui compense l'effet de précédence créé par le diffuseur le plus proche.

## 17.2.2 *Reproduction stéréo bicanale sur haut-parleurs*

Nous allons étudier, dans ce paragraphe, la reproduction stéréophonique à deux canaux destinée à l'écoute sur haut-parleurs, qui constitue aujourd'hui le dispositif le plus courant ; les techniques destinées à l'écoute au casque feront l'objet du paragraphe suivant.

Il résulte de l'exposé qui précède que, dans la plupart des cas, on ne peut espérer obtenir de la reproduction stéréo à deux haut-parleurs qu'une illusion modeste du champ sonore originel, dès lors qu'elle ne nous parvient que du quadrant avant. La localisation et la sensation d'espace peuvent être obtenues soit à l'aide de différences temporelles, soit à l'aide de différences de niveau, soit grâce à une combinaison des deux, même si la stéréo à différences de temps peut être source de problèmes de contradiction entre les sons à caractère impulsionnel et les sons continus. L'aspect primordial à considérer, en ce qui concerne la reproduction sur des haut-parleurs, est que les deux oreilles reçoivent les signaux émanant des deux diffuseurs, alors que, dans le cas d'une écoute au casque, chacune de nos oreilles ne reçoit que l'un des signaux. Par conséquent, l'auditeur placé au centre du système (voir le paragraphe 17.2) reçoit sur son oreille gauche tout d'abord l'onde sonore provenant du haut-parleur gauche puis celle émise par le haut-parleur de droite, et sur son oreille droite, tout d'abord les sons émis par le haut-parleur de droite suivis par ceux qui proviennent du diffuseur gauche. Sur la figure, la durée $t$ représente le temps mis par l'onde sonore pour parcourir la différence des distances lui permettant d'atteindre les deux oreilles.

Les fondements sur lesquels repose la stéréophonie à différence de niveau, appelée également *stéréophonie d'intensité* ou *stéréophonie Blumlein*, est la conversion des différences des niveaux produits par les deux haut-parleurs en légères différences de phase aux fréquences basses qui apparaissent lors de la sommation effectuée par les deux oreilles sur les signaux qui leur parviennent des deux haut-parleurs.

Des expériences que nous avons menées avec des signaux de parole à bande élargie diffusés par un système à deux haut-parleurs conventionnels ont montré qu'une différence de l'ordre de 18 dB entre les niveaux des deux canaux était nécessaire pour donner à l'auditeur l'impression que le son provient de la pleine gauche ou de la pleine droite de l'image (voir le paragraphe 17.3).

**Figure 17.2**

Lorsque l'auditeur écoute avec deux haut-parleurs, ses oreilles reçoivent les ondes émises par les deux haut-parleurs. Le son émis par le diffuseur le plus distant de chacune des oreilles atteint celle-ci un certain temps après le son provenant de l'autre diffuseur.

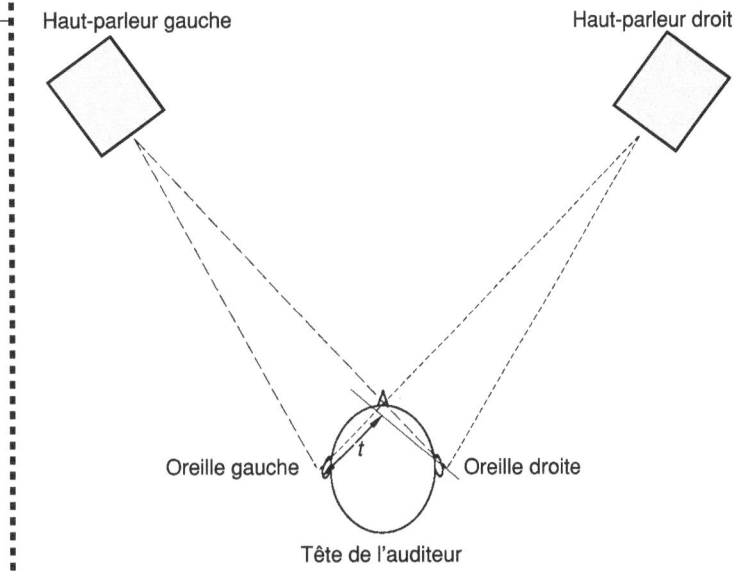

Haut-parleur gauche

Haut-parleur droit

Oreille gauche

Oreille droite

Tête de l'auditeur

Elles ont également mis en évidence des désaccords, auxquels on pouvait s'attendre, entre les différents auditeurs quant aux positions intermédiaires, mi-gauche et mi-droite. Si les deux canaux présentent une différence temporelle entre eux, les sons à caractère impulsionnel seront déplacés vers le haut-parleur qui les diffuse le premier en raison de l'effet de précédence, la position perçue dépendant, pour une grande part, de l'importance du retard.

Si, par exemple, le haut-parleur gauche est en avance sur le haut-parleur droit, ou, plus exactement, si le second est en retard par rapport au premier, le son semblera provenir principalement de la gauche, ce qui peut être corrigé en augmentant le niveau d'émission du haut-parleur droit.

Il apparaît donc un échange entre les différences d'intensité et les différences de temps. On peut par exemple montrer que si l'information de gauche arrive à l'auditeur 2 ms avant celle de droite, une augmentation du niveau de cette dernière d'environ 5 dB est nécessaire pour compenser la différence de temps et ramener la position perçue au centre. Ces principes sont illustrés à la figure 2.5.

À niveau égal, une différence de temps comprise entre 2 et 4 ms, fonction de la nature des signaux, apparaît nécessaire à la perception pleine gauche ou pleine droite, uniquement pour des sons impulsionnels et non pour des sons continus de basse fréquence. L'oreille a la capacité de résoudre les conflits qui apparaissent dans de telles situations, en se fondant principalement sur les différences temporelles, de préférence aux autres paramètres.

En pratique, les techniques microphoniques stéréo reposent sur une combinaison des différences d'intensité et des différences de temps entre les canaux.

**389**

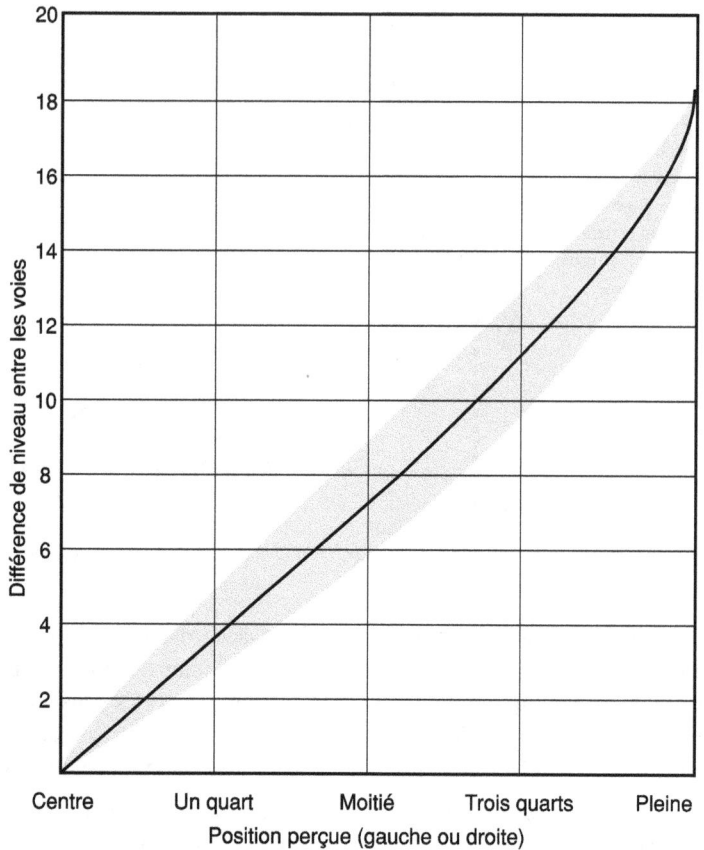

Les approches théoriques de la stéréo qui précédent ont été qualifiées de « théories de la locali-sation par sommation » par Gunther Theile, de l'institut allemand IRT (*Institut Für Rundfunktechnik*). Il rejette ces théories en affirmant qu'elles ne véhiculent pas correctement les attributs interauraux naturels nécessaires à une reproduction spatialisée des signaux sonores. Theile affirme que la seule méthode correcte pour obtenir des signaux adaptés à une reproduc-tion stéréophonique naturelle, même en utilisant des haut-parleurs, est d'élaborer des signaux en relation avec le rôle de la tête de l'auditeur, puisque ces derniers contiennent les informations nécessaires pour reproduire une image sonore dans un plan virtuel situé entre les deux haut-par-leurs.

Des tests subjectifs ont montré que des signaux binauraux, corrigés pour obtenir une réponse en fréquence frontale plate, sont à même de produire une stéréophonie convaincante avec des haut-parleurs. Il y a un désaccord profond entre les adeptes de cette théorie et ceux qui se réclament des théories traditionnelles de la stéréophonie par sommation.

---

**Complément 17.1** – *Stéréophonie à sommation vectorielle*

Si les signaux délivrés par deux haut-parleurs ne présentent que des différences d'intensité, et non de temps, il est possible de montrer, au moins en ce qui concerne les fréquences basses jusqu'à 700 Hz, que la sommation vectorielle au niveau de chaque oreille des signaux reçus des deux haut-parleurs résulte en deux signaux qui, pour une fréquence donnée, présentent un angle de phase proportionnel à leurs amplitudes relatives. Pour une différence de niveau donnée, l'angle de phase varie à peu près proportionnellement avec la fréquence, ce qui est le cas lors d'une écoute naturelle d'une source ponctuelle.

Aux fréquences plus élevées, la différence de phase cesse d'être le paramètre déterminant pour céder la place aux différences de niveau interaurales nées de l'effet d'ombre provoqué par la tête de l'auditeur.

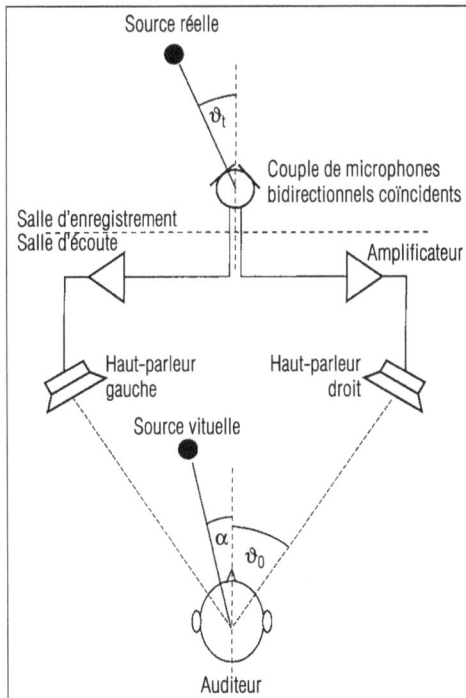

Si les amplitudes délivrées par les deux canaux sont commandées correctement, il est possible d'obtenir, pour des sons continus, des différences de phase et d'intensité très proches de celles que l'on peut constater en écoute naturelle, ce qui permet de donner l'impression de sources virtuelles provenant d'un point situé entre les deux haut-parleurs.

Ce constat est à la base du système stéréophonique inventé par Blumlein en 1931, et des travaux ultérieurs menés par Clark, Dutton et Vanderlyn en 1957. Le résultat de l'analyse vectorielle est une relation simple qui permet de déterminer, selon la disposition angulaire des haut-parleurs, l'angle d'incidence apparent de la source virtuelle obtenue pour une différence de niveau intercanaux donnée.

**391**

En se référant à la figure, on peut tout d'abord montrer que :

$$\sin \alpha = [(L - R) / (L + R)] \cdot \sin \theta_0,$$

où $\alpha$ est l'angle apparent de l'image virtuelle et $\theta_0$ l'angle sous lequel l'auditeur reçoit les informations des haut-parleurs.

Il est également possible d'établir que :

$$(L - R) / (L + R) = \tan \theta_1,$$

où $\theta_1$ représente l'angle d'incidence que présente la source réelle par rapport au centre d'un couple coïncident de microphones bidirectionnels à vélocité. $(L - R)$ et $(L + R)$ sont respectivement les signaux différence (S) et somme (M) d'une information stéréophonique, tels que nous les avons définis dans le complément 4.5.

Ces résultats sont précieux car ils montrent qu'il est possible de recourir à des techniques de répartition telles que la monophonie dirigée, qui consiste à obtenir deux composantes, à partir d'une source monophonique, en utilisant un potentiomètre panoramique qui permet de doser les niveaux relatifs envoyés aux canaux gauche et droit sans en affecter les caractéristiques temporelles. Il est également possible de recombiner les deux canaux en un signal monophonique sans observer de phénomènes d'annulation nés de différences de phase.

## 17.2.3 *Stéréophonie à deux canaux destinée à l'écoute au casque*

L'écoute au casque présente une différence fondamentale avec la reproduction par haut-parleurs puisque, comme nous l'avons vu, chaque oreille ne reçoit que l'un des canaux. Elle constitue donc un exemple de situation binaurale, qui permet de solliciter les oreilles à l'aide de signaux présentant des différences de temps allant jusqu'au délai binaural (600 µs) et des différences d'amplitudes de l'ordre de celles qui sont provoquées par l'effet d'ombre dû au crâne de l'auditeur.

Ceci suggère le recours à une technique de captation utilisant des microphones espacés entre eux de la distance binaurale, et isolés l'un de l'autre par un écran similaire au crâne humain, dans ses caractéristiques, de manière à produire des signaux présentant des différences correctes.

Bauer a mis en évidence que si des signaux stéréophoniques destinés à l'écoute sur des haut-parleurs sont appliqués à un casque, ils présenteront une différence de niveau trop importante par rapport à l'écoute naturelle, et que les délais interauraux ne seront pas corrects. L'image stéréophonique ainsi produite ne semblera pas naturelle, ne présentant pas la sensation d'espace attendue. Dans le but de corriger ces défauts, il a proposé d'introduire entre les canaux une certaine diaphonie assortie de retards, pour restituer, aux différentes fréquences, des différences de niveau interaurales correctes et simuler également des délais interauraux correspondant à ceux émis par des haut-parleurs présentant des angles d'incidence de 45° vis-à-vis de l'auditeur. Les caractéristiques du dispositif proposé sont fondées sur les travaux de Weiner qui a établi des courbes représentant les effets de diffraction produits par le crâne humain pour différents angles d'incidence. La figure 17.4 représente les caractéristiques du circuit conçu par Bauer ainsi que les résultats obtenus par Weiner (en traits pointillés). Son examen montre que Bauer a choisi de réduire les retards aux fréquences élevées en partie pour simplifier la conception du système, et parce que, de toute manière, la localisation repose avant tout sur les différences d'intensité à ces fréquences.

Bauer s'est également intéressé au processus inverse, la conversion de signaux binauraux en signaux destinés à la reproduction sur des haut-parleurs, mettant en évidence la nécessité de supprimer la diaphonie existant entre les premiers en vue d'une reproduction correcte sur les haut-parleurs ; elle interviendrait sinon deux fois, une première entre les microphones et une seconde au niveau des oreilles de l'auditeur, ce qui aurait pour conséquence une faible séparation entre les canaux, et donc, une image stéréophonique trop étroite. Il suggère, dans cc but, d'ajouter à chacun des signaux une composante de l'autre signal hors-phase ; il n'explique toutefois pas comment annuler les retards entre les canaux binauraux.

**Figure 17.4**___
Pour obtenir une écoute au casque satisfaisante à partir de signaux destinés à l'écoute sur haut-parleurs, Bauer a conçu un circuit, dont la figure illustre les caractéristiques, permettant d'introduire des retards et une certaine diaphonie entre les voies. Le schéma du haut représente le retard introduit dans la diaphonie inter-voies, celui du bas, les corrections apportées aux deux voies dans le but de reproduire l'effet d'ombre de la tête.

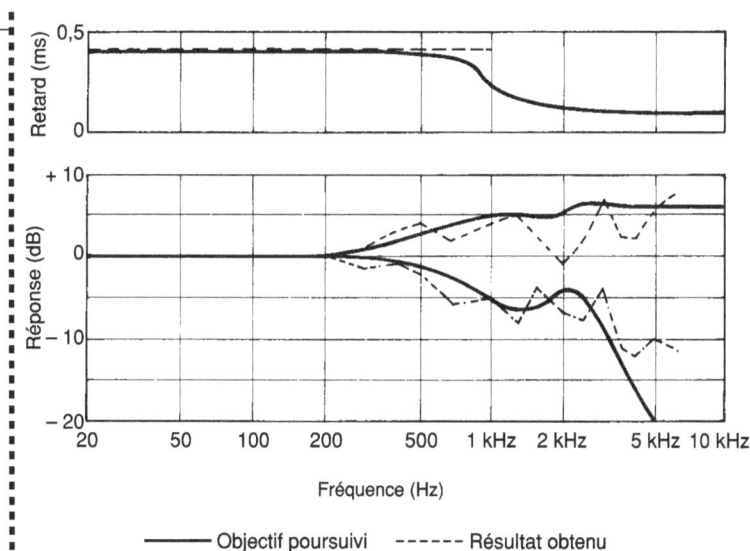

Des travaux ultérieurs ont été publiés en 1977 par Thomas, portant sur un circuit destiné à l'amélioration des images stéréophoniques lors d'écoutes au casque. Il fait état de tests d'écoute qui ont montré que le panel d'auditeurs exprimait une préférence pour les signaux ayant fait l'objet du traitement par diaphonie retardée.

Les travaux de Theile, relatifs à la correction de la réponse en fréquence des casques afin d'obtenir une impression d'espace optimale, ont mis en évidence la nécessité de normaliser les corrections apportées aux têtes artificielles et aux casques, de manière à respecter les paramètres spectraux qui sont primordiaux pour la localisation binaurale. Theile a toutefois souligné que l'appareil auditif présentait une certaine aptitude à s'adapter, au bout d'un certain temps, aux caractéristiques spectrales propres au système de diffusion, après quoi l'information de localisation est correctement décodée.

## 17.3 Traitement des signaux binauraux

Des travaux récents faisant appel à des moyens de traitement numérique des signaux ont conduit à des systèmes permettant d'introduire, sur les signaux, des corrections correspondant aux fonctions de transfert créées par la tête (HTRF, pour *head-related transfer fonction*) pour les différents angles d'incidence d'une source monophonique. Plus précisément, ils permettent, à l'aide d'une série de filtres numériques, de retards et de mélanges, de simuler l'action du pavillon de l'oreille sur les signaux sonores ainsi que les retards et les effets d'ombre créés par le crâne. Un système a été produit pour permettre de positionner un signal monophonique n'importe où autour de l'auditeur. Il peut aussi être utilisé comme simulateur d'espace, ce qui permet de tester les conséquences du positionnement d'une source dans des lieux virtuels de différentes tailles et de différentes formes, l'auditeur pouvant choisir son emplacement dans ce lieu virtuel et recevoir les signaux binauraux correspondant. Ce type de simulateur peut être d'un grand bénéfice pour les acousticiens qui ont à concevoir des traitements de salles.

Un développement récent dans le domaine de l'enregistrement et de la reproduction stéréophoniques a été mené dans le but de permettre la reproduction de signaux binauraux sur des haut-parleurs, tout en conservant les paramètres de localisation originels. Appelé *stéréophonie transaurale*, il fait l'objet du complément 17.2.

### Complément 17.2 – *Stéréophonie transaurale*

La base de la stéréophonie transaurale est l'addition, aux signaux envoyés aux haut-parleurs, d'une composante qui représente l'opposé de la diaphonie intervenant au niveau des oreilles de l'auditeur lors d'une écoute sur haut-parleurs. Cette technique, qui présuppose que le programme a été enregistré à l'aide de techniques binaurales, permet que les oreilles reçoivent des signaux présentant des relations binaurales correctes.

Des expériences menées en 1962 par Atal et Schroeder ont montré qu'il était possible d'ajouter une composante de compensation de diaphonie aux signaux appliqués à des haut-parleurs. Le système proposé s'est toutefois avéré très sensible à la position occupée par l'auditeur, qui devait être précise à environ 75 mm près, et nécessitait des conditions d'écoute anéchoïques. Pour ces différentes raisons, le concept ne fit pas l'objet d'une approbation générale. Cependant, les résultats se sont révélés étonnants pour des auditeurs situés à une position correcte dans un environnement adéquat, en permettant la localisation des sources dans toutes les dimensions.

La stéréophonie, ainsi que les autres formes de traitement binaural, pose le problème de sa dépendance à la modélisation des effets de la tête et du pavillon de l'oreille, qui a été implémentée dans les filtres. Des travaux récents ont permis une amélioration des traitements transauraux, dus principalement à la simplification des filtres qui simulent les caractéristiques moyennes des HTRF.

Moins dépendants de l'auditeur, ils permettent un fonctionnement correct pour un large éventail d'individus, ainsi que dans des situations d'écoute plus variées. Il semble néanmoins peu vraisemblable qu'un système hautement dépendant de la position qu'occupe l'auditeur puisse devenir populaire. Un dispositif qui intègre des principes binauraux est apparu sur le marché : il s'agit du *Roland Sound Space*, mélangeur binaural et annuleur de diaphonie, présenté surtout comme un effet spécial.

## 17.4 Stéréophonie à canaux multiples sur haut-parleurs

Même si notre intention n'est pas d'étudier en détail l'ensemble des systèmes sonores multicanaux, nous en décrirons succinctement les principales approches. Pour ce qui est du son au cinéma, il y longtemps qu'on utilise plus de deux haut-parleurs, pour offrir une large zone d'écoute, stabiliser l'image du centre où se situent les principaux dialogues, et proposer des informations spatialisées supplémentaires telles que des sons d'ambiances. La reproduction multicanale destinée au grand public a connu une histoire mouvementée et n'a pas eu jusqu'ici un très grand succès.

Les systèmes de reproduction tétraphoniques sont apparus dans les années soixante-dix, sous la forme de différents standards, mais sont assez vite tombés dans l'oubli ; nous ne les traiterons donc pas ici. Le système Ambisonics, développé à la même époque au Royaume-Uni, sous les auspices de la RNDC, avait pour origine principale les travaux de Gerzon, Fellgett et Baron ; il a bénéficié d'un certain succès dans applications à son seul. Fondé sur des principes psychoacoustiques complexes, il vise à la reproduction la plus précise possible du champ sonore originel et à un grand nombre de configurations. Son principal héritier, commercialement parlant, est le microphone Soundfield dont nous avons parlé au paragraphe 4.7.

### 17.4.1 *Le son multicanal au cinéma*

À l'heure actuelle, le format multicanal de reproduction sonore au cinéma le plus répandu comporte quatre canaux : gauche (L), centre (C), droit (R) et ambiance (S). Lors de la postproduction, les signaux sonores sont positionnés autour de l'auditeur à l'aide de potentiomètres panoramiques qui permettent de faire varier les niveaux relatifs d'envoi aux différents canaux. Les dialogues sont le plus souvent affectés au canal centre C, les musiques et effets utilisant les trois autres canaux. Le canal S fait l'objet d'une réduction de la bande passante, et également d'un retard pour éviter tout effet de diaphonie audible ou risque d'un déplacement de l'image sonore vers l'arrière de la salle en raison de l'effet de précédence. Le format LCRS est, par nature, le format du système Dolby Stéréo destiné à la diffusion sonore dans les salles de cinéma ainsi que celui du système Dolby Surround, son équivalent grand public. La firme Dolby fabrique des matrices de codage et de décodage qui permettent le matriçage des quatre canaux en deux canaux, pour autoriser leur enregistrement sur des supports film et vidéo avec un certain niveau de compatibilité dans le cas d'une écoute à deux canaux. Le schéma synoptique de la matrice du décodeur Prologic est proposé à la figure 17.5.

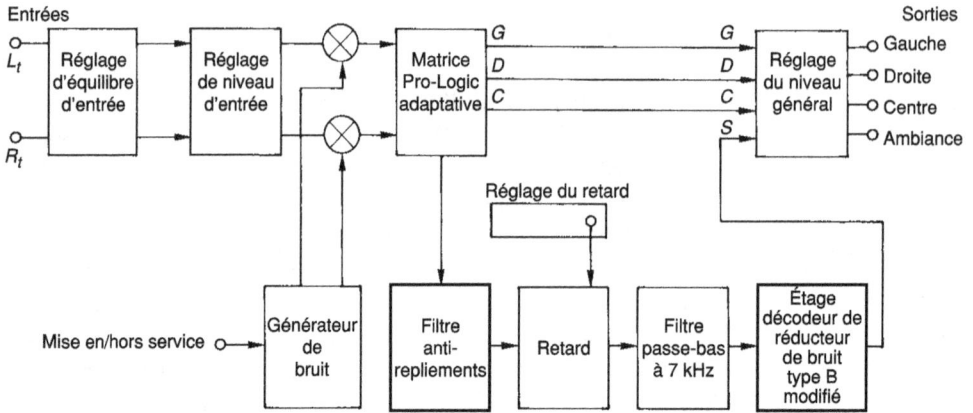

**Figure 17.5**
Schéma synoptique du décodeur Surround Prologic de Dolby.

## 17.4.2 *Le système Ambisonics*

L'objectif du système Ambisonics est d'offrir une approche hiérarchique complète pour la captation, l'enregistrement, la transmission et la reproduction d'informations sonores multicanales, dans les domaines monophonique, stéréophonique, multicanal périphérique et sphérique, ce dernier comportant, en plus du précédent, une information relative à la hauteur. Selon le nombre de canaux utilisés, la restitution spatiale peut comporter un nombre variable de dimensions. Les signaux se présentent sous différents formats : le format A, destiné à la captation (figures 17.6 et 17.7), le format B, destiné à la postproduction (figure 17.8), le format C, destiné à la transmission (figure 17.9), et le format D, destiné au décodage et à la reproduction (figure 17.10).

**Figure 17.6**
Directions de captation d'une capsule au format A du microphone Ambisonics. Les capsules ont une réponse infracardioïde $(2 + \cos \theta)$ et il est possible de les associer par soustraction pour obtenir une réponse bidirectionnelle.

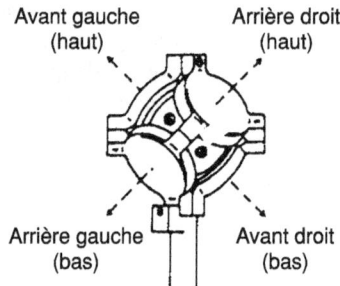

**Figure 17.7**_____
Les capsules du microphone
Soundfield, de Calrec,
disposées selon le format A.

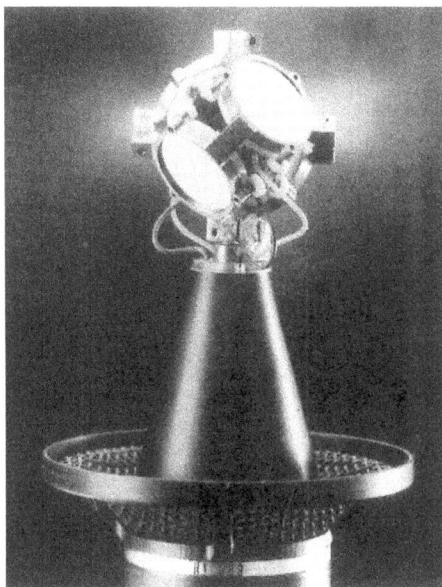

**Figure 17.8**_____
Les composantes X, Y et Z
du format B présentent des
diagrammes en huit,
représentant les positions
latérale et zénithale d'une
source dans l'image stéréo.
Elles sont obtenues à partir
du format A par des
opérations de sommes et de
différences. W est une
composante
omnidirectionnelle obtenue
en ajoutant en phase les
signaux délivrés par les
capsules au format A.

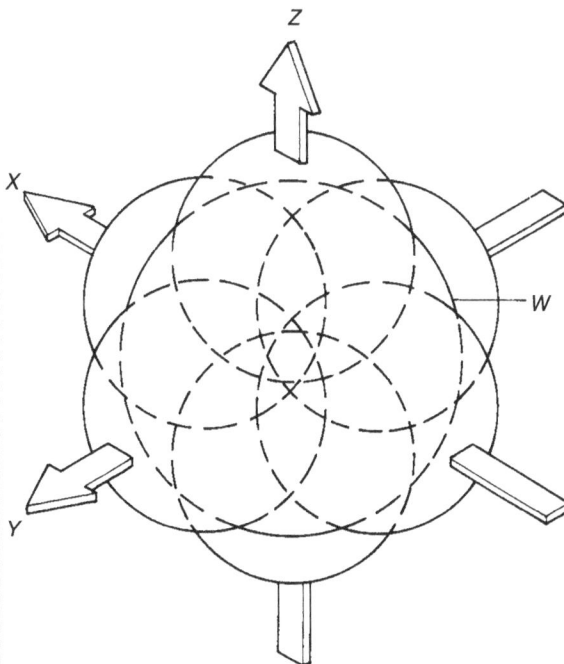

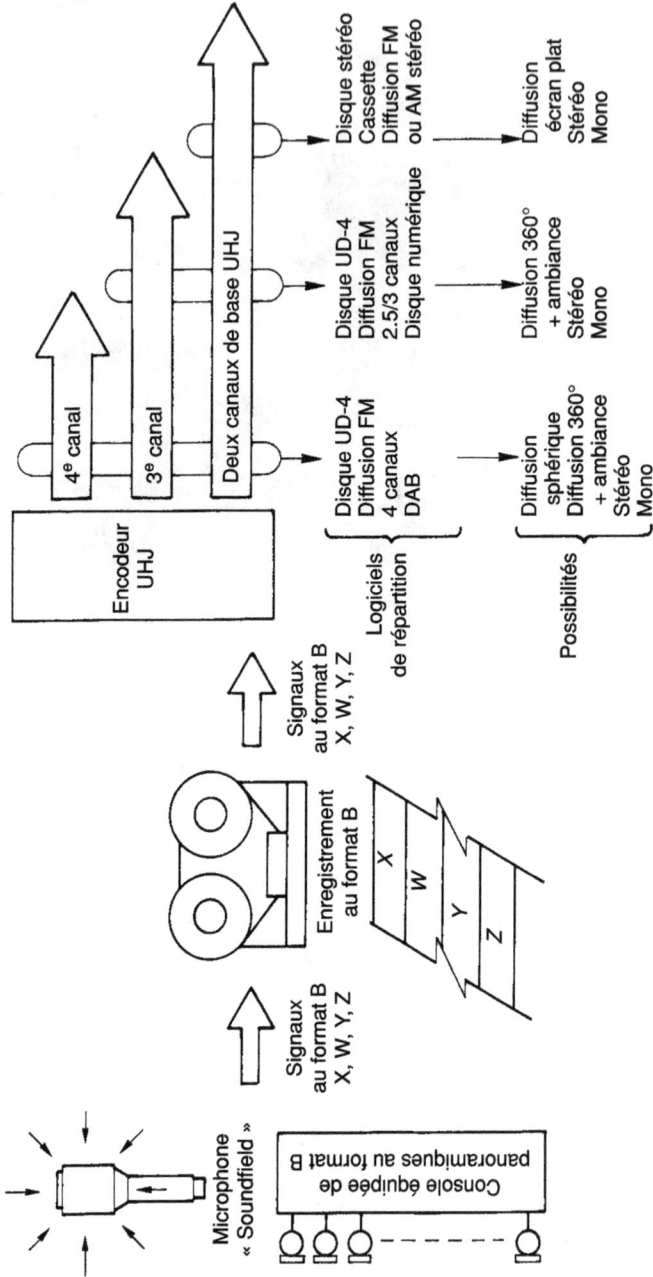

**Figure 17.9**

Les signaux au format B peuvent être convertis au format C (UHJ) en vue de l'enregistrement ou de la transmission, le nombre de canaux au format C conditionnant les possibilités exploitables à la lecture.

**Figure 17.10**

Décodage des signaux au format C fournissant des signaux au format D destinés à la reproduction sur haut-parleurs.

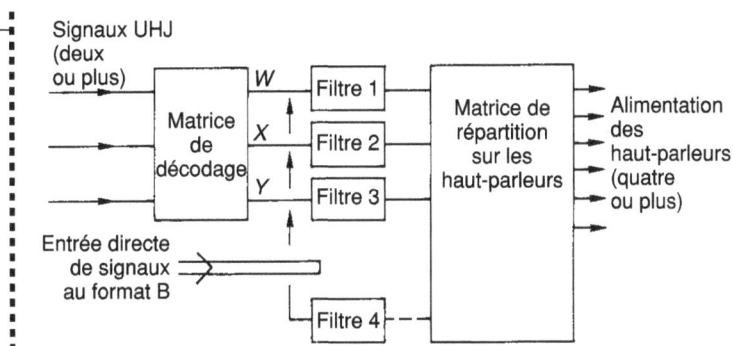

Il existe également un format appelé UHJ, proposé à l'origine par Gaskell du service de la recherche de la BBC, qui permet le codage d'informations issues du format Ambisonics sur deux ou trois canaux. Il se caractérise par une bonne compatibilité mono et stéréo, appréciable dans le cas d'une écoute sur un système traditionnel.

Il convient d'opérer la distinction entre le système Ambisonics et les dispositifs tétraphoniques ; ces derniers nécessitent l'utilisation de quatre haut-parleurs et ne peuvent s'adapter aux différents principes de captation non plus qu'aux diverses situations d'écoute. Les systèmes tétraphoniques tendent, en général, à créer des images sonores fantômes entre chaque paire de haut-parleurs. La stéréophonie conventionnelle, qui fonctionne mal si l'auditeur est excentré ou si les haut-parleurs présentent un angle supérieur à 60°, ne résiste pas correctement aux systèmes de diffusions tétraphoniques. En effet, dans ces derniers, les haut-parleurs forment des angles relatifs de 90°, ce qui a tendance à créer un trou au centre ; par ailleurs, les théories de la stéréophonie conventionnelle ne s'appliquent pas correctement aux haut-parleurs situés de chaque côté de l'auditeur.

Le système Ambisonics, quant à lui, opère un codage correct, en termes de pression et de vélocité, des informations sonores provenant de toutes les directions et effectue un décodage adapté au nombre de haut-parleurs utilisés. Le décodeur comporte un système de filtrage au-dessus de 700 Hz, qui permet de corriger l'effet d'ombre dû au crâne de l'auditeur, et une matrice qui détermine les niveaux d'envoi corrects vers les différents haut-parleurs en fonction de la configuration choisie.

La source d'un signal « Ambisonics » peut être soit un microphone spécialement conçu, tel que le modèle Soundfield de Calrec illustré à la figure 4.12, soit un signal monophonique dirigé dans l'espace sonore à l'aide de potentiomètres panoramiques pour constituer les composantes au format B.

Il arrive souvent qu'un système reposant sur des concepts théoriques rigoureux ne bénéficie pas d'un succès commercial en rapport ; ainsi, malgré de nombreuses communications dans les cercles académiques et de nombreux articles dans les journaux spécialisés, le système Ambisonics n'est que rarement utilisé dans les domaines de l'enregistrement et de la radiodiffusion. Le microphone Soundfield est toutefois d'un usage très répandu, en raison notamment de sa possible commande à distance, tant du point de vue de son orientation que de sa directivité variable. On l'emploie principalement en tant que microphone stéréophonique extrêmement flexible pour l'enregistrement et la reproduction sur deux canaux.

### 17.4.3 *Le format multicanal 3-2*

La nécessité est récemment apparue de normaliser un format multicanal destiné à des applications telles que la télévision à haute définition (HDTV). Les principales instances normatives internationales ont choisi dans ce but une configuration de haut-parleurs qui comprend trois canaux frontaux et deux canaux arrières, auxquels s'ajoute un canal de diffusion d'infrabasses optionnel qui constitue le système de diffusion multicanale souvent appelé « 5.1 » (voir la figure 17.11). Cette disposition permet un canal d'effets arrière stéréophonique, que de nombreux auditeurs jugent supérieur au canal arrière monophonique du système Dolby Stéréo conventionnel. Le format 3-2, selon son appellation normative, constitue la base de la plupart des dispositifs proposés en vue de la diffusion sonore stéréophonique à la télévision.

**Figure 17.11**

Disposition des haut-parleurs proposée pour les systèmes multicanaux 5.1.

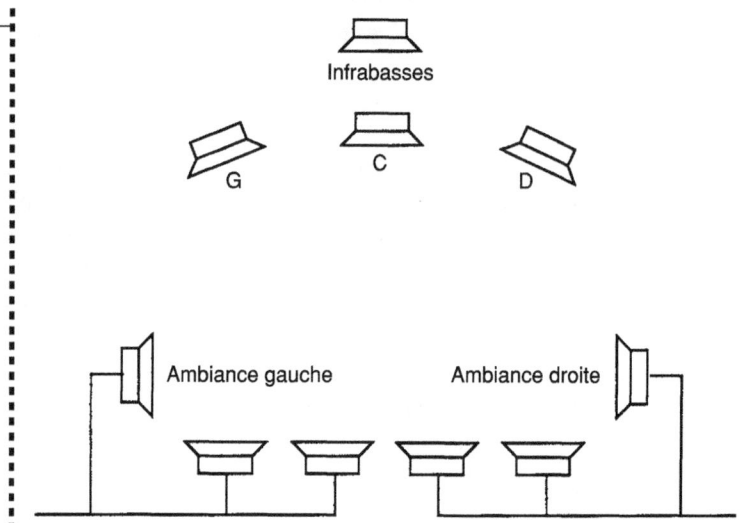

La norme se contente toutefois de décrire le dispositif d'écoute, n'abordant par les principes de captation et de production destinés au format 3-2. Ce dernier présente une certaine compatibilité avec les produits mixés à l'aide des techniques multicanales traditionnelles du cinéma, où les canaux arrières servent surtout à diffuser des effets sonores, et où l'objectif n'est généralement pas de recréer un champ sonore enveloppant précis. Il peut également être utilisé pour des applications uniquement sonores, les canaux arrières étant alors mis à profit soit pour diffuser des sons réverbérés s'associant à des images frontales plus précises, soit pour constituer un dispositif de diffusion multicanale s'apparentant au système Ambisonics.

**400**

## 17.5 Formats de base des signaux stéréophoniques

Nous présenterons dans les paragraphes qui suivent les différents types de signaux stéréophoniques ainsi que les termes utilisés pour décrire les différents formats. Nous y aborderons également les conséquences des défauts des chaînes sur de tels signaux.

### 17.5.1 *Signaux A, B, M et S*

Il est habituel, dans le domaine de la radiodiffusion, de désigner le canal gauche d'une voie stéréophonique par l'expression « signal A », et le canal droit par « signal B ». Ces mêmes voies, dans le cas de certains microphones ou systèmes stéréophoniques, sont appelées « X » et « Y ». Dans un système stéréophonique à deux canaux, le signal A attaque le haut-parleur gauche, et le signal B, le haut-parleur droit. Il existe différentes conventions permettant d'identifier, entre autres, les câbles qui véhiculent ces signaux. L'une d'elles, où le rouge est utilisé pour le signal A et le vert pour le signal B, peut être source de confusion avec les appareils grand public et hi-fi, où le rouge est utilisé pour la voie droite ; elle correspond en revanche à la convention marine utilisée pour désigner respectivement « bâbord » et « tribord ». Une autre convention associe les couleurs jaune à la voie gauche, et rouge à la voie droite.

Il est parfois intéressant de travailler les signaux stéréophoniques au format « somme et différence », ou format « M-S », ce qui permet de contrôler la profondeur de l'image et l'importance de l'ambiance. Le signal somme, ou signal principal, est appelé M et représente le mélange des signaux gauche et droit ; le signal de différence, ou signal latéral, appelé S, est obtenu en retranchant le signal droit du signal gauche. Le signal M est celui qui est perçu par un auditeur écoutant un programme stéréophonique en monophonie ; il présente une grande importance dans les domaines où les situations d'écoute monophonique sont à prendre en compte, comme c'est le cas en radiodiffusion. Le code des couleurs conventionnel spécifie la couleur blanche pour le signal M et la couleur jaune pour le signal S.

### 17.5.2 *Obtention des signaux stéréophoniques*

Il existe plusieurs méthodes pour obtenir les signaux stéréophoniques « X-Y » ou « A-B ». La plus simple est d'utiliser un couple de microphones directifs coïncidents, présentant un certain angle entre eux. On peut aussi les obtenir à partir d'un couple de microphones espacés, directionnels ou non, un troisième microphone central optionnel pouvant être relié aux canaux gauche et droit. Enfin, il est possible de les constituer à partir de signaux monophoniques, à l'aide de potentiomètres panoramiques composés de potentiomètres doubles couplés mécaniquement, qui permettent de doser la quantité de signal monophonique envoyée à chaque canal du signal stéréophonique, de telle manière que lorsque le niveau envoyé vers la gauche augmente, celui envoyé vers la droite décroît.

Les signaux M-S peuvent être obtenus à partir du format A-B à l'aide d'un dispositif de matriçage (voir le complément 4.5) ou grâce à une captation à ce format. Cette dernière est effectuée à l'aide d'un couple de microphones coïncidents, le signal S étant produit par un microphone bidirectionnel orienté latéralement, et le signal M étant produit à l'aide d'un microphone frontal dont la directivité dépend de l'équilibre souhaité. À partir de tout couple de signaux au format A-B, il est possible d'obtenir l'équivalent M-S, M étant la somme de A et B, et S leur différence. De la même manière, les signaux peuvent être convertis du format M-S au format A-B à l'aide de l'opération inverse. Le complément 17.3 aborde les conséquences des défauts d'alignement des systèmes sur de tels signaux.

---

**Complément 17.3** – *Défauts d'alignement et signaux stéréophoniques*

Les performances limitées de certains matériels ou encore différents défauts affectant les systèmes sont de nature à dégrader l'image stéréophonique véhiculée par les signaux. Il est important, en stéréophonie, que ces dégradations soient minimales, dès lors que des différences de caractéristiques entre les canaux peuvent induire des effets audibles ; elles peuvent également entraîner une mauvaise compatibilité monophonique. Nous abordons ci-dessous ces différents phénomènes.

### Réponse en fréquence et niveau

Une différence de gain, ou de réponse en fréquence, entre les canaux A et B aura pour conséquence le déplacement de l'image stéréo vers le canal ayant le niveau le plus élevé ou la réponse la meilleure. Ainsi, si le canal A présente un excès de fréquences élevées par rapport au canal B, les sifflantes subiront un mouvement apparent vers A. Un mauvais alignement ou une réponse imparfaite dans le cas de signaux M-S aura pour conséquence une diaphonie accrue entre les canaux équivalents A et B ; si, par exemple, le signal M présente un niveau trop faible à une certaine fréquence, le signal stéréophonique A-B correspondant présentera une largeur d'image réduite ; si, au contraire, son niveau est trop élevé, la largeur apparente de l'image augmentera.

### Phase

Des différences de phase entre les canaux entraîneront la modification de la position apparente d'une source et affecteront la compatibilité monophonique. Si ces différences sont importantes entre les canaux A et B, elles se traduiront sur un signal M qui en est dérivé, par un effet de filtrage en peigne dû aux effets de renforcement et d'annulation aux fréquences où les signaux sont respectivement en phase et en opposition de phase.

### Diaphonie

Nous avons établi précédemment qu'une différence de niveau de seulement 18 dB entre les canaux suffisait pour donner l'impression qu'une source était située pleine gauche ou pleine droite. La diaphonie entre les signaux A et B ne constitue que rarement un problème majeur dans la mesure où les performances des matériels audio sont bien supérieures. Une diaphonie importante entre A et B se traduira toutefois par une réduction de la largeur de l'image stéréophonique. Si cette diaphonie concerne des signaux M et S, l'image stéréo se déplacera vers l'un des côtés.

---

### 17.5.3 *Conversions entre les formats A-B et M-S*

La conversion de signaux A-B au format M-S obéit à quelques règles simples. Tout d'abord, le signal M ne peut être obtenu par la simple sommation de A et B, car celle-ci conduirait à une surmodulation de la voie M dans le cas où les niveaux de A et de B sont à leur maximum, c'est-à-dire pour des sources centrées. Pour cette raison, un terme correctif doit être introduit ; il doit être compris entre – 3 dB et – 6 dB, ce qui équivaut à la division de la tension respectivement par $\sqrt{2}$ et 2, soit :

$$M = (A + B) - 3 \text{ dB,}$$

ou :

$$M = (A + B) - 6 \text{ dB.}$$

La valeur exacte du terme correctif dépend de la nature des signaux à sommer. Si les signaux A et B sont identiques, ce qui équivaut à une double monophonie, le niveau de la somme avant correction sera deux fois (ou 6 dB) plus élevé que celui de A ou B ; la correction requise est alors de 6 dB pour que le niveau maximal de M soit réduit à une valeur comparable à celle du niveau de A ou B.

À titre d'exemple, dans le cas d'une production télévisuelle où la plupart des sources sonores sont dirigées au centre, un facteur correctif de 6 dB sera mieux approprié, car il est vraisemblable que la plupart des situations amèneront des signaux A et B identiques et voisins du niveau maximal.

Dans le cas où A et B sont des signaux non cohérents, c'est-à-dire que leurs relations de phase sont aléatoires, la sommation de A et B aura pour conséquence une augmentation limitée à 3 dB ; une correction de 3 dB sera alors la plus appropriée, ce qui est le cas des signaux musicaux stéréophoniques par exemple. Dans la plupart des programmes, A et B présentent un certain degré de cohérence, l'augmentation du niveau de M étant alors comprise entre les deux valeurs limites.

Le signal S peut être obtenu en retranchant B de A, en introduisant le même terme correctif, soit :

$$S = (A - B) - 3 \text{ dB,}$$

ou :

$$S = (A - B) - 6 \text{ dB.}$$

Il est possible de reconstruire A et B à partir de M et S, à l'aide d'un matriçage correct puisque $(M + S) = 2A$ et $(M - S) = 2B$. Ainsi, il est possible d'opérer à tout moment la conversion d'un signal stéréophonique d'un format à l'autre, et inversement. Si les deux formats ne sont pas disponibles à la sortie d'un microphone ou de tout autre appareil, il est relativement simple d'obtenir l'un à partir de l'autre, à l'aide de circuits électriques tels que ceux que nous avons montrés dans le complément 4.5.

## 17.6 Dispositifs de captation stéréophonique

Les enregistrements stéréophoniques peuvent être effectués à l'aide soit d'un microphone stéréophonique unique, comme ceux que nous avons décrits au chapitre 4, soit de deux microphones ou plus, présentant une des configurations exposées ci-après. Un microphone stéréophonique est constitué d'au moins deux capsules directionnelles et constitue ainsi le rassemblement de deux microphones monophoniques au minimum, dans le même boîtier. Il est difficile, pour des raisons physiques évidentes, de faire fonctionner un microphone stéréophonique comme un couple espacé, sauf si l'espacement est très faible. Aussi, les microphones stéréophoniques tendent à reposer sur le principe des couples coïncidents. Les couples stéréophoniques espacés sont le plus souvent obtenus à l'aide de microphones monophoniques distincts, sauf dans le cas d'enregistrements binauraux effectués à l'aide d'une tête artificielle, où deux microphones de petite taille peuvent être installés dans les conduits auditifs (voir le paragraphe 17.9).

### 17.6.1 *Couples coïncidents*

Les couples coïncidents sont constitués de deux microphones directifs dont l'angle relatif est réglable, ou de deux capsules incluses dans le même boîtier, ce qui permet d'obtenir différentes configurations.

Le couple coïncident peut fonctionner soit en mode A-B soit en mode M-S ; certains couples M-S sont fournis avec un boîtier de matriçage qui permet d'obtenir, en sortie, des signaux au format A-B. Les deux microphones constituant le couple ne doivent pas nécessairement présenter un diagramme polaire bidirectionnel, sauf dans le cas de la capsule délivrant le signal S d'un couple M-S.

Pour ce type de couple, la localisation n'est portée que par la différence des niveaux délivrés par les deux capsules, dans la mesure où ces dernières sont disposées les plus proches l'une de l'autre et ne présentent donc aucune différence de phase entre elles, hormis aux fréquences les plus élevées pour lesquelles l'espacement inter-capsules et du même ordre de grandeur que la longueur d'onde des informations sonores.

### 17.6.2 *Couples A-B*

Les couples A-B sont le plus souvent installés en face et au-dessus de la scène sonore, les capsules étant orientées de manière à pointer, symétriquement par rapport au centre, la gauche et la droite la scène, comme le montre la figure 17.12. Le choix de l'angle qu'elles forment dépend de la directivité des capsules utilisées. Un couple coïncident de microphones bidirectionnels formant un angle de 90° fournit une corrélation très précise entre l'angle d'incidence de la source réelle et l'angle apparent de la source virtuelle lors de la reproduction sur des haut-parleurs, mais l'utilisation de microphones bidirectionnels se heurte dans de nombreux cas à des considérations pratiques. Nous étudierons, dans ce qui suit, des couples coïncidents constitués de capsules de différentes directivités tout en gardant à l'esprit que la corrélation entre source réelle et source virtuelle ne peut être prise en compte que tant qu'elle n'entre pas en conflit avec des considérations de mise en œuvre pratique.

**Figure 17.12**

Couple coïncident A-B. Les capsules sont orientées vers la gauche et la droite, à mi-profondeur de la scène sonore.

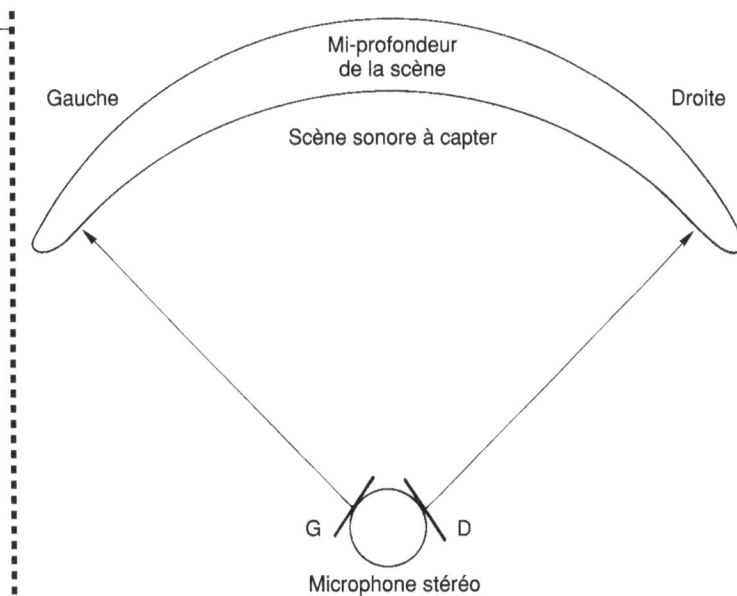

Nous utiliserons l'exemple d'un couple de microphones bidirectionnels, illustré à la figure 17.13, pour mettre en évidence différents phénomènes moins simples à percevoir avec d'autres types de directivités. Remarquons tout d'abord que la direction pleine gauche correspond à une réponse nulle de la capsule de droite, et inversement. Dans cette direction, la différence des niveaux délivrés par les deux capsules est maximale. Si la source sonore se déplace de la gauche vers la droite, le niveau délivré par la capsule gauche décroît progressivement, alors que celui fourni par la capsule droite augmente. Comme chacun des microphones présente une réponse proportionnelle au cosinus de l'angle de l'incidence, la tension délivrée pour une incidence de 45° est diminuée d'un facteur égal à $\sqrt{2}$ par rapport à la tension maximale obtenue en incidence axiale, ce qui représente une atténuation de 3 dB, et assure une transition progressive entre les deux captations.

Le second point à considérer avec ce type de couple est que, dans la zone arrière, les directions gauche et droite sont inversées, puisque les lobes arrière de chaque capsule sont dirigés dans la direction opposée aux lobes avant. Cet aspect est important lors de l'utilisation d'un tel dispositif dans des situations où une confusion peut naître entre les sons captés à l'avant et ceux captés à l'arrière, comme à la télévision où l'auditeur peut également constater visuellement la position des sources.

**Figure 17.13**

Le diagramme polaire d'une paire de microphones bidirectionnels coïncidents montre des zones hors-phase sur les côtés ainsi qu'une zone arrière où gauche et droite sont inversées.

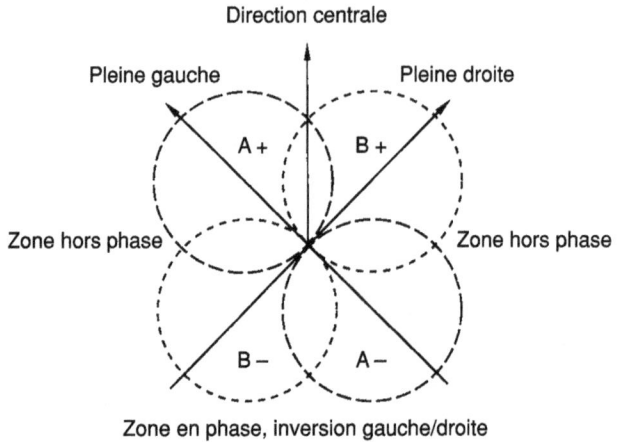

La troisième remarque est que la captation dans les deux quadrants latéraux résulte en une opposition de phase entre les deux canaux puisque, par exemple, une source située au-delà de la direction pleine gauche sera captée par le lobe négatif de la capsule de droite et le lobe positif de la capsule de gauche. De part et d'autre du couple bidirectionnel, il existe ainsi une vaste zone dans laquelle l'information stéréophonique présente une opposition de phase ; cette information consiste le plus souvent en des sons d'ambiance ou dans le champ réverbéré.

Toute onde sonore captée dans ces régions subira une atténuation, dans le cas où les canaux font l'objet d'un mélange monophonique, cette dernière étant maximale pour des directions à 90° et 270°, la direction centrale avant étant prise comme référence.

Les avantages pratiques d'un couple bidirectionnel sont une localisation des sources précise et tranchée, s'accompagnant de sons d'ambiance à la couleur naturelle. On peut toutefois constater une certaine atténuation de ces derniers, particulièrement lors d'une réduction monophonique, si une partie importante du champ réverbéré est captée par les quadrants latéraux. Les inconvénients d'un tel couple sont d'une part l'importance des zones hors-phase, ainsi que l'importance de la captation en zone arrière qui n'est pas toujours souhaitable, et, d'autre part, l'inversion gauche/droite qui s'y produit. On pourra préférer, lorsqu'un équilibre plus sec, ou moins réverbéré, est souhaité, des couples constitués de capsules présentant une captation arrière moindre, comme dans les cas où les sources avant doivent être privilégiées par rapport aux sources arrières. Dans de tels cas, les directivités choisies doivent s'approcher de la cardioïde, ce qui permet une augmentation de l'angle relatif que forment les capsules dans le but de conserver une corrélation satisfaisante entre l'angle d'incidence des sources réelles et l'angle perçu des sources virtuelles.

La figure 17.14 représente un couple coïncident constitué de capsules cardioïdes ; elles forment un angle de 131°, même si des angles compris entre 90° et 180° peuvent être adoptés, selon la largeur de la scène sonore à capter. L'angle physique de 131° correspond à une rotation de chacune des capsules de 65,5° de part et d'autre de l'axe central ; les signaux délivrés par les capsules présentent alors une atténuation de 3 dB par rapport à leur réponse maximale dans l'axe.

**Figure 17.14**

Les microphones cardioïdes d'une paire coïncidente devraient, en théorie, former un angle de 131° ; une certaine déviation est tolérable en pratique.

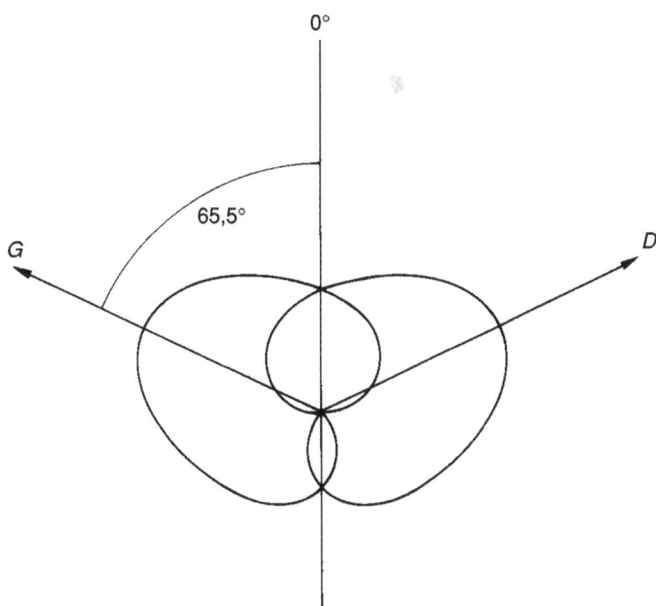

En effet, la réponse d'un microphone cardioïde s'écrit $[0,5 \times (1 + \cos \theta)]$, où $\theta$ est l'angle d'incidence de la source. Pour $\theta = 65,5°$, la tension de sortie est alors égale à celle obtenue pour l'incidence axiale, divisée par $\sqrt{2}$. Il est souvent nécessaire, en pratique, d'adopter une disposition angulaire différente de cette valeur théoriquement correcte ; il faut avoir conscience à ce stade que l'auditeur ne connaît pas nécessairement la position de la source réelle et donc que la position apparente est souvent tolérable.

On utilise généralement un couple de microphones cardioïdes dos à dos, comme le montre la figure 17.15, qui admet comme équivalent M-S un couple constitué d'une capsule omnidirectionnelle et d'une capsule bidirectionnelle et ne présente pas de zone hors-phase. Bien que la position pleine gauche corresponde à un angle de 90°, en théorie, on appréciera que la différence des niveaux produits par les capsules ait pour conséquence que la position pleine gauche apparaisse en fait à un angle plus restreint.

L'inconvénient des couples A-B peut être que les sources centrées se trouvent hors de la direction axiale des deux microphones. Si la directivité de ces derniers est trop hétérogène, il peut en résulter une réponse aux fréquences élevées insatisfaisante dans le cas de sources centrées. Ce phénomène peut présenter des conséquences plus ou moins graves, selon l'importance des images centrales par rapport aux images non centrées, et est le plus ennuyeux dans le cas où la source principale est au centre, par exemple dans le cas de dialogues à la télévision. Dans de telles situations, la technique M-S (que nous aborderons au prochain paragraphe) est plus appropriée puisque les sources centrées seront dans l'axe du microphone M. En ce qui concerne les enregistrements musicaux, il est souvent difficile de juger de l'importance relative des sources ; les deux techniques peuvent alors convenir.

Dans le cas de microphones A-B intégrés, il est habituel que l'une des capsules soit fixe et que l'autre puisse pivoter, dans le but d'ajuster leur angle physique. Il est parfois malaisé de déterminer où se trouve exactement la position centrale de tels microphones et seuls des essais successifs menés avec l'aide d'un assistant permettront d'y parvenir. Ce dernier doit aller et venir devant le microphone tout en parlant ; la position correcte est obtenue lorsque les niveaux délivrés par les deux capsules sont identiques. Sur certains modèles, il existe également des témoins à LED qui se déplacent avec les capsules et permettent de repérer la direction dans laquelle pointe chaque capsule.

**Figure 17.15**

Deux microphones cardioïdes placés dos à dos offrent, en pratique, un fonctionnement correct et ne présentent pas de zone hors-phase.

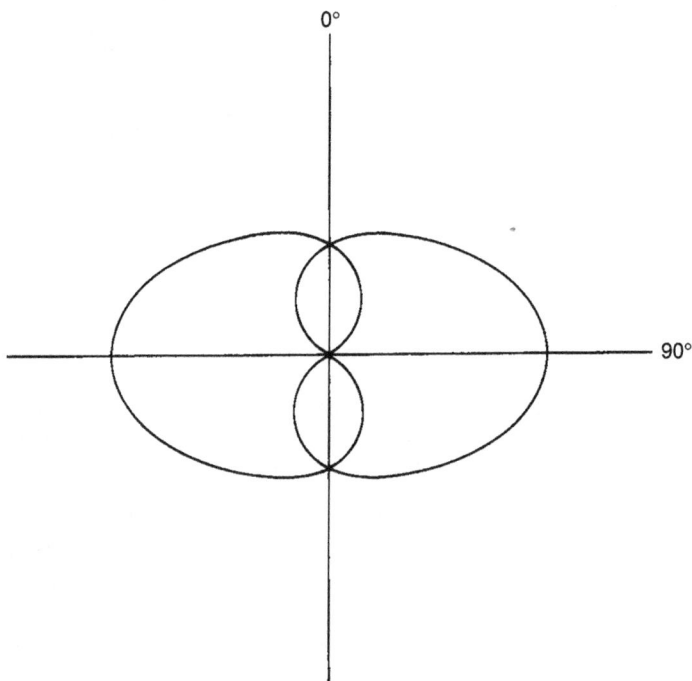

**C**omplément **17.4** – *Paramètres influant sur la largeur de l'image*

Avec un couple A-B, la position pleine gauche ou pleine droite correspond à la réponse nulle de la capsule de l'autre canal, comme nous l'avons vu, ce qui correspond également aux points où l'amplitude du signal M et celle du signal S sont égales, ainsi que nous l'expliquerons plus loin. Il est très important d'établir la différence entre l'angle formé par les capsules, ou angle physique, et l'angle formé par les directions pleine gauche et pleine droite, ou angle utile de captation. Lorsque l'angle physique augmente, l'angle utile diminue.

Si l'on souhaite élargir l'image stéréophonique, on aura tendance en pratique à augmenter l'angle formé par les capsules, ce qui peut sembler intuitivement correct. Le résultat obtenu est le rétrécissement de l'angle formé par les directions pleine gauche et pleine droite et les sources qui se trouvaient, par exemple, à mi-gauche, se trouvent déplacées encore plus vers la gauche.

Un angle restreint entre la pleine gauche et la pleine droite a pour résultat une image très large dès lors qu'un léger déplacement des sources réelles provoque un changement important dans la position apparente. Il est possible de constituer d'autres types de couples coïncidents, en utilisant des directivités intermédiaires entre les directivités omnidirectionnelle et bidirectionnelle, bien que plus on se rapproche de la directivité omnidirectionnelle, plus l'angle entre les capsules doit être important pour obtenir une séparation suffisante entre les canaux. On choisit souvent des capsules hypercardioïdes, parce qu'elles présentent des lobes arrières moins importants que ceux des capsules bidirectionnelles, ce qui permet un placement du couple plus éloigné de la source pour un rapport son direct/son réverbéré donné. Dans la mesure où la directivité hypercardioïde est intermédiaire entre les directivités bidirectionnelle et cardioïde, l'angle physique doit être voisin de 110°.

Les fondements théoriques précédemment exposés suggèrent la nécessité d'une correction électrique permettant de rendre l'image plus étroite aux fréquences élevées, pour préserver des relations angulaires correctes entre les signaux de hautes et basses fréquences ; en pratique, on ne fait toutefois que très rarement appel à de tels traitements lors d'enregistrements effectués à l'aide d'un couple coïncident. Un autre aspect où théorie et pratique diffèrent est que, lorsqu'un microphone présente un diagramme polaire donné, il est peu vraisemblable que ce dernier soit identique sur tout le spectre audio, ce qui aura des conséquences sur l'image stéréophonique produite. Les couples constitués de capsules cardioïdes ne présentent pas en théorie de zone hors-phase, dans la mesure où celles-ci n'ont pas de lobe arrière.

Toutefois, en pratique, la plupart des capsules cardioïdes deviennent plus omnidirectionnelles aux fréquences basses et plus hypercardioïdes aux fréquences élevées, zone dans laquelle des composantes hors-phase peuvent apparaître, alors que l'image semble se rétrécir aux fréquences basses. Différentes tentatives ont été faites pour compenser ce phénomène lors de la conception des microphones stéréophoniques, parmi lesquelles celle de la firme Sanken pour son microphone M-S CMS-2 qui recourt à des techniques de compensation acoustique aux basses fréquences et aux fréquences élevées dans le but de maintenir une directivité relativement constante sur toute l'étendue du spectre audio.

## 17.6.3 *Couples M-S*

Bien que certains microphones stéréophoniques soient spécialement conçus pour travailler au format M-S, il est possible d'utiliser un couple coïncident quelconque, pourvu que la directivité de l'une des capsules soit commutable en diagramme bidirectionnel et que le couple soit orienté de manière convenable. La composante S, différence des signaux gauche et droit, est toujours obtenue à l'aide d'une directivité bidirectionnelle dont le lobe positif est orienté du côté gauche. La composante M, ou monophonique, peut être obtenue avec différents types de directivités, dont la direction axiale doit correspondre au centre de l'image sonore. Le choix de la directivité de la capsule M dépend de l'équivalence A-B désirée, ce que nous étudierons plus loin, et conditionne le signal que percevra un auditeur écoutant en monophonie. Les véritables microphones M-S sont en principe dotés d'un boîtier de matriçage qui permet, si nécessaire, la conversion du format M-S au format A-B. Le boîtier comporte souvent un réglage du gain de la voie S qui permet de modifier l'angle de captation du couple A-B équivalent, donc la largeur de l'image.

Les signaux M-S, qui sont des composantes de somme et de différence, ne peuvent être écoutés tels quels et doivent donc être convertis au format A-B en un point adéquat de la chaîne de production. Nous discuterons plus loin de l'intérêt qu'il y a à conserver les signaux au format M-S tant que la conversion n'est pas indispensable. Le principal intérêt de la captation au format M-S est que les signaux centrés parviendront au microphone M en incidence axiale, ce qui permet une réponse en fréquence optimale. De plus, la mise en œuvre d'un microphone M-S s'apparente à celle d'un microphone monophonique, mis à part les précautions à prendre lors de son déplacement, précautions que nous évoquerons plus loin.

Pour étudier la correspondance entre les couples M-S et A-B et en tirer différentes conclusions utiles relatives au réglage de la largeur de base stéréophonique, considérons de nouveau un couple coïncident de microphones bidirectionnels. Chaque couple M-S admet un équivalent A-B, pour la simple raison que M est la somme de A et B alors que S est leur différence. La directivité de l'équivalent A-B à notre couple M-S peut être obtenue en traçant les valeurs $(M + S)/2$ et $(M - S)/2$ pour chaque angle d'incidence. En ce qui concerne le couple M-S de la figure 17.16, on peut remarquer que l'équivalent A-B est un autre couple de microphones bidirectionnels, obtenu par la rotation du premier d'un angle de 45°. Ainsi, la disposition correcte d'un couple M-S qui permet d'obtenir un couple A-B orthodoxe, c'est-à-dire dont chacune des capsules forme un axe de 45° avec la direction centrale, est que la capsule M pointe vers le centre de la scène sonore, la capsule S lui étant perpendiculaire.

L'étude de l'équivalence de ces deux couples A-B et M-S fait apparaître différents points intéressants qui peuvent s'appliquer à tous les couples équivalents. Tout d'abord, les positions pleine gauche et pleine droite sont telles que S = M, ce qui s'explique aisément car, par exemple, la position pleine gauche est telle que la sortie de la capsule droite est nulle ; il vient donc :

$$M = A + 0 = A \text{ et } S = A - 0 = A.$$

Deuxièmement, pour des angles d'incidence supérieurs à 45° dans les deux directions, les deux voies deviennent hors-phase, comme nous l'avons vu précédemment, et le signal S devient supérieur au signal M. Troisièmement, dans le quadrant arrière où les signaux sont de nouveau en phase, mais où la gauche et la droite sont inversées, le signal M est de nouveau supérieur au signal S. La relation entre les niveaux de M et S constitue une bonne base pour apprécier les

**410**

relations de phase entre les signaux A-B équivalents. Si S est plus faible que M, alors A et B sont en phase ; si S est supérieur à M, ils sont hors-phase.

**Figure 17.16**

Tout couple A-B admet un couple M-S équivalent. La figure (a) représente un couple de microphones bidirectionnels A-B, et la figure (b), son équivalent M-S.

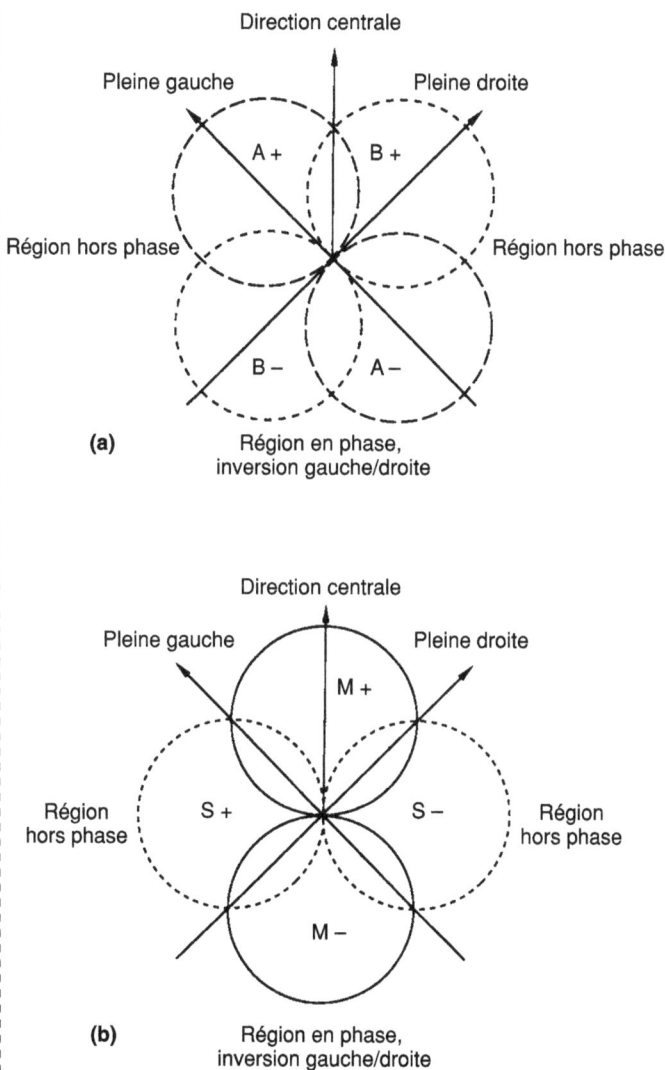

Pour montrer que ces remarques s'appliquent à tous les cas, et pas seulement aux couples bidirectionnels, considérons le couple M-S de la figure 17.17 ainsi que son équivalent A-B. Le couple M-S est ici constitué d'une capsule frontale cardioïde et d'un capteur latéral bidirectionnel, configuration assez répandue. L'équivalent A-B en est un couple de microphones hypercardioïdes, et, là aussi, les extrémités de l'image, qui correspondent à des réponses nulles des capteurs hypercardioïdes, sont telles que M et S sont égaux. De la même manière que précédemment, les signaux deviennent hors-phase dans la région où S est plus grand que M, et redeviennent en phase dans un angle étroit entourant la direction arrière, à cause des lobes arrières des directivités hypercardioïdes. On peut en déduire que l'angle utile de captation (entre la pleine gauche et la pleine droite) est l'angle frontal compris entre les deux points de la figure où M est égal à S.

**Figure 17.17**

L'équivalent M-S d'un microphone cardioïde axial et d'un microphone bidirectionnel latéral (a) est un couple de microphones hypercardioïdes dont l'angle est fonction du gain de la voie S (b).

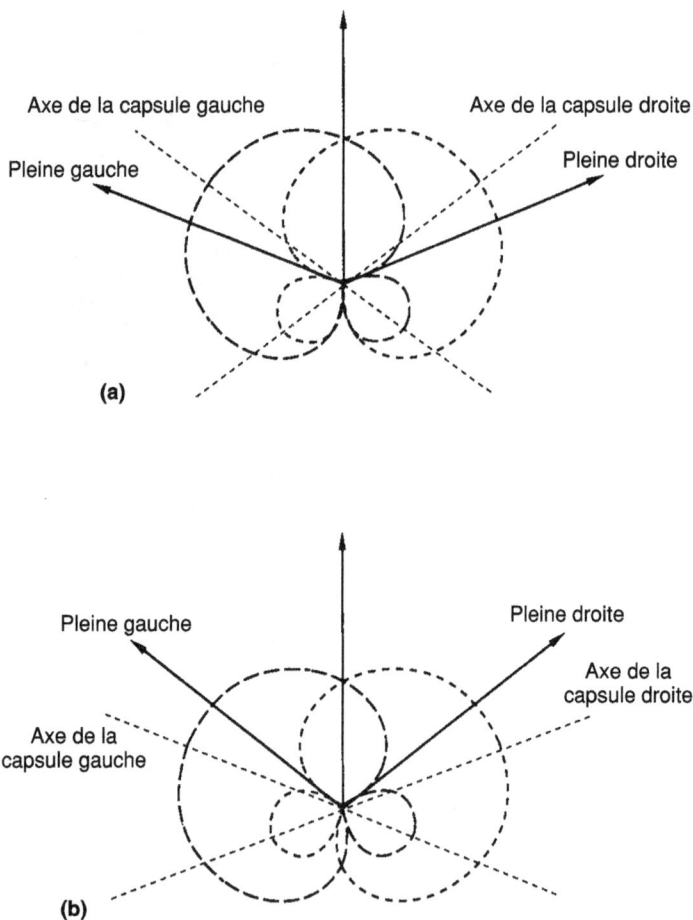

Considérons maintenant ce qui arrive lorsque le gain de S est augmenté, ce qui revient à augmenter la surface du lobe de la figure 17.17. Les points tels que M est égal à S se déplacent vers l'intérieur, rendant l'angle utile plus faible. Comme nous l'avons expliqué auparavant, la conséquence est une image stéréophonique plus large, ce qui équivaut à augmenter l'angle formé par les deux capsules de l'équivalent A-B. Inversement, si le gain de S est réduit, les points pour lesquels M et S sont égaux s'éloignent du centre, ce qui amène une image stéréophonique plus étroite ; ceci équivaut à diminuer l'angle formé par les capsules de l'équivalent A-B.

Ce phénomène est clairement mis en évidence dans un modèle commercial, le microphone RSM 191i de Neumann, illustré à la figure 17.18 ; il s'agit d'un microphone M-S dont la capsule M est constituée d'un court microphone canon dont la directivité s'apparente à celle d'un hypercardioïde. Le diagramme de directivité de l'équivalent A-B est représenté à la figure 17.19, pour trois valeurs du gain relatif de S en relation avec M (– 6 dB, 0 dB et + 6 dB). On pourra remarquer que l'angle de captation varie, produisant une image étroite pour – 6 dB, et une image large pour + 6 dB.

**Figure 17.18**
Le microphone M-S RSM
191i de Neumann est à
fonctionnement axial (*end-
fire*) et permet un réglage du
gain de la voie S.

L'autre aspect notable de la variation du gain de la voie S est l'évolution de la taille des lobes arrières de l'équivalent A-B. On pourra remarquer que plus il est élevé, plus ils sont importants. C'est pourquoi l'action sur le gain de S modifie la largeur de l'image stéréophonique et, simultanément, les caractéristiques de la captation arrière, donc le rapport entre son direct et son réverbéré.

Pour cette raison, les microphones M-S constituent un moyen utile pour obtenir des signaux au format somme et différence, qui ne feront l'objet d'un matriçage vers le format A-B que plus loin dans la chaîne. Tant que les signaux restent au format M-S, les proportions de M et de S peuvent être modifiées dans le but de faire varier la largeur de l'image obtenue ainsi que le rapport son direct/son réverbéré.

Tout couple stéréo A-B peut être utilisé dans une configuration M-S, en orientant les capsules dans les directions appropriées et en choisissant des directivités convenables ; certains microphones sont toutefois destinés au mode M-S, par construction, grâce à une disposition des capsules appropriée (voir le complément 17.5).

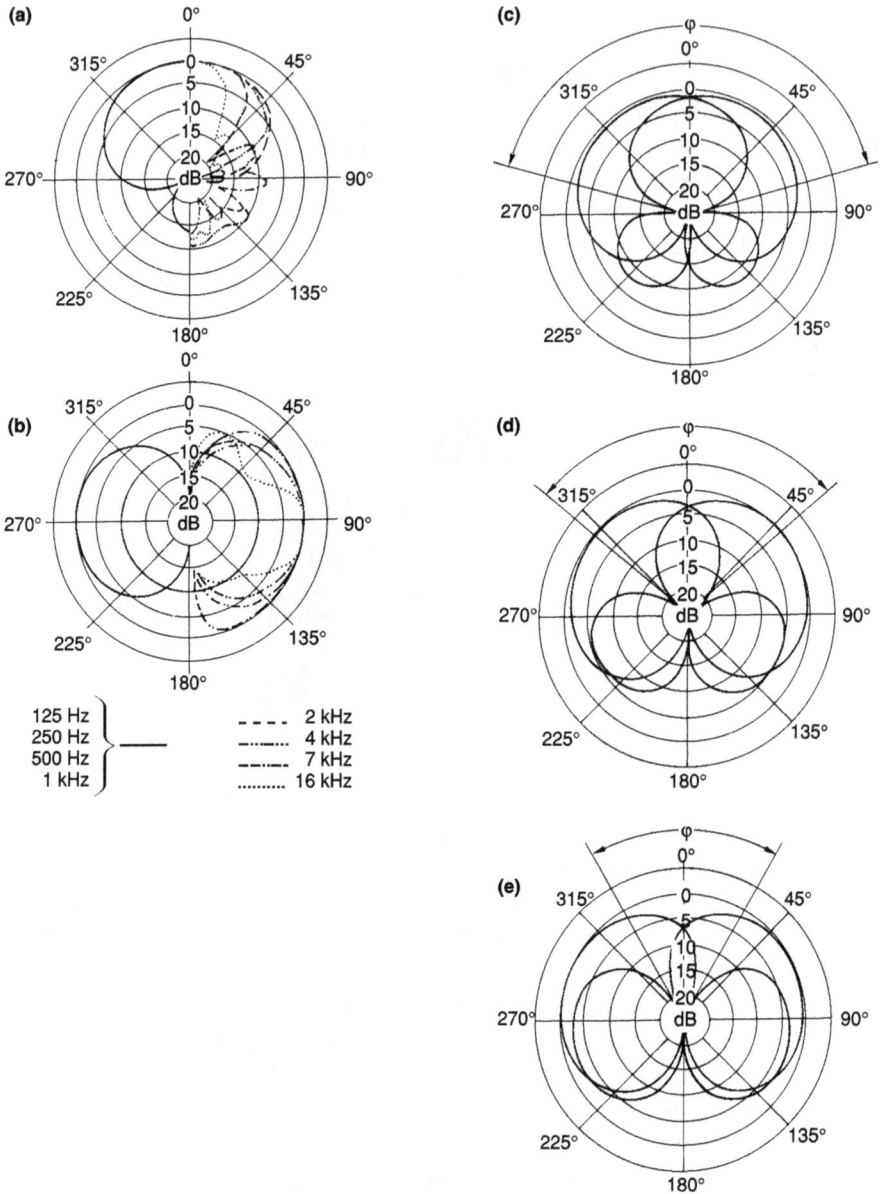

**Figure 17.19**
Diagramme de directivité du microphone RMS 191i de Neumann ; (a) capsule M ; (b) capsule S ; (c) équivalent A-B avec un gain S de – 6 dB ; (d) gain S de 0 dB ; (e) gain S de + 6 dB.

---

**C**omplément **17.5** – *Configuration en bout ; configuration latérale*

Il existe deux méthodes principales pour installer les capsules dans le boîtier d'un microphone stéréophonique coïncident, qu'il soit de type M-S ou A-B. La première, dite configuration en bout (*end-fire*), est telle que les capsules sont dirigées vers l'extrémité du microphone, ce qui permet de pointer ce dernier vers la source ; dans la seconde, dite configuration latérale (*side-fire*), les capsules sont tournées vers les bords du boîtier. Cette seconde configuration rend plus difficile l'appréciation de la direction vers laquelle sont pointées les capsules, mais permet par contre de les aligner verticalement, l'une au-dessus de l'autre, ce qui les rend réellement coïncidentes dans le plan horizontal et permet également la rotation de l'une d'elles par rapport à l'autre. La configuration en bout est mieux adaptée pour les microphones M-S, puisqu'elle permet l'orientation de la capsule S, qui est montée derrière la capsule M, en direction des côtés du boîtier, et qu'aucune rotation des capsules n'est ici nécessaire. Il existe toutefois un exemple de microphone A-B à configuration en bout, destiné aux reportages télévisuels, où deux capsules cardioïdes fixes sont installées côte à côte à l'intérieur de la boule élargie du microphone.

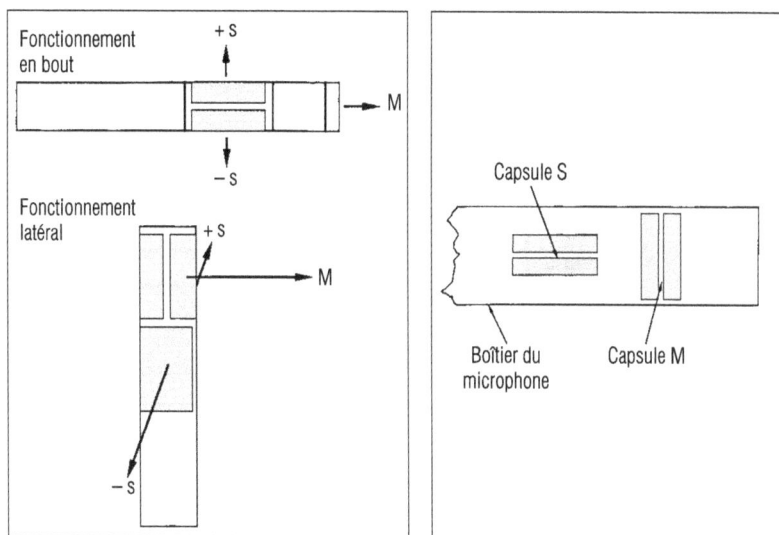

### 17.6.4 *Quelques aspects pratiques*

La commande du gain de la voie S est un outil important, comme nous l'avons vu, pour le contrôle de la largeur de l'image stéréophonique ; il peut être souhaitable, pour cette raison, d'envoyer les signaux délivrés par le microphone tels quels vers la console, c'est-à-dire sans les avoir matricés au format A-B, ce qui permet à l'opérateur d'utiliser la console pour régler la largeur de l'image. Si le nombre de voies de la console disponibles le permet, une voie peut véhiculer le signal M, une seconde le signal S et une troisième le signal – S, c'est-à-dire le signal S à phase opposée.

La figure 17.20 montre comment il est possible d'obtenir un mixage au format A-B avec une largeur variable, à partir d'un microphone M-S, à l'aide de trois voies de consoles.

Les sorties M et S du microphone sont reliées chacune à une des voies, et le signal S, prélevé après le fader de la voie correspondante, est renvoyé à la troisième où il fait l'objet d'une inversion de phase. Le signal M est envoyé à parts égales (potentiomètre panoramique au centre) vers les sorties gauche et droite, lorsque le signal S n'est dirigé que vers la gauche (M + S = 2A) et le signal – S vers la droite (M – S = 2B). Il est important que le gain de la voie qui véhicule le signal – S soit très proche de celui de la voie où transite le signal S. Pour obtenir M et S à partir de A et B, une méthode consiste à mélanger A et B, ce qui permet d'obtenir M, et A et – B pour obtenir S. Même si ces conversions sont possibles à différents points de la chaîne, elles finissent par être gourmandes en voies de console et le recours à des boîtiers de matriçage peut s'avérer plus commode.

**Figure 17.20**

Obtention de signaux de type A-B, à largeur réglable, à partir d'un microphone M-S raccordé à trois voies de console.

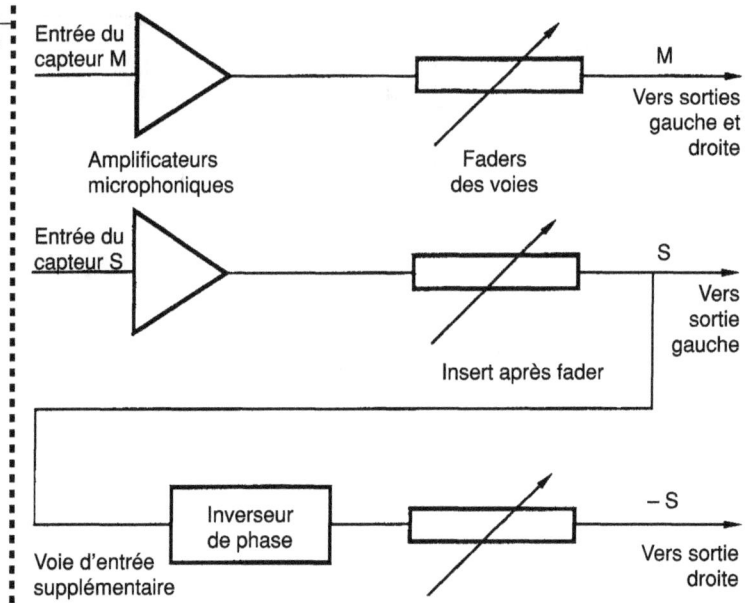

Différents aspects concernant la tenue des microphones doivent être abordés. En extérieur, les microphones stéréophoniques sont plus susceptibles aux bruits de vent que la plupart des microphones monophoniques, car ils intègrent des capsules sensibles à la vélocité qui sont toujours davantage sources de problèmes, dans ce domaine, que les capsules omnidirectionnelles. La plupart des interférences concernent le canal S, qui a un diagramme polaire bidirectionnel, et ne perturbent donc pas l'écoute en monophonie. De même, des bruits de mains ou des vibrations transmises par le pied support d'un microphone stéréophonique seront plus gênants qu'avec un microphone monophonique à pression. Il convient de ne jamais placer un microphone stéréophonique à proximité d'une personne qui parle, car de légers mouvements de sa tête peuvent occasionner des changements importants d'angle d'incidence et donc des déplacements notables dans l'image apparente. C'est particulièrement le cas lorsque le gain de la voie S est élevé (angle utile étroit), un très faible mouvement de la tête ou du microphone ayant pour conséquence un déplacement important de l'image sonore.

## 17.7 Dispositifs à microphones quasi-coïncidents

Les couples quasi-coïncidents constitués de microphones directifs permettent d'introduire, entre les canaux, des différences de temps additionnelles qui peuvent aider à la localisation des sons à caractère impulsionnel et augmentent la sensation d'espace tout en restant réellement coïncidents pour les fréquences basses.

L'espacement entre les microphones qui constituent de tels couples est en général du même ordre de grandeur que la distance interaurale, ce qui est sans doute lié au fait qu'ils permettent un bon compromis entre l'écoute au casque et celle sur haut-parleurs. Des évaluations subjectives ont montré que les auditeurs étaient souvent très impressionnés par des enregistrements effectués à l'aide de couples quasi-coïncidents.

Une évaluation comparative de dispositifs de captation stéréophonique, menée à l'université de l'Iowa, a abouti à classer les couples quasi-coïncidents parmi les meilleurs, en raison de la sensation d'espace qu'ils procurent et de leur réalisme.

Il existe un certain nombre d'exemples de couples quasi-coïncidents dont les configurations ont fait l'objet d'une appellation, même s'il existe toute une famille de dispositions possibles, dont l'espacement et l'angle physique variables permettent d'obtenir des combinaisons multiples de différences de temps et d'intensité. Le couple « ORTF » (figure 17.21) est constitué de deux microphones cardioïdes espacés de 170 mm, formant un angle de 110°. Il est dû aux travaux de Jean Chatenay et Albert Laracine, du Service des études de l'Office de radiodiffusion – télévision française, d'où son nom. Le couple « NOS » (de *Nederlande Omroep Stichting*, compagnie de radiodiffusion hollandaise) utilise des microphones cardioïdes distants de 300 mm, formant un angle de 90°. Un couple constitué de deux microphones bidirectionnels pointés vers l'avant et séparés de 200 mm est connu sous le nom de couple Faulkner, du nom de l'ingénieur du son britannique qui l'a adopté le premier. Ce dernier angle peut donner l'impression de fournir une bonne précision pour des ensembles centrés dee faible ou de moyenne importance, les microphones étant en position plus éloignée que de coutume.

**Figure 17.21**

Exemples de couples quasi-
coïncidents. (a) ORTF,
(b) NOS, (c) Faulkner.

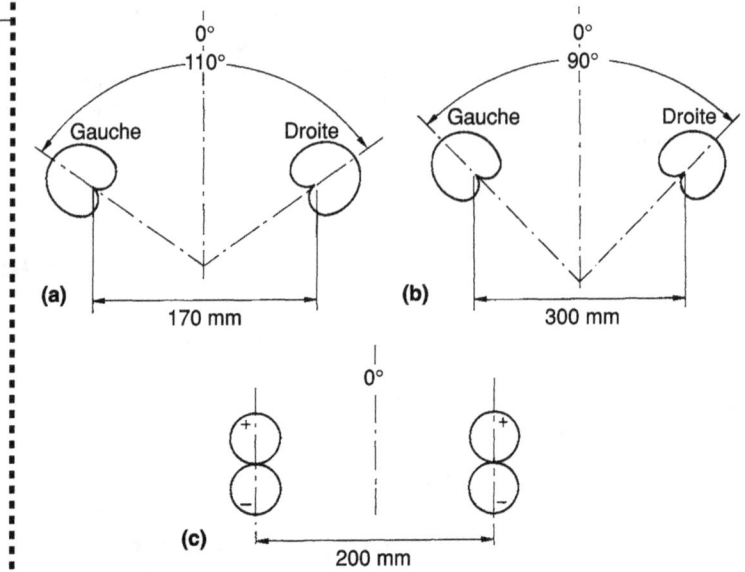

## 17.8 Dispositifs à microphones espacés

### 17.8.1 *Principes généraux*

Même si l'utilisation de microphones espacés bénéficie de l'antériorité historique, puisqu'ils furent les premiers à être décrits par Clément Ader dans le cadre de l'exposition universelle de 1881 à Paris, et s'ils ont été largement utilisés, ils s'avèrent les moins conformes à la théorie. Leur fonctionnement repose avant tout sur l'effet de précédence ; les retards qu'ils engendrent entre les canaux sont de l'ordre de plusieurs millisecondes, et sont à comparer avec les délais binauraux qui n'atteignent que 600 μs. Avec ce type de dispositif, les différences de temps et d'intensité, résultant d'une source placée à une position gauche/droite donnée, dépend de la distance entre la source et les microphones (voir la figure 17.22). Plus la distance est grande, plus les différences de temps et d'intensité sont faibles. Deux formules permettent de calculer ces différences pour une configuration particulière :

$$\Delta t = (d_1 - d_2) \cdot c,$$

$$L = 20 \operatorname{Log} (d_1/d_2),$$

où $\Delta t$ est la différence de temps et $L$ la différence d'intensité ; $d_1$ et $d_2$ représentent les distances entre la source et chacun des microphones ; $c$ est la vitesse de propagation du son dans l'air (340 m/s).

**Figure 17.22**

Avec deux microphones omnidirectionnels, une source à la position X amènera à des trajets vers les deux microphones égaux respectivement à $d_1$ et $d_2$. Une source de position latérale identique, mais plus éloignée (Y), amènera une différence des longueurs des trajets et donc une différence de temps moindres.

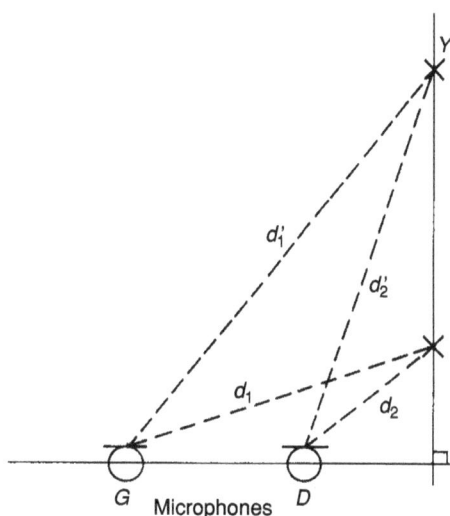

Lorsqu'une source est très proche d'un couple à microphones espacés, une différence de niveau très importante entre les microphones peut apparaître, mais elle s'amenuise dès que la source est distante de plus de quelques mètres. Le placement de microphones espacés par rapport à une source donnée consiste donc à trouver un compromis entre la proximité, qui permet d'obtenir des différences de temps et d'intensité satisfaisantes, et l'éloignement, qui permet l'obtention d'un rapport son direct/son réverbéré correct. Lorsque la source présente une grande largeur et une profondeur importante, comme c'est le cas pour un orchestre symphonique, il est difficile de trouver un emplacement microphonique satisfaisant pour l'ensemble des sources ; il peut alors être nécessaire d'élever les microphones de manière à réduire les différences de trajets entre les instruments situés à l'avant et à l'arrière de l'orchestre.

Les dispositifs à microphones espacés résistent assez mal à l'analyse théorique lorsque l'on considère les sons continus, l'effet de précédence se manifestant principalement avec les sons impulsionnels et les transitoires. En raison des différences de phase entre les signaux émanant des haut-parleurs, créées par l'espacement des microphones, les interférences aux basses fréquences au niveau des oreilles de l'auditeur résultent en une contradiction entre les paramètres de niveau et de temps. Il est possible que l'oreille placée du côté du son survenant le plus tôt ne reçoive pas le niveau le plus important, ce qui provoque une confusion entre les caractéristiques des sons impulsionnels et celles des sons continus. Le manque de cohérence en phase que présente la stéréophonie à microphones espacés peut être constatée en inversant la phase de l'un des canaux de reproduction ; l'image produite ne paraît pas affectée de manière significative comme ce serait le cas avec la stéréophonie à microphones coïncidents, ce qui montre la non-corrélation des signaux.

On pourra alors penser que la perspective stéréophonique et la précision de la localisation sont moins réalistes avec les microphones espacés qu'avec d'autres dispositifs, même si de nom-

**419**

breux enregistrements convaincants y ont fait appel. Il a été suggéré que l'impression d'espace, qui résulte de l'utilisation de tels systèmes, provient d'effets de déphasage et de filtrage en peigne. De nombreux ingénieurs du son marquent une préférence pour les microphones espacés, car les capsules omnidirectionnelles qui y sont souvent utilisées présentent une réponse en fréquence plus régulière et plus étendue que leurs équivalents directionnels, même s'il faut noter que le recours à des microphones omnidirectionnels n'est pas obligatoire.

La compatibilité monophonique des couples à microphones espacés est variable, mais s'avère souvent meilleure en pratique que celle à laquelle ont pourrait s'attendre. Les couples coïncidents peuvent sembler offrir, à première vue, une meilleure compatibilité en raison de l'absence de différences de phase entre les capsules, mais, dans les environnements réverbérants, de tels couples opèrent une captation importante dans la région hors-phase qui implique des phénomènes d'annulation lors d'une réduction monophonique.

## 17.8.2 *L'arbre Decca*

Le dispositif appelé « arbre Decca » est une configuration relativement répandue, constituée de trois microphones monophoniques omnidirectionnels espacés. Son nom provient de l'usage qu'en a fait la firme Decca Record Company, même si cette dernière admet ne pas recouvrir à un tel dispositif en toutes circonstances.

L'ensemble est configuré comme le montre la figure 17.23 : le microphone central est décalé vers l'avant par rapport aux deux capteurs latéraux, l'espacement pouvant être modifié en fonction de la taille de la scène sonore à capter.

**Figure 17.23**

Le dispositif appelé « arbre Decca » comporte trois microphones omnidirectionnels, celui du centre étant légèrement décalé vers l'avant par rapport aux microphones latéraux.

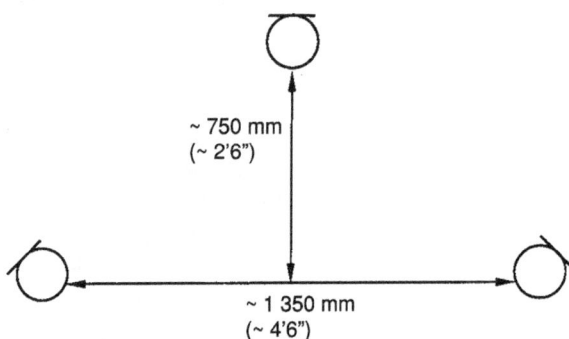

~ 750 mm
(~ 2'6")

~ 1 350 mm
(~ 4'6")

La raison d'être du microphone central et de son emplacement est la stabilisation de l'image centrale qui, en l'absence du microphone central, s'avère imprécise ; toutefois, l'existence de ce microphone est de nature à compliquer les relations de phase entre les canaux, ce qui ne fait qu'augmenter les effets de filtrage en peigne que l'on peut constater avec les couples espacés. L'antériorité des signaux reçus par le microphone avant tend à solidifier le centre de l'image, en raison de l'effet de précédence, et évite le « trou au centre » qui résulte souvent de l'utilisation de couples espacés. Les microphones latéraux font l'objet d'un léger décalage angulaire vers l'extérieur de manière à offrir aux sources situées aux extrémités de la scène une direction de captation se caractérisant par une bonne réponse aux fréquences élevées, alors que les sons centrés parviennent au microphone central en incidence axiale.

### 17.8.3 *Autres dispositifs à microphones espacés*

Des microphones espacés, omnidirectionnels ou cardioïdes, peuvent être utilisés dans d'autres configurations que l'arbre Decca que nous venons de décrire, même si ce dernier s'est avéré très performant en pratique. L'effet de précédence cesse de se manifester pour des retards supérieurs à 40 ms, et parfois moins, selon la nature de la source, l'appareil auditif n'opérant plus la fusion entre les deux occurrences sonores qui sont perçues distinctement, comme un phénomène d'écho.

Il est alors logique d'affirmer que des espacements entre les microphones qui occasionnent des retards entre les canaux excédant cette valeur doivent être évités. Ce retard maximal correspond à un espacement égal à 17 m, mais cet extrême s'avère peu convaincant en pratique, en raison des distances importantes que présentent les sources centrées par rapport aux microphones, comparées à celles des sources situées aux bords extrêmes, qui sont beaucoup plus proches, ce qui a pour conséquence une baisse importante du niveau des sources centrées, autrement dit l'apparition d'un phénomène de « trou au centre ». De plus, dans le cas de retards supérieurs à environ 10 ms, l'image sonore tend à s'accrocher au haut-parleur qui diffuse le son le plus précoce.

Les travaux de Dooley et Streicher ont montré que de bons résultats pouvaient être obtenus avec un espacement compris entre le tiers et la moitié de la largeur de la scène à capter, comme le montre la figure 17.24, même si des espacements plus faibles ont pu être utilisés avec satisfaction. La firme Bruel et Kjaer propose des couples stéréophoniques constitués de microphones omnidirectionnels appairés et d'une barre de fixation qui permet un espacement variable et suggère d'opter pour une distance légèrement inférieure au tiers de la largeur de la scène sonore, soit de 5 à 60 cm, la règle principale étant que l'espacement entre les microphones doit être faible comparé à la distance comprise entre ces derniers et la source. Des expériences informelles que nous avons menées suggèrent que des retards intercanaux compris entre 2 et 4 ms permettent de donner l'impression qu'un son impulsionnel est soit pleine gauche, soit pleine droite de l'image stéréophonique produite, selon la nature du signal. Ces résultats s'accordent bien avec ceux obtenus avec d'autres types de sources, et mettent également en évidence qu'une position apparente mi-gauche ou mi-droite correspond à un retard de seulement un quart de celui constaté pour les positions extrêmes, ce qui renforce la vraisemblance d'un phénomène de « trou au centre » avec les couples espacés.

**Figure 17.24**

Certains suggèrent que les microphones omnidirectionnels doivent être positionnés de manière à ce que leur distance soit comprise entre le tiers et la moitié de la largeur de la scène sonore.

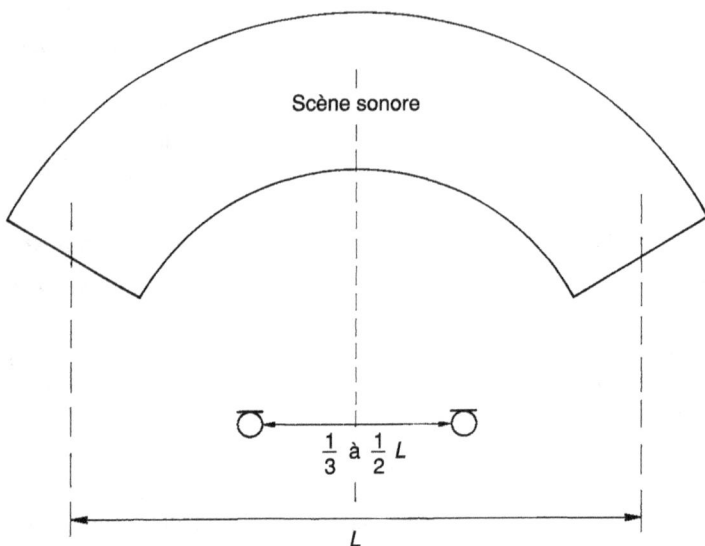

**Figure 17.25**

Microphones omnidirectionnels de B et K installés sur une barre de fixation permettant différents réglages.

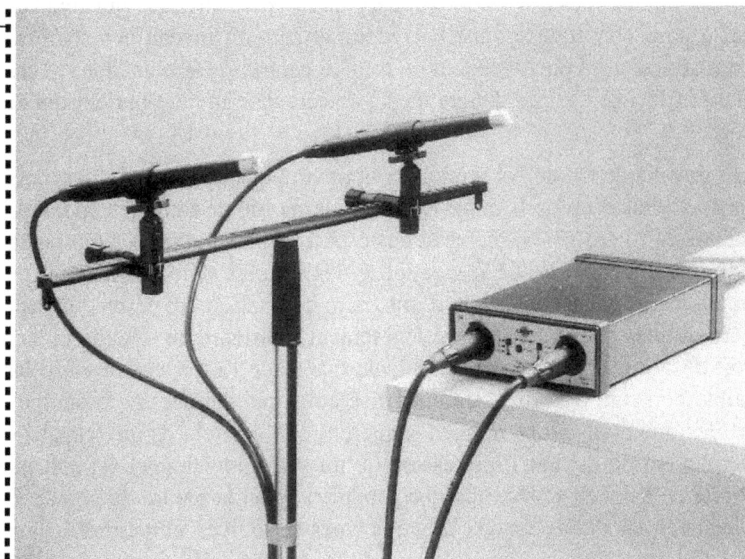

En plus des couples coïncidents, il est souvent fait usage de microphones omnidirectionnels jouant le rôle d'appoints, pour renforcer les sources situées aux extrémités latérales d'un grand orchestre ou d'un chœur, ou encore pour donner davantage de corps à une section de cordes, comme le montre la figure 17.26.

**Figure 17.26**

Dans le cas de sources de grande largeur, il est possible d'adjoindre au couple coïncident des microphones d'appoint omnidirectionnels.

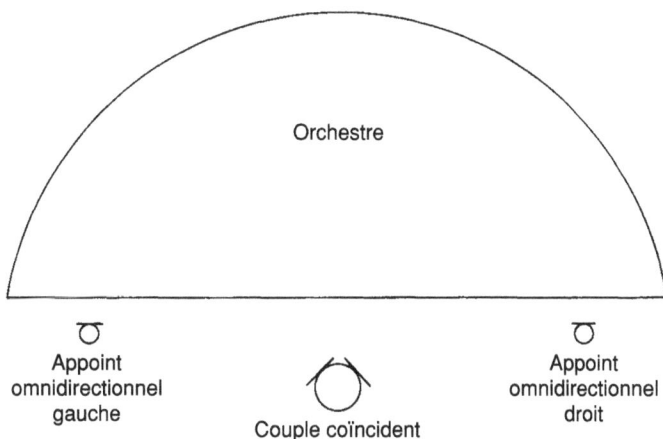

La justification théorique d'un tel dispositif est loin d'être évidente et on atteint là les limites des techniques de captation à microphones multiples qui, elles aussi, n'ont que peu de fondement théorique mais sont utilisées par commodité. Lorsque qu'on utilise plus de trois microphones pour capter une scène sonore, il est nécessaire de prendre en compte la superposition de plusieurs théories, ce qui peut suggérer des conflits entre les informations issues des différents capteurs. En pareil cas, l'équilibre sonore sera optimisé au niveau de la console, et la théorie sera reléguée au second plan dans la mesure où l'équilibre est ici recréé sous le contrôle créatif de l'ingénieur du son.

## 17.9  Couples binauraux et têtes artificielles

Les processus de l'audition et de la reproduction binaurales ont été exposés dans le détail dans les paragraphes précédents. Nous allons nous intéresser ici aux techniques de captation destinées à la reproduction binaurale au casque. Les enregistrements binauraux peuvent présenter un réalisme étonnant lorsqu'ils sont écoutés au casque, mais ne donnent pas de bons résultats s'ils sont diffusés par des haut-parleurs, sauf dans le cas où ils ont fait l'objet de traitements destinés à éliminer les effets de pavillon de l'oreille et de la tête, inhérents aux enregistrements effectués à l'aide d'une tête artificielle.

Les techniques de captation binaurale reposent sur des microphones à pression espacés d'une distance égale à celle comprise entre les oreilles de l'auditeur, dans le but de produire deux signaux aussi proches que possible de ceux que reçoivent les oreilles en écoute naturelle. Lorsque ces signaux sont appliqués à un casque, il résulte une représentation très fidèle du champ sonore originel, et, ainsi, une image sonore très proche de celle obtenue en écoute naturelle. Différents aspects doivent être étudiés, comme les effets du pavillon de l'oreille et du canal auditif sur les sons captés et reproduits, ainsi que les similitudes et les différences existant entre les oreilles des différents individus.

Pour réaliser de tels enregistrements, une première méthode consiste à installer des microphones à pression miniatures, tels que ceux utilisés pour les capteurs clipsables, par exemple le modèle ECM50 de Sony, sur un bandeau de casque ; ceci permet à la personne qui effectue l'enregistrement d'utiliser l'espacement interaural de son propre crâne. Les effets d'ombre produits par le crâne seront de cette manière introduits sur les deux microphones ; le rôle du pavillon de l'oreille ne sera toutefois que peu pris en compte, en raison de la présence des microphones et du bandeau.

Une autre méthode consiste à recourir à une tête artificielle, telle que le modèle Neumann KU81i, les microphones étant insérés dans les canaux auditifs de celle-ci de manière à ce que leur réponse soit modifiée par les caractéristiques de résonance et de réflexion de l'oreille externe. Certains modèles permettent de simuler également le rôle des cavités résonantes du crâne, ainsi que les réflexions sur le torse, dans le cas de simulateurs de torse et de crâne tels que le modèle 5930 de B&K.

Les têtes artificielles présentent divers degrés de réalisme, certaines étant revêtues d'un matériau doté de caractéristiques proches de celles de la peau humaine et présentant des propriétés de résonance et d'absorption très voisines de celles du crâne humain, dans le but d'obtenir des résultats aussi proches que possible des situations naturelles.

Il est important d'examiner à quelle étape de l'enregistrement ou de la reproduction ont été introduits les effets du pavillon de l'oreille et du conduit auditif. Lors de la reproduction, la présence du casque sur les oreilles amoindrit les effets du pavillon dans une large proportion, ce qui est toutefois moins vrai avec les casques ouverts. Les casques suppriment tout particulièrement les effets de résonance dus au pavillon de l'oreille ; il a été montré que l'absence de ces derniers est pour une large part dans la sensation qu'éprouve l'auditeur que les sons sont directement appliqués à ses oreilles.

Pour être précis, les sons ne doivent être influencés qu'une seule fois par les caractéristiques du pavillon de l'oreille et du conduit auditif. Il semble alors logique de penser que la solution la plus efficace consiste à installer les microphones juste au bord du canal auditif, dans le but de n'introduire à l'enregistrement que l'effet du pavillon de l'oreille et non ses résonances, qui seront fournies à la lecture par les oreilles de l'auditeur. Dans le domaine métrologique, une approche légèrement différente s'impose, puisque l'on peut souhaiter rendre compte de l'effet du conduit auditif, du pavillon de l'oreille, et même de l'oreille interne sur la sortie du capteur, car, dans ce cadre, le but est souvent d'effectuer des mesures dans des situations aussi proches que possible de l'écoute naturelle, sans que les sons captés ne soient destinés à être reproduits sur des casques. Pour cette raison, la firme B&K produit deux simulateurs de tête et de torse, l'un destiné aux enregistrements binauraux et l'autre aux mesures( le modèle 4128 qu'illustre la figure 17.27). Comme nous l'avons mentionné auparavant, Theile a proposé des caractéristiques de correction normalisées destinées aux casques utilisés pour des écoutes de haute qualité, pour faire face aux difficultés mises en évidence ci-dessus.

**Figure 17.27**

Simulateur 4128 de Bruel et Kjaer.

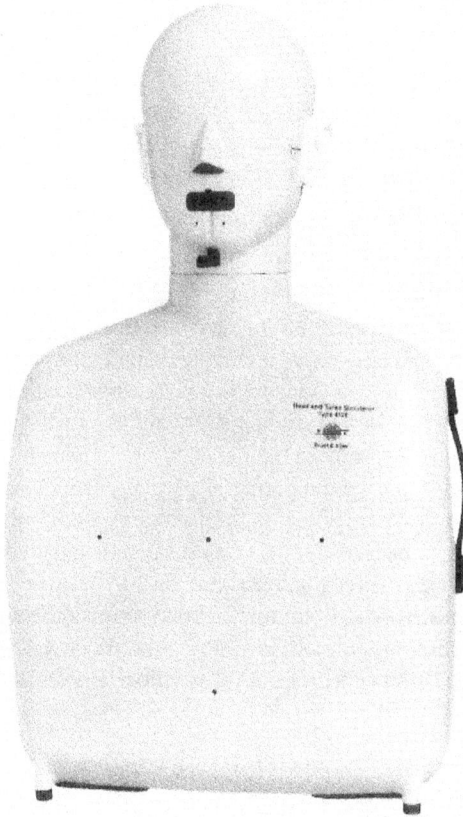

Même si ce dispositif ne rend pas compte de la totalité des effets produits par le crâne, un enregistrement binaural correct peut être obtenu à l'aide de microphones séparés, distants de 15 à 20 cm, et isolés l'un de l'autre par un disque de bois ou de plexiglas d'un diamètre voisin de 25 cm. Ce dernier permet d'obtenir une simulation approchante des effets d'ombre et de retard dus à la tête.

## 17.10 Capteurs binauraux destinés à l'écoute sur haut-parleurs

Comme nous l'avons brièvement décrit plus haut, on peut rendre les signaux captés à l'aide de dispositifs binauraux mieux adaptés à l'écoute sur des haut-parleurs en leur appliquant une correction qui leur confère une réponse frontale plate en champ libre ; certains argumentent en faveur de réponse plate moyennée sur l'hémisphère frontale, et d'autres encore en faveur d'une réponse plate en champ diffus.

Ce traitement a pour effet de supprimer la coloration importante perçue, en son absence, lors de l'écoute sur des haut-parleurs, d'enregistrements effectués à l'aide d'une tête artificielle ; le résultat en est également une amélioration de l'image qui ne présente plus de « trou au centre ».

La firme Schoeps a produit un microphone, dont le fonctionnement repose sur les principes de Theile, qui prennent en compte le rôle du crâne humain, le modèle KFM 6U. Il est constitué pour l'essentiel de deux microphones à pression montés au ras d'une surface sphérique, d'une taille équivalente au crâne humain, à la position qu'occupent les oreilles. Ce microphone présente une réponse plate pour les sons en incidence frontale, mais introduit des retards et des effets d'ombre sur les sons excentrés, ce qui permet d'obtenir des images précises lors de l'écoute sur haut-parleurs. Il ressort de tests subjectifs préliminaires que nous avons menés que ce microphone produit une image et une sensation d'espace satisfaisantes, même si les images des sources de basse fréquence semblent moins stables que celles fournies par des couples coïncidents. La firme Crown a également produit un microphone binaural destiné à la reproduction sur haut-parleurs, appelé SASS (*Stereo Ambiant Sampling System*). Il permet de reproduire les effets dus au crâne humain sans les effets spécifiques du pavillon de l'oreille et du canal auditif.

## 17.11 Dispositifs multimicrophones

Nous avons jusqu'ici considéré la captation d'une scène sonore à l'aide d'un nombre réduit de microphones ; il est cependant possible de recourir à un nombre plus important de micros captant chacun une fraction de la scène sonore dans le but d'assurer une certaine indépendance sonore à ces différents sous-ensembles. Dans l'idéal, chacun des microphones ne devrait capter que les sources désirées, mais, dans la réalité, d'importants phénomènes de reprise se manifestent entre eux. Nous n'avons pas l'intention de nous livrer ici à un exposé exhaustif des techniques microphoniques en studio, et notre discussion se limitera à une vision d'ensemble des principes de captation multimicrophonique en ce qu'ils se distinguent des techniques plus classiques, ou puristes, que nous avons passées en revue plus haut.

En enregistrement multimicrophonique, chaque microphone attaque une voie distincte de la console, dont le niveau est réglé de manière indépendante des autres ; le signal est ensuite positionné, à l'aide d'un potentiomètre panoramique, entre la gauche et la droite de la scène sonore. Le potentiomètre panoramique reçoit le signal monophonique, l'aiguille vers deux directions, gauche et droite, et permet de doser les niveaux relatifs correspondants.

La loi de variation d'un tel potentiomètre est telle qu'en position centrée, une baisse de niveau de 3 dB est occasionnée, ce qui implique que lorsque la position d'une source est modifiée, aucune modification du niveau n'est perceptible, la sommes des intensités acoustiques fournies par les haut-parleurs étant constante quelle que soit la position du potentiomètre panoramique, comme nous l'avons expliqué dans le complément 6.2. La loi de variation à − 3 dB s'avère toutefois incorrecte dans le cas d'un mélange monophonique, car, pour les signaux centrés, la somme des deux signaux identiques occasionne une élévation du niveau de 6 dB ; une loi à − 6 dB est donc mieux appropriée pour les consoles dont les sorties feront l'objet d'un mélange monophonique, comme c'est le cas dans les domaines de la radio et de la télévision, bien que ce type de loi occasionne une perte de niveau au centre pour les signaux stéréophoniques. Pour cette raison, les constructeurs adoptent fréquemment un compromis, c'est-à-dire une loi à − 4,5 dB.

Dans ce type de technique, l'équilibre repose sur les différences de niveau entre les canaux, contrôlées de façon indépendante pour chacun des microphones, qui permettent de déterminer les positions des sources virtuelles dans une scène sonore synthétisée.

Des réverbérations artificielles peuvent être ajoutées pour positionner les différentes sources dans la profondeur de l'image, ainsi que pour créer une sensation d'espace. Il est habituel, dans le domaine de la musique classique, d'adjoindre au couple principal des microphones d'appoint proches des sources qui paraissent faibles dans la captation principale. Ces appoints sont dirigés dans l'image à l'aide de potentiomètres panoramiques de manière à obtenir un rendu le plus possible voisin de la vraie position de la source. Les résultats obtenus peuvent être très variables et la perspective sonore peut être aplatie, avec l'effacement de la profondeur de l'image ; c'est pourquoi l'utilisation de tels appoints de proximité doit faire l'objet d'un emploi subtil.

Le développement récent de processus de traitement numérique du signal relativement bon marché rend possible l'utilisation de lignes à retard, parfois intégrées aux voies de la console, pour accorder les temps d'arrivée de microphones d'appoint et des couples principaux dans le but d'éviter la distorsion de profondeur ; elles permettent aussi d'égaliser les temps d'arrivée des différents microphones de manière à ce qu'ils ne puissent avoir une influence sur la perception fournie par le couple principal par effet de précédence. Comme nous l'avons vu dans ce chapitre, il est possible d'appliquer aux signaux issus des différents microphones des traitements permettant de simuler les délais binauraux et les effets produits par le crâne humain, pour recréer, dans une écoute au casque, l'effet produit par des sons provenant de n'importe quelle direction.

## Références bibliographiques

BAILBLÉ, C. (1998) *Cinéma et dernières technologies – L'image frontale, le son spatial.* INA, De Boeck Université.

BARTLETT, B. (1991) *Stereo Microphone Techniques.* Focal Press.

CONDAMINES, R. (1978) *Stéréophonie.* Masson.

EARGLE, J., ed. (1986) *Stereophonic Techniques – An Anthology.* Audio Engineering Society.

HUGONNET, C. et WALDER, P. (1995) *Théorie et pratique de la prise de son stéréophonique.* Eyrolles.

# Annexe

Les performances d'un appareil audio peuvent faire l'objet de mesures indiquant son action sur un signal qui y transite ou encore être évaluées subjectivement, autrement dit à l'écoute. En théorie, si un système introduisait une modification audible sur le signal sonore, des mesures devraient également la mettre en évidence, pourvu qu'un protocole adapté soit mis en place et que l'appareillage nécessaire soit disponible ; ce raisonnement idéal est cependant de plus en plus difficile à atteindre, les différences audibles entre les systèmes tendant à devenir minimes, et la fidélité des systèmes d'enregistrement et de reproduction augmentant sans cesse. Les moyens numériques ont apporté la possibilité d'enregistrer et de transmettre sans dégradation, et de nombreuses questions subsistent quant à savoir ce qui peut être entendu et ce qui ne le peut pas. Notre intention n'est pas, dans les paragraphes qui suivent, de nous inscrire dans les débats qui font toujours rage dans les cercles de la hi-fi à propos des différences minimes entre les qualités sonores de tel et tel système, qui existent, certes, mais qui s'expliquent mal. Nous souhaitons plutôt donner au lecteur une vision claire des spécifications courantes des systèmes audio et de leur signification, et décrire les effets audibles causés par les différentes distorsions affectant le signal.

## A.1  Réponse en fréquence ; aspects techniques

La spécification la plus couramment indiquée, pour un matériel audio, est sa réponse en fréquence. Elle représente le domaine de fonctionnement de l'appareil, c'est-à-dire l'éventail des fréquences qu'il est en mesure d'enregistrer ou de reproduire. Une reproduction de haute qualité nécessite qu'il couvre la totalité du spectre audio, que nous avons défini plus haut comme s'étendant de 20 Hz à 20 kHz, même si certains prétendent qu'une réponse en fréquence allant au-delà ne peut qu'être bénéfique à la qualité perçue. Toutefois, il ne suffit pas de prendre en considération les limites en fréquence du fonctionnement d'un appareil, qui ne renseignent aucunement sur son comportement à l'intérieur de celles-ci. Si aucune précision supplémentaire n'est fournie, une réponse en fréquence s'étendant de 20 Hz à 20 kHz peut signifier à peu près n'importe quoi. Il est important de pouvoir opérer des comparaisons entre différents appareils sur les mêmes bases, faute de quoi les informations recueillies n'auront que peu d'utilité.

Idéalement, la réponse en fréquence d'un appareil doit être plate, c'est-à-dire que toutes les fréquences doivent faire l'objet d'un traitement égal ; en termes plus techniques, le gain que présente l'appareil doit être le même dans tout son domaine de fonctionnement, ce qui peut être vérifié en traçant sur un graphe les amplitudes du signal de sortie pour différentes fréquences, le niveau du signal d'entrée étant constant. Un exemple en est donné à la figure A.1 (a), où l'on peut constater que la courbe obtenue est une ligne horizontale entre les limites 20 Hz et 20 kHz ; il s'agit là d'une courbe de réponse plate.

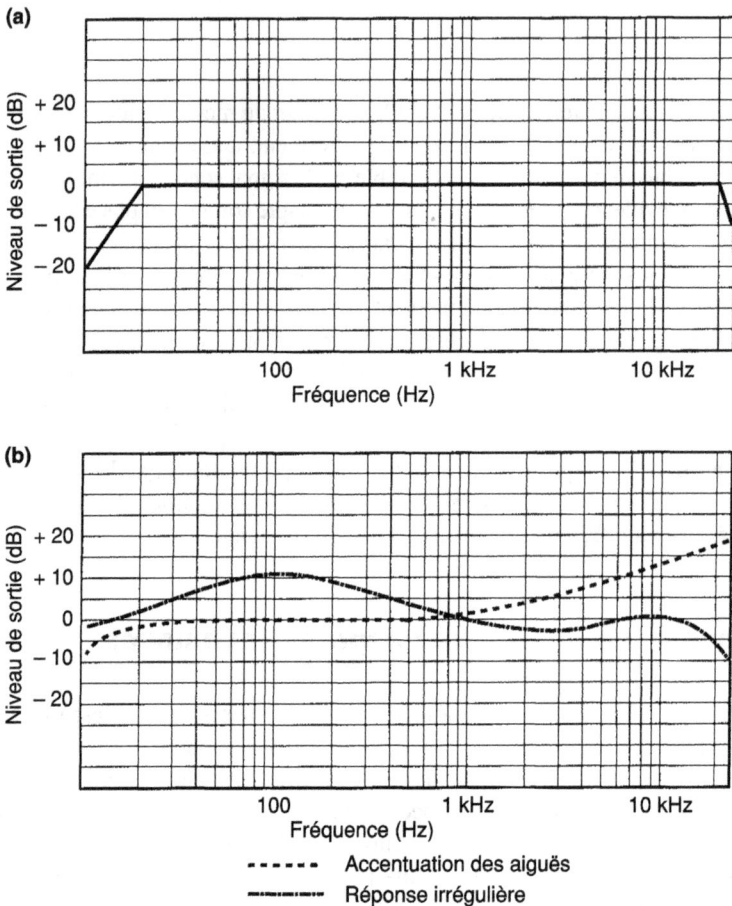

**Figure A.1**

(a) Réponse en fréquence plate de 20 Hz à 20 kHz.

(b) Exemples de réponses en fréquence non constantes.

La figure A.1 (b) donne un exemple de courbe de réponse en fréquence non idéale, où certaines fréquences sont accentuées et certaines autres atténuées, ce qui affecte l'équilibre du spectre sonore. Nous parlerons au paragraphe A.3 des conséquences audibles d'un tel comportement.En principe, la réponse en fréquence d'un appareil est indiquée en référence à la réponse à la fréquence de 1 kHz, ce qui signifie que le niveau de sortie à cette fréquence est celui auquel sont comparés les résultats obtenus aux autres fréquences ; pour cette raison, il est associé à un niveau relatif de 0 dB. Dire que la réponse d'un appareil à 5 kHz est de + 3 dB, référence 1 kHz, signifie que l'appareil présente un gain à 5 kHz supérieur de 3 dB à celui qu'il a à 1 kHz.

Même si de telles courbes permettent d'illustrer de manière détaillée le comportement en fréquence d'un appareil, les spécifications ne comportent le plus souvent que des indications chiffrées, ne donnant, la plupart du temps, que les limites, haute et basse, du domaine fréquentiel pris en compte par l'appareil, où la réponse est inférieure de 3 dB à celle qu'il présente à 1 kHz. Ces indications sous-entendent qu'entre ces limites, la réponse est relativement plate, mais n'en fournissent, en pratique, aucune garantie.

Ainsi, une réponse de 45 Hz à 17 kHz à − 3 dB indique qu'un appareil traite une gamme de fréquence comprise entre 45 Hz et 17 kHz, et qu'à ces dernières, sa réponse chute de 3 dB. Au-dessous de la limite basse et au-dessus de la limite haute, on peut s'attendre à une chute plus ou moins rapide de la réponse.

Une manière plus précise d'indiquer par des chiffres la réponse en fréquence d'un appareil est de donner un encadrement des variations de niveau observables dans une certaine plage de fréquences. Une spécification telle que 45 Hz à 17 kHz ± 3 dB indique que la réponse, entre ces valeurs extrêmes, ne s'éloignera pas au-delà de 3 dB en plus ou en moins de la réponse que l'appareil présente à 1 kHz.

## A.2 Réponse en fréquence ; aspects pratiques

Différents exemples concrets peuvent aider à illustrer ce qui précède. Le tableau A.1 présente une série de spécifications de réponse en fréquence de différents appareils, qui peuvent faire l'objet d'une comparaison.

Tableau A.1 – Réponses en fréquence de différents systèmes audio.

| Appareil | Réponse en fréquence typique |
|---|---|
| Téléphone | 300 Hz – 3 kHz |
| Radiodiffusion (M.A.) | 50 Hz – 6 kHz |
| Enregistreur à cassette grand public | 40 Hz – 15 kHz (± 3 dB) |
| Magnétophone analogique professionnel | 30 Hz – 15 kHz (± 1 dB) |
| Lecteur de CD | 20 Hz – 20 kHz (± 0,5 dB) |
| Petit haut-parleur de qualité | 60 Hz – 20 kHz (− 6 dB) |
| Gros haut-parleur de qualité | 35 Hz – 20 kHz (− 6 dB) |
| Amplificateur de puissance de qualité | 6 Hz – 60 kHz (± 3 dB) |
| Microphone omnidirectionnel de qualité | 20 Hz – 20 kHz (± 3 dB) |

Remarquons tout d'abord que les dispositifs purement électroniques présentent de manière globale des réponses plus plates que ceux intégrant un dispositif d'enregistrement ou de reproduction. Ces derniers comportent en général des dispositifs mécaniques, magnétiques ou optiques de nature à engendrer des distorsions de toutes sortes. Les amplificateurs appartiennent à la première catégorie et il est rare qu'un tel appareil, bien conçu, ne présente pas de nos jours une réponse pratiquement plate de, disons, 5 Hz à 60 kHz. En ce qui concerne la seconde catégorie, à laquelle appartiennent, entre autres, les tourne-disques, les magnétophones, les haut-parleurs et les microphones, des difficultés de conception empêchent l'obtention d'une réponse plate.

Les dispositifs transducteurs, c'est-à-dire ceux qui convertissent les ondes sonores en informations électriques, et inversement, sont les dispositifs les plus enclins à présenter une courbe de réponse en fréquence irrégulière ; certains haut-parleurs, par exemple, peuvent présenter des variations de l'ordre de 10 dB. Dans la mesure où les performances perçues de tels appareils sont conditionnées par les caractéristiques du lieu d'écoute, il est difficile de dissocier leur réponse propre de leurs interactions avec l'environnement.

La pièce dans laquelle est placé un haut-parleur a des conséquences significatives sur la réponse perçue, ses résonances pouvant entraîner des pics ou des crevasses dans le niveau de pression sonore qui règne aux différents endroits. Selon la position qu'occupe l'auditeur, certaines fréquences font l'objet d'une accentuation ou d'une atténuation particulières, sans qu'il soit possible d'affirmer si le local ou le haut-parleur sont en cause. La réponse propre d'un haut-parleur peut être mesurée dans des conditions dites *anéchoïques*, telles que le lieu est totalement absorbant et ne joue pratiquement aucun rôle sur les mesures obtenues. Des méthodes de mesure récentes ont toutefois été introduites, qui permettent de se dispenser d'un tel lieu. Un haut-parleur de qualité peut présenter une réponse relativement plate sur une plage de fréquences étendue, avec une tolérance d'environ ± 3 dB, mais il est plus difficile d'étendre cette réponse du côté de l'extrémité basse du spectre que vers les fréquences élevées. Les haut-parleurs courants descendent difficilement au-dessous de 50 ou 60 Hz.

---

**Complément A.1** – *Aspects subjectifs de la réponse en fréquence*

Toute courbe de réponse en fréquence non plate affecte la qualité du son perçu. Si le but est de transmettre le signal original sans le modifier, seule une réponse plate permettra d'assurer que l'équilibre des différents composants du spectre est respecté. Si, par exemple, les fréquences basses sont accentuées, le son sera modifié et perçu comme plus grave que l'original.

Il ne faut pas se laisser abuser par le fait que la réponse de l'oreille humaine n'est pas plate (voir le chapitre 2) ; cela n'a rien à voir avec la nécessité, pour les appareils audio, de présenter une réponse constante. Ce qui compte, pour ces appareils, c'est que le signal qui en sort ressemble le plus possible à celui qui y rentre.

Certaines formes d'altérations de la réponse sont plus tolérables que d'autres. Par exemple, une légère atténuation à l'extrémité haute du spectre passe souvent inaperçue, dans la mesure où le signal ne présente que peu d'énergie dans cette zone spectrale. Les machines à cassettes et les récepteurs radio FM, par exemple, ne passent rien au-delà de 15 kHz, mais présentent en deçà une réponse relativement plate, et ne sonnent pas mal. D'un autre côté, des réponses qui s'écartent de manière importante de l'idéal présentent une qualité sonore encore pire, même si la largeur de bande reproduite est plus importante que pour un récepteur radio FM.

Si la réponse en fréquence d'un système augmente aux fréquences élevées, les sifflantes que contient le son seront accentuées, la musique paraîtra trop brillante et, s'il y a un souffle, son niveau sera accru. Si, au contraire, les fréquences élevées sont atténuées, le son paraîtra sourd et le souffle réduit. Dans le cas d'une augmentation de la réponse aux basses fréquences, le son paraîtra plus explosif et, bien sûr, tous les instruments jouant dans le bas du spectre seront renforcés. Si, au contraire, le système n'a que peu de basses, le son perdra de son épaisseur, manquant de corps. Une accentuation des fréquences moyennes peut conférer au son un caractère nasal, voire strident, selon la zone précise où elle a lieu.

En ce qui concerne le rôle des fréquences très basses et très élevées, proches des limites de l'audible, on peut montrer que la reproduction d'infrasons, de fréquence inférieure à 20 Hz, apporte dans certaines circonstances un caractère plus réaliste, car elle permet de simuler les vibrations de l'environnement naturel. Par ailleurs, la réponse en fréquence de l'oreille ne s'interrompt pas de manière soudaine à ses extrêmes, mais présente une atténuation progressive. Il serait faux de prétendre que l'on n'entend absolument rien au-dessous de 20 Hz et au-dessus de 20 kHz : on entend, mais beaucoup moins bien. Une réponse en fréquence étendue du côté de l'extrême aigu pourra, pour certaines modulations, apporter un surcroît de précision ; une atténuation progressive des fréquences supérieures ne nécessitera qu'un filtre peu sévère, qui introduira donc moins de dégradations.

On trouve, sur les magnétophones analogiques, différents systèmes de correction destinés à obtenir une réponse en fréquence aussi plate que possible, qui, toutefois, ne sera optimisée, pour un réglage donné, que pour un type de bande. L'utilisation d'une autre bande nécessitera un nouvel alignement de la machine, sous peine d'une réponse en fréquence insatisfaisante. Les machines à cassettes sont en général dotées d'un certain nombre de préréglages permettant l'optimisation de la courbe de réponse ainsi que d'autres paramètres pour différents types de bandes.

La réponse en fréquence d'un magnétophone analogique est susceptible de varier en fonction du niveau d'enregistrement, car, si ce dernier est élevé, la bande produit sur les composantes à fréquence élevée un effet de compression. C'est pourquoi la réponse d'une telle machine est en général évaluée avec un niveau d'enregistrement relativement faible, de l'ordre de 20 dB inférieur au niveau de référence (voir le paragraphe 8.5).

Les enregistrements destinés à la gravure de disques microsillons font préalablement l'objet d'une correction, qui doit être compensée lors de la lecture pour obtenir un équilibre spectral correct. La raison d'être de cette correction dite RIAA est exposée au paragraphe 11.2. Si la correction de compensation intégrée à l'amplificateur du lecteur est incorrecte, cet équilibre n'est pas respecté ; c'est ce que l'on constate avec certains matériels hi-fi de bas de gamme.

En matière de réponse en fréquence, les microphones présentent des caractéristiques très variables, qui sont fonction de leur diagramme de directivité et de leur conception (voir le chapitre 4). Les microphones grand public bon marché peuvent présenter une réponse limitée à 10 ou 12 kHz, alors que les modèles professionnels couvrent une gamme allant au moins jusqu'à 20 kHz.

La réponse qu'ils présentent dans les basses fréquences est elle aussi variable, les microphones omnidirectionnels descendant plus bas que les autres types de capteurs. La réponse en fréquence d'un microphone est fonction de l'angle d'incidence de l'onde sonore.

## A.3 Distorsion harmonique ; aspects techniques

La distorsion harmonique est un autre paramètre figurant habituellement dans les spécifications des matériels audio. Elle résulte d'un comportement non linéaire d'un appareil ; en d'autres termes, le signal qui sort ne présente pas exactement la même forme que celui qui y rentre.

Au chapitre 1, nous avons montré que seuls les signaux sinusoïdaux pouvaient être considérés comme purs, car ne comportant qu'une seule fréquence sans harmoniques. Les signaux périodiques plus complexes peuvent être décomposés en une somme de signaux, le fondamental et ses harmoniques. Dans les équipements audio, la distorsion harmonique survient quand la forme du signal est modifiée entre l'entrée et la sortie : des harmoniques sont introduites, qui n'existaient pas dans le signal originel. Le son perçu subit un certain changement (voir la figure A.2). Si, en pratique, il est impossible d'éviter l'apparition d'un minimum de distorsion, car aucun appareil ne présente un comportement idéalement linéaire, elle peut rester d'un niveau extrêmement faible en ce qui concerne les amplificateurs (voir le paragraphe A.6).

En principe, la distorsion harmonique est exprimée sous la forme d'un pourcentage du signal qu'elle affecte, par exemple 0,1 % à 1 kHz ; toutefois, comme pour la réponse en fréquence, il est nécessaire de préciser quel type de distorsion harmonique est mesuré, et dans quelles conditions. Il faut en effet distinguer entre la distorsion par harmonique trois et la distorsion harmonique totale. Les spécifications des matériels sont souvent exprimées en langue anglaise et, dans cette dernière, les deux expressions *third harmonic distorsion* et *total harmonic distorsion* admettent la même abréviation, THD.

L'abréviation THD ne devrait en principe être utilisée que pour la distorsion harmonique totale, qui représente la résultante des contributions de toutes les composantes harmoniques générées par l'appareil. La méthode consiste à injecter à l'entrée de ce dernier un signal sinusoïdal de fréquence 1 kHz et de niveau connu, et à mesurer le niveau de sortie dont la composante d'entrée a été éliminée par filtrage. Seules sont alors mesurées les harmoniques produites. Dans les mêmes conditions d'entrée, la mesure de distorsion par harmonique trois consiste à ne retenir du signal de sortie, par filtrage, que la troisième harmonique, dont le niveau est alors mesuré. La mesure de distorsion par harmonique trois est très fréquente pour ce qui est des magnétophones analogiques, car les non-linéarités affectant le processus d'enregistrement magnétique se traduisent surtout par l'apparition d'harmonique de rang trois.

Il est important que soient précisés le niveau et la fréquence auxquels la mesure de distorsion a été effectuée, cette dernière variant énormément, pour certains appareils, en fonction de ces paramètres (voir le paragraphe A.6).

**Figure A.2** _____

L'appareil à tester engendre la distorsion. Le signal, à sa sortie, est différent de celui injecté à son entrée. La représentation spectrale montre l'apparition d'harmoniques du signal d'entrée.

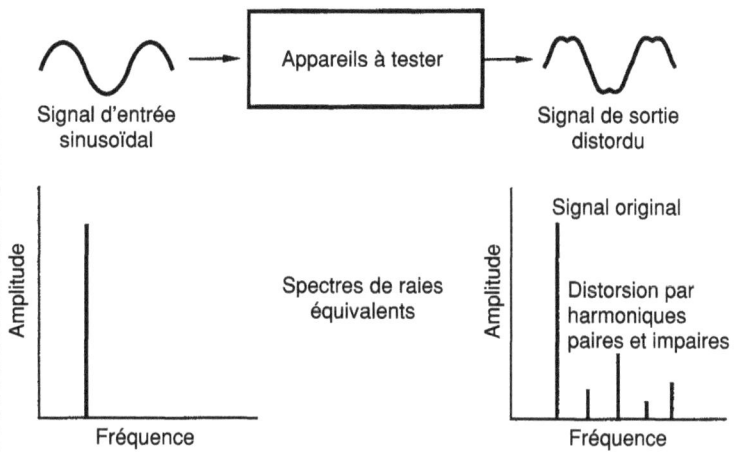

Signal d'entrée sinusoïdal

Appareils à tester

Signal de sortie distordu

Amplitude

Fréquence

Spectres de raies équivalents

Amplitude

Signal original

Distorsion par harmoniques paires et impaires

Fréquence

## A.4 Distorsion harmonique ; aspects pratiques

Pour certains appareils tels que les amplificateurs, le taux de distorsion harmonique ne varie que peu en fonction du niveau du signal d'entrée, mais montre une certaine évolution en fonction de sa fréquence.

La distorsion produite au sein des magnétophones peut être très variable et dépend tout autant du niveau d'enregistrement que de la fréquence du signal. Les transducteurs présentent en général un taux de distorsion harmonique faible, relativement indépendant des variations du niveau du signal, les modèles bon marché pouvant toutefois être le siège d'une distorsion harmonique importante.

Le tableau A.2 récapitule les taux de distorsion harmonique typiques de différents appareils audio ; on peut remarquer la grande dispersion de ces valeurs, les amplificateurs de puissance et les matériels audionumériques présentant les meilleures performances.

Tableau A.2 – Taux de distorsion harmonique typiques.

| Appareil | Taux de distorsion harmonique |
|---|---|
| Amplificateur de puissance de qualité, à la puissance maximale | < 0,05 % (20 Hz – 20 kHz) |
| Enregistreur audionumérique 16 bits, à entrées analogiques | < 0,05 % (niveau d'entrée à – 15 dB) |
| Haut-parleur | < 1 % (25 W, 200 Hz) |
| Magnétophone analogique professionnel | < 1 % (niveau de référence, 1 kHz) |
| Microphone électrostatique professionnel | < 0,5 % (1 kHz, 94 dB SPL) |

Les caractéristiques des matériels audionumériques en matière de distorsion ont été étudiées au paragraphe 10.3 et ne seront pas développées plus avant ici. Celles des magnétophones analogiques sont souvent indiquées sous la forme du niveau maximal admissible (MOL), qui représente le niveau d'enregistrement pour lequel apparaît un certain taux de distorsion harmonique, qui constitue le maximum acceptable.

Pour ce qui est des magnétophones professionnels, la valeur de 3 % à 1 kHz est en général retenue, et, pour les machines à cassettes grand public, 5 % à 315 Hz. Ce taux de distorsion est atteint pour un niveau d'enregistrement supérieur de 10 à12 dB au niveau de référence d'un magnétophone professionnel et de 4 à 8 dB dans le cas des machines à cassettes. Les magnétophones analogiques et les niveaux de référence sont abordés plus en détail au paragraphe 8.5.

---

**Complément A.2** – *Perception de la distorsion harmonique*

La distorsion harmonique n'est pas toujours déplaisante à l'écoute, et nombreux sont ceux qui s'en satisfont, l'associant à une couleur sonore chaude et énergique, un son exempt de distorsion étant souvent qualifié de froid et d'aseptisé. Dans la mesure où ce type de distorsion est en relation harmonique avec le signal original, l'effet produit peut ne pas être dissonant et peut même renforcer la hauteur du fondamental, dans le cas de l'apparition d'harmoniques de rang pair.

La présence d'harmonique trois est aisément détectable à l'écoute dans le cas de sons purs, par exemple si l'on enregistre un tel signal sur un magnétophone à niveau élevé et qu'on compare le signal après bande avec celui d'entrée. Le son perçu n'est plus pur, mais présente un contour. Il contient une composante qui représente la quinte de l'octave du fondamental. L'apparition d'une telle distorsion est beaucoup moins détectable sur un programme musical.

Dans le cas des magnétophones, l'apparition de la distorsion est progressive lorsque le niveau d'enregistrement augmente, alors que, dans le cas de la saturation d'un amplificateur, elle présente un caractère beaucoup plus soudain. Son caractère moins perceptible amène à tolérer, sur les bandes magnétiques, des taux de distorsion harmonique relativement importants.

D'un autre côté, la saturation d'un amplificateur se traduit par un écrêtage soudain du signal, lorsque ce dernier dépasse le niveau maximal admissible, l'affectant d'une distorsion importante. On peut percevoir ce phénomène lorsque, par exemple, les piles qui alimentent un récepteur radio commencent à donner des signes de faiblesse, ou encore lorsqu'un haut-parleur est attaqué par un amplificateur de faible puissance fonctionnant aux limites de ses possibilités ; les crêtes que présente le signal sont alors rabotées. La figure 7.2 illustre ce phénomène dans le cas d'un signal sinusoïdal.

---

# A.5 Dynamique inscriptible et rapport signal sur bruit

Dynamique inscriptible et rapport signal sur bruit sont souvent considérés comme des expressions synonymes. Le rapport signal sur bruit est en principe considéré comme l'écart, en décibels, entre le niveau de référence et le niveau de bruit d'un système (voir la figure A.3). La valeur du bruit prise en considération peut avoir fait l'objet d'une pondération à l'aide de l'une des courbes normalisées, afin de rendre compte de la gêne auditive occasionnée par ce bruit. Le bruit a pour effet d'accentuer certaines zones du spectre audio et d'en atténuer certaines autres (voir les compléments 1.4 et A.3). La dynamique inscriptible représente, en décibels, l'écart entre le niveau maximal admissible par un système et son niveau de bruit.

**Figure A.3**

Le rapport signal sur bruit est souvent indiqué comme la différence, exprimée en décibels, entre le niveau de référence et le niveau du bruit. La dynamique inscriptible correspond à la différence entre le niveau maximal admissible et le niveau du bruit.

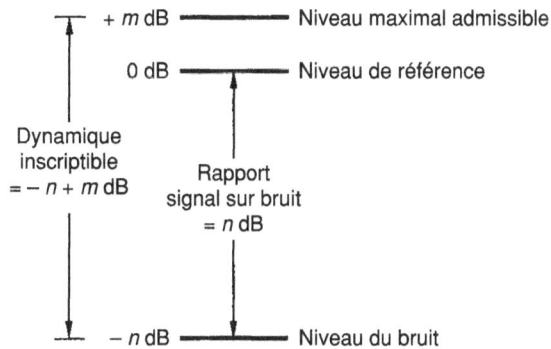

$+ m$ dB ———— Niveau maximal admissible

0 dB ———— Niveau de référence

Dynamique inscriptible $= -n + m$ dB

Rapport signal sur bruit $= n$ dB

$-n$ dB ———— Niveau du bruit

L'indication chiffrée de ces paramètres est difficile à interpréter, si elle n'est pas assortie de précisions. À titre d'exemple, une expression du type « dynamique inscriptible = 68 dB », concernant un magnétophone, a peu de sens, dans la mesure où ni le niveau de référence ni l'utilisation éventuelle d'une pondération n'y sont indiqués. Par contre, l'expression « RSB, CCIR 468-3 (réf. 1 kHz, 320 nWb/m) = 68 dB » contient tous les éléments nécessaires à son interprétation. Elle signifie que le bruit a été mesuré conformément à la norme de pondération 468-3 du CCIR et que le résultat obtenu est inférieur de 68 dB à celui d'un signal de fréquence 1 kHz enregistré à un niveau de 320 nWb/m. Cette spécification permet la comparaison directe avec les performances d'une autre machine évaluées dans les mêmes conditions, même si le niveau de référence n'est pas identique, auquel cas il est nécessaire de prendre en compte la différence de ces niveaux. Par contre, il est difficile de comparer les rapports signal sur bruit de deux machines évaluées avec des pondérations différentes.

**Complément A.3** – *Courbes de pondération*

Comme nous l'avons évoqué dans le complément 1.4, des filtres de pondération sont utilisés dans le cadre de mesures de bruit pour fournir des résultats mieux corrélés avec le niveau de gêne occasionnée.

La figure illustre certaines des courbes de pondération les plus utilisées ; on peut remarquer que, si leurs allures sont globalement comparables, ces courbes ne sont pas identiques. La graduation 0 dB de l'axe vertical représente le gain unitaire du filtre. La courbe « A » n'est en principe pas utilisée pour les mesures de bruit des équipements audio, étant destinée aux mesures du bruit de fond acoustique qui règne dans les bâtiments.

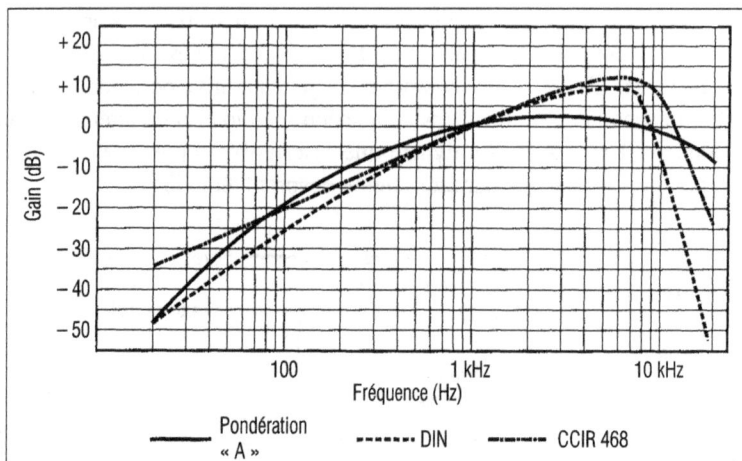

Les courbes CCIR et DIN sont par contre d'utilisation courante pour établir les spécifications des matériels audio.

Pour ce qui est des magnétophones analogiques, la dynamique inscriptible est parfois exprimée comme l'écart en décibels entre le niveau maximal enregistrable à 3 % de distorsion harmonique (MOL 3 %, voir le paragraphe A.6) et le niveau de bruit pondéré.

Cette caractéristique donne une idée du domaine inscriptible, le MOL étant situé bien au-dessus du niveau de référence. Dans les appareils numériques, le niveau de crête, ou maximal, et le niveau de référence se confondent dans la mesure où il n'est pas possible d'enregistrer un niveau supérieur en raison de l'écrêtage soudain que subit le signal (voir le paragraphe 10.3) ; c'est pourquoi la dynamique inscriptible et le rapport signal sur bruit sont souvent tous deux exprimés en référence à ce même niveau, même si certains constructeurs choisissent, dans ce domaine, un niveau de référence inférieur de 15 dB au niveau maximal.

Le tableau A.3 récapitule les valeurs typiques de rapport signal sur bruit correspondant à différents appareils audio courants.

Tableau A.3 – Différents rapports signal sur bruit (avec pondération CCIR).

| Appareil | Rapport signal à bruit |
|---|---|
| Enregistreur à cassette grand public, sans réducteur de bruit | 50 dB (réf. 315 Hz, 200 nWb/m) |
| Magnétophone analogique professionnel, sans réducteur de bruit, à la vitesse de 38 cm/s | 65 dB (réf. 1 kHz, 320 nWb/m) |
| Enregistreur audionumérique sur 16 bits | 94 dB (par rapport au niveau crête) |
| Amlificateur de puissance professionnel | 108 dB (par rapport au niveau de sortie maximal) |

## A.6 Pleurage et scintillement

Le pleurage et le scintillement (*wow and flutter*) désignent les phénomènes audibles nés des variations de la vitesse instantanée d'un magnétophone ou d'un tourne-disque. Le pleurage correspond à des variations lentes et le scintillement à des variations plus rapides. Les performances en la matière dépendent de la qualité mécanique de l'appareil, ainsi que de son état d'usure et de propreté. Les mesures de pleurage et de scintillement font appel à un filtre pondération (souvent conforme à la norme DIN) pour fournir un résultat en relation avec la gêne apportée à l'audition de ces phénomènes. La plupart du temps, les caractéristiques sont présentées sous la forme de leur valeur efficace pondérée (WRMS pour *weighted root-mean-square*), mais certains industriels en expriment la valeur de crête, plus élevée. Une indication est fréquemment donnée quant à la précision de la vitesse à long terme (*drift*), qui en exprime la dérive sur la totalité de la durée d'une bande. Ce type de défaut pose aujourd'hui moins de problèmes que par le passé, les machines actuelles présentant une stabilité remarquable : la dérive observée sur la longueur d'une bobine est de l'ordre de quelque dix millièmes. Les performances en la matière importent surtout si des machines doivent être synchronisées.

Un magnétophone analogique de haute qualité présentera des variations de vitesse meilleures que 0,02 % WRMS et des machines à cassettes de haut de gamme peuvent présenter des performances à peine moins bonnes ; les versions grand public de ces enregistreurs, associées à des cassettes bon marché, ne fournissent que de piètres performances, pouvant approcher dans certains cas 0,5 %, voire plus. En ce qui concerne les tourne-disques, la situation est comparable : les modèles professionnels peuvent atteindre 0,02 %, alors que les appareils bon marché en sont très loin. Les enregistreurs audionumériques ainsi que les lecteurs de CD n'ont pas à souffrir des phénomènes de pleurage et de scintillement dans les mêmes termes que les machines analogiques, car les données lues sur le support transitent, avant leur conversion vers le domaine analogique, par un étage de décision qui joue le rôle de correcteur de base de temps, ce qui a pour effet d'annuler les variations de vitesse résultant des instabilités mécaniques du transport (voir le complément 10.4).

Les modulations sonores délivrées par une machine présentant des caractéristiques médiocres en ce domaine seront peu agréables à l'écoute, le pleurage amenant des variations continuelles de la hauteur des notes et le scintillement se traduisant par une dureté du son perçu, qui peut par ailleurs être affecté de distorsion d'intermodulation (voir le paragraphe suivant).

## A.7 Distorsion par intermodulation

La distorsion par intermodulation apparaît lorsque deux ou plusieurs signaux transitent par un appareil au fonctionnement non linéaire (voir le paragraphe A.4). Dans la mesure où aucun appareil audio n'est idéalement linéaire, cette distorsion existe toujours, mais le plus souvent à niveau très faible.

À la différence de la distorsion harmonique, la distorsion par intermodulation n'est pas en relation harmonique avec les signaux originels, ce qui la rend très gênante à l'écoute. Si, par exemple, deux signaux sinusoïdaux sont appliqués à l'entrée d'un dispositif non linéaire, des signaux de somme et de différence apparaîtront à la sortie (voir la figure A.4). Par exemple, deux signaux de fréquences $f_1 = 1\ 000$ Hz et $f_2 = 1\ 100$ Hz donneront naissance à des produits d'intermodulation à $(f_2 - f_1) = 100$ Hz et à $(f_1 + f_2) = 2\ 100$ Hz, ainsi qu'à d'autres produits de fréquence $(2 f_1 - f_2)$, $(2 f_2 - f_1)$, et ainsi de suite. Les composantes dominantes dépendent de la nature de la non-linéarité.

La distorsion par intermodulation peut aussi apparaître lorsque les variations de vitesse d'un transport de bande ou d'un tourne-disque modulent les signaux reproduits. Par exemple, un transport de bande présentant des variations de vitesse à 25 Hz, modulant un signal lu de fréquence 1 000 Hz, pourra donner naissance à des produits d'intermodulation à 975 Hz et 1 025 Hz.

De faibles taux de distorsion par intermodulation sont une caractéristique importante des systèmes de haute qualité, car une telle distorsion est une des principales causes d'une piètre qualité sonore. Toutefois, les taux de distorsion par intermodulation sont moins souvent indiqués que les taux de distorsion harmonique (voir le paragraphe A.4).

**Figure A.4**

La distorsion d'intermodulation résulte en l'apparition à la sortie de l'appareil de composantes dont les fréquences sont des combinaisons linéaires (sommes et différences) de celles des signaux d'entrée.

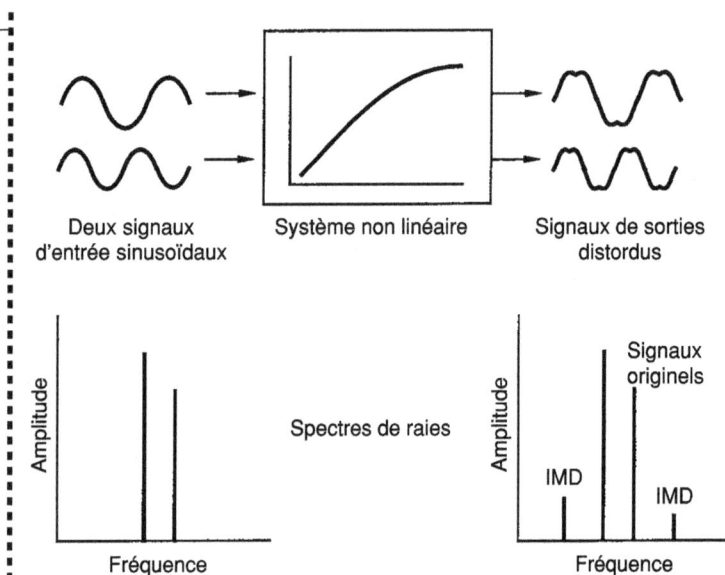

Deux signaux d'entrée sinusoïdaux — Système non linéaire — Signaux de sorties distordus

Amplitude — Spectres de raies — Fréquence

Amplitude — Signaux originels — IMD — IMD — Fréquence

## A.8 La diaphonie

Le niveau de diaphonie indique l'influence exercée par une des voies d'un appareil sur une autre. Par exemple, une diaphonie peut apparaître entre les canaux gauche et droit d'un magnétophone stéréophonique, ou encore entre les pistes adjacentes d'un enregistreur multipiste. Elle est exprimée, en décibels, soit par un nombre négatif qui exprime le niveau relatif à celui du signal qui le cause (par exemple – 53 dB), soit par un nombre positif qui représente la séparation entre les canaux (par exemple 53 dB).

La diaphonie peut apparaître au sein des circuits électroniques d'un appareil, due par exemple à un phénomène d'induction électromagnétique entre les pistes d'un circuit imprimé ; elle peut aussi présenter une nature magnétique, comme dans le cas de têtes de magnétophone captant des champs environnants, ou encore provenir de phénomènes d'induction se manifestant entre les câbles. Une console ou un enregistreur multipiste de qualité doivent présenter une diaphonie très faible, l'utilisateur ne souhaitant pas que les signaux transitent dans une voie soient audibles dans une autre. Pour les enregistreurs et reproducteurs stéréo, les contraintes ne sont pas aussi sévères.

La valeur typique de diaphonie concernant un bon magnétophone multipiste analogique en lecture est de l'ordre de 40 à 50 dB, mais elle est moins bonne entre deux pistes adjacentes en enregistrement ou en lecture synchrone (voir le complément 8.3). Les équipements numériques présentent une diaphonie extrêmement faible (inférieure à – 90 dB), car le processus de décodage à la lecture l'élimine.

La séparation entre les canaux d'une cartouche analogique est assez faible (25 à 30 dB) ; c'est également le cas des canaux de radiodiffusion FM et TV. Cette valeur est cependant suffisante pour respecter l'effet stéréophonique.

# Bibliographie
# générale

ALKIN, G. (1989) *Sound Techniques for Video and TV*. Focal Press.

ALKIN, G. (1996) *Sound Recording and Reproduction*, 2nd edition. Focal Press.

ALKIN, G. (1999) *Introduction à l'enregistrement sonore*. Eyrolles.

BALLOU, G. (1991) ed. *Handbook for Sound Engineers – The New Audio Cyclopedia*. Focal Press.

BORWICK, J. (1995) ed. *Sound Recording Practice*. Oxford University Press.

CAPEL, V. (1994) *Newnes Audio and Hi-Fi Engineers' Pocket Book*, 3rd edition. Butterworth-Heinemann.

DAVIS, D. and DAVIS, C. (1994) *Sound System Engineering*. SAMS.

EARGLE, J. (1992) *Handbook of Recording Engineering*. Van Nostrand Rheinhold.

EARGLE, J. (1990) *Music, Sound, Technology*. Van Nostrand Rheinhold.

HUBER, D. and RUNSTEIN (1995) *Modern Recording Techniques*, 4th edition. Focal Press.

LUTHER, A. (2001) *Audio et vidéo numériques*. Eyrolles.

NISBETT, A. (1995) *The Sound Studio*, 6th edition. Focal Press.

ROADS, C. (1998) *L'audionumérique*. Dunod.

ROBERTS, R. S. (1981) *Dictionary of Audio, Radio and Video*. Butterworths.

TALBOT-SMITH, M. (1995) *Broadcast Sound Technology*. 2nd edition. Focal Press.

TALBOT-SMITH, M., ed. (1994) *Audio Engineers Reference Book*. Focal Press.

WATKINSON, J. (1998) *The Art of Sound Reproduction*. Focal Press

WORAM, J. (1989) *Sound Recording Handbook*. Howard W. Sams and Co.

www.ingramcontent.com/pod-product-compliance
Lightning Source LLC
Chambersburg PA
CBHW082103220326
41598CB00066BA/5030